电磁学教学参考

张之翔　编著

北京大学出版社
PEKING UNIVERSITY PRESS

图书在版编目(CIP)数据

电磁学教学参考/张之翔编著．—北京：北京大学出版社，2015.12

ISBN 978-7-301-26527-7

Ⅰ.①电…　Ⅱ.①张…　Ⅲ.①电磁学—高等学校—教学参考资料　Ⅳ.①O441

中国版本图书馆 CIP 数据核字（2015）第 272780 号

书　　名	电磁学教学参考 DIANCIXUE JIAOXUE CANKAO
著作责任者	张之翔　编著
责任编辑	顾卫宇
标准书号	ISBN 978-7-301-26527-7
出版发行	北京大学出版社
地　　址	北京市海淀区成府路 205 号　100871
网　　址	http://www.pup.cn
电子信箱	zpup@pup.pku.edu.cn
电　　话	邮购部 62752015　发行部 62750672　编辑部 62752021
印 刷 者	北京大学印刷厂
经 销 者	新华书店
	730 毫米×980 毫米　16 开本　28.5 印张　542 千字
	2015 年 12 月第 1 版　2015 年 12 月第 1 次印刷
定　　价	62.00 元

Notes on Electromagnetics for Teaching and Studying

Zhang Zhixiang

北京大学出版社
PEKING UNIVERSITY PRESS

序

本书是一本电磁学的教学参考书，是由作者 1988 年出版的《电磁学教学札记》一书增订而成。

本书分为两卷，第一卷是电磁学内容方面的，第二卷是电磁学历史方面的。第一卷是将原来的《电磁学教学札记》的三十六节略加修订后，再增加一些内容，成为五十四节。所增加的内容大部分是近年来发表的有关文章，小部分是根据过去的教学经验，于这两年编写的。第二卷有两部分，第一部分“电磁学历史上的一些重要发现”，是将作者 1991 年出版的《人类是如何认识电的?（电磁学历史上的一些重要发现）》一书的十六节略加修改，再增加一节“相对论的诞生”而成。第二部分《电磁学史实撮要》，是将《电磁学教学札记》的最后一节（§36）“电磁学的一些史实”略加修订而成。

本书的许多内容都是著者的一孔之见，错误和不妥之处，自知不免。诚挚地欢迎读者指教！

王稼军教授热情鼓励本书的编写并大力协助本书的出版，谨此表示深切的谢意。

清华大学物理系郭奕玲教授为本书提供了一些著名科学家的照片，谨此表示感谢。

张之翔

2013 年春

于北大畅春园

序

原 序 一[①]

教学多年的人，常常会感到，教科书由于篇幅所限，只能写公认的基本内容。尽管有的教科书在某些方面多写一些，别的教科书在其他方面多写一些，但总不能把一门学科的所有方面和所有细节都写全。而且，作为教科书来说，也没有必要把什么都写进去。因此，这就需要教师发挥作用。要想把一门课教好，除了熟练地掌握该课程所用教科书的内容外，还要查阅各种有关的参考书和文献，以丰富教学内容和提高教学水平。特别是有些问题，教科书和参考书上都没有讲或很少提到，更需要教师自己去钻研，得出自己的结论来。还有些问题，各种书上是根据不同水平、从不同角度去讲解的，如能取各家之长，从各个角度去看它们，用各种方法去解它们，常常能给人以启发。这些，都是教学内容方面的研究工作，是教学工作中的一个重要环节。

我教过多遍电磁学。在教学研究工作中，开始时，花去不少时间去解决一些问题，解决完了就算了。这些问题后来再次甚至多次碰到，其中有些记得，有些就忘了。忘了的又得从头作起。深感浪费时间很可惜。于是以后就吸取教训，解决了某个问题，或研究某个问题有心得，就及时记录下来。再碰到它时，只须去翻阅记录，就节省了时间和精力。时间长了，越积越多，这就是教学札记的由来。有时想到，有些问题，别人也会碰到，而且可能解决得比我好。因此，如果把我的工作公诸同行，既可起到交流的作用，也可以得到指教。所以就抄寄给有关刊物，其中有些就发表了。

1982 年，高等教育出版社的编辑同志见到我的教学札记，经他们审阅，认为可以整理出版，作为教学参考书。在他们的鼓励下，我便着手整理。但由于教学工作过忙，能花在这上面的时间很少。断断续续地工作了三年，才整理出三十六篇来，编成这本书，取名为《电磁学教学札记》。这三十六篇中，有长有短，有深有浅，每篇作为一节，按内容分为十二个部分，每部分两节至五节不等。其中有九节（篇）曾在刊物上发表过。由于是教学研究工作，不少地方都是个人的见解，而我的学识有限，错误和不妥之处，自知难免，衷心欢迎读

---

① 《电磁学教学札记》（高等教育出版社，1988 年）原书序。

者的指教。

陈秉乾副教授曾帮助看过本书大部分稿子，提出了不少宝贵意见；关洪副教授对电磁学的一些史实部分提过宝贵意见；高等教育出版社的编辑同志曾给予鼓励和帮助，使本书得以出版。谨在此一并向他们表示感谢。

张之翔

1985 年 9 月

于北大畅春园

原 序 二[①]

现代生活离不开电，电灯、电话、电视、电梯、电冰箱……，都要用电。现代工农业生产也离不开电，现代科学技术更离不开电。电的应用越来越广泛，电子计算机的应用正渗透到各个领域，便是一个很好的例子。就目前情况来看，电还有很多潜力待我们去开发和利用。另一方面，由物理学的研究得知，我们这个世界基本上是一个电磁结构的世界。这是因为，世上一切物体都是由原子和分子组成的，而原子、分子的结构，便是由原子核的正电荷和核外的负电荷（电子）之间的相互作用形成的。因此，关于物质的结构和性质的问题，包括化学问题和生命问题，究其本质，都是与原子核外电子的结构和运动有关的问题。

对我们人类来说，电是如此地重要和神奇，可它却又是无形的，除了被电击以外，我们既看不见它，也摸不着它。那么，人类是怎样认识电和知道使用电的呢？这确是一个很吸引人的问题。

这里我讲一个故事。我的父亲生于清末光绪年间，小时候上过两年私塾，读的是《百家姓》、《三字经》和《论语》等，以后便一直在家种田。1969 年，他 70 多岁了，我回家看他。闲谈时，他说："管他什么我都能解窍得通，只有电解窍不通。它能点灯、能唱戏，打开来看，是一包土巴粉。真是莫名其妙！"他说的是他曾打破干电池，想从中找到电能点灯、能唱戏的原因。我虽然在北大教过多年电磁学和电动力学，但我无法用简单的语言直观地向他老人家说明电为什么能点灯、能唱戏。当时我深深地感到，人类从对电完全无知到能制造干电池和晶体管收音机，这其间有多么大的距离啊！这件事给我一个启发，就是人类是怎样一步一步地了解电和应用电的？所以我后来也就注意研究起电磁学的历史了。

知道了一点电磁学的历史后，便懂得人类关于电的知识，是从发现摩擦过的琥珀（或玳瑁）吸引草屑和磁石吸引铁开始，经过两千多年的广泛探索和逐步积累，才达到今天的水平的。历史清楚地告诉我们，由于电是看不见、摸不着的，人类对它的认识，是靠实验一点一点地前进和逐渐深入的，在早期更是如此。对于认识电有贡献的人，在历史文献上可以查到姓名的，从古代到 1821

---

① 《人类是如何认识电的？（电磁学历史上的一些重要发现）》（科学技术文献出版社，1991 年）原书序。

年，约有三千人[①]；至于直接或间接有贡献的无名英雄，也许还有很多。因此，我们可以说，关于电的知识是人类集体智慧的结晶。

我们写这本小书的目的，是想向读者简单扼要地介绍电磁学历史上的一些重要发现，勾画一下人类逐步认识电的一个轮廓。我们这样做是因为我们觉得，这些重要发现是人类认识电的一个个里程碑，是我们今天关于电的知识的主要内容。关于这些重要发现的背景和过程，发现者是怎样想的、怎样解决问题、怎样得出新发现的，以及他们的认识和结论如何等等，都是人们很想知道的。而且，其中有些东西，除了历史知识外，还可能给我们一些启发。

我们不是全面地写电磁学的历史，所以关于各种假说和理论的历史，关于各种仪器的发明和改进的历史，关于电在各方面的应用的历史等等，除了与重要发现有关的略作介绍外，一般便都不提了。还有，我们只写到赫兹发现电磁波为止，并不是意味着人类对于电的认识就到此为止。而是我们觉得，经典电磁学一般都在此结束，所以我们也就在此结束比较合适。

由于现代的电磁学是在西方发展起来的，在我国很难甚至不可能找到西方的古代文献，因此，除了法拉第、麦克斯韦和赫兹三位的贡献是根据他们的原始著作写出的以外，其他的都是根据第二手甚至第三手资料编写的。由于不是第一手资料，我们便不得不参考很多文献，从中摘取我们所需要的材料。正由于不是第一手资料，对其内容，便不敢完全相信，至少不敢相信它们全面地反映了事情的真面目。在这种情况下，为了尽可能接近历史的真实，我们便采取了尽量引用本人的原话的办法。尽管有些话是经过翻译的，有些甚至是转译的，但我们觉得，它们总比第二、第三手资料中的叙述要可靠些。例如，关于伽伐尼的青蛙实验，关于奥斯特发现电流磁效应，在各种资料里有各种说法，我们觉得，还是引用他们自己的说法较好。

对电磁学的发展有过重要贡献的人，他们的贡献与他们的出身、所受的教育和工作、生活的环境等都有密切的关系。所以，对于他们的生平，我们写了较全面的简介，以便读者对他们有所了解。我们觉得，他们也都是活生生的人，他们为人类做出了贡献，应当受到各国人民的尊敬。

周岳明同志对书中有的地方提出过宝贵意见，谨此致谢。

由于我们的知识和水平所限，谬误和不妥之处，自知不免。如蒙读者指教，我们将不胜感谢。

张之翔

1990 年春于北大畅春园

① 参看第二卷第一部分后面所列参考文献[6]的索引。

目　　录

第一卷

第二卷

第一卷

第一章 静电场

§1.1 静电场中的电场线

1. 电场线

(1) 电场线的方向(切线方向)表示电场强度 $\boldsymbol{E}$ 的方向;电场线的疏密表示 $\boldsymbol{E}$ 的强弱.

注意:由于电场强度 $\boldsymbol{E}$ 在没有电荷的地方是连续的,而电场线却只能是一条一条的分立的,所以从电场线只能看出电场分布的轮廓,而不能确定某点的电场强度的大小,例如,不能说没有电场线的地方(如两条电场线之间)的电场强度为零.

(2) 电场线是形象地描述电场的空间曲线,是假想的线,并不是电场中真有这样的曲线存在.

2. 静电场中的电场线

如果我们把电场线画成代表总电场强度 $\boldsymbol{E}$ 的连续曲线①,则静电场中的电场线便有如下一些性质:

(1) 电场线起于正电荷而终于负电荷.

由 $\boldsymbol{E}$ 和电场线的定义可以得出这个结论.

(2) 电场线不相交.

因为根据库仑定律和电场强度的叠加原理,电荷在空间每一点产生的电场强度 $\boldsymbol{E}$ 都是唯一的,因而静电场中每一点,$\boldsymbol{E}$ 的方向都是唯一的;而 $\boldsymbol{E}$ 的方向就是电场线的方向,所以电场线不可能相交.

---

① 有人主张,电场线不一定要画成连续曲线,例如,参看 D. 哈里德,R. 瑞斯尼克著,李仲卿等译,《物理学》,第二卷,第一册,高等教育出版社,1979 年,26 页. 我们在这里只讨论画成连续曲线的情况.

(3) 同一条电场线上任何两点的电势都不相等.

这个结论可由 $\boldsymbol{E}$ 沿电场线的积分得出，设 a,b 为电场线上的任意两点，则沿电场线积分便有

$$V_a - V_b = \int_a^b \boldsymbol{E} \cdot \mathrm{d}\boldsymbol{l} \neq 0. \tag{1}$$

或者，由

$$\boldsymbol{E} = -\nabla V \tag{2}$$

可知，电场线是电势 V 在空间下降的最陡路线，故同一条电场线上任何两点的电势都不能相等.

(4) 电场线不闭合.

这个结论可由(1)式和静电场的基本性质

$$\oint \boldsymbol{E} \cdot \mathrm{d}\boldsymbol{l} = 0 \tag{3}$$

得出．因为假定电场线闭合，则由(1)式令 b 与 a 重合，沿这闭合的电场线积分一圈，便有 $\oint \boldsymbol{E} \cdot \mathrm{d}\boldsymbol{l} \neq 0$，而这与(3)式矛盾，故假定不合理，即电场线不闭合.

(5) 一条电场线不能两端都在同一导体上.

这个结论可由(1)式和导体是等势体得出.

推论：如果空间有一组导体 $A,B,C,D,\cdots$，A 有电场线到 B，B 有电场线到 C，C 有电场线到 $D,\cdots$，如图 1 所示. 则 B 不可能有电场线到 A；C 不可能有电场线到 A,B；D 不可能有电场线到 $A,B,C,\cdots$.

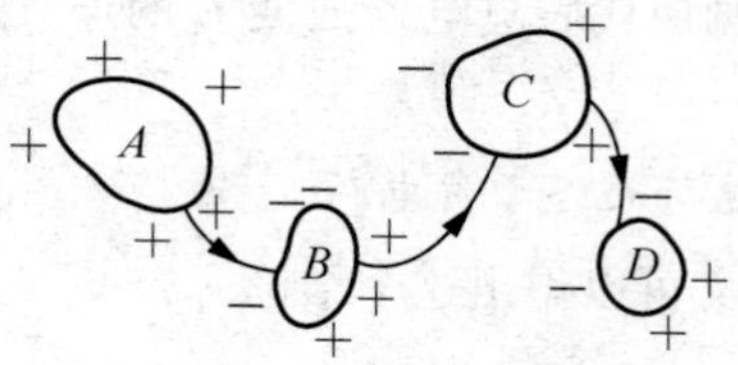

图 1　导体组的电场线

(6) 电场线为平行直线的地方是匀强电场(即 $\boldsymbol{E}$ 的大小和方向在各点都相同).

这个结论可由(3)式得出.

3. 电场线的中断问题

有人问，两个相同的点电荷，在它们之间连线的中点 M，电场线是否相交?

回答是:不相交. 因为在这一点,$\boldsymbol{E}=0$,所以这一点不能有电场线通过. 按电场线的画法,两个点电荷都向中部发出许多电场线,越接近中点 M,$\boldsymbol{E}$ 越小,故电场线的密度就越稀(都散开了,参看图 2),到 M 点,应当一根也没有. 因此,最好不要沿这两个点电荷的连线画电场线. 如果一定要画,那只能说,这两根电场线只能趋近于 M,而不能到达 M. 同样,最好也不要沿这两个电荷的中垂线画电场线,如果一定要画,那只能说,这两根电场线也只能趋近于 M,而不能到达 M.

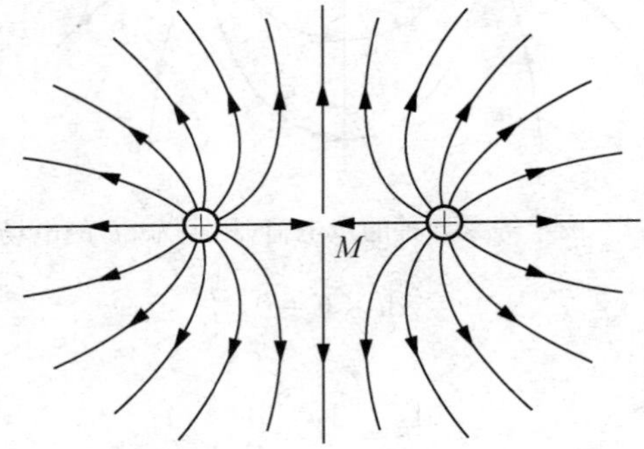

图 2　电场线只能趋近于 M,而不能到达 M

§ 1.2　两个等量点电荷的电场线方程

两个等量点电荷的电场线,看起来很具有自然的魅力. 它们的数学方程是怎样的呢? 一般电磁学教科书上很少讲到. 我们参考专著[1]、[2],在这里写出较详细的推导和结果,以飨对自然奥秘的探索者.

1. 两个等量异种电荷的电场线方程

两个点电荷 $-q$ 和 q,相距为 $2l$(当 l 很小时,这两个电荷系统便是电偶极子). 以它们连线的中点为原点,取坐标如图 1. 求在 xy 平面内这两个电荷的电场线的方程.

根据电场线的定义,它上面每一点的切线就是该点的电场强度 $\boldsymbol{E}$ 的方向. 故在电场线上取一段线元

$$\mathrm{d}\boldsymbol{l}=(\mathrm{d}x,\mathrm{d}y,\mathrm{d}z),\tag{1}$$

则 $\mathrm{d}\boldsymbol{l}$ 应平行于该处的 $\boldsymbol{E}$,由此得

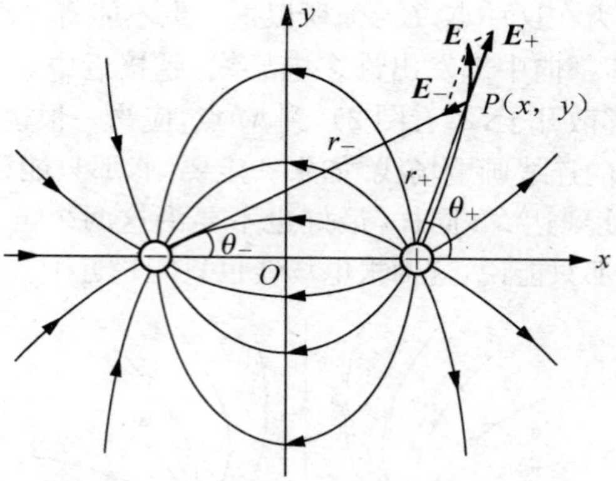

图 1　两个等量异种的点电荷(相距为 $2l$)的电场线

$$\mathrm{d}\boldsymbol{l}\times\boldsymbol{E}=0,\tag{2}$$

由(2)式即得

$$\frac{\mathrm{d}x}{E_x}=\frac{\mathrm{d}y}{E_y}=\frac{\mathrm{d}z}{E_z},\tag{3}$$

这就是电场线的微分方程. 在 xy 平面上,就是

$$\frac{\mathrm{d}y}{\mathrm{d}x}=\frac{E_y}{E_x}.\tag{4}$$

设 $P(x,y)$ 为 xy 平面上任一点(图 1),q 和 $-q$ 在 P 点产生的电场强度分别为 $\boldsymbol{E}_+$ 和 $\boldsymbol{E}_-$;令

$$r_+=\sqrt{(x-l)^2+y^2}\tag{5}$$

和

$$r_-=\sqrt{(x+l)^2+y^2}\tag{6}$$

分别代表 q 和 $-q$ 到 P 点的距离,则由图 1 得

$$E_x=E_+\cos\theta_+-E_-\cos\theta_-=\frac{q}{4\pi\varepsilon_0}\frac{1}{r_+^2}\frac{x-l}{r_+}-\frac{q}{4\pi\varepsilon_0}\frac{1}{r_-^2}\frac{x+1}{r_-}=\frac{q}{4\pi\varepsilon_0}\left(\frac{x-l}{r_+^3}-\frac{x+l}{r_-^3}\right),\tag{7}$$

$$E_y=E_+\sin\theta_+-E_-\sin\theta_-=\frac{q}{4\pi\varepsilon_0}\frac{1}{r_+^2}\frac{y}{r_+}-\frac{q}{4\pi\varepsilon_0}\frac{1}{r_-^2}\frac{y}{r_-}=\frac{q}{4\pi\varepsilon_0}\left(\frac{y}{r_+^3}-\frac{y}{r_-^3}\right),\tag{8}$$

把(7)、(8)两式代入(4)式,得

$$\frac{\mathrm{d}y}{\mathrm{d}x}=\frac{\dfrac{y}{r_+^3}-\dfrac{y}{r_-^3}}{\dfrac{x-l}{r_+^3}-\dfrac{x+l}{r_-^3}},\tag{9}$$

这就是所要求的电场线的微分方程. 下面就来解它. 先把它化成下列形状:

$$\left(\frac{x-l}{r_+^3}-\frac{x+l}{r_-^3}\right)\frac{\mathrm{d}y}{\mathrm{d}x}=\frac{y}{r_+^3}-\frac{y}{r_-^3},$$

$$\frac{1}{r_-^3}\left[y-(x+l)\frac{\mathrm{d}y}{\mathrm{d}x}\right]-\frac{1}{r_+^3}\left[y-(x-l)\frac{\mathrm{d}y}{\mathrm{d}x}\right]=0,\tag{10}$$

以 y 乘上式，得

$$\frac{1}{r_-^3}\left[y^2-(x+l)y\frac{\mathrm{d}y}{\mathrm{d}x}\right]-\frac{1}{r_+^3}\left[y^2-(x-l)y\frac{\mathrm{d}y}{\mathrm{d}x}\right]=0.\tag{11}$$

利用(6)式，(11)式的第一项可化为

$$\begin{aligned}&\frac{1}{r_-^3}\left[y^2-(x+l)y\frac{\mathrm{d}y}{\mathrm{d}x}\right]\\&=\frac{1}{r_-^3}\left[r_-^2-(x+l)^2-(x+l)y\frac{\mathrm{d}y}{\mathrm{d}x}\right]\\&=\frac{1}{r_-}-\frac{x+l}{r_-^3}\left[(x+l)+y\frac{\mathrm{d}y}{\mathrm{d}x}\right]\\&=\frac{1}{r_-}-\frac{1}{2}\frac{x+l}{r_-^3}\frac{\mathrm{d}}{\mathrm{d}x}\left[(x+l)^2+y^2\right]\\&=\frac{1}{r_-}+(x+l)\frac{\mathrm{d}}{\mathrm{d}x}\frac{1}{\sqrt{(x+l)^2+y^2}}\\&=\frac{1}{r_-}+(x+l)\frac{\mathrm{d}}{\mathrm{d}x}\left(\frac{1}{r_-}\right)\\&=\frac{\mathrm{d}}{\mathrm{d}x}\left(\frac{x+l}{r_-}\right)=\frac{\mathrm{d}}{\mathrm{d}x}\left(\frac{x+l}{\sqrt{(x+l)^2+y^2}}\right);\end{aligned}\tag{12}$$

与此类似，(11)式的第二项可化为

$$\frac{1}{r_+^3}\left[y^2-(x-l)y\frac{\mathrm{d}y}{\mathrm{d}x}\right]=\frac{\mathrm{d}}{\mathrm{d}x}\left(\frac{x-l}{\sqrt{(x-l)^2+y^2}}\right).\tag{13}$$

把(12)和(13)两式代入(11)式，便得

$$\frac{\mathrm{d}}{\mathrm{d}x}\left[\frac{x+l}{\sqrt{(x+l)^2+y^2}}-\frac{x-l}{\sqrt{(x-l)^2+y^2}}\right]=0.\tag{14}$$

积分，便得到所求的电场线方程为

$$\frac{x+l}{\sqrt{(x+l)^2+y^2}}-\frac{x-l}{\sqrt{(x-l)^2+y^2}}=C,\tag{15}$$

式中 C 是积分常数，不同的 C 值，便代表不同的电场线. 例如，通过图 1 中 $(0,a)$ 点的电场线的方程为

$$\frac{x+l}{\sqrt{(x+l)^2+y^2}}-\frac{x-l}{\sqrt{(x-l)^2+y^2}}=\frac{2l}{\sqrt{l^2+a^2}}.\tag{16}$$

由此可见，C 值大的电场线在里边，C 值小的电场线在外边.

【讨论】 与 x 轴重合的电场线.

一、(16)式中 $a=0$ 的电场线与两电荷之间的那段 x 轴重合. 令(16)式中的 $a=0$,便得

$$\frac{x+l}{\sqrt{(x+l)^2+y^2}}-\frac{x-l}{\sqrt{(x-l)^2+y^2}}=2, \tag{17}$$

上式经过两次平方,消去根式后,便得出

$$y=0, \tag{18}$$

这正是 x 轴的方程,这表明,$a=0$ 的(16)式便是两电荷之间与 x 轴重合的那条电场线.

有人指出,(16)式中令 $y=0$ 会出现矛盾. 因为这时(16)式右边等于 2(因为 $a=0$),而左边则为

$$\frac{x+l}{\sqrt{(x+l)^2}}-\frac{x-l}{\sqrt{(x-l)^2}}=\frac{x+l}{x+l}-\frac{x-l}{x-l}=1-1=0,$$

这是不对的. 因为 $\sqrt{(x-l)^2+y^2}=r_+$ 和 $\sqrt{(x+l)^2+y^2}=r_-$ 都代表距离,它们都应是正值,即 $\sqrt{(x+l)^2+y^2}\geqslant 0$, $\sqrt{(x-l)^2+y^2}\geqslant 0$. 对两电荷之间的那段 x 轴来说,$y=0$, $-l\leqslant x\leqslant l$,故 $\sqrt{(x-l)^2+y^2}=-(x-l)\geqslant 0$. 所以 $y=0$,(17)式左边应为

$$\frac{x+l}{\sqrt{(x+l)^2}}-\frac{x-l}{\sqrt{(x-l)^2}}=\frac{x+l}{x+l}-\frac{x-l}{-(x-l)}=1+1=2. \tag{19}$$

二、(16)式中 $a\to\infty$ 的电场线与两电荷之外的 x 轴重合. 令(16)式中的 $a\to\infty$,便得

$$\frac{x+l}{\sqrt{(x+l)^2+y^2}}-\frac{x-l}{\sqrt{(x-l)^2+y^2}}=0, \tag{20}$$

平方,消去根号便得

$$y=0, \tag{21}$$

这正是 x 轴的方程.

2. 两个等量同种电荷的电场线方程

两个点电荷,都是 q,相距为 $2l$,以它们连线的中点为原点,取坐标如图 2. 求在 xy 平面内这两个电荷的电场线的方程. 设 $P(x,y)$ 为这平面上任一点,这两个点电荷在 P 点产生的电场强度分别为 $\boldsymbol{E}_-$ 和 $\boldsymbol{E}_+$,则 P 点的电场强度 $\boldsymbol{E}$ 在 x, y 方向上的分量便分别为

$$E_x=E_+\cos\theta_+ + E_-\cos\theta_- = \frac{q}{4\pi\varepsilon_0}\left(\frac{x-l}{r_+^3}+\frac{x+l}{r_-^3}\right), \tag{22}$$

$$E_y = E_+ \sin\theta_+ + E_- \sin\theta_- = \frac{q}{4\pi\varepsilon_0}\left(\frac{y}{r_+^3} + \frac{y}{r_-^3}\right). \tag{23}$$

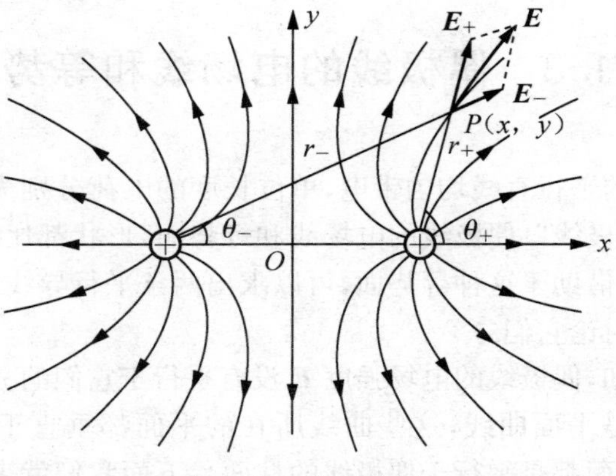

图 2 两个相同的点电荷(相距为 2l)的电场线

这个问题与图 1 的问题唯一不同之处，是把图 1 左边的 $-q$ 换成了 q. 只需把(7)、(8)两式中两项间的减号换成加号，便是现在的情况，这就是(22)和(23)两式. 把这两式代入(4)式，得

$$\frac{dy}{dx} = \frac{\dfrac{y}{r_+^3} + \dfrac{y}{r_-^3}}{\dfrac{x-l}{r_+^3} + \dfrac{x+l}{r_-^3}}, \tag{24}$$

故
$$\frac{1}{r_+^3}\left[y - (x-l)\frac{dy}{dx}\right] + \frac{1}{r_-^3}\left[y - (x+l)\frac{dy}{dx}\right] = 0. \tag{25}$$

以 y 乘上式，并利用(12)式和(13)式，便得

$$\frac{d}{dx}\left[\frac{x+l}{\sqrt{(x+l)^2+y^2}} + \frac{x-l}{\sqrt{(x-l)^2+y^2}}\right] = 0, \tag{26}$$

积分，便得

$$\frac{x+l}{\sqrt{(x+l)^2+y^2}} + \frac{x-l}{\sqrt{(x-l)^2+y^2}} = C', \tag{27}$$

式中 C' 是积分常数. 这就是两个相同的点电荷的电场线方程，不同的 C' 值就代表不同的电场线.

参考文献

[1] J. H. Jeans, *The Mathematical Theory of Electricity and Magnetism*, 5th ed., Cambridge

University Press (1951), pp. 47—50.
[2] W. R. 斯迈思著，戴世强译，《静电学和电动力学》，上册，科学出版社(1981)，10—13 页.

§1.3 偶极线的电场线和等势面

两条无穷长的平行直线均匀带电，单位长度的电荷分别为 λ 和 $-\lambda$. 我们把这个系统叫做“偶极线”. 偶极线的电场线和等势面，形状都比较简单，可以用初等函数表示；而且借助于这种等势面，可以求出两条平行导线之间的电容. 所以我们在这里专门讨论它们.

由对称性可知，偶极线的电场强度 $\boldsymbol{E}$ 没有平行于它们的分量，这就是说，偶极线的电场线都是平面曲线，这些曲线所在的平面都垂直于偶极线. 与此相应，偶极线的等势面都是平行于偶极线的柱面. 下面我们就来求偶极线的电场线和等势面的表达式.

1. 偶极线的电场线

设偶极线相距为 $2a$. 以垂直于偶极线的任一平面为 xy 面，取笛卡儿坐标系如图 1 所示，x 轴通过两带电线，原点 O 则在两带线的中点. 由于空间任一点 $P(x,y,z)$ 的电场强度 $\boldsymbol{E}$ 都没有平行于带电线的分量，故 $\boldsymbol{E}$ 为

$$\boldsymbol{E}=(E_x, E_y, 0), \tag{1}$$

而且 E_x 和 E_y 也都与 z 无关，只是 x 和 y 的函数. 所以下面就只须考虑 xy 平面内的问题.

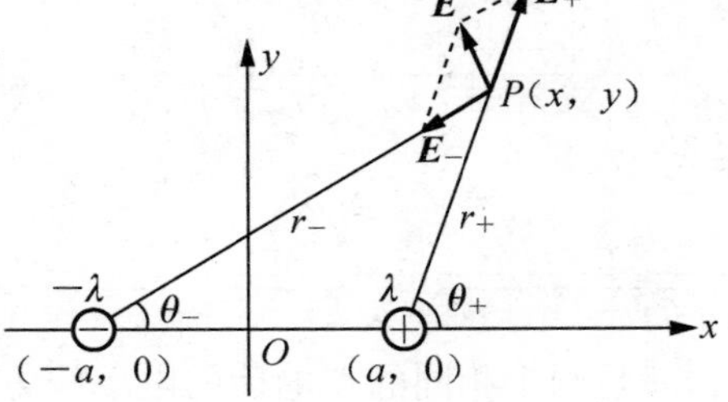

图 1 偶极线 λ 和 $-\lambda$ 垂直于纸面

无穷长均匀带电直线 λ 在距离为 r 处产生的电场强度的大小为

$$E=\frac{\lambda}{2\pi\varepsilon_0 r}. \tag{2}$$

由上式和图 1 得出，偶极线在 $P(x,y)$ 点产生的电场强度 $\boldsymbol{E}$ 的分量为

$$E_x=E_+\cos\theta_+-E_-\cos\theta_-=\frac{\lambda}{2\pi\varepsilon_0}\left(\frac{x-a}{r_+^2}-\frac{x+a}{r_-^2}\right),\tag{3}$$

$$E_y=E_+\sin\theta_+-E_-\sin\theta_-=\frac{\lambda}{2\pi\varepsilon_0}\left(\frac{y}{r_+^2}-\frac{y}{r_-^2}\right).\tag{4}$$

因 $\boldsymbol{E}$ 与电场线相切，故电场线的斜率便为

$$\frac{\mathrm{d}y}{\mathrm{d}x}=\frac{E_y}{E_x}.\tag{5}$$

把(3)、(4)两式代入(5)式，便得

$$\frac{\mathrm{d}y}{\mathrm{d}x}=\frac{y(r_-^2-r_+^2)}{x(r_-^2-r_+^2)-a(r_-^2+r_+^2)}.\tag{6}$$

由图 1 有

$$r_+^2=(x-a)^2+y^2,\tag{7}$$

$$r_-^2=(x+a)^2+y^2,\tag{8}$$

把(7)、(8)两式代入(6)式，便得

$$\frac{\mathrm{d}y}{\mathrm{d}x}=\frac{2xy}{x^2-y^2-a^2}.\tag{9}$$

这就是偶极线的电场线的微分方程，解这个微分方程便可得出电场线的表达式. 下面我们就来解这个微分方程.

把(9)式写成下列形式：

$$2xy\mathrm{d}x-(x^2-a^2-y^2)\mathrm{d}y=0,\tag{10}$$

即

$$y\mathrm{d}(x^2-a^2)-(x^2-a^2)\mathrm{d}y+y^2\mathrm{d}y=0,$$

以 y^2 除上式，得

$$\frac{y\mathrm{d}(x^2-a^2)-(x^2-a^2)\mathrm{d}y}{y^2}+\mathrm{d}y=0,\tag{11}$$

积分，便得

$$\frac{x^2-a^2}{y}+y=2b,\tag{12}$$

为以后方便起见，这里把积分常数写成 $2b$ 的形式. (12)式可化为

$$x^2+(y-b)^2=a^2+b^2,\tag{13}$$

这便是微分方程(9)的通解，它的几何图形是圆心在 y 轴上的圆族，圆心在$(0,b)$点，半径为

$$r=\sqrt{a^2+b^2}.\tag{14}$$

由(13)式可见，$x=\pm a$ 时，$y=0$. 这表明，偶极线的电场线是圆心在 y 轴上

的圆族，其中每个圆都经过偶极线，如图 2 所示.

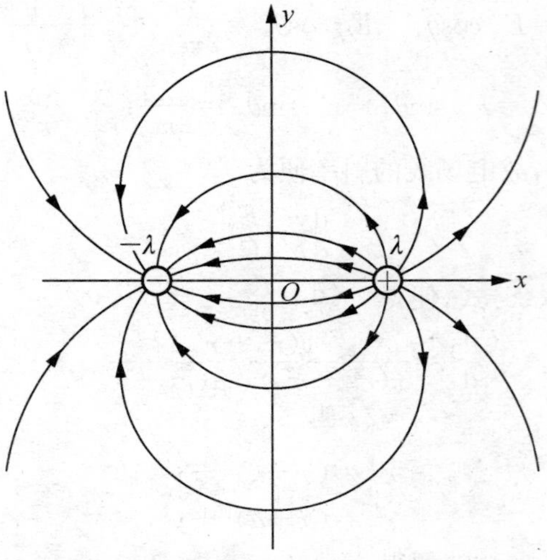

图 2　偶极线的电场线是圆心在 y 轴上的圆族

2. 偶极线的等势面

由(2)式和电势差的定义得出，距离一条无穷长均匀带电直线 λ 为 r_+ 和 R_+ 两处的电势差为

$$V_{r+}-V_{R+}=\int_{r_+}^{R_+}\boldsymbol{E}\cdot\mathrm{d}\boldsymbol{r}=\int_{r_+}^{R_+}\frac{\lambda\mathrm{d}r}{2\pi\varepsilon_0 r}=\frac{\lambda}{2\pi\varepsilon_0}\ln\frac{R_+}{r_+}. \tag{15}$$

为方便起见，取距离 λ 为 R_+ 处的电势为零，则距离 λ 为 r_+ 处的电势便为

$$V_+=\frac{\lambda}{2\pi\varepsilon_0}\ln\frac{R_+}{r_+}. \tag{16}$$

同样，如果只有一条单位长度带电为 $-\lambda$ 的无穷长直线，并以距离这直线为 R_- 处的电势为零，则距离这直线为 r_- 处的电势便为

$$V_-=-\frac{\lambda}{2\pi\varepsilon_0}\ln\frac{R_-}{r_-}. \tag{17}$$

现在 λ 和 $-\lambda$ 同时存在，构成偶极线，我们可以取图 1 中的原点 O 为它们的公共电势零点，这时，图 1 中 $P(x,y)$ 点的电势便为

$$V=V_++V_-=\frac{\lambda}{2\pi\varepsilon_0}\left(\ln\frac{a}{r_+}-\ln\frac{a}{r_-}\right)=\frac{\lambda}{2\pi\varepsilon_0}\ln\frac{r_-}{r_+}, \tag{18}$$

由此式得

$$\frac{r_-}{r_+}=\mathrm{e}^{\frac{2\pi\varepsilon_0 V}{\lambda}}. \tag{19}$$

如果不取原点 O 为电势零点，而取距离偶极线为无穷远处为电势零点，则得出的结果仍然是(19)式.

在一个给定的等势面上，V 是常数，这时(19)式右边就是一个常数，我们用 k 表示，即取

$$k = e^{\frac{2\pi\varepsilon_0 V}{\lambda}}, \tag{20}$$

于是便得

$$r_- = kr_+. \tag{21}$$

把(7)、(8)两式代入(21)式，便得

$$(x+a)^2 + y^2 = k^2[(x-a)^2 + y^2], \tag{22}$$

上式可化为

$$x^2 + y^2 - 2\left(\frac{k^2+1}{k^2-1}\right)ax + a^2 = 0. \tag{23}$$

令

$$c = \frac{k^2+1}{k^2-1}a \tag{24}$$

和

$$R = \left|\frac{2k}{k^2-1}\right|a, \tag{25}$$

则(23)式便可写作

$$(x-c)^2 + y^2 = R^2, \tag{26}$$

这是圆心在 x 轴上的圆族，圆心在 $(c,0)$ 点，半径为 R.

(22)式或(23)式所表示的曲线是 xy 平面与等势面的截线(如图 3 所示)，所以等势面便是轴线与偶极线平行的圆柱面. 当 $V=0$ 时，$k=1$，c 和 R 都趋于无穷大，即电势为零的等势面是轴线在无穷远处、半径为无穷大的圆柱面，实际上就是 $x=0$ 的平面，这一点由(22)式很容易看出. 当 $V>0$ 时，$k>1$，$c>a$，这时等势面是轴线在 λ 外边(图 1 和图 3 中 λ 的右边)的圆柱面；V 越大，k 越大，R 越小，c 也越小，即圆柱面的半径越小，同时轴线越靠近 λ. 当 $V\to\infty$ 时，$k\to\infty$，等势面便缩成与 λ 重合的一条直线. 当 $V<0$ 时，$0<k<1$，$c<-a$，这时等势面是轴线在 $-\lambda$ 外边(图 1 和图 3 中 $-\lambda$ 的左边)的圆柱面；V 越小(即 $|V|$ 越大)，k 越小，R 越小，c 则越大($|c|$ 越小)，即圆柱面的半径越小，同时轴线越靠近 $-\lambda$. 当 $V\to-\infty$ 时，$k\to0$，等势面便缩成与 $-\lambda$ 重合的一条直线.

由以上的分析可见，偶极线的等势面是圆柱面族，它们的轴线与 x 轴相交并与偶极线平行，它们在 xy 平面上的截线如图 3 所示.

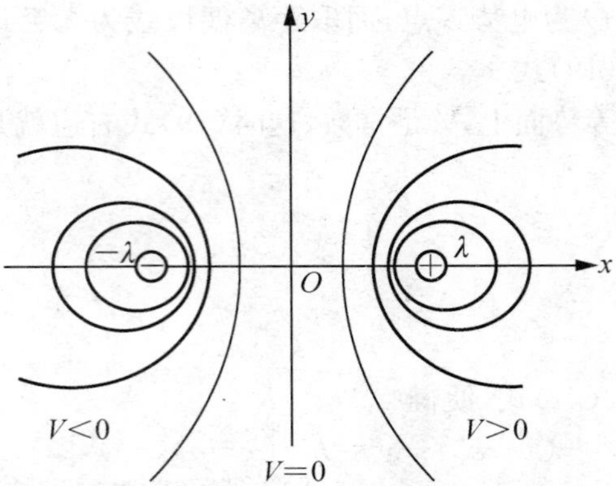

图 3 偶极线的等势面在 xy 平面上的截线

§1.4 特殊电场线与导体平面的交点

一点电荷 q 放在一无穷大导体平面前，到导体平面的距离为 l，已知导体电势为零. 电场线从点电荷出发，终止在导体平面上；其中有些电场线从点电荷出发时，正好与导体平面平行. 问这些电场线与导体平面的交点到 q 的垂足的距离是多少？

对这个有趣的问题[1]，我们用两种方法解答[2].

1. 用电场线方程求解

以导体平面为 y-z 平面，取笛卡儿坐标系，使点电荷 q 在 x 轴上离导体平面为 l 处，如图 1 所示. 根据镜象法[2]，设想导体不存在，在 x 轴上 $x=-l$ 处，有一点电荷 $-q$(象电荷)，则 q 和 $-q$ 一起，使 $x=0$ 平面(即 y-z 平面)上每一点的电势都为零. 这样就满足了导体表面电势为零的边界条件. 根据唯一性定理，导体外的电场就与 q 和 $-q$ 两个点电荷所产生的电场相同；也就是说，导体外的电场线与 q 和 $-q$ 两个点电荷所产生的电场线相同. q 和 $-q$ 两个点电荷所产生的电场线的方程，在前面§1.2 里已经求出来了，结果为

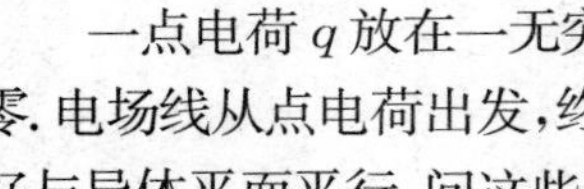

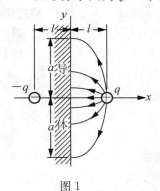

图 1

$$\frac{x+l}{\sqrt{(x+l)^2+y^2}}-\frac{x-l}{\sqrt{(x-l)^2+y^2}}=\frac{2l}{\sqrt{l^2+a^2}},\tag{1}$$

式中 a 是电场线与 y 轴的交点到坐标原点的距离；在图 1 的情况下，就是电场线与导体平面的交点到原点的距离. 我们的目的就是求从 q 出发时与导体平面平行的那些电场线的 a 的值.

由(1)式，电场线的斜率为

$$\frac{\mathrm{d}y}{\mathrm{d}x}=y\frac{[(x+l)^2+y^2]^{3/2}-[(x-l)^2+y^2]^{3/2}}{(x-l)[(x+l)^2+y^2]^{3/2}-(x+l)[(x-l)^2+y^2]^{3/2}},\tag{2}$$

电场线在 q 处(即 $x=l,y=0$ 处)与导体表面平行，即

$$\left(\frac{\mathrm{d}y}{\mathrm{d}x}\right)_{x=l,\,y=0}=\infty.\tag{3}$$

我们就根据这个条件来求这种特殊电场线的 a 的值. 由(2)、(3)两式得

$$(x-l)[(x+l)^2+y^2]^{3/2}=(x+l)[(x-l)^2+y^2]^{3/2},\tag{4}$$

当 $x=l,y=0$ 时，(1)式左边第二项的值不定，我们利用(4)式消去这一项. 将(4)式化为

$$\frac{x-l}{\sqrt{(x-l)^2+y^2}}=\frac{x+l}{[(x+l)^2+y^2]^{3/2}}[(x-l)^2+y^2],\tag{5}$$

将(5)式代入(1)式以消除(1)式左边第二项，便得

$$\frac{x+l}{\sqrt{(x+l)^2+y^2}}\left[1-\frac{(x-l)^2+y^2}{(x+l)^2+y^2}\right]=\frac{2l}{\sqrt{l^2+a^2}},\tag{6}$$

在(6)式中，令 $x=l,y=0$，便得

$$\frac{2l}{\sqrt{(2l)^2}}[1-0]=\frac{2l}{\sqrt{l^2+a^2}},\tag{7}$$

解得

$$a=\sqrt{3}\,l,\tag{8}$$

这就是我们所要求的结果. 它表明：从点电荷出发时平行于导体平面的电场线，它们与导体平面的交点到原点(q 的垂足)的距离为 $\sqrt{3}\,l$.

2. 用高斯定理求解

从点电荷 q 出发时平行于导体平面的那些电场线，构成一个立体形罩子，扣在导体表面上，以这罩子为高斯面的侧面，高斯面的底面则取在导体内. 由于这高斯面的侧面上电场线都是沿着侧面，而底面上 $\boldsymbol{E}=0$，故

$$\oint_S \boldsymbol{E}\cdot\mathrm{d}\boldsymbol{S}=0,\tag{9}$$

于是由高斯定理得知，这高斯面内电荷的代数和必为零. 由于这高斯面经过点

电荷 q 时,是与导体平面平行的光滑曲面,所以 q 发出的电场线应有一半在这高斯面内,因此我们可以把 q 的一半算在这高斯面内,于是便得

$$\frac{q}{2}+\int_S \sigma \mathrm{d}S=0, \tag{10}$$

式中 σ 是导体表面上的面电荷密度. 根据镜象法,q 在导体平面上引起的感应电荷,其面电荷密度为[3]

$$\sigma=-\frac{q}{2\pi}\frac{l}{(y^2+z^2+l^2)^{3/2}}, \tag{11}$$

令 $r=\sqrt{y^2+z^2}$,则得

$$\int_S \sigma \mathrm{d}S=\int_0^a \sigma \cdot 2\pi r \mathrm{d}r=-ql\int_0^a \frac{r\mathrm{d}r}{(r^2+l^2)^{3/2}}, \tag{12}$$

式中 a 就是高斯面底面的半径,也就是我们所要求的电场线与导体平面相交的地方. 积分,得

$$\int_0^a \frac{r\mathrm{d}r}{\sqrt{r^2+l^2}}=\left[-\frac{1}{\sqrt{r^2+l^2}}\right]_{r=0}^{r=a}=\frac{1}{l}-\frac{1}{\sqrt{a^2+l^2}}, \tag{13}$$

将(12)式和(13)式代入(10)式,得

$$\frac{q}{2}-ql\left(\frac{1}{l}-\frac{1}{\sqrt{a^2+l^2}}\right)=0, \tag{14}$$

解得

$$a=\sqrt{3}\,l. \tag{15}$$

参 考 文 献

[1] E. M. 珀塞尔著,南开大学物理系译,《电磁学》(《伯克利物理学教程》第二卷),科学出版社(1979),3.5 题,134 页.

[2] 张之翔编著,《电磁学千题解》,科学出版社(2010),2.1.45 题,181—183 页.

[3] 同[2],2.1.44 题,180—181 页.

§ 1.5 两个球对称分布电荷之间的相互作用力

电荷分布在球体内,凡是到球心距离相等的地方,电荷密度都相同,这样分布的电荷简称为球对称分布电荷. 设有两个球对称分布电荷,它们的电荷和半径分别为 Q_1,R_1 和 Q_2,R_2,两球心之间的距离为 $r(>R_1+R_2)$. 试求它们之间的相互作用力.

下面我们用两种方法求解.

1. 方法一:论证

(1) 先考虑点电荷与球对称分布电荷之间的相互作用力.

设有一球对称分布电荷,其电荷和半径分别为 Q 和 R;在球外距离球心为 r ($>R$)处,有一电荷为 q 的点电荷,如图 1 所示. 根据对称性和高斯定理,球对称分布电荷 Q 在点电荷 q 处产生的电场强度,等于 Q 全部集中在球心 O 处所产生的电场强度. 因此,整个球对称分布电荷 Q 作用在 q 上的力,便等于球心的点电荷 Q 作用在 q 上的力,即

$$\boldsymbol{F}=\frac{1}{4\pi\varepsilon_0}\frac{qQ}{r^2}\boldsymbol{e}, \tag{1}$$

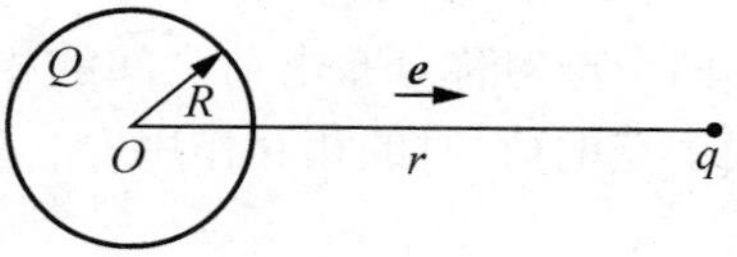

图 1

式中 $\boldsymbol{e}$ 是从 O 到 q 方向上的单位矢量.

因为静电荷之间的相互作用力遵守牛顿运动第三定律,故 q 作用在球对称分布电荷 Q 上的力便为

$$\boldsymbol{f}=-\boldsymbol{F}=-\frac{1}{4\pi\varepsilon_0}\frac{qQ}{r^2}\boldsymbol{e}. \tag{2}$$

于是我们得出结论:点电荷与球对称分布电荷之间的相互作用力,等于球对称分布电荷集中到球心时它们之间的相互作用力.

(2) 再考虑两个球对称分布电荷之间的相互作用力.

设两个球对称分布电荷如图 2 所示. 根据对称性和高斯定理,球对称分布电荷 Q_1 在 Q_2 球中的每一点所产生的电场强度,都等于 Q_1 集中到球心 O_1 所产生的电场强度. 因此,整个 Q_1 作用在 Q_2 上的力,便等于 Q_1 集中到球心 O_1 时作用在 Q_2 上的力. 换句话说,Q_1 作用在整个 Q_2 上的力,等于在球心 O_1 处电荷为 Q_1 的点电荷作用在 Q_2 上的力. 前面已经得出:点电荷与球对称分布电荷之间的相互作用力,等于球对称分布电荷集中到球心时它们之间的相互作用力. 所以 O_1 处的点电荷 Q_1 作用在球对称分布电荷 Q_2 上的力,便等于 O_1 处电荷为 Q_1 的点电荷作用在 O_2 处电荷为 Q_2 的点电荷上的力. 这就是说,球对称分布电荷 Q_1

对球对称分布电荷 Q_2 的作用力为

$$\boldsymbol{F}_{12}=\frac{1}{4\pi\varepsilon_0}\frac{Q_1Q_2}{r^2}\boldsymbol{e}. \tag{3}$$

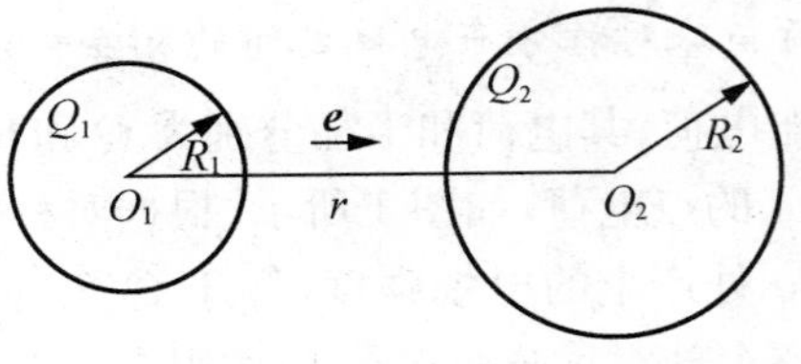

图 2

同样，球对称分布电荷 Q_2 对球对称分布电荷 Q_1 的作用力为

$$\boldsymbol{F}_{21}=-\frac{1}{4\pi\varepsilon_0}\frac{Q_1Q_2}{r_2}\boldsymbol{e}. \tag{4}$$

最后我们得出结论：两个球对称分布电荷之间的相互作用力等于两个电荷各自集中到球心（成为两个点电荷）时的相互作用力.

2. 方法二：计算

用点电荷之间的库仑定律进行计算. 为方便，以 Q_1 的球心 O_1 为原点，取笛卡儿坐标系，并使 Q_2 的球心 O_2 在 z 轴上，如图 3 所示. 我们来计算 Q_1 作用在整个 Q_2 球上的力.

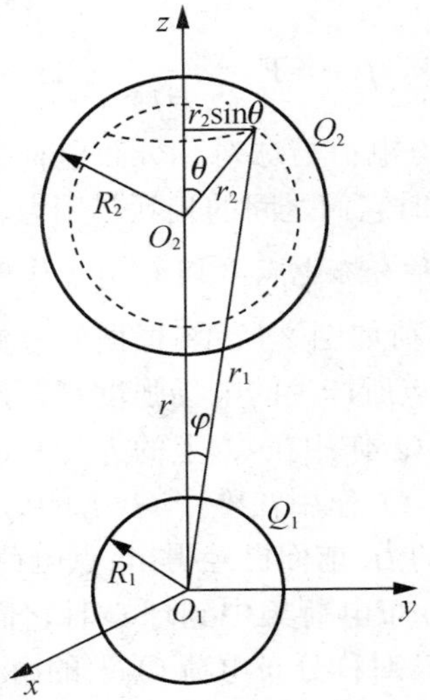

图 3

根据对称性和高斯定理，球对称分布电荷 Q_1 在球外产生的电场强度 $\boldsymbol{E}$，等于整个电荷 Q_1 都集中到球心 O_1 所产生的电场强度，即

$$\boldsymbol{E}_1=\frac{Q_1}{4\pi\varepsilon_0 r_1^2}\boldsymbol{e}_r, \tag{5}$$

式中 $\boldsymbol{e}_r$ 是自球心 O_1 指向场点的单位矢量.

考虑 Q_2 球体内半径为 r_2、厚为 $\mathrm{d}r_2$ 的一个球壳. 在这球壳上取半径为 $r_2\sin\theta$ 的一个环带，带宽为 $r_2\mathrm{d}\theta$，带厚为 $\mathrm{d}r_2$. 这个环带的电荷为

$$\mathrm{d}^2 Q_2=2\pi r_2^2\rho_2(r_2)\sin\theta\,\mathrm{d}r_2\,\mathrm{d}\theta, \tag{6}$$

式中 $\rho_2(r_2)$ 是球对称分布电荷 Q_2 的电荷密度. 这个环带上的电荷到 O_1 的距离都是 r_1（图 3）.

这个环带上各部分的电荷受 Q_1 的作用力其方向都不同，我们可以将它们分解为平行于 z 轴的分量和垂直于 z 轴的分量. 对于整个环带来说，由于对称性，垂直于 z 轴的分量互相抵消. 因此，整个环带的电荷受 Q_1 的作用力 $\mathrm{d}^2\boldsymbol{F}_{12}$ 便等于平行于 z 轴的分量之和. 设 $\boldsymbol{e}$ 为从 O_1 到 O_2 方向上的单位矢量，则根据(5)式，这个力便为

$$\mathrm{d}^2\boldsymbol{F}_{12}=[E_1\mathrm{d}^2Q_2]\cos\varphi\boldsymbol{e}=\left[\frac{Q_1}{4\pi\varepsilon_0 r_1^2}2\pi r_2^2\rho_2(r_2)\sin\theta\mathrm{d}r_2\mathrm{d}\theta\right]\cos\varphi\boldsymbol{e}, \tag{7}$$

式中 φ 是圆环的半径 $r_2\sin\theta$ 对 O_1 的张角. 由图 3 可见

$$r_1=\sqrt{r^2+r_2^2+2rr_2\cos\theta}, \tag{8}$$

$$\cos\varphi=(r+r_2\cos\theta)/r_1, \tag{9}$$

将(8)、(9)两式代入(7)式，即得

$$\mathrm{d}^2\boldsymbol{F}_{12}=\frac{Q_1}{4\pi\varepsilon_0}\frac{2\pi r_2^2\rho_2(r_2)(r+r_2\cos\theta)\sin\theta\,\mathrm{d}r_2\,\mathrm{d}\theta}{(r^2+r_2^2+2rr_2\cos\theta)^{3/2}}\boldsymbol{e}. \tag{10}$$

这便是 Q_2 球体内，半径为 r_2 的一个球壳上，一个环带的电荷受球对称分布电荷 Q_1 的作用力.

将(10)式对 θ 积分，便得出半径为 r_2 的球壳上的电荷所受 Q_1 的作用力，即

$$\mathrm{d}\boldsymbol{F}_{12}=\frac{Q_1}{4\pi\varepsilon_0}2\pi r_2^2\rho_2(r_2)\mathrm{d}r_2\int_0^{\pi}\frac{(r+r_2\cos\theta)\sin\theta\mathrm{d}\theta}{(r^2+r_2^2+2rr_2\cos\theta)^{3/2}}\boldsymbol{e}, \tag{11}$$

上式中两个积分的值分别为

$$\int_0^{\pi}\frac{\sin\theta\mathrm{d}\theta}{(r^2+r_2^2+2rr_2\cos\theta)^{3/2}}=\frac{1}{rr_2}\frac{1}{\sqrt{r^2+r_2^2+2rr_2\cos\theta}}\Bigg|_{\theta=0}^{\theta=\pi}=\frac{2}{r}\frac{1}{r^2-r_2^2}, \tag{12}$$

$$\int_0^{\pi}\frac{\cos\theta\sin\theta\mathrm{d}\theta}{(r^2+r_2^2+2rr_2\cos\theta)^{3/2}}=-\frac{1}{2r^2r_2^2}\left[\sqrt{r^2+r_2^2+2rr_2\cos\theta}+\frac{r^2+r_2^2}{\sqrt{r^2+r_2^2+2rr_2\cos\theta}}\right]\Bigg|_{\theta=0}^{\theta=\pi}$$

$$=-\frac{2r_2}{r^2}\frac{1}{r^2-r_2^2}. \tag{13}$$

在上面的计算中，有一点应注意：因(8)式的 r_1 代表距离，故

$$r_1=\sqrt{r^2+r_2^2+2rr_2\cos\theta}\geqslant 0, \tag{14}$$

又根据题给，$r>r_2$，所以在 $\theta=\pi$ 时，应取 $r_1=\sqrt{r^2+r_2^2-2rr_2}=r-r_2$，而不取 r_2-r.

将(12)、(13)两式代入(11)式，即得

$$\begin{aligned}\mathrm{d}\boldsymbol{F}_{12}&=\frac{Q_1}{4\pi\varepsilon_0}2\pi r_2^2\rho_2(r_2)\mathrm{d}r_2\left[r\left(\frac{2}{r}\frac{1}{r^2-r_2^2}\right)+r_2\left(-\frac{2r_2}{r^2}\frac{1}{r^2-r_2^2}\right)\right]\boldsymbol{e}\\&=\frac{Q_1}{4\pi\varepsilon_0}\frac{4\pi r_2^2\rho_2(r_2)\mathrm{d}r_2}{r^2}\boldsymbol{e},\end{aligned} \tag{15}$$

这便是 Q_2 球内，半径为 r_2、厚为 $\mathrm{d}r_2$ 的球壳电荷所受 Q_1 的作用力. 对 r_2 积分便得，整个 Q_2 所受 Q_1 的作用力为

$$\boldsymbol{F}_{12}=\frac{Q_1}{4\pi\varepsilon_0}\int_0^{R_2}\frac{4\pi r_2^2\rho_2(r_2)\mathrm{d}r_2}{r^2}\boldsymbol{e}=\frac{Q_1}{4\pi\varepsilon_0 r^2}\int_0^{R_2}4\pi r_2^2\rho_2(r_2)\mathrm{d}r_2\boldsymbol{e}=\frac{Q_1Q_2}{4\pi\varepsilon_0 r^2}\boldsymbol{e}, \tag{16}$$

这便是我们所要求的结果.

这个结果表明：两个球对称分布电荷 Q_1 和 Q_2 之间的相互作用力等于 Q_1 和 Q_2 分别集中于各自球心时的相互作用力.

参 考 文 献

张之翔编著，《电磁学千题解》，科学出版社(2010)，1.3.10 题，73—74 页.

§1.6 面电荷所在处的电场强度①

面电荷所在处的电场强度，一般电磁学书上很少提到；个别书上偶尔提到，也由于没有深入研究，说得不妥[1]、[2]、[3]；有的书上在讲到面电荷所受的力时，用了平均电场强度的概念，虽然得出的力的公式是对的，但没有把面电荷所在处的电场强度讲清楚[4]、[5]、[6]. 我们在这里想专门讨论一下这个问题.

1. 均匀球面电荷所在处的电场强度

(1) 一般电磁学书上存在的问题

设电荷 Q 均匀分布在半径为 R 的球面上，则由高斯定理，根据对称性，立即

① 本节的一、四两部分曾发表在《物理通报》1983 年第 3 期.

可以求出球面内外的电场强度为

$$\left.\begin{aligned} r<R\text{ 时}, \quad & \boldsymbol{E}=0, \\ r>R\text{ 时}, \quad & \boldsymbol{E}=\frac{Q}{4\pi\varepsilon_0 r^2}\boldsymbol{n}, \end{aligned}\right\} \tag{1}$$

式中 r 是球心到场点的距离，$\boldsymbol{n}$ 是球心到场点方向上的单位矢量．在本文里我们用国际单位制．一般书上讲高斯定理时，几乎都有这个例子．问题是，$r=R$ 时，$\boldsymbol{E}=$？对于这个问题，一般电磁学书上或者是没有提及，或者是稍微提到，但由于没有深入研究而说得不妥．例如在金斯(Jeans)的名著里，就提到在球面上 $E=\frac{e}{a^2}$[1]．(他用的是高斯单位制，e 是球面上的总电荷，a 是球面的半径．)又如西尔斯(Sears)等的《大学物理学》里说，"在球面上电场 $\boldsymbol{E}$ 的量值取 $E=k\frac{q}{R^2}$"．[2]下面我们将证明，这是不对的．

同时，一般电磁学书上就这个问题画的图，也是有问题的．归纳一下，各书上的图可以分两种，分别如图 1[7]、[8]、[9]、[10]、[11]和图 2[12]、[13]所示．图 1 表示，在 $r=R$ 处，E 的值可以是 0 到 $\frac{Q}{4\pi\varepsilon_0 R^2}$ 之间的任何值，这显然是不对的．图 2 可以有两种意义，一种是 $r=R$ 时 E 有两个值，即 0 和 $\frac{Q}{4\pi\varepsilon_0 R^2}$；另一种意义是没有值．画这种图的书上虽然没有说是哪种意义，但从有关的文字叙述来看，多半是前一种意义．不论这两种意义的哪一种，都不对．

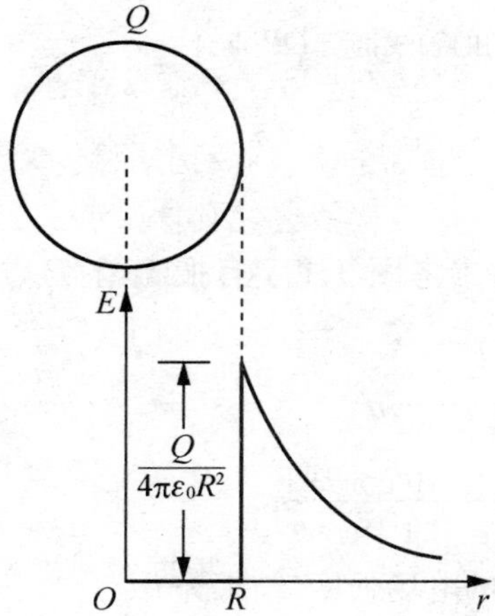

图 1　在 $r=R$ 处的曲线成竖直的直线段

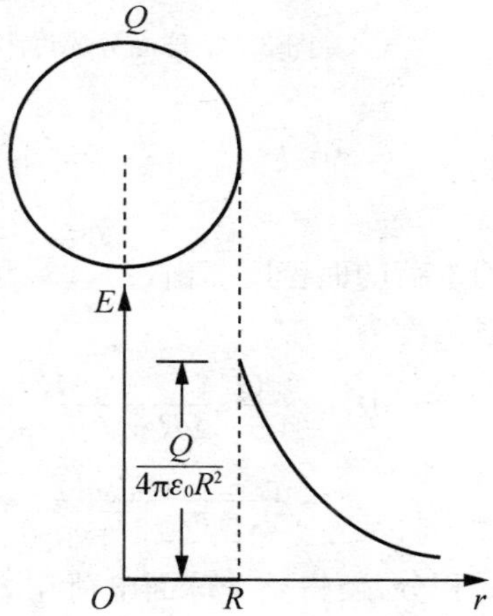

图 2　在 $r=R$ 处曲线断开

(2) 均匀球面电荷所在处的电场强度

其实,这个问题并不难,只要用库仑定律仔细算一下就行了;可是一般电磁学书上却没有这样做.下面我们就来作这个计算.为此,先考虑圆周电荷在它的几何轴线上产生的电场强度.设电荷 q 均匀地分布在半径为 r 的圆周上,很容易算出,在它的几何轴上离圆心为 x 处,电场强度为

$$\boldsymbol{E}=\frac{q}{4\pi\varepsilon_0}\frac{x}{(r^2+x^2)^{3/2}}\boldsymbol{n}, \tag{2}$$

式中 $\boldsymbol{n}$ 是沿轴线的单位矢量,方向从圆心向外.再考虑电荷 Q 均匀地分布在半径为 R 的球面上,求这球面上任一点 P 处的电场强度.取过 P 点的直径,把球面分成无穷多个圆环,它们的轴线都与这直径重合,其中一个圆环如图 3 所示,它的半径对球心张的角度为 θ,它的宽度为 $R\mathrm{d}\theta$(图 3 中未画出),它所带的电荷为

$$\mathrm{d}Q=2\pi\sigma R^2\sin\theta\,\mathrm{d}\theta, \tag{3}$$

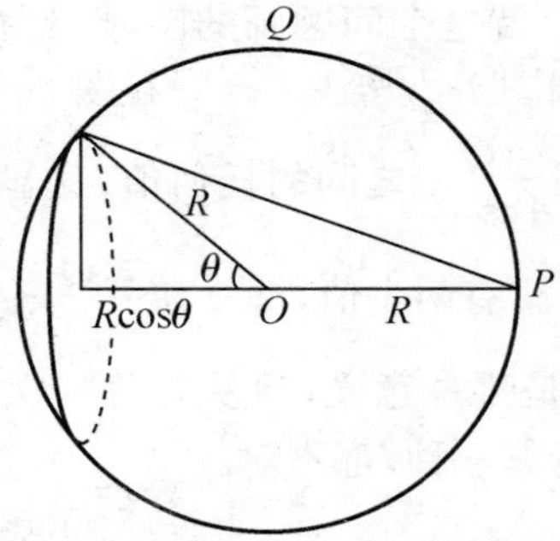

图 3 把球面分成许多圆环,它们的轴线都与 OP 重合

式中

$$\sigma=\frac{Q}{4\pi R^2} \tag{4}$$

是球面电荷的面密度.由(2)、(3)和(4)式并参考图 3,得这个圆环在 P 点产生的电场强度为

$$\begin{aligned}\mathrm{d}\boldsymbol{E}&=\frac{\mathrm{d}Q}{4\pi\varepsilon_0}\frac{R+R\cos\theta}{[(R\sin\theta)^2+(R+R\cos\theta)^2]^{3/2}}\boldsymbol{n}\\&=\frac{\sigma}{2\varepsilon_0}\frac{\sin\theta\,\mathrm{d}\theta}{2\sqrt{2}\sqrt{1+\cos\theta}}\boldsymbol{n}=-\frac{\sigma}{4\sqrt{2}\varepsilon_0}\frac{\mathrm{d}(\cos\theta)}{\sqrt{1+\cos\theta}}\boldsymbol{n},\end{aligned} \tag{5}$$

把上式积分,便得整个球面电荷在 P 点产生的电场强度,结果为

$$\boldsymbol{E}=-\frac{\sigma\boldsymbol{n}}{4\sqrt{2}\varepsilon_0}\int_{+1}^{-1}\frac{\mathrm{d}(\cos\theta)}{\sqrt{1+\cos\theta}}=-\frac{\sigma\boldsymbol{n}}{2\sqrt{2}\varepsilon_0}\sqrt{1+\cos\theta}\,\Big|_{\theta=0}^{\theta=\pi}=\frac{\sigma}{2\varepsilon_0}\boldsymbol{n}=\frac{Q}{8\pi\varepsilon_0R^2}\boldsymbol{n}, \tag{6}$$

这就是我们所要求的结果．这个结果表明，均匀球面电荷所在处（即球面上）的电场强度 $\boldsymbol{E}$ 等于左极限（即从球面内趋于球面时电场强度的极限）$\boldsymbol{E}_-=0$ 和右极限（即从球面外趋于球面时电场强度的极限）$\boldsymbol{E}_+=\dfrac{Q}{4\pi\varepsilon_0 R^2}\boldsymbol{n}$ 的平均，即

$$\boldsymbol{E}=\frac{1}{2}(\boldsymbol{E}_-+\boldsymbol{E}_+),\tag{7}$$

从后面的讨论我们将看到，这个关系式是面电荷所在处电场强度的一个普遍关系式.

综合上面的结果我们得出，均匀球面电荷所产生的电场强度为

$$\left.\begin{aligned} r<R\text{ 时}，\quad &\boldsymbol{E}=0,\\ r=R\text{ 时}，\quad &\boldsymbol{E}=\frac{Q}{8\pi\varepsilon_0 R^2}\boldsymbol{n},\\ r>R\text{ 时}，\quad &\boldsymbol{E}=\frac{Q}{4\pi\varepsilon_0 r^2}\boldsymbol{n}. \end{aligned}\right\}\tag{8}$$

如果用图形表示(8)式，则应画成图 4 的样子. 对这个图应作说明：在 $r=R$ 处，$\boldsymbol{E}$ 有一个且仅有一个确定的值，即由(6)式所表示的值；当 $r\to R$ 时，$\boldsymbol{E}$ 的左极限为 0，右极限为$\dfrac{Q}{4\pi\varepsilon_0 R^2}\boldsymbol{n}$，$\boldsymbol{E}$ 在 $r=R$ 处的值就等于左右极限的平均值.

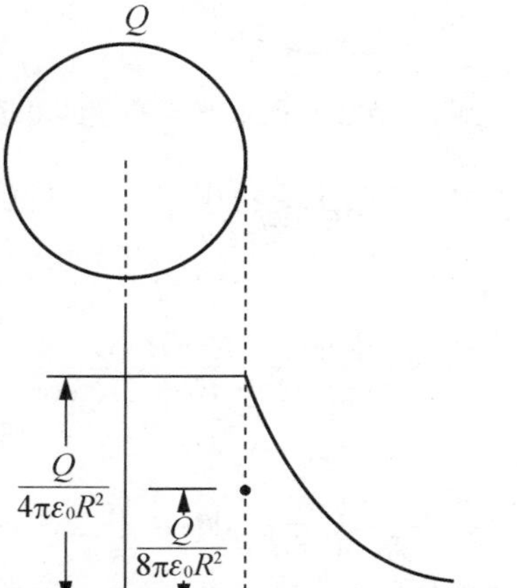

图 4　在球面上($r=R$)，$E=\dfrac{Q}{8\pi\varepsilon_0 R^2}$

2. 无穷长均匀圆柱面电荷所在处的电场强度

设电荷均匀分布在半径为 R 的无穷长圆柱面上，面密度为 σ，求这圆柱面上（即电荷所在处）的电场强度. 为此，先考虑无穷长均匀直线电荷所产生的电场

强度.设线电荷密度(即单位长度的电量)为 λ,则由高斯定理得出,这带电直线在距离为 r 处产生的电场强度为

$$\boldsymbol{E}=\frac{\lambda \boldsymbol{r}}{2\pi\varepsilon_0 r^2}. \tag{9}$$

下面就用这个结果来计算无穷长均匀圆柱面电荷所在处的电场强度.把这圆柱面看做是无穷多个带电直线构成的,考虑这些直线电荷在圆柱面上某一点 P 产生的电场强度.这圆柱面的横截面是一个圆,如图 5 所示.由于对称性,知 P 点的 $\boldsymbol{E}$ 必定在圆柱面的法线方向上.由(9)式得图 5 中 θ 角度处的线电荷 $\mathrm{d}\lambda=\sigma R\mathrm{d}\theta$ 在 P 点产生电场强度为

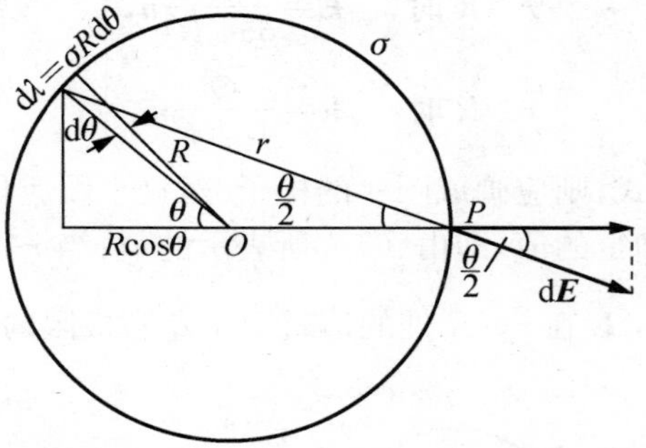

图 5　线电荷 dλ 在圆柱面上 P 点产生的电场强度 d$\boldsymbol{E}$

$$\mathrm{d}\boldsymbol{E}=\frac{\sigma R\mathrm{d}\theta}{2\pi\varepsilon_0 r^2}\boldsymbol{r},$$

d$\boldsymbol{E}$ 在圆柱面法线方向上分量为

$$(\mathrm{d}E)\cos\frac{\theta}{2}=\frac{\sigma R\mathrm{d}\theta}{2\pi\varepsilon_0}\frac{R+R\cos\theta}{R^2+R^2+2R^2\cos\theta}=\frac{\sigma\mathrm{d}\theta}{4\pi\varepsilon_0},$$

对 θ 积分,便得

$$E=\frac{\sigma}{4\pi\varepsilon_0}\int_0^{2\pi}\mathrm{d}\theta=\frac{\sigma}{2\varepsilon_0}. \tag{10}$$

由高斯定理,根据对称性,很容易求出这圆柱里面和外面的电场强度,与(10)式合在一起,便得无穷长均匀圆柱面电荷所产生的电场强度为

$$\left.\begin{aligned} &r<R\text{ 时},\quad \boldsymbol{E}=0,\\ &r=R\text{ 时},\quad \boldsymbol{E}=\frac{\sigma}{2\varepsilon_0}\boldsymbol{n},\\ &r>R\text{ 时},\quad \boldsymbol{E}=\frac{\sigma R}{\varepsilon_0 r}\boldsymbol{n},\end{aligned}\right\} \tag{11}$$

式中 $\boldsymbol{n}$ 是圆柱面外法线方向上的单位矢量. 由(11)式可见，无穷长均匀圆柱面电荷所在处的电场强度等于左极限($\boldsymbol{E}_- = 0$)和右极限($\boldsymbol{E}_+ = \frac{\sigma}{\varepsilon_0}\boldsymbol{n}$)的平均，即遵守关系式(7).

如果用图形表示(11)式，则如图 6 所示；对图 6 也应像对图 4 所作的说明那样理解.

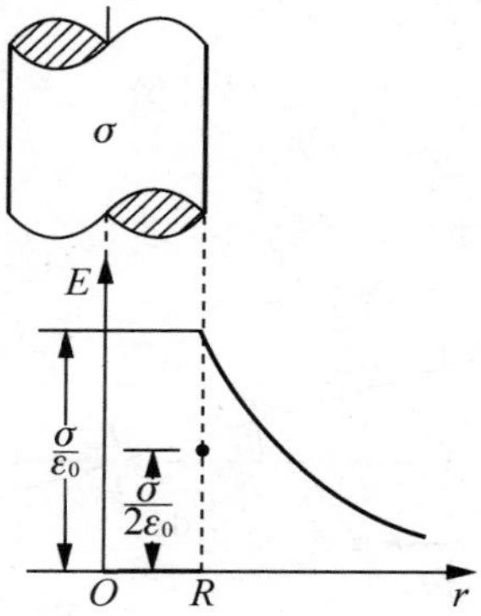

图 6　在圆柱面上($r=R$)，$E=\frac{\sigma}{2\varepsilon_0}$

3. 均匀平面电荷所在处的电场强度

(1) 无穷长直带状均匀平面电荷所在处的电场强度

前面两个例子都是对称情况，电场强度 $\boldsymbol{E}$ 垂直于法线的分量为零；在这个例子里，我们将讨论不对称情况，这时电场强度 $\boldsymbol{E}$ 垂直于法线的分量不为零.

设电荷均匀分布在无穷长的直带状平面上，电荷的面密度为 σ，带的宽度为 a (图 7). 为了把问题说透彻，我们先考虑这带状平面电荷在它外面一点 P 所产生的电场强度，P 点到它的距离为 s，P 点的垂足到两边的距离分别为 a_1 和 a_2，如图 7所示. 把这直带状平面电荷看做是无穷多个宽为 $\mathrm{d}y$ 的无穷长直带电小条构成，于是按(9)式，图 7(2)中 y 处的小长条在 P 点产生的电场强度 $\mathrm{d}\boldsymbol{E}$ 的大小为

$$\mathrm{d}E=\frac{\sigma\mathrm{d}y}{2\pi\varepsilon_0 r}.$$

这 $\mathrm{d}E$ 在直带状平面法线方向的分量 $\mathrm{d}E_x$ 和垂直于法线方向上的分量 $\mathrm{d}E_y$ 分别为

$$\mathrm{d}E_x=(\mathrm{d}E)\cos\theta=\frac{\sigma s\mathrm{d}y}{2\pi\varepsilon_0(s^2+y^2)}$$

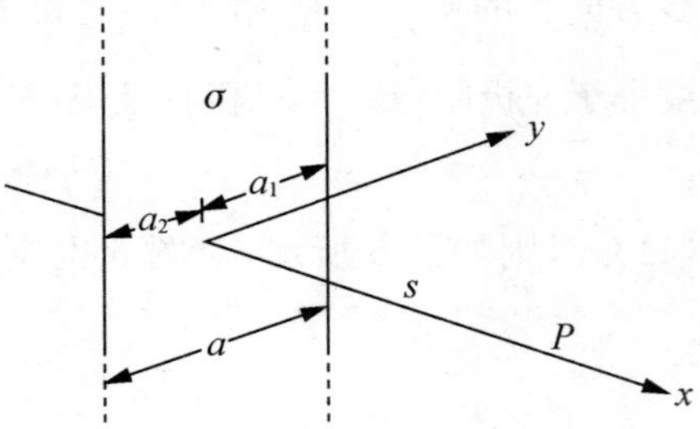

（1）立体图

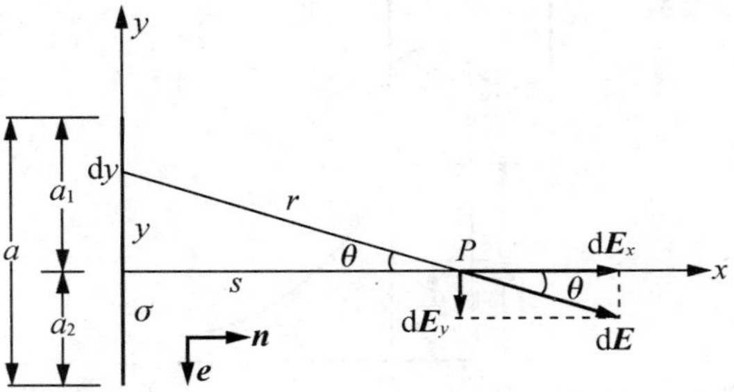

（2）俯视图

图 7　直带状平面电荷及其产生的电场强度

和

$$\mathrm{d}E_y=(\mathrm{d}E)\sin\theta=\frac{\sigma y\mathrm{d}y}{2\pi\varepsilon_0(s^2+y^2)},$$

把以上两式对 y 积分，便得

$$E_x=\frac{\sigma}{2\pi\varepsilon_0}\left(\arctan\frac{a_1}{s}+\arctan\frac{a_2}{s}\right),$$

$$E_y=\frac{\sigma}{4\pi\varepsilon_0}\ln\frac{s^2+a_1^2}{s^2+a_2^2}.$$

于是得整个面电荷在 P 点产生的电场强度为

$$\boldsymbol{E}=\frac{\sigma}{4\pi\varepsilon_0}\left[2\left(\arctan\frac{a_1}{s}+\arctan\frac{a_2}{s}\right)\boldsymbol{n}+\left(\ln\frac{s^2+a_1^2}{s^2+a_2^2}\right)\boldsymbol{e}\right], \tag{12}$$

式中 $\boldsymbol{n}$ 是该面法线方向上的单位矢量，$\boldsymbol{e}$ 是平行于该面的单位矢量，其指向与 y 轴相反，如图 7(2)所示.

当 $a_1\to\infty$ 和 $a_2\to\infty$ 时，上式便化为

$$\boldsymbol{E}=\frac{\sigma}{2\varepsilon_0}\boldsymbol{n}, \tag{13}$$

这就是无穷大均匀平面电荷在它外面所产生的电场强度.

我们现在感兴趣的是这带状平面上(即电荷所在处)的$\boldsymbol{E}$. 由(12)式得

$$s\to0_+,\quad \boldsymbol{E}\to\boldsymbol{E}_+=\frac{\sigma}{2\varepsilon_0}\boldsymbol{n}+\frac{\sigma}{2\pi\varepsilon_0}\left(\ln\frac{a_1}{a_2}\right)\boldsymbol{e},\tag{14}$$

如果考虑这直带状平面另一边的$\boldsymbol{E}$(参看图 8),并令 s 也趋于零,则得

$$s\to0_-,\quad \boldsymbol{E}\to\boldsymbol{E}_-=-\frac{\sigma}{2\varepsilon_0}\boldsymbol{n}+\frac{\sigma}{2\pi\varepsilon_0}\left(\ln\frac{a_1}{a_2}\right)\boldsymbol{e}.\tag{15}$$

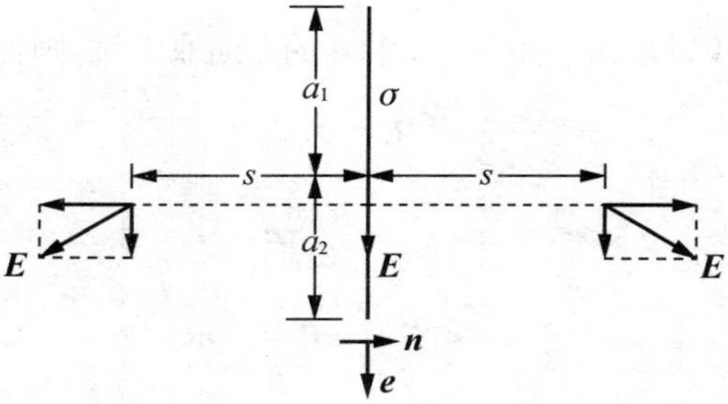

图 8 直带状平面电荷产生的电场强度

(14)和(15)两式表明,在穿过直带状平面电荷时,电场强度平行于该面的分量是连续的,垂直于该面的分量则因反向而发生$\dfrac{\sigma}{\varepsilon_0}$的突变.

在这带状平面上任何一点,由于所有电荷都与这点在同一平面内,故各处电荷在这点产生的电场强度都只有平行于该面的分量,而无垂直于该面的分量. 因此,这点的电场强度必定没有垂直于该面的分量. 于是得出,这带状平面电荷所在处的电场强度为

$$s=0,\quad \boldsymbol{E}=\frac{\sigma}{2\pi\varepsilon_0}\left(\ln\frac{a_1}{a_2}\right)\boldsymbol{e}.\tag{16}$$

这个结果也可以从如下的考虑得出:该点两边紧挨着的宽度相等(都是 a_2)的带,在该点产生的电场强度因大小相等和方向相反而互相抵消,因此,该点的电场强度便是较宽的那边外侧宽度为 a_1-a_2 的带所产生的,这可由(9)式算出如下:

$$\boldsymbol{E}=\frac{\sigma\boldsymbol{e}}{2\pi\varepsilon_0}\int_{a_2}^{a_1}\frac{\mathrm{d}y}{y}=\frac{\sigma}{2\pi\varepsilon_0}\left(\ln\frac{a_1}{a_2}\right)\boldsymbol{e},$$

这正是(16)式.

由(14)、(15)和(16)三式得

$$\boldsymbol{E}=\frac{1}{2}(\boldsymbol{E}_-+\boldsymbol{E}_+),$$

它表明，在不对称的情况下，(7)式仍然成立.

(2) 偶极平面电荷所在处的电场强度

两个相同的平行平面均匀带电，电荷的面密度分别为σ和$-\sigma$，我们把它简称为偶极平面电荷. 当这样两个平面都是无穷大时，就是平行板电容器充电后略去边缘效应的一种常用模型. 根据前面的分析，由(13)式和电场强度叠加原理，这种模型在面电荷所在处产生的电场强度为$\boldsymbol{E}=\frac{\sigma}{2\varepsilon_0}\boldsymbol{n}$，这里$\boldsymbol{n}$是从$\sigma$到$-\sigma$的法线方向上的单位矢量. 如果以两面中间为原点，沿$\boldsymbol{n}$的方向取x轴，则各处电场强度如下：

$$\left.\begin{aligned}&x<-\frac{d}{2},\quad \boldsymbol{E}=0,\\&x=-\frac{d}{2},\quad \boldsymbol{E}=\frac{\sigma}{2\varepsilon_0}\boldsymbol{n},\\&-\frac{d}{2}<x<\frac{d}{2},\quad \boldsymbol{E}=\frac{\sigma}{\varepsilon_0}\boldsymbol{n},\\&x=\frac{d}{2},\quad \boldsymbol{E}=\frac{\sigma}{2\varepsilon_0}\boldsymbol{n},\\&x>\frac{d}{2},\quad \boldsymbol{E}=0.\end{aligned}\right\}\tag{17}$$

这个结果表明，在偶极面电荷所在处，(7)式都成立.

如果把(17)式画成图形，则如图 9 所示；对图 9 也应像对图 4 所作的说明那样理解.

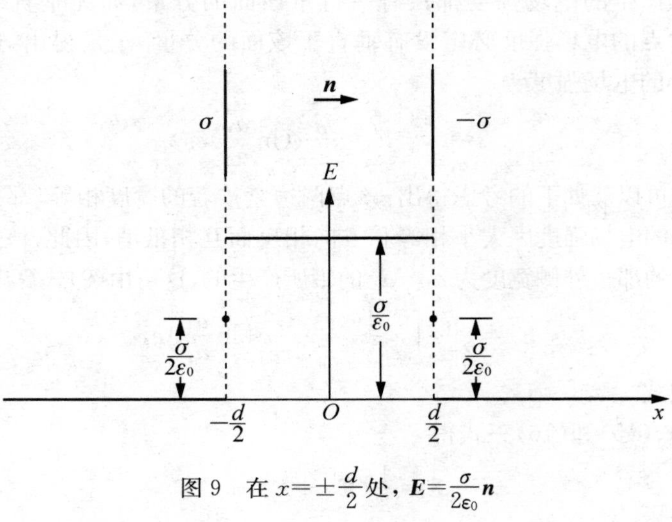

图 9 在$x=\pm\frac{d}{2}$处，$\boldsymbol{E}=\frac{\sigma}{2\varepsilon_0}\boldsymbol{n}$

4. 一般面电荷所在处的电场强度

关于面电荷所在处的电场强度，我们在前面对于能用解析方法严格计算的几种简单情况，求出了具体的结果，得出了 $\boldsymbol{E}$ 的共同表达式(7)式．对于一般情况，由于不一定能用简单函数表示出 $\boldsymbol{E}$ 来，就只作一般考虑如下[14]：设电荷分布在 S 面上，这面上某一点的面电荷密度为 σ，讨论这点的电场强度 $\boldsymbol{E}$. 设从 S 的一边趋于该点时，电场强度的极限为 $\boldsymbol{E}_-$；从另一边趋于该点时，电场强度的极限为 $\boldsymbol{E}_+$. 把 S 分为两部分：第一部分是以该点为中心的小圆面积 ΔS，如图 10(1)所示，ΔS 小到可以当作是一块小平面；第二部分则是扣除 ΔS 的所有其他部分．很容易算出，ΔS 上的电荷在该点两边所产生的电场强度的极限分别为

$$\boldsymbol{E}_{1-}=-\frac{\sigma}{2\varepsilon_0}\boldsymbol{n},\quad \boldsymbol{E}_{1+}=\frac{\sigma}{2\varepsilon_0}\boldsymbol{n},\tag{18}$$

式中 $\boldsymbol{n}$ 是一边法线方向上的矢量，如图 10(2)所示．第二部分电荷在该点产生的电场强度是连续的，即

$$\boldsymbol{E}_{2-}=\boldsymbol{E}_{2+}=\boldsymbol{E}_2,\tag{19}$$

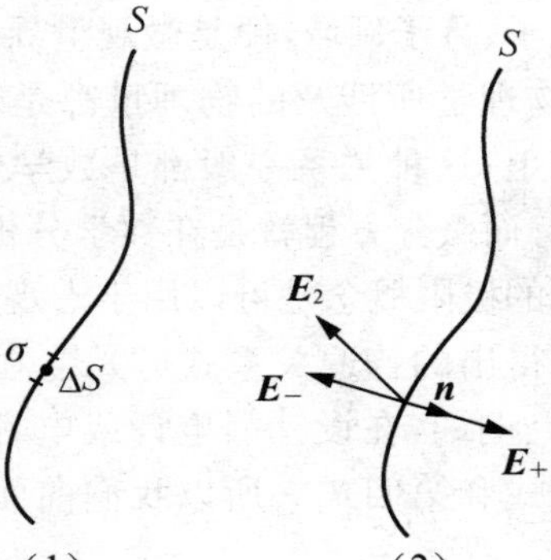

图 10　把 S 分成两部分：小圆面积 ΔS 和其余部分

于是得

$$\left.\begin{aligned}\boldsymbol{E}_-&=\boldsymbol{E}_{1-}+\boldsymbol{E}_{2-}=\boldsymbol{E}_2-\frac{\sigma}{2\varepsilon_0}\boldsymbol{n},\\ \boldsymbol{E}_+&=\boldsymbol{E}_{1+}+\boldsymbol{E}_{2+}=\boldsymbol{E}_2+\frac{\sigma}{2\varepsilon_0}\boldsymbol{n}.\end{aligned}\right\}\tag{20}$$

根据前面的分析，ΔS 上的电荷在该点产生的电场强度为零，所以该点的电场强度便等于第二部分电荷所产生的，即 $\boldsymbol{E}=\boldsymbol{E}_2$. 由以上几个式子得

$$\boldsymbol{E}=\frac{1}{2}(\boldsymbol{E}_{-}+\boldsymbol{E}_{+}),$$

这正是(7)式．由此可见，(7)式是一个普遍成立的关系式．

综合前面的结果，我们归纳出面电荷所在处电场强度的普遍规律如下：**设面电荷上某一点的面电荷密度为 σ，则经这点穿过该面时，电场强度平行于法线方向的分量发生 $\Delta\boldsymbol{E}=\frac{\sigma}{\varepsilon_0}\boldsymbol{n}$ 的突变($\boldsymbol{n}$ 是法线方向上的单位矢量)，而垂直于法线方向的分量则是连续的．设从这面电荷的两边趋于该点时，电场强度的极限分别为 $\boldsymbol{E}_{-}$ 和 $\boldsymbol{E}_{+}$，则该点的电场强度为**

$$\boldsymbol{E}=\frac{1}{2}(\boldsymbol{E}_{-}+\boldsymbol{E}_{+}). \tag{21}$$

电场强度的这种性质与傅氏级数相似，在函数的间断点，傅氏级数的值等于该函数左右极限的平均值．

最后提一下，也许有人觉得，如果电荷分布区域确是一个数学上的几何面，那前面的计算结果和结论都是对的；但对于实际的带电物体来说，应用数学分析的极限概念，可能不合适，因为所说的面电荷密度和电场强度等，都是宏观量，在趋于极限时，进入原子、分子领域，便是微观世界，以上的分析不见得有意义．我们的看法是：经典物理学所涉及的物理量都是宏观量，自然规律通常就反映在这些量之间的关系上；这种关系一般都是数学式子，其中有好些是微分方程，如麦克斯韦方程组．而微分方程就是在数学分析的极限概念的基础上建立起来的．所以数学分析的极限概念是可以用于宏观量的，它所给出的结果是符合实际的．我们在前面得出的普遍关系式(7)式，在计算面电荷所受的力和有关能量时，就要用到它．例如，在设计静电计或电容器，考虑极板受的力时，便要用到(17)式中的第二式和第四式．所以我们前面得出的结果是有实际意义的.

末了，我的老师郭敦仁教授曾对本节的内容提出过宝贵意见，谨在此向他表示谢意.

参 考 文 献

[1] J. H. Jeans, *The Mathematical Theory of Electricity and Magnetism*, 5th ed., Cambridge University Press(1951), p. 66, p. 67.

[2] F. W. Sears 等著，恽英等译，《大学物理学》，第三册，人民教育出版社(1979)，64 页.

[3] 伊. 耶. 塔姆著，钱尚武等译，《电学原理》上册，商务印书馆(1960)，78 页. “在带电面上矢量 $\boldsymbol{E}$ 的值就变得不确定了.”

[4] R. P. 费曼，R. B. 莱登，M. 桑兹等著，王子辅译，《费曼物理学讲义》，第二卷，上海科学技术出版社(1981)，88 页.
[5] Alan M. Portis, *Electromagnetic Fields: Sources and Media*, John Wiley & Sons, Inc. (1978), pp. 68—69.
[6] E. M. 珀塞尔著，南开大学物理系译，《电磁学》(伯克利物理学教程，第二卷)，科学出版社(1979)，62—66 页.
[7] 同[2]，图 26-5.
[8] 同[6]，62 页，图 2.12(c).
[9] J. D. 克劳斯著，安绍萱译，《电磁学》，人民邮电出版社(1979)，35 页，图 1-27(b).
[10] C. Э. 福里斯，A. B. 季莫列娃著，梁宝洪译，《普通物理学》(修订本)，第二卷，第一分册，高等教育出版社(1979)，33 页，图 30(a).
[11] M. A. Plonus, *Applied Electromagnetics*, Mc Graw-Hill(1978), p. 28, Fig. 1.21.
[12] D. 哈里德，R. 瑞斯尼克著，李仲卿等译，《物理学》，第二卷. 第一册，高等教育出版社(1979)，93 页，图 29-18(b).
[13] K. W. Ford, *Classical and Modern Physics*, Xerox College Pub. (1972), vol. 2, p. 690, Fig. 15—16.
[14] 这种考虑方法是拉普拉斯向泊松提出的，参见 E. Whittaker, *A History of the Theories of Aether and Electricity*, I, London: T. Nelson(1951), p. 62. 但据宋德生、李国栋著《电磁学发展史》(广西人民出版社，1987)86 页，库仑在 1788 年写的第六篇电学论文中，已提出了这种考虑方法.

§1.7　均匀带电圆环的电场强度①

电荷 q 均匀分布在半径为 a 的圆环上，根据对称性，很容易求出它轴线上的电场强度，有些电磁学教科书上就有这个例子；但在轴线外的电场强度，一般书上就不提了. 虽然有些专著[1]、[2] 上求出了轴线外的电势，由于这电势要用椭圆积分或特殊函数表示，求它的梯度非常困难，所以这些专著上也都没有由电势求电场强度的内容. 本节直接用库仑定律计算均匀带电圆环在空间任一点产生的电场强度，并给出其在笛卡儿坐标系、柱坐标系和球坐标系的表达式.

1. 用库仑定律求均匀带电圆环的电场强度

电荷 q 均匀分布在半径为 a 的圆环上，求 q 在空间任一点产生的电场强度

---

① 本节曾发表在《大学物理》2012 年第 5 期，收入本书时略有修改.

$\boldsymbol{E}$. 以圆环心 O 为原点，轴线为 z 轴，取坐标系如图 1 所示．根据对称性，凡圆心在 z 轴上、圆面平行于 x-y 平面的圆周上，电场强度 $\boldsymbol{E}$ 的大小都相同．换句话说，$\boldsymbol{E}$ 的大小与方位角 ϕ 无关．因此，为方便，取 $\phi=0$ 的 x-z 平面上的 $P(r,\theta,0)$ 点作为场点，来计算均匀圆环电荷 q 在此产生的电场强度 $\boldsymbol{E}$.

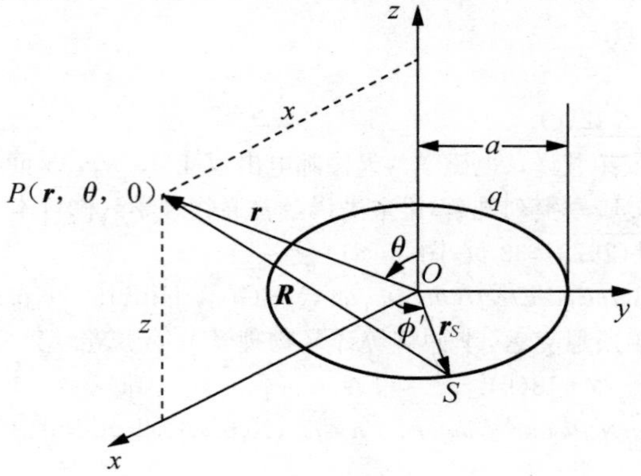

图 1

在圆环上 S 处，电荷元为

$$\mathrm{d}q=\frac{q}{2\pi}\mathrm{d}\phi', \tag{1}$$

由图 1，源点 S 和场点 P 的位矢为

源点 S：　$\boldsymbol{r}_S=a\cos\phi'\boldsymbol{e}_x+a\sin\phi'\boldsymbol{e}_y$，　(2)

场点 P：　$\boldsymbol{r}=r\sin\theta\boldsymbol{e}_x+r\cos\theta\boldsymbol{e}_z$，　(3)

式中 $\boldsymbol{e}_x,\boldsymbol{e}_y,\boldsymbol{e}_z$ 是笛卡儿坐标系的三个基矢. 由(2)、(3)两式得源点 S 到场点 P 的位矢为

$$\boldsymbol{R}=\boldsymbol{r}-\boldsymbol{r}_S=(r\sin\theta-a\cos\phi')\boldsymbol{e}_x-a\sin\phi'\boldsymbol{e}_y+r\cos\theta\boldsymbol{e}_z, \tag{4}$$

$$R^2=a^2+r^2-2ar\sin\theta\cos\phi'. \tag{5}$$

根据库仑定律，$\mathrm{d}q$ 在 $P(r,\theta,0)$ 点产生的电场强度为

$$\mathrm{d}\boldsymbol{E}=\frac{\mathrm{d}q}{4\pi\varepsilon_0}\frac{\boldsymbol{R}}{R^3}=\frac{q}{8\pi^2\varepsilon_0}\frac{\boldsymbol{R}}{R^3}\mathrm{d}\phi'=\frac{q}{8\pi^2\varepsilon_0}\frac{(r\sin\theta-a\cos\phi')\boldsymbol{e}_x-a\sin\phi'\boldsymbol{e}_y+r\cos\theta\boldsymbol{e}_z}{(a^2+r^2-2ar\sin\theta\cos\phi')^{3/2}}\mathrm{d}\phi', \tag{6}$$

积分，便得 P 点的电场强度为

$$\begin{aligned}\boldsymbol{E}&=\frac{q}{8\pi^2\varepsilon_0}\int_0^{2\pi}\frac{(r\sin\theta-a\cos\phi')\boldsymbol{e}_x-a\sin\phi'\boldsymbol{e}_y+r\cos\theta\boldsymbol{e}_z}{(a^2+r^2-2ar\sin\theta\cos\phi')^{3/2}}\mathrm{d}\phi'\\&=\frac{q}{8\pi^2\varepsilon_0}[(r\sin\theta\mathrm{I}_1-a\mathrm{I}_2)\boldsymbol{e}_x-a\mathrm{I}_3\boldsymbol{e}_y+r\cos\theta\mathrm{I}_1\boldsymbol{e}_z],\end{aligned} \tag{7}$$

式中 I_1, I_2, I_3 是三个不同的积分，比较复杂，下面作专门计算[3].

2. 三个积分

(1)第一个积分

$$\begin{aligned}I_1 &= \int_0^{2\pi} \frac{d\phi'}{(a^2+r^2-2ar\sin\theta\cos\phi')^{3/2}} \\ &= \frac{1}{(a^2+r^2)^2-(-2ar\sin\theta)^2}\int_0^{2\pi} \frac{a^2+r^2-2ar\sin\theta\cos\phi'}{\sqrt{a^2+r^2-2ar\sin\theta\cos\phi'}}d\phi' \\ &= \frac{1}{(a^2+r^2+2ar\sin\theta)(a^2+r^2-2ar\sin\theta)}\int_0^{2\pi}\sqrt{a^2+r^2-2ar\sin\theta\cos\phi'}\,d\phi'.\end{aligned} \tag{8}$$

令 $\phi'=\pi-2x$，则(8)式右边的积分便化为

$$\begin{aligned}&\int_0^{2\pi}\sqrt{a^2+r^2-2ar\sin\theta\cos\phi'}\,d\phi' \\ &= 2\int_{-\pi/2}^{\pi/2}\sqrt{a^2+r^2+2ar\sin\theta-4ar\sin\theta\sin^2 x}\,dx \\ &= 2\sqrt{a^2+r^2+2ar\sin\theta}\int_{-\pi/2}^{\pi/2}\sqrt{1-k^2\sin^2 x}\,dx \\ &= 4\sqrt{a^2+r^2-2ar\sin\theta}\int_0^{\pi/2}\sqrt{1-k^2\sin^2 x}\,dx \\ &= 4\sqrt{a^2+r^2+2ar\sin\theta}\,E,\end{aligned} \tag{9}$$

式中

$$k^2=\frac{4ar\sin\theta}{a^2+r^2+2ar\sin\theta}, \tag{10}$$

$$\begin{aligned}E &= \int_0^{\pi/2}\sqrt{1-k^2\sin^2 x}\,dx \\ &= \frac{\pi}{2}\left[1-\left(\frac{1}{2}\right)^2 k^2-\left(\frac{1\cdot 3}{2\cdot 4}\right)^2\frac{k^4}{3}-\left(\frac{1\cdot 3\cdot 5}{2\cdot 4\cdot 6}\right)^2\frac{k^6}{5}-\cdots\right],\end{aligned} \tag{11}$$

E 叫做第二种全椭圆积分. 于是得第一个积分为

$$I_1=\int_0^{2\pi}\frac{d\phi'}{(a^2+r^2-2ar\sin\theta\cos\phi')^{3/2}}=\frac{4E}{\sqrt{a^2+r^2+2ar\sin\theta}(a^2+r^2-2ar\sin\theta)}. \tag{12}$$

(2) 第二个积分

$$I_2=\int_0^{2\pi}\frac{\cos\phi'\,d\phi'}{(a^2+r^2-2ar\sin\theta\cos\phi')^{3/2}}, \tag{13}$$

因被积函数可写作

$$\frac{\cos\phi'}{(a^2+r^2-2ar\sin\theta\cos\phi')^{3/2}}=\frac{a^2+r^2}{2ar\sin\theta}\frac{1}{(a^2+r^2-2ar\sin\theta\cos\phi')^{3/2}}-\frac{1}{2ar\sin\theta}\frac{1}{\sqrt{a^2+r^2-2ar\sin\theta\cos\phi'}},\tag{14}$$

故得

$$\begin{aligned}\mathrm{I}_2&=\frac{a^2+r^2}{2ar\sin\theta}\int_0^{2\pi}\frac{\mathrm{d}\phi'}{(a^2+r^2-2ar\sin\theta\cos\phi')^{3/2}}\\&\quad-\frac{1}{2ar\sin\theta}\int_0^{2\pi}\frac{\mathrm{d}\phi'}{\sqrt{a^2+r^2-2ar\sin\theta\cos\phi'}}\\&=\frac{a^2+r^2}{2ar\sin\theta}\mathrm{I}_1-\frac{1}{2ar\sin\theta}\int_0^{2\pi}\frac{\mathrm{d}\phi'}{\sqrt{a^2+r^2-2ar\sin\theta\cos\phi'}}.\end{aligned}\tag{15}$$

上式中右边的积分可求出如下:令 $\phi'=\pi-2x$,便得

$$\begin{aligned}&\int_0^{2\pi}\frac{\mathrm{d}\phi'}{\sqrt{a^2+r^2-2ar\sin\theta\cos\phi'}}=2\int_{-\pi/2}^{\pi/2}\frac{\mathrm{d}x}{\sqrt{a^2+r^2+2ar\sin\theta-4ar\sin\theta\sin^2x}}\\&=\frac{2}{\sqrt{a^2+r^2+2ar\sin\theta}}\int_{-\pi/2}^{\pi/2}\frac{\mathrm{d}x}{\sqrt{1-k^2\sin^2x}}=\frac{4\mathrm{K}}{\sqrt{a^2+r^2+2ar\sin\theta}},\end{aligned}\tag{16}$$

式中

$$\mathrm{K}=\int_0^{\pi/2}\frac{\mathrm{d}x}{\sqrt{1-k^2\sin^2x}}=\frac{\pi}{2}\left[1+\left(\frac{1}{2}\right)^2k^2+\left(\frac{1\cdot3}{2\cdot4}\right)^2k^4+\left(\frac{1\cdot3\cdot5}{2\cdot4\cdot6}\right)k^6+\cdots\right],\tag{17}$$

K 叫做第一种全椭圆积分.将(12)式和(16)式代入(15)式,得

$$\begin{aligned}\mathrm{I}_2&=\frac{a^2+r^2}{2ar\sin\theta}\frac{4\mathrm{E}}{\sqrt{a^2+r^2+2ar\sin\theta}(a^2+r^2-2ar\sin\theta)}-\frac{1}{2ar\sin\theta}\frac{4\mathrm{K}}{\sqrt{a^2+r^2+2ar\sin\theta}}\\&=\frac{2}{ar\sin\theta\sqrt{a^2+r^2+2ar\sin\theta}}\left(\frac{a^2+r^2}{a^2+r^2-2ar\sin\theta}\mathrm{E}-\mathrm{K}\right).\end{aligned}\tag{18}$$

(3)第三个积分

$$\mathrm{I}_3=\int_0^{2\pi}\frac{\sin\phi'\mathrm{d}\phi'}{(a^2+r^2-2ar\sin\theta\cos\phi')^{3/2}}=\frac{1}{ar\sin\theta}\frac{1}{\sqrt{a^2+r^2-2ar\sin\theta\cos\phi'}}\Bigg|_{\phi'=0}^{\phi'=2\pi}=0.\tag{19}$$

3. 电场强度的表达式

将上面求出的 I_1,I_2 和 I_3 的值代入(7)式,便得所求的电场强度 $\boldsymbol{E}$ 的三个分量如下:

$$E_x = \frac{q}{8\pi^2\varepsilon_0}[r\sin\theta \mathrm{I}_1 - a\mathrm{I}_2]$$

$$= \frac{q}{8\pi^2\varepsilon_0}\left[\frac{4r\sin\theta \mathrm{E}}{\sqrt{a^2+r^2+2ar\sin\theta}(a^2+r^2-2ar\sin\theta)}\right.$$

$$\left. - \frac{2}{r\sin\theta\sqrt{a^2+r^2+2ar\sin\theta}}\left(\frac{a^2+r^2}{a^2+r^2-2ar\sin\theta}\mathrm{E}-\mathrm{K}\right)\right]$$

$$= \frac{q}{4\pi^2\varepsilon_0}\frac{1}{r\sin\theta\sqrt{a^2+r^2+2ar\sin\theta}}\left(\frac{2r^2\sin^2\theta-a^2-r^2}{a^2+r^2-2ar\sin\theta}\mathrm{E}+\mathrm{K}\right), \tag{20}$$

$$E_y = \frac{q}{8\pi^2\varepsilon_0}(-a\mathrm{I}_3) = 0, \tag{21}$$

$$E_z = \frac{q}{8\pi^2\varepsilon_0}r\cos\theta \mathrm{I}_1 = \frac{q}{4\pi^2\varepsilon_0}\frac{2r\cos\theta}{\sqrt{a^2+r^2+2ar\sin\theta}(a^2+r^2-2ar\sin\theta)}\mathrm{E}. \tag{22}$$

4. 变换到柱坐标系和球坐标系

(1) 变换到柱坐标系

坐标变换式为

$$\rho = r\sin\theta, \quad z = r\cos\theta, \quad \rho^2+z^2=r^2, \tag{23}$$

矢量分量的变换关系[4]为

$$E_\rho = E_x\cos\phi + E_y\sin\phi, \quad E_\phi = -E_x\sin\phi + E_y\cos\phi, \quad E_z = E_z, \tag{24}$$

今 $\phi=0$,故由上列关系式得,用柱坐标表示,$\boldsymbol{E}$ 的三个分量为

$$E_\rho = E_x = \frac{q}{4\pi^2\varepsilon_0}\frac{1}{\rho\sqrt{a^2+\rho^2+z^2+2a\rho}}\left(\frac{\rho^2-a^2-z^2}{a^2+\rho^2+z^2-2a\rho}\mathrm{E}+\mathrm{K}\right), \tag{25}$$

$$E_\phi = E_y = 0, \tag{26}$$

$$E_z = E_z = \frac{q}{4\pi^2\varepsilon_0}\frac{2z}{\sqrt{a^2+\rho^2+z^2+2a\rho}(a^2+\rho^2+z^2-2a\rho)}\mathrm{E}, \tag{27}$$

其中

$$k^2 = \frac{4a\rho}{a^2+\rho^2+z^2+2a\rho}. \tag{28}$$

(2) 变换到球坐标系

因(20)、(21)、(22)三式的 E_x, E_y, E_z 都是用球坐标系的 r, θ, ϕ 表示,故不用变换.矢量分量的变换关系[5]为

$$\left.\begin{aligned}E_r&=E_x\sin\theta\cos\phi+E_y\sin\theta\sin\phi+E_z\cos\theta,\\E_\theta&=E_x\cos\theta\cos\phi+E_y\cos\theta\sin\phi-E_z\sin\theta,\\E_\phi&=-E_x\sin\phi+E_y\cos\phi.\end{aligned}\right\}\tag{29}$$

今 $\phi=0$,故由上列三式得,用球坐标表示,$\boldsymbol{E}$ 的三个分量为

$$E_r=E_x\sin\theta+E_z\cos\theta=\frac{q}{4\pi^2\varepsilon_0}\frac{1}{r\sqrt{a^2+r^2+2ar\sin\theta}}\left(\frac{r^2-a^2}{a^2+r^2-2ar\sin\theta}\mathrm{E}+\mathrm{K}\right),\tag{30}$$

$$E_\theta=E_x\cos\theta-E_z\sin\theta=\frac{q}{4\pi^2\varepsilon_0}\frac{\cos\theta}{r\sin\theta\sqrt{a^2+r^2+2ar\sin\theta}}\left(\mathrm{K}-\frac{a^2+r^2}{a^2+r^2-2ar\sin\theta}\mathrm{E}\right),\tag{31}$$

$$E_\phi=E_y=0.\tag{32}$$

参考文献

[1] W. R. 斯迈思著,戴世强译,《静电学和电动力学》上册,科学出版社(1981),212—213 页.
[2] J. D. 杰克逊著,朱培豫译,《经典电动力学》上册,人民教育出版社(1979),102—103 页.
[3] 林璇英,张之翔编著,《电动力学题解(第二版)》,科学出版社(2007),88—89 页.
[4] 同[3]:605 页.
[5] 同[3]:606 页.

§1.8 高斯定理的教学

高斯定理是电磁学里的一条重要定理,在教学中,既是一个重点,同时又是一个难点.各系各专业的要求也有差别.多年来,我们在教学中不断摸索这部分的教学经验,感到主要有下列三个问题:

(1) 数学问题——高斯定理的确切表述要用面积分,但在一般情况下,学生这时还没有学过面积分;

(2) 物理问题——学生难于透彻理解表示高斯定理的数学式子的物理意义,更不知道高斯定理在电磁学中的地位;

(3) 应用问题——学生学过高斯定理后,不会用来解决具体问题,如求一些电荷对称分布情况下的电场强度.

针对这些问题,我们在教学中有意识地作下面的一些安排,效果较好.

1. 说明目的和困难

(1) 说明目的

一开始就讲明,高斯定理是电磁学的一条基本定理,很重要,以引起学生的

注意. 接着指出,高斯定理是关于电场强度(场)与电荷(源)之间的关系的定理. 我们将通过库仑定律和电场强度的定义以及数学关系式,推出高斯定理.

根据实验得出的库仑定律以及电场强度 $\boldsymbol{E}$ 的定义,我们已经有了电场强度与电荷的关系式(参考图 1):

$$\mathrm{d}\boldsymbol{E}=\frac{1}{4\pi\varepsilon_0}\frac{\mathrm{d}q}{r^2}\frac{\boldsymbol{r}}{r}, \tag{1}$$

$$\boldsymbol{E}=\frac{1}{4\pi\varepsilon_0}\int\frac{\mathrm{d}q}{r^2}\frac{\boldsymbol{r}}{r}. \tag{2}$$

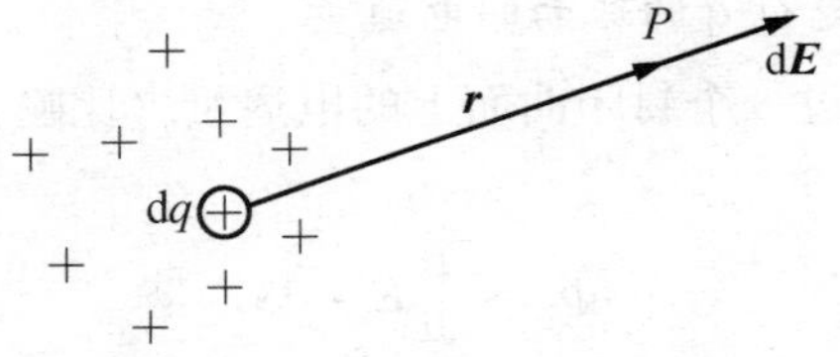

图 1　电荷 dq 在 P 点产生电场强度 d$\boldsymbol{E}$

似乎问题已经解决了,还要求它们之间的什么关系呢? 问题是,光有上面的基本关系还不够,对自然规律的认识还需要深入和提高. 因此,我们从库仑定律出发,通过数学关系,导出比库仑定律更广泛更重要的高斯定理.

库仑定律 —数学关系→ 高斯定理

(2) 指出困难

由于没有学过面积分,而高斯定理的确切表达,又需要这个数学工具,所以就利用电场线和电通量等比较直观的形象推导公式. 数学上有新东西,物理上又比较抽象,是个难点. 因此,在讲法上,要分成许多步,一步一步踏踏实实地讲清楚;并要学生注意听讲和看书,每一步都要学懂,努力跟上.

2. 利用直观形象推导公式

在推导高斯定理时,主要分以下几个步骤:

(1) 通过面积元的电通量

在电场中取一小块面积元 d$\boldsymbol{S}$,画图(参考图 2)并说明它是矢量. 根据电场线和电通量的定义,通过 d$\boldsymbol{S}$ 的电通量为

$$\mathrm{d}\Phi_e=\boldsymbol{E}\cdot\mathrm{d}\boldsymbol{S}=E\cos\theta\,\mathrm{d}S, \tag{3}$$

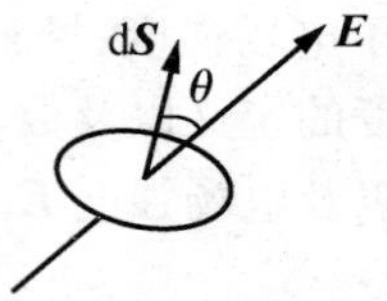

图 2 通过面积 d$\boldsymbol{S}$ 的电通量为 $d\Phi_e = \boldsymbol{E} \cdot d\boldsymbol{S}$

说明 θ 与电通量正负的关系. 为了帮助学生想象和引起他们的兴趣,可举些形象的例子:如一小块地面上的禾苗数,一小块羊皮上的羊毛数等.

(2) 通过包住点电荷 q 的球面的电通量

根据(3)式,求通过一个封闭曲面上的电通量.(比喻:求整个羊身上的羊毛数等.)写出普遍式

$$\Phi_e = \oiint_S \boldsymbol{E} \cdot d\boldsymbol{S}, \tag{4}$$

画图(参考图 3)并说明积分符号的意义.

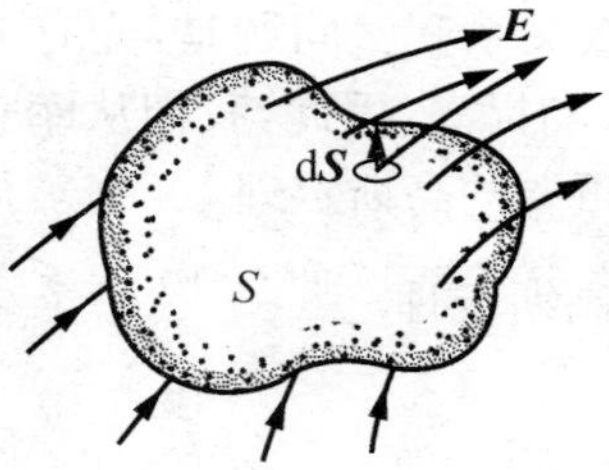

图 3 电场 $\boldsymbol{E}$ 中的封闭曲面 S 和它上面的面积元 d$\boldsymbol{S}$

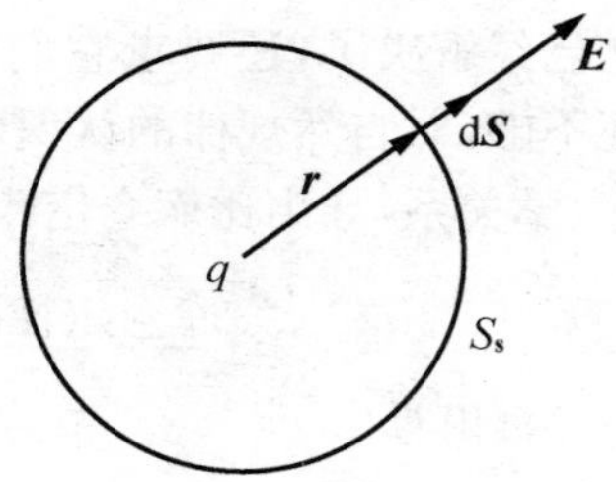

图 4 以点电荷 q 为球心、r 为半径的球面 S_s

(4) 式右边的积分,在一般情况下积不出来. 考虑最简单的情况:$\boldsymbol{E}$ 是点电荷 q 产生的电场,S 是以 q 为心的球面 S_s,球面的半径为 r(参考图 4). 由图说明这时

$$d\Phi_e = \boldsymbol{E} \cdot d\boldsymbol{S}_s = E dS_s = \frac{1}{4\pi\varepsilon_0}\frac{q}{r^2} dS_s. \tag{5}$$

然后求积分,写出下列步骤并加以说明:

$$\Phi_e = \oiint_{S_s} \boldsymbol{E} \cdot d\boldsymbol{S}_s = \frac{1}{4\pi\varepsilon_0}\oiint_{S_s} \frac{q}{r^2} dS_s = \frac{1}{4\pi\varepsilon_0}\frac{q}{r^2}\oiint_{S_s} dS_s, \tag{6}$$

因为

$$\oiint_{S_s} dS_s = 4\pi r^2, \tag{7}$$

故
$$\Phi_e = \oint\!\!\!\oint_{S_s} \boldsymbol{E} \cdot \mathrm{d}\boldsymbol{S}_s = \frac{q}{\varepsilon_0}. \tag{8}$$

得出这个式子后，说明三点：①式中各处的符号所代表的物理意义，等式所表示的物理意义；②电通量是次要的物理量，重要的是后一等式，它表述了在点电荷的特定情况下，电场强度 $\boldsymbol{E}$(场)与电荷 q(源)的定量关系，它就是这种情况下的高斯定理；③q 是负电荷的情况.

(3) 通过包住点电荷 q 的任意封闭曲面 S 的电通量

先引入立体角的概念. 以点电荷 q 为顶点，引入面积元 $\mathrm{d}\boldsymbol{S}$ 对 q 张的立体角元 $\mathrm{d}\Omega$ 的定义
$$\mathrm{d}\Omega = \frac{\boldsymbol{r} \cdot \mathrm{d}\boldsymbol{S}}{r^3} = \frac{(\mathrm{d}S)\cos\theta}{r^2} = \frac{\mathrm{d}S_s}{r^2}. \tag{9}$$

画图(参考图 5) 并说明 $\mathrm{d}S_s$ 是 $\mathrm{d}\boldsymbol{S}$ 在 r 方向的投影面积. 强调立体角是投影到球面上的面积与球面的半径平方之比. 讲明整个球面对球心张的立体角为 4π.(如时间够，可把立体角与平面角作比较，以增进学生对立体角的理解.)

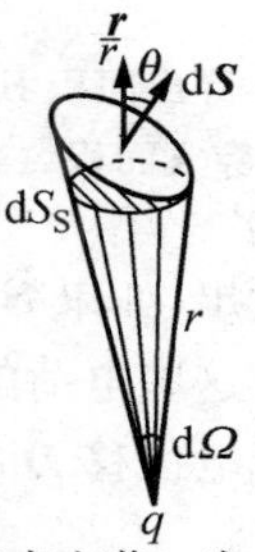

图 5　离点电荷 q 为 r 处的面积元 $\mathrm{d}\boldsymbol{S}$ 对 q 所张的立体角元为 $\mathrm{d}\Omega = \frac{\boldsymbol{r} \cdot \mathrm{d}\boldsymbol{S}}{r^3}$

然后利用(5) 式和(9) 式，导出下列关系：
$$\mathrm{d}\Phi_e = \boldsymbol{E} \cdot \mathrm{d}\boldsymbol{S} = \frac{1}{4\pi\varepsilon_0}\frac{q}{r^3}\boldsymbol{r} \cdot \mathrm{d}\boldsymbol{S} = \frac{q}{4\pi\varepsilon_0}\mathrm{d}\Omega, \tag{10}$$
再由此导出普遍公式：当 S 包住 q 时，
$$\oint\!\!\!\oint_S \boldsymbol{E} \cdot \mathrm{d}\boldsymbol{S} = \frac{q}{\varepsilon_0}. \tag{11}$$

(4) 封闭曲面 S 不包住点电荷 q 的情况

画辐射状的电场线图(参考图 6)，先用电场线不中断，穿入和穿出 S 的根数相等来直观地说明通过 S 的电通量为零. 然后再讲明，对于 S 外面的点电荷 q 所产生的电场强度来说，由辐射状的电场线所截出的任一块面积 A，必有相应的另一块面积 B，它们对 q 张的立体角大小相等而符号相反，所以在积分时互相抵消. 结果整个面积为零，即当 S 不包住 q 时，有
$$\oint\!\!\!\oint_S \boldsymbol{E} \cdot \mathrm{d}\boldsymbol{S} = 0. \tag{12}$$

(5) 任意电荷的情况

设有任意分布的电荷，则空间任一点的电场强度，便是所有这些电荷产生

的电场强度之和. 在这电场中作一个任意的封闭曲面 S(参考图 7). 根据电场强度叠加原理以及前面所讲的(11)式和(12)式,最后得出

$$\oint\!\!\!\oint_S \boldsymbol{E}\cdot \mathrm{d}\boldsymbol{S}=\frac{1}{\varepsilon_0}\sum_i q_i. \tag{13}$$

这就是所要求的关于电场强度 $\boldsymbol{E}$ 的高斯定理.

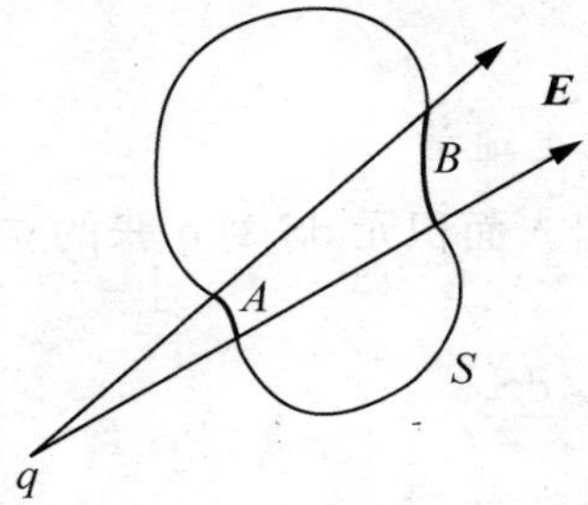

图 6　穿出面积 B 的电通量等于穿入面积 A 的电通量

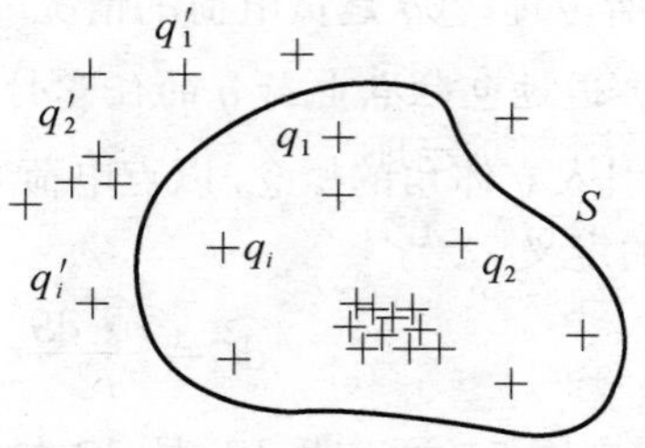

图 7　高斯定理右边的 $\sum_i q_i$ 是左边积分曲面 S 所包住的电荷的代数和

应指出,如果 S 内有连续分布的电荷(如面分布、体分布等),则(13)式右边应包括对这些电荷的积分.

关于电位移 $\boldsymbol{D}$ 的高斯定理,在讲到介质时,引入电位移 $\boldsymbol{D}$ 的定义后再讲.

3. 讲清物理意义

尽管分成许多步,每一步都讲清楚了,学生也听懂了,但由于引入了许多新东西,他们对于(13)式的物理意义,并不见得能透彻理解. 因此,讲完(13)式后,应把它的物理意义再讲明白. 主要是下列两方面:

(1) 等式两边的物理意义:

① 在(13)式左边的积分中,$\boldsymbol{E}$ 是曲面 S 上 $\mathrm{d}\boldsymbol{S}$ 处的电场强度;

② S 是空间的任意封闭曲面(通常叫做高斯面),它可以穿过物体,也可以穿过面电荷、体电荷等;

③ $\sum_i q_i$ 是 S 内(即 S 所包住的)电荷的代数和(如有连续分布的电荷,则包括对这些电荷的积分).

(2) 说明并强调(13)式左边的 $\boldsymbol{E}$ 是 S 内外的所有电荷所产生的电场强度,而右边的 $\sum_i q_i$ 却只是 S 内的电荷的代数和. 一定要让学生明白这一点.

4. 应用高斯定理时的问题

讲完高斯定理的各个方面以后，再讲一两个用它来求电场强度的例子(如均匀球面电荷，均匀球体电荷等)；并指出，这些问题如果用库仑定律的(2)式直接计算 $\boldsymbol{E}$，便很复杂，而用高斯定理计算，却很容易，以引起学生的兴趣，使他们感到新方法的优越性．然后在习题课上和习题里训练学生用它来作题．开始时，学生往往不会取高斯面，应让他们知道：

(1) 用高斯定理求 $\boldsymbol{E}$ 只能是电荷分布有对称性的一些问题(如球面、球体、圆柱面、圆柱体、无穷大平面和平板等)．对于其他分布，高斯定理仍然成立，但是无法用它求出 $\boldsymbol{E}$ 来．

(2) 取高斯面时，一般是根据对称性，使曲面的法线平行于该处的 $\boldsymbol{E}$，这时 $\boldsymbol{E}\cdot \mathrm{d}\boldsymbol{S}=\pm E\mathrm{d}S$(式中负号是 $\boldsymbol{E}$ 与 $\mathrm{d}\boldsymbol{S}$ 方向相反时的情况)；或使法线垂直于该处的 $\boldsymbol{E}$，这时 $\boldsymbol{E}\cdot \mathrm{d}\boldsymbol{S}=0$.

以上两点，也可以让学生自己总结．

通过自己作出一些题后，学生就渐渐地掌握高斯定理了．

§1.9　关于电势的零点问题

关于电势的零点问题，一般电磁学书上讲得不够，我们在这里专门讨论一下．

1. 电势差和电势

点电荷的库仑定律是一个有可靠的实验基础的定律，是静电场的一切概念和规律的出发点．由它得出，点电荷 q 在距离为 $\boldsymbol{r}$ 处产生的电场强度为

$$\boldsymbol{E}=\frac{1}{4\pi\varepsilon_0}\frac{q}{r^3}\boldsymbol{r}. \tag{1}$$

由(1)式得出，电荷所产生的静电场是保守场，因此，可以用电势来描述静电场，即对于静电场中的每一点，都可以定义一个电势 V．静电场中 A,B 两点的电势之差(电势差)通常定义为：单位正电荷从 A 移到 B 静电场力作的功，用数学来表示，即

$$V_A-V_B\equiv\int_A^B\boldsymbol{E}\cdot \mathrm{d}\boldsymbol{l}. \tag{2}$$

由(1)、(2)两式得出，在点电荷 q 的电场中，A,B 两点的电势差为

$$V_A - V_B = \frac{q}{4\pi\varepsilon_0}\int_A^B \frac{\boldsymbol{r}\cdot \mathrm{d}\boldsymbol{l}}{r^3} = \frac{q}{4\pi\varepsilon_0}\left(\frac{1}{r_A} - \frac{1}{r_B}\right). \tag{3}$$

由(3)式得出：

$$V_r - V_\infty = \frac{q}{4\pi\varepsilon_0 r}, \tag{4}$$

或

$$V_r = \frac{q}{4\pi\varepsilon_0 r} + V_\infty, \tag{5}$$

式中 V_r 和 V_∞ 分别是离点电荷 q 为 r 处和无穷远处的电势.

2. 电势零点

正如说某个物体的高度、温度等必须有参考点(零点)一样，说某一点的电势也必须有一个参考点(零点). 没有参考点而说一点的电势就没有意义. 也正如高度、温度等的参考点(零点)不能由自然规律得出而只能是人为地规定一样，电势的参考点(零点)也不能由自然规律得出，而只能是人为地规定. 通常为了方便，规定某个地方的电势为零，于是静电场中任一点 P 的电势，就等于 P 点与该地方的电势差. 有了这个规定后，每一点的电势就都有确定的值了.

在静电场里，由(5)式可见，规定无穷远处的电势 V_∞ 为零，即规定

$$V_\infty = 0 \tag{6}$$

比较方便. 在这个规定下，静电场中任一点 P 的电势便为

$$V_P = \int_P^\infty \boldsymbol{E}\cdot \mathrm{d}\boldsymbol{l}, \tag{7}$$

点电荷 q 在距离为 r 处产生的电势便为

$$V_r = \frac{q}{4\pi\varepsilon_0 r}. \tag{8}$$

由以上的说明可见，在讲到电势时，应该记住两点：第一，某点的电势的确切意义是该点与电势零点的电势差；第二，电势的零点是人为地规定的. 特别要注意的是，无穷远处的电势为零是人为地规定的，不是自然规律. 在处理某个问题里，必须采用同一个电势零点；但在不同的问题里，可以选用不同的电势零点. 例如，在静电学里，通常规定无穷远处的电势为零，而在电路的问题里，则常规定地球的电势为零.

3. 带电体为无限大时的电势零点问题

(1) 问题

无限大的带电体实际上并不存在，但在电磁学的书中，为了解决某些问题，

都要讲到它. 最常见的有无限大带电平面,无限长带电直线和无限长带电圆柱或圆筒等. 在这类带电体所产生的电场里,电场强度都有确定的值,但电势却使很多人搞不清楚,而一般的电磁学书上也很少讲. 所以我们在这里专门讨论它.

无限大带电体的电势问题,关键是如何规定电势零点的问题.

当电荷分布在有限区域时,可以规定离这些电荷为无穷远处的电势为零. 这样做最方便,也不会引起任何矛盾. 但当带电体为无限大时,这样做就会出问题,现在举例说明如下.

设有一无限大的均匀带电平面,电荷的面密度为 σ. 在离这面为 r 处,电场强度为

$$\boldsymbol{E}=\frac{\sigma}{2\varepsilon_0}\frac{\boldsymbol{r}}{r}. \tag{9}$$

由上式得出,离这面为 r_A 和 r_B 的两点(图 1),它们的电势差为

$$V_A-V_B=\frac{\sigma}{2\varepsilon_0}(r_B-r_A). \tag{10}$$

这表明在有限范围内,任意两点的电势差都具有确定的值.

但是,当我们考虑无穷远时,问题就发生了. 如图 2 所示,考虑这电场中任一点 P 的电势. 从 P 点出发,如果沿平行于带电平面的路径前进,则

$$\int_P^A \boldsymbol{E}\cdot \mathrm{d}\boldsymbol{l}=0.$$

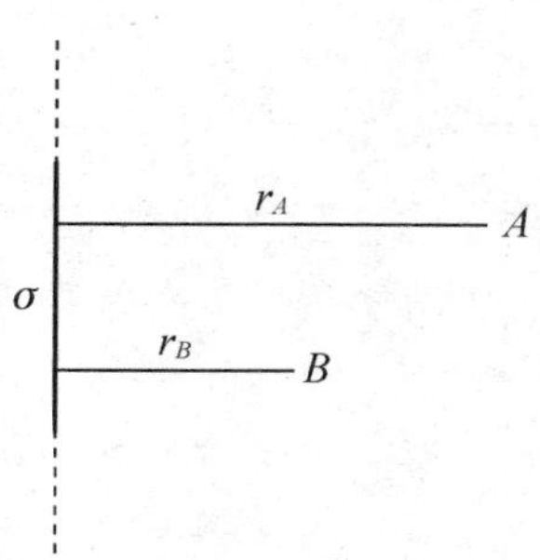

图 1　无限大的均匀带电平面

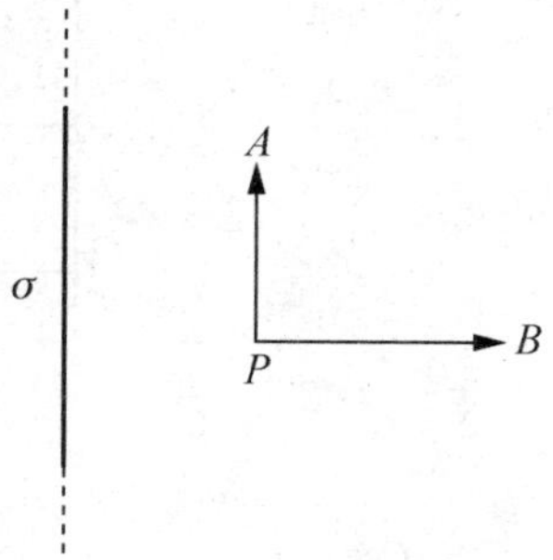

图 2　趋于无穷远的不同路径

当 A 趋于无穷远时,积分虽然是非正常积分,但由于被积函数总是零,故积分等于零 . 因此,若这时仍然规定无穷远处电势为零,则由(6)、(7)两式得

$$V_P=\int_P^{\infty} \boldsymbol{E}\cdot \mathrm{d}\boldsymbol{l}=0,$$

即得出这电场中任何一点的电势都等于零 . 这显然与(10)式矛盾 .

也许我们会感到，无穷远应该是离电荷为无穷远，上面讲的 A 趋于无穷远，对 P 点来说是对的，但对于电荷来说，并不是趋于无穷远，而是仍在有限的距离内．那么，我们可以改变方向，沿垂直于带电平面的路径前进，如图 2 中的 PB 所示．这时由(10)式得

$$\int_P^B \boldsymbol{E}\cdot \mathrm{d}\boldsymbol{l}=\frac{\sigma}{2\varepsilon_0}(r_B-r_P),$$

当 B 趋于无穷远时，便离面电荷为无穷远了．但这时上式右边趋于无穷大. 结果得出，这电场中任何一点的电势都是无穷大.

之所以出现上面这些问题，就是我们沿用了前面的规定 $V_\infty=0$ 所致.

(2) 解决办法

上面指出了问题，现在谈一下如何解决它. 办法有二，分述如下.

① 带一个无穷大的常数

仍规定离电荷为无穷远处的电势为零，而让电势的表达式里带一个无穷大的常数. 例如，一条无限长均匀带电直线，如图 3 所示，单位长度的电荷为 λ，它的电场中任意两点 A，B 的电势差为

$$V_A-V_B=\int_A^B \boldsymbol{E}\cdot \mathrm{d}\boldsymbol{l}=\frac{\lambda}{2\pi\varepsilon_0}\int_A^B \frac{\boldsymbol{r}}{r^2}\cdot \mathrm{d}\boldsymbol{l}=\frac{\lambda}{2\pi\varepsilon_0}\int_A^B \frac{\mathrm{d}r}{r}=\frac{\lambda}{2\pi\varepsilon_0}\left(\ln\frac{1}{r_A}+\ln r_B\right). \tag{11}$$

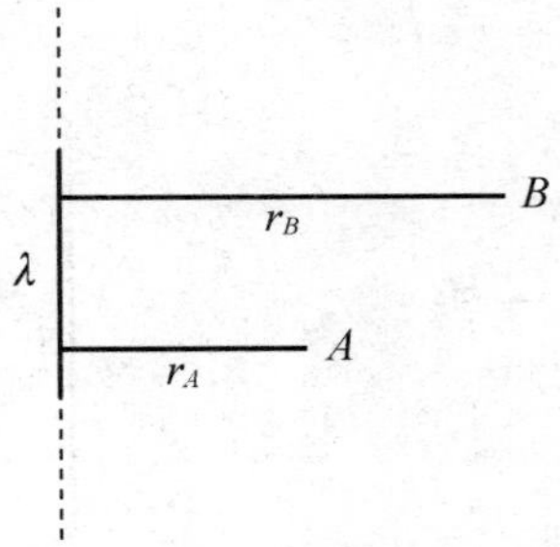

图 3 无限长带电直线

若规定离这直线为无穷远处的电势为零，则由上式得出，离这直线为 r 的电势为[1]

$$V_r=\frac{\lambda}{2\pi\varepsilon_0}\ln\frac{1}{r}+C\quad(C\to\infty), \tag{12}$$

式中 C 是一个无穷大的常数.

仿此，在无限大的均匀带电平面的电场里，根据(10)式，离带电平面为 r 处的电势可写作

$$V_r = C' - \frac{\sigma}{2\varepsilon_0} r \quad (C' \to \infty), \tag{13}$$

式中 C' 也是一个无穷大的常数.

这样作有一个好处是:既保留了离电荷无穷远处电势为零这个规定(因为这个规定在人们的思想里是如此地根深蒂固,以至于有的人觉得当然如此,应该如此),又便于计算(因为 C 虽然是无穷大,但是一个常数,可以按一般数字计算).但这样作也还有问题,我们留到后面再讲.

② 规定特殊的电势零点

前已指出,电势零点本来就是人为地规定的.规定离电荷无穷远处的电势为零,对于电荷分布在有限区域来说,很方便;但对于无限大的带电体来说,就会出现问题.因此,我们在处理与无限大带电体的电势有关的问题时,就可以根据情况,采取新的规定,通常根据使计算尽可能简单的原则来选择电势零点[2].例如,对于前面讲的无限大的均匀带电平面来说,可以规定这个平面上(即电荷所在处)的电势为零,这样作最方便.这时,由(10)式得出,离该面为 r 处的电势便为

$$V_r = -\frac{\sigma}{2\varepsilon_0} r. \tag{14}$$

又如对于无限长的均匀带电直线,可以规定离该直线为 R 处的圆柱面上的电势为零(R 为某一固定值),这时,由(11)式得出,离带电线为 r 处的电势为

$$V_r = \frac{\lambda}{2\pi\varepsilon_0} \ln\frac{1}{r} + \frac{\lambda}{2\pi\varepsilon_0} \ln R. \tag{15}$$

如果是无限长均匀带电的圆柱面(半径为 R,单位长度电荷为 λ),则规定该面上的电势为零最方便,这时离轴线为 r 处的电势为

$$\left.\begin{aligned} &V_r = \frac{\lambda}{2\pi\varepsilon_0} \ln\frac{1}{r} + \frac{\lambda}{2\pi\varepsilon_0} \ln R, && r \geqslant R, \\ &V_r = 0, && r \leqslant R. \end{aligned}\right\} \tag{16}$$

4. 有两个无限大带电体时的电势零点问题

前面讲过,解决无限大带电体的电势问题,办法有两种.一种是仍然以离电荷无穷远处的电势为零,而在电势的表达式里加一个无穷大的常数.这种办法在处理多个无限大带电体时会发生问题,我们在这里举例说明如下.

设电荷均匀分布在两个无限大的平行平面上,面电荷密度分别为 σ 和 $-\sigma$,相距为 d,如图 4 所示.这两个面电荷所产生的电场强度为

$$\boldsymbol{E} = \frac{\sigma}{\varepsilon_0} \boldsymbol{n} \ (\text{两面间}), \tag{17}$$

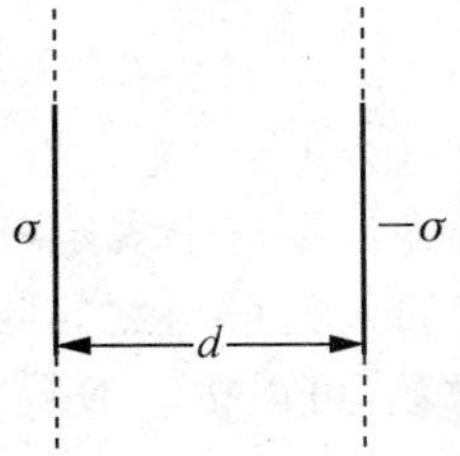

图 4　两个无限大的平行平面均匀带电

$$\boldsymbol{E}=0\ (\text{两面外}). \tag{18}$$

(17)式中的 $\boldsymbol{n}$ 是由 σ 指向 $-\sigma$ 的单位矢量. 由此得这两个面电荷所在处的电势差为

$$V_+ - V_- = \frac{\sigma}{\varepsilon_0} d. \tag{19}$$

因此,就图 4 来说,左边无穷远处的电势要比右边无穷远处的电势高 $\frac{\sigma}{\varepsilon_0} d$. 所以,这时如果规定无穷远处电势为零,就必须指明是左边的无穷远处还是右边的无穷远处. 这就麻烦了.

另一种办法是,规定一个面电荷所在处的电势为零. 例如,规定 $-\sigma$ 处的电势为零. 这时各处的电势为

$$\left.\begin{aligned} &V=\frac{\sigma}{\varepsilon_0} d, && x \geqslant -\frac{d}{2}, \\ &V=\frac{\sigma}{\varepsilon_0}\left(\frac{d}{2}-x\right), && -\frac{d}{2} \leqslant x \leqslant \frac{d}{2}, \\ &V=0, && x \geqslant \frac{d}{2}, \end{aligned}\right\} \tag{20}$$

如图 5 所示. 我觉得这样选择电势零点,结果比较明确.

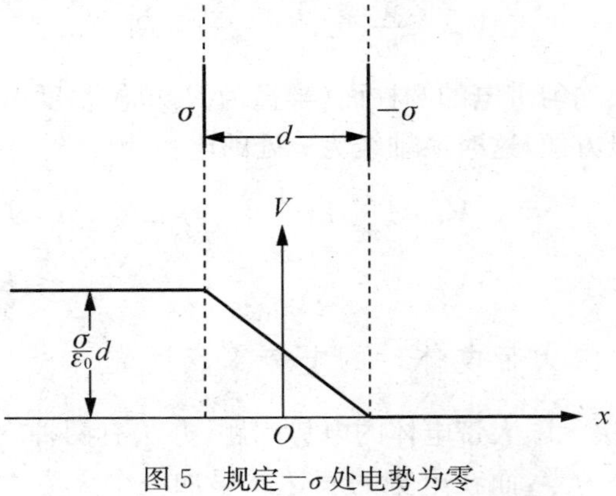

图 5　规定 $-\sigma$ 处电势为零

5. 无限大均匀电场的电势零点问题

无限大的均匀电场实际上并不存在,但在一些电动力学书上,常常讨论在这种电场中导体或介质因感应或极化而产生的电荷以及它们的电势等. 无限大均匀电场可看作是两个无限大的均匀带电平面相距为无穷远(即图 4 中 $d \to \infty$)

的情况.在这种电场中(图 6),相距为有限远的任意两点,它们的电势差都有确定的值;但左边无穷远处与右边无穷远处的电势差却是无穷大(相当于图 5 中的 $d\to\infty$).这时如果把电势零点规定在无穷远处,不仅要指明是哪边的无穷远处,而且还将使电场中每一点的电势都是无穷大.通常都不这样作,而是根据具体情况,把电势零点规定在有限范围内比较方便的地方.例如,考虑均匀电场中的导体球或介质球时,根据对称性,以球心为原点,以均匀电场 $\boldsymbol{E}$ 的方向为极轴,取球极坐标如图 6 所示,并规定原点为电势的零点,这样,无限大均匀电场 $\boldsymbol{E}$ 中任一点 $P(r,\theta,\varphi)$ 的电势便为

$$V(r,\theta,\varphi)=-\boldsymbol{E}\cdot\boldsymbol{r}=-Er\cos\theta, \tag{21}$$

这就是一般电动力学书上惯用的公式.[3]、[4]

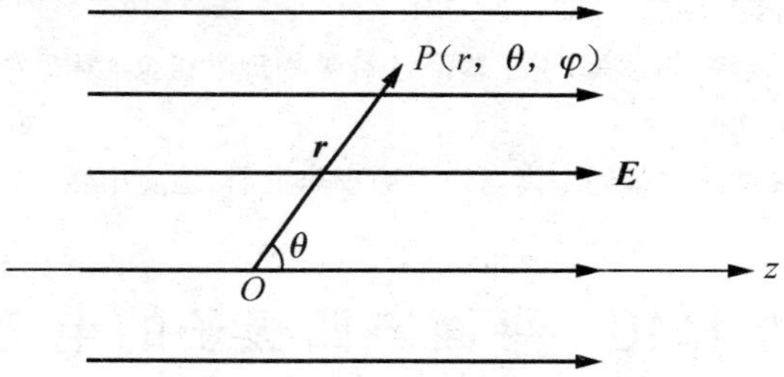

图 6　无限大均匀电场

6. 地球的电势问题

地球的电势,一般电磁学书上很少讲到.好些书上,特别是一些电动力学书上的例题和习题中,常常在规定了无穷远处的电势为零后,又把电势为零叫做接地.这是作者们没有考虑到地球与无穷远处有电势差的缘故.其实,这电势差还很大.

根据测量,地球大气中有一个方向向下的静电场,是由地球所带的负电荷和大气中的离子产生的.这个电场随着日夜和气象状态发生变化.地面附近,电场强度的值通常在每米几十伏到 300 伏之间,偶尔比 300 伏还要高.越往上,电场强度越小,在 3 公里高处,平均约为每米 25 伏;在 10 公里高处,平均每米只有 4 伏.[5]根据《费曼物理学讲义》,从地面起一直到大气顶部(离地面约 50 公里),总电势差约为 400 000 伏[6].

由于有这个电场存在,使得地球的电势比无穷远处的电势低.如果规定无穷远处的电势为零,则地球的电势平均约为[7]

$$V_{地}=-5.4\times10^{8}\,\mathrm{V}, \tag{22}$$

即地球的电势平均要比无穷远处低几亿伏.这个值相当大,所以在规定了无穷

远处的电势为零以后,就不能再把电势为零说成接地了.当然,如果事先没有规定无穷远处的电势为零(像在一些电路问题中那样),而把电势为零叫做接地,这时就等于是规定地球的电势为零,那就不错.

参 考 文 献

[1] 川村雅恭著,《電気磁気学》,昭光堂株式会社(1974),45 页.

[2] W. R. 斯迈思著,戴世强译,《静电学和电动力学》,上册,科学出版社(1981),89 页.

[3] J. D. 杰克逊著,朱培豫译,《经典电动力学》,上册,人民教育出版社(1979),68 页.

[4] J. A. Stratton, *Electromagnetic Theory*, McGraw-Hill(1941), p. 205.

[5] R. Mühleisen, *Encyclopedia of Physics* (*Handbuch der Physik*), vol. XLVIII, Von Norstrand Reinhold(1957), p. 542, p. 581.

[6] R. P. 费曼、R. B. 莱登、桑兹著,王子辅译,《费曼物理学讲义》第 2 卷,上海科学技术出版社(1981),99—100 页.

[7] 克拉耶夫著,中央地质部编译室译,《地电原理》,上册,地质出版社(1956),123 页.

§ 1. 10 平面电四极子的电势

J. D. 克劳斯和 K. R. 卡弗的书上有一个求平面电四极子电势的习题[1],内容如下:有一个如图 1 放置的平面电四极子,证明:在离这电四极子很远处的电势为

$$V=\frac{ql^2\sin\theta\cos\theta}{2\pi\varepsilon_0 r^3}, \tag{1}$$

这个式子是错误的.下面我们用三种方法求这电四极子的电势.

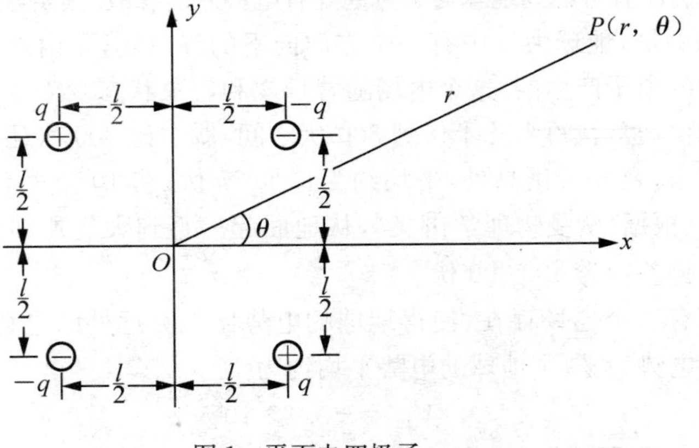

图 1 平面电四极子

1. 直接计算

如图 2 所示，$P(r,\theta)$是 x-y 平面内的一点. 以无穷远处为电势零点，P 点的电势等于四个点电荷产生的电势之和，即

$$V=\frac{1}{4\pi\varepsilon_0}\left[\frac{q}{r_1}+\frac{-q}{r_2}+\frac{q}{r_3}+\frac{-q}{r_4}\right]=\frac{q}{4\pi\varepsilon_0}\left[\frac{1}{r_1}-\frac{1}{r_2}+\frac{1}{r_3}-\frac{1}{r_4}\right]. \tag{2}$$

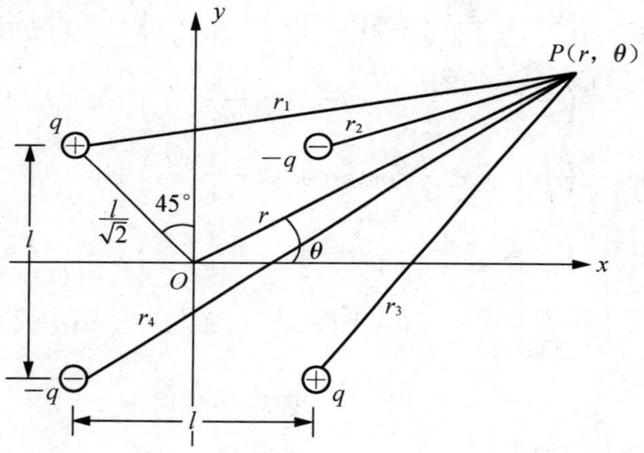

图 2　平面电四极子构成边长为 l 的正方形，
坐标原点 O 在正方形的中心.

由图 2 和余弦定理，得

$$r_1=\sqrt{r^2+\left(\frac{l}{\sqrt{2}}\right)^2-2r\,\frac{l}{\sqrt{2}}\cos(135°-\theta)}=r\sqrt{1+\frac{1}{2}\left(\frac{l}{r}\right)^2+\sqrt{2}\,\frac{l}{r}\cos(\theta+45°)},$$

于是

$$\frac{r}{r_1}=\frac{1}{\sqrt{1+\frac{1}{2}\left(\frac{l}{r}\right)^2+\sqrt{2}\,\frac{l}{r}\cos(\theta+45°)}}=\left[1+\frac{1}{2}\left(\frac{l}{r}\right)^2+\sqrt{2}\,\frac{l}{r}\cos(\theta+45°)\right]^{-1/2}. \tag{3}$$

与此类似，得

$$\frac{r}{r_2}=\left[1+\frac{1}{2}\left(\frac{l}{r}\right)^2-\sqrt{2}\,\frac{l}{r}\cos(\theta-45°)\right]^{-1/2}, \tag{4}$$

$$\frac{r}{r_3}=\left[1+\frac{1}{2}\left(\frac{l}{r}\right)^2-\sqrt{2}\,\frac{l}{r}\cos(\theta+45°)\right]^{-1/2}, \tag{5}$$

$$\frac{r}{r_4}=\left[1+\frac{1}{2}\left(\frac{l}{r}\right)^2+\sqrt{2}\frac{l}{r}\cos(\theta-45^\circ)\right]^{-1/2}. \tag{6}$$

利用公式

$$(1\pm x)^{-1/2}=1\mp\frac{1}{2}x+\frac{1\cdot 3}{2\cdot 4}x^2\mp\frac{1\cdot 3\cdot 5}{2\cdot 4\cdot 6}x^3+\cdots, \tag{7}$$

把以上四式展开，取到$\left(\frac{l}{r}\right)^2$项，得

$$\frac{r}{r_1}=1-\frac{1}{4}\left(\frac{l}{r}\right)^2-\frac{\sqrt{2}}{2}\frac{l}{r}\cos(\theta+45^\circ)+\frac{3}{4}\left(\frac{l}{r}\right)^2\cos^2(\theta+45^\circ), \tag{8}$$

$$\frac{r}{r_2}=1-\frac{1}{4}\left(\frac{l}{r}\right)^2+\frac{\sqrt{2}}{2}\frac{l}{r}\cos(\theta-45^\circ)+\frac{3}{4}\left(\frac{l}{r}\right)^2\cos^2(\theta-45^\circ), \tag{9}$$

$$\frac{r}{r^3}=1-\frac{1}{4}\left(\frac{l}{r}\right)^2+\frac{\sqrt{2}}{2}\frac{l}{r}\cos(\theta+45^\circ)+\frac{3}{4}\left(\frac{l}{r}\right)^2\cos^2(\theta+45^\circ), \tag{10}$$

$$\frac{r}{r_4}=1-\frac{1}{4}\left(\frac{l}{r}\right)^2-\frac{\sqrt{2}}{2}\frac{l}{r}\cos(\theta-45^\circ)+\frac{3}{4}\left(\frac{l}{r}\right)^2\cos^2(\theta-45^\circ), \tag{11}$$

故

$$\begin{aligned}\frac{r}{r_1}-\frac{r}{r^2}+\frac{r}{r_3}-\frac{r}{r_4}&=\frac{3}{2}\left(\frac{l}{r}\right)^2\left[\cos^2(\theta+45^\circ)-\cos^2(\theta-45^\circ)\right]\\&=-3\left(\frac{l}{r}\right)^2\sin\theta\cos\theta.\end{aligned} \tag{12}$$

把(12)式代入(2)式，便得

$$V=-\frac{3ql^2\sin\theta\cos\theta}{4\pi\varepsilon_0 r^3}, \tag{13}$$

这便是所要求的结果.

2. 利用电偶极子的电势计算

如图3(1)所示的电偶极子，它在$r\gg l$处的$P(r,\theta)$点产生的电势为

$$V=\frac{\boldsymbol{p}\cdot\boldsymbol{r}}{4\pi\varepsilon_0 r^3}=\frac{qlx}{4\pi\varepsilon_0(x^2+y^2)^{3/2}}, \tag{14}$$

把这电偶极子向下平移$\frac{l}{2}$，如图3(2)所示. 由(14)式得这时在$P(r,\theta)$点产生的电势为

$$\begin{aligned}V_1&=\frac{qlx'}{4\pi\varepsilon_0(x'^2+y'^2)^{3/2}}=\frac{qlx}{4\pi\varepsilon_0\left[x^2+\left(y+\frac{l}{2}\right)^2\right]^{3/2}}\\&=\frac{qlr\cos\theta}{4\pi\varepsilon_0(r^2+rl\sin\theta+l^2/4)^{3/2}}=\frac{ql\cos\theta}{4\pi\varepsilon_0 r^2\left(1+\frac{l}{r}\sin\theta+l^2/4r^2\right)^{3/2}}.\end{aligned} \tag{15}$$

把图 3(1)中的电偶极子向上平移$\frac{l}{2}$,并把正负电荷交换,便如图 3(3)所示. 由(14)式得这时在 $P(r,\theta)$点产生的电势为

$$V_2=\frac{-qlx''}{4\pi\varepsilon_0(x''^2+y''^2)^{3/2}}=-\frac{qlx}{4\pi\varepsilon_0\left[x^2+\left(y-\frac{l}{2}\right)^2\right]^{3/2}}$$

$$=-\frac{qlr\cos\theta}{4\pi\varepsilon_0(r^2-rl\sin\theta+l^2/4)^{3/2}}=-\frac{ql\cos\theta}{4\pi\varepsilon_0 r^2\left(1-\frac{l}{r}\sin\theta+l^2/4r^2\right)^{3/2}}. \quad (16)$$

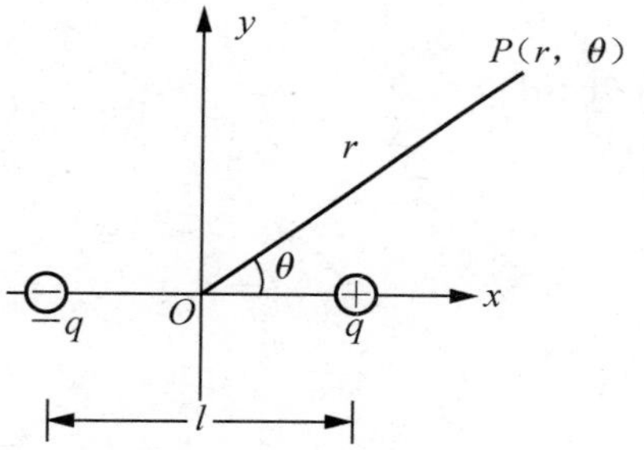

(1) 在原点的电偶极子

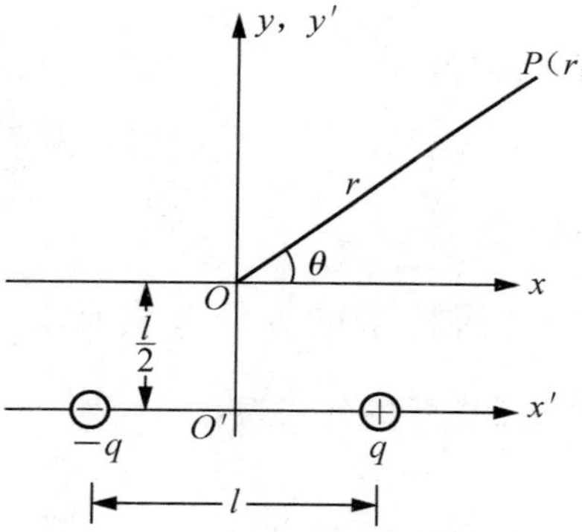

(2) 向下平移$\frac{l}{2}$

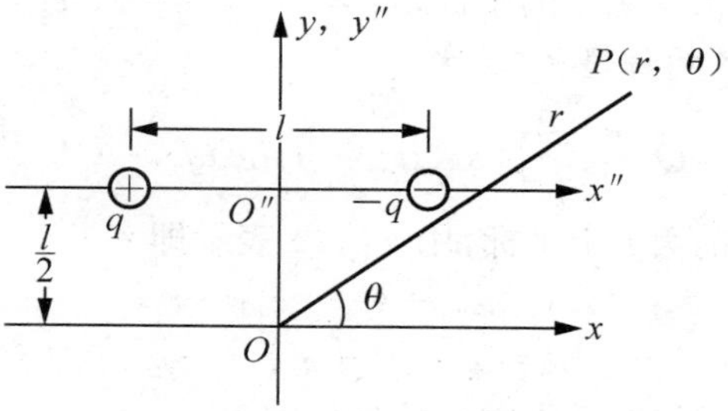

(3) 向上平移$\frac{l}{2}$,并交换正负电荷

图 3 在不同位置的电偶极子

把图 3(2)图和图 3(3)叠加在一起,便得出如图 1 所示的平面电四极子. 因此,所求的电势便为(略去分母中的$\frac{l^2}{r^2}$项):

$$V=V_1+V_2=\frac{ql\cos\theta}{4\pi\varepsilon_0 r^2}\left[\left(1+\frac{l}{r}\sin\theta\right)^{-3/2}-\left(1-\frac{l}{r}\sin\theta\right)^{-3/2}\right]. \tag{17}$$

利用公式

$$(1\pm x)^{-3/2}=1\mp\frac{3}{2}x+\frac{3\cdot5}{2\cdot4}x^2\mp\frac{3\cdot5\cdot7}{2\cdot4\cdot6}x^3+\cdots, \tag{18}$$

把(17)式的方括号内展开,取到$\frac{l}{r}$项,得

$$\left(1+\frac{l}{r}\sin\theta\right)^{-3/2}-\left(1-\frac{l}{r}\sin\theta\right)^{-3/2}=1-\frac{3}{2}\frac{l}{r}\sin\theta-\left(1+\frac{3}{2}\frac{l}{r}\sin\theta\right)=-3\,\frac{l}{r}\sin\theta, \tag{19}$$

代入(17)式,便得

$$V=-\frac{3ql^2\sin\theta\cos\theta}{4\pi\varepsilon_0 r^3}, \tag{20}$$

这就是(13)式.

3. 按电四极子电势的公式计算

电四极子电势的公式为[2]

$$V=\frac{\sum_{i,j=1}^{3}x_iQ_{ij}x_j}{8\pi\varepsilon_0 r^5}, \tag{21}$$

式中 x_i 是场点(图 1 中的 P 点)的坐标,$x_1=x$, $x_2=y$, $x_3=z$; Q_{ij} 是电四极矩张量(三维二阶张量)的分量,定义为

$$Q_{ij}=\sum_{n=1}^{4}(3x_{ni}x_{nj}-r_n^2\delta_{ij})q_n, \tag{22}$$

x_{ni} 是第 n 个点电荷 q_n 的第 i 个坐标,用 x,y,z 表示即

$$x_{n1}=x_n,\quad x_{n2}=y_n,\quad x_{n3}=z_n, \tag{23}$$

$$r_n^2=x_n^2+y_n^2+z_n^2. \tag{24}$$

对于图 1 的平面电四极子,四个点电荷的坐标如下:

$$\left.\begin{aligned}
&q_1: x_{11}=-\frac{l}{2}, && x_{12}=\frac{l}{2}, && x_{13}=0,\\
&q_2: x_{21}=\frac{l}{2}, && x_{22}=\frac{l}{2}, && x_{23}=0,\\
&q_3: x_{31}=\frac{l}{2}, && x_{32}=-\frac{l}{2}, && x_{33}=0,\\
&q_4: x_{41}=-\frac{l}{2}, && x_{42}=-\frac{l}{2}, && x_{43}=0,
\end{aligned}\right\} \tag{25}$$

把(25)代入(22)式,得这电四极子的电四极矩张量为

$$\mathbf{Q}=\begin{pmatrix}0 & -3ql^2 & 0\\ -3ql^2 & 0 & 0\\ 0 & 0 & 0\end{pmatrix}, \tag{26}$$

故

$$\begin{aligned}\sum_{i,j=1}^{3} x_i Q_{ij} x_j &= x_1 Q_{12} x_2 + x_2 Q_{21} x_1 = x(-3ql^2)y + y(-3ql^2)x \\ &= -6ql^2 xy = -6ql^2 (r\cos\theta)(r\sin\theta) = -6qr^2 l^2 \sin\theta\cos\theta.\end{aligned} \tag{27}$$

把(27)式代入(21)式,便得

$$V=-\frac{3ql^2\sin\theta\cos\theta}{4\pi\varepsilon_0 r^3}, \tag{28}$$

这正是(13)式.

附带讲一下,这个题在 J. D. 克劳斯的书上如下[3]:四个相等的电荷,其大小为 q,位于空气中,电荷符号如图 4 所示,构成双偶极子. 证明远离双偶极子的 r 处($r\gg l$ 和 $r\gg s$)由双偶极子所产生的电势是

$$V=\frac{qls\sin\theta\cos\theta}{2\pi\varepsilon_0 r^3}, \tag{29}$$

式中 r=径向距离,θ=径线与轴的夹角(见图 4).

(29)式也不对,正确的结果应为

$$V=\frac{3qls\sin\theta\cos\theta}{4\pi\varepsilon_0 r^3}. \tag{30}$$

读者可以用上面讲的三种方法证明这一点.

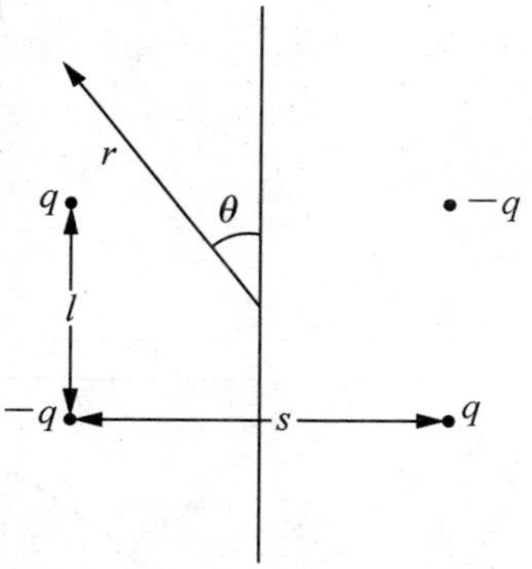

图 4　四极子或双偶极子

参 考 文 献

[1] J. D. Kraus, K. R. Carver, *Electromagnetics*, 2nd ed., Mc Graw-Hill(1973), p. 52, Problem 2—15.

[2] D. M. Cook, *The Theory of the Electromagnetic Field*, Prentice-Hall, Inc. (1975), p. 122.

[3] J. D. 克劳斯著,安绍萱译,《电磁学》,人民邮电出版社(1979),2—4 题,113 页.

§ 1.11　一段直线电荷的电势的不同表达式

在给定的边界条件下,一种电荷分布所产生的电势是唯一的,但电势的表

达式却可以不同,尤其是所用的求解方法不同,电势由特殊函数表达时,往往如此.即使是一些简单问题,电势可以用初等函数表示时,也会出现不同的表达式.在这里,我们以一段直线电荷为例,来说明这一点[1].

1. 电势的表达式

在无界空间里,电荷 q 均匀分布在长为 $2l$ 的一段直线上.很容易用积分求出这 q 在空间任一点产生的电势.以这段直线为 x 轴,中点为原点 O,取笛卡儿坐标系如图1所示.$P(x,y,z)$ 为空间任一点,求 q 在 $P(x,y,z)$ 点产生的电势.在这段带电直线上离原点为 s 处,线元 $\mathrm{d}s$ 上的电荷为

$$\mathrm{d}q=\frac{q}{2l}\mathrm{d}s, \tag{1}$$

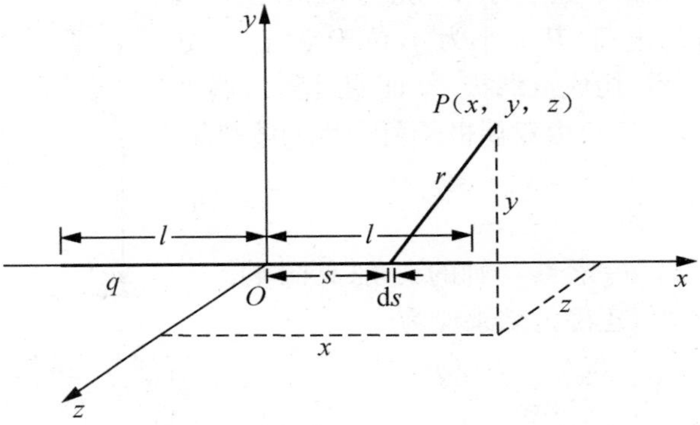

图 1

这 $\mathrm{d}q$ 在 P 点产生的电势为

$$\mathrm{d}\varphi=\frac{\mathrm{d}q}{4\pi\varepsilon_0 r}=\frac{q}{8\pi\varepsilon_0 l}\frac{\mathrm{d}s}{\sqrt{(x-s)^2+y^2+z^2}}, \tag{2}$$

积分便得 q 在 P 点产生的电势为

$$\varphi(x,y,z)=\frac{q}{8\pi\varepsilon_0 l}\int_{-l}^{l}\frac{\mathrm{d}s}{\sqrt{(x-s)^2+y^2+z^2}}. \tag{3}$$

根据积分公式[2]

$$\int\frac{\mathrm{d}s}{\sqrt{s^2+a^2}}=\ln(s+\sqrt{s^2+a^2})+C(\text{积分常数}), \tag{4}$$

(3)式中的积分为

$$\int \frac{\mathrm{d}s}{\sqrt{(x-s)^2+y^2+z^2}} = -\int \frac{\mathrm{d}(x-s)}{\sqrt{(x-s)^2+y^2+z^2}}$$

$$= -\ln\left[x-s+\sqrt{(x-s)^2+y^2+z^2}\right]+C, \quad (5)$$

于是得

$$\varphi(x,y,z) = -\frac{q}{8\pi\varepsilon_0 l}\ln\left[x-s+\sqrt{(x-s)^2+y^2+z^2}\right]_{s=-l}^{s=l}$$

$$= \frac{q}{8\pi\varepsilon_0 l}\ln\left[\frac{\sqrt{(x+l)^2+y^2+z^2}+x+l}{\sqrt{(x-l)^2+y^2+z^2}+x-l}\right], \quad (6)$$

这便是所求的 $P(x,y,z)$ 点的电势的表达式.

2. 电势的又一表达式

另外,(3)式中的积分可以写成

$$\int \frac{\mathrm{d}s}{\sqrt{(x-s)^2+y^2+z^2}} = \int \frac{\mathrm{d}s}{\sqrt{s^2-2xs+x^2+y^2+z^2}}, \quad (7)$$

然后用积分公式[3]

$$\int \frac{\mathrm{d}s}{\sqrt{as^2+bs+c}} = \frac{1}{\sqrt{a}}\ln\left[\sqrt{as^2+bs+c}+\sqrt{a}s+\frac{b}{2\sqrt{a}}\right]+C'(\text{积分常数}) \quad (8)$$

计算(3)式中的积分. 积分公式(8)的条件是

$$a>0, \quad b^2-4ac<0. \quad (9)$$

(7)式与(8)式比较, $a=1$, $b=-2x$, $c=x^2+y^2+z^2$, 故(7)式的 $a>0$, $b^2-4ac=(-2x)^2-4(x^2+y^2+z^2)=-4(y^2+z^2)<0$. 可见(7)式满足(8)式的条件. 于是由(8)式得,(3)式中的积分为

$$\int_{-l}^{l} \frac{\mathrm{d}s}{\sqrt{(x-s)^2+y^2+z^2}} = \ln\left[\sqrt{(x-s)^2+y^2+z^2}+s-x\right]_{s=-l}^{s=l}$$

$$= \ln\left[\frac{\sqrt{(x-l)^2+y^2+z^2}-x+l}{\sqrt{(x+l)^2+y^2+z^2}-x-l}\right], \quad (10)$$

代入(3)式,便得

$$\varphi(x,y,z) = \frac{q}{8\pi\varepsilon_0 l}\ln\left[\frac{\sqrt{(x-l)^2+y^2+z^2}-x+l}{\sqrt{(x+l)^2+y^2+z^2}-x-l}\right], \quad (11)$$

这是 P 点的电势的又一表达式.

3. 证明两种表达式相等

P 点电势的两种表达式(6)式和(11)式,虽然在形式上不同,但实际上是相

等的. 现在就来证明这一点. 由于

$$[\sqrt{(x+l)^2+y^2+z^2}+x+l][\sqrt{(x+l)^2+y^2+z^2}-x-l]=y^2+z^2, \tag{12}$$

$$[\sqrt{(x-l)^2+y^2+z^2}+x-l][\sqrt{(x-l)^2+y^2+z^2}-x+l]=y^2+z^2, \tag{13}$$

故有

$$\begin{aligned}&[\sqrt{(x+l)^2+y^2+z^2}+x+l][\sqrt{(x+l)^2+y^2+z^2}-x-l]\\&=[\sqrt{(x-l)^2+y^2+z^2}+x-l][\sqrt{(x-l)^2+y^2+z^2}-x+l],\end{aligned} \tag{14}$$

所以

$$\frac{\sqrt{(x+l)^2+y^2+z^2}+x+l}{\sqrt{(x-l)^2+y^2+z^2}+x-l}=\frac{\sqrt{(x-l)^2+y^2+z^2}-x+l}{\sqrt{(x+l)^2+y^2+z^2}-x-l}, \tag{15}$$

这个等式对线电荷以外的任何点都成立. 这就证明了(11)式与(6)式是相等的.

此外,根据对称性考虑,图 1 中线电荷的电势,对于坐标原点 O 应是对称的. 因此,应该有

$$\varphi(-x,y,z)=\varphi(x,y,z), \tag{16}$$

$$\varphi(x,-y,z)=\varphi(x,y,z), \tag{17}$$

$$\varphi(x,y,-z)=\varphi(x,y,z), \tag{18}$$

(6)式和(11)式显然都满足(17)和(18)两式. 由于有(15)式,故(6)式和(11)式也都满足(16)式. 这就证明了(6)式和(11)式都满足物理上所要求的全部对称性.

4. 积分公式问题

前面用不同的积分公式,求出了电势的不同表达式:用(4)式求出了(6)式,而用(8)式则求出了(11)式. 现在我们来看,用(8)式也可以求出(6)式. 为此,需将(8)式化为另一种形式. 方法如下:因

$$\left(\sqrt{as^2+bs+c}+\sqrt{a}\,s+\frac{b}{2\sqrt{a}}\right)\left(\sqrt{as^2+bs+c}-\sqrt{a}\,s-\frac{b}{2\sqrt{a}}\right)=\frac{4ac-b^2}{4a}, \tag{19}$$

所以

$$\sqrt{as^2+bs+c}+\sqrt{a}\,s+\frac{b}{2\sqrt{a}}=\frac{(4ac-b^2)/4a}{\sqrt{as^2+bs+c}-\sqrt{a}\,s-\dfrac{b}{2\sqrt{a}}}, \tag{20}$$

故有

$$\ln\left(\sqrt{as^2+bs+c}+\sqrt{a}\,s+\frac{b}{2\sqrt{a}}\right)=\ln\left(\frac{4ac-b^2}{4a}\right)-\ln\left(\sqrt{as^2+bs+c}-\sqrt{a}\,s-\frac{b}{2\sqrt{a}}\right), \tag{21}$$

其中 $\ln\left(\frac{4ac-b^2}{4a}\right)$ 为常数，故(8)式在满足(9)式的条件下，可以化为下列积分公式：

$$\int\frac{\mathrm{d}s}{\sqrt{as^2+bs+c}}=-\frac{1}{\sqrt{a}}\ln\left(\sqrt{as^2+bs+c}-\sqrt{a}\,s-\frac{b}{2\sqrt{a}}\right)+C''(\text{积分常数}).\tag{22}$$

把(22)式代入(3)式，即得

$$\begin{aligned}\varphi(x,y,z)&=-\frac{q}{8\pi\varepsilon_0 l}\ln\left[\sqrt{s^2-2xs+x^2+y^2+z^2}-s+x\right]_{s=-l}^{s=l}\\&=\frac{q}{8\pi\varepsilon_0 l}\left[\frac{\sqrt{(x+l)^2+y^2+z^2}+x+l}{\sqrt{(x-l)^2+y^2+z^2}+x-l}\right],\end{aligned}\tag{23}$$

这正是(6)式.

参考文献

[1] 张之翔编著，《电磁学千题解》，科学出版社(2010)，1.4.36题，117—121页.
[2] 徐桂芳编译，《积分表》，科学技术出版社(1956)，公式126a，22页.
[3] 同[2]，公式160，25页.

§1.12　均匀带电圆环的电势[①]

真空中有一半径为 R 的圆环，电荷 q 均匀分布在这圆环上. 很容易求出，在它的轴线上离环心 O 为 r 处的 P 点(图1)，q 产生的电势为

$$\varphi=\frac{1}{4\pi\varepsilon_0}\frac{q}{\sqrt{r^2+R^2}},\tag{1}$$

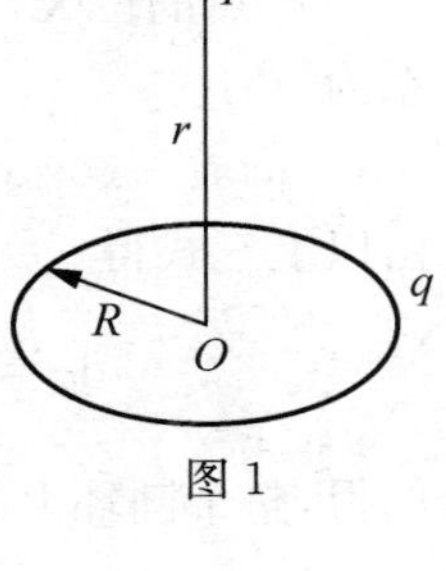

图1

很多电磁学的教科书上，都有这个例子或习题. 但是，如果 P 点不在圆环的轴线上，而在轴线外，一般电磁学书上就很少提到了. 为什么？因为圆环轴线外的电势一般不能用初等函数的有限项表示，所以不宜在普通电磁学教科书上讲，而在电动力学或数理方程的教科

① 本节内容曾发表在《大学物理》2006年第8期，标题为“圆环电荷的电势的几种算法及讨论”，收入本书时略有修改.

书上,则常常作为例子或习题出现.在这里,对这个问题我们介绍三种求解方法[1]、[2],并略加讨论,以供参考.

1. 直接积分,结果用全椭圆积分表示

以圆环中心 O 为原点,圆环的轴线为极轴,取球坐标系,如图 2 所示.

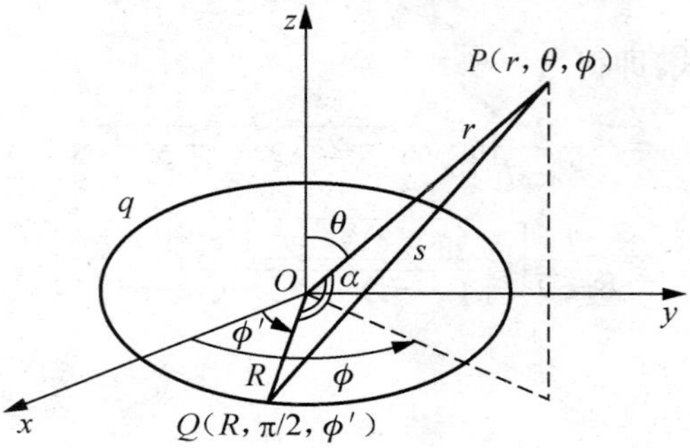

图 2

圆环上 $Q(R,\pi/2,\phi')$ 点的电荷元

$$dq=\frac{q}{2\pi}d\phi' \tag{2}$$

可当作点电荷,它在空间任一点 $P(r,\theta,\phi)$ 所产生的电势为

$$d\varphi=\frac{dq}{4\pi\varepsilon_0 s}, \tag{3}$$

式中 s 是 Q 到 P 的距离.由图 2 可见,

$$s=\sqrt{r^2+R^2-2Rr\cos\alpha}, \tag{4}$$

式中 α 是 P 点的位矢 $\boldsymbol{r}$ 与 Q 点的位矢 $\boldsymbol{R}$ 之间的夹角,它与 $\theta,\phi,\theta'(=\pi/2)$ 和 ϕ' 的关系为

$$\cos\alpha=\cos\theta\cos\theta'+\sin\theta\sin\theta'\cos(\phi-\phi')=\sin\theta\cos(\phi-\phi'). \tag{5}$$

由以上三式得

$$d\varphi=\frac{q}{8\pi^2\varepsilon_0}\frac{d\phi'}{\sqrt{r^2+R^2-2Rr\sin\theta\cos(\phi-\phi')}}. \tag{6}$$

积分便得,整个圆环上的电荷 q 在 P 点产生的电势为

$$\varphi=\frac{q}{8\pi^2\varepsilon_0}\int_0^{2\pi}\frac{d\phi'}{\sqrt{r^2+R^2-2Rr\sin\theta\cos(\phi-\phi')}}. \tag{7}$$

除了在圆环的轴线上 $\theta=0$ 和 $\theta=\pi$ 以外,这个积分是"积不出来"的,也就是

说，这个积分的结果不能用 r 和 θ 的初等函数的有限项表示．(7)式的积分是一种椭圆积分，下面我们把它化为标准形式，令

$$\phi-\phi'=2\psi-\pi, \tag{8}$$

$$k^2=\frac{4Rr\sin\theta}{r^2+R^2+2Rr\sin\theta}, \tag{9}$$

除了圆环上($r=R,\theta=\pi/2$)以外，$k^2<1$，这时(7)式的积分可化为

$$\int_0^{2\pi}\frac{\mathrm{d}\phi'}{\sqrt{r^2+R^2-2Rr\sin\theta\cos(\phi-\phi')}}=\frac{2}{\sqrt{r^2+R^2+2Rr\sin\theta}}\int_{(\phi-\pi)/2}^{(\phi+\pi)/2}\frac{\mathrm{d}\psi}{\sqrt{1-k^2\sin^2\psi}}$$

$$=\frac{4}{\sqrt{r^2+R^2+2Rr\sin\theta}}\int_0^{\pi/2}\frac{\mathrm{d}\psi}{\sqrt{1-k^2\sin^2\psi}}=\frac{4\mathrm{K}}{\sqrt{r^2+R^2+2Rr\sin\theta}}, \tag{10}$$

式中

$$\mathrm{K}=\int_0^{\pi/2}\frac{\mathrm{d}\psi}{\sqrt{1-k^2\sin^2\psi}}=\frac{\pi}{2}\left[1+\left(\frac{1}{2}\right)^2k^2+\left(\frac{1\cdot3}{2\cdot4}\right)^2k^4+\left(\frac{1\cdot3\cdot5}{2\cdot4\cdot6}\right)^2k^6+\cdots\right], \tag{11}$$

叫做第一种全椭圆积分．

最后得出，圆环电荷 q 在 $P(r,\theta,\phi)$ 点产生的电势为

$$\varphi=\frac{q}{8\pi^2\varepsilon_0}\frac{4\mathrm{K}}{\sqrt{r^2+R^2+2Rr\sin\theta}}$$

$$=\frac{q}{4\pi\varepsilon_0}\frac{1}{\sqrt{r^2+R^2+2Rr\sin\theta}}\left[1+\left(\frac{1}{2}\right)^2k^2+\left(\frac{1\cdot3}{2\cdot4}\right)^2k^4+\left(\frac{1\cdot3\cdot5}{2\cdot4\cdot6}\right)^2k^6+\cdots\right]. \tag{12}$$

2. 直接积分，结果用勒让德多项式表示

由(2)式至(5)式得，所求的电势为

$$\varphi=\frac{q}{8\pi^2\varepsilon_0}\int_0^{2\pi}\frac{\mathrm{d}\phi'}{s}=\frac{q}{8\pi^2\varepsilon_0}\int_0^{2\pi}\frac{\mathrm{d}\phi'}{\sqrt{r^2+R^2-2Rr\cos\alpha}}, \tag{13}$$

用勒让德多项式的生成函数公式将被积函数展开．在 $r<R$ 的区域里，展开为

$$\frac{1}{s}=\frac{1}{\sqrt{r^2+R^2-2Rr\cos\alpha}}=\frac{1}{R}\frac{1}{\sqrt{1+\left(\frac{r}{R}\right)^2-2\frac{r}{R}\cos\alpha}}$$

$$=\frac{1}{R}\sum_{n=0}^{\infty}\left(\frac{r}{R}\right)^n\mathrm{P}_n(\cos\alpha),\qquad r<R. \tag{14}$$

在 $r>R$ 的区域里，展开为

$$\frac{1}{s}=\frac{1}{\sqrt{r^2+R^2-2Rr\cos\alpha}}=\frac{1}{r}\frac{1}{\sqrt{1+\left(\frac{R}{r}\right)^2-2\frac{R}{r}\cos\alpha}}$$

$$=\frac{1}{r}\sum_{n=0}^{\infty}\left(\frac{R}{r}\right)^n \mathrm{P}_n(\cos\alpha),\qquad r>R. \tag{15}$$

根据勒让德多项式的加法公式[3]、[4]

$$\mathrm{P}_n(\cos\alpha)=\mathrm{P}_n(\cos\theta)\mathrm{P}_n(\cos\theta')+2\sum_{m=1}^{n}\frac{(n-m)!}{(n+m)!}\mathrm{P}_n^m(\cos\theta)\mathrm{P}_n^m(\cos\theta')\cos m(\phi-\phi'), \tag{16}$$

在 $r<R$ 的区域里，由(13)、(14)和(16)三式得

$$\varphi=\frac{q}{8\pi^2\varepsilon_0 R}\int_0^{2\pi}\left\{\sum_{n=0}^{\infty}\left(\frac{r}{R}\right)^n \mathrm{P}_n(\cos\alpha)\right\}\mathrm{d}\phi'$$

$$=\frac{q}{8\pi^2\varepsilon_0 R}\int_0^{2\pi}\left\{\sum_{n=0}^{\infty}\left(\frac{r}{R}\right)^n\Big[\mathrm{P}_n(\cos\theta)\mathrm{P}_n(\cos\theta')\right.$$

$$\left.+2\sum_{m=1}^{n}\frac{(n-m)!}{(n+m)!}\mathrm{P}_n^m(\cos\theta)\mathrm{P}_n^m(\cos\theta')\cos m(\phi-\phi')\Big]\right\}\mathrm{d}\phi'. \tag{17}$$

由于

$$\int_0^{2\pi}\cos m(\phi-\phi')\mathrm{d}\phi'=0, \tag{18}$$

故得

$$\varphi=\frac{q}{8\pi^2\varepsilon_0 R}\int_0^{2\pi}\left\{\sum_{n=0}^{\infty}\left(\frac{r}{R}\right)^n \mathrm{P}_n(\cos\theta)\mathrm{P}_n(\cos\theta')\right\}\mathrm{d}\phi'$$

$$=\frac{q}{4\pi\varepsilon_0 R}\sum_{n=0}^{\infty}\left(\frac{r}{R}\right)^n \mathrm{P}_n(\cos\theta)\mathrm{P}_n(\cos\theta'), \tag{19}$$

其中

$$\mathrm{P}_n(\cos\theta')=\mathrm{P}_n(0)=\begin{cases}0, & n\text{ 为奇数},\\ (-1)^{n/2}\dfrac{1\cdot3\cdot5\cdots(n-1)}{2\cdot4\cdot6\cdots(n)}, & n\text{ 为偶数}.\end{cases} \tag{20}$$

最后得所求的电势为

$$\varphi=\frac{q}{4\pi\varepsilon_0 R}\sum_{n=0}^{\infty}\left(\frac{r}{R}\right)^{2n}\mathrm{P}_{2n}(0)\mathrm{P}_{2n}(\cos\theta),\qquad r<R. \tag{21}$$

在 $r>R$ 的区域里，由(13)、(15)和(16)三式，经过对 ϕ' 的积分，最后得所求的电势为

$$\varphi=\frac{q}{4\pi\varepsilon_0 R}\sum_{n=0}^{\infty}\left(\frac{R}{r}\right)^{2n+1}\mathrm{P}_{2n}(0)\mathrm{P}_{2n}(\cos\theta),\qquad r>R. \tag{22}$$

3. 解拉普拉斯方程

在没有自由电荷的地方，电势 φ 满足拉普拉斯方程，故在不包含圆环电荷的区域里，有

$$\nabla^2\varphi=0,\quad r<R \text{ 和 } r>R. \tag{23}$$

由图 2 可见，由于轴对称性，φ 应与方位角 ϕ 无关，它只是 r 和 θ 的函数；又在轴线上（$\theta=0$ 和 $\theta=\pi$），φ 为有限值．故得(23)式的解为

$$\varphi=\sum_{n=0}^{\infty}\left(a_n r^n+\frac{b_n}{r^{n+1}}\right)\mathrm{P}_n(\cos\theta), \tag{24}$$

式中 a_n 和 b_n 都是待定系数. 在 $r<R$ 的区域里，$r\to 0$ 时 φ 为有限值，故 $b_n=0$，这时 φ 的表达式为

$$\varphi=\sum_{n=0}^{\infty}a_n r^n\mathrm{P}_n(\cos\theta),\quad r<R. \tag{25}$$

在 $r>R$ 的区域里，$r\to\infty$ 时，$\varphi\to 0$，故 $a_n=0$，这时 φ 的表达式为

$$\varphi=\sum_{n=0}^{\infty}\frac{b_n}{r^{n+1}}\mathrm{P}_n(\cos\theta),\quad r>R. \tag{26}$$

根据对称性，轴线上 r 相等而 $\theta=0$ 和 $\theta=\pi$ 的两点，电势应相等；这时由于 $\mathrm{P}_n(\cos\theta)=\mathrm{P}_n(1)=1$，而 $\mathrm{P}_n(\cos\pi)=\mathrm{P}_n(-1)=(-1)^n$，故知(25)和(26)两式中 n 为奇数项的系数都应等于零．于是得

$$\varphi=\sum_{n=0}^{\infty}a_{2n}r^{2n}\mathrm{P}_{2n}(\cos\theta),\quad r<R, \tag{27}$$

$$\varphi=\sum_{n=0}^{\infty}\frac{b_{2n}}{r^{2n+1}}\mathrm{P}_{2n}(\cos\theta),\quad r>R. \tag{28}$$

下面用 φ 的特殊值来定(27)和(28)两式中的系数 a_{2n} 和 b_{2n}. 在轴线上离环心为 r 处，很容易由积分算出 φ 的值为

$$\varphi=\frac{q}{4\pi\varepsilon_0}\frac{1}{\sqrt{r^2+R^2}}. \tag{29}$$

在 $r<R$ 的区域里，将上式展开为

$$\varphi=\frac{q}{4\pi\varepsilon_0 R}\frac{1}{\sqrt{1+(r/R)^2}}=\frac{q}{4\pi\varepsilon_0 R}\left[1-\frac{1}{2}\left(\frac{r}{R}\right)^2+\frac{1\cdot 3}{2\cdot 4}\left(\frac{r}{R}\right)^4-\frac{1\cdot 3\cdot 5}{2\cdot 4\cdot 6}\left(\frac{r}{R}\right)^6+\cdots\right], \tag{30}$$

因这时 $\theta=0$ 或 π，故(27)式化为

$$\varphi=\sum_{n=0}^{\infty}a_{2n}r^{2n}. \tag{31}$$

比较(30)、(31) 两式中 r^{2n} 的系数,便得

$$a_{2n}=\frac{q}{4\pi\varepsilon_0 R}(-1)^n\frac{1\cdot3\cdot5\cdots(2n-1)}{2\cdot4\cdot6\cdots(2n)}\frac{1}{R^{2n}},\quad n=0,1,2,\cdots. \tag{32}$$

于是得 $r<R$ 的区域里,φ 的表达式为

$$\varphi=\frac{q}{4\pi\varepsilon_0 R}\sum_{n=0}^{\infty}(-1)^n\frac{1\cdot3\cdot5\cdots(2n-1)}{2\cdot4\cdot6\cdots(2n)}\left(\frac{r}{R}\right)^{2n}\mathrm{P}_{2n}(\cos\theta),\quad r<R. \tag{33}$$

在 $r>R$ 的区域里,将(29)式展开为

$$\varphi=\frac{q}{4\pi\varepsilon_0}\frac{1}{r\sqrt{1+(R/r)^2}}=\frac{q}{4\pi\varepsilon_0 r}\left[1-\frac{1}{2}\left(\frac{R}{r}\right)^4+\frac{1\cdot3}{2\cdot4}\left(\frac{R}{r}\right)^4-\frac{1\cdot3\cdot5}{2\cdot4\cdot6}\left(\frac{R}{r}\right)^6+\cdots\right], \tag{34}$$

因这时 $\theta=0$ 或 π,故(28)式化为

$$\varphi=\sum_{n=0}^{\infty}\frac{b_{2n}}{r^{2n+1}}. \tag{35}$$

比较(34)、(35)两式中 $r^{-(2n+1)}$ 的系数,便得

$$b_{2n}=\frac{q}{4\pi\varepsilon_0}(-1)^n\frac{1\cdot3\cdot5\cdots(2n-1)}{2\cdot4\cdot6\cdots(2n)}R^{2n},\quad n=0,1,2,\cdots. \tag{36}$$

于是得 $r>R$ 的区域里,φ 的表达式为

$$\varphi=\frac{q}{4\pi\varepsilon_0 R}\sum_{n=0}^{\infty}(-1)^n\frac{1\cdot3\cdot5\cdots(2n-1)}{2\cdot4\cdot6\cdots(2n)}\left(\frac{R}{r}\right)^{2n+1}\mathrm{P}_{2n}(\cos\theta),\quad r>R. \tag{37}$$

(33)式和(37)式便是我们要求的圆环电荷所产生的电势,利用(20)式,这两式可分别写作

$$\varphi=\frac{q}{4\pi\varepsilon_0 R}\sum_{n=0}^{\infty}\left(\frac{r}{R}\right)^{2n}\mathrm{P}_{2n}(0)\mathrm{P}_{2n}(\cos\theta),\quad r<R, \tag{38}$$

$$\varphi=\frac{q}{4\pi\varepsilon_0 R}\sum_{n=0}^{\infty}\left(\frac{R}{r}\right)^{2n+1}\mathrm{P}_{2n}(0)\mathrm{P}_{2n}(\cos\theta),\quad r>R, \tag{39}$$

这两式正是前面的(21)和(22)两式.

4. 讨论

(1) 同是圆环电荷的电势,(12)式与(21)和(22)两式在形式上并不相同.这是因为,对于同一个物理问题,由于所用的求解方法不同,得出结果的表达式也可能不同.这种不同,只是数学表达形式上的不同,而不是数值上的不同.对于 r 和 θ 的同一组值,由(12)式算出的 φ 值,与由(21)式或(22)式算出的 φ 值是相同的.

(2) 由于我们把圆环电荷当作是数学上的线电荷,而且取离电荷无穷远处为

电势零点，所以当 P 点趋近圆环(例如 $\theta=\pi/2, r\to R$)时，电势 φ 应趋于无穷. (12)式以及(21)式和(22)式都反映了这一点. 对于(12)式来说，由于第一种全椭圆积分 K 隐含了条件 $k^2<1$，即 $\theta=\pi/2$ 时 $r\neq R$，或 $r=R$ 时 $\theta\neq\pi/2$，所以对于(12)式我们就没有标明 r 的取值范围. 但对于(21)式和(22)式，我们都标明了 r 的取值范围 $r<R$ 或 $r>R$. 这是因为，在用勒让德多项式的生成函数公式将(13)式的被积函数展开时，需要区分 $r<R$ 和 $r>R$，所以由此衍生出来的(21)式和(22)式就都有 r 的适用范围，因此必须标明 $r<R$ 或 $r>R$. 在用解拉普拉斯方程的方法求解时，也需要区分 $r<R$ 的区域和 $r>R$ 的区域，因此得出的(38)式和(39)式也都标明 $r<R$ 或 $r>R$.

(3) 如果坐标原点 O 不在圆环中心，而在圆环轴线上某一点，如图 3 所示，则 $P(r,\theta,\phi)$ 点的电势为[5],[6],[7]：

当 $r<a$ 时，或 $r=a$ 而 $\theta\neq\alpha$ 时，

$$\varphi=\frac{q}{4\pi\varepsilon_0 a}\sum_{n=0}^{\infty}\left(\frac{r}{a}\right)^n \mathrm{P}_n(\cos\alpha)\mathrm{P}_n(\cos\theta); \tag{40}$$

当 $r>a$ 时，或 $r=a$ 而 $\theta\neq\alpha$ 时，

$$\varphi=\frac{q}{4\pi\varepsilon_0 a}\sum_{n=0}^{\infty}\left(\frac{a}{r}\right)^{n+1} \mathrm{P}_n(\cos\alpha)\mathrm{P}_n(\cos\theta), \tag{41}$$

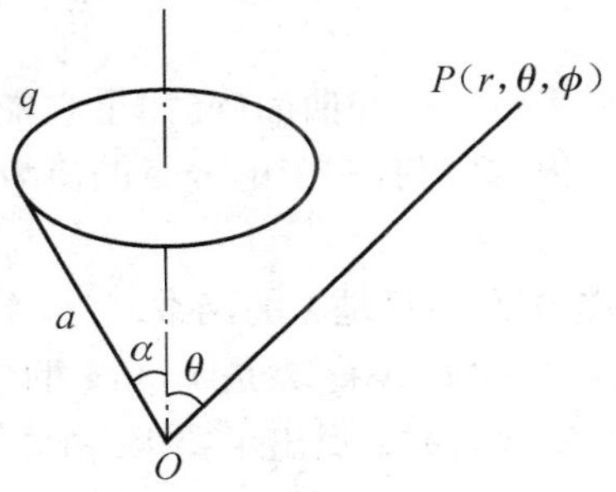

图 3

式中 a 是圆环到原点 O 的距离，α 是圆环到原点 O 的连线与轴线的夹角(图 3).

当 $\alpha=\pi/2$ 时，$a=R$，这时原点便在圆环中心. 由(20)式，n 为奇数时，$\mathrm{P}_n(0)=0$，故(40)式便化为(21)式，(41)式便化为(22)式，正应如此.

参 考 文 献

[1] 张之翔，《电磁学中几个简单问题里的椭圆积分》，《大学物理》2002 年第 4 期，22—24 页.

[2] 林璇英，张之翔，《电动力学题解》(第二版)，科学出版社(2005)，2. 26 题，146—152 页.

[3] 郭敦仁，《数学物理方法》，人民教育出版社(1978)，283—285 页.

[4] P. M. Morse and H. Feshbach, *Methods of Theoretical Physics*, McGraw-Hill, New York (1953), p. 1327.

[5] W. R. 斯迈思著，戴世强译，《静电学和电动力学》上册，科学出版社(1981)，212—213 页.

[6] W. K. H. Panofsky and M. Phillips, *Classical Electricity and Magnetism*, 2nd ed., Addison-Wesley Pub. Co. (1962), 87.

[7] D. H. Menzel, *Fundamental Formulas of Physics*, Douer Publications(1955), 312.

§ 1.13 等势面族的条件及例子①

在静电场里,电势相同的点组成的空间曲面称为等势面,一族等势面称为等势面族.例如点电荷的等势面族是以该点为中心的同心球面族.反过来,任何一个空间曲面族是否能成为等势面族呢?从物理上看,那不一定,因为在静电场中,任何一点的电场强度都有确定的有限值.如果一个空间曲面族不能处处有偏导数,显然就不能成为等势面族.本节介绍空间曲面族成为等势面族的条件,并举例说明.

1. 空间曲面族成为等势面族的条件

设 $F(x,y,z)$ 是具有连续一二阶偏导数的函数,λ 是一个参数,则

$$F(x,y,z)=\lambda \tag{1}$$

便表示一空间曲面族.如果它能成为静电场里的等势面族,则对参数 λ 的每一个值,必定有一个电势 φ 的值与之对应,因而 φ 就是 λ 的函数,即

$$\varphi(x,y,z)=f(\lambda), \tag{2}$$

式中 $f(\lambda)$ 只是 λ 的函数.

由(1)式看,λ 是 x,y,z 的函数.电势 φ 满足拉普拉斯方程,这就对作为 x, y,z 函数的 λ 提出了要求.由(2)式有

$$\frac{\partial\varphi}{\partial x}=f'(\lambda)\frac{\partial\lambda}{\partial x},\quad \frac{\partial\varphi}{\partial y}=f'(\lambda)\frac{\partial\lambda}{\partial y},\quad \frac{\partial\varphi}{\partial z}=f'(\lambda)\frac{\partial\lambda}{\partial z}, \tag{3}$$

$$\left.\begin{aligned}\frac{\partial^2\varphi}{\partial x^2}&=f''(\lambda)\left(\frac{\partial\lambda}{\partial x}\right)^2+f'(\lambda)\frac{\partial^2\lambda}{\partial x^2},\\ \frac{\partial^2\varphi}{\partial y^2}&=f''(\lambda)\left(\frac{\partial\lambda}{\partial y}\right)^2+f'(\lambda)\frac{\partial^2\lambda}{\partial y^2},\\ \frac{\partial^2\varphi}{\partial z^2}&=f''(\lambda)\left(\frac{\partial\lambda}{\partial z}\right)^2+f'(\lambda)\frac{\partial^2\lambda}{\partial z^2},\end{aligned}\right\} \tag{4}$$

φ 满足拉普拉斯方程,故由(4)式得

$$\frac{\partial^2\varphi}{\partial x^2}+\frac{\partial^2\varphi}{\partial y^2}+\frac{\partial^2\varphi}{\partial z^2}=f''(\lambda)(\nabla\lambda)^2+f'(\lambda)\nabla^2\lambda=0, \tag{5}$$

于是有

① 本节曾发表在《大学物理》2008 年第 6 期,收入本书时略有改动.

$$\frac{\nabla^2\lambda}{(\nabla\lambda)^2}=-\frac{f''(\lambda)}{f'(\lambda)}. \tag{6}$$

因 $f(\lambda)$ 只是 λ 的函数，故得出结论：$\nabla^2\lambda/(\nabla\lambda)^2$ 只是 λ 的函数. 这就是空间曲面族(1)式成为等势面族的条件. 只有满足这个条件，(1)式才能成为等势面族. 下面看两个例子.

2. 两个例子

(1) 同心球面族

以原点为心的同心球面族的表达式为

$$r=\sqrt{x^2+y^2+z^2}=\lambda, \tag{7}$$

由(7)式得

$$\frac{\partial\lambda}{\partial x}=\frac{x}{r},\quad \frac{\partial\lambda}{\partial y}=\frac{y}{r},\quad \frac{\partial\lambda}{\partial z}=\frac{z}{r}, \tag{8}$$

$$\frac{\partial^2\lambda}{\partial x^2}=\frac{1}{r}-\frac{x^2}{r^3},\quad \frac{\partial^2\lambda}{\partial y^2}=\frac{1}{r}-\frac{y^2}{r^3},\quad \frac{\partial^2\lambda}{\partial z^2}=\frac{1}{r}-\frac{z^2}{r^3}, \tag{9}$$

由以上两式得

$$(\nabla\lambda)^2=\frac{x^2+y^2+z^2}{r^2}=1, \tag{10}$$

$$\nabla^2\lambda=\frac{3}{r}-\frac{x^2+y^2+z^2}{r^3}=\frac{2}{r}, \tag{11}$$

于是得

$$\frac{\nabla^2\lambda}{(\nabla\lambda)^2}=\frac{2}{r}=\frac{2}{\lambda}, \tag{12}$$

即 $\nabla^2\lambda/(\nabla\lambda)^2$ 只是 λ 的函数，故(7)式可成为等式面族. 点电荷或球对称分布的电荷的等势面便属于这种等势面族.

(2) 同轴圆柱面族

以 z 轴为轴的同轴圆柱面族的表达式为

$$r=\sqrt{x^2+y^2}=\lambda, \tag{13}$$

由(13)式得

$$\frac{\partial\lambda}{\partial x}=\frac{x}{r},\quad \frac{\partial\lambda}{\partial y}=\frac{y}{r},\quad \frac{\partial\lambda}{\partial z}=0, \tag{14}$$

$$\frac{\partial^2\lambda}{\partial x^2}=\frac{1}{r}-\frac{x^2}{r^3},\quad \frac{\partial^2\lambda}{\partial y^2}=\frac{1}{r}-\frac{y^2}{r^3},\quad \frac{\partial^2\lambda}{\partial z^2}=0, \tag{15}$$

由以上两式得

$$(\nabla\lambda)^2=\left(\frac{x}{r}\right)^2+\left(\frac{y}{r}\right)^2=1, \tag{16}$$

$$\nabla^2\lambda=\frac{2}{r}-\frac{x^2+y^2}{r^3}=\frac{1}{r}, \tag{17}$$

于是得

$$\frac{\nabla^2\lambda}{(\nabla\lambda)^2}=\frac{1}{r}=\frac{1}{\lambda}, \tag{18}$$

即$\nabla^2\lambda/(\nabla\lambda)^2$ 只是 λ 的函数，故(13)式可成为等势面族. 无穷长均匀带电直线或圆筒的等势面便属于这种等势面族.

3. 椭球面族

(1) 同心椭球面族

同心椭球面族的表达式为

$$\frac{x^2}{a^2}+\frac{y^2}{b^2}+\frac{z^2}{c^2}=\lambda, \tag{19}$$

由(19)式得

$$\frac{\partial\lambda}{\partial x}=\frac{2x}{a^2},\quad \frac{\partial\lambda}{\partial y}=\frac{2y}{b^2},\quad \frac{\partial\lambda}{\partial z}=\frac{2z}{c^2}, \tag{20}$$

$$\frac{\partial^2\lambda}{\partial x^2}=\frac{2}{a^2},\quad \frac{\partial^2\lambda}{\partial y^2}=\frac{2}{b^2},\quad \frac{\partial^2\lambda}{\partial z^2}=\frac{2}{c^2}, \tag{21}$$

由以上两式得

$$\frac{\nabla^2\lambda}{(\nabla\lambda)^2}=\left(\frac{1}{a^2}+\frac{1}{b^2}+\frac{1}{c^2}\right)\Big/2\left(\frac{x^2}{a^4}+\frac{y^2}{b^4}+\frac{z^2}{c^4}\right), \tag{22}$$

因$\nabla^2\lambda/(\nabla\lambda)^2$ 不只是 λ 的函数，所以(19)式所表示的同心椭球面族不能成为等势面族.

(2) 共焦椭球面族

共焦椭球面族的表达式为

$$\frac{x^2}{a^2+\lambda}+\frac{y^2}{b^2+\lambda}+\frac{z^2}{c^2+\lambda}=1, \tag{23}$$

设 $a>b>c$，则参数 $\lambda>-c^2$. 由(23)式对 x 求导，得

$$\frac{2x}{a^2+\lambda}-\frac{x^2}{(a^2+\lambda)^2}\frac{\partial\lambda}{\partial x}-\frac{y^2}{(b^2+\lambda)^2}\frac{\partial\lambda}{\partial x}-\frac{z^2}{(c^2+\lambda)^2}\frac{\partial\lambda}{\partial x}=0, \tag{24}$$

所以
$$\frac{\partial\lambda}{\partial x}=\frac{2x}{a^2+\lambda}\frac{1}{A},\tag{25}$$
式中
$$A=\frac{x^2}{(a^2+\lambda)^2}+\frac{y^2}{(b^2+\lambda)^2}+\frac{z^2}{(c^2+\lambda)^2}.\tag{26}$$
同样可得
$$\frac{\partial\lambda}{\partial y}=\frac{2y}{b^2+\lambda}\frac{1}{A},\quad \frac{\partial\lambda}{\partial z}=\frac{2z}{c^2+\lambda}\frac{1}{A}.\tag{27}$$
由(25)式再对 x 求导，便得
$$\frac{\partial^2\lambda}{\partial x^2}=\frac{2}{a^2+\lambda}\frac{1}{A}-\frac{2x}{(a^2+\lambda)^2}\frac{1}{A}\frac{\partial\lambda}{\partial x}-\frac{2x}{a^2+\lambda}\frac{1}{A^2}\frac{\partial A}{\partial x}-\frac{2x}{a^2+\lambda}\frac{1}{A^2}\frac{\partial A}{\partial\lambda}\frac{\partial\lambda}{\partial x},\tag{28}$$
由(26)式，得
$$\frac{\partial A}{\partial\lambda}=-\frac{2x^2}{(a^2+\lambda)^3}-\frac{2y^2}{(b^2+\lambda)^3}-\frac{2z^2}{(c^2+\lambda)^3},\tag{29}$$
将(25)式和(29)式代入(28)式，即得
$$\frac{\partial^2\lambda}{\partial x^2}=\frac{2}{a^2+\lambda}\frac{1}{A}-\frac{8x^2}{(a^2+\lambda)^3}\frac{1}{A^2}+\frac{8x^2}{(a^2+\lambda)^2}\frac{1}{A^3}\left(\frac{x^2}{(a^2+\lambda)^3}+\frac{y^2}{(b^2+\lambda)^3}+\frac{z^2}{(c^2+\lambda)^3}\right).\tag{30}$$
将(27)中的两式分别对 y 和 z 求导，同样可得
$$\frac{\partial^2\lambda}{\partial y^2}=\frac{2}{b^2+\lambda}\frac{1}{A}-\frac{8y^2}{(b^2+\lambda)^3}\frac{1}{A^2}+\frac{8y^2}{(b^2+\lambda)^2}\frac{1}{A^3}\left(\frac{x^2}{(a^2+\lambda)^3}+\frac{y^2}{(b^2+\lambda)^3}+\frac{z^2}{(c^2+\lambda)^3}\right),\tag{31}$$
$$\frac{\partial^2\lambda}{\partial z^2}=\frac{2}{c^2+\lambda}\frac{1}{A}-\frac{8z^2}{(c^2+\lambda)^3}\frac{1}{A^2}+\frac{8z^2}{(c^2+\lambda)^2}\frac{1}{A^3}\left(\frac{x^2}{(a^2+\lambda)^3}+\frac{y^2}{(b^2+\lambda)^3}+\frac{z^2}{(c^2+\lambda)^3}\right),\tag{32}$$
以上三式相加，得
$$\nabla^2\lambda=\left(\frac{2}{a^2+\lambda}+\frac{2}{b^2+\lambda}+\frac{2}{c^2+\lambda}\right)\frac{1}{A}.\tag{33}$$
又由(25)、(26)、(27)三式，得
$$(\nabla\lambda)^2=\frac{4x^2}{(a^2+\lambda)^2}\frac{1}{A^2}+\frac{4y^2}{(b^2+\lambda)^2}\frac{1}{A^2}+\frac{4z^2}{(c^2+\lambda)^2}\frac{1}{A^2}=\frac{4}{A},\tag{34}$$
于是，得
$$\frac{\nabla^2\lambda}{(\nabla\lambda)^2}=\frac{1}{2}\left(\frac{1}{a^2+\lambda}+\frac{1}{b^2+\lambda}+\frac{1}{c^2+\lambda}\right).\tag{35}$$
可见 $\nabla^2\lambda/(\nabla\lambda)^2$ 只是 λ 的函数，所以(23)式表示的共焦椭球面族可以成为等势面族.

4. 带电导体椭球的等势面族

由前面的结果我们得出结论：表面方程为

$$\frac{x^2}{a^2}+\frac{y^2}{b^2}+\frac{z^2}{c^2}=1 \tag{36}$$

的导体椭球，当它带有电荷并处在无限大的均匀介质中时，其电场的等势面族不是(19)式表示的同心椭球面族，而是(23)式表示的共焦椭球面族.

参 考 文 献

[1] W. R. 斯迈思著，戴世强译，《静电学和电动力学》上册，科学出版社(1981)，172—175 页.
[2] J. A. Stratton, *Electromagnetic Theory*. McGraw-Hill(1941)，218.

§1.14 静电场中的导体

1. 导体的静电平衡条件

导体内处处有可以移动的自由电荷(如金属中的自由电子)，因此，要达到静电平衡(即宏观上没有电荷流动)，导体内必须是处处电场强度为零，即

$$\boldsymbol{E}=0\text{(导体内)}. \tag{1}$$

这个条件就叫做导体的静电平衡条件.

注意，电磁学里讲的电荷和电场强度，除特别说明的以外，一般都是指的宏观量，而不是微观量.

2. 导体的弛豫时间

导体的电导率 κ 越大，达到静电平衡所需的时间就越短. 设由于某种原因，如外界电荷的变动或电磁场的变化，破坏了导体的静电平衡条件，使得导体内出现了电流密度 $\boldsymbol{j}$ 和电荷密度 ρ，则根据欧姆定律的微分形式

$$\boldsymbol{j}=\kappa\boldsymbol{E} \tag{2}$$

和电荷守恒定律

$$\nabla\cdot\boldsymbol{j}+\frac{\partial\rho}{\partial t}=0, \tag{3}$$

以及高斯定理

$$\nabla\cdot\boldsymbol{D}=\nabla\cdot(\varepsilon\boldsymbol{E})=\rho \tag{4}$$

可以得出，在均匀导体内有

$$\frac{\partial\rho}{\partial t}+\frac{\kappa}{\varepsilon}\rho=0, \tag{5}$$

解得

$$\rho=\rho_0 \mathrm{e}^{-t/\tau}, \tag{6}$$

式中 ρ_0 是开始($t=0$)时的电荷密度，

$$\tau=\frac{\varepsilon}{\kappa}, \tag{7}$$

叫做导体的弛豫时间. 金属的弛豫时间都非常短，例如铜的 $\kappa=5.8\times10^7$ S(西门子)/m，$\varepsilon\cong\varepsilon_0=8.85\times10^{-12}$ F/m，代入(7)式得 $\tau=1.5\times10^{-19}$ s. 像铜这样的导体，这个值偏小，因为 κ 与频率有关，上面用的是频率为零时的值，在高频时，κ 的值要小得多，结果得出 $\tau\cong10^{-14}$ s[1]. 就是这个值也非常小，由此可见，金属导体可以非常快地达到静电平衡.

3. 由导体的静电平衡条件得出的一些结论

(1) 导体带电时，电荷只能分布在表面上

如果导体内有电荷，则导体内的电场强度便不能处处为零. 由(6)式也可以看出，在达到静电平衡时，导体内电荷为零. 所以导体带电，在静电平衡时，电荷只能分布在导体表面上.

(2) 导体是等势体

由电势差的定义

$$V_a-V_b=\int_a^b \boldsymbol{E}\cdot \mathrm{d}\boldsymbol{l} \tag{8}$$

和(1)式得出，导体内任何两点的电势差都为零，即在静电平衡时，整个导体是一个等势体.

(3) 一条电场线的两端不能在同一导体上

因为同一条电场线上任何两点的电势都不相等，而在静电平衡时，导体是等势体，所以一条电场线的两端不可能在同一导体上.

(4) 导体表面的电场强度平行于导体表面的法线

因为导体是等势体，导体的表面便是一个等势面，根据电场强度 $\boldsymbol{E}$ 与电势 V 的关系

$$\boldsymbol{E}=-\nabla V, \tag{9}$$

知 $\boldsymbol{E}$ 垂直于等势面，所以导体表面的 $\boldsymbol{E}$ 平行于导体表面的法线.

4. 静电平衡时，导体上的电荷分布是唯一的

设空间有许多导体，它们的形状、大小和位置都已给定，现在把任意给定的电荷放到每个导体上；除这些导体外，还有固定不变的电荷分布在空间. 则当达到静电平衡时，导体上的电荷只能有唯一的一种分布.

这是一条定理，是静电学中的一种唯一性定理. 我们分两种情况，用不同方法来证明它.

(1) 没有介质的情况

证明如下[2]：对于所有电荷来说，假定有两种分布，一种分布是导体上面电荷密度为 σ_1，加上导体外所有固定不变的电荷；另一种分布是导体上面电荷密度为 σ_2，加上导体外所有固定不变的电荷. 则根据叠加原理，这两种分布相减，也是一种分布. 由于相减时导体外所有固定不变的电荷都减掉了，所以这样得出的分布除了导体表面上以外，别的地方就没有电荷. 这时导体上的面电荷密度为 $\sigma_1-\sigma_2$，每个导体上电荷的代数和都是零. 因此，每个导体发出的电场线的数目必定等于终止在它上面的电场线的数目. 一个导体既发出电场线，又有电场线终止在它上面，那它的电势就要高于最低的电势，又要低于最高的电势. 现在每个导体都如此，所以就不可能有电势最高的导体(如果有，它们就只能发出电场线，而不能有电场线终止在它们上面)，也不可能有电势最低的导体(如果有，它们就不能发出电场线). 要满足这个要求，唯一可能的就是每个导体的电势都相等. 这样，从任何一个导体上发出的电场线，就不可能到达别的导体上. 又因为电场线不能在没有电荷的地方终止，而现在除了导体以外，别的地方都没有电荷，所以只可能是每个导体都不向外发出电场线，也没有电场线终止在它上面. 也就是说，每个导体表面上处处面电荷密度为零，也就是 $\sigma_1=\sigma_2$. 这就证明了，当达到静电平衡时，每个导体上的电荷都只能有唯一的一种分布.

(2) 有介质的情况

证明如下[3]、[4]：考虑导体以外的全部空间，这个空间的边界是与所有导体相接触的介质的表面加上无穷远处. 假定在上述给定情况下，电荷有两种分布，这两种分布在上述空间里产生的电势分别为 V_1 和 V_2. 由高斯定理(4)式，在这两种分布下，分别有

$$\nabla\cdot\boldsymbol{D}_1=-\nabla\cdot(\varepsilon\,\nabla V_1)=\rho,\tag{10}$$

$$\nabla\cdot\boldsymbol{D}_2=-\nabla\cdot(\varepsilon\,\nabla V_2)=\rho,\tag{11}$$

式中 ρ 是分布在上述空间的固定不变的电荷. 根据叠加原理,这两种分布相减也是一种分布,这种分布在上述空间里产生的电势为

$$V=V_1-V_2, \tag{12}$$

(10)式减去(11)式,并利用(12)式,得

$$\nabla\cdot(\varepsilon\nabla V)=0. \tag{13}$$

注意,由于在不同介质的交界处,电容率 ε 发生突变,所以只有刨去这些交界处,(10)、(11)和(13)三式才在上述空间里普遍成立. 为此,我们把上述空间分成许多区域,每种介质所占住的地方作为一个区域,导体和介质以外的真空也作为一个区域. 这样一来,在每个区域里,(10)、(11)和(13)三式便都成立.

现在,在每个区域的边界上,求矢量 $V\varepsilon\nabla V$ 的面积分,其中第 i 个为

$$\oiint_{S_i} V\varepsilon_i\nabla V\cdot \mathrm{d}\boldsymbol{S}_i, \tag{14}$$

把所有这些面积分加在一起,即

$$\sum_i \oiint_{S_i} V\varepsilon_i\nabla V\cdot \mathrm{d}\boldsymbol{S}_i. \tag{15}$$

这些积分有三种情况. 第一种是无穷远处. 因为我们所考虑的电荷都在有限的范围内,故无穷远处 $V_1=V_2=0$,所以 $V=0$,结果这部分积分为零. 第二种是与导体接触的介质表面上,在这些地方,

$$V\varepsilon_i\nabla V\cdot\mathrm{d}\boldsymbol{S}_i=V_k\varepsilon_i(-\boldsymbol{E})\cdot\mathrm{d}\boldsymbol{S}=-V_k\boldsymbol{D}\cdot\mathrm{d}\boldsymbol{S}=-V_k\sigma_k\mathrm{d}S, \tag{16}$$

式中 V_k 和 σ_k 分别是与介质 ε_i 接触的第 k 个导体的电势和面电荷密度. 由于积分之和(15)式包括了每个导体的所有表面,而每个导体上电荷的代数和都是零,因此,这部分积分之和为零. 第三种是两个不同介质交界处各自的表面上. 在这些表面上, ε_i 的一边为

$$V\varepsilon_i\nabla V\cdot\mathrm{d}\boldsymbol{S}_i=-V_i\varepsilon_i\boldsymbol{E}_i\cdot\mathrm{d}\boldsymbol{S}_i=-V_i\boldsymbol{D}_i\cdot\mathrm{d}\boldsymbol{S}_i, \tag{17}$$

ε_j 的一边为

$$V\varepsilon_j\nabla V\cdot\mathrm{d}\boldsymbol{S}_j=-V_j\varepsilon_j\boldsymbol{E}_j\cdot\mathrm{d}\boldsymbol{S}_j=-V_j\boldsymbol{D}_j\cdot\mathrm{d}\boldsymbol{S}_j. \tag{18}$$

因为 $\mathrm{d}\boldsymbol{S}_j=-\mathrm{d}\boldsymbol{S}_i$(参看图 1),故两者之和便为

$$-V_i\boldsymbol{D}_i\cdot\mathrm{d}\boldsymbol{S}_i-V_j\boldsymbol{D}_j\cdot\mathrm{d}\boldsymbol{S}_j=-(V_i\boldsymbol{D}_i-V_j\boldsymbol{D}_j)\cdot\mathrm{d}\boldsymbol{S}_i. \tag{19}$$

由于 V 在跨过边界时是连续函数,故 $V_i=V_j$;又由于在现在的情况下,两介质交界处只可能有极化电荷,故电位移 $\boldsymbol{D}$ 的法向分量是连续的. 因此,(19)式为零. 结果在不同介质的交界处,积分为零. 于是我们最后得出,积分之和(15)式为零,即

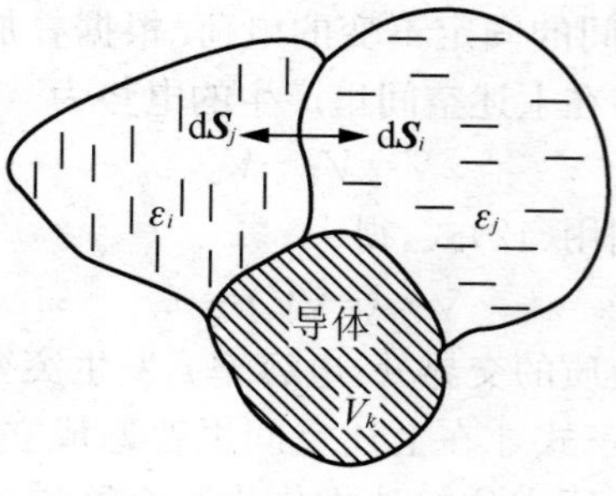

图 1 d$\boldsymbol{S}_i$ 是介质 ε_i 表面上的面积元，方向是外法线方向

$$\sum_i \oiint_{S_i} V\varepsilon_i \nabla V \cdot \mathrm{d}\boldsymbol{S}_i = 0. \tag{20}$$

另一方面，我们可以利用高斯公式把封闭面积分(15)式化为体积分：

$$\sum_i \oiint_{S_i} V\varepsilon_i \nabla V \cdot \mathrm{d}\boldsymbol{S}_i = \sum_i \iiint_{\tau_i} \nabla \cdot (V\varepsilon_i \nabla V)\,\mathrm{d}\tau_i, \tag{21}$$

式中 τ_i 是第 i 个区域的体积. 根据矢量分析公式，有

$$\nabla \cdot (V\varepsilon_i \nabla V) = \varepsilon_i (\nabla V)^2 + V\,\nabla \cdot (\varepsilon_i \nabla V), \tag{22}$$

因为有(13)式，故得

$$\nabla \cdot (V\varepsilon_i \nabla V) = \varepsilon_i (\nabla V)^2, \tag{23}$$

由(20)、(21)和(23)三式，得

$$\sum_i \iiint_{\tau_i} \varepsilon_i (\nabla V)^2 \mathrm{d}\tau_i = 0, \tag{24}$$

由于 ε_i 和 $(\nabla V)^2$ 都是正数，故要(24)式成立，唯一可能的就是处处

$$\nabla V = 0, \tag{25}$$

由此，得

$$\boldsymbol{E} = 0, \tag{26}$$

也就是在上述空间里没在电场存在. 因导体外靠近面电荷密度 σ 处的电场强度为

$$\boldsymbol{E} = \frac{\sigma}{\varepsilon}\boldsymbol{n}, \tag{27}$$

式中 $\boldsymbol{n}$ 是该处导体表面外法线方向上的单位矢量，现在 $\boldsymbol{E}$ 处处为零，故每个导体上处处面电荷密度为零. 这样就证明了导体上电荷的两种分布完全相同，也就证明了只有唯一的一种分布.

5. 决定导体上面电荷密度的因素

导体上的面电荷密度与导体所带的总电荷有关，总电荷越多，面电荷密度就越大.

导体上某处的面电荷密度 σ 与该处导体表面的曲率半径有关，曲率半径小的地方，σ 就大. 由(27)式知 σ 大 $\boldsymbol{E}$ 就大. 故在导体上的尖端处，由于曲率半径很小，邻近尖端处的 $\boldsymbol{E}$ 就很大；当 $\boldsymbol{E}$ 大到介质的击穿场强(电介质强度)时，介质就会被击穿，这时导体就会放电. 这就是尖端放电现象.

σ 不仅与总电荷和曲率半径有关，还与导体的形状和周围环境有关. 例如图 2 那样的导体带电时，A，B 两处的曲率半径虽然相同，但 B 处的面电荷密度就会比 A 处的大. 对于简单形状的导体如椭球，其面电荷密度与曲率半径的关系，参见后面 §1.16.

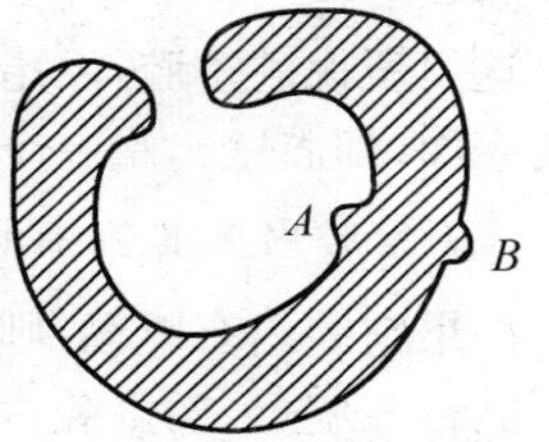

图 2　A，B 两处的曲率半径相等

6. 导体带电最多时，其表面自由电子过剩或缺少的比例

我们考虑空气中的情况. 根据测量，空气的击穿场强为 $3\times10^6\,\mathrm{V/m}$. 故由(27)式得出，在空气中，导体上电荷面密度的最大值为

$$\sigma_{\max}=3\times10^6\varepsilon_0=2.7\times10^{-5}\,\mathrm{C/m^2}. \tag{28}$$

我们来看看铜的情况. 假定铜带电时，就是表面 n 层铜原子里多出了或缺少了自由电子. 考虑表面上一小块面积 ΔS，它的面电荷密度达到 $\sigma_{\max}$，则它所带的电荷便为 $\sigma_{\max}\Delta S$；设 e 为电子电荷的大小，则这些电荷所含的电子数便为

$$\Delta N_e=\frac{\sigma_{\max}S}{e}. \tag{29}$$

因为在金属铜里，铜原子接近密集排列，设铜原子的半径为 r，则在 ΔS 这块面积里，表面 n 层的铜原子数为

$$\Delta N=n\,\frac{\Delta S}{(2r)^2}. \tag{30}$$

假定每个铜原子贡献一个自由电子，则 ΔN 便是 ΔS 这块面积上表面 n 层里的自由电子数 . 由(29)式和(30)式得出，在铜带电最多时，面电荷密度最大的地方，表面 n 层多出或缺少的自由电子数与这层里自由电子的总数之比为

$$\frac{\Delta N_e}{\Delta N}=\frac{(2r)^2\sigma_{\max}}{ne}, \tag{31}$$

已知 $e=1.6\times10^{-19}$C,铜原子的半径约为 $r=1.4\times10^{-10}$ m, $n\approx2$ 至 3[5],代入上式,并利用(28)式,便得

$$\frac{\Delta N_e}{\Delta N}\approx5\times10^{-6}. \tag{32}$$

由此可见,在空气中,铜带电最多时,面电荷密度最大的地方,表面二至三层铜原子里的自由电子数只不过比不带电时差百万分之五而已.

7. 导体空腔

这里所说的空腔,系指导体内与外界隔绝的空穴,空腔的外边界,就是导体的内表面(即腔壁),是一个封闭曲面.

(1) 空腔内无其他带电体时,腔壁上无电荷,空腔内电场强度为零.

如果空腔内有电场,则必有电场线,电场线的一端可以在腔壁上,但另一端就不能在腔壁上,而空腔内又没有电荷可以供它终止,因此,在这样的空腔内,就不可能有电场线存在,也就是电场强度处处为零.根据(27)式,知这时腔壁上也不能有电荷存在.

(2) 空腔内有其他带电体时,腔壁上电荷的代数和等于腔内所有电荷的代数和的负值.

由高斯定理很容易证明这一点.

(3) 空腔内有其他导体时,当这些导体上的电荷都给定时,空腔内的电荷只能有唯一的一种分布.

这是现在情况下的唯一性定理,可以用前面证明唯一性定理的方法证明.证明时,只须把原来的无穷远处换成现在的腔壁即可.

(4) 空腔内的电荷分布和电场强度,不受空腔外面的影响.

因为根据唯一性定理,空腔内的电荷分布和电场强度由空腔内各物体的形状、大小、位置、性质和它们所带的电荷以及边界条件(腔壁的大小和形状)唯一地决定,与边界(腔壁)外无关.

但要注意,空腔内的电势 V 要受外界影响.当腔壁的电势升高时,空腔内各点的电势都要升高同一数值,正像水涨船高一样.但由于物理效果只与电势差有关,而外界并不影响空腔内的电势差,所以这时在空腔内观察不到外界的任何影响.

这里应特别指出,空腔内的电荷分布和电场强度不受外界的影响,并不是空腔导体外的电荷不在空腔内产生电场强度.事实上,空腔导体外的任何电荷,都要按库仑定律在空腔内产生电场强度.只是由于空腔导体外表面上出现相应的感应电荷,这些感应电荷在空腔内产生的电场强度恰好与上述电场强度完全

抵消，也就是腔壁外所有电荷在腔内产生的电场强度之和恒为零，结果就使得外界对空腔内的电荷分布和电场强度都没有影响.

（5）静电屏蔽.

导体空腔内的电荷分布和电场强度不受外界影响，这种现象通常称为静电屏蔽.

反过来，外界（指空腔导体外面）的电荷分布和电场强度，却要受空腔内（不包括腔壁）电荷多少（即电荷代数和）的影响. 这是因为，当空腔内电荷的代数和为 Q 时，腔壁上感应的电荷便为 $-Q$，在空腔导体外表面上，感应的电荷便为 Q. 故空腔内电荷的代数和不同，空腔导体外表面上的电荷也不同，所以就影响外界的电荷分布和电场强度.

当然，这是指空腔可以打开，改变腔内电荷代数和然后再关好的情况. 如果空腔不能打开，则根据电荷守恒定律，空腔内电荷的代数和就永远不变. 在这种情况下，空腔内部就对外界没有影响.

如果空腔不打开，并设法保持空腔导体的电势不变，则空腔内外便互相隔绝，彼此毫无影响. 接地的静电屏蔽就是这种情况.

参考文献

[1] W. M. Saslow, G. M. Wilkinson, *Am. J. Phys.*, **39**, 1244(1971).

[2] J. H. Jeans, *The Mathematical Theory of Electricity and Magnetism*, 5th ed., Cambridge University Press(1951), pp. 89—90.

[3] W. R. 斯迈思著，戴世强译，《静电学和电动力学》，上册，科学出版社(1981)，79—80 页.

[4] 郭硕鸿，《电动力学》，人民教育出版社(1980)，61—63 页.

[5] J. D. 杰克逊著，朱培豫译，《经典电动力学》，上册，人民教育出版社(1979)，26—27 页.

§1.15　带电导体椭球的电势和电荷分布①

导体椭球带电时，它所产生的电势以及电荷在椭球表面上的分布，不能用一般的方法求出，只有借助于共焦二次曲面的一些性质，才能求出. 一种方法是用椭球坐标系，解拉普拉斯方程，利用边界条件求出电势再求出电荷分布[1]、[2]. 还有一种方法是用等势面的条件和共焦椭球面的性质，直接求积分[3]. 前一种

① 本节曾发表在《大学物理》2008 年第 1 期.

方法简单些，我们在这里作一介绍，并讨论一些特殊情况.

1. 问题和解法

在电容率为ϵ的无限大均匀介质内有一导体椭球，以它的中心为原点取笛卡儿坐标系，它的表面方程为

$$\frac{x^2}{a^2}+\frac{y^2}{b^2}+\frac{z^2}{c^2}=1. \tag{1}$$

当它带有电荷Q时，求它所产生的电势φ和它表面上的面电荷密度σ. 边界条件是：在导体椭球面上，$\varphi=\varphi_c$（常量）；离椭球非常远处，φ趋于点电荷的电势.

用解拉普拉斯方程和满足边界条件的方法求φ. 由于要用到椭球坐标系，所以下面先对它作一介绍.

2. 椭球坐标系

与导体椭球面共焦的二次曲面为

$$\frac{x^2}{a^2+\lambda}+\frac{y^2}{b^2+\lambda}+\frac{z^2}{c^2+\lambda}=1, \tag{2}$$

这是参数λ的一个三次方程，给定一组x,y,z的值，λ有三个不同的实根：$\lambda_1=\xi$, $\lambda_2=\eta$, $\lambda_3=\zeta$. 设$a>b>c$，这三个根按大小排列，它们的范围如下：

$$\xi>-c^2>\eta>-b^2>\zeta>-a^2. \tag{3}$$

与ξ,η,ζ相应的三种二次共焦曲面分别为

$$\frac{x^2}{a^2+\xi}+\frac{y^2}{b^2+\xi}+\frac{z^2}{c^2+\xi}=1, \tag{4}$$

$$\frac{x^2}{a^2+\eta}+\frac{y^2}{b^2+\eta}+\frac{z^2}{c^2+\eta}=1, \tag{5}$$

$$\frac{x^2}{a^2+\zeta}+\frac{y^2}{b^2+\zeta}+\frac{z^2}{c^2+\zeta}=1. \tag{6}$$

(4)式是椭球面，(5)式是单叶双曲面，(6)式是双叶双曲面.

对于空间的每一点(x,y,z)，都有上述三种曲面，而且它们都是彼此互相正交的曲面，所以ξ,η,ζ构成一个正交曲面坐标系，称为椭球坐标系[4]、[5]. ξ,η,ζ称为x,y,z点的椭球坐标. 在椭球坐标系中，ξ是(4)式所表示的共焦椭球面族的参数，不同的ξ值代该族中不同的椭球面. 对于一个给定的ξ值来说，η和ζ便是确定该椭球面上位置的量.

由(4)，(5)，(6)三式可以得出，用ξ,η,ζ表示x,y,z如下：

$$x=\pm\sqrt{\frac{(\xi+a^2)(\eta+a^2)(\zeta+a^2)}{(b^2-a^2)(c^2-a^2)}},\tag{7}$$

$$y=\pm\sqrt{\frac{(\xi+b^2)(\eta+b^2)(\zeta+b^2)}{(c^2-b^2)(a^2-b^2)}},\tag{8}$$

$$z=\pm\sqrt{\frac{(\xi+c^2)(\eta+c^2)(\zeta+c^2)}{(a^2-c^2)(b^2-c^2)}}.\tag{9}$$

在椭球坐标系(ξ,η,ζ)中，电势φ满足的拉普拉斯方程为[6]、[7]

$$(\eta-\zeta)R_\xi\frac{\partial}{\partial\xi}\left(R_\xi\frac{\partial\varphi}{\partial\xi}\right)+(\zeta-\xi)R_\eta\frac{\partial}{\partial\eta}\left(R_\eta\frac{\partial\varphi}{\partial\eta}\right)+(\xi-\eta)R_\zeta\frac{\partial}{\partial\zeta}\left(R_\zeta\frac{\partial\varphi}{\partial\zeta}\right)=0,\tag{10}$$

式中

$$R_\lambda=\sqrt{(\lambda+a^2)(\lambda+b^2)(\lambda+c^2)},\quad \lambda=\xi,\eta,\zeta.\tag{11}$$

3. 求电势

我们的目的是求(10)式的满足边界条件的解. 由(1)、(4)两式可见，$\xi=0$就是导体椭球的表面. 在导体椭球上，电势φ_c是与η和ζ都无关的常量. 因此，如果φ只是ζ的函数$\varphi(\xi)$，而与η和ζ都无关，就可以满足这个条件. 于是这时拉普拉斯方程(10)式就化为

$$\frac{\mathrm{d}}{\mathrm{d}\xi}\left(R_\xi\frac{\mathrm{d}\varphi}{\mathrm{d}\xi}\right)=0,\tag{12}$$

式中R_ξ由(11)式为

$$R_\xi=\sqrt{(\xi+a^2)(\xi+b^2)(\xi+c^2)},\tag{13}$$

解(12)式，得

$$\varphi=\varphi(\xi)=C\int_\xi^\infty\frac{\mathrm{d}\xi}{\sqrt{(\xi+a^2)(\xi+b^2)(\xi+c^2)}},\tag{14}$$

其中C是积分常数. 下面就用距离椭球非常远处的边界条件来定出C的值.

由(13)式可见，在离椭球非常远处，即ξ非常大($\xi\gg a^2$)时，$R_\xi\to\xi^{3/2}$. 这时由(14)式，得

$$\varphi=\varphi(\xi)\to C\int_\xi^\infty\frac{\mathrm{d}\xi}{\xi^{3/2}}=\frac{2C}{\sqrt{\xi}}.\tag{15}$$

为了看出这时ξ与$r=\sqrt{x^2+y^2+z^2}$的关系，将(4)式改写成

$$\frac{x^2}{1+\frac{a^2}{\xi}}+\frac{y^2}{1+\frac{b^2}{\xi}}+\frac{z^2}{1+\frac{c^2}{\xi}}=\xi,\tag{16}$$

可见当 ξ 非常大时，由上式知 $\xi \to x^2+y^2+z^2=r^2$. 这时由(15)式得

$$\varphi=\varphi(\xi)\to\frac{2C}{r}. \tag{17}$$

当 $r\to\infty$ 时，导体椭球上的电荷 Q 所产生的电势趋于点电荷的电势，即

$$\varphi\to\frac{Q}{4\pi\varepsilon r}, \tag{18}$$

比较(17)、(18)两式，即得

$$C=\frac{Q}{8\pi\varepsilon}. \tag{19}$$

将 C 代入(14)式，便得所求的电势为

$$\varphi=\varphi(\xi)=\frac{Q}{8\pi\varepsilon}\int_{\xi}^{\infty}\frac{\mathrm{d}\xi}{\sqrt{(\xi+a^2)(\xi+b^2)(\xi+c^2)}}. \tag{20}$$

这个积分是第一类椭圆积分 $\mathrm{F}(k,\phi)$，可以在一些数学手册里查到，其结果为

$$\varphi=\varphi(\xi)=\frac{Q}{4\pi\varepsilon}\frac{1}{\sqrt{a^2-c^2}}\mathrm{F}(k,\phi), \tag{21}$$

式中

$$k=\sqrt{\frac{a^2-b^2}{a^2-c^2}}, \tag{22}$$

$$\phi=\arcsin\sqrt{\frac{a^2-c^2}{\xi+a^2}}, \tag{23}$$

$\mathrm{F}(k,\phi)$ 的值在一些数学手册里有表可查.

带电导体椭球本身的电势为

$$\varphi_c=\frac{Q}{8\pi\varepsilon}\int_0^{\infty}\frac{\mathrm{d}\xi}{\sqrt{(\xi+a^2)(\xi+b^2)(\xi+c^2)}}=\frac{Q}{4\pi\varepsilon}\frac{1}{\sqrt{a^2-c^2}}\mathrm{F}(k,\phi_0), \tag{24}$$

式中

$$\phi_0=\arcsin\sqrt{1-\frac{c^2}{a^2}}. \tag{25}$$

上面求出的电势是用参数 ξ 表示的 $\varphi=\varphi(\xi)$. 如果要知道空间任一点 (x,y,z) 处的电势，还得解(4)式，将 ξ 表示为 x,y,z 的函数. 因为(4)式是 ξ 的三次方程，解出的函数

$$\xi=\xi(x,y,z) \tag{26}$$

是一个相当复杂的函数. 将它代入(23)式，再将 ϕ 代入(21)式，最后得出的

$$\varphi=\varphi(\xi(x,y,z))=f(x,y,z) \tag{27}$$

就是非常复杂的函数了. 所以，带电导体椭球的几何形状很简单，由(1)式表示，

但它所产生的电势 φ 用坐标，x，y，z 表示出来，却非常复杂.

4. 导体椭球上的面电荷密度

尽管带电导体椭球所产生的电势 φ 的表达式非常复杂，但导体椭球上面电荷密度 σ 的表达式却很简单. 设 $\boldsymbol{n}$ 表示导体椭球表面外法线方向上的单位矢量，则有

$$\sigma=\boldsymbol{n}\cdot\boldsymbol{D}=D_n=\varepsilon E_n=-\varepsilon\left(\frac{\partial\varphi}{\partial n}\right)_{\xi=0},\tag{28}$$

在椭球坐标系中，φ 的法向导数为[8]

$$\frac{\partial\varphi}{\partial n}=\frac{2R_\xi}{\sqrt{(\xi-\eta)(\xi-\zeta)}}\frac{\partial\varphi}{\partial\xi},\tag{29}$$

由(20)式求出 $\frac{\partial\varphi}{\partial\xi}$，代入(29)式，得

$$\frac{\partial\varphi}{\partial n}=\frac{2R_\xi}{\sqrt{(\xi-\eta)(\xi-\zeta)}}\left(-\frac{Q}{8\pi\varepsilon R_\xi}\right)=-\frac{Q}{4\pi\varepsilon\sqrt{(\xi-\eta)(\xi-\zeta)}},\tag{30}$$

再代入(28)式，便得

$$\sigma=-\varepsilon\left(\frac{\partial\varphi}{\partial n}\right)_{\xi=0}=\frac{Q}{4\pi\sqrt{\eta\zeta}},\tag{31}$$

在(7)、(8)、(9)三式中，令 $\xi=0$，便可得出

$$\eta\zeta=a^2b^2c^2\left(\frac{x^2}{a^4}+\frac{y^2}{b^4}+\frac{z^2}{c^4}\right),\tag{32}$$

代入(31)式，最后便得

$$\sigma=\frac{Q}{4\pi abc}\frac{1}{\sqrt{\dfrac{x^2}{a^4}+\dfrac{y^2}{b^4}+\dfrac{z^2}{c^4}}}.\tag{33}$$

5. 一些特殊情况

(1) 扁旋转椭球

当 $a=b>c$ 时，便是扁旋转椭球(旋转轴为 z 轴)，这时(20)式可以直接积分，得

$$\varphi=\varphi(\xi)=\frac{Q}{8\pi\varepsilon}\int_\xi^\infty\frac{\mathrm{d}\xi}{(\xi+a^2)\sqrt{\xi+c^2}}=\frac{Q}{4\pi\varepsilon}\frac{1}{\sqrt{a^2-c^2}}\arctan\sqrt{\frac{a^2-c^2}{\xi+c^2}}.\tag{34}$$

由上式得扁旋转椭球本身的电势为

$$\varphi_c=\frac{Q}{4\pi\varepsilon}\frac{1}{\sqrt{a^2-c^2}}\arctan\sqrt{\frac{a^2-c^2}{c^2}}. \tag{35}$$

当 $c=0$ 时，扁旋转椭球便成为一个半径为 a 的导体圆盘，这时它所产生的电势由(34)式为

$$\varphi=\varphi(\xi)=\frac{Q}{4\pi\varepsilon a}\arctan\frac{a}{\sqrt{\xi}}, \tag{36}$$

它本身的电势由上式为

$$\varphi_c=\frac{Q}{8\varepsilon a}, \tag{37}$$

圆盘上的面电荷密度由(33)式为

$$\sigma=\frac{Q}{4\pi a}\frac{1}{\sqrt{a^2-r^2}}, \tag{38}$$

式中 $r^2=x^2+y^2$.(38)式是圆盘一面的面电荷密度，若将圆盘的两面算在一起，则为 2σ.

(2) 长旋转椭球

当 $a>b=c$ 时，便是长旋转椭球(旋转轴为 x 轴)，这时(20)式也可以直接积分，得

$$\varphi=\varphi(\xi)=\frac{Q}{8\pi\varepsilon}\int_{\xi}^{\infty}\frac{d\xi}{(\xi+c^2)\sqrt{\xi+a^2}}=\frac{Q}{8\pi\varepsilon}\frac{1}{\sqrt{a^2-c^2}}\ln\left(\frac{\sqrt{\xi+a^2}+\sqrt{a^2-c^2}}{\sqrt{\xi+a^2}-\sqrt{a^2-c^2}}\right), \tag{39}$$

由上式得长旋转椭球本身的电势为

$$\varphi_c=\frac{Q}{8\pi\varepsilon}\frac{1}{\sqrt{a^2-c^2}}\ln\left(\frac{a+\sqrt{a^2-c^2}}{a-\sqrt{a^2-c^2}}\right). \tag{40}$$

由(33)式可得出，带电的导体长旋转椭球的表面上，沿长轴方向单位长度的电荷是常量，其值为

$$\tau=\frac{Q}{2a}. \tag{41}$$

当 $c=0$ 时，长旋转椭球便成为一条长为 $2a$ 的直导线，这时它所产生的电势由(39)式为

$$\varphi=\varphi(\xi)=\frac{Q}{8\pi\varepsilon a}\ln\left(\frac{\sqrt{\xi+a^2}+a}{\sqrt{\xi+a^2}-a}\right), \tag{42}$$

它本身的电势由上式为

$$\varphi_c=\infty, \tag{43}$$

线电荷所在处的电势为无穷大,正应如此.

这时等势面(4)式便化为

$$\frac{x^2}{a^2+\xi}+\frac{y^2}{\xi}+\frac{z^2}{\xi}=1. \tag{44}$$

利用(44)式,可将(42)式化成

$$\varphi=\frac{Q}{8\pi\varepsilon a}\ln\left(\frac{\sqrt{(x+a)^2+y^2+z^2}+x+a}{\sqrt{(x-a)^2+y^2+z^2}+x-a}\right), \tag{45}$$

这正是由直接积分求出的长为 $2a$ 的均匀带电直线所产生的电势的表达式[9].

(3) 球

当 $a=b=c$ 时,便是半径为 a 的球.这时由(20)式得

$$\varphi=\frac{Q}{8\pi\varepsilon}\int_{\xi}^{\infty}\frac{\mathrm{d}\xi}{(\xi+a^2)^{3/2}}=\frac{Q}{4\pi\varepsilon}\frac{1}{\sqrt{\xi+a^2}}, \tag{46}$$

这时由(4)式,得

$$\xi=x^2+y^2+z^2-a^2=r^2-a^2, \tag{47}$$

代入(46)式,即得

$$\varphi=\frac{Q}{4\pi\varepsilon r}, \tag{48}$$

这便是一般电磁学教材中都讲到的公式.

参考文献

[1] J. A. Stratton, *Electromagnetic Theory*, McGraw-Hill, 1941. pp. 207—209.
(1) J. A. 斯特莱顿著,何国瑜译,《电磁理论》,北京航空学院出版社(1986),224—226 页.
(2) J. A. 斯特来顿著,方能航译,《电磁理论》,科学出版社(1992),159—160 页.

[2] B. B. 巴蒂金等编著,汪镇藩等译,《电动力学习题集》,人民教育出版社(1978),193 题,194 题.

[3] W. R. 斯迈思著,戴世强译,《静电学和电动力学》上册,科学出版社(1981),172—177 页.

[4] 同[1]. 58—59 页. [(1)60—61 页. (2)41—42 页.]

[5] 王竹溪,郭敦仁,《特殊函数概论》,科学出版社(1979),639—642 页.

[6] 同[1]. 207 页.

[7] 同[5]. 642 页.

[8] 同[1]. 208 页.

[9] 参见前面 § 1. 11 的(6)式. 或张之翔编著,《电磁学千题解》,科学出版社(2002),1. 4. 36 题,117—121 页.

§ 1.16　带电导体椭球的面电荷密度与主曲率半径的关系①

1. 带电导体椭球的面电荷密度

在无限大的均匀介质中，有一导体椭球，以椭球中心为原点，取笛卡儿坐标系，椭球面的方程为

$$\frac{x^2}{a^2}+\frac{y^2}{b^2}+\frac{z^2}{c^2}=1, \tag{1}$$

当这导体椭球带有电荷 Q 时，它的面电荷密度为[1]［参见前面 § 1.15 的(33)式］

$$\sigma=\frac{Q}{4\pi abc}\frac{1}{\sqrt{\frac{x^2}{a^4}+\frac{y^2}{b^4}+\frac{z^2}{c^4}}}. \tag{2}$$

在这里，我们要求 σ 与椭球面的主曲率半径 R_1 和 R_2 的关系. 为此，先要求 R_1 和 R_2.

2. 椭球面的主曲率半径

(1) 曲面的主曲率半径

为了求椭球面的主曲率半径 R_1 和 R_2，我们先介绍法截线. 设 P 为空间曲面上的一点，曲面在这点的法线单位矢量为 $\boldsymbol{N}$(图 1)，包含 $\boldsymbol{N}$ 的平面截取曲面所成的曲线称为法截线. 所以法截线是一条平面曲线，它与 $\boldsymbol{N}$ 在同一平面内. 因此，法截线的曲率中心(在曲线的凹侧)与 $\boldsymbol{N}$ 在同一平面内，并且与 $\boldsymbol{N}$ 在同一直线上. 从 P 到曲率中心的连线称为法截线的主法线，主法线单位矢量 $\boldsymbol{n}$ 从 P 指向曲率中心(图 2). 因此，$\boldsymbol{n}$ 与 $\boldsymbol{N}$ 方向相同或相反.

通过曲面上任一点的法截线有无限多条，在一般情况下，这些法截线的曲率半径有大有小. 根据微分几何[2],[3]，在曲面上同一点，曲率半径为极大值 R_1 和极小值 R_2 的两条法截线互相垂直(即它们在该点的切线互相垂直)，这两条法截线称为该点的主法截线，R_1 和 R_2 则称为曲面在该点的主曲率半径.

---

① 本节曾发表在《大学物理》2009 年第 11 期.

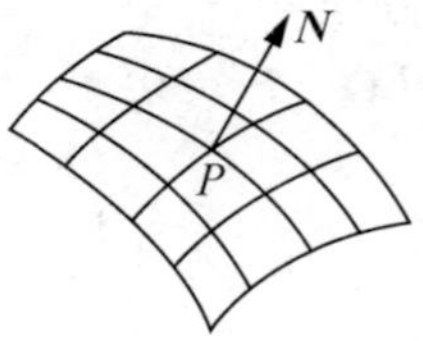

图 1 曲面的法线单位矢量 **N**

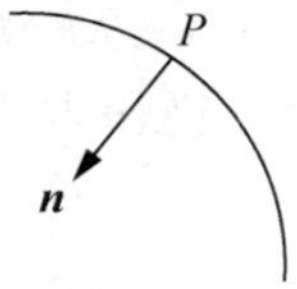

图 2 平面曲线的主法线单位矢量 ***n***

(2) 椭球面的主曲率半径

为了求出椭球面的主曲率半径,我们将(1)式写成

$$z=c\sqrt{1-\frac{x^2}{a^2}-\frac{y^2}{b^2}}. \tag{3}$$

令

$$E=1+\left(\frac{\partial z}{\partial x}\right)^2=1+\left(-\frac{c^2}{a^2}\frac{x}{z}\right)^2=1+\frac{x^2}{a^4}\frac{c^4}{z^2}, \tag{4}$$

$$F=\frac{\partial z}{\partial x}\frac{\partial z}{\partial y}=\left(-\frac{c^2}{a^2}\frac{x}{z}\right)\left(-\frac{c^2}{b^2}\frac{y}{z}\right)=\frac{x}{a^2}\frac{y}{b^2}\frac{c^4}{z^2}, \tag{5}$$

$$G=1+\left(\frac{\partial z}{\partial y}\right)^2=1+\left(-\frac{c^2}{b^2}\frac{y}{z}\right)^2=1+\frac{y^2}{b^4}\frac{c^4}{z^2}, \tag{6}$$

$$p=\sqrt{1+\left(\frac{\partial z}{\partial x}\right)^2+\left(\frac{\partial z}{\partial y}\right)^2}=\sqrt{1+\left(-\frac{c^2}{a^2}\frac{x}{z}\right)^2+\left(-\frac{c^2}{b^2}\frac{y}{z}\right)^2}=\frac{c^2}{z}\sqrt{\frac{x^2}{a^4}+\frac{y^2}{b^4}+\frac{z^2}{c^4}}, \tag{7}$$

$$\begin{aligned}L&=\frac{1}{p}\frac{\partial^2 z}{\partial x^2}=\frac{z}{c^2}\frac{1}{\sqrt{\frac{x^2}{a^4}+\frac{y^2}{b^4}+\frac{z^2}{c^4}}}\left[-\frac{c^4}{a^2z^3}\left(1-\frac{y^2}{b^2}\right)\right]\\&=-\frac{c^2}{a^2z^2}\left(1-\frac{y^2}{b^2}\right)\Big/\sqrt{\frac{x^2}{a^4}+\frac{y^2}{b^4}+\frac{z^2}{c^4}},\end{aligned} \tag{8}$$

$$M=\frac{1}{p}\frac{\partial^2 z}{\partial x\partial y}=\frac{z}{c^2}\frac{1}{\sqrt{\frac{x^2}{a^4}+\frac{y^2}{b^4}+\frac{z^2}{c^4}}}\left[-\frac{x}{a^2}\frac{y}{b^2}\frac{c^4}{z^3}\right]=-\frac{x}{a^2}\frac{y}{b^2}\frac{c^2}{z^2}\Big/\sqrt{\frac{x^2}{a^4}+\frac{y^2}{b^4}+\frac{z^2}{c^4}}, \tag{9}$$

$$\begin{aligned}N&=\frac{1}{p}\frac{\partial^2 z}{\partial y^2}=\frac{z}{c^2}\frac{1}{\sqrt{\frac{x^2}{a^4}+\frac{y^2}{b^4}+\frac{z^2}{c^4}}}\left[-\frac{c^4}{b^2z^3}\left(1-\frac{x^2}{a^2}\right)\right]\\&=-\frac{c^2}{b^2z^2}\left(1-\frac{x^2}{a^2}\right)\Big/\sqrt{\frac{x^2}{a^4}+\frac{y^2}{b^4}+\frac{z^2}{c^4}}.\end{aligned} \tag{10}$$

我们规定主曲率半径 $R>0$，根据微分几何，R 满足方程[4]、[5]

$$(LN-M^2)R^2+(2FM-EN-GL)\boldsymbol{n}\cdot\boldsymbol{N}R+EG-F^2=0. \tag{11}$$

对于椭球面来说，$\boldsymbol{n}$ 与 $\boldsymbol{N}$ 方向相反，故

$$\boldsymbol{n}\cdot\boldsymbol{N}=-1, \tag{12}$$

于是，得

$$(LN-M^2)R^2-(2FM-EN-GL)R+EG-F^2=0. \tag{13}$$

将(4)、(5)、(6)、(8)、(9)、(10)和(12)诸式代入(13)式，得

$$R^2-\left[(a^2+b^2+c^2-x^2-y^2-z^2)\sqrt{\frac{x^2}{a^4}+\frac{y^2}{b^4}+\frac{z^2}{c^4}}\right]R+a^2b^2c^2\left(\frac{x^2}{a^4}+\frac{y^2}{b^4}+\frac{z^2}{c^4}\right)^2=0, \tag{14}$$

解得

$$R_1=\frac{1}{2}(a^2+b^2+c^2-x^2-y^2-z^2)\sqrt{\frac{x^2}{a^4}+\frac{y^2}{b^4}+\frac{z^2}{c^4}}\times\left[1+\sqrt{1-\frac{4a^2b^2c^2}{(a^2+b^2+c^2-x^2-y^2-z^2)^2}\left(\frac{x^2}{a^4}+\frac{y^2}{b^4}+\frac{z^2}{c^4}\right)}\right], \tag{15}$$

$$R_2=\frac{1}{2}(a^2+b^2+c^2-x^2-y^2-z^2)\sqrt{\frac{x^2}{a^4}+\frac{y^2}{b^4}+\frac{z^2}{c^4}}\times\left[1-\sqrt{1-\frac{4a^2b^2c^2}{(a^2+b^2+c^2-x^2-y^2-z^2)^2}\left(\frac{x^2}{a^4}+\frac{y^2}{b^4}+\frac{z^2}{c^4}\right)}\right], \tag{16}$$

这便是椭球面(1)上(x,y,z)点的两个主曲率半径.

3. 面电荷密度与主曲率半径的关系

由(15)、(16)两式，得

$$R_1R_2=a^2b^2c^2\left(\frac{x^2}{a^4}+\frac{y^2}{b^4}+\frac{z^2}{c^4}\right)^2, \tag{17}$$

将(17)式代入(2)式，便得

$$\sigma=\frac{Q}{4\pi}\frac{1}{\sqrt{abc\sqrt{R_1R_2}}}, \tag{18}$$

这便是我们所要求的带电导体椭球的面电荷密度 σ 与主曲率半径 R_1 和 R_2 的关系. 这个结果表明：σ 与两个主曲率半径 R_1 和 R_2 之积 R_1R_2 的四次方根成反比.

当 $c=b=a$ 时，椭球面蜕化为球面，这时由(15)和(16)两式得 $R_1=R_2=a$. 代入(18)式，即得

$$\sigma=\frac{Q}{4\pi a^2},\tag{19}$$

这正是半径为 a 的带电导体球的面电荷密度公式.

也可以用高斯曲率来表示 σ，曲面的高斯曲率定义为

$$K=\frac{1}{R_1R_2},\tag{20}$$

由(18)式得，带电导体椭球的面电荷密度 σ 与高斯曲率 K 的关系为

$$\sigma=\frac{Q}{4\pi}\sqrt{\frac{\sqrt{K}}{abc}},\tag{21}$$

可见 σ 与高斯曲率 K 的四次方根成正比.

参 考 文 献

[1] 张之翔，《带电导体椭球的电势和电荷分布》，《大学物理》，2008 年第 1 期.

[2] 斯米尔诺夫著，孙念增译，《高等数学教程》第二卷，第二分册，高等教育出版社(1956)，202 页.

[3]《数学手册》编写组，《数学手册》，人民教育出版社(1979)，420 页.

[4] 同[2]：198—204 页.

[5] 同[3]：421 页.

§ 1.17　两条平行导线间的电容

两条平行的长直导线间单位长度电容的公式，有的手册上可以查到[1]，但一般电磁学书上很少讲到. 在这里，我们来推导一下这些公式.

1. 半径不相等的两条平行长直导线间的电容

设有两条无穷长的平行直导线，半径分别为 R_1 和 R_2，它们的轴线相距为 d. 为了求出它们之间单位长度的电容，假设半径为 R_1 的导线上单位长度带有电荷 λ，半径为 R_2 的导线上单位长度带有电荷 $-\lambda$(参看图 1). 由于静电感应作用，电荷在导线表面上的分布是内侧面上密度大，外侧面上密度小. 这时，要是用电场强度求电势的办法求电容，就很困难. 我们在这里借用 § 1.3 中偶极线的等势面公式来求这个问题的准确解. 基本思路如下：设想把这两条导线去掉，而把它们的电荷看作是分别集中在两条同它们平行的直线上，单位长度的电荷分别为 λ 和 $-\lambda$，这两条带电线便是 § 1.3 中所说的偶极线；适当地选择这偶极线

的位置,使得原来两条导线的表面正好是偶极线的两个等势面.这样,由于边界条件相同,在导体外的全部空间里,这偶极线所产生的电场,便与原来两带电导线所产生的电场相同.这种方法是一种电象法,上述偶极线便是原来两导线的电象.于是问题就化为已知 R_1,R_2 和 d,求它们的电象(偶极线)的位置.

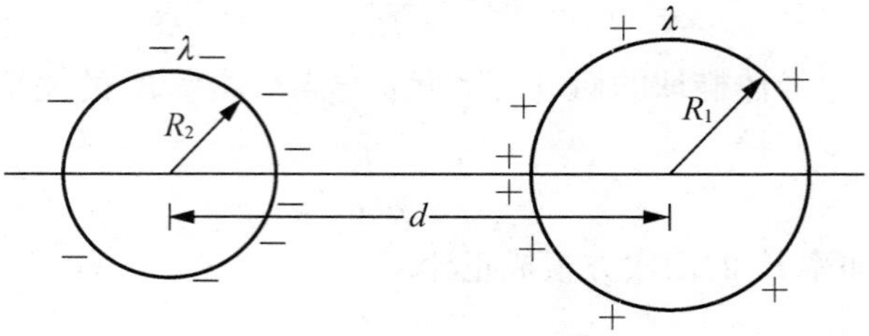

图 1 半径为 R_1 和 R_2 的两条平行导线分别带有电荷 λ 和 $-\lambda$

由 § 1.3 的结果我们知道,偶极线的等势面是圆柱面族:

$$(x-c)^2+y^2=R^2, \tag{1}$$

式中

$$c=\frac{k^2+1}{k^2-1}a \tag{2}$$

是圆柱面的轴线在 x 轴上的位置(参看 § 1.3 的图 3),而

$$R=\left|\frac{2k}{k^2-1}\right|a \tag{3}$$

则是圆柱面的半径.现在要使偶极线的两个等势面分别与原来两条导线的表面重合,就是要找出这样两个等势面,它们的半径分别为 R_1 和 R_2,它们的轴线相距为 d.这就是要求下列等式成立(参看图 2):

$$a_1=|c_1|=\left|\frac{k_1^2+1}{k_1^2-1}\right|a, \tag{4}$$

$$R_1=\left|\frac{2k_1}{k_1^2-1}\right|a, \tag{5}$$

$$a_2=|c_2|=\left|\frac{k_2^2+1}{k_2^2-1}\right|a, \tag{6}$$

$$R_2=\left|\frac{2k_2}{k_2^2-1}\right|a, \tag{7}$$

和

$$a_1+a_2=d. \tag{8}$$

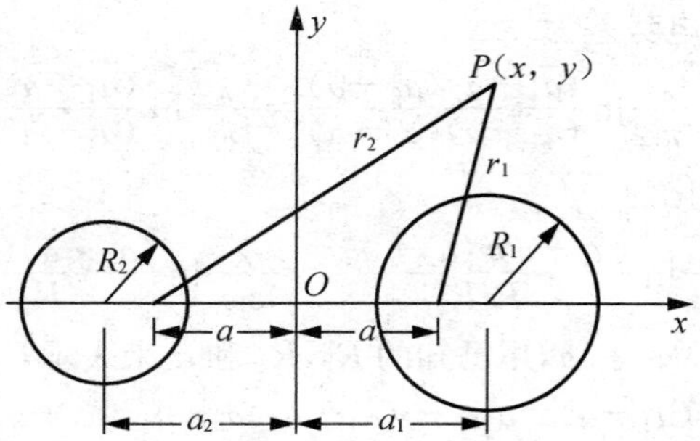

图 2 两等势面中心相距为 $d=a_1+a_2$

注意,这时 $x=0$ 平面是 $V=0$ 的等势面,而两条带电导线的电势的绝对值并不一定相等,故要用 k_1 和 k_2 以表示区别.

下面就用这些关系式来求两条导线(即上述两个等势面)的电势差 U. 有了 U 就可以求出电容来.

由(4)式至(7)式,得

$$a_1^2-R_1^2=a^2=a_2^2-R_2^2, \tag{9}$$

两条导线表面的方程分别为

$$R_1:\quad (x-a_1)^2+y^2=R_1^2, \tag{10}$$

故

$$x^2+y^2+a_1^2-R_1^2=2a_1x, \tag{11}$$

$$R_2:\quad (x+a_2)^2+y^2=R_2^2, \tag{12}$$

故

$$x^2+y^2+a_2^2-R_2^2=-2a_2x. \tag{13}$$

把(9)式代入(11)和(13)两式,得

$$R_1:\quad x^2+y^2+a^2=2a_1x, \tag{14}$$

$$R_2:\quad x^2+y^2+a^2=-2a_2x. \tag{15}$$

由前面§1.3的(18)式,空间任一点 $P(x,y)$ 的电势为

$$V=\frac{\lambda}{2\pi\varepsilon_0}\ln\frac{r_2}{r_1}=\frac{\lambda}{4\pi\varepsilon_0}\ln\frac{r_2^2}{r_1^2}=\frac{\lambda}{4\pi\varepsilon_0}\ln\frac{(x+a)^2+y^2}{(x-a)^2+y^2}=\frac{\lambda}{4\pi\varepsilon_0}\ln\frac{x^2+y^2+a^2+2ax}{x^2+y^2+a^2-2ax}, \tag{16}$$

把(14)式代入上式,得出半径为 R_1 的导线的电势为

$$V_1=\frac{\lambda}{4\pi\varepsilon_0}\ln\frac{2a_1x+2ax}{2a_1x-2ax}=\frac{\lambda}{4\pi\varepsilon_0}\ln\frac{a_1+a}{a_1-a}, \tag{17}$$

把(15)式代入(16)式,得出半径为 R_2 的导线的电势为

$$V_2=\frac{\lambda}{4\pi\varepsilon_0}\ln\frac{-2a_2x+2ax}{-2a_2x-2ax}=\frac{\lambda}{4\pi\varepsilon_0}\ln\frac{a_2-a}{a_2+a}, \tag{18}$$

于是得两条导线的电势差为

$$U=V_1-V_2=\frac{\lambda}{4\pi\varepsilon_0}\ln\frac{(a_1+a)(a_2+a)}{(a_1-a)(a_2-a)}=\frac{\lambda}{4\pi\varepsilon_0}\ln\frac{(a_1+a)^2(a_2+a)^2}{(a_1^2-a^2)(a_2^2-a^2)}, \tag{19}$$

利用(9)式,上式可化为

$$U=\frac{\lambda}{4\pi\varepsilon_0}\ln\frac{(a_1+a)^2(a_2+a)^2}{R_1^2R_2^2}=\frac{\lambda}{2\pi\varepsilon_0}\ln\frac{(a_1+a)(a_2+a)}{R_1R_2}. \tag{20}$$

现在要消去 a_1,a_2 和 a,用已知的 R_1,R_2 和 d 来表示 U. 因

$$(a_1+a)(a_2+a)=a_1a_2+(a_1+a_2)a+a^2=a^2+a_1a_2+ad, \tag{21}$$

也就是要用 R_1,R_2 和 d 来表示上式. 先求 $a^2+a_1a_2$. 由(9)式有

$$2a^2=a_1^2-R_1^2+a_2^2-R_2^2=(a_1+a_2)^2-2a_1a_2-R_1^2-R_2^2=d^2-2a_1a_2-R_1^2-R_2^2,$$

故

$$a^2+a_1a_2=\frac{1}{2}(d^2-R_1^2-R_2^2). \tag{22}$$

再求(21)式中的 ad. 利用(8)式得

$$a^2d^2=a^2(a_1+a_2)^2=a^2(a_1^2+a_2^2)+2a^2a_1a_2, \tag{23}$$

其中

$$\begin{aligned}a^2(a_1^2+a_2^2)&=a^2(a^2+R_1^2+a_2^2)=a^4+a^2(R_1^2+a_2^2)=a^4+(a_1^2-R_1^2)(R_1^2+a_2^2)\\&=a^4+a_1^2a_2^2-R_1^2(R_1^2-a_1^2+a_2^2)=a^4+a_1^2a_2^2-R_1^2(-a^2+a_2^2)\\&=a^4+a_1^2a_2^2-R_1^2R_2^2,\end{aligned}$$

代入(23)式便得

$$a^2d^2=a^4+a_1^2a_2^2-R_1^2R_2^2+2a^2a_1a_2=(a^2+a_1a_2)^2-R_1^2R_2^2. \tag{24}$$

开方,并利用(22)式,便得

$$ad=\sqrt{\frac{1}{4}(d^2-R_1^2-R_2^2)^2-R_1^2R_2^2}, \tag{25}$$

把(22)和(25)两式代入(21)式,便得

$$(a_1+a)(a_2+a)=\frac{1}{2}(d^2-R_1^2-R_2^2)+\sqrt{\frac{1}{4}(d^2-R_1^2-R_2^2)^2-R_1^2R_2^2}, \tag{26}$$

把(26)式代入(20)式便得出用已知量 R_1,R_2 和 d 表示的两条导线电势差为

$$U=\frac{\lambda}{2\pi\varepsilon_0}\ln\left[\frac{d^2-R_1^2-R_2^2}{2R_1R_2}+\sqrt{\left(\frac{d^2-R_1^2-R_2^2}{2R_1R_2}\right)^2-1}\right]. \tag{27}$$

最后求电容. 长为 l 的一段导线所带的电量为 $Q=\lambda l$,故这段长度两导线之间的电容便为

$$C=\frac{Q}{U}=\frac{2\pi\varepsilon_0 l}{\ln\left[\frac{d^2-R_1^2-R_2^2}{2R_1R_2}+\sqrt{\left(\frac{d^2-R_1^2-R_2^2}{2R_1R_2}\right)^2-1}\right]}, \tag{28}$$

于是得单位长度的电容为

$$c=\frac{2\pi\varepsilon_0}{\ln\left[\frac{d^2-R_1^2-R_2^2}{2R_1R_2}+\sqrt{\left(\frac{d^2-R_1^2-R_2^2}{2R_1R_2}\right)^2-1}\right]},\tag{29}$$

这就是我们所要求的结果,是开头我们所提出的问题的准确解.

有的书上给出的结果为[2]

$$c=\frac{2\pi\varepsilon_0}{\ln\frac{(d-R_1)(d-R_2)}{R_1R_2}},\quad d\gg R_1,R_2,\tag{30}$$

是近似解,不是准确解.

为简洁起见,(29)式可以用反双曲余弦来表示.双曲余弦函数定义为

$$\cosh x=\frac{e^x+e^{-x}}{2}.\tag{31}$$

令

$$\cosh x=y,\tag{32}$$

则反双曲余弦定义为

$$x=\operatorname{arccosh}y,\tag{33}$$

由(31)式和(32)式有

$$y^2=\left(\frac{e^x+e^{-x}}{2}\right)^2=\frac{e^{2x}+e^{-2x}+2}{4},$$

$$y^2-1=\frac{e^{2x}+e^{-2x}-2}{4}=\left(\frac{e^x-e^{-x}}{2}\right)^2,$$

故

$$\sqrt{y^2-1}=\frac{e^x-e^{-x}}{2}.\tag{34}$$

由(31)、(32)和(34)三式,得

$$y+\sqrt{y^2-1}=e^x,$$

故

$$x=\ln(y+\sqrt{y^2-1}),$$

即

$$\operatorname{arccosh}y=\ln(y+\sqrt{y^2-1}).\tag{35}$$

利用(35)式,(29)式可化为

$$c=\frac{2\pi\varepsilon_0}{\operatorname{arccosh}\left(\frac{d^2-R_1^2-R_2^2}{2R_1R_2}\right)},\tag{36}$$

这就是半径为 R_1 和 R_2、轴线相距为 d 的两条无穷长平行直导线之间单位长度

的电容公式[1].

有的手册上给出的公式为[3]

$$c=\frac{1}{2}\frac{1}{4\pi\varepsilon}\left\{\operatorname{arccosh}\frac{d^2-R_1^2-R_2^2}{2R_1R_2}\right\}^{-1},\tag{37}$$

其中$\frac{1}{4\pi\varepsilon}$应为 $4\pi\varepsilon$.

2. 两种特殊情况

(1) 半径相等的两条长直导线之间的电容

两条无穷长的平行直导线，半径相等，都是 R，轴线相距为 d，它们之间单位长度的电容只须令(36)式中的 $R_1=R_2=R$ 即得，结果为

$$c=\frac{2\pi\varepsilon_0}{\operatorname{arccosh}\left(\frac{d^2-2R^2}{2R^2}\right)}=\frac{2\pi\varepsilon_0}{\operatorname{arccosh}\left(\frac{d^2}{2R^2}-1\right)}.\tag{38}$$

这个式子还可以简化，由(35)式，

$$\begin{aligned}\operatorname{arccosh}(2y^2-1)&=\ln\left[2y^2-1+\sqrt{(2y^2-1)^2-1}\right]=\ln\left[2y^2-1+\sqrt{4y^4-4y^2}\right]\\&=\ln\left[2y^2-1+2y\sqrt{y^2-1}\right]=\ln\left[y^2+y^2-1+2y\sqrt{y^2-1}\right]\\&=\ln(y+\sqrt{y^2-1})^2=2\ln(y+\sqrt{y^2-1})=2\operatorname{arccosh}y,\end{aligned}\tag{39}$$

故(38)式可简化为

$$c=\frac{\pi\varepsilon_0}{\operatorname{arccosh}\left(\frac{d}{2R}\right)},\tag{40}$$

这就是我们所要求的准确公式.

附带指出，有的书上把 c 写作[4]

$$c=\frac{\lambda}{V}=\frac{2\pi\varepsilon_0}{\ln\left(\frac{d+p}{d-p}\right)}$$

$$\cong\frac{4\pi\varepsilon_0}{\ln\left(\frac{2d}{a}\right)},\qquad 若\ d\gg a.$$

前面两个等式是对的，但后面的分子 $4\pi\varepsilon_0$ 是错的，正确的应为 $\pi\varepsilon_0$.（他们把两条导线的轴线之间的距离作为 $2d$，所以他们的公式里的 $2d$ 相当于我们这里的 d，而 a 则相当于我们这里的 R.）

(2) 平行于地面的导线与大地之间的电容

半径为 R 的一条长直导线与地面平行，它的轴线到地面的距离为 h，求它与大地之间单位长度的电容. 在这个问题中，我们把大地看做是一个导体平面，也就是半径趋于无穷大的圆柱面. 先设地面是半径为 R_2 的圆柱面，则由图 1 和图 3 知 $R=R_1$ 和

$$d=R_2+h, \tag{41}$$

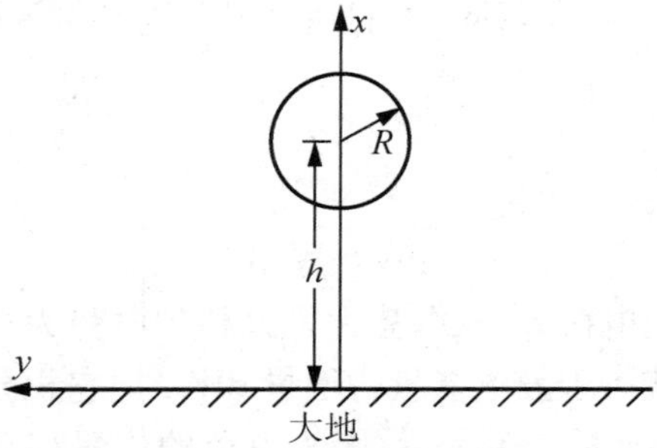

图 3　半径为 R 的长直导线与地面平行，导线与纸面垂直

故(36)式中的宗量便为

$$\frac{d^2-R_1^2-R_2^2}{2R_1R_2}=\frac{(R_2+h)^2-R^2-R_2^2}{2RR_2}=\frac{h^2+2hR_2-R^2}{2RR_2}=\frac{h^2-R^2}{2RR_2}+\frac{h}{R},$$

当 $R_2\to\infty$ 时，它的极限值为 $\frac{h}{R}$. 代入(36)式，便得

$$c=\frac{2\pi\varepsilon_0}{\operatorname{arccosh}\left(\frac{h}{R}\right)}, \tag{42}$$

这便是半径为 R 的一条长直导线，当它与地面平行，它的轴线到地面的高度为 h 时，它与大地之间单位长度的电容公式.

参 考 文 献

[1] *American Institute of Physics Handbook*, 3rd ed., McGraw-Hill(1972), pp. 5—15.
[2] 川村雅恭著，《電気磁気学》，昭光堂株式会社(1974)，328 页[問 2.4].
[3] D. H. Menzel, *Fundamental Formulas of Physics*, Dover Publications(1955), p. 319.
[4] I. S. Grant, W. R. Philips 著，刘岐元、王鸣阳译，《电磁学》，人民教育出版社(1982)，101 页.

§ 1.18　静电能量的三个公式

当电荷连续分布时，求静电能量有三个公式：

$$W_e = \int v \mathrm{d}q, \tag{1}$$

$$W_e = \frac{1}{2}\int V \mathrm{d}q, \tag{2}$$

$$W_e = \frac{1}{2}\int \boldsymbol{D} \cdot \boldsymbol{E} \mathrm{d}\tau. \tag{3}$$

这三个公式的物理意义各不相同，我们在这里分别举例说明如下.

1. 第一个公式

第一个公式的微分形式为

$$\mathrm{d}W_e = v\mathrm{d}q, \tag{4}$$

它的物理意义如下：把电荷 $\mathrm{d}q$ 从电势为零处移到电势为 v 处，外力反抗电场力所需要作的功，这功就等于静电能量的增量 $\mathrm{d}W_e$. 把它积分，就得静电能量公式(1). 这里要注意的是，v 是一个变量. 因为电荷的位置移动后，空间的电场便发生了变化，空间各处的电势也就发生了变化，所以 v 是一个变量. 下面我们用两个例子来阐明这一点.

【例 1】 平行板电容器的电容为 C，当它蓄有电荷 Q 时，略去边缘效应，求它的静电能量.

设电容器极板上的电荷为 q 时(参看图 1)，两极板的电势分别为 v_+ 和 v_-，电势差为

$$u = v_+ - v_-. \tag{5}$$

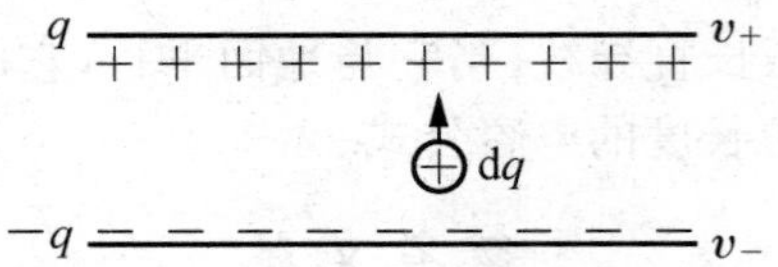

图 1 平行板电容器两极板的电势差为 $u = v_+ - v_-$ 时，把电荷 $\mathrm{d}q$ 从负极板移到正极板

这时按照(4)式，从负极板上取出电荷 $\mathrm{d}q$，并把它移到电势为零处，外力需要作的功为 $-v_-\mathrm{d}q$，而从电势为零处把电荷 $\mathrm{d}q$ 移到正极板上，外力需要作的功为 $v_+\mathrm{d}q$. 因此，从负极板取出 $\mathrm{d}q$ 并把它移到正极板上，外力需要作的功便为

$$-v_-\mathrm{d}q + v_+\mathrm{d}q = (v_+ - v_-)\mathrm{d}q = u\mathrm{d}q,$$

这功就等于静电能量的增量 $\mathrm{d}W_e$，故

$$\mathrm{d}W_e = u\mathrm{d}q. \tag{6}$$

由电容公式

$$q=Cu \tag{7}$$

得

$$\mathrm{d}W_{\mathrm{e}}=\frac{1}{C}q\,\mathrm{d}q, \tag{8}$$

积分便得电容器蓄有电荷 Q 时的静电能量为

$$W_{\mathrm{e}}=\int_0^Q\frac{1}{C}q\,\mathrm{d}q=\frac{1}{C}\int_0^Q q\,\mathrm{d}q=\frac{Q^2}{2C}. \tag{9}$$

【例 2】 电荷 Q 均匀分布在半径为 R 的球体内,求它的静电能量.

设球体的电荷 Q 是从无穷远处(电势为零处)一点一点地移来,一层一层地从里到外逐渐分布而成的. 当移来的电荷为 q 时,半径为 r.(参考图 2,电荷的密度与最后的密度相同.)这时球面上的电势为

$$v=\frac{1}{4\pi\varepsilon_0}\frac{q}{r}, \tag{10}$$

再从无穷远处移来电荷 $\mathrm{d}q$,放到半径为 r 的球面上,外力反抗 q 的电场力所要作的功便为 $v\mathrm{d}q$,于是静电能量的增量便为

$$\mathrm{d}W_{\mathrm{e}}=\frac{1}{4\pi\varepsilon_0}\frac{q}{r}\mathrm{d}q. \tag{11}$$

因

$$q=\frac{4\pi}{3}\rho r^3, \tag{12}$$

故

$$\mathrm{d}q=4\pi\rho r^2\,\mathrm{d}r, \tag{13}$$

代入(11)式,便得

$$\mathrm{d}W_{\mathrm{e}}=\frac{4\pi}{3\varepsilon_0}\rho^2r^4\,\mathrm{d}r,$$

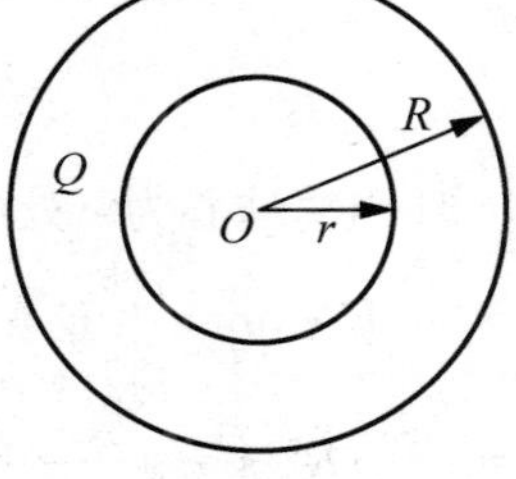

图 2　电荷 Q 均匀分布在半径为 R 的球体内

积分,便得

$$W_{\mathrm{e}}=\frac{4\pi}{3\varepsilon_0}\rho^2\int_0^R r^4\,\mathrm{d}r=\frac{4\pi}{15\varepsilon_0}\rho^2R^5=\frac{4\pi}{15\varepsilon_0}\left(\frac{Q}{\frac{4\pi}{3}R^3}\right)^2R^5=\frac{3Q^2}{20\pi\varepsilon_0R}. \tag{14}$$

2. 第二个公式

第二个公式,即公式(2)的物理意义如下:电荷已分布完毕,空间各点的电势已定,不再随时间变化. 这时,$\mathrm{d}q$ 所在处的电势为 V,它所具有的电势能为 $V\mathrm{d}q$. 静电能量 W_{e} 等于全部电荷现有的电势能的一半,所以公式(2)中有系数 1/2. 这系数的来源,是由于电荷之间的能量在计算时被重复地多算了一次.[1]、[2]

下面我们用公式(2)计算前面两个例子中的静电能量.

【例 3】 用公式(2)计算例 1 中平行板电容器的静电能量.

当电容器充电完毕时,电荷为 Q,正极板的电势为 V_+,负极板的电势为 V_-,故由公式(2),静电能量为

$$W_e = \frac{1}{2}\int V\mathrm{d}q = \frac{1}{2}\left[\int_0^Q V_+ \,\mathrm{d}q + \int_0^{-Q} V_- \,\mathrm{d}q\right] = \frac{1}{2}\left[V_+\int_0^Q \mathrm{d}q + V_-\int_0^{-Q}\mathrm{d}q\right]$$

$$= \frac{1}{2}[V_+ Q - V_- Q] = \frac{1}{2}Q[V_+ - V_-] = \frac{1}{2}QU, \tag{15}$$

因

$$Q = CU, \tag{16}$$

故(15)式的右边与(9)式的右边相等.两种不同的算法所得结果相同,可以说是殊途而同归.

【例 4】 用公式(2)计算例 2 中均匀带电球体的静电能量.

电荷 Q 均匀分布在半径为 R 的球体内,电荷的体密度为 ρ,由高斯定理得出,离球心为 r 处的电场强度如下:

$$\boldsymbol{E}_i = \frac{\rho}{3\varepsilon_0}\boldsymbol{r}, \quad r \leqslant R, \tag{17}$$

$$\boldsymbol{E}_0 = \frac{1}{4\pi\varepsilon_0}\frac{Q}{r^3}\boldsymbol{r}, \quad r \geqslant R. \tag{18}$$

球内离球心为 r 处的电势为

$$V = \int_r^\infty \boldsymbol{E}\cdot\mathrm{d}\boldsymbol{r} = \int_r^R \boldsymbol{E}_i\cdot\mathrm{d}\boldsymbol{r} + \int_R^\infty \boldsymbol{E}_0\cdot\mathrm{d}\boldsymbol{l} = \frac{\rho}{3\varepsilon_0}\int_r^R \boldsymbol{r}\cdot\mathrm{d}\boldsymbol{r} + \frac{Q}{4\pi\varepsilon_0}\int_R^\infty \frac{\boldsymbol{r}\cdot\mathrm{d}\boldsymbol{r}}{r^3}$$

$$= \frac{\rho}{6\varepsilon_0}(R^2 - r^2) + \frac{Q}{4\pi\varepsilon_0}\frac{1}{R} = \frac{\rho}{6\varepsilon_0}(R^2 - r^2) + \frac{\rho}{3\varepsilon_0}R^2 = \frac{\rho}{6\varepsilon_0}(3R^2 - r^2). \tag{19}$$

把(19)式代入(2)式,得

$$W_e = \frac{1}{2}\int V\mathrm{d}q = \frac{1}{2}\int_0^R \frac{\rho^2}{6\varepsilon_0}(3R^2 - r^2)\cdot 4\pi r^2\,\mathrm{d}r = \frac{\pi\rho^2}{3\varepsilon_0}\int_0^R (3R^2 - r^2)r^2\,\mathrm{d}r$$

$$= \frac{4\pi}{15\varepsilon_0}\rho^2 R^5 = \frac{3Q^2}{20\pi\varepsilon_0 R}, \tag{20}$$

这正是(14)式的结果.所以结果也是殊途而同归.

3. 第三个公式

第三个公式,即公式(3)的物理意义如下:静电能量分布在电场中,电场能量的密度为$\frac{1}{2}\boldsymbol{D}\cdot\boldsymbol{E}$.当电荷分布完毕后,空间各处的电场强度 $\boldsymbol{E}$ 便确定了,不再随时间变化,它仅是空间的函数.这时空间体积元 $\mathrm{d}\tau$ 内的电场能量便为

$$dW_e=\frac{1}{2}\boldsymbol{D}\cdot\boldsymbol{E}d\tau, \tag{21}$$

把上式对存在电场的全部空间积分,便得出总的静电能量,如(3)式所示.

下面我们用(3)式计算前面两个例子中的静电能量.

【例 5】 用公式(3)计算例 1 中平行板电容器的静电能量.

设平行板电容器极板的面积为 S,两极板相距为 d,因略去边缘效应,故两极板间的电场是均匀电场,而外边的电场强度为零;两极板间电场强度的大小为

$$E=\frac{U}{d}, \tag{22}$$

代入(3)式,得

$$W_e=\frac{1}{2}\int\boldsymbol{D}\cdot\boldsymbol{E}d\tau=\frac{1}{2}\int\varepsilon E^2d\tau=\frac{1}{2}\varepsilon E^2Sd=\frac{1}{2}\varepsilon\left(\frac{U}{d}\right)^2Sd=\frac{1}{2}\frac{\varepsilon S}{d}U^2. \tag{23}$$

因平行板电容器的电容为

$$C=\frac{\varepsilon S}{d}, \tag{24}$$

代入上式,便得

$$W_e=\frac{1}{2}CU^2, \tag{25}$$

这个结果与(9)、(16)两式的结果相同.

【例 6】 用公式(3)计算例 2 中均匀带电球体的静电能量.

在我们这个例子中,$\boldsymbol{D}=\varepsilon_0\boldsymbol{E}$,由(3)式和(17)、(18)两式,得

$$\begin{aligned}W_e&=\frac{1}{2}\int\boldsymbol{D}\cdot\boldsymbol{E}d\tau=\frac{\varepsilon_0}{2}\int E^2d\tau=\frac{\varepsilon_0}{2}\left[\int_0^R\left(\frac{\rho}{3\varepsilon_0}r\right)^2+\int_R^\infty\left(\frac{Q}{4\pi\varepsilon_0r^2}\right)^2\right]4\pi r^2dr\\&=2\pi\varepsilon_0\left[\frac{1}{45\varepsilon_0^2}\rho^2R^5+\frac{Q^2}{16\pi^2\varepsilon_0^2R}\right]=\frac{Q^2}{40\pi\varepsilon_0R}+\frac{Q^2}{8\pi\varepsilon_0R}=\frac{3Q^2}{20\pi\varepsilon_0R},\end{aligned} \tag{26}$$

这正是(14)式和(20)式的结果. 这种算法不仅告诉我们静电能量是多少,而且由上面两项的比还可以看出,球外电场的能量是球内电场能量的 5 倍.

参考文献

[1] 伊·耶·塔姆著,钱尚武等译,《电学原理》,上册,高等教育出版社(1960),69—70 页.

[2] J. D. 杰克逊著;朱培豫译,《经典电动力学》,上册,人民教育出版社(1978),51 页.

第二章　恒磁场

§2.1　圆环电流的磁感强度①

圆环电流所产生的磁感强度 $\boldsymbol{B}$，除轴线上外，不能用初等函数的有限项表示．因此，一般电磁学的书上都不讲，只有在较深的专著里才讲到．在一些文献[1]、[2]、[3]、[4]、[5]、[6]、[7]里，用柱坐标系，先求它的矢势 $\boldsymbol{A}$，然后由 $\boldsymbol{B}=\nabla\times\boldsymbol{A}$ 求出磁感强度 $\boldsymbol{B}$．也有文献[8]、[9]用球坐标系，解磁标势 Ψ 的拉普拉斯方程，然后由 $\boldsymbol{B}=-\mu_0\nabla\Psi$ 求出磁感强度 $\boldsymbol{B}$．在这里，我们介绍用毕奥-萨伐尔定律直接计算圆环电流的磁感强度 $\boldsymbol{B}$ 的方法．

1．用笛卡儿坐标系计算 $\boldsymbol{B}$ 的分量

设圆环半径为 a，载有电流 I．以圆心 O 为原点，轴线为 z 轴，取笛卡儿坐标系如图 1 所示．由对称性可知，这圆环电流 I 在空间任一点 $P(r,\theta,\phi)$ 产生的磁感强度 $\boldsymbol{B}$ 其大小与 P 点的方位角 ϕ 无关．因此，为方便起见，取 $\phi=0$．这样，源（电流元 $Id\boldsymbol{l}$）点 S 和场点 P 的位矢便分别为

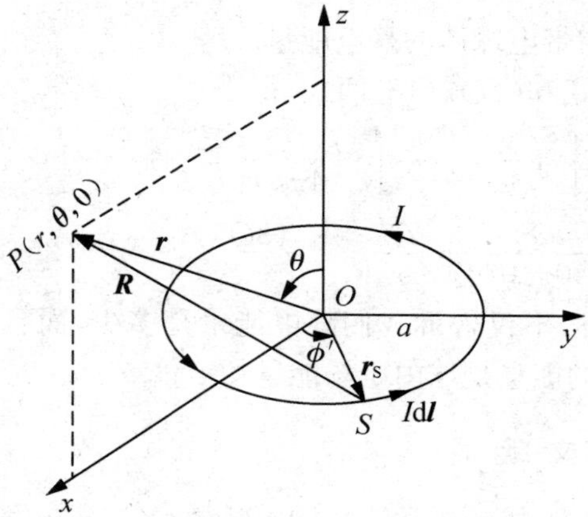

图 1

源点 S：$\boldsymbol{r}_S=a\cos\phi'\boldsymbol{e}_x+a\sin\phi'\boldsymbol{e}_y$，　(1)

场点 P：$\boldsymbol{r}=r\sin\theta\boldsymbol{e}_x+r\cos\theta\boldsymbol{e}_z$，　(2)

从 S 到 P 的位矢为

$$\boldsymbol{R}=\boldsymbol{r}-\boldsymbol{r}_S=(r\sin\theta-a\cos\phi')\boldsymbol{e}_x-a\sin\phi'\boldsymbol{e}_y+r\cos\theta\boldsymbol{e}_z, \tag{3}$$

---

① 本节内容曾发表在《大学物理》2002 年第 9 期的《圆环电流的磁场以及两共轴圆环电流之间的相互作用力》一文中，收入本书时作了修改．

$$R^2=a^2+r^2-2ar\sin\theta\cos\phi', \tag{4}$$

圆环上的电流元为

$$I\mathrm{d}\boldsymbol{l}=-Ia\sin\phi'\mathrm{d}\phi'\boldsymbol{e}_x+Ia\cos\phi'\mathrm{d}\phi'\boldsymbol{e}_y. \tag{5}$$

根据毕奥-萨伐尔定律，圆环电流 I 在 P 点产生的磁感强度为

$$\boldsymbol{B}=\frac{\mu_0}{4\pi}\oint\frac{I\mathrm{d}\boldsymbol{l}\times\boldsymbol{R}}{R^3}, \tag{6}$$

由(5)、(3)两式，得

$$\mathrm{d}\boldsymbol{l}\times\boldsymbol{R}=[r\cos\theta\cos\phi'\boldsymbol{e}_x+r\cos\theta\sin\phi'\boldsymbol{e}_y+(a-r\sin\theta\cos\phi')\boldsymbol{e}_z]a\mathrm{d}\phi', \tag{7}$$

将(4)式和(7)式代入(6)式，便得

$$\boldsymbol{B}=\frac{\mu_0 Ia}{4\pi}\int_0^{2\pi}\frac{[r\cos\theta\cos\phi'\boldsymbol{e}_x+r\cos\theta\sin\phi'\boldsymbol{e}_y+(a-r\sin\theta\cos\phi')\boldsymbol{e}_z]\mathrm{d}\phi'}{(a^2+r^2-2ar\sin\theta\cos\phi')^{3/2}}, \tag{8}$$

于是得 $\boldsymbol{B}$ 的三个分量分别为

$$B_x=\frac{\mu_0 Iar\cos\theta}{4\pi}\int_0^{2\pi}\frac{\cos\phi'\mathrm{d}\phi'}{(a^2+r^2-2ar\sin\theta\cos\phi')^{3/2}}, \tag{9}$$

$$B_y=\frac{\mu_0 Iar\cos\theta}{4\pi}\int_0^{2\pi}\frac{\sin\phi'\mathrm{d}\phi'}{(a^2+r^2-2ar\sin\theta\cos\phi')^{3/2}}, \tag{10}$$

$$B_z=\frac{\mu_0 Ia}{4\pi}\int_0^{2\pi}\frac{(a-r\sin\theta\cos\phi')\mathrm{d}\phi'}{(a^2+r^2-2ar\sin\theta\cos\phi')^{3/2}}. \tag{11}$$

因为

$$\int_0^{2\pi}\frac{\sin\phi'\mathrm{d}\phi'}{(a^2+r^2-2ar\sin\theta\cos\phi')^{3/2}}=\frac{1}{ar\sin\theta}\frac{1}{\sqrt{a^2+r^2-2ar\sin\theta\cos\phi'}}\Bigg|_{\phi'=0}^{\phi'=2\pi}=0, \tag{12}$$

故

$$B_y=0. \tag{13}$$

下面求 B_x 和 B_z. 为此，先求下列两个对 ϕ' 的积分. 第一个积分为

$$\begin{aligned}&\int_0^{2\pi}\frac{\mathrm{d}\phi'}{(a^2+r^2-2ar\sin\theta\cos\phi')^{3/2}}\\&=\frac{1}{(a^2+r^2)^2-(-2ar\sin\theta)^2}\int_0^{2\pi}\frac{a^2+r^2-2ar\sin\theta\cos\phi'}{\sqrt{a^2+r^2-2ar\sin\theta\cos\phi'}}\mathrm{d}\phi'\\&=\frac{1}{(a^2+r^2+2ar\sin\theta)(a^2+r^2-2ar\sin\theta)}\int_0^{2\pi}\sqrt{a^2+r^2-2ar\sin\theta\cos\phi'}\,\mathrm{d}\phi',\end{aligned} \tag{14}$$

令 $\phi'=\pi-2x$，则(14)式中的积分化为

$$\int_0^{2\pi}\sqrt{a^2+r^2-2ar\sin\theta\cos\phi'}\,\mathrm{d}\phi'=2\int_{-\pi/2}^{\pi/2}\sqrt{a^2+r^2+2ar\sin\theta-4ar\sin\theta\sin^2x}\,\mathrm{d}x$$

$$= 2\sqrt{a^2 + r^2 + 2ar\sin\theta}\int_{-\pi/2}^{\pi/2}\sqrt{1 - k^2\sin^2 x}\,\mathrm{d}x$$

$$= 4\sqrt{a^2 + r^2 + 2ar\sin\theta}\ \mathrm{E}, \tag{15}$$

式中

$$k^2 = \frac{4ar\sin\theta}{a^2 + r^2 + 2ar\sin\theta}, \tag{16}$$

$$\mathrm{E} = \int_0^{\pi/2}\sqrt{1 - k^2\sin^2 x}\,\mathrm{d}x$$

$$= \frac{\pi}{2}\left[1 - \left(\frac{1}{2}\right)^2 k^2 - \left(\frac{1\cdot 3}{2\cdot 4}\right)^2\frac{k^4}{3} - \left(\frac{1\cdot 3\cdot 5}{2\cdot 4\cdot 6}\right)^2\frac{k^6}{5} - \cdots\right] \tag{17}$$

是第二种全椭圆积分. 于是得第一个积分为

$$\int_0^{2\pi}\frac{\mathrm{d}\phi'}{(a^2 + r^2 - 2ar\sin\theta\cos\phi')^{3/2}} = \frac{4\mathrm{E}}{\sqrt{a^2 + r^2 + 2ar\sin\theta}\,(a^2 + r^2 - 2ar\sin\theta)}. \tag{18}$$

再求第二个积分：

$$\int_0^{2\pi}\frac{\cos\phi'\,\mathrm{d}\phi'}{(a^2 + r^2 - 2ar\sin\theta\cos\phi')^{3/2}} = \frac{a^2 + r^2}{2ar\sin\theta}\int_0^{2\pi}\frac{\mathrm{d}\phi'}{(a^2 + r^2 - 2ar\sin\theta\cos\phi')^{3/2}}$$

$$- \frac{1}{2ar\sin\theta}\int_0^{2\pi}\frac{\mathrm{d}\phi'}{\sqrt{a^2 + r^2 - 2ar\sin\theta\cos\phi'}}, \tag{19}$$

上式等号右边有两个积分，前一个积分便是(18)式，已求出. 再求后一个积分. 令 $\phi' = \pi - 2x$，便得

$$\int_0^{2\pi}\frac{\mathrm{d}\phi'}{\sqrt{a^2 + r^2 - 2ar\sin\theta\cos\phi'}} = 2\int_{-\pi/2}^{\pi/2}\frac{\mathrm{d}x}{\sqrt{a^2 + r^2 + 2ar\sin\theta - 4ar\sin\theta\sin^2 x}}$$

$$= \frac{4}{\sqrt{a^2 + r^2 + 2ar\sin\theta}}\int_0^{\pi/2}\frac{\mathrm{d}x}{\sqrt{1 - k^2\sin^2 x}}$$

$$= \frac{4}{\sqrt{a^2 + r^2 + 2ar\sin\theta}}\mathrm{K}, \tag{20}$$

式中

$$\mathrm{K} = \int_0^{\pi/2}\frac{\mathrm{d}x}{\sqrt{1 - k^2\sin^2 x}} = \frac{\pi}{2}\left[1 + \left(\frac{1}{2}\right)^2 k^2 + \left(\frac{1\cdot 3}{2\cdot 4}\right)^2 k^4 + \left(\frac{1\cdot 3\cdot 5}{2\cdot 4\cdot 6}\right)^2 k^6 + \cdots\right] \tag{21}$$

是第一种全椭圆积分. 将(18)式和(20)式代入(19)式，得

$$\int_0^{2\pi}\frac{\cos\phi'\,\mathrm{d}\phi'}{(a^2 + r^2 - 2ar\sin\theta\cos\phi')^{3/2}}$$

$$=\frac{2}{ar\sin\theta\sqrt{a^2+r^2+2ar\sin\theta}}\left[\frac{a^2+r^2}{a^2+r^2-2ar\sin\theta}\mathrm{E}-\mathrm{K}\right].\tag{22}$$

至此，B_x 和 B_y 所含的两个积分（对 ϕ' 的积分）都求出来了. 将(22)式代入(9)式，得

$$B_x=\frac{\mu_0 I}{4\pi}\frac{2\cos\theta}{\sin\theta\sqrt{a^2+r^2+2ar\sin\theta}}\left[\frac{a^2+r^2}{a^2+r^2-2ar\sin\theta}\mathrm{E}-\mathrm{K}\right],\tag{23}$$

将(18)式和(22)式代入(11)，得

$$B_z=\frac{\mu_0 I}{4\pi}\frac{2}{\sqrt{a^2+r^2+2ar\sin\theta}}\left[\frac{a^2-r^2}{a^2+r^2-2ar\sin\theta}\mathrm{E}+\mathrm{K}\right],\tag{24}$$

(23)式、(13)式和(24)式便是所求的磁感强度 $\boldsymbol{B}$ 的三个分量.

2. 用柱坐标系和球坐标系表示 B 的分量

上面我们用笛卡儿坐标系求出了 $\boldsymbol{B}$ 的三个分量 B_x，B_y 和 B_z. 根据坐标系之间矢量分量的变换关系，很容易求出用柱坐标系和球坐标系表示的 $\boldsymbol{B}$ 的三个分量. 计算如下.

将 $\boldsymbol{B}$ 的三个分量式(23)、(13)和(24)变换到柱坐标系. 如图 2 所示，有 $\rho=r\sin\theta$，$z=r\cos\theta$；取 $\phi=0$，便得 $\boldsymbol{B}$ 的分量为

$$B_\rho=B_x\cos\phi+B_y\sin\phi=B_x=\frac{\mu_0 I}{2\pi}\frac{z}{\rho\sqrt{(a+\rho)^2+z^2}}\left[\frac{a^2+\rho^2+z^2}{(a-\rho)^2+z^2}\mathrm{E}-\mathrm{K}\right],\tag{25}$$

$$B_\phi=-B_x\sin\phi+B_y\cos\phi=0,\tag{26}$$

$$B_z=\frac{\mu_0 I}{2\pi}\frac{1}{\sqrt{(a+\rho)^2+z^2}}\left[\frac{a^2-\rho^2-z^2}{(a-\rho)^2+z^2}\mathrm{E}+\mathrm{K}\right].\tag{27}$$

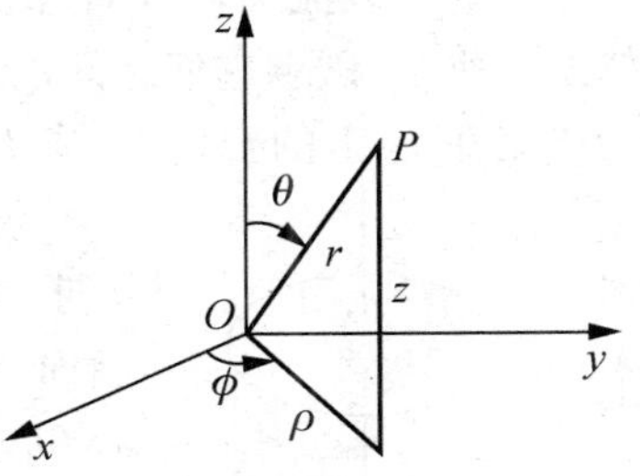

图 2

将 $\boldsymbol{B}$ 的分量式(23)、(13)和(24)变换到球坐标系，分别为

$$B_r=B_x\sin\theta\cos\phi+B_y\sin\theta\sin\phi+B_z\cos\theta=B_x\sin\theta+B_z\cos\theta=\frac{\mu_0 I}{\pi}\frac{a^2\cos\theta}{\sqrt{a^2+r^2+2ar\sin\theta}}\frac{\mathrm{E}}{a^2+r^2-2ar\sin\theta},\tag{28}$$

$$B_\theta=B_x\cos\theta\cos\phi+B_y\cos\theta\sin\phi-B_z\sin\theta=B_x\cos\theta-B_z\sin\theta=\frac{\mu_0 I}{2\pi}\frac{1}{\sin\theta\sqrt{a^2+r^2+2ar\sin\theta}}\left[\frac{a^2+r^2-2a^2\sin^2\theta}{a^2+r^2-2ar\sin\theta}\mathrm{E}-\mathrm{K}\right],\tag{29}$$

$$B_{\phi}=-B_x\sin\phi+B_y\cos\phi=0. \tag{30}$$

参 考 文 献

[1] J. A. Stratton, *Electromagnetic Theory*, Mc Graw-Hill(1941), 262—263 页.

[2] B. B. 巴蒂金等编著,汪镇藩等译,《电动力学习题集》,人民教育出版社(1964),249 题.

[3] J. D. 杰克逊著,朱培豫译,《经典电动力学》,人民教育出版社(1979),195—196 页.

[4] W. R. 斯迈思著,戴世强译,《静电学和电动力学》,上册,科学出版社(1982),412—415 页.

[5] 彭中汉等,《圆电流平面上的磁场分布》,《大学物理》,1983 年第 11 期,12—16 页.

[6] 向裕民,《圆环电流磁场的普遍分布》,《大学物理》,1999 年第 1 期,14—17 页.

[7] 彭中汉,《亥姆霍兹线圈的均匀磁场区》,《大学物理》,1985 年第 5 期,13—16 页.

[8] 李海等,《圆形电流的磁感强度》,《大学物理》,1999 年第 6 期,20—22 页.

[9] 丁凤军,《圆形面偶极层与圆电流的磁场》,《大学物理》,2001 年第 2 期,19—20 页.

[10] I. S. Gradshtegn, I. M. Ryzhik, *Table of Integrals, Series and Products*, Academic Press, Inc. (1980), 154, 156.

§2.2 两共轴载流圆环之间的相互作用力

两共轴载流圆环,环心相距为 a,它们的半径和电流分别为 R_1,I_1 和 R_2,I_2,如图 1 所示. 试求它们之间的相互作用力. 这里所说的相互作用力,是指 I_1 的磁场作用在 I_2 上的安培力,或 I_2 的磁场作用在 I_1 上的安培力.

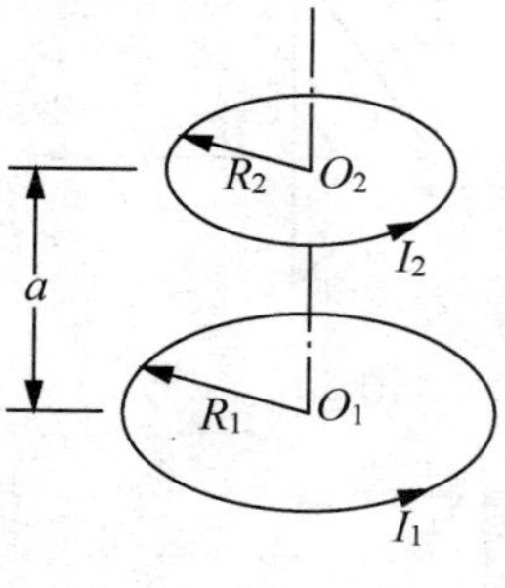

图 1

设 I_1 和 I_2 的流向相同,如图 1 所示. 为了求力,先要求电流产生的磁场. 圆环电流产生的磁感强度 $\boldsymbol{B}$,在前面 §2.1 里已经求出来了,这里就不重复. 以 I_1 的环心 O_1 为原点,取柱坐标系,根据前面 §2.1 的(25)、(26)、(27)三式,I_1 在空间任一点 $P(\rho,\phi,z)$ 产生的磁感强度 $\boldsymbol{B}$ 的三个分量为

$$B_{\rho}=\frac{\mu_0 I_1}{2\pi}\frac{z}{\rho\sqrt{(R_1+\rho)^2+z^2}}\left[\frac{R_1^2+\rho^2+z^2}{(R_1-\rho)^2+z^2}\mathrm{E}-\mathrm{K}\right], \tag{1}$$

$$B_{\phi}=0, \tag{2}$$

$$B_z=\frac{\mu_0 I_1}{2\pi}\frac{1}{\sqrt{(R_1+\rho)^2+z^2}}\left[\frac{R_1^2-\rho^2-z^2}{(R_1-\rho)^2+z^2}\mathrm{E}+\mathrm{K}\right], \tag{3}$$

式中 K 和 E 分别是第一种全椭圆积分和第二种全椭圆积分,它们的表达式如下:

$$\mathrm{K}=\int_0^{\pi/2}\frac{\mathrm{d}x}{\sqrt{1-k^2\sin^2 x}}=\frac{\pi}{2}\left[1+\left(\frac{1}{2}\right)^2k^2+\left(\frac{1\cdot 3}{2\cdot 4}\right)^2k^4+\left(\frac{1\cdot 3\cdot 5}{2\cdot 4\cdot 6}\right)^6k^6+\cdots\right],\tag{4}$$

$$\mathrm{E}=\int_0^{\pi/2}\sqrt{1-k^2\sin^2 x}\,\mathrm{d}x=\frac{\pi}{2}\left[1-\left(\frac{1}{2}\right)^2k^2-\left(\frac{1\cdot 3}{2\cdot 6}\right)^2\frac{k^4}{3}-\left(\frac{1\cdot 3\cdot 5}{2\cdot 4\cdot 6}\right)^2\frac{k^6}{5}-\cdots\right],\tag{5}$$

其中

$$k^2=\frac{4R_1\rho}{(R_1+\rho)^2+z^2}.\tag{6}$$

下面由安培力公式

$$\mathrm{d}\boldsymbol{F}=I\mathrm{d}\boldsymbol{l}\times\boldsymbol{B}\tag{7}$$

求 I_1 的磁场 $\boldsymbol{B}$ 作用在 I_2 上的力. I_2 的电流元为

$$I_2\mathrm{d}\boldsymbol{l}_2=I_2R_2\mathrm{d}\phi_2\boldsymbol{e}_\phi,\tag{8}$$

I_1 的磁场 $\boldsymbol{B}$ 作用在这电流元上的安培力为

$$\mathrm{d}\boldsymbol{F}=I_2R_2\mathrm{d}\phi_2\boldsymbol{e}_\phi\times(B_\rho\boldsymbol{e}_\rho+B_\phi\boldsymbol{e}_\phi+B_z\boldsymbol{e}_z)=-I_2R_2B_\rho\mathrm{d}\phi_2\boldsymbol{e}_z+I_2R_2B_z\mathrm{d}\phi_2\boldsymbol{e}_\rho,\tag{9}$$

这个力有两项,第一项为

$$\mathrm{d}\boldsymbol{F}_z=-I_2R_2B_\rho\mathrm{d}\phi_2\boldsymbol{e}_z,\tag{10}$$

其方向沿 $\boldsymbol{e}_z$ 的负方向,由图 1 可见,是电流 I_1 吸引电流元 $I_2\mathrm{d}\boldsymbol{l}_2$ 的力. 第二项为

$$\mathrm{d}\boldsymbol{F}_\rho=I_2R_2B_z\mathrm{d}\phi_2\boldsymbol{e}_\rho,\tag{11}$$

其方向沿 $\boldsymbol{e}_\rho$ 的方向,是电流 I_1 使电流元 $I_2\mathrm{d}\boldsymbol{l}_2$ 离开环心 O_2 向外的力,即 I_2 环内的张力. 在 $I_2\mathrm{d}\boldsymbol{l}_2$ 处,I_1 产生的 $\boldsymbol{B}$ 的两个分量的值和 k^2 的值分别为

$$B_\rho=\frac{\mu_0I_1}{2\pi}\frac{a}{R_2\sqrt{(R_1+R_2)^2+a^2}}\left[\frac{R_1^2+R_2^2+a^2}{(R_1-R_2)^2+a^2}\mathrm{E}-\mathrm{K}\right],\tag{12}$$

$$B_z=\frac{\mu_0I_1}{2\pi}\frac{1}{\sqrt{(R_1+R_2)^2+a^2}}\left[\frac{R_1^2-R_2^2-a^2}{(R_1-R_2)^2+a^2}\mathrm{E}+\mathrm{K}\right],\tag{13}$$

$$k^2=\frac{4R_1R_2}{(R_1+R_2)^2+a^2}.\tag{14}$$

将 B_ρ 代入(10)式,积分,便得

$$\begin{aligned}\boldsymbol{F}_z&=\oint\mathrm{d}\boldsymbol{F}_z=-I_2R_2B_\rho\boldsymbol{e}_z\oint\mathrm{d}\phi_2=-2\pi I_2R_2B_\rho\boldsymbol{e}_z\\&=-\frac{\mu_0I_1I_2a}{\sqrt{(R_1+R_2)^2+a^2}}\left[\frac{R_1^2+R_2^2+a^2}{(R_1-R_2)^2+a^2}\mathrm{E}-\mathrm{K}\right]\boldsymbol{e}_z,\end{aligned}\tag{15}$$

将 B_z 代入(11)式,积分,便得

$$\boldsymbol{F}_\rho=\oint \mathrm{d}\boldsymbol{F}_\rho=\oint I_2R_2B_z\mathrm{d}\phi_2\boldsymbol{e}_\rho=I_2R_2B_z\oint\mathrm{d}\phi_2\boldsymbol{e}_\rho=0, \tag{16}$$

这表明,I_2 环的各部分所受的张力之和为零. 在 I_2 环内,这张力的大小为

$$\begin{aligned}T&=\frac{1}{2}\int_{-\pi/2}^{\pi/2}(I_2R_2B_z\mathrm{d}\phi_2)\cos\phi=I_2R_2B_z\\&=\frac{\mu_0I_1I_2R_2}{2\pi\sqrt{(R_1+R_2)^2+a^2}}\left[\frac{R_1^2-R_2^2-a^2}{(R_1-R_2)^2+a^2}\mathrm{E}+\mathrm{K}\right].\end{aligned} \tag{17}$$

最后得出结论:两共轴载流圆环当电流同向时,它们之间互相吸引,吸引力的大小为

$$F=F_z=\frac{\mu_0I_1I_2a}{\sqrt{(R_1+R_2)^2+a^2}}\left[\frac{R_1^2+R_2^2+a^2}{(R_1-R_2)^2+a^2}\mathrm{E}-\mathrm{K}\right]. \tag{18}$$

对于亥姆霍兹线圈来说,$R_1=R_2=a$. 这时由(18)式和(17)式,得

$$F=\frac{\mu_0I_1I_2}{\sqrt{5}}[3\mathrm{E}-\mathrm{K}], \tag{19}$$

$$T=\frac{\mu_0I_1I_2}{2\sqrt{5}\pi}[\mathrm{K}-\mathrm{E}]. \tag{20}$$

设 I_1 和 I_2 的流向相反,如图 2 所示,则 I_2 的电流元便为

$$I_2\mathrm{d}\boldsymbol{l}_2=-I_2R_2\mathrm{d}\phi_2\boldsymbol{e}_\phi. \tag{21}$$

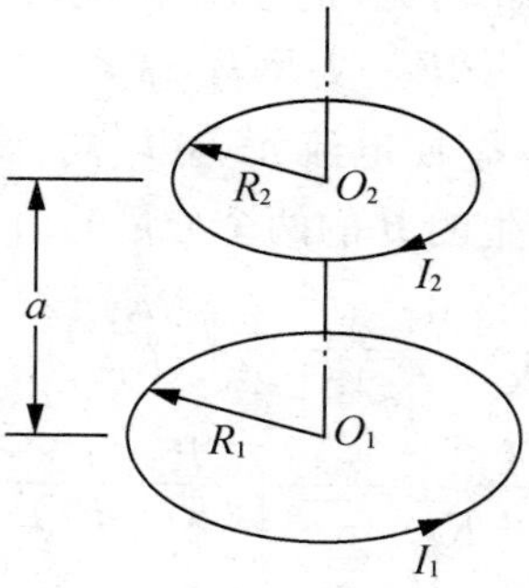

图 2

这时 I_1 的磁场 $\boldsymbol{B}$ 作用在它上面的安培力为

$$\mathrm{d}\boldsymbol{F}=-I_2R_2\mathrm{d}\phi_2\boldsymbol{e}_\phi\times(B_\rho\boldsymbol{e}_\rho+B_\phi\boldsymbol{e}_\phi+B_z\boldsymbol{e}_z)=I_2R_2B_\rho\mathrm{d}\phi_2\boldsymbol{e}_z-I_2R_2B_z\mathrm{d}\phi_2\boldsymbol{e}_\rho. \tag{22}$$

第一项是沿 $\boldsymbol{e}_z$ 方向,所以是 I_1 排斥 $I_2\mathrm{d}\boldsymbol{l}_2$ 的力;第二项是沿 $-\boldsymbol{e}_\rho$ 方向,是电流 I_1 使电流元 $I_2\mathrm{d}\boldsymbol{l}_2$ 趋向球心 O_2 的力,即 I_2 环内的压力. 积分,便得

$$\boldsymbol{F}_z=\frac{\mu_0 I_1 I_2 a}{\sqrt{(R_1+R_2)^2+a^2}}\left[\frac{R_1^2+R_2^2+a^2}{(R_1-R_2)^2+a^2}\mathrm{E}-\mathrm{K}\right]\boldsymbol{e}_z, \tag{23}$$

$$\boldsymbol{F}_\rho=0, \tag{24}$$

I_2 环内压力的大小由(17)式表示.

最后得出结论:两共轴载流圆环当电流反向时,它们之间互相排斥,排斥力的大小由(18)式表示.

§2.3　电流之间的相互作用力与牛顿第三定律

1. 两个电流元之间的相互作用力不遵守牛顿第三定律

设有两个不相关的载流导线,分别载有电流 I_1 和 I_2. 考虑它们上面任意电流元 $I_1\mathrm{d}\boldsymbol{l}_1$ 和 $I_2\mathrm{d}\boldsymbol{l}_2$(图 1),我们来计算它们之间的相互作用力.

根据电流元产生磁感强度的毕奥-萨伐尔定律,电流元 $I_1\mathrm{d}\boldsymbol{l}_1$ 在电流元 $I_2\mathrm{d}\boldsymbol{l}_2$ 处产生的磁感强度为

$$\mathrm{d}\boldsymbol{B}_{12}=\frac{\mu_0 I_1\mathrm{d}\boldsymbol{l}_1\times\boldsymbol{r}_{12}}{4\pi r_{12}^3}. \tag{1}$$

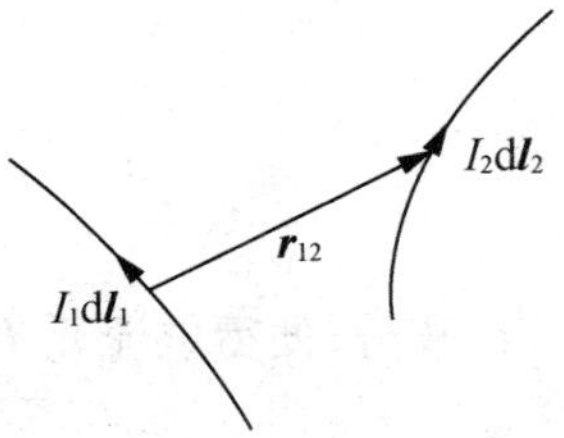

图 1

式中 $\boldsymbol{r}_{12}$是从 $I_1\mathrm{d}\boldsymbol{l}_1$ 到 $I_2\mathrm{d}\boldsymbol{l}_2$ 的位矢,如图 1 所示. 根据安培力公式,电流元 $I_1\mathrm{d}\boldsymbol{l}_1$ 作用在电流元 $I_2\mathrm{d}\boldsymbol{l}_2$ 上的力便为

$$\begin{aligned}\mathrm{d}\boldsymbol{f}_{21}&=I_2\mathrm{d}\boldsymbol{l}_2\times\mathrm{d}\boldsymbol{B}_{12}=I_2\mathrm{d}\boldsymbol{l}_2\times\left(\frac{\mu_0 I_1\mathrm{d}\boldsymbol{l}_1\times\boldsymbol{r}_{12}}{4\pi r_{12}^3}\right)=\frac{\mu_0 I_1 I_2}{4\pi r_{12}^3}\mathrm{d}\boldsymbol{l}_2\times(\mathrm{d}\boldsymbol{l}_1\times\boldsymbol{r}_{12})\\&=\frac{\mu_0 I_1 I_2}{4\pi r_{12}^3}[(\boldsymbol{r}_{12}\cdot\mathrm{d}\boldsymbol{l}_2)\mathrm{d}\boldsymbol{l}_1-(\mathrm{d}\boldsymbol{l}_2\cdot\mathrm{d}\boldsymbol{l}_1)\boldsymbol{r}_{12}].\end{aligned} \tag{2}$$

反过来,电流元 $I_2\mathrm{d}\boldsymbol{l}_2$在电流元 $I_1\mathrm{d}\boldsymbol{l}_1$ 处产生的磁感强度为

$$\mathrm{d}\boldsymbol{B}_{21}=\frac{\mu_0 I_2\mathrm{d}\boldsymbol{l}_2\times\boldsymbol{r}_{21}}{4\pi r_{21}^3}=-\frac{\mu_0 I_2\mathrm{d}\boldsymbol{l}_2\times\boldsymbol{r}_{12}}{4\pi r_{12}^3}, \tag{3}$$

式中 $\boldsymbol{r}_{21}=-\boldsymbol{r}_{12}$, $r_{21}=r_{12}$. 故电流元 $I_2\mathrm{d}\boldsymbol{l}_2$ 作用在电流元 $I_1\mathrm{d}\boldsymbol{l}_1$ 上的力便为

$$\begin{aligned}\mathrm{d}\boldsymbol{f}_{12}&=I_1\mathrm{d}\boldsymbol{l}_1\times\mathrm{d}\boldsymbol{B}_{21}=I_1\mathrm{d}\boldsymbol{l}_1\times\left(-\frac{\mu_0 I_2\mathrm{d}\boldsymbol{l}_2\times\boldsymbol{r}_{12}}{4\pi r_{12}^3}\right)=-\frac{\mu_0 I_1 I_2}{4\pi r_{12}^3}\mathrm{d}\boldsymbol{l}_1\times(\mathrm{d}\boldsymbol{l}_2\times\boldsymbol{r}_{12})\\&=-\frac{\mu_0 I_1 I_2}{4\pi r_{12}^3}[(\boldsymbol{r}_{12}\cdot\mathrm{d}\boldsymbol{l}_1)\mathrm{d}\boldsymbol{l}_2-(\mathrm{d}\boldsymbol{l}_1\cdot\mathrm{d}\boldsymbol{l}_2)\boldsymbol{r}_{12}].\end{aligned} \tag{4}$$

比较(2)、(4)两式可见,由于在一般情况下,$\mathrm{d}\boldsymbol{l}_1$ 和 $\mathrm{d}\boldsymbol{l}_2$ 的方向不同,故一般地

$$\mathrm{d}\boldsymbol{f}_{12}\neq-\mathrm{d}\boldsymbol{f}_{21}, \tag{5}$$

即两个电流元之间的相互作用力一般不遵守牛顿第三定律.

2. 两个闭合回路电流之间的相互作用力遵守牛顿第三定律

上面我们讲了两个电流元之间的相互作用力一般不遵守牛顿第三定律.现在我们来证明,两个闭合回路电流之间的相互作用力遵守牛顿第三定律.

如图 2,任意两个闭合回路 L_1 和 L_2 的电流分别为 I_1 和 I_2,在它们上面任取电流元 $I_1\mathrm{d}\boldsymbol{l}_1$ 和 $I_2\mathrm{d}\boldsymbol{l}_2$,则电流元 $I_1\mathrm{d}\boldsymbol{l}_1$ 作用在电流元 $I_2\mathrm{d}\boldsymbol{l}_2$ 上的力为

$$\begin{aligned}\mathrm{d}\boldsymbol{f}_{21}&=\frac{\mu_0 I_1 I_2}{4\pi}\frac{\mathrm{d}\boldsymbol{l}_2\times(\mathrm{d}\boldsymbol{l}_1\times\boldsymbol{r}_{12})}{r_{12}^3}=\frac{\mu_0 I_1 I_2}{4\pi}\frac{(\boldsymbol{r}_{12}\cdot\mathrm{d}\boldsymbol{l}_2)\mathrm{d}\boldsymbol{l}_1-(\mathrm{d}\boldsymbol{l}_1\cdot\mathrm{d}\boldsymbol{l}_2)\boldsymbol{r}_{12}}{r_{12}^3}\\&=\frac{\mu_0 I_1 I_2}{4\pi}\left\{\left[\left(-\nabla\frac{1}{\boldsymbol{r}_{12}}\right)\cdot\mathrm{d}\boldsymbol{l}_2\right]\mathrm{d}\boldsymbol{l}_1-\frac{(\mathrm{d}\boldsymbol{l}_1\cdot\mathrm{d}\boldsymbol{l}_2)\boldsymbol{r}_{12}}{r_{12}^3}\right\},\end{aligned}\tag{6}$$

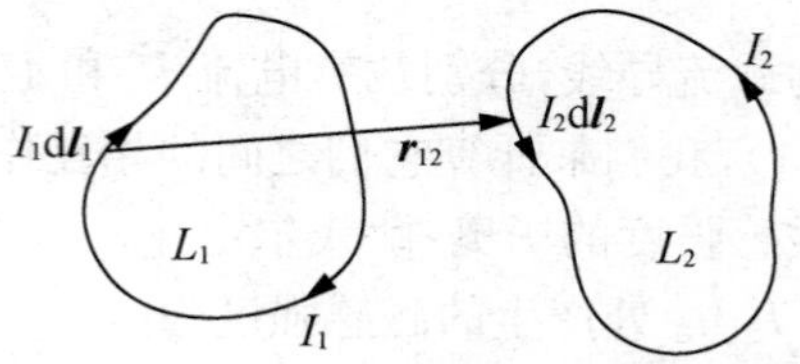

图 2

对 $\mathrm{d}\boldsymbol{l}_2$ 积分,便得电流元 $I_1\mathrm{d}\boldsymbol{l}_1$ 作用在 L_2 上的力为

$$\mathrm{d}\boldsymbol{F}_{21}=\oint_{L_2}\mathrm{d}\boldsymbol{f}_{21}=\frac{\mu_0 I_1 I_2}{4\pi}\left\{-\left[\oint_{L_2}\left(\nabla\frac{1}{r_{12}}\right)\cdot\mathrm{d}\boldsymbol{l}_2\right]\mathrm{d}\boldsymbol{l}_1-\oint_{L_2}\frac{(\mathrm{d}\boldsymbol{l}_1\cdot\mathrm{d}\boldsymbol{l}_2)\boldsymbol{r}_{12}}{r_{12}^3}\right\},\tag{7}$$

在现在的情况下,由于 $\mathrm{d}\boldsymbol{l}_2=\mathrm{d}\boldsymbol{r}_{12}$,故(7)式右边第一项的积分便为

$$\oint_{L_2}\left(\nabla\frac{1}{r_{12}}\right)\cdot\mathrm{d}\boldsymbol{l}_2=\oint_{L_2}\left(\nabla\frac{1}{r_{12}}\right)\cdot\mathrm{d}\boldsymbol{r}_{12}=\oint_{L_2}\mathrm{d}\left(\frac{1}{r_{12}}\right)=0,\tag{8}$$

故得

$$\mathrm{d}\boldsymbol{F}_{21}=-\frac{\mu_0 I_1 I_2}{4\pi}\oint_{L_2}\frac{(\mathrm{d}\boldsymbol{l}_1\cdot\mathrm{d}\boldsymbol{l}_2)\boldsymbol{r}_{12}}{r_{12}^3}.\tag{9}$$

将(9)式对 $\mathrm{d}\boldsymbol{l}_1$ 积分,便得整个 L_1 回路的电流 I_1 作用在整个 L_2 回路的电流 I_2 上的力为

$$\boldsymbol{F}_{21}=-\frac{\mu_0 I_1 I_2}{4\pi}\oint_{L_1}\oint_{L_2}\frac{(\mathrm{d}\boldsymbol{l}_1\cdot\mathrm{d}\boldsymbol{l}_2)\boldsymbol{r}_{12}}{r_{12}^3}.\tag{10}$$

再考虑 L_2 的电流 I_2 作用在 L_1 的电流 I_1 上的力.电流元 $I_2\mathrm{d}\boldsymbol{l}_2$ 作用在电流元 $I_1\mathrm{d}\boldsymbol{l}_1$ 上的力为

$$\mathrm{d}\boldsymbol{f}_{12}=\frac{\mu_0 I_1 I_2}{4\pi}\frac{\mathrm{d}\boldsymbol{l}_1\times(\mathrm{d}\boldsymbol{l}_2\times\boldsymbol{r}_{21})}{r_{21}^3}=\frac{\mu_0 I_1 I_2}{4\pi}\frac{(\boldsymbol{r}_{21}\cdot\mathrm{d}\boldsymbol{l}_1)\mathrm{d}\boldsymbol{l}_2-(\mathrm{d}\boldsymbol{l}_1\cdot\mathrm{d}\boldsymbol{l}_2)\boldsymbol{r}_{21}}{r_{21}^3}$$

$$=\frac{\mu_0 I_1 I_2}{4\pi}\left\{\left[\left(-\nabla\frac{1}{r_{21}}\right)\cdot \mathrm{d}\boldsymbol{l}_1\right]\mathrm{d}\boldsymbol{l}_2-\frac{(\mathrm{d}\boldsymbol{l}_1\cdot \mathrm{d}\boldsymbol{l}_2)\boldsymbol{r}_{21}}{r_{21}^3}\right\}, \tag{11}$$

对 $\mathrm{d}\boldsymbol{l}_1$ 积分，便得电流元 $I_2\mathrm{d}\boldsymbol{l}_2$ 作用在 L_1 上的力为

$$\mathrm{d}\boldsymbol{F}_{12}=\oint_{L_1}\mathrm{d}\boldsymbol{f}_{12}=\frac{\mu_0 I_1 I_2}{4\pi}\left\{-\left[\oint_{L_1}\left(\nabla\frac{1}{r_{21}}\right)\cdot \mathrm{d}\boldsymbol{l}_1\right]\mathrm{d}\boldsymbol{l}_2-\oint_{L_1}\frac{(\mathrm{d}\boldsymbol{l}_1\cdot \mathrm{d}\boldsymbol{l}_2)\boldsymbol{r}_{21}}{r_{21}^3}\right\}. \tag{12}$$

在现在的情况下，由于 $\mathrm{d}\boldsymbol{l}_1=\mathrm{d}\boldsymbol{r}_{21}$，故(12)式右边第一项的积分便为

$$\oint_{L_1}\left(\nabla\frac{1}{r_{21}}\right)\cdot \mathrm{d}\boldsymbol{l}_1=\oint_{L_1}\left(\nabla\frac{1}{r_{21}}\right)\cdot \mathrm{d}\boldsymbol{r}_{21}=\oint_{L_1}\mathrm{d}\left(\frac{1}{r_{21}}\right)=0, \tag{13}$$

于是得

$$\mathrm{d}\boldsymbol{F}_{12}=-\frac{\mu_0 I_1 I_2}{4\pi}\oint_{L_1}\frac{(\mathrm{d}\boldsymbol{l}_1\cdot \mathrm{d}\boldsymbol{l}_2)\boldsymbol{r}_{21}}{r_{21}^3}, \tag{14}$$

将(14)式对 $\mathrm{d}\boldsymbol{l}_2$ 积分，便得整个 L_2 回路的电流 I_2 作用在整个 L_1 回路的电流 I_1 上的力为

$$\boldsymbol{F}_{12}=-\frac{\mu_0 I_1 I_2}{4\pi}\oint_{L_1}\oint_{L_2}\frac{(\mathrm{d}\boldsymbol{l}_1\cdot \mathrm{d}\boldsymbol{l}_2)\boldsymbol{r}_{21}}{r_{21}^3}, \tag{15}$$

因 $\boldsymbol{r}_{12}=-\boldsymbol{r}_{21}$，故由(10)式和(16)式得

$$\boldsymbol{F}_{12}=-\boldsymbol{F}_{21}, \tag{16}$$

即两个闭合回路电流之间的相互作用力遵守牛顿第三定律.

参 考 文 献

[1] 赵凯华，陈熙谋，《电磁学》，上册，人民教育出版社(1978)，274；280 页.
[2] 张之翔编著，《电磁学千题解》，科学出版社(2010)，471—473 页.

§2.4　面电流所在处的磁感强度

面电流所在处的磁感强度问题，像面电荷所在处的电场强度问题一样，一般电磁学书上也很少讲到. 面电荷所在处的电场强度问题，我们已在前面 §1.6 里讨论过了，这里就专门讨论面电流所在处的磁感强度问题. 我们先考虑能直接计算的例子，然后再讨论一般性的结论.

1. 均匀圆柱面电流所在处的磁感强度

正如同均匀球面电荷所在处的电场强度不能由高斯定理算出一样，均匀圆柱面电流所在处的磁感强度，也不能直接由安培环路定理算出. 但是，在简单情况

下，可以由毕奥-萨伐尔定律经积分求出. 我们在此以圆柱面电流为例计算如下.

(1) 电流平行于轴线流动

设半径为 R 的无穷长圆柱面上均匀分布着电流，电流平行于轴线流动，面密度为 $\boldsymbol{K}$，$\boldsymbol{K}$ 的方向是电流流动的方向，$\boldsymbol{K}$ 的大小 K 等于流过单位长度(圆柱面上垂直于 $\boldsymbol{K}$ 的单位长度)的电流强度. 求这圆柱面上任一点 P 的磁感强度.

我们把这圆柱面电流分成无穷多条平行于轴线流动的直线电流. 取过 P 点的横截面，作过 P 点的直径，如图 1，以 θ 为参数，在 θ 处的一条线电流，其电流强度为 $\mathrm{d}I=KR\mathrm{d}\theta$，这电流到 P 点的距离为 r. 由毕奥-萨伐尔定律得出，这条无穷长直线电流在 P 点产生的磁感强度 $\mathrm{d}\boldsymbol{B}_\theta$，其方向如图 1 所示，其大小为

$$\mathrm{d}B_\theta=\frac{\mu_0\mathrm{d}I}{2\pi r}=\frac{\mu_0 KR\mathrm{d}\theta}{2\pi\left(2R\cos\dfrac{\theta}{2}\right)}=\frac{\mu_0 K}{4\pi}\frac{\mathrm{d}\theta}{\cos\dfrac{\theta}{2}}. \tag{1}$$

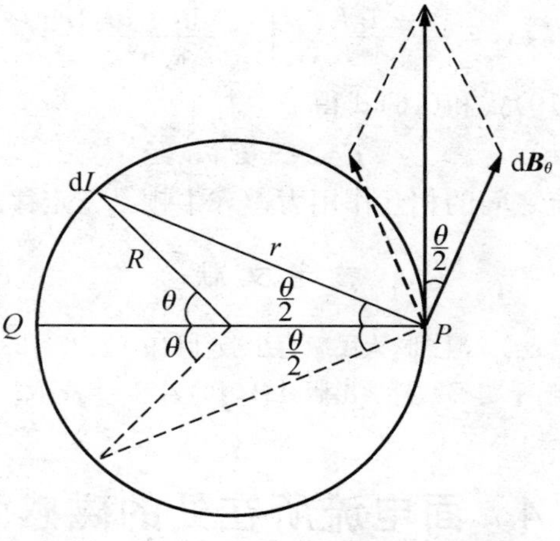

图 1　dI 在圆柱面上 P 点产生的磁感强度 d$\boldsymbol{B}_\theta$

(图中 $\boldsymbol{K}$ 垂直于纸面并向外)

以圆的直径 PQ 为对称轴，下边对称处的一条线电流在 P 点产生的磁感强度的大小也由(1)式表示，其方向如图 1 中带箭头的虚线所示. 因此，这两条对称的直线电流在 P 点产生的磁感强度其大小便为

$$2(\mathrm{d}B_\theta)\cos\frac{\theta}{2}=\frac{\mu_0 K}{2\pi}\mathrm{d}\theta, \tag{2}$$

其方向是通过 P 点的切线向上的方向. 把(2)式积分，便得整个圆柱面电流在 P 点产生的磁感强度 $\boldsymbol{B}$ 的大小为

$$B = \frac{\mu_0 K}{2\pi}\int_0^{\pi} \mathrm{d}\theta = \frac{1}{2}\mu_0 K, \tag{3}$$

$\boldsymbol{B}$ 的方向就是过 P 点的切线向上的方向. 如果令 $\boldsymbol{n}$ 表示圆柱面外法线方向上的单位矢量,便可以把 $\boldsymbol{B}$ 的大小和方向都表示出来如下:

$$\boldsymbol{B}=\frac{1}{2}\mu_0 \boldsymbol{K}\times\boldsymbol{n}, \tag{4}$$

这就是我们所要求的沿轴线方向流动的无穷长均匀圆柱面电流所在处的磁感强度.

用安培环路定理,根据对称性,很容易求出这圆柱面电流在它里面和外面产生的磁感强度. 设 r 为到这圆柱面轴线的距离,结果为

$$\left.\begin{array}{ll}\text{圆柱面内}(r<R), & \boldsymbol{B}=0,\\ \text{圆柱面外}(r>R), & \boldsymbol{B}=\dfrac{\mu_0 R}{r}\boldsymbol{K}\times\boldsymbol{n}.\end{array}\right\} \tag{5}$$

综合上面的结果,我们得出,这圆柱面电流所产生的磁感强度为

$$\left.\begin{array}{ll} r<R, & \boldsymbol{B}=0,\\ r=R, & \boldsymbol{B}=\dfrac{1}{2}\mu_0\boldsymbol{K}\times\boldsymbol{n},\\ r>R, & \boldsymbol{B}=\dfrac{\mu_0 R}{r}\boldsymbol{K}\times\boldsymbol{n}.\end{array}\right\} \tag{6}$$

当从圆柱里面趋于面电流时,$\boldsymbol{B}$ 的极限值为

$$r\to R_-,\quad \boldsymbol{B}\to\boldsymbol{B}_-=0, \tag{7}$$

当从圆柱外面趋于面电流时,$\boldsymbol{B}$ 的极限值为

$$r\to R_+,\quad \boldsymbol{B}\to\boldsymbol{B}_+=\mu_0\boldsymbol{K}\times\boldsymbol{n}. \tag{8}$$

上述结果表明,平行于轴线流动的无穷长均匀圆柱面电流所在处的磁感强度 $\boldsymbol{B}$,等于该面两边磁感强度的极限值(趋于该面时的极限值)$\boldsymbol{B}_-$ 和 $\boldsymbol{B}_+$ 的平均,即

$$\boldsymbol{B}=\frac{1}{2}(\boldsymbol{B}_-+\boldsymbol{B}_+). \tag{9}$$

由后面的讨论我们将看到,这是面电流所在处磁感强度的一个普遍规律,这个规律与面电荷所在处的电场强度的规律相同.

如果用图形表示 $\boldsymbol{B}$ 的大小 B 与 r 的关系,则如图 2 所示. 对这个图应作说明:在 $r=R$ 处,$\boldsymbol{B}$ 有一个且仅有一个确定的值,即由(4)式所表示的值;当 $r\to R$ 时,左极限为 0,右极限为 $\mu_0\boldsymbol{K}\times\boldsymbol{n}$, $\boldsymbol{B}$ 在 $r=R$ 处的值就等于左右极限的平均值. 它表明,在穿过面电流 $\boldsymbol{K}$ 时,磁感强度的值发生 $\mu_0\boldsymbol{K}$ 的突变.

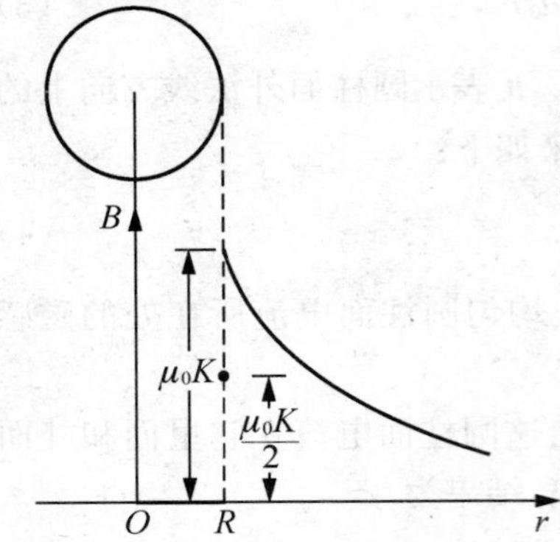

图 2 **K** 平行于轴线时 B 与 r 的关系

（2）电流垂直于轴线流动

这种情况就是无限长直螺线管的一种理想情况. 仍设半径为 R，面电流密度为 $\boldsymbol{K}$. 由安培环路定理，根据对称性，很容易求得

$$\left.\begin{array}{ll}\text{圆柱面内}(r<R), & \boldsymbol{B}=\mu_0\boldsymbol{K}\times\boldsymbol{n}_i,\\ \text{圆柱面外}(r>R), & \boldsymbol{B}=0,\end{array}\right\} \tag{10}$$

式中 $\boldsymbol{n}_{\mathrm{i}}$ 是圆柱面内法线方向上的单位矢量（方向向内）. 当从圆柱里面趋于面电流时，$\boldsymbol{B}$ 的极限值为

$$r\to R_-,\quad \boldsymbol{B}\to\boldsymbol{B}_-=\mu_0\boldsymbol{K}\times\boldsymbol{n}_{\mathrm{i}}. \tag{11}$$

当从圆柱外面趋于面电流时，$\boldsymbol{B}$ 的极限值为

$$r\to R_+,\quad \boldsymbol{B}\to\boldsymbol{B}_+=0. \tag{12}$$

现在的问题是，求这面电流所在处的磁感强度. 我们无法用安培环路定理求出它来，而只能用毕奥-萨伐尔定律来计算，这个计算稍为复杂一点.

为了求这面电流所在处的磁感强度，先求圆电流在轴线外产生的磁感强度. 设电流 I 沿半径为 R 的圆周流动，求它的轴线外离轴线为 R 处的磁感强度. 以圆心 O 为原点，以圆面为 xy 平面，取坐标如图 3. 由毕奥-萨伐尔定律，圆周上一点 $(R\cos\varphi, R\sin\varphi, 0)$ 的电流元 $Id\boldsymbol{l}$ 在 $P(0,R,z)$ 点产生的磁感强度为

$$\mathrm{d}\boldsymbol{B}_{\mathrm{c}}=\frac{\mu_0 I\mathrm{d}\boldsymbol{l}\times\boldsymbol{r}}{4\pi r^3}. \tag{13}$$

由图 3 可见，

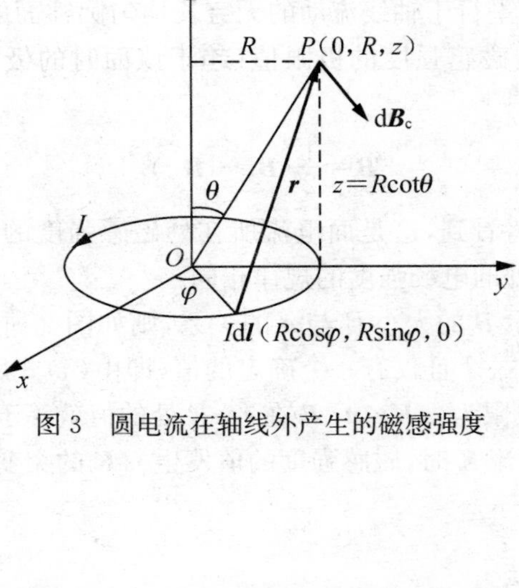

图 3 圆电流在轴线外产生的磁感强度

$$r=\sqrt{(0-R\cos\varphi)^2+(R-R\sin\varphi)^2+(R\cot\theta-0)^2}=R\sqrt{2-2\sin\varphi+\cot^2\theta},\tag{14}$$

$$\boldsymbol{r}=-R\cos\varphi\boldsymbol{i}+(R-R\sin\varphi)\boldsymbol{j}+R\cot\theta\boldsymbol{k},\tag{15}$$

$$\mathrm{d}\boldsymbol{l}=(R\mathrm{d}\varphi)\sin\varphi(-\boldsymbol{i})+(R\mathrm{d}\varphi)\cos\varphi\boldsymbol{j}=R\mathrm{d}\varphi(-\sin\varphi\boldsymbol{i}+\cos\varphi\boldsymbol{j}),\tag{16}$$

故

$$\mathrm{d}\boldsymbol{l}\times\boldsymbol{r}=R^2\mathrm{d}\varphi[\cos\varphi\cot\theta\boldsymbol{i}+\sin\varphi\cot\theta\boldsymbol{j}+(1-\sin\varphi)\boldsymbol{k}].\tag{17}$$

把(14)式和(17)式代入(13)式，便得

$$\mathrm{d}\boldsymbol{B}_{\mathrm{c}}=\frac{\mu_0 I}{4\pi R}\frac{[\cos\varphi\cot\theta\boldsymbol{i}+\sin\varphi\cot\theta\boldsymbol{j}+(1-\sin\varphi)\boldsymbol{k}]}{[2(1-\sin\varphi)+\cot^2\theta]^{3/2}}\mathrm{d}\varphi,\tag{18}$$

于是得整个圆电流在 P 点产生的磁感强度为

$$\boldsymbol{B}_{\mathrm{c}}=\frac{\mu_0 I}{4\pi R}\int_0^{2\pi}\frac{[\cos\varphi\cot\theta\boldsymbol{i}+\sin\varphi\cot\theta\boldsymbol{j}+(1-\sin\varphi)\boldsymbol{k}]}{[2(1-\sin\varphi)+\cot^2\theta]^{3/2}}\mathrm{d}\varphi.\tag{19}$$

有了这个式子，便可以求圆柱面电流在 P 点产生的磁感强度. 以圆柱轴线为 z 轴，则由(19)式，圆柱面上的圆电流 $\mathrm{d}I=K\mathrm{d}z=-KR\csc^2\theta\mathrm{d}\theta$ 在 P 点产生的磁感强度为

$$\mathrm{d}\boldsymbol{B}=-\frac{\mu_0 K}{4\pi}\int_0^{2\pi}\frac{[\cos\varphi\cot\theta\boldsymbol{i}+\sin\varphi\cot\theta\boldsymbol{j}+(1-\sin\varphi)\boldsymbol{k}]}{[2(1-\sin\varphi)+\cot^2\theta]^{3/2}}\csc^2\theta\mathrm{d}\theta\mathrm{d}\varphi.\tag{20}$$

把这个式子对 θ 积分，便得整个圆柱面电流在 P 点(圆柱面上的一点)产生的磁感强度为

$$\boldsymbol{B}=-\frac{\mu_0 K}{4\pi}\int_0^{\pi}\int_0^{2\pi}\frac{[\cos\varphi\cot\theta\boldsymbol{i}+\sin\varphi\cot\theta\boldsymbol{j}+(1-\sin\varphi)\boldsymbol{k}]}{[2(1-\sin\varphi)+\cot^2\theta]^{3/2}}\csc^2\theta\mathrm{d}\theta\mathrm{d}\varphi.\tag{21}$$

下面分三个分量求积分，计算过程和结果如下：

$$\begin{aligned}B_x&=-\frac{\mu_0 K}{4\pi}\int_0^{\pi}\int_0^{2\pi}\frac{\cos\varphi\cot\theta\csc^2\theta\mathrm{d}\theta\mathrm{d}\varphi}{[2(1-\sin\varphi)+\cot^2\theta]^{3/2}}\\&=\frac{\mu_0 K}{4\pi}\int_0^{\pi}\left[\frac{1}{\sqrt{2(1-\sin\varphi)+\cot^2\theta}}\right]_{\varphi=0}^{\varphi=2\pi}\cot\theta\csc^2\theta\mathrm{d}\theta=0,\end{aligned}\tag{22}$$

$$\begin{aligned}B_y&=-\frac{\mu_0 K}{4\pi}\int_0^{\pi}\int_0^{2\pi}\frac{\sin\varphi\cot\theta\csc^2\theta\mathrm{d}\theta\mathrm{d}\varphi}{[2(1-\sin\varphi)+\cot^2\theta]^{3/2}}\\&=-\frac{\mu_0 K}{4\pi}\int_0^{2\pi}\left\{\int_0^{\pi}\frac{\cos\theta\mathrm{d}\theta}{[1+(1-2\sin\varphi)\sin^2\theta]^{3/2}}\right\}\sin\varphi\mathrm{d}\varphi\\&=-\frac{\mu_0 K}{4\pi}\int_0^{2\pi}\left\{\frac{\sin\theta}{\sqrt{1+(1-2\sin\varphi)\sin^2\theta}}\right\}_{\theta=0}^{\pi}\sin\varphi\mathrm{d}\varphi=0,\end{aligned}\tag{23}$$

$$\begin{aligned}B_z&=-\frac{u_0 K}{4\pi}\int_0^{\pi}\int_0^{2\pi}\frac{(1-\sin\varphi)\csc^2\theta\mathrm{d}\theta\mathrm{d}\varphi}{[2(1-\sin\varphi)+\cot^2\theta]^{3/2}}\\&=-\frac{\mu_0 K}{4\pi}\int_0^{2\pi}\left\{\int_0^{\pi}\frac{\sin\theta\mathrm{d}\theta}{[2(1-\sin\varphi)\sin^2\theta+\cos^2\theta]^{3/2}}\right\}(1-\sin\varphi)\mathrm{d}\varphi\end{aligned}$$

$$=-\frac{\mu_0 K}{4\pi}\int_0^{2\pi}\left\{\frac{\cos\theta}{2(1-\sin\varphi)\sqrt{2(1-\sin\varphi)+(2\sin\varphi-1)\cos^2\theta}}\right\}_{\theta=0}^{\pi}$$

$$\cdot(1-\sin\varphi)\mathrm{d}\varphi$$

$$=-\frac{\mu_0 K}{4\pi}\int_0^{2\pi}\left\{\frac{-1}{(1-\sin\varphi)\sqrt{2(1-\sin\varphi)+2\sin\varphi-1}}\right\}$$

$$\cdot(1-\sin\varphi)\mathrm{d}\varphi$$

$$=\frac{\mu_0 K}{4\pi}\int_0^{2\pi}\mathrm{d}\varphi=\frac{1}{2}\mu_0 K,\tag{24}$$

故

$$\boldsymbol{B}=\frac{1}{2}\mu_0 K\boldsymbol{k}=\frac{1}{2}\mu_0\boldsymbol{K}\times\boldsymbol{n}_{\mathrm{i}}.\tag{25}$$

把(25)式与(11)和(12)两式比较可见,面电流所在处的磁感强度等于该面两边磁感强度极限值的平均,即(9)式也适用于现在这种情况.

如果用图形来表示这面电流在各处产生的磁感强度,则如图 4 所示.(图 4 上部表示圆柱轴线垂直于纸面.)这图表明,在穿过面电流 $\boldsymbol{K}$ 时,磁感强度的值发生 $\mu_0 K$ 的突变.

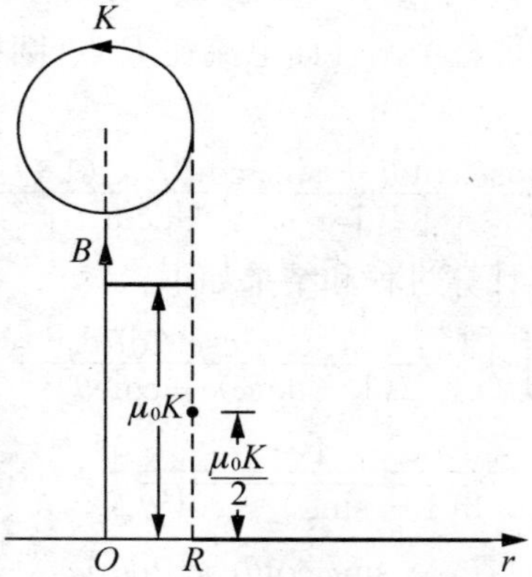

图 4 $\boldsymbol{K}$ 垂直于轴线时 B 与 r 的关系

2. 无穷大均匀平面电流所在处的磁感强度

设电流均匀分布在宽为 $a=a_1+a_2$ 的一条无穷长直带状平面上,面电流密度为 $\boldsymbol{K}$, $\boldsymbol{K}$ 沿长度方向(图 5). 为了求这面电流所在处的磁感强度,我们先求这面外一点 P 的磁感强度,P 到这面的距离为 s,如图 5 所示. 把这平面电流分成无穷多条直线电流,其中一条 $\mathrm{d}I=K\mathrm{d}a$ 到 P 点的距离为 r,根据毕奥-萨伐尔定律,这条无穷长直线电流在 P 点产生的磁感强度为

$$\mathrm{d}\boldsymbol{B}=\frac{\mu_0(\boldsymbol{K}\mathrm{d}a)\times\boldsymbol{r}}{2\pi r^2},\tag{26}$$

其大小为

$$\mathrm{d}B=\frac{\mu_0 K\mathrm{d}a}{2\pi r}=\frac{\mu_0 Ks\sec^2\theta\,\mathrm{d}\theta}{2\pi s\sec\theta}=\frac{\mu_0 K}{2\pi}\sec\theta\,\mathrm{d}\theta.\tag{27}$$

d$\boldsymbol{B}$ 平行于带状平面的分量的大小为

$$\mathrm{d}B_{\parallel}=(\mathrm{d}B)\cos\theta=\frac{\mu_0 K}{2\pi}\mathrm{d}\theta,\tag{28}$$

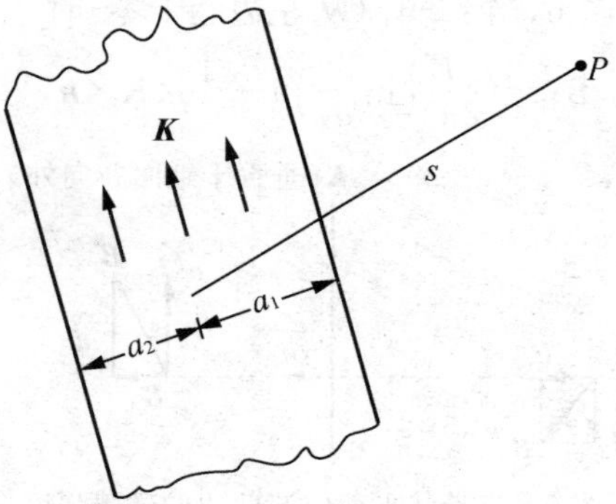

（1）立体图

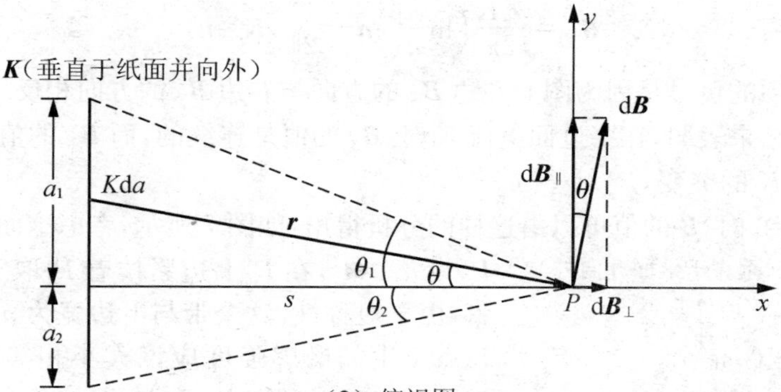

（2）俯视图

图 5　直带状平面电流产生的磁感强度

垂直于带状平面的分量的大小为

$$\mathrm{d}B_{\perp}=(\mathrm{d}B)\sin\theta=\frac{\mu_0 K}{2\pi}\tan\theta\,\mathrm{d}\theta.\tag{29}$$

把(28)和(29)两式对 θ 积分，便得整个面电流在 P 点产生的磁感强度，结果为

$$B_{\parallel}=\frac{\mu_0 K}{2\pi}\int_{\theta_2}^{\theta_1}\mathrm{d}\theta=\frac{\mu_0 K}{2\pi}[\theta_1-\theta_2]=\frac{\mu_0 K}{2\pi}\left[\arctan\frac{a_1}{s}+\arctan\frac{a_2}{s}\right] \quad (30)$$

$$B_{\perp}=\frac{\mu_0 K}{2\pi}\int_{\theta_2}^{\theta_1}\tan\theta\,\mathrm{d}\theta=\frac{\mu_0 K}{2\pi}\ln\frac{\cos\theta_2}{\cos\theta_1}=\frac{\mu_0 K}{4\pi}\ln\frac{s^2+a_1^2}{s^2+a_2^2}. \quad (31)$$

令 $\boldsymbol{n}$ 代表图 5(2) 中电流平面法线方向上向右的单位矢量，则由以上两式，整个直带状平面电流在 P 点产生的磁感强度便可写成

$$\boldsymbol{B}=\frac{\mu_0 K}{4\pi}\left[\left(\ln\frac{s^2+a_1^2}{s^2+a_2^2}\right)\boldsymbol{n}+2\left(\arctan\frac{a_1}{s}+\arctan\frac{a_2}{s}\right)\frac{\boldsymbol{K}\times\boldsymbol{n}}{K}\right]. \quad (32)$$

由(32)式，并参看图 6，当 $s\to0_+$（从左边趋于零）时，

$$\boldsymbol{B}_+=\frac{\mu_0 K}{2\pi}\left(\ln\frac{a_1}{a_2}\right)\boldsymbol{n}+\frac{1}{2}\mu_0\boldsymbol{K}\times\boldsymbol{n}, \quad (33)$$

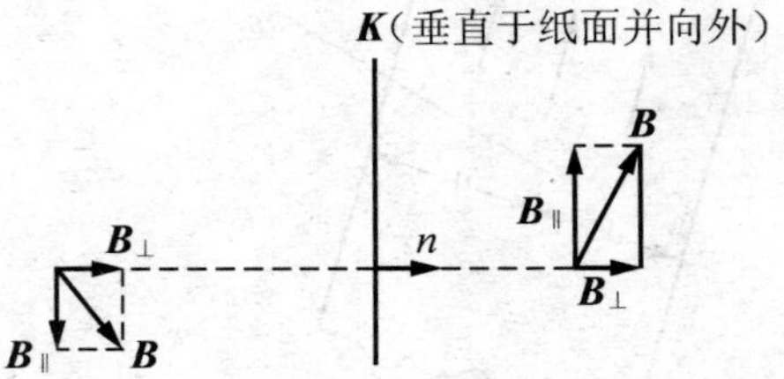

图 6 直带状平面电流两边的磁感强度

当 $s\to0_-$（从左边趋于零）时，

$$\boldsymbol{B}_-=\frac{u_0 K}{2\pi}\left(\ln\frac{a_1}{a_2}\right)\boldsymbol{n}-\frac{1}{2}\mu_0\boldsymbol{K}\times\boldsymbol{n}, \quad (34)$$

式中第二项的负号是因为图 6 左边 $\boldsymbol{B}_{\parallel}$ 的方向与右边 $\boldsymbol{B}_{\parallel}$ 的方向相反.

这些结果表明，在穿过面电流 $\boldsymbol{K}$ 时，$\boldsymbol{B}_{\perp}$ 的值是连续的，而 $\boldsymbol{B}_{\parallel}$ 的值则有一个大小为 $\mu_0 K$ 的突变.

当 $s=0$ 时，$\boldsymbol{B}$ 的值可以由这样的分析得出：如图 7 所示，考虑这面上的一点 P，设 $a_1>a_2$，在 P 上边紧挨着 P 取宽为 a_2 的带，由于对称性，这个带与下边宽为 a_2 的带，在 P 点产生的磁感强度应该大小相等而方向相反，因此互相抵消. 故 P 点的磁感强度 $\boldsymbol{B}$ 就等于外边宽为 a_1-a_2 的一带所产生的磁感强度. 这可计算如下：

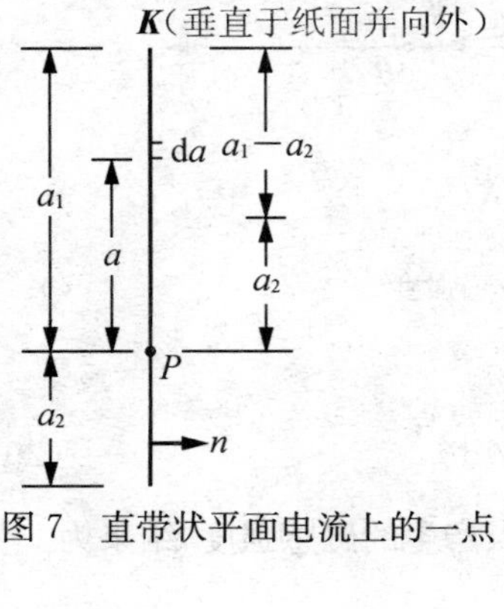

图 7 直带状平面电流上的一点 P

$$\mathrm{d}\boldsymbol{B}=\frac{\mu_0 K\mathrm{d}a}{2\pi a}\boldsymbol{n}, \quad (35)$$

故

$$\boldsymbol{B}=\frac{\mu_0 K\boldsymbol{n}}{2\pi}\int_{a_2}^{a_1}\frac{\mathrm{d}a}{a}=\frac{\mu_0 K}{2\pi}\left(\ln\frac{a_1}{a_2}\right)\boldsymbol{n}. \quad (36)$$

当 $a_1>a_2$ 时，$\boldsymbol{B}$ 与 $\boldsymbol{n}$ 方向相同；当 $a_1<a_2$ 时，$\boldsymbol{B}$ 与 $\boldsymbol{n}$ 方向相反；当 $a_1=a_2$ 时，$\boldsymbol{B}=0$，正应如此.

由(33)、(34)和(36)三式，可见

$$\boldsymbol{B}=\frac{1}{2}(\boldsymbol{B}_-+\boldsymbol{B}_+),$$

即在现在的情况下，(9)式仍然成立.

3. 一般面电流所在处的磁感强度

对于一般曲面上流动的面电流来说，它上面任一点 P 的磁感强度不一定算得出来，即不一定能用初等函数表示. 我们可作一般考虑如下. 在 P 点划出一小块面电流(图 8)，在这曲面外任一点，磁感强度 $\boldsymbol{B}$ 等于这小块面电流产生的磁感强度 $\boldsymbol{B}_1$ 与刨去这小块外所有其他面电流产生的磁感强度 $\boldsymbol{B}_2$ 之和，即 $\boldsymbol{B}=\boldsymbol{B}_1+\boldsymbol{B}_2$. 在经 P 点穿过曲面时，$\boldsymbol{B}_2$ 是连续的，$\boldsymbol{B}_1$ 则可当作是无穷大平面电流所产生的磁感强度. 无穷大平面电流产生的磁感强度，可由(32)式得出，这时 $a_1,a_2\to\infty$，故得 P 点两边的极限值为：

$$\boldsymbol{B}_{1+}=\frac{1}{2}\mu_0\boldsymbol{K}\times\boldsymbol{n},\quad \boldsymbol{B}_{1-}=-\frac{1}{2}\mu_0\boldsymbol{K}\times\boldsymbol{n}. \tag{37}$$

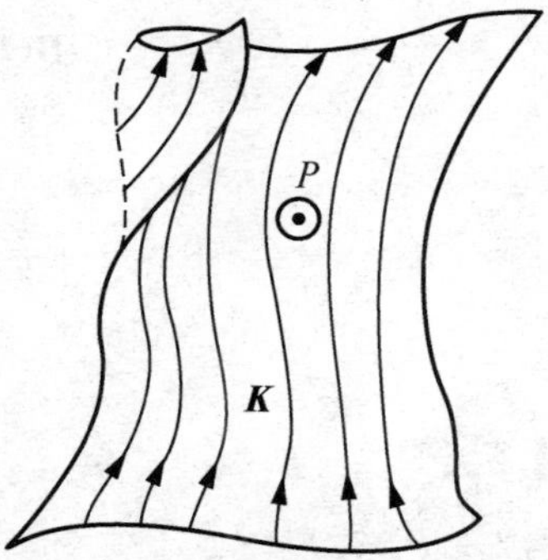

图 8　在曲面电流 $\boldsymbol{K}$ 上的 P 点，划出一小块面电流

其实这结果可以很容易由安培环路定理求出. 根据(36)式后面的论断可知，这小块面电流在 P 点产生的磁感强度为零，即

$$\boldsymbol{B}_1=0\quad(\text{在 } P \text{ 点}), \tag{38}$$

于是我们得出：P 点的磁感强度等于 $\boldsymbol{B}_2$. 由此可见，在经 P 点穿过面电流 $\boldsymbol{K}$ 时，磁感强度 $\boldsymbol{B}$ 的法向分量是连续的，而切向分量则发生 $\mu_0 K$ 的突变. 由以上分析可见，在一般情况下，(9)式是成立的.

4. 小结

总结以上结果，我们得出面电流所在处磁感强度的一条普遍规律：**在穿过面电流 $\boldsymbol{K}$ 时，磁感强度 $\boldsymbol{B}$ 的法向分量是连续的，而 $\boldsymbol{B}$ 的切向分量则发生 $\mu_0\boldsymbol{K}\times\boldsymbol{n}$ 的突变；面电流所在处任一点的磁感强度 $\boldsymbol{B}$，等于从该面两边趋于该点时磁感强度极限值($\boldsymbol{B}_-$ 和 $\boldsymbol{B}_+$)的平均，即**

$$\boldsymbol{B}=\frac{1}{2}(\boldsymbol{B}_-+\boldsymbol{B}_+), \tag{39}$$

这个规律与面电荷所在处电场强度的规律相同.

§2.5 稳恒电流的矢势

不随时间变化的电流称为稳恒电流. 在这里,我们计算一些稳恒电流产生的矢势.

1. 线电流的矢势

如图1,稳恒电流 I 沿回路 L 流动. 根据毕奥-萨伐尔定律,这电流在 $\boldsymbol{r}$ 处的 P 点产生的磁感强度为

$$\boldsymbol{B}(\boldsymbol{r}) = \frac{\mu_0}{4\pi}\oint_L \frac{I\mathrm{d}\boldsymbol{r}' \times (\boldsymbol{r}-\boldsymbol{r}')}{|\boldsymbol{r}-\boldsymbol{r}'|^3}. \tag{1}$$

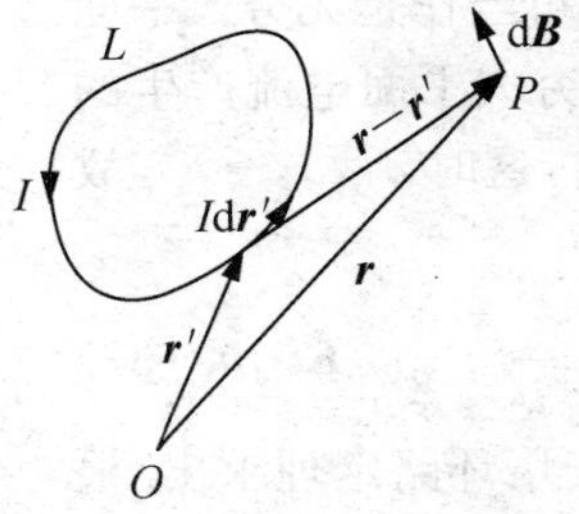

图 1

根据矢量分析,有

$$\nabla \times \oint_L \frac{I\mathrm{d}\boldsymbol{r}'}{|\boldsymbol{r}-\boldsymbol{r}'|} = \oint_L \nabla \times \left[\frac{I\mathrm{d}\boldsymbol{r}'}{|\boldsymbol{r}-\boldsymbol{r}'|}\right] = \oint_L \left[\nabla\left(\frac{1}{|\boldsymbol{r}-\boldsymbol{r}'|}\right)\right] \times I\mathrm{d}\boldsymbol{r}'$$
$$= \oint_L \left[-\frac{\boldsymbol{r}-\boldsymbol{r}'}{|\boldsymbol{r}-\boldsymbol{r}'|^3}\right] \times I\mathrm{d}\boldsymbol{r}' = \oint_L \frac{I\mathrm{d}\boldsymbol{r}' \times (\boldsymbol{r}-\boldsymbol{r}')}{|\boldsymbol{r}-\boldsymbol{r}'|^3}, \tag{2}$$

故(1)式可写成

$$\boldsymbol{B}(\boldsymbol{r}) = \nabla \times \left[\frac{\mu_0}{4\pi}\oint_L \frac{I\mathrm{d}\boldsymbol{r}'}{|\boldsymbol{r}-\boldsymbol{r}'|}\right]. \tag{3}$$

令

$$\boldsymbol{A}(\boldsymbol{r}) \equiv \frac{\mu_0}{4\pi}\oint_L \frac{I\mathrm{d}\boldsymbol{r}'}{|\boldsymbol{r}-\boldsymbol{r}'|}, \tag{4}$$

则(3)式便可写成

$$\boldsymbol{B}(\boldsymbol{r})=\nabla\times\boldsymbol{A}(\boldsymbol{r}),\tag{5}$$

(4)式的 $\boldsymbol{A}(\boldsymbol{r})$ 便称为电流 I 的矢势.

2. 体电流的矢势

如果电流不是线电流,而是分布在体积 V 内的电流,电流密度为 $\boldsymbol{j}(\boldsymbol{r}')$,则它在 $\boldsymbol{r}$ 处产生的磁感强度便为

$$\boldsymbol{B}(\boldsymbol{r})=\frac{\mu_0}{4\pi}\int_V\frac{\boldsymbol{j}(\boldsymbol{r}')\times(\boldsymbol{r}-\boldsymbol{r}')\mathrm{d}V'}{|\boldsymbol{r}-\boldsymbol{r}'|^3}.\tag{6}$$

将(6)式与(1)式对比可见,只须将(1)式中的 $I\mathrm{d}\boldsymbol{r}'$ 换成 $\boldsymbol{j}(\boldsymbol{r}')\mathrm{d}V'$,则(2)式、(3)式和(4)式便都成立. 于是,得这时的矢势为

$$\boldsymbol{A}(\boldsymbol{r})=\frac{\mu_0}{4\pi}\int_V\frac{\boldsymbol{j}(\boldsymbol{r}')\mathrm{d}V'}{|\boldsymbol{r}-\boldsymbol{r}'|}.\tag{7}$$

3. 无限长直线电流的矢势

如图 2 所示,电流 I 沿无限长直线流动,试求离这线为 a 处的矢势,根据前面的(4)式,所求的矢势为

$$\boldsymbol{A}(\boldsymbol{r})=\frac{\mu_0}{4\pi}\oint_L\frac{I\mathrm{d}\boldsymbol{r}'}{|\boldsymbol{r}-\boldsymbol{r}'|}=\frac{\mu_0}{4\pi}\int_{-\infty}^{\infty}\frac{I\mathrm{d}\boldsymbol{r}'}{|\boldsymbol{r}-\boldsymbol{r}'|}.\tag{8}$$

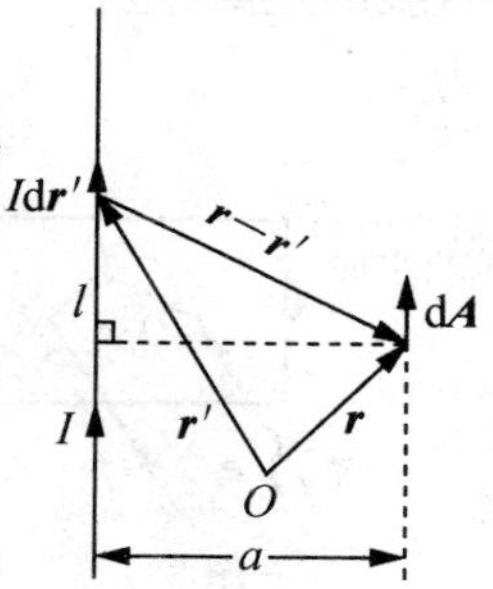

图 2

以电流 I 方向上的单位矢量为 $\boldsymbol{e}_I$,由图 2 可见

$$\mathrm{d}\boldsymbol{r}'=\boldsymbol{e}_I\mathrm{d}l,\quad |\boldsymbol{r}-\boldsymbol{r}'|=\sqrt{l^2+a^2},\tag{9}$$

故得

$$\boldsymbol{A}(\boldsymbol{r})=\frac{\mu_0 I\boldsymbol{e}_I}{4\pi}\int_{-\infty}^{\infty}\frac{\mathrm{d}l}{\sqrt{l^2+a^2}}.\tag{10}$$

可见直线电流所产生的矢势 $\boldsymbol{A}$,其方向与电流 I 的方向相同. 对于无穷长的直线电流来说,(10)式中的积分

$$\int_{-\infty}^{\infty}\frac{\mathrm{d}l}{\sqrt{l^2+a^2}}=\lim_{l\to\infty}\left\{\ln\left[\frac{l+\sqrt{l^2+a^2}}{-l+\sqrt{l^2+a^2}}\right]\right\}=\lim_{l\to\infty}\left\{\ln\left[\frac{1+\sqrt{1+a^2/l^2}}{-1+\sqrt{1+a^2/l^2}}\right]\right\}\to\infty.\tag{11}$$

因此,无限长直线电流在线外空间每一点产生的矢势 $\boldsymbol{A}$ 的值都是无穷大,因而无意义.

但是,无限长直线电流在两点产生的矢势 $\boldsymbol{A}$ 之差却是有限值,因而有意义.

设一无限长直线电流外的两点到该线的距离分别为 a 和 b,则由(10)式,这两点的矢势之差便为

$$\begin{aligned}
\boldsymbol{A}(a)-\boldsymbol{A}(b) &= \frac{\mu_0 I\boldsymbol{e}_I}{4\pi}\left\{\int_{-\infty}^{\infty}\frac{\mathrm{d}l}{\sqrt{l^2+a^2}}-\int_{-\infty}^{\infty}\frac{\mathrm{d}l}{\sqrt{l^2+b^2}}\right\} \\
&= \frac{\mu_0 I\boldsymbol{e}_I}{4\pi}\lim_{l\to\infty}\left\{\ln\left[\frac{l+\sqrt{l^2+a^2}}{-l+\sqrt{l^2+a^2}}\right]-\ln\left[\frac{l+\sqrt{l^2+b^2}}{-l+\sqrt{l^2+b^2}}\right]\right\} \\
&= \frac{\mu_0 I\boldsymbol{e}_I}{4\pi}\lim_{l\to\infty}\left\{\ln\left[\frac{1+\sqrt{1+a^2/l^2}}{-1+\sqrt{1+a^2/l^2}}\,\frac{-1+\sqrt{1+b^2/l^2}}{1+\sqrt{1+b^2/l^2}}\right]\right\} \\
&= \frac{\mu_0 I\boldsymbol{e}_I}{4\pi}\lim_{l\to\infty}\left\{\ln\left[\frac{1+1+\frac{1}{2}\left(\frac{a}{l}\right)^2}{-1+1+\frac{1}{2}\left(\frac{a}{l}\right)^2}\,\frac{-1+1+\frac{1}{2}\left(\frac{b}{l}\right)^2}{1+1+\frac{1}{2}\left(\frac{b}{l}\right)^2}\right]\right\} \\
&= \frac{\mu_0 I\boldsymbol{e}_I}{4\pi}\ln\frac{b^2}{a^2}=\frac{\mu_0 I\boldsymbol{e}_I}{2\pi}\ln\frac{b}{a}. \qquad (12)
\end{aligned}$$

4. 两条无限长反平行直线电流的矢势

两条无限长反平行直线电流如图 3 所示，电流都是 I，但方向相反. P 点到两直线的距离分别为 r_1 和 r_2，试求 P 点的矢势. 由前面的(10)式得，P 点的矢势为

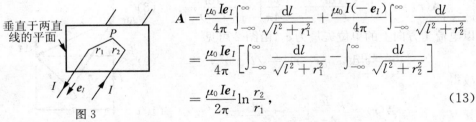

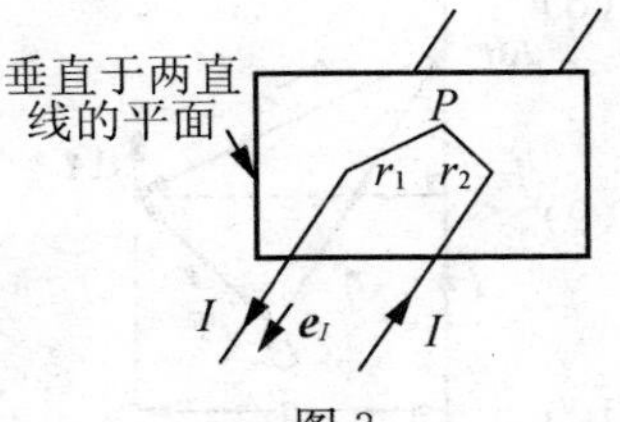

图 3

$$\begin{aligned}
\boldsymbol{A} &= \frac{\mu_0 I\boldsymbol{e}_I}{4\pi}\int_{-\infty}^{\infty}\frac{\mathrm{d}l}{\sqrt{l^2+r_1^2}}+\frac{\mu_0 I(-\boldsymbol{e}_I)}{4\pi}\int_{-\infty}^{\infty}\frac{\mathrm{d}l}{\sqrt{l^2+r_2^2}} \\
&= \frac{\mu_0 I\boldsymbol{e}_I}{4\pi}\left[\int_{-\infty}^{\infty}\frac{\mathrm{d}l}{\sqrt{l^2+r_1^2}}-\int_{-\infty}^{\infty}\frac{\mathrm{d}l}{\sqrt{l^2+r_2^2}}\right] \\
&= \frac{\mu_0 I\boldsymbol{e}_I}{2\pi}\ln\frac{r_2}{r_1}, \qquad (13)
\end{aligned}$$

式中 $\boldsymbol{e}_I$ 的方向如图 3 所示.

5. 圆环电流的矢势

半径为 a 的圆环 L 载有电流 I，以圆环的中心 O 为原点，轴线为 z 轴，取柱坐标系如图 4 所示. 试求这电流在环外空间任一点 $P(\rho,\phi,z)$ 产生的矢势 $\boldsymbol{A}$. 根据(4)式，所求的矢势为

$$\boldsymbol{A}(\boldsymbol{r})=\frac{\mu_0 I}{4\pi}\oint_L\frac{\mathrm{d}\boldsymbol{r}'}{|\boldsymbol{r}-\boldsymbol{r}'|}. \qquad (14)$$

由于对称性，在以 z 轴为圆心的圆周（此圆周在 $z=$常数的平面内）上任何一点，圆环电流 I 所产生的矢势 $\boldsymbol{A}$ 的大小 A 都应相同. 因此，A 应与方位角 ϕ 无关. 为方便，我们求 $\phi=0$ 的 $P(\rho,0,z)$ 点的 $\boldsymbol{A}$.

如图 4,电流元 $I\mathrm{d}\boldsymbol{r}'$的线元为

$$\mathrm{d}\boldsymbol{r}' = a\mathrm{d}\phi'(-\sin\phi'\boldsymbol{e}_x + \cos\phi'\boldsymbol{e}_y), \tag{15}$$

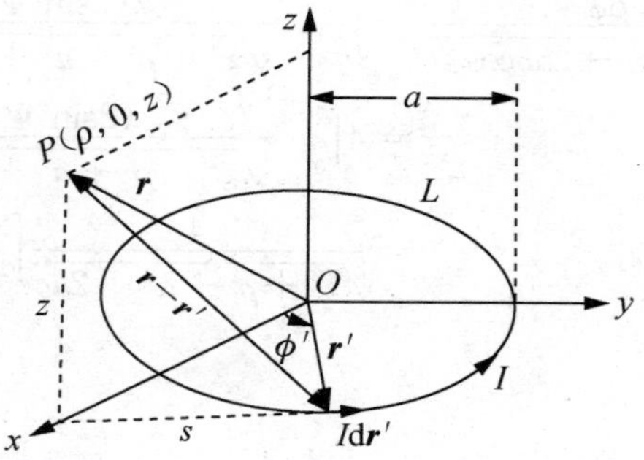

图 4

电流元 $I\mathrm{d}\boldsymbol{r}'$到 $P(\rho,0,z)$的距离为

$$|\boldsymbol{r}-\boldsymbol{r}'| = \sqrt{z^2+s^2} = \sqrt{z^2+\rho^2+a^2-2a\rho\cos\phi'}. \tag{16}$$

将(15)、(16)两式代入(14)式,便得

$$\boldsymbol{A}(\boldsymbol{r}) = \frac{\mu_0 I}{4\pi}\int_0^{2\pi}\frac{a\mathrm{d}\phi'(-\sin\phi'\boldsymbol{e}_x+\cos\phi'\boldsymbol{e}_y)}{\sqrt{z^2+\rho^2+a^2-2a\rho\cos\phi'}}, \tag{17}$$

式中积分

$$\int_0^{2\pi}\frac{\sin\phi'\mathrm{d}\phi'}{\sqrt{z^2+\rho^2+a^2-2a\rho\cos\phi'}} = \frac{1}{a\rho}\sqrt{z^2+\rho^2+a^2-2a\rho\cos\phi'}\,\Big|_0^{2\pi} = 0, \tag{18}$$

于是得 $P(\rho,0,z)$点的矢势为

$$\boldsymbol{A}(\boldsymbol{r}) = \frac{\mu_0 Ia\boldsymbol{e}_y}{4\pi}\int_0^{2\pi}\frac{\cos\phi'\mathrm{d}\phi'}{\sqrt{z^2+\rho^2+a^2-2a\rho\cos\phi'}}. \tag{19}$$

由图 4 可见,$P(\rho,0,z)$点的 $\boldsymbol{e}_y=\boldsymbol{e}_\phi$. 故(19)式可写作

$$\boldsymbol{A}(\boldsymbol{r}) = \frac{\mu_0 Ia\boldsymbol{e}_\phi}{4\pi}\int_0^{2\pi}\frac{\cos\phi'\mathrm{d}\phi'}{\sqrt{z^2+\rho^2+a^2-2a\rho\cos\phi'}}, \tag{20}$$

这便是圆环电流 I 在 $P(\rho,\phi,z)$点产生的矢势的表达式. 在一般情况下,式中积分是椭圆积分.

可以用全椭圆积分 K 和 E 表示(20)式中的椭圆积分. 令

$$\phi' = \pi + 2\Psi, \tag{21}$$

则

$$\cos\phi' = 2\sin^2\Psi - 1. \tag{22}$$

于是(20)式中的积分便可写成

$$\begin{aligned}\int_0^{2\pi}\frac{\cos\phi'\,\mathrm{d}\phi'}{\sqrt{z^2+\rho^2+a^2-2a\rho\cos\phi'}} &= \int_{-\pi/2}^{\pi/2}\frac{2(2\sin^2\Psi-1)\mathrm{d}\Psi}{\sqrt{z^2+\rho^2+a^2+2a\rho-4a\rho\sin^2\Psi}} \\ &= 4\int_0^{\pi/2}\frac{(2\sin^2\Psi-1)\mathrm{d}\Psi}{\sqrt{z^2+\rho^2+a^2+2a\rho-4a\rho\sin^2\Psi}} \\ &= \frac{4}{\sqrt{z^2+\rho^2+a^2+2a\rho}}\int_0^{\pi/2}\frac{(2\sin^2\Psi-1)\mathrm{d}\Psi}{\sqrt{1-k^2\sin^2\Psi}},\end{aligned} \tag{23}$$

式中

$$k^2 = \frac{4a\rho}{z^2+\rho^2+a^2+2a\rho}. \tag{24}$$

(23)式中的一个积分

$$\int_0^{\pi/2}\frac{\mathrm{d}\Psi}{\sqrt{1-k^2\sin^2\Psi}} = \frac{\pi}{2}\left[1+\left(\frac{1}{2}\right)^2k^2+\left(\frac{1\cdot 3}{2\cdot 4}\right)^2k^4+\left(\frac{1\cdot 3\cdot 5}{2\cdot 4\cdot 6}\right)^2k^6+\cdots\right] = \mathrm{K} \tag{25}$$

叫做第一种全椭圆积分. (23)式中的另一个积分为

$$\begin{aligned}\int_0^{\pi/2}\frac{2\sin^2\Psi\mathrm{d}\Psi}{\sqrt{1-k^2\sin^2\Psi}} &= \frac{2}{k^2}\left[\int_0^{\pi/2}\frac{\mathrm{d}\Psi}{\sqrt{1-k^2\sin^2\Psi}} - \int_0^{\pi/2}\frac{(1-k^2\sin^2\Psi)\mathrm{d}\Psi}{\sqrt{1-k^2\sin^2\Psi}}\right] \\ &= \frac{2}{k^2}\left[\int_0^{\pi/2}\frac{\mathrm{d}\Psi}{\sqrt{1-k^2\sin^2\Psi}} - \int_0^{\pi/2}\sqrt{1-k^2\sin^2\Psi}\,\mathrm{d}\Psi\right] = \frac{2}{k^2}(\mathrm{K}-\mathrm{E}),\end{aligned} \tag{26}$$

式中积分

$$\int_0^{\pi/2}\sqrt{1-k^2\sin^2\Psi}\,\mathrm{d}\Psi = \frac{\pi}{2}\left[1-\left(\frac{1}{2}\right)^2k^2-\left(\frac{1\cdot 3}{2\cdot 4}\right)^2\frac{k^4}{3}-\left(\frac{1\cdot 3\cdot 5}{2\cdot 4\cdot 6}\right)^2\frac{k^6}{5}-\cdots\right] = \mathrm{E} \tag{27}$$

叫做第二种全椭圆积分. 于是用 K 和 E 表示,(20)式便可写成

$$\begin{aligned}\boldsymbol{A}(\boldsymbol{r}) &= \frac{\mu_0 I a \boldsymbol{e}_\phi}{4\pi}\frac{4}{\sqrt{z^2+\rho^2+a^2+2a\rho}}\int_0^{\pi/2}\frac{(2\sin^2\Psi-1)\mathrm{d}\Psi}{\sqrt{1-k^2\sin^2\Psi}} \\ &= \frac{\mu_0 I \boldsymbol{e}_\phi}{2\pi}\frac{\sqrt{z^2+\rho^2+a^2+2a\rho}}{\rho}\left[\frac{z^2+\rho^2+a^2}{z^2+\rho^2+a^2+2a\rho}\mathrm{K}-\mathrm{E}\right].\end{aligned} \tag{28}$$

用球坐标表示的 A,请参看后面 §3.4 的(36)式.

6. 无限长直载流螺线管的矢势

(1) 载流螺线管的矢势

设一长直螺线管由外皮绝缘的细导线密绕而成，单位长度的匝数为 n，螺线管的横截面是圆形，半径为 a. 当导线中载有稳恒电流 I 时，试求它所产生的矢势.

设螺线管长为 $2l$，以螺线管的中心为原点，轴线为 z 轴，取柱坐标系如图 5 所示. 根据对称性，在 $z=$常数的平面里，以 z 轴为中心的圆周上的每一点，矢势 $\boldsymbol{A}$ 的大小 A 都相等. 为方便，我们计算坐标为$(\rho,0,0)$的 $P(\rho,0,0)$点的矢势.

考虑螺线管上 z 处长为 $\mathrm{d}z$ 的一段线圈，其电流为 $nI\mathrm{d}z$，电流元 $nI\mathrm{d}z\mathrm{d}\boldsymbol{r}'$ 的柱坐标为(a,ϕ',z)，如图 6 所示. 它到场点 $P(\rho,0,0)$的距离为

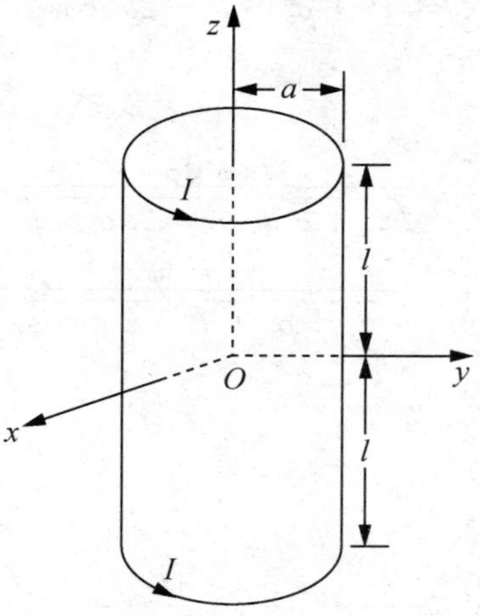

图 5

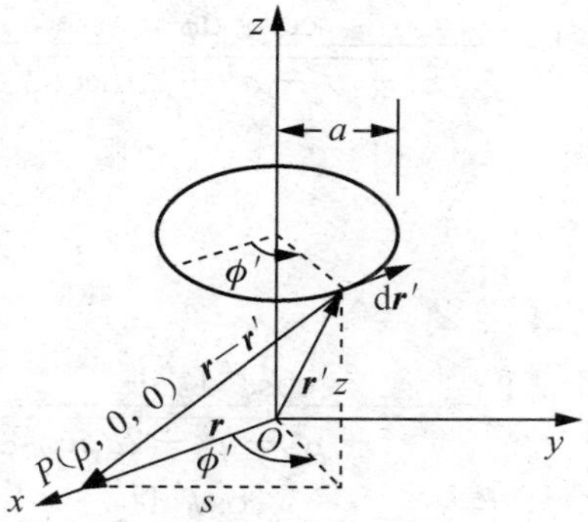

图 6

$$|\boldsymbol{r}-\boldsymbol{r}'|=\sqrt{z^2+s^2}=\sqrt{z^2+\rho^2+a^2-2a\rho\cos\phi'}. \tag{29}$$

根据前面的(20)式，螺线管上这段线圈的电流在 $P(\rho,0,0)$点产生的矢势为

$$\mathrm{d}\boldsymbol{A}=\frac{\mu_0 nIa\,\mathrm{d}z\boldsymbol{e}_\phi}{4\pi}\int_0^{2\pi}\frac{\cos\phi'\mathrm{d}\phi'}{\sqrt{z^2+\rho^2+a^2-2a\rho\cos\phi'}}, \tag{30}$$

整个螺线管上的电流在 $P(\rho,0,0)$点产生的矢势为

$$\boldsymbol{A}=\frac{\mu_0 nIa\boldsymbol{e}_\phi}{4\pi}\int_{-l}^{l}\int_0^{2\pi}\frac{\cos\phi'\mathrm{d}\phi'\mathrm{d}z}{\sqrt{z^2+\rho^2+a^2-2a\rho\cos\phi'}}, \tag{31}$$

这便是我们所要的矢势，其中对 ϕ'的积分一般是椭圆积分.

(2) 无限长直载流螺线管的矢势

当 $l\to\infty$时,便成为无限长直载流螺线管,其矢势便为

$$\boldsymbol{A}=\frac{\mu_0 nIa\boldsymbol{e}_\phi}{4\pi}\int_{-\infty}^{\infty}\int_0^{2\pi}\frac{\cos\phi'\mathrm{d}\phi'\mathrm{d}z}{\sqrt{z^2+\rho^2+a^2-2a\rho\cos\phi'}},\tag{32}$$

其中对 ϕ'的积分虽然是椭圆积分,但经过先对 z 积分后,便成为能用初等函数的有限项表示的结果.下面我们就来作这个计算.

根据 $\cos\phi'$的性质,(32)式中对 ϕ'的积分可化为

$$\begin{aligned}\int_0^{2\pi}\frac{\cos\phi'\mathrm{d}\phi'}{\sqrt{z^2+\rho^2+a^2-2a\rho\cos\phi'}}&=\left(\int_0^{\pi/2}+\int_{\pi/2}^{3\pi/2}+\int_{3\pi/2}^{2\pi}\right)\frac{\cos\phi'\mathrm{d}\phi'}{\sqrt{z^2+\rho^2+a^2-2a\rho\cos\phi'}}\\&=\left(2\int_0^{\pi/2}+\int_{\pi/2}^{3\pi/2}\right)\frac{\cos\phi'\mathrm{d}\phi'}{\sqrt{z^2+\rho^2+a^2-2a\rho\cos\phi'}},\end{aligned}\tag{33}$$

其中

$$\begin{aligned}\int_{\pi/2}^{3\pi/2}\frac{\cos\phi'\mathrm{d}\phi'}{\sqrt{z^2+\rho^2+a^2-2a\rho\cos\phi'}}&=2\int_{\pi}^{3\pi/2}\frac{\cos\phi'\mathrm{d}\phi'}{\sqrt{z^2+\rho^2+a^2-2a\rho\cos\phi'}}\\&=-2\int_0^{\pi/2}\frac{\cos\phi'\mathrm{d}\phi'}{\sqrt{z^2+\rho^2+a^2+2a\rho\cos\phi'}}.\end{aligned}\tag{34}$$

于是,得

$$\begin{aligned}&\int_{-\infty}^{\infty}\int_0^{2\pi}\frac{\cos\phi'\mathrm{d}\phi'\mathrm{d}z}{\sqrt{z^2+\rho^2+a^2-2a\rho\cos\phi'}}\\&=2\int_{-\infty}^{\infty}\left[\int_0^{\pi/2}\frac{\cos\phi'\mathrm{d}\phi'}{\sqrt{z^2+\rho^2+a^2-2a\rho\cos\phi'}}-\int_0^{\pi/2}\frac{\cos\phi'\mathrm{d}\phi'}{\sqrt{z^2+\rho^2+a^2+2a\rho\cos\phi'}}\right]\mathrm{d}z\\&=\\&2\int_0^{\pi/2}\left[\int_{-\infty}^{\infty}\frac{\mathrm{d}z}{\sqrt{z^2+\rho^2+a^2-2a\rho\cos\phi'}}-\int_{-\infty}^{\infty}\frac{\mathrm{d}z}{\sqrt{z^2+\rho^2+a^2+2a\rho\cos\phi'}}\right]\cos\phi'\mathrm{d}\phi',\end{aligned}\tag{35}$$

其中对 z 的积分为

$$\begin{aligned}&\int_{-\infty}^{\infty}\frac{\mathrm{d}z}{\sqrt{z^2+\rho^2+a^2-2a\rho\cos\phi'}}-\int_{-\infty}^{\infty}\frac{\mathrm{d}z}{\sqrt{z^2+\rho^2+a^2+2a\rho\cos\phi'}}\\&=\lim_{l\to\infty}\Big[\ln\left(z+\sqrt{z^2+\rho^2+a^2-2a\rho\cos\phi'}\right)\Big|_{z=-l}^{z=l}\\&\quad-\ln\left(z+\sqrt{z^2+\rho^2+a^2+2a\rho\cos\phi'}\right)\Big|_{z=-l}^{z=l}\Big]\end{aligned}$$

$$=\lim_{l\to\infty}\ln\left(\frac{l+\sqrt{l^2+\rho^2+a^2-2a\rho\cos\phi'}}{-l+\sqrt{l^2+\rho^2+a^2-2a\rho\cos\phi'}}\frac{-l+\sqrt{l^2+\rho^2+a^2+2a\rho\cos\phi'}}{l+\sqrt{l^2+\rho^2+a^2+2a\rho\cos\phi'}}\right)$$

$$=\lim_{l\to\infty}\ln\left(\frac{1+\sqrt{1+(\rho^2+a^2-2a\rho\cos\phi')/l^2}}{-1+\sqrt{1+(\rho^2+a^2-2a\rho\cos\phi')/l^2}}\frac{-1+\sqrt{1+(\rho^2+a^2+2a\rho\cos\phi')/l^2}}{1+\sqrt{1+(\rho^2+a^2+2a\rho\cos\phi')/l^2}}\right)$$

$$=\lim_{l\to\infty}\ln\frac{-1+\sqrt{1+(\rho^2+a^2+2a\rho\cos\phi')/l^2}}{-1+\sqrt{1+(\rho^2+a^2-2a\rho\cos\phi')/l^2}}$$

$$=\lim_{l\to\infty}\ln\frac{-1+1+\frac{1}{2}(\rho^2+a^2+2a\rho\cos\phi')/l^2}{-1+1+\frac{1}{2}(\rho^2+a^2-2a\rho\cos\phi')/l^2}=\ln\frac{\rho^2+a^2+2a\rho\cos\phi'}{\rho^2+a^2-2a\rho\cos\phi'},\tag{36}$$

代入(35)式,便得

$$\int_{-\infty}^{\infty}\int_0^{2\pi}\frac{\cos\phi'\mathrm{d}\phi'\mathrm{d}z}{\sqrt{z^2+\rho^2+a^2-2a\rho\cos\phi'}}=2\int_0^{\pi/2}\left(\ln\frac{\rho^2+a^2+2a\rho\cos\phi'}{\rho^2+a^2-2a\rho\cos\phi'}\right)\cos\phi'\mathrm{d}\phi'.\tag{37}$$

对 ϕ' 的积分,使用分部积分法,令

$$u=\ln\frac{\rho^2+a^2+2a\rho\cos\phi'}{\rho^2+a^2-2a\rho\cos\phi'},\tag{38}$$

$$\mathrm{d}v=\cos\phi'\mathrm{d}\phi',\tag{39}$$

则

$$v=\sin\phi',\tag{40}$$

$$\mathrm{d}u=\mathrm{d}\left(\ln\frac{\rho^2+a^2+2a\rho\cos\phi'}{\rho^2+a^2-2a\rho\cos\phi'}\right)=-\frac{4a\rho(\rho^2+a^2)\sin\phi'\mathrm{d}\phi'}{(\rho^2+a^2)^2-4a^2\rho^2\cos^2\phi'},\tag{41}$$

于是(37)式对 ϕ' 的积分便为

$$\begin{aligned}\int_0^{\pi/2}\left(\ln\frac{\rho^2+a^2+2a\rho\cos\phi'}{\rho^2+a^2-2a\rho\cos\phi'}\right)\cos\phi'\mathrm{d}\phi' &= \left(\ln\frac{\rho^2+a^2+2a\rho\cos\phi'}{\rho^2+a^2-2a\rho\cos\phi'}\right)\sin\phi'\Bigg|_{\phi'=0}^{\phi'=\pi/2}\\ &\quad+\int_0^{\pi/2}\frac{4a\rho(\rho^2+a^2)\sin^2\phi'\mathrm{d}\phi'}{(\rho^2+a^2)^2-4a^2\rho^2\cos^2\phi'}\\ &=4a\rho(\rho^2+a^2)\int_0^{\pi/2}\frac{\sin^2\phi'\mathrm{d}\phi'}{(\rho^2+a^2)^2-4a^2\rho^2\cos^2\phi'}.\end{aligned}\tag{42}$$

上式中的积分,利用积分公式[见《数学手册》(人民教育出版社 1979 年版)269 页]

$$\int\frac{\sin^2 ax\,\mathrm{d}x}{b+c\cos^2 ax}=\frac{1}{ac}\sqrt{\frac{b+c}{b}}\arctan\left(\sqrt{\frac{b}{b+c}}\tan ax\right)-\frac{x}{c},\tag{43}$$

可积出如下：

$$\int_0^{\pi/2}\frac{\sin^2\phi'\mathrm{d}\phi'}{(\rho^2+a^2)^2-4a^2\rho^2\cos^2\phi'}=\Big[-\frac{1}{4a^2\rho^2}\sqrt{\frac{(\rho^2+a^2)^2-4a^2\rho^2}{(\rho^2+a^2)^2}}$$

$$\times\arctan\left(\sqrt{\frac{(\rho^2+a^2)^2}{(\rho^2+a^2)^2-4a^2\rho^2}}\tan\phi'\right)+\frac{\phi'}{4a^2\rho^2}\Big]_{\phi'=0}^{\phi'=\pi/2}$$

$$=-\frac{1}{4a^2\rho^2}\sqrt{\frac{\rho^4+a^4-2a^2\rho^2}{(\rho^2+a^2)^2}}\,\frac{\pi}{2}+\frac{1}{4a^2\rho^2}\,\frac{\pi}{2}$$

$$=\frac{\pi}{8a^2\rho^2(\rho^2+a^2)}\left[\rho^2+a^2-\sqrt{\rho^4+a^4-2a^2\rho^2}\right]. \tag{44}$$

将(44)式代入(42)式，然后代入(37)式，最后代入(32)式，便得出矢势为

$$\boldsymbol{A}=\frac{\mu_0 nI\boldsymbol{e}_\phi}{4\rho}\left[\rho^2+a^2-\sqrt{\rho^4+a^4-2a^2\rho^2}\right], \tag{45}$$

这就是我们所要求的无限长直载流螺线管的矢势 **A** 的表达式．

A 的这个表达式中 $\sqrt{\rho^4+a^4-2a^2\rho^2}$ 有两个根，它们分别对应于管内($\rho<a$)和管外($\rho>a$)的情况．说明如下：当 $\sqrt{\rho^4+\rho^4-2a^2\rho^2}=\rho^2-a^2$ 时，由(45)式得

$$\boldsymbol{A}_1=\frac{\mu_0 nIa^2}{2\rho}\boldsymbol{e}_\phi, \tag{46}$$

当 $\sqrt{\rho^4+a^4-2a^2\rho^2}=-(\rho^2-a^2)$ 时，由(45)式得

$$\boldsymbol{A}_2=\frac{\mu_0 nI\rho}{2}\boldsymbol{e}_\phi. \tag{47}$$

从物理上我们知道，在螺线管的轴线上，**A** 应为零而不是无穷大，故知管内的矢势为(47)式而不是(46)式．在管外，当 $\rho\to\infty$ 时，**A** 应趋于零而不是趋于无穷大，故知管外的矢势应为(46)式而不是(47)式．于是最后我们得出：无限长直载流螺线管的矢势为

$$\boldsymbol{A}_{内}=\frac{\mu_0 nI\rho}{2}\boldsymbol{e}_\phi,\quad \rho<a, \tag{48}$$

$$\boldsymbol{A}_{外}=\frac{\mu_0 nIa^2}{2\rho}\boldsymbol{e}_\phi,\quad \rho>a. \tag{49}$$

A 的值 A 与 ρ 的关系如图 7 所示，管内外的 **A** 线如图 8 所示.

(3) 无限长直载流螺线管的磁感强度

由(48)和(49)两式所表示的矢势 **A**，很容易求出相应的磁感强度如下：

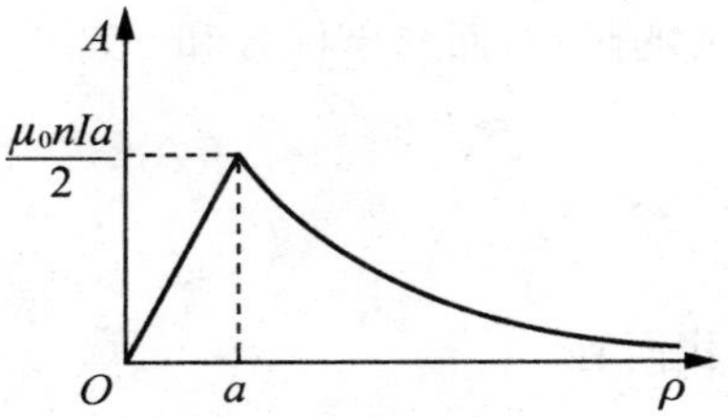

图 7

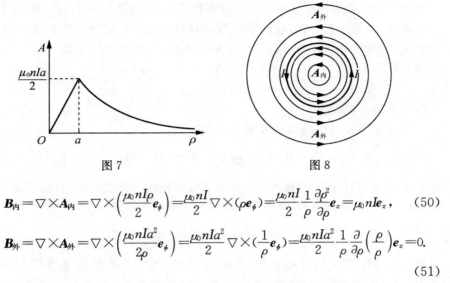

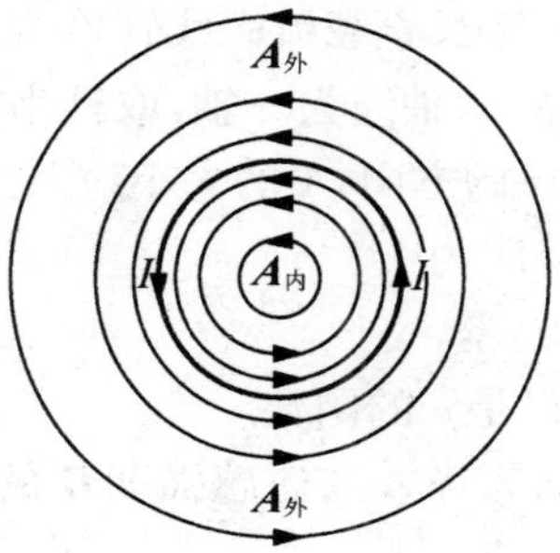

图 8

$$\boldsymbol{B}_内=\nabla\times\boldsymbol{A}_内=\nabla\times\left(\frac{\mu_0 nI\rho}{2}\boldsymbol{e}_\phi\right)=\frac{\mu_0 nI}{2}\nabla\times(\rho\boldsymbol{e}_\phi)=\frac{\mu_0 nI}{2}\frac{1}{\rho}\frac{\partial\rho^2}{\partial\rho}\boldsymbol{e}_z=\mu_0 nI\boldsymbol{e}_z, \tag{50}$$

$$\boldsymbol{B}_外=\nabla\times\boldsymbol{A}_外=\nabla\times\left(\frac{\mu_0 nIa^2}{2\rho}\boldsymbol{e}_\phi\right)=\frac{\mu_0 nIa^2}{2}\nabla\times(\frac{1}{\rho}\boldsymbol{e}_\phi)=\frac{\mu_0 nIa^2}{2}\frac{1}{\rho}\frac{\partial}{\partial\rho}\left(\frac{\rho}{\rho}\right)\boldsymbol{e}_z=0. \tag{51}$$

(50)式和(51)式正是由对称性和安培环路定理求出的磁感强度．这表明，(48)式和(49)式都是正确的矢势．

(4) 严格性问题

由于导线总有一定的粗细，故从数学的角度看，上面对无限长直载流螺线管的计算是不严格的．为了数学上的严格性，我们可以设想一无限长直圆筒，半径为 a，筒上面均匀带电，单位面积上的电荷为 σ. 当这圆筒以匀角速度 ω 绕它的轴线转动时，便成为数学上的严格模型了．这时，圆筒上长为 $\mathrm{d}z$ 的一段的电流为

$$\mathrm{d}I=\frac{\mathrm{d}q}{T}=\frac{2\pi a\sigma\mathrm{d}z}{T}=\omega a\sigma\mathrm{d}z, \tag{52}$$

故以 $\omega a\sigma$ 代替前面的 nI，便得这时的矢势为

$$\boldsymbol{A}_内=\frac{\mu_0\omega a\sigma\rho}{2}\boldsymbol{e}_\phi,\quad \rho<a, \tag{53}$$

$$\boldsymbol{A}_外=\frac{\mu_0\omega a^3\sigma}{2\rho}\boldsymbol{e}_\phi,\quad \rho>a. \tag{54}$$

(5) 另一种算法

前面我们是先算出有限长直载流螺线管的矢势，然后令管长趋于无穷，从而得出无限长直载流螺线管的矢势的．这样计算比较复杂．如果仅仅是求无限长载直流螺线管的矢势，则可根据对称性，简单地求出结果来．方法如下．

设无限长直载流螺线管单位长度匝数为 n,所载电流为 I,以它的轴线上任一点为原点,轴线为 z 轴,取柱坐标系,则根据对称性,它所产生的矢势 $\boldsymbol{A}$ 的方向应为 $\boldsymbol{e}_\phi$ 的方向,$\boldsymbol{A}$ 的大小应只是坐标 ρ 的函数,而与坐标 ϕ 和 z 都无关,即所求的矢势应为

$$\boldsymbol{A}=A\boldsymbol{e}_\phi, \tag{55}$$

式中 A 仅是 ρ 的函数.

根据矢势 $\boldsymbol{A}$ 与磁感强度 $\boldsymbol{B}$ 的关系,我们有

$$\oint_L \boldsymbol{A}\cdot \mathrm{d}\boldsymbol{l}=\oint_L \nabla\times\boldsymbol{B}\cdot \mathrm{d}\boldsymbol{l}=\int_S \boldsymbol{B}\cdot \mathrm{d}\boldsymbol{S}=\Phi, \tag{56}$$

式中 Φ 是通过环路 L 的磁通量. 在以螺线管轴线为法线的平面内,以轴线为中心,取半径为 ρ 的圆周 L,则由(55)式和(56)式有

$$\oint_L \boldsymbol{A}\cdot \mathrm{d}\boldsymbol{l}=\oint_L A\boldsymbol{e}_\phi\cdot \mathrm{d}\boldsymbol{l}=2\pi\rho A=\Phi. \tag{57}$$

又根据对称性和安培环路定理,很容易求出,无限长直载流螺线管的磁感强度为

$$\boldsymbol{B}_{内}=\mu_0 nI\boldsymbol{e}_z, \tag{58}$$

$$\boldsymbol{B}_{外}=0. \tag{59}$$

于是由(57)式和(58)式得螺线管内的 A 为

$$A_{内}=\frac{\Phi_{内}}{2\pi\rho}=\frac{B_{内}\ \pi\rho^2}{2\pi\rho}=\frac{\mu_0 nI\pi\rho^2}{2\pi\rho}=\frac{\mu_0 nI\rho}{2}, \tag{60}$$

由(57)式、(58)式和(59)式得螺线管外的 A 为

$$A_{外}=\frac{\Phi_{外}}{2\pi\rho}=\frac{B_{内}\ \pi a^2}{2\pi\rho}=\frac{\mu_0 nI\pi a^2}{2\pi\rho}=\frac{\mu_0 nIa^2}{2\rho}, \tag{61}$$

由(55)式和(60)式、(61)式即得(48)式和(49)式.

参考文献

[1] 林璇英,张之翔编著,《电动力学题解(第二版)》,科学出版社(2009),1.58 题,78—79 页.

[2] 同[1],1.59 题,80—83 页.

[3] R. P. 费曼,R. B. 莱登,M. 桑兹著,王子辅译,《费曼物理学讲义》,第二卷,上海科学技术出版社(1981),157—162 页.

[4] W. T. Scott, *The Physics of Electricity and Magnetism*, New York: Wiley (1959), pp. 284—291.

§2.6　安培环路定理的证明①

在一般电磁学的教科书里，都是用无穷长直载流导线的特例，得出安培环路定理，然后说这个定理是普遍成立的，但不作证明．这是因为，要在一般情况下证明安培环路定理，颇为费事，只有在深一些的电磁学书里才讲到．通常有三种证明方法．第一种是磁壳法[1]、[2]、[3]、[4]，把载有电流的闭合回路看成磁壳（磁偶极层），用单位磁荷在空间走一个闭合环路时磁场力作的功导出安培环路定理．第二种是矢势法[5]、[6]、[7]，先求出电流密度 $\boldsymbol{j}$ 产生的矢势 $\boldsymbol{A}$，

$$\boldsymbol{A}=\frac{\mu_0}{4\pi}\iiint_V \frac{\boldsymbol{j}}{r}\mathrm{d}V, \tag{1}$$

然后根据磁感强度 $\boldsymbol{B}$ 与矢势 $\boldsymbol{A}$ 的关系

$$\boldsymbol{B}=\nabla\times\boldsymbol{A} \tag{2}$$

和矢量分析的公式，得出

$$\nabla\times\boldsymbol{B}=\mu_0\boldsymbol{j}. \tag{3}$$

再考虑磁介质的影响，引入磁场强度 $\boldsymbol{H}$ 的定义，然后便得出安培环路定理的普遍形式：

$$\oint_L \boldsymbol{H}\cdot\mathrm{d}\boldsymbol{l}=\iint_S \boldsymbol{J}\cdot\mathrm{d}\boldsymbol{S}. \tag{4}$$

第三种是立体角法[8]、[9]，由毕奥-萨伐尔定律出发，载有电流 I 的闭合回路 L' 在空间 P 点（图 1）产生的磁感强度为

$$\boldsymbol{B}=\frac{\mu_0 I}{4\pi}\oint_{L'}\frac{\mathrm{d}\boldsymbol{l}'\times(\boldsymbol{r}-\boldsymbol{r}')}{|\boldsymbol{r}-\boldsymbol{r}'|^3}, \tag{5}$$

把 $\boldsymbol{B}$ 对空间任意闭合环路 L 求线积分（图 2），即得

$$\oint_L \boldsymbol{B}\cdot\mathrm{d}\boldsymbol{l}=\frac{\mu_0 I}{4\pi}\oint_L\oint_{L'}\frac{\mathrm{d}\boldsymbol{l}'\times(\boldsymbol{r}-\boldsymbol{r}')\cdot\mathrm{d}\boldsymbol{l}}{|\boldsymbol{r}-\boldsymbol{r}'|^3}, \tag{6}$$

然后用直观的立体角概念，说明

$$\oint_L\oint_{L'}\frac{\mathrm{d}\boldsymbol{l}'\times(\boldsymbol{r}-\boldsymbol{r}')\cdot\mathrm{d}\boldsymbol{l}}{|\boldsymbol{r}-\boldsymbol{r}'|^3}=\begin{cases}0, & \text{当 } L \text{ 不套住 } L' \text{ 时},\\ 4\pi, & \text{当 } L \text{ 套住 } L' \text{ 时},\end{cases} \tag{7}$$

再用 $\boldsymbol{B}$ 与 $\boldsymbol{H}$ 的关系得出（4）式．

① 本节曾发表在《大学物理》1985 年第 7 期．

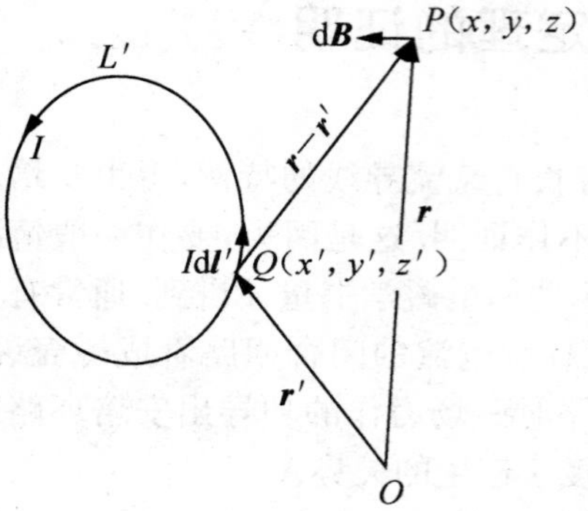

图 1 $Q(x', y', z')$点的电流元 $I\mathrm{d}\boldsymbol{l}'$ 在 $P(x, y, z)$点产生磁感强度 $\mathrm{d}\boldsymbol{B}$

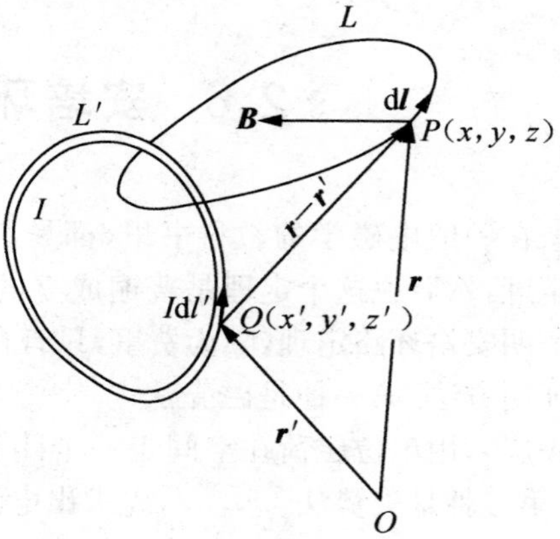

图 2 磁感强度 $\boldsymbol{B}$ 沿环路 L 的线积分

用直观的立体角概念说明(7)式,很费事,不仅要花不少篇幅,而且还不好理解. 在这里,我们给出另一种证法,它不用立体角的概念,而用解析方法证明(7)式. 这种证法是我的学生钱纮于 1981 年提供给我的. 过程如下:

因

$$\frac{\boldsymbol{r}-\boldsymbol{r}'}{|\boldsymbol{r}-\boldsymbol{r}'|^3}=-\nabla\frac{1}{|\boldsymbol{r}-\boldsymbol{r}'|}=\nabla'\frac{1}{|\boldsymbol{r}-\boldsymbol{r}'|}, \tag{8}$$

故(7)式左边的积分可写作

$$\oint_L\oint_{L'}\left[\mathrm{d}\boldsymbol{l}'\times\nabla'\frac{1}{|\boldsymbol{r}-\boldsymbol{r}'|}\right]\cdot\mathrm{d}\boldsymbol{l}. \tag{9}$$

由矢量分析公式[10]

$$\oint_L\mathrm{d}\boldsymbol{l}\times\boldsymbol{A}=\iint_S\nabla(\boldsymbol{A}\cdot\mathrm{d}\boldsymbol{S})-\iint_S\mathrm{d}\boldsymbol{S}\,\nabla\cdot\boldsymbol{A} \tag{10}$$

和

$$\nabla(\boldsymbol{A}\cdot\mathrm{d}\boldsymbol{S})=(\mathrm{d}\boldsymbol{S}\cdot\nabla)\boldsymbol{A}+\mathrm{d}\boldsymbol{S}\times(\nabla\times\boldsymbol{A}), \tag{11}$$

得

$$\oint_L\mathrm{d}\boldsymbol{l}\times\boldsymbol{A}=\iint_S(\mathrm{d}\boldsymbol{S}\cdot\nabla)\boldsymbol{A}+\iint_S\mathrm{d}\boldsymbol{S}\times(\nabla\times\boldsymbol{A})-\iint_S(\nabla\cdot\boldsymbol{A})\mathrm{d}\boldsymbol{S}. \tag{12}$$

利用(12)式,(9)式可化为

$$\oint_L\oint_{L'}\mathrm{d}\boldsymbol{l}'\times\left(\nabla'\frac{1}{|\boldsymbol{r}-\boldsymbol{r}'|}\right)\cdot\mathrm{d}\boldsymbol{l}=\oint_L\iint_{S'}(\mathrm{d}\boldsymbol{S}'\cdot\nabla')\left(\nabla'\frac{1}{|\boldsymbol{r}-\boldsymbol{r}'|}\right)\cdot\mathrm{d}\boldsymbol{l}$$

$$+\oint_L\iint_{S'} \mathrm{d}\boldsymbol{S}'\times\left[\nabla'\times\left(\nabla'\frac{1}{|\boldsymbol{r}-\boldsymbol{r}'|}\right)\right]\cdot\mathrm{d}\boldsymbol{l}$$

$$-\oint_L\iint_{S'} \nabla'\cdot\left(\nabla'\frac{1}{|\boldsymbol{r}-\boldsymbol{r}'|}\right)\mathrm{d}\boldsymbol{S}'\cdot\mathrm{d}\boldsymbol{l}, \tag{13}$$

因

$$(\mathrm{d}\boldsymbol{S}'\cdot\nabla')\left(\nabla'\frac{1}{|\boldsymbol{r}-\boldsymbol{r}'|}\right)\cdot\mathrm{d}\boldsymbol{l}=(\mathrm{d}\boldsymbol{S}'\cdot\nabla')\frac{\boldsymbol{r}-\boldsymbol{r}'}{|\boldsymbol{r}-\boldsymbol{r}'|^3}\cdot\mathrm{d}\boldsymbol{l}$$

$$=-\mathrm{d}\boldsymbol{S}'\cdot\nabla\frac{\boldsymbol{r}-\boldsymbol{r}'}{|\boldsymbol{r}-\boldsymbol{r}'|^3}\cdot\mathrm{d}\boldsymbol{l}=-\mathrm{d}\boldsymbol{S}'\cdot\mathrm{d}\left(\frac{\boldsymbol{r}-\boldsymbol{r}'}{|\boldsymbol{r}-\boldsymbol{r}'|^3}\right), \tag{14}$$

故(13)式右边第一项沿环路 L 的积分为

$$\mathrm{d}\boldsymbol{S}'\cdot\oint_L\mathrm{d}\left(\frac{\boldsymbol{r}-\boldsymbol{r}'}{|\boldsymbol{r}-\boldsymbol{r}'|^3}\right)=0. \tag{15}$$

(13)式右边第二项因被积函数

$$\nabla'\times\left(\nabla'\frac{1}{|\boldsymbol{r}-\boldsymbol{r}'|}\right)=0, \tag{16}$$

故积分为零. 于是(13)式化为

$$\oint_L\oint_{L'}\mathrm{d}\boldsymbol{l}'\times\left(\nabla'\frac{1}{|\boldsymbol{r}-\boldsymbol{r}'|}\right)\cdot\mathrm{d}\boldsymbol{l}=-\oint_L\iint_{S'}\nabla'\cdot\left(\nabla'\frac{1}{|\boldsymbol{r}-\boldsymbol{r}'|}\right)\mathrm{d}\boldsymbol{S}'\cdot\mathrm{d}\boldsymbol{l}, \tag{17}$$

由公式[11]

$$\nabla'\cdot\left(\nabla'\frac{1}{\boldsymbol{r}-\boldsymbol{r}'}\right)=\nabla'^2\frac{1}{|\boldsymbol{r}-\boldsymbol{r}'|}=\nabla^2\frac{1}{|\boldsymbol{r}-\boldsymbol{r}'|}=-4\pi\delta(\boldsymbol{r}-\boldsymbol{r}'), \tag{18}$$

得

$$\oint_L\oint_{L'}\mathrm{d}\boldsymbol{l}'\times\left(\nabla'\frac{1}{\boldsymbol{r}-\boldsymbol{r}'}\right)\cdot\mathrm{d}\boldsymbol{l}=4\pi\oint_L\iint_{S'}\delta(\boldsymbol{r}-\boldsymbol{r}')\mathrm{d}\boldsymbol{S}'\cdot\mathrm{d}\boldsymbol{l}. \tag{19}$$

当 L 套住 L' 时, L 必定要穿过以 L' 为边界的曲面 S', 也就是积分要经过 $\boldsymbol{r}=\boldsymbol{r}'$ 的点, 故

$$\oint_L\iint_{S'}\delta(\boldsymbol{r}-\boldsymbol{r}')\mathrm{d}\boldsymbol{S}'\cdot\mathrm{d}\boldsymbol{l}=1. \tag{20}$$

当 L 不套住 L' 时, 可以选择这样的 S', 使 L 不穿过 S', 这时积分就不经过 $\boldsymbol{r}=\boldsymbol{r}'$ 的点, 故 $\delta(\boldsymbol{r}-\boldsymbol{r}')=0$, 结果积分为零, 即

$$\oint_L\iint_{S'}\delta(\boldsymbol{r}-\boldsymbol{r}')\mathrm{d}\boldsymbol{S}'\cdot\mathrm{d}\boldsymbol{l}=0, \tag{21}$$

由(19)、(20)和(21)三式即得(7)式. 证毕.

参 考 文 献

[1] J. H. Jeans, *The Mathematical Theory of Electricity and Magnetism*, 5th ed. , Cambridge

University Press(1951),pp. 428—429.
[2] W. R. 斯迈思著,戴世强译,《静电学和电动力学》,下册,科学出版社(1982),400—401 页.
[3] W. K. H. Panofsky, M. Phillips, *Classical Electricity and Magnetism*, 2nd ed., Addison-Wesley Pub. Co. (1962), pp. 125—127.
[4] B. I. Bleaney, B. Bleaney, *Electricity and Magnetism*, 2nd ed., Oxford University Press (1965), pp. 130—134.
[5] 郭硕鸿,《电动力学》,人民教育出版社(1980),16—18 页.
[6] D. M. Cook, *The Theory of the Electromagnetic Field*, Prentice-Hall, Inc. (1975), p. 133, pp. 140—141.
[7] P. Lorrain, D. Corson, *Electromagnetic Fields and Waves*, 2nd ed., New York: Freeman (1970), pp. 308—310.
[8] W. T. Scott, *The Physics of Electricity and Magnetism*, New York: Wiley (1959), pp. 267—274.
[9] R. K. Wangsness, *Electromagnetic Fields*, John Wiley & Sons(1979), pp. 267—271.
[10] 同[8], p. 568.
[11] 同[4], p. 3.

§ 2.7 中子星磁场的极限值①

中子星由中子构成,根据天文观测,中子星有很强的磁场,磁感强度 $\boldsymbol{B}$ 的值可达 10^8 到 10^9 T 甚至更高. 近二十年来的研究表明,中子星的结构是很复杂的,其内部物理状态目前还不清楚. 在这里,我们不拟讨论中子星的结构问题,而用一个简单的模型来估算一下中子星磁场的极限值.

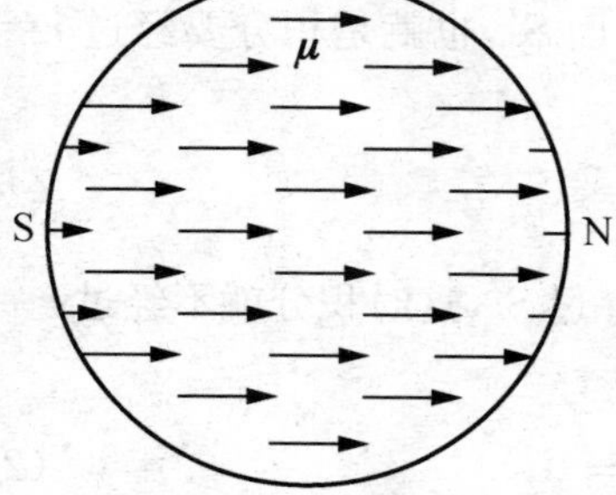

图 1 假定中子星由磁矩为 $\boldsymbol{\mu}$ 的中子沿同一方面密集排列而成

根据中子星的密度(10^{17} 至 10^{18} kg/m^3),假定中子星由中子密集排列而成,它的磁场来自于中子的磁矩 $\boldsymbol{\mu}$, $\boldsymbol{\mu}$ 都沿同一方向排列,如图 1 所示. 因为这种模型产生的磁场最强,所以我们就用它来估算中子星磁场的极限值.

已知中子的半径约为

① 本节曾发表在《大学物理》1984 年第 5 期.

$$r=8\times10^{-16}\,\mathrm{m}, \tag{1}$$

故中子的体积约为

$$v=\frac{4\pi}{3}r^3=2\times10^{-45}\,\mathrm{m}^3, \tag{2}$$

因此,在中子星里,单位体积(每立方米)的中子数便为

$$n=\frac{1}{v}=5\times10^{44}\text{个}/\mathrm{m}^3, \tag{3}$$

因为中子的磁矩 $\boldsymbol{\mu}$ 都沿同一方向排列,所以中子星的磁化强度便为

$$\boldsymbol{M}=n\boldsymbol{\mu}, \tag{4}$$

已知中子磁矩 $\boldsymbol{\mu}$ 的大小为

$$\mu=9.65\times10^{-27}\,\mathrm{A\cdot m^2}, \tag{5}$$

由(3)、(4)、(5)三式得中子星的磁化强度 $\boldsymbol{M}$ 的值为

$$M=5\times10^{18}\,\mathrm{A/m}. \tag{6}$$

知道了中子星的磁化强度,就可以求出它的磁场来. 求的方法通常是解磁标势的拉普拉斯方程,利用边界条件写出系数,然后再求磁场强度和磁感强度[1]. 在这里,我们用初等方法来求磁感强度. 为此,把中子星的磁场看做是由等效电流产生的,先由磁化强度 $\boldsymbol{M}$ 求出等效电流,然后再由等效电流求磁感强度.

已知等效电流与磁化强度的关系为[2]

$$\text{电流密度 } \boldsymbol{j}=\nabla\times\boldsymbol{M}, \tag{7}$$

$$\text{面电流密度 } \boldsymbol{K}=\boldsymbol{M}\times\boldsymbol{n}, \tag{8}$$

式中 $\boldsymbol{n}$ 是中子星表面外法线方向上的单位矢量. $\boldsymbol{K}$ 和 $\boldsymbol{M}$ 的关系如图 2 所示. 因假定中子是密集排列的,即中子星是均匀磁化的,于是由(7)式知 $\boldsymbol{j}=0$. 这表明,中子星的磁场可看成是它的表面上有一层面电流 $\boldsymbol{K}$ 产生的. 下面就由 $\boldsymbol{K}$ 求磁场.

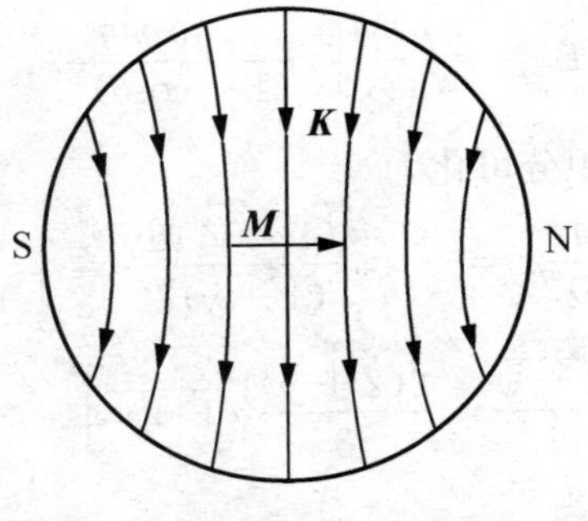

图 2　面电流密度 $\boldsymbol{K}$ 与磁化强度 $\boldsymbol{M}$ 的关系

已知半径为 r 的圆环电流 $\mathrm{d}I$ 在轴线上离环心为 x 处产生的磁感强度 $\mathrm{d}\boldsymbol{B}$ 的大小为

$$\mathrm{d}B=\frac{\mu_0 r^2\mathrm{d}I}{2(r^2+x^2)^{3/2}}, \tag{9}$$

$\mathrm{d}\boldsymbol{B}$ 的方向如图 3 所示. 我们就用这个公式求中子星表面磁极(如 N 极)处的磁感强度. 因为这个地方的磁感强度的值最大,我们用 $B_{\max}$ 表示. 如图 4 所示,θ 处的圆环电流 $\mathrm{d}I=KR\mathrm{d}\theta=MR\sin\theta\mathrm{d}\theta$,在 N 点产生的磁感强度的大小为

$$\mathrm{d}B_{\max}=\frac{\mu_0(R\sin\theta)^2MR\sin\theta\mathrm{d}\theta}{2[(R\sin\theta)^2+(R-R\cos\theta)^2]^{3/2}}=\frac{\mu_0 M}{4\sqrt{2}}\frac{\sin^3\theta\mathrm{d}\theta}{(1-\cos\theta)^{3/2}}, \tag{10}$$

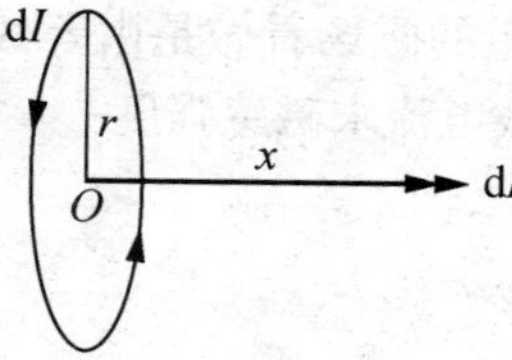

图 3 圆环电流 $\mathrm{d}I$ 在轴线上离环心为 x 处产生的磁感强度为 $\mathrm{d}\boldsymbol{B}$

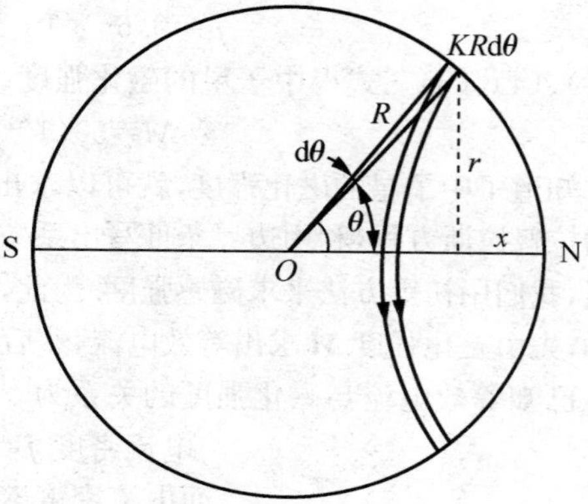

图 4 由面电流 $\boldsymbol{K}$ 求磁极 N 处的磁感强度

积分,便得整个中子星在 N 点产生的磁感强度的大小为

$$B_{\max}=\frac{\mu_0 M}{4\sqrt{2}}\int_0^{\pi}\frac{\sin^3\theta\mathrm{d}\theta}{(1-\cos\theta)^{3/2}}, \tag{11}$$

令 $y=\cos\theta$,则上式中的积分可化为

$$\begin{aligned}\int_0^{\pi}\frac{\sin^3\theta\mathrm{d}\theta}{(1-\cos\theta)^{3/2}}&=-\int_1^{-1}\frac{(1-y^2)\mathrm{d}y}{(1-y)^{3/2}}=\int_{-1}^{1}\frac{1+y}{\sqrt{1-y}}\mathrm{d}y\\&=\left[\frac{2\sqrt{1-y}}{-1}-\frac{2(2+y)}{3}\sqrt{1-y}\right]_{-1}^{1}=\frac{8}{3}\sqrt{2},\end{aligned} \tag{12}$$

代入(11)式,便得

$$B_{\max}=\frac{2}{3}\mu_0 M, \tag{13}$$

把(6)式的值代入(13)式,便得

$$B_{max}=\frac{2}{3}\times4\pi\times10^{-7}\times5\times10^{18}\,\mathrm{T}=4\times10^{12}\,\mathrm{T}, \tag{14}$$

这就是由上述简单模型得出的中子星磁感强度的极限值.

参 考 文 献

[1] 郭硕鸿,《电动力学》,人民教育出版社(1980),95—96 页.

[2] D. M. Cook, *The Theory of the Electromagnetic Field*, Prentice-Hall, Inc. (1975), p. 298.

第三章　变化的电场和磁场

§3.1　麦克斯韦的巨著《电磁论》中关于几个基本量的论述

麦克斯韦(J. C. Maxwell,1831—1879)于 1864 年提出了电磁场的普遍方程,从而奠定了电动力学的基础.之后,又于 1873 年出版了他的巨著《电磁论》[①](*A Treatise on Electricity and Magnetism*).这部巨著包括了电磁学的各个分支学科,代表了当时电磁学的最高成就,被后人誉为是自然科学中堪与牛顿的《自然哲学的数学原理》并列的最重要的著作之一.麦克斯韦逝世后,《电磁论》曾两次再版(1881 年第二版,1892 年第三版),以后还重印过多次.1955 年的重印本为两卷本,除引言外,内容分为四大部分:第一部分是静电学,有 13 章;第二部分是电运动学(electrokinematics),有 12 章;第三部分是磁学,有 8 章;第四部分是电磁学,有 23 章.《电磁论》对后来的电磁学的影响是巨大的,20 世纪初出版的金斯(J. H. Jeans)的名著《电磁学的数学理论》(*The Mathematical Theory of Electricity and Magnetism*)就是按照《电磁学》为学生写的教科书.

今天,教师在讲电磁学和编写电磁学的书籍时,对于几个基本量如电场强度、电势、电位移、磁场强度和磁感强度等的引入和定义,都是经过精心考虑的.如果参看一下麦克斯韦在《电磁论》里对这些量的论述,也许是有益的.现将其中有关段落摘译出来,以供参考.

1. 电位移

“当电动势作用在一个导电媒质上时,它将引起一个通过导电媒质的电流;但如果媒质是一个非导体或介电体,则电流就不能{持续}流过媒质,可是在媒

① 也有人译成《电磁学通论》.

质内部,电却沿电动强度(electromotive intensity)[①]的方向被位移了,这种移动的程度与电动强度的大小有关.因此,如果电动强度增大或减小,电位移(electric displacement)便以同样的比例增大或减小.

在位移从零增大到它的实际大小时,位移的大小由跨过单位面积的电量来量度.因此,这是电极化强度(electric polarization)的量度.

电动强度在引起电位移中的作用与通常机械力在引起弹性体的位移中的作用之间的相似性是如此之明显,以至于我曾冒险地把电动强度与相应的电位移之比叫做媒质的电弹性系数(coefficient of electric elasticity).这个系数对于不同的媒质是不同的,并且与每个媒质的电容比(specific inductive capacity)成反比.

电位移的变化显然构成电流.然而,这种电流只在位移变化的时候才存在.因此,由于位移不能超过某一定值而不引起击穿放电(disruptive discharge),所以,它们不能像通过导体的电流那样在同一方向上无限期地持续下去."(第Ⅰ卷,65页)

2. 电场强度

"为了简化数学过程,考虑一个带电体的下述作用是方便的,这种作用不是作用在任意形状的其他物体上,而是作用在一个带有无穷小电量的无穷小物体上,这无穷小物体放在电的作用所及的空间里的任何一点.假定这个物体上的电荷为无穷小,就可以使原物体上的电荷感觉不到它的作用.

设 e 为小物体上的电荷,当它处在点(x,y,z)上时,作用在它上面的力为 Re,并设力的方向余弦为 l,m,n,则我们就可以把 R 叫做在点(x,y,z)的合电场强度(resultant electric intensity).

如果 X,Y,Z 表示 R 的分量,则

$$X=Rl,\ Y=Rm,\ Z=Rn.$$

在说到一点的合电场强度时,并不一定含有任何力确实作用在该点的意思,而只是意味着,如果有一个带电荷为 e 的物体放在该点,它将受到 Re 的作用力.[②]

定义　一点的合电场强度是作用在带单位正电荷的小物体上的力,如果这

① 麦克斯韦在这里所用的"电动强度"(electromotive intensity)一词,相当于我们今天的电场强度.参看下文电场强度便知.

② 电磁学里的电场强度和磁场强度相当于重物体理论中的重力强度,重力强度通常用 g 表示.

物体放在该点而不扰动电荷的实际分布.

这个力不仅有移动带电的物体的趋势，而且还有移动物体内的电荷的趋势，因此正电荷有沿 R 的方向移动的趋势，而负电荷则有往反方向移动的趋势. 所以量 R 也叫做点 (x,y,z) 的电动强度(Electromotive Intensity). ”(第Ⅰ卷，75 页)

3. 电势

“**电势的定义** 一点的电势是把单位正电荷从该点(假定这电荷放在该点而不扰乱电的分布)移到无穷远处电场力所作的功；或者，也是一样，外力把单位正电荷从无穷远处(或从电势为零的任何地方)移到该点所必需作的功. ”(第Ⅰ卷，78 页)

4. 磁化强度

“**磁化强度** 一个磁性粒子的磁化强度是它的磁矩与它的体积的比. 我们用 I 表示. ”(第Ⅱ卷，9 页)

5. 磁场强度和磁感强度

“让我们考虑磁体的一部分，在它的内部，磁化强度的大小和方向都是均匀的. 设在这部分磁体内挖一个圆柱形的空腔，其轴线平行于磁化强度的方向，并假定单位强度的磁极放在它轴线上的中点.

……

当这空腔是一个细长的圆柱形，其轴线平行于磁化强度的方向时，则腔内的磁力(magnetic force)[①]就不受圆柱形两端的面分布的影响，因而这个力的分量就简单地是 α,β,γ，这里

$$\alpha=-\frac{\mathrm{d}V}{\mathrm{d}x},\ \beta=-\frac{\mathrm{d}V}{\mathrm{d}y},\ \gamma=-\frac{\mathrm{d}V}{\mathrm{d}z}.$$

我们把这种形状的空腔中的力定义为磁体内的磁力. 威廉·汤姆孙爵士曾把这个力叫做磁力的极定义(polar definition of magnetic force). 当我们考虑到这个力是矢量时，我们用 $\boldsymbol{H}$ 表示它.

……

当空腔是一个薄圆饼形，其平面与磁化强度方向垂直时，放在它的轴线上中点的一个单位磁极由于腔的两面上有面磁(superficial magnetism)而受到大

① 此处“磁力”系指放在空腔轴线上中点的单位强度的磁极所受的力. ——译注

小为 $4\pi I$ 的力，力的方向沿磁化的方向.

……

我们把薄圆饼形空腔（其平面垂直于磁化强度的方向）内的力①定义为磁体内的磁感强度(magnetic induction). 威廉·汤姆孙爵士曾把这个力叫做磁力的电磁定义(electromagnetic definition of magnetic force).

三个矢量，磁化强度 $\boldsymbol{I}$，磁力 $\boldsymbol{H}$ 和磁感强度 $\boldsymbol{B}$，由下列矢量方程关联着：

$$\boldsymbol{B}=\boldsymbol{H}+4\pi\boldsymbol{I}.$$ ”

（第Ⅱ卷，23—25 页）

参考文献

J. C. Maxwell, *A Treatise on Electricity and Magnetism*, 3rd ed. (reprinted 1955), Oxford University Press.

§3.2　边值关系的几何意义

一些电磁学书上讲到，在两个各向同性介质交界面上没有自由电荷的情况下，电场的边值关系②为：电场强度 $\boldsymbol{E}$ 的切向分量是连续的，电位移 $\boldsymbol{D}$ 的法向分量是连续的. 设交界面上第一个介质那边的电场强度为 $\boldsymbol{E}_1$，电位移为 $\boldsymbol{D}_1$，第二个介质那边的电场强度为 $\boldsymbol{E}_2$，电位移为 $\boldsymbol{D}_2$；$\boldsymbol{E}_1$ 和 $\boldsymbol{E}_2$ 的切向分量（平行于交界面的分量）分别为 E_{1t} 和 E_{2t}，$\boldsymbol{D}_1$ 和 $\boldsymbol{D}_2$ 的法向分量（垂直于交界面的分量）分别为 $\boldsymbol{D}_{1n}$ 和 $\boldsymbol{D}_{2n}$，则上述关系可表示为

$$E_{2t}=E_{1t},\tag{1}$$

$$D_{2n}=D_{1n}.\tag{2}$$

这样表述虽然不错，但并没有把电场强度和电位移的边值关系透彻地表示出来. 因为通过交界面上一点的法线只有一条，而通过该点的切线却有无穷多条. 说切向分量（即 $E_{2t}=E_{1t}$），并没有明确说明 E_{2t} 和 E_{1t} 是同一条切线上的分量. 而事实上，E_{2t} 和 E_{1t} 应该是同一条切线上的分量.

能够透彻地表示出边值关系的，是由电场的基本规律推出的下列两式：

$$\boldsymbol{n}\times(\boldsymbol{E}_2-\boldsymbol{E}_1)=0,\tag{3}$$

---

① 此处“力”系指放在空腔轴线上中点的单位强度的磁极所受的力. ——译注

② 一般外国书上称为边界条件(boundary conditions).

$$\boldsymbol{n}\cdot(\boldsymbol{D}_2-\boldsymbol{D}_1)=0, \tag{4}$$

式中 $\boldsymbol{n}$ 是交界面法线方向上的单位矢量. 下面我们讲一下(3)、(4)两式的几何意义. (3)式说,矢量 $\boldsymbol{E}_2-\boldsymbol{E}_1$ 必须与交界面垂直,也就是说,$\boldsymbol{E}_2$ 必定在 $\boldsymbol{E}_1$ 和 $\boldsymbol{n}$ 构成的平面内,并且 $\boldsymbol{E}_2$ 在交界面上的投影必定与 $\boldsymbol{E}_1$ 在交界面上的投影重合,如图 1 所示. 由于所考虑的是各向同性的介质,故 $\boldsymbol{D}_1$ 与 $\boldsymbol{E}_1$ 同方向,$\boldsymbol{D}_2$ 与 $\boldsymbol{E}_2$ 同方向. (4)式说,矢量 $\boldsymbol{D}_2-\boldsymbol{D}_1$ 与交界面平行. 由此可见,$\boldsymbol{E}_1,\boldsymbol{D}_1,\boldsymbol{E}_2,\boldsymbol{D}_2$ 和 $\boldsymbol{n}$ 这 5 个矢量都在同一平面内,并且矢量 $\boldsymbol{E}_2-\boldsymbol{E}_1$ 垂直于交界面,而矢量 $\boldsymbol{D}_2-\boldsymbol{D}_1$ 则平行于交界面,它们的关系如图 2 所示.

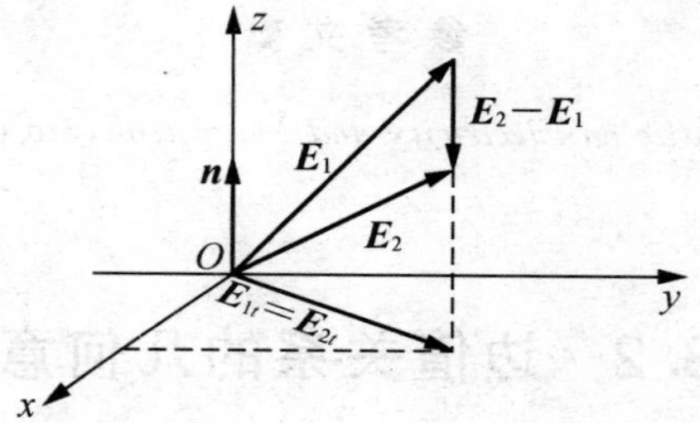

图 1　$\boldsymbol{E}_1,\boldsymbol{E}_2$ 和 $\boldsymbol{n}$ 三者在同一平面内,
且 $\boldsymbol{E}_1$ 和 $\boldsymbol{E}_2$ 在交界面上的投影重合.

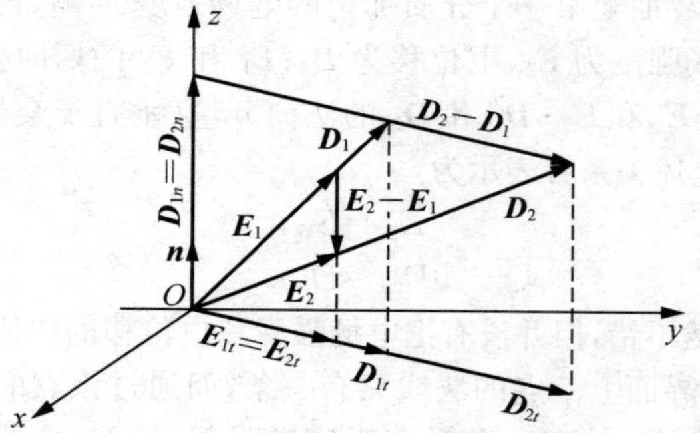

图 2　两介质的交界面为 xy 平面,$\boldsymbol{n}$ 是法线方向的单位矢量,
从介质 2 指向介质 1. $(\boldsymbol{E}_1-\boldsymbol{E}_2)\parallel\boldsymbol{n}$, $(\boldsymbol{D}_1-\boldsymbol{D}_2)\perp\boldsymbol{n}$.

§3.3　两个数学问题

1. 当介质发生极化时，设极化电荷产生的电场强度为 $\boldsymbol{E}'$，则任意取高斯面 S，便有

$$\oint\!\!\!\oint_S \boldsymbol{E}' \cdot \mathrm{d}\boldsymbol{S} = \frac{q'}{\varepsilon_0}, \tag{1}$$

又由极化电荷的体密度 ρ' 与电极化强度 $\boldsymbol{P}$ 的关系

$$\rho' = -\nabla \cdot \boldsymbol{P}, \tag{2}$$

得

$$q' = \iiint_V \rho' \mathrm{d}V = -\iiint_V \nabla \cdot \boldsymbol{P} \mathrm{d}V, \tag{3}$$

再由矢量分析的高斯公式

$$\iiint_V \nabla \cdot \boldsymbol{P} \mathrm{d}V = \oint\!\!\!\oint_S \boldsymbol{P} \cdot \mathrm{d}\boldsymbol{S}, \tag{4}$$

得

$$q' = -\oint\!\!\!\oint_S \boldsymbol{P} \cdot \mathrm{d}\boldsymbol{S}. \tag{5}$$

由(1)和(5)两式，得

$$\oint\!\!\!\oint_S \varepsilon_0 \boldsymbol{E}' \cdot \mathrm{d}\boldsymbol{S} = -\oint\!\!\!\oint_S \boldsymbol{P} \cdot \mathrm{d}\boldsymbol{S},$$

故

$$\oint\!\!\!\oint_S (\varepsilon_0 \boldsymbol{E}' + \boldsymbol{P}) \cdot \mathrm{d}\boldsymbol{S} = 0. \tag{6}$$

因为高斯面 S 是任意取的，故得

$$\varepsilon_0 \boldsymbol{E}' + \boldsymbol{P} = 0,\ \text{或}\ \varepsilon_0 \boldsymbol{E}' = -\boldsymbol{P}. \tag{7}$$

这个结果显然是错误的. 因为在介质外，$\boldsymbol{P}=0$，而极化电荷产生的电场 $\boldsymbol{E}'$ 一般不为零，所以(7)式不能成立. 我们来检查导致这个错误的原因.

从(1)式到(6)式都是对的，但由(6)式不能得到(7)式. 尽管(6)式对任意封闭曲面 S 都成立，但它不是一般的定积分，因此不能由这个积分为零，就得出被积函数为零的结论. 从物理上看，(6)式只要求穿过封闭曲面 S 的 $\varepsilon_0 \boldsymbol{E}' + \boldsymbol{P}$ 的通量为零，即穿出 S 的通量等于进入 S 的通量，它并不要求 $\varepsilon_0 \boldsymbol{E}' + \boldsymbol{P}$ 在 S 上处处为零. 例如，穿过任意封闭曲面 S 的磁通量恒为零，即

$$\oiint_S \boldsymbol{B} \cdot \mathrm{d}\boldsymbol{S} = 0, \tag{8}$$

我们不能由(8)式得出 $\boldsymbol{B}=0$ 的结论. 与此类似,在静电场中,对于任意的闭合曲线 L,恒有

$$\oint_L \boldsymbol{E} \cdot \mathrm{d}\boldsymbol{l} = 0, \tag{9}$$

我们不能由此得出 $\boldsymbol{E}=0$ 的结论.

2. 有人得出磁感强度 $\boldsymbol{B}$ 恒为零的结论,他的论证如下:"因为

$$\nabla \cdot \boldsymbol{B}=0, \tag{10}$$

所以根据矢量分析,就必定有矢势 $\boldsymbol{A}$ 存在,使得 $\boldsymbol{B}$ 可以用 $\boldsymbol{A}$ 的旋度来表示,即

$$\boldsymbol{B}=\nabla\times\boldsymbol{A}, \tag{11}$$

又由(10)式,得

$$\oiint_S \boldsymbol{B} \cdot \mathrm{d}\boldsymbol{S} = 0, \tag{8}$$

由矢量分析的斯托克斯公式,得

$$\oiint_S \boldsymbol{B} \cdot \mathrm{d}\boldsymbol{S} = \oiint_S \nabla\times\boldsymbol{A} \cdot \mathrm{d}\boldsymbol{S} = \oint_L \boldsymbol{A} \cdot \mathrm{d}\boldsymbol{l}, \tag{12}$$

由(8)、(12)两式,得

$$\oint_L \boldsymbol{A} \cdot \mathrm{d}\boldsymbol{l} = 0, \tag{13}$$

根据矢量分析,(13)式表示必定有势函数 φ 存在,使得

$$\boldsymbol{A}=\nabla\varphi. \tag{14}$$

由于

$$\nabla\times(\nabla\varphi)\equiv 0, \tag{15}$$

故由(11)、(14)和(15)三式得 $\boldsymbol{B}\equiv 0$."

这个结论显然是错误的. 他的错误出在什么地方呢? 在(12)式右边的等号. 因为矢量分析的斯托克斯公式是

$$\iint_S \nabla\times\boldsymbol{A} \cdot \mathrm{d}\boldsymbol{S} = \oint_L \boldsymbol{A} \cdot \mathrm{d}\boldsymbol{l}, \tag{16}$$

式中 S 是以 L 为边界的任意一块空间曲面,而不是封闭曲面. (12)式中左边的等号是对的,但这个等号的右边是封闭曲面,不满足斯托克斯公式(16)所要求的条件,故(12)式右边的等号便不对,所以(13)式也就不成立,因而(14)式也不成立.

§3.4　电磁学中几个简单问题里的椭圆积分①

在电磁学里，有些问题很简单，但由于涉及的数学稍为复杂一些，其结果不能用有限项的初等函数表示，一般教科书上便不提及. 这里举几个需要用椭圆积分表示的例子.

1. 均匀圆环电荷的电势

电荷 q 均匀分布在半径为 a 的圆环上，在轴线上离环心为 r 处产生的电势为

$$U(r)=\frac{q}{4\pi\varepsilon_0\sqrt{a^2+r^2}},\tag{1}$$

很多电磁学教科书上都有这个例子.

现在考虑这圆环电荷在轴外任一点产生的电势. 如图 1 所示，以环心 O 为原点，取球坐标系. 设 $P(r,\theta,\phi)$ 为空间任一点. 根据对称性，知圆环电荷在 P 点产生的电势 $U(r,\theta,\phi)$ 与 P 点的方位角 ϕ 无关；因此，为简单起见，取 $\phi=0$. 环上 $S(a,\frac{\pi}{2},\phi')$ 处电荷元

$$\mathrm{d}q=\frac{q}{2\pi a}a\,\mathrm{d}\phi'=\frac{q}{2\pi}\mathrm{d}\phi'\tag{2}$$

在 P 点产生的电势为

$$U(r,\theta)=\frac{\mathrm{d}q}{4\pi\varepsilon_0 R}=\frac{q}{8\pi^2\varepsilon_0}\frac{\mathrm{d}\phi'}{R},\tag{3}$$

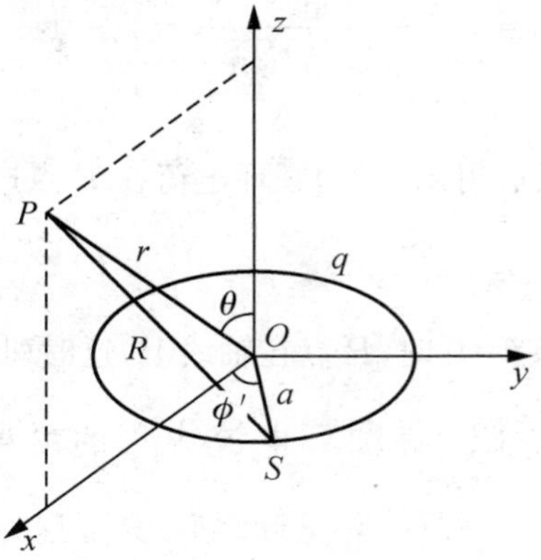

图 1

式中

$$R=\sqrt{a^2+r^2-2ar\sin\theta\cos\phi'}.\tag{4}$$

将(4)式代入(3)式，并对 ϕ' 积分，便得圆环电荷在 P 点产生的电势为

$$U(r,\theta)=\frac{q}{8\pi^2\varepsilon_0}\int_0^{2\pi}\frac{\mathrm{d}\phi'}{\sqrt{a^2+r^2-2ar\sin\theta\cos\phi'}}.\tag{5}$$

① 本节曾发表在《大学物理》2002 年第 4 期.

在一般情况下，这个积分是椭圆积分，不能用初等函数的有限项表示. 下面我们将它化为标准形式. 令

$$\phi'=\pi+2\psi, \tag{6}$$

则(5)式便化成

$$U(r,\theta)=\frac{q}{8\pi^2\varepsilon_0}\int_{-\pi/2}^{\pi/2}\frac{2\mathrm{d}\psi}{\sqrt{a^2+r^2+2ar\sin\theta-4ar\sin\theta\sin^2\psi}}$$
$$=\frac{q}{4\pi^2\varepsilon_0}\frac{1}{\sqrt{a^2+r^2+2ar\sin\theta}}\int_{-\pi/2}^{\pi/2}\frac{\mathrm{d}\psi}{\sqrt{1-k^2\sin^2\psi}}, \tag{7}$$

式中

$$k^2=\frac{4ar\sin\theta}{a^2+r^2+2ar\sin\theta}<1, \tag{8}$$

因$\sqrt{1-k^2\sin^2\psi}$是ψ的以π为周期的函数，故

$$\int_{-\pi/2}^{\pi/2}\frac{\mathrm{d}\psi}{\sqrt{1-k^2\sin^2\psi}}=2\int_0^{\pi/2}\frac{\mathrm{d}\psi}{\sqrt{1-k^2\sin^2\psi}}. \tag{9}$$

(9)式中的积分叫做第一种全椭圆积分，通常用K表示：

$$\mathrm{K}=\int_0^{\pi/2}\frac{\mathrm{d}\psi}{\sqrt{1-k^2\sin^2\psi}}=\frac{\pi}{2}\left[1+\left(\frac{1}{2}\right)^2k^2+\left(\frac{1\cdot3}{2\cdot4}\right)^2k^4+\left(\frac{1\cdot3\cdot5}{2\cdot4\cdot6}\right)^2k^6+\cdots\right]. \tag{10}$$

最后得出：均匀圆环电荷在P点产生的电势为

$$U(r,\theta)=\frac{q}{2\pi^2\varepsilon_0}\frac{\mathrm{K}}{\sqrt{a^2+r^2+2ar\sin\theta}}, \tag{11}$$

当$\theta=0$时，P点在轴线上，这时(11)式便化为(1)式.

2. 椭圆环电流中心的磁感强度

一导线环呈椭圆形，其方程为

$$\frac{x^2}{a^2}+\frac{y^2}{b^2}=1, \tag{12}$$

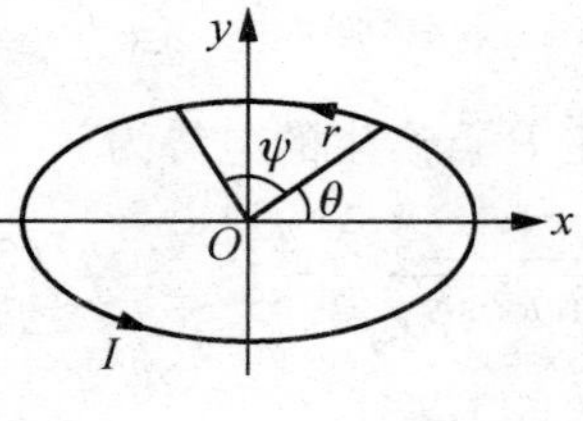

图 2

当这导线中载有电流I时，求I在环中心产生的磁感强度. 如图2所示，用平面极坐标表示，椭圆方程(12)可化为

$$\frac{1}{r}=\frac{1}{ab}\sqrt{b^2\cos^2\theta+a^2\sin^2\theta}. \tag{13}$$

令

$$\psi=\theta+\frac{\pi}{2}, \tag{14}$$

则(13)式可化为

$$\frac{1}{r}=\frac{1}{ab}\sqrt{b^2\sin^2\psi+a^2\cos^2\psi}=\frac{1}{ab}\sqrt{a^2-(a^2-b^2)\sin^2\psi}$$
$$=\frac{1}{b}\sqrt{1-\frac{c^2}{a^2}\sin^2\psi}=\frac{1}{b}\sqrt{1-e^2\sin^2\psi}, \tag{15}$$

式中

$$e=\frac{c}{a}=\frac{\sqrt{a^2-b^2}}{a} \tag{16}$$

为椭圆的偏心率.

根据毕奥-萨伐尔定律,这椭圆环电流 I 在中心 O 产生的磁感强度为

$$\boldsymbol{B}_O=\oint\frac{\mu_0 I\mathrm{d}\boldsymbol{l}\times\boldsymbol{r}}{4\pi r^3}=\frac{\mu_0 I}{4\pi}\oint\frac{\mathrm{d}\boldsymbol{l}\times\boldsymbol{r}}{r^3}, \tag{17}$$

式中 $\boldsymbol{r}$ 是电流元 $I\mathrm{d}\boldsymbol{l}$ 到 O 的矢量,如图 3,

$$\mathrm{d}\boldsymbol{l}\times\boldsymbol{r}=(\mathrm{d}l)r\sin\varphi\boldsymbol{e}_I, \tag{18}$$

式中 $\boldsymbol{e}_I$ 为垂直纸面向外的单位矢量. 由图 3 可见

$$(\mathrm{d}l)\sin\varphi=r\mathrm{d}\theta, \tag{19}$$

将(19)式代入(18)式,然后代入(17)式,便得

$$\boldsymbol{B}_O=\frac{\mu_0 I}{4\pi}\boldsymbol{e}_I\int_0^{2\pi}\frac{\mathrm{d}\theta}{r}=\frac{\mu_0 I}{4\pi b}\boldsymbol{e}_I\int_0^{2\pi}\sqrt{1-e^2\sin^2\psi}\,\mathrm{d}\psi$$
$$=\frac{\mu_0 I}{\pi b}\boldsymbol{e}_I\int_0^{\pi/2}\sqrt{1-e^2\sin^2\psi}\,\mathrm{d}\psi. \tag{20}$$

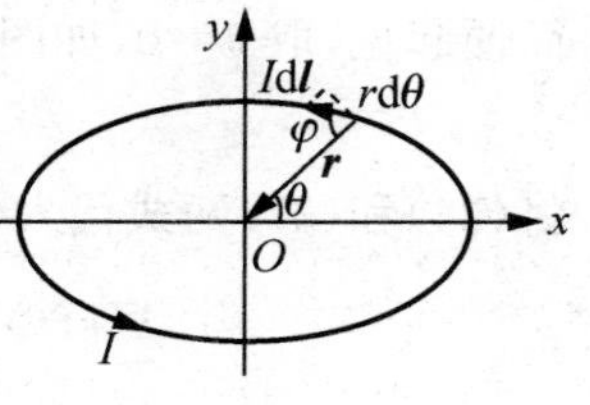

图 3

(20)式中的积分叫做第二种全椭圆积分,通常用 E 表示:

$$\mathrm{E}=\int_0^{\pi/2}\sqrt{1-e^2\sin^2\psi}\,\mathrm{d}\psi$$
$$=\frac{\pi}{2}\left[1-\left(\frac{1}{2}\right)^2e^2-\left(\frac{1\cdot 3}{2\cdot 4}\right)^2\frac{e^4}{3}-\left(\frac{1\cdot 3\cdot 5}{2\cdot 4\cdot 6}\right)^2\frac{e^6}{5}-\cdots\right], \tag{21}$$

将(21)式代入(20)式,便得椭圆环电流 I 在其中心产生的磁感强度为

$$\boldsymbol{B}_O=\frac{\mu_0 I}{\pi b}\mathrm{E}\boldsymbol{e}_I\,. \tag{22}$$

当 $e=0$ 时,椭圆蜕化为圆,这时 $a=b$, $\mathrm{E}=\frac{\pi}{2}$,(22)式便化为

$$\boldsymbol{B}_O=\frac{\mu_0 I}{2a}\boldsymbol{e}_I, \tag{23}$$

这便是半径为 a 的圆电流 I 在圆心产生的磁感强度.

3. 圆环电流的矢势

电流 I 沿半径为 a 的圆环流动,以圆环心 O 为原点,轴线为 z 轴,取坐标系如图 4 所示. 圆环上 S 处的电流元 $I\mathrm{d}\boldsymbol{l}$ 为

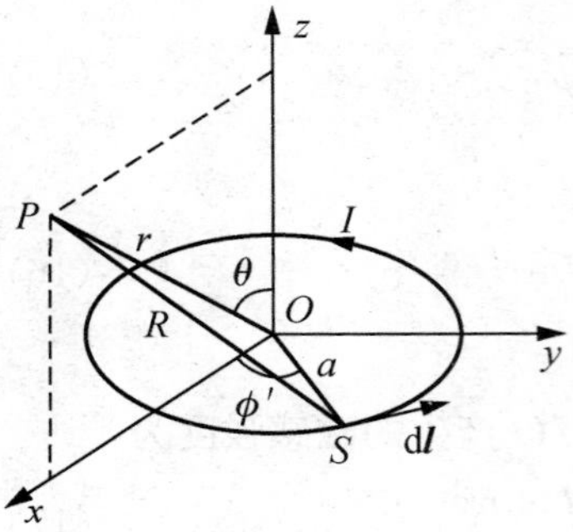

图 4

$$I\mathrm{d}\boldsymbol{l}=Ia(-\sin\phi'\boldsymbol{e}_x+\cos\phi'\boldsymbol{e}_y)\mathrm{d}\phi', \quad (24)$$

这电流元在空间任一点 P 产生的矢势依定义为

$$\mathrm{d}\boldsymbol{A}=\frac{\mu_0 I\mathrm{d}\boldsymbol{l}}{4\pi R}, \quad (25)$$

式中 R 是 S 到 P 的距离. 积分便得圆电流 I 在 P 点产生的矢势为

$$\boldsymbol{A}=\frac{\mu_0 I}{4\pi}\oint\frac{\mathrm{d}\boldsymbol{l}}{R}. \quad (26)$$

由对称性可知,$\boldsymbol{A}$ 的大小 $|\boldsymbol{A}|=A$ 只与 P 点的坐标 r 和 θ 有关,而与方位角 ϕ 无关. 因此,为简便起见,取 $\phi=0$,如图 4 所示. 这时

$$R=\sqrt{a^2+r^2-2ar\sin\theta\cos\phi'}. \quad (27)$$

将(24)和(27)两式代入(26)式,便得

$$\boldsymbol{A}(r,\theta)=\frac{\mu_0 Ia}{4\pi}\int_0^{2\pi}\frac{(-\sin\phi'\boldsymbol{e}_x+\cos\phi'\boldsymbol{e}_y)\mathrm{d}\phi'}{\sqrt{a^2+r^2-2ar\sin\theta\cos\phi'}}, \quad (28)$$

其中

$$\int_0^{2\pi}\frac{\sin\phi'\mathrm{d}\phi'}{\sqrt{a^2+r^2-2ar\sin\theta\cos\phi'}}=-\frac{1}{ar\sin\theta}\sqrt{a^2+r^2-2ar\sin\theta\cos\phi'}\Big|_0^{2\pi}=0, \quad (29)$$

因在球坐标系里,图 4 中 P 点 $\boldsymbol{e}_y=\boldsymbol{e}_\phi$,故得

$$\boldsymbol{A}(r,\theta)=\frac{\mu_0 Ia}{4\pi}\boldsymbol{e}_\phi\int_0^{2\pi}\frac{\cos\phi'\mathrm{d}\phi'}{\sqrt{a^2+r^2-2ar\sin\theta\cos\phi'}}. \quad (30)$$

(30)式中的积分一般是椭圆积分. 下面我们将它化成用全椭圆积分 K 和 E 表示. 令

$$k^2=\frac{4ar\sin\theta}{a^2+r^2+2ar\sin\theta}, \quad (31)$$

利用(6)式,便得

$$\boldsymbol{A}(r,\theta)=\frac{\mu_0 Ia}{4\pi}\boldsymbol{e}_\phi\int_{-\pi/2}^{\pi/2}\frac{2(2\sin^2\psi-1)\mathrm{d}\psi}{\sqrt{a^2+r^2+2ar\sin\theta-4ar\sin\theta\sin^2\psi}}$$

$$=\frac{\mu_0 Ia\boldsymbol{e}_\phi}{\pi\sqrt{a^2+r^2+2ar\sin\theta}}\left[\int_0^{\pi/2}\frac{2\sin^2\psi\mathrm{d}\psi}{\sqrt{1-k^2\sin^2\psi}}-\int_0^{\pi/2}\frac{\mathrm{d}\phi}{\sqrt{1-k^2\sin^2\psi}}\right],\tag{32}$$

其中

$$\int_0^{\pi/2}\frac{\mathrm{d}\psi}{\sqrt{1-k^2\sin^2\psi}}=\mathrm{K},\tag{33}$$

$$\int_0^{\pi/2}\frac{2\sin^2\psi\mathrm{d}\psi}{\sqrt{1-k^2\sin^2\psi}}=\frac{2}{k^2}\left[\int_0^{\pi/2}\frac{\mathrm{d}\psi}{\sqrt{1-k^2\sin^2\psi}}-\int_0^{\pi/2}\sqrt{1-k^2\sin^2\psi}\mathrm{d}\psi\right]$$
$$=\frac{2}{k^2}(\mathrm{K}-\mathrm{E}),\tag{34}$$

式中

$$\mathrm{E}=\int_0^{\pi/2}\sqrt{1-k^2\sin^2\psi}\mathrm{d}\psi$$
$$=\frac{\pi}{2}\left[1-\left(\frac{1}{2}\right)^2k^2-\left(\frac{1\cdot3}{2\cdot4}\right)\frac{k^4}{3}-\left(\frac{1\cdot3\cdot5}{2\cdot4\cdot6}\right)^2\frac{k^6}{5}-\cdots\right].\tag{35}$$

将(33)、(34)和(35)三式代入(32)式,最后便得圆电流 I 在 P 点产生的矢势为

$$\boldsymbol{A}(r,\theta)=\frac{\mu_0 Ia}{\pi\sqrt{a^2+r^2+2ar\sin\theta}}\left[\frac{2}{k^2}(\mathrm{K}-\mathrm{E})-\mathrm{K}\right]\boldsymbol{e}_\phi.\tag{36}$$

用柱坐标表示的 $\boldsymbol{A}$,请参看前面 § 2.5 的(28)式.

参考文献

[1] 张之翔编著,《电磁学教学札记》,高等教育出版社(1987),81—85 页.
[2] 张之翔编著,《电磁学千题解》,科学出版社(2001),5.1.37 题,383—385 页.
[3] 林璇英,张之翔编著,《电动力学题解(第二版)》,科学出版社(2009),82—83 页.

§ 3.5 电磁场的能流

按照现代的观点,电磁场具有能量,这能量分布在电磁场中.单位体积内的能量称为场能密度,电场的能量密度 w_e 和磁场的能量密度 w_m 分别为

$$w_e=\frac{1}{2}\boldsymbol{E}\cdot\boldsymbol{D},\tag{1}$$

$$w_m=\frac{1}{2}\boldsymbol{H}\cdot\boldsymbol{B}.\tag{2}$$

当电磁场发生变化时，便有能量流动，能流密度 $\boldsymbol{S}$ 是表示能量流动的方向和强度的物理量. 它的方向是能量流动的方向，它的大小是单位时间内流过垂直于流动方向的单位面积的能量.

关于电磁场的能流密度的表达式，一直有不同看法，但现代公认的还是1884 年坡印亭(J. H. Poynting，1852—1914，英)提出的公式

$$\boldsymbol{S}=\boldsymbol{E}\times\boldsymbol{H}, \tag{3}$$

现在通称为坡印亭矢量[1]. 在这里，作为实际例子，我们用(3)式来说明电阻、电容和电感等三个电路基本元件的能量流动问题[2]、[3].

1. 电阻消耗的焦耳热等于坡印亭矢量 S 输送来的能量

考虑一段直导线，长度为 l，横截面的半径为 $a(\ll l)$，电阻率为 ρ，则它的电阻为

$$R=\rho\frac{l}{\pi a^2}. \tag{4}$$

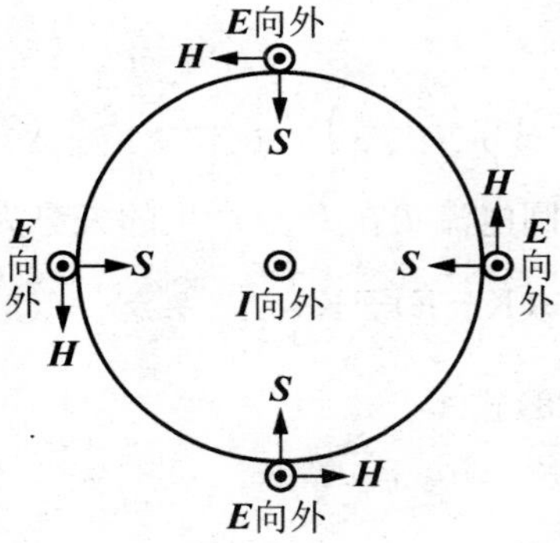

图 1

当它载有稳恒电流 I 时，它所消耗的功率(单位时间内因发热而消耗的能量)为

$$P=I^2R. \tag{5}$$

再看坡印亭矢量 $\boldsymbol{S}$ 在单位时间内输入这段导线的能量. 因为是稳恒电流，I 均匀分布在导线的横截面上. 导线的横截面如图 1 所示，电流 I 的方向(即电流密度 $\boldsymbol{j}$ 的方向)上的单位矢量为 $\boldsymbol{e}$，其方向垂直于纸面并向外(图中未画出). 由欧姆定律的微分形式得，导线中的电场强度为

$$\boldsymbol{E}=\rho\boldsymbol{j}=\rho\frac{I}{\pi a^2}\boldsymbol{e}. \tag{6}$$

根据电场强度的边界条件，导线表面上 $\boldsymbol{E}$ 的切向分量是连续的，所以在导线外面靠近表面处，电场强度的切向分量也由(6)式表示. 另外，根据对称性和安培环路定理，知该处磁场强度为

$$\boldsymbol{H}=\frac{I}{2\pi a}\boldsymbol{e}_\phi, \tag{7}$$

式中 $\boldsymbol{e}_\phi$ 是电流 I 的右手螺旋方向上的单位矢量. 于是得，导线外靠近表面处，坡印亭矢量为

$$\boldsymbol{S}=\boldsymbol{E}\times\boldsymbol{H}=\left(\rho\frac{I}{\pi a^2}\boldsymbol{e}\right)\times\left(\frac{I}{2\pi a}\boldsymbol{e}_\phi\right)=-\rho\frac{I^2}{2\pi^2a^3}\boldsymbol{n}, \tag{8}$$

式中 $\boldsymbol{n}=\boldsymbol{e}_\phi\times\boldsymbol{e}$ 是导线表面外法线方向上的单位矢量.(8)式表明,$\boldsymbol{S}$ 的方向垂直于导线表面并向内,如图 1 所示.由此得,单位时间内 $\boldsymbol{S}$ 输入这段导线的能量为

$$P_S=\boldsymbol{S}\cdot(-2\pi al\boldsymbol{n})=\rho\frac{lI^2}{\pi a^2}=I^2R. \tag{9}$$

比较(9)式和(5)式,便得出:电阻因通电流发热(焦耳热)而消耗的能量等于坡印亭矢量 $\boldsymbol{S}$ 输入电阻的能量.

2. 电容器充放电的能量等于坡印亭矢量 $\boldsymbol{S}$ 输入或输出的能量

电容为 C 的电容器充有电荷 Q 时,它储存的能量为

$$W_C=\frac{Q}{2C^2}. \tag{10}$$

考虑一个平行板电容器,它的两个极板都是半径为 a 的导体圆片,相距为 h $(h\ll a)$.在它的两个极板上分别蓄有电荷 Q 和 $-Q$ 时,两极板间的电场可看作均匀电场,电场强度为

$$\boldsymbol{E}=\frac{1}{\varepsilon_o}\frac{Q}{\pi a^2}\boldsymbol{e}, \tag{11}$$

式中 $\boldsymbol{e}$ 为从正极板指向负极板的单位矢量.

当电容器充电时,根据对称性和安培环路定理,两极板间边缘处的磁场强度为

$$\boldsymbol{H}=\frac{I}{2\pi a}\boldsymbol{e}_\phi=-\frac{1}{2\pi a}\frac{\mathrm{d}Q}{\mathrm{d}t}\boldsymbol{e}_\phi, \tag{12}$$

式中 $\boldsymbol{e}_\phi$ 为电流 I 的右手螺旋方向上的单位矢量.于是这里的坡印亭矢量为

$$\boldsymbol{S}=\boldsymbol{E}\times\boldsymbol{H}=\left(\frac{1}{\varepsilon_0}\frac{Q}{\pi a^2}\boldsymbol{e}\right)\times\left(\frac{1}{2\pi a}\frac{\mathrm{d}Q}{\mathrm{d}t}\boldsymbol{e}_\phi\right)=-\frac{1}{2\pi^2\varepsilon_0 a^3}Q\frac{\mathrm{d}Q}{\mathrm{d}t}\boldsymbol{n}, \tag{13}$$

式中 $\boldsymbol{n}=\boldsymbol{e}_\phi\times\boldsymbol{e}$ 为两极板间边缘处向外的单位矢量.(13)式表明,这里的 $\boldsymbol{S}$ 的方向正向极板内,如图 2 所示.单位时间内,由坡印亭矢量 $\boldsymbol{S}$ 输入电容器两极板间的能量为

$$P_S=\boldsymbol{S}\cdot(-2\pi ah\boldsymbol{n})=\frac{h}{\varepsilon_0\pi a^2}Q\frac{\mathrm{d}Q}{\mathrm{d}t}=\frac{1}{C}Q\frac{\mathrm{d}Q}{\mathrm{d}t}, \tag{14}$$

式中

$$C=\frac{\varepsilon_0\pi a^2}{h} \tag{15}$$

是电容器的电容.积分便得,从电容器开始充电到蓄有电荷 Q 时,坡印亭矢量 $\boldsymbol{S}$

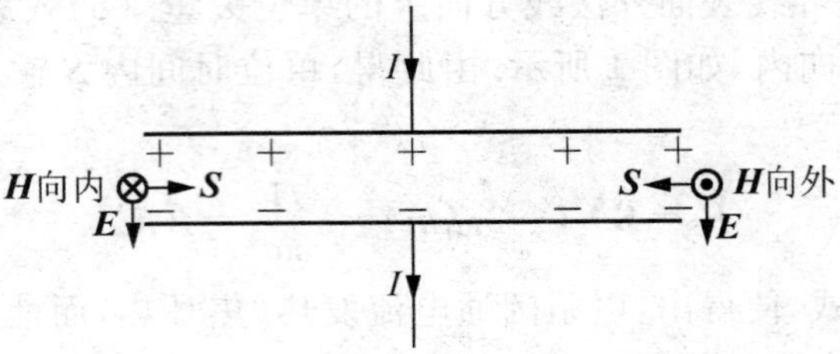

图 2

输入到电容器两极板间的能量为

$$W_S=\int_0^t P_S\mathrm{d}t=\frac{1}{C}\int_0^Q Q\mathrm{d}Q=\frac{Q}{2C^2}. \tag{16}$$

比较(16)式和(10)式,可见电容器充电时所储存的能量等于坡印亭矢量 $\boldsymbol{S}$ 输入的能量.

电容器放电时,$\boldsymbol{E}$ 的方向不变,而 $\boldsymbol{H}$ 则反向,故 $\boldsymbol{S}=\boldsymbol{E}\times\boldsymbol{H}$ 也反向,即放电时电容器两极板间边缘处 $\boldsymbol{S}$ 的方向指向极板外(与图 2 中的正相反). 这表明,电磁场的能量从电容器的两极板间向外流. 仿上面的分析可得,电容器放出的能量等于坡印亭矢量 $\boldsymbol{S}$ 输出的能量.

3. 螺线管通电时,它所储存或放出的能量等于坡印亭矢量 $\boldsymbol{S}$ 输入或输出的能量

一螺线管的自感为 L,当它载有电流 I 时,它所储存的能量为

$$W_L=\frac{1}{2}LI^2. \tag{17}$$

设螺线管长为 l,横截面的半径为 $a(\ll l)$,由表面绝缘的细导线密绕 N 匝而成. 略去边缘效应,它的自感为

$$L=\frac{\pi\mu_0 a^2 N^2}{l}. \tag{18}$$

当通有电流 I 时,螺线管内的磁场可当作是均匀磁场,其磁场强度为

$$\boldsymbol{H}=\frac{N}{l}I\boldsymbol{e}_\phi, \tag{19}$$

式中 $\boldsymbol{e}_\phi$ 是电流 I 的右手螺旋方向上的单位矢量,现在的 $\boldsymbol{e}_\phi$ 与螺线管的轴线平行.

当通过螺线管的电流 I 发生变化时,螺线管内的磁场也跟着发生变化,这时螺线管内靠近内表面处产生的感应电场其电场强度为

$$\boldsymbol{E}=-\frac{1}{2\pi aN}L\frac{\mathrm{d}I}{\mathrm{d}t}\boldsymbol{e},\tag{20}$$

式中 $\boldsymbol{e}$ 是与电流 I 的方向(即电流密度 $\boldsymbol{j}$ 的方向)相同的单位矢量. 于是螺线管内靠近内表面处,坡印亭矢量为

$$\boldsymbol{S}=\boldsymbol{E}\times\boldsymbol{H}=\left(-\frac{1}{2\pi aN}L\frac{\mathrm{d}I}{\mathrm{d}t}\boldsymbol{e}\right)\times\left(\frac{N}{l}I\boldsymbol{e}_\phi\right)=\frac{1}{2\pi al}LI\frac{\mathrm{d}I}{\mathrm{d}t}\boldsymbol{n}',\tag{21}$$

式中 $\boldsymbol{n}'=\boldsymbol{e}_\phi\times\boldsymbol{e}$ 是螺线管内表面法线方向上的单位矢量,指向螺线管的轴线.

当电流 I 增大时,$\frac{\mathrm{d}I}{\mathrm{d}t}>0$,这时 $\boldsymbol{S}$ 与 $\boldsymbol{n}'$ 同方向,即坡印亭矢量从管壁电流向管内空间输入能量,如图 3 所示. 单位时间内输入管内空间的能量为

$$P_S=\boldsymbol{S}\cdot(2\pi al\boldsymbol{n}')=LI\frac{\mathrm{d}I}{\mathrm{d}t}.\tag{22}$$

当电流从 0 增大到 I 时,$\boldsymbol{S}$ 输入管内空间的能量为

$$W_S=\int_0^t P_S\mathrm{d}t=L\int_0^I I\mathrm{d}I=\frac{1}{2}LI^2.\tag{23}$$

比较(23)式和(17)式可见,螺线管通电时,它所储存的能量等于坡印亭矢量输入的能量.

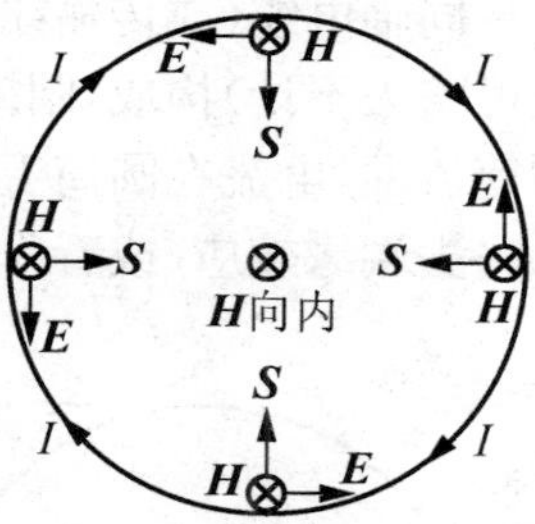

图 3

当电流 I 减小时,$\frac{\mathrm{d}I}{\mathrm{d}t}<0$,这时 $\boldsymbol{H}$ 的方向不变,而感应电场 $\boldsymbol{E}$ 的方向则相反;由(21)式可见,这时 $\boldsymbol{S}$ 与 $\boldsymbol{n}'$ 方向相反,即坡印亭矢量从螺线管内空间向管壁输出能量. 仿上面的分析可得,这时螺线管放出的能量等于坡印亭矢量输出的能量.

上面以电阻、电容和电感等三个电路基本元件为例,说明坡印亭矢量可以定量地解释电磁场的能流问题. 但是,其物理图象却让我们感到困惑. 例如,按照上述坡印亭矢量的观点,电阻通电发热的能量是从外部空间穿过电阻的表面进入电阻内的;电容器充电时,它储存的能量是从外部空间经两极板的缝隙进入两极板间的. 这种图象与我们的直觉不同. 我们的直觉通常是这样:电阻发热的能量是沿导线流入电阻的;电容器充电时所储存的能量也是沿导线输入电容器的. 究竟是坡印亭矢量给出的图象对呢? 还是我们的直觉对呢? 我们认为,一百多年来的事实表明,由坡印亭矢量给出的结果一般是符合实际的,所以我们应当放弃直觉而接受它所给出的图象.

参 考 文 献

[1] J. D. Jackson, *Classical Electrodynamics*, 3rd ed., John Wiley & Sons, Inc. (2001), p. 259.

[2] R. P. 费曼, R. B. 莱登, M. 桑兹著, 王子辅译,《费曼物理学讲义》, 第二卷, 上海科学技术出版社(1981), 336—343 页.

[3] 张之翔编著,《电磁学千题解》, 科学出版社(2010), 747—749 页.

§3.6 同轴电缆的自感问题

1. 题目

一同轴电缆(或传输线)由半径为 a 的圆柱体和套在它外面的同轴圆筒(其厚度可略去不计)构成,圆筒的半径为 b,如图 1 所示. 设电流 I 从圆柱体流去,由圆筒流回,电流在圆筒上是均匀分布的,在圆柱体的横截面上也是均匀分布的. 略去端缘效应(或看作无穷长),求单位长度的自感.

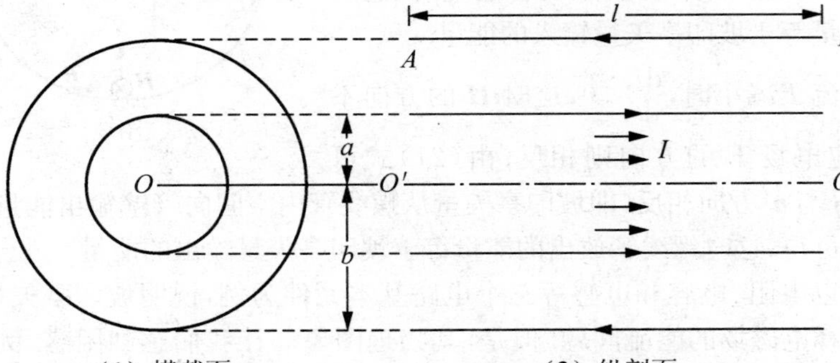

图 1 同轴电缆或传输线

2. 两种解法

(1) 由磁通量求自感

因为电流在圆柱体内是均匀分布的,由安培环路定理,求得圆柱体内离轴线为 r 处的磁感强度的大小为

$$B_i = \frac{\mu_0 I r}{2\pi a^2}, \quad 0 \leqslant r \leqslant a, \tag{1}$$

圆柱体与圆筒间的磁感强度的大小为

$$B_0=\frac{\mu_0 I}{2\pi r},\quad a\leqslant r<b, \tag{2}$$

因此，在长为 l 的一段电缆里，通过轴线和圆筒间的面积(图1右边的 $O'O''BA$)的磁通量便为

$$\Phi=\iint_S \boldsymbol{B}\cdot\mathrm{d}\boldsymbol{S}=\int_0^a B_{\mathrm{i}} l\mathrm{d}r+\int_a^b B_0 l\mathrm{d}r=\frac{\mu_0 Il}{2\pi a^2}\int_0^a r\mathrm{d}r+\frac{\mu_0 Il}{2\pi}\int_a^b\frac{\mathrm{d}r}{r}=\frac{\mu_0 Il}{4\pi}+\frac{\mu_0 Il}{2\pi}\ln\frac{b}{a}. \tag{3}$$

由公式

$$\Phi=LI \tag{4}$$

得出，长为 l 的一段的自感为

$$L=\frac{\Phi}{I}=\frac{\mu_0 l}{4\pi}+\frac{\mu_0 l}{2\pi}\ln\frac{b}{a}, \tag{5}$$

故单位长度的自感为

$$\frac{L}{l}=\frac{\mu_0}{4\pi}\left(1+2\ln\frac{b}{a}\right). \tag{6}$$

(2) 由磁场能量求自感

由(1)式和(2)式，长为 l 的一段的磁场能量为

$$\begin{aligned}W_{\mathrm{m}}&=\frac{1}{2}\iiint_V BH\mathrm{d}V=\frac{1}{2}\int_0^b\frac{B^2}{\mu_0}(2\pi rl\mathrm{d}r)=\frac{\pi l}{\mu_0}\int_0^b B^2 r\mathrm{d}r=\frac{\pi l}{\mu_0}\int_0^a B_{\mathrm{i}}^2 r\mathrm{d}r+\frac{\pi l}{\mu_0}\int_a^b B_0^2 r\mathrm{d}r\\&=\frac{\mu_0 I^2 l}{4\pi a^4}\int_0^a r^3\mathrm{d}r+\frac{\mu_0 I^2 l}{4\pi}\int_a^b\frac{\mathrm{d}r}{r}=\frac{\mu_0 I^2 l}{16\pi}+\frac{\mu_0 I^2 l}{4\pi}\ln\frac{b}{a}.\end{aligned} \tag{7}$$

由公式

$$W_{\mathrm{m}}=\frac{1}{2}LI^2 \tag{8}$$

得出，长为 l 的一段的自感为

$$L=\frac{2W_{\mathrm{m}}}{I^2}=\frac{\mu_0 l}{8\pi}+\frac{\mu_0 l}{2\pi}\ln\frac{b}{a}, \tag{9}$$

故单位长度的自感为

$$\frac{L}{l}=\frac{\mu_0}{4\pi}\left(\frac{1}{2}+2\ln\frac{b}{a}\right). \tag{10}$$

3. 问题及解答

比较(6)式和(10)式可见，两种解法所得出的答案不相同．为什么会不同？

哪个答案对？回答是，(10)式是对的，(6)式不对．(6)式为什么不对？问题出在什么地方？问题出在计算圆柱体内部的磁通量上．因为在(4)式里，Φ 应是通过以电流 I 为边界的面积的磁通量．这对于由导线构成的回路，如图 2(1)，来说，是很明确的，容易计算；但对于由大块导体构成的回路，或回路中有一部分是大块导体来说，边界就不明确，因而计算磁通量的问题就比较复杂[1]．例如图 2(2)，回路中有一部分是一块导体 *eghfji*，电流分布遍及整个导体，如果只算通过面积 *abcdeghfa* 的磁通量，便算少了，因为这块导体中的电流都在这个边界外面，这样算出的自感便会比实际自感小；如果算通过面积 *abcdeijfa* 的磁通量，便算多了，因为这块导体中的电流都在这个边界里面，这样算出的自感便会比实际自感大．前面以图 1(2)中的轴线 $O'O''$ 为边界算磁通量，就是这种情况，由于电流都在这个边界里面，所以就算多了，结果(3)式的第一项比实际值大了一倍，因而(6)式的第一项也就比实际值大一倍．有鉴于此，有人采取一种平均算法，对于这个问题，也得出了正确的结果[2]．但应该注意，在回路中有大块导体，需要考虑电流分布的情况下，由于边界不明确，就应避免用(4)式通过计算磁通量的方法求自感，而用(8)式通过计算磁场能量的方法求自感．因为这样不仅可以避免电流边界问题，而且(8)式对于 L 来说，具有本质的意义[3]，所以有些书上就用它来定义自感[4],[5]．

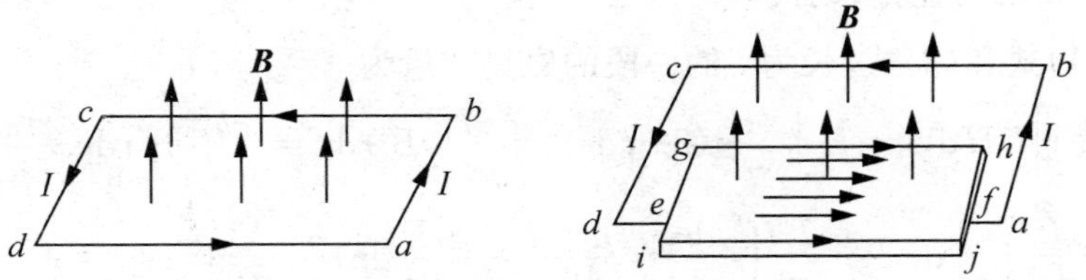

（1）由导线构成的回路　　（2）回路中有一部分是大块导体

图 2　计算磁通量要以电流为边界

4．内自感

在需要考虑导体内部磁场的问题里，有人将导体内部的磁通量称为内磁通量，并引入分数匝数的概念，以求出导体内的磁链，从而得出相关的自感，并称之为内自感[6]、[7]．现在此作一简单介绍．

通过导体内面积元 $\mathrm{d}\boldsymbol{S}_{\mathrm{i}}$ 的内磁通量为

$$\mathrm{d}\Phi_{\mathrm{i}}=\boldsymbol{B}\cdot\mathrm{d}\boldsymbol{S}_{\mathrm{i}},\tag{11}$$

对于载有电流 I 的一匝导线来说，与内磁通量 $\mathrm{d}\Phi_{\mathrm{i}}$ 交链的并不是全部电流 I，而只是 I 中的一部分 I'．因此，与 $\mathrm{d}\Phi_{\mathrm{i}}$ 相关联的匝数便不到 1 匝，而只有 I'/I 匝，

因 $I'/I<1$,故称

$$n'=I'/I \tag{12}$$

为分数匝数.

于是内磁通量 $\mathrm{d}\Phi_{\mathrm{i}}$ 对磁链的贡献便为

$$\mathrm{d}\Psi_{\mathrm{i}}=n'\mathrm{d}\Phi_{\mathrm{i}}=\frac{I'}{I}\mathrm{d}\Phi_{\mathrm{i}}, \tag{13}$$

Ψ_{i} 便称为内磁链,相应的自感

$$L_{\mathrm{i}}=\Psi_{\mathrm{i}}/I \tag{14}$$

便称之为内自感.

下面以本题的圆柱体为例说明如下. 图 3 是圆柱体纵剖面的一部分. 在离

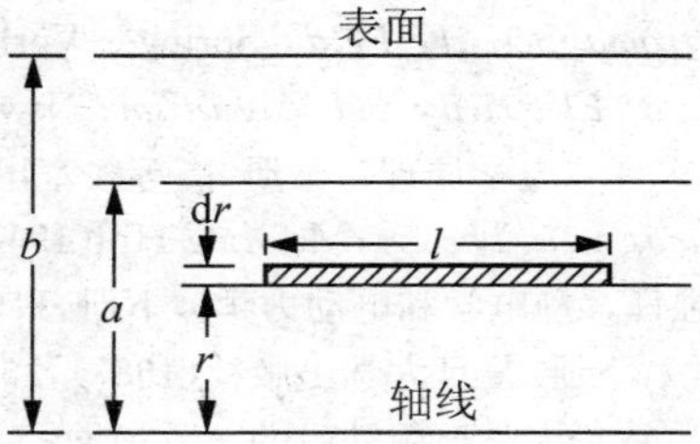

图 3　圆柱体纵剖面的一部分

轴线为 r 处,取面积元

$$\mathrm{d}S_{\mathrm{i}}=l\mathrm{d}r, \tag{15}$$

因导体内的磁感强度为

$$B=\frac{\mu_0 Ir}{2\pi a^2}, \tag{16}$$

故通过 $\mathrm{d}S_{\mathrm{i}}$ 的内磁通量为

$$\mathrm{d}\Phi_{\mathrm{i}}=Bl\mathrm{d}r=\frac{\mu_0 Il}{2\pi a^2}r\mathrm{d}r. \tag{17}$$

与 $\mathrm{d}\Phi_{\mathrm{i}}$ 交链的电流并不是半径为 a 的圆柱体内的全部电流 I,而只是其中的一部分,即半径为 r 的圆柱体内的电流 I',I'的值为

$$I'=\frac{\pi r^2}{\pi a^2}I=\frac{r^2}{a^2}I, \tag{18}$$

故分数匝数便为

$$n'=I'/I=r^2/a^2, \tag{19}$$

于是得相应的内磁链为

$$\mathrm{d}\Psi_{\mathrm{i}}=n'\mathrm{d}\Phi_{\mathrm{i}}=\frac{\mu_0 Il}{2\pi a^4}r^3\mathrm{d}r, \tag{20}$$

积分便得,整个圆柱体内的内磁链为

$$\Psi_{\mathrm{i}}=\frac{\mu_0 Il}{2\pi a^4}\int_0^a r^3\mathrm{d}r=\frac{\mu_0 Il}{8\pi}, \tag{21}$$

最后便得,长为 l 一段的圆柱导体的内自感为

$$L_{\mathrm{i}}=\Psi_{\mathrm{i}}/I=\frac{\mu_0 l}{8\pi}, \tag{22}$$

这正是(9)式中的第一项.

参考文献

[1] H. Hofmann, *Das Elektromagnetische Feld*, Springer-Verlag(1974), S. 341.
[2] W. T. Scott, *The Physics of Electricity and Magnetism*, New York: Wiley(1959), p. 324.
[3] И. E. Тамм 著,钱尚武等译,《电学原理》,下册,高等教育出版社(1954),365—366 页.
[4] J. A. Stratton, *Electromagnetic Theory*, McGraw-Hill(1941), p. 264.
[5] W. R. 斯迈思著,戴世强译,《静电学和电动力学》,下册,科学出版社(1982),479 页.
[6] 贾起民、郑永令,《电磁学》,下册,复旦大学出版社(1987),166—167 页.
[7] 马信山等,《电磁场基础》,清华大学出版社(1995),130 页;132 页.

§3.7 螺线管的自感公式

1. 螺线管自感公式的推导

(1) 圆环电流轴线上的磁感强度

我们从圆环电流轴线上的磁感强度 $\boldsymbol{B}$ 出发,推导螺线管的自感公式.

如图 1 所示,圆环电流 I 的半径为 a,求它轴线上离圆心为 r 处 P 点的磁感强度 $\boldsymbol{B}$.

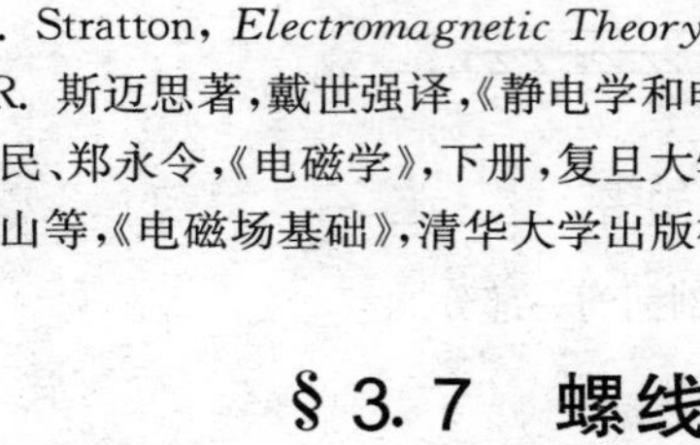

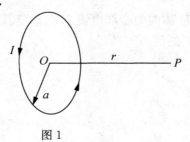

图 1

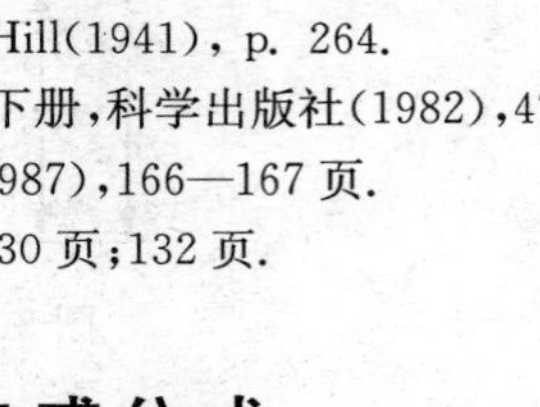

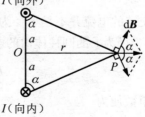

图 2

如图 2 所示，根据毕奥-萨伐尔定律和对称性，知圆环电流 I 在 P 点产生的 $\boldsymbol{B}$ 其方向为从 $\boldsymbol{O}$ 到 $\boldsymbol{P}$ 的方向，其大小为

$$B=\oint\frac{\mu_0 I\mathrm{d}l}{4\pi(r^2+a^2)}\cos\alpha=\frac{\mu_0 Ia^2}{2(r^2+a^2)^{3/2}}.\tag{1}$$

(2) 载流螺线管内轴线上磁感强度的值

设一螺线管由表面绝缘的细导线密绕 N 匝而成，长为 l，横截面的半径为 a，如图 3 所示. 当导线中通有电流 I 时，试求管内轴线上任一点 P 的磁感强度的值 B[1].

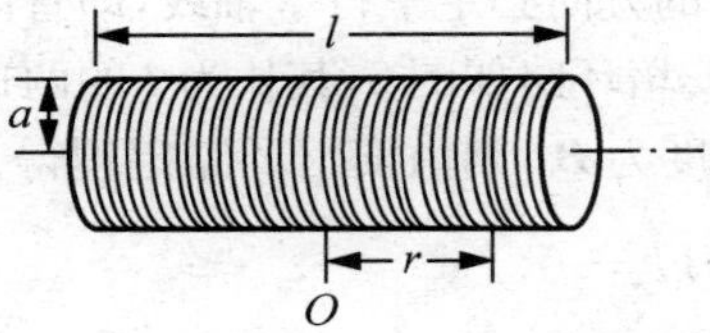

图 3

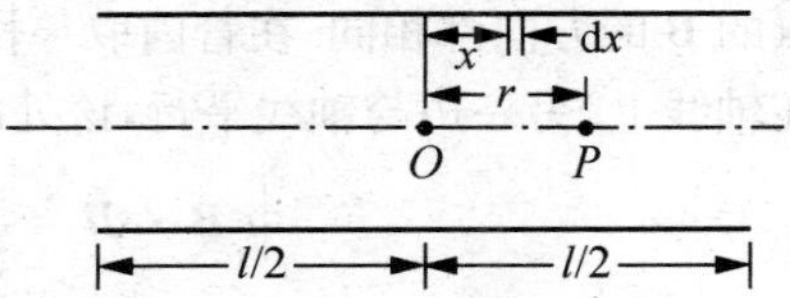

图 4

由于是细导线密绕，作为较好的近似，可以把流过这螺线管的电流看成是许多共轴的圆环电流，每个圆环电流在轴线上产生的磁感强度 $\boldsymbol{B}$ 的方向都相同，都是沿轴线方向. 因此，只须将每个圆环电流在 P 点产生的 $\boldsymbol{B}$ 的大小相加即得. 设 P 点到螺线管中心 O 的距离为 r，如图 4 所示. 离管中心为 x 处，螺线管上 $\mathrm{d}x$ 段的电流为

$$\mathrm{d}I=nI\mathrm{d}x,\tag{2}$$

式中

$$n=\frac{N}{l}\tag{3}$$

为单位长度匝数. 根据(1)式，这 $\mathrm{d}I$ 在 P 点产生的磁感强度的大小为

$$\mathrm{d}B=\frac{\mu_0 a^2}{2}\frac{nI\mathrm{d}x}{[(r-x)^2+a^2]^{3/2}},\tag{4}$$

积分，得

$$\begin{aligned}B&=\frac{\mu_0 nIa^2}{2}\int_{-l/2}^{l/2}\frac{\mathrm{d}x}{[(r-x)^2+a^2]^{3/2}}=-\frac{\mu_0 nI}{2}\left[\frac{r-x}{\sqrt{(r-x)^2+a^2}}\right]_{x=-l/2}^{x=l/2}\\&=\frac{\mu_0 nI}{2}\left[\frac{r+l/2}{\sqrt{(r+l/2)^2+a^2}}-\frac{r-l/2}{\sqrt{(r-l/2)^2+a^2}}\right],\end{aligned}\tag{5}$$

这便是所求的载流螺线管轴线上离管心为 r 处的磁感强度的值.

(3) 无限长直载流螺线管内的磁感强度

由(5)式可见，当 $l\to\infty$ 时，载流螺线管轴线上磁感强度的值为

$$B=\frac{\mu_0 nI}{2}\lim_{l\to\infty}\left[\frac{r+l/2}{\sqrt{(r+l/2)^2+a^2}}-\frac{r-l/2}{\sqrt{(r-l/2)^2+a^2}}\right]=\mu_0 nI, \tag{6}$$

这个结果表明，B 与 r 无关. 这就是说，无限长直载流螺线管的轴线上，每点的磁感强度都相等.

在上面的计算里，实际上是把载流螺线管看作是均匀的圆柱面电流. 当 $l\to\infty$ 时，螺线管内的磁场便是均匀磁场. 这可证明如下[2]：对于无限长的均匀圆柱面电流来说，由于对称性，管内每一点的磁感强度 $\boldsymbol{B}$ 的方向必定平行于轴线，即管内每一点的 $\boldsymbol{B}$ 的方向都相同. 在管内取一长方形的安培环路如图 5，其长为 l 的两边一边在轴线上，另一边与轴线平行，该处的磁感强度为 $\boldsymbol{B}_{\mathrm{i}}$，则由安培环路定理得

$$\oint_L \boldsymbol{B}\cdot\mathrm{d}\boldsymbol{l}=\mu_0 nIl-B_{\mathrm{i}}l=0, \tag{7}$$

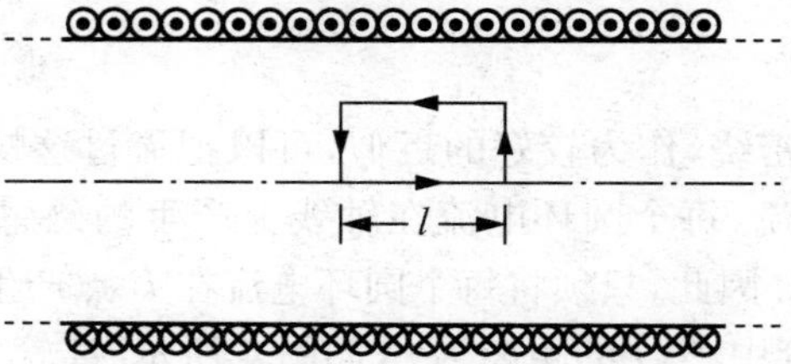

图 5

于是得

$$B_{\mathrm{i}}=\mu_0 nI, \tag{8}$$

这就证明了无限长直载流螺线管内的磁场是均匀磁场.

(4) 螺线管的自感公式

对于由表面绝缘的细导线密绕而成的螺线管来说，在 $l\gg a$ 的条件下，根据上面的分析，管内的磁场可近似当作均匀磁场，其磁感强度的值为

$$B=\mu_0 nI, \tag{9}$$

螺线管的磁链为

$$\Psi=NBS=N(\mu_0 nI)\pi a^2=\pi\mu_0 n^2 a^2 lI, \tag{10}$$

于是得螺线管的自感为

$$L=\Psi/I=\pi\mu_0 n^2 a^2 l=\mu_0 n^2 V, \tag{11}$$

式中 $V=\pi a^2 l$ 是螺线管的体积. (11)式就是一般电磁学教科书上都有的螺线管

自感公式.

2. 粗糙的近似公式

(1) 一个问题[3]

在一个绝缘棒上绕有两个线圈,它们的长度分别为 l_1 和 l_2,自感分别为 L_1 和 L_2,它们之间的互感为 M,如图 6 所示.

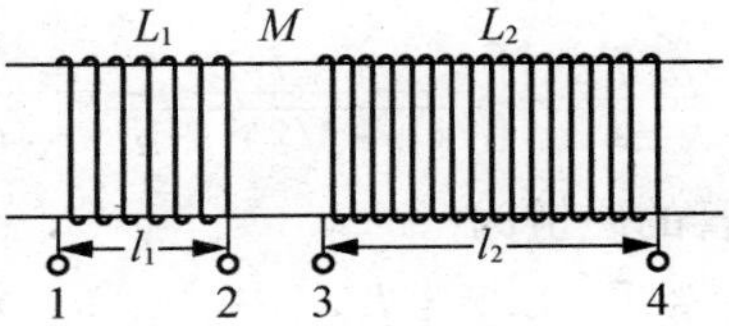

图 6

将 2,3 两端连在一起,则根据自感的串联公式,1、4 之间的自感便为[参见后面 § 3.9 的(Ⅰ)式]

$$L=L_1+L_2+2M. \tag{12}$$

如果 2、3 两端靠近,使得两个线圈成为一个均匀绕成的线圈,则由(11)式,1、4 之间的自感便为

$$L=\pi\mu_0 n^2 a^2(l_1+l_2)=\pi\mu_0 n^2 a^2 l_1+\pi\mu_0 n^2 a^2 l_2=L_1+L_2. \tag{13}$$

比较(12)和(13)两式,便得

$$M=0. \tag{14}$$

这个结果显然不对. 为什么? 因为两个螺线管接在一起,彼此的磁场都会进入对方管内,肯定 $M\neq 0$. 那么,问题何在? 回答是,问题出在公式(11). 下面我们就来说明这一点.

(2) $L=\pi\mu_0 n^2 a^2 l=\mu_0 n^2 V$ 是一个很粗糙的近似公式

前面我们在推导公式(11)时,对螺线管提出了一些条件:①表面绝缘的细导线,②密绕,③无限长. 在这些条件下,螺线管内的磁场可近似当作均匀磁场,于是才得出螺线管的自感公式(11)式. 如果不满足这些条件,就得不出(11)式来. 换句话说,不是表面绝缘的细导线密绕而成的无限长直螺线管,其自感就不能用(11)式来表示. 特别是无限长这个条件,实际上不可能满足,因为实际螺线管的长度总是有限的,越靠近两端,管内磁场就越小于(9)式的值. 所以用(9)式计算螺线管的磁链,即(10)式,显然是算大了. 因此,(11)式是螺线管自感的较粗略的近似公式,它比螺线管的实际自感大. 螺线管越短,大得越多. 在螺线管很短(l 与 a 同数量级)或匝数很少时,(11)式就不能用.

3. 稍好一些的近似公式

现在介绍比(11)式稍好一些的螺线管自感公式[4]、[5].

前面已得出,螺线管内轴线上离管中心为 r 处,磁感强度的值由(5)式表示.作为近似,我们假定螺线管内同一横截面上,各点 B 的值都相等.在这个假定下,r 处 $\mathrm{d}N=n\mathrm{d}r$ 匝线圈的磁链便为

$$\mathrm{d}\Psi=(\mathrm{d}N)\pi a^2 B=\frac{\pi\mu_0 n^2 a^2 I}{2}\left[\frac{r+l/2}{\sqrt{(r+l/2)^2+a^2}}-\frac{r-l/2}{\sqrt{(r-l/2)^2+a^2}}\right]\mathrm{d}r,\quad(15)$$

积分便得整个载流螺线管的磁链为

$$\begin{aligned}\Psi&=\frac{\pi\mu_0 n^2 a^2 I}{2}\int_{-l/2}^{l/2}\left[\frac{r+l/2}{\sqrt{(r+l/2)^2+a^2}}-\frac{r-l/2}{\sqrt{(r-l/2)^2+a^2}}\right]\mathrm{d}r\\&=\frac{\pi\mu_0 n^2 a^2 I}{2}\left[\sqrt{(r+l/2)^2+a^2}-\sqrt{(r-l/2)^2+a^2}\right]_{r=-l/2}^{r=l/2}\\&=\pi\mu_0 n^2 a^2 I\left[\sqrt{l^2+a^2}-a\right]\\&=\mu_0 n^2 VI\left[\sqrt{1+(a/l)^2}-a/l\right],\end{aligned}\quad(16)$$

于是得螺线管的自感为

$$L=\Psi/I=\mu_0 n^2 V\left[\sqrt{1+(a/l)^2}-a/l\right],\quad(17)$$

因为

$$\sqrt{1+(a/l)^2}-a/l<1,\quad(18)$$

故(17)式的 L 比(11)式的 L 小一些,即(17)式的 L 接近螺线管的实际自感一些,所以(17)式是比(11)式稍好一些的螺线管自感公式.

很容易看出,用(17)式就不会出现前面图 6 那样的问题.

4. 关于螺线管自感的计算问题

对于有限长的载流螺线管来说,管内某点的磁感强度 $\boldsymbol{B}$ 的大小和方向不仅与该点到管中心的距离有关,而且还与该点到轴线的距离有关.前面导出(11)式时,把螺线管内的磁场当作均匀磁场,就是忽视了这两种关系,所以(11)式是很粗糙的近似式.导出(17)式时,考虑了 $\boldsymbol{B}$ 的大小与该点到管中心距离的关系,所以(17)式比(11)式进了一步;但由于未考虑 $\boldsymbol{B}$ 与该点到轴线距离的关系,所以也只是较好一些的近似公式,而不是准确的公式.从这里我们可以看到,要计算一个实际螺线管的自感的准确值,必须按照实际情况,用一圈一圈分立的螺

旋电流计算管内每一点的磁感强度 $\boldsymbol{B}$(包括大小和方向)，然后再用这个 $\boldsymbol{B}$ 来计算整个螺线管的磁链，这样计算，才能得出准确的结果. 但这样的计算将是一个很复杂的数学问题，不容易解决. 实际上，作那么复杂的数学计算并无必要. 因为用实验方法，很容易测出一个螺线管自感的准确值. 对于不需要非常准确数值的一般实用问题来说，只要满足 $l\gg a$ 的条件，就可以用(17)式甚至(11)式算出其近似值来，够用就可以. 对于需要较准确自感值的问题，可以用测量解决.

参考文献

[1] 张之翔编著,《电磁学千题解》,科学出版社(2010),5.1.29 题,375—377 页.

[2] 同[1],5.2.20 题,410 页.

[3] 同[1],8.3.8 题,570—571 页.

[4] W. R. 斯迈思著,戴世强译,《静电学和电动力学》,下册,科学出版社(1982),483—484 页.

[5] 同[1],8.3.4 题,567—569 页.

§3.8　两线圈互感系数 $M_{12}=M_{21}$ 的几种证法

有两个线圈，线圈 1 对线圈 2 的互感系数 M_{21}，等于线圈 2 对线圈 1 的互感系数 M_{12}，即

$$M_{12}=M_{21},\tag{1}$$

有几种方法可以证明上式，综述如下.

1. 证法一(用磁场能量相等的方法)[1]

设两线圈的自感系数分别为 L_1 和 L_2，开始时它们都是断开的. 现在先接通线圈 1 的电源，使电流由 0 增大到 I_1，这时磁场能量为 $\frac{1}{2}L_1I_1^2$. 然后在维持 I_1 不变的条件下，接通线圈 2 的电源，使电流由 0 增大到 I_2，这时由于 L_2 而具有的磁场能量为 $\frac{1}{2}L_2I_2^2$. 同时，在线圈 2 中的电流由 0 增大到 I_2 时，在线圈 1 中要产生感应电动势，其值为

$$\mathscr{E}_{12}=-M_{12}\frac{\mathrm{d}I_2}{\mathrm{d}t},\tag{2}$$

为了要维持线圈 1 中的电流 I_1 不变，这时必须在线圈 1 中附加一个电动势

$$\mathscr{E}'_1 = -\mathscr{E}_{12}, \tag{3}$$

这个电动势在 I_1 流动时所作的功为

$$\int_0^t \mathscr{E}'_1 I_1 \mathrm{d}t = \int_0^t M_{12} I_1 \frac{\mathrm{d}I_2}{\mathrm{d}t} \mathrm{d}t = M_{12} I_1 \int_0^{I_2} \mathrm{d}I_2 = M_{12} I_1 I_2. \tag{4}$$

$\mathscr{E}'_1$ 所付出的这部分能量便作为互感磁能储存在磁场中. 因此,在 I_1 和 I_2 同时存在的情况下,由这两个线圈组成的系统所具有的磁场能量便为

$$W_{\mathrm{m}} = \frac{1}{2} L_1 I_1^2 + \frac{1}{2} L_2 I_2^2 + M_{12} I_1 I_2. \tag{5}$$

同样,如果先接通线圈 2 的电源,使电流从 0 增大到 I_2,然后在维持 I_2 不变的条件下,接通线圈 1 的电源,使电流从 0 增大到 I_1,则这个系统所具有的磁场能量便为

$$W'_{\mathrm{m}} = \frac{1}{2} L_2 I_2^2 + \frac{1}{2} L_1 I_1^2 + M_{21} I_2 I_1. \tag{6}$$

因为最后的情况相同,故磁场能量应相等,即

$$W'_{\mathrm{m}} = W_{\mathrm{m}}, \tag{7}$$

于是由(5)、(6)、(7)三式,得

$$M_{12} = M_{21}, \tag{8}$$

证毕.

有了(8)式,磁场能量便可以写成对称形式

$$W_{\mathrm{m}} = \frac{1}{2} L_1 I_1^2 + \frac{1}{2} L_2 I_2^2 + \frac{1}{2} M_{12} I_1 I_2 + \frac{1}{2} M_{21} I_2 I_1. \tag{9}$$

2. 证法二(用二阶偏导数相等的方法)[2]

这方法先求出磁场能量的表达式,然后用它的二阶偏导数相等来证明(1)式.

磁场能量的普遍公式为

$$W_{\mathrm{m}} = \frac{1}{2} \iiint_V \boldsymbol{B} \cdot \boldsymbol{H} \mathrm{d}V, \tag{10}$$

在磁场是由许多载流线圈产生的情况下,我们把它化成用自感和互感系数与电流的乘积来表示,如(9)式. 设 $\boldsymbol{A}$ 为矢势,则

$$\boldsymbol{B} = \nabla \times \boldsymbol{A}, \tag{11}$$

由矢量分析公式有

$$\nabla \cdot (\boldsymbol{A} \times \boldsymbol{H}) = (\nabla \times \boldsymbol{A}) \cdot \boldsymbol{H} - (\nabla \times \boldsymbol{H}) \cdot \boldsymbol{A} = \boldsymbol{B} \cdot \boldsymbol{H} - \boldsymbol{j} \cdot \boldsymbol{A}, \tag{12}$$

式中用了安培环路定理的微分形式,即

$$\nabla\times\boldsymbol{H}=\boldsymbol{j}. \tag{13}$$

把(12)式代入(10)式，并利用高斯公式，便得

$$W_{\mathrm{m}}=\frac{1}{2}\oiint_{S}(\boldsymbol{A}\times\boldsymbol{H})\cdot\mathrm{d}\boldsymbol{S}+\frac{1}{2}\iiint_{V}\boldsymbol{A}\cdot\boldsymbol{j}\mathrm{d}V. \tag{14}$$

因为我们所考虑的线圈都在有限范围内，故在无穷远处 $\boldsymbol{H}=0$，所以上式右边第一项积分为零. 再考虑第二项. 因为只有线圈的导线中有电流，故

$$\boldsymbol{A}\cdot\boldsymbol{j}\mathrm{d}V=\boldsymbol{A}\cdot\boldsymbol{j}\mathrm{d}l\mathrm{d}S=\boldsymbol{A}\cdot(\boldsymbol{j}\mathrm{d}l)\mathrm{d}S=\boldsymbol{A}\cdot\mathrm{d}\boldsymbol{l}j\mathrm{d}S, \tag{15}$$

式中 $\mathrm{d}l$ 是导线上的线元，$\mathrm{d}S$ 是导线的横截面积元. 设第 i 个线圈导线的横截面积为 S_i，导线的闭合回路为 L_i，导线中的电流为 I_i，则把(15)式代入(14)式便得

$$\begin{aligned}W_{\mathrm{m}}&=\frac{1}{2}\iiint_{V}\boldsymbol{A}\cdot\boldsymbol{j}\mathrm{d}V=\frac{1}{2}\sum_{i}\iint_{S_i}\oint_{L_i}\boldsymbol{A}\cdot\mathrm{d}\boldsymbol{l}j_i\mathrm{d}S\\&=\frac{1}{2}\sum_{i}\iint_{S_i}j_i\mathrm{d}S\oint_{L_i}\boldsymbol{A}\cdot\mathrm{d}\boldsymbol{l}=\frac{1}{2}\sum_{i}I_i\oint_{L_i}\boldsymbol{A}\cdot\mathrm{d}\boldsymbol{l}.\end{aligned} \tag{16}$$

因为

$$\oint_{L_i}\boldsymbol{A}\cdot\mathrm{d}\boldsymbol{l}=\iint_{S_i}\nabla\times\boldsymbol{A}\cdot\mathrm{d}\boldsymbol{S}=\iint_{S_i}\boldsymbol{B}\cdot\mathrm{d}\boldsymbol{S}=\Psi_i \tag{17}$$

是通过第 i 个线圈的磁链，故令

$$\Psi_i=\sum_{j}M_{ij}I_j, \tag{18}$$

式中 M_{ij} 是第 j 个线圈对第 i 个线圈的互感系数. 代入(16)式，便得

$$W_{\mathrm{m}}=\frac{1}{2}\sum_{i}I_i\Psi_i=\frac{1}{2}\sum_{ij}M_{ij}I_iI_j. \tag{19}$$

由(18)式有

$$M_{ij}=\frac{\partial\Psi_i}{\partial I_j},\qquad M_{ji}=\frac{\partial\Psi_j}{\partial I_i}, \tag{20}$$

由(19)式有

$$\Psi_i=2\frac{\partial W_{\mathrm{m}}}{\partial I_i},\qquad \Psi_j=2\frac{\partial W_{\mathrm{m}}}{\partial I_j}. \tag{21}$$

因为

$$\frac{\partial^2 W_{\mathrm{m}}}{\partial I_i\partial I_j}=\frac{\partial^2 W_{\mathrm{m}}}{\partial I_j\partial I_i}, \tag{22}$$

故把(21)式代入(20)式并利用(22)式，便得

$$M_{ij} = M_{ji}\,, \tag{23}$$

证毕.

3. 证法三(矢势法)[3]、[4]、[5]、[6]、[7]

线圈 1 中的电流 I_1 在线圈 2 中产生的磁链为

$$\Psi_{21} = \iint_{S_2} \boldsymbol{B}_{21} \cdot \mathrm{d}\boldsymbol{S}_2\,, \tag{24}$$

线圈 2 中的电流 I_2 在线圈 1 中产生的磁链为

$$\Psi_{12} = \iint_{S_1} \boldsymbol{B}_{12} \cdot \mathrm{d}\boldsymbol{S}_1\,, \tag{25}$$

把(11)式代入(24)式,得

$$\Psi_{21} = \iint_{S_2} \nabla \times \boldsymbol{A}_{21} \cdot \mathrm{d}\boldsymbol{S}_2 = \oint_{L_2} \boldsymbol{A}_{21} \cdot \mathrm{d}\boldsymbol{l}_2\,, \tag{26}$$

式中 $\boldsymbol{A}_{21}$ 是电流 I_1 产生的矢势. 由闭合线电流 I 产生矢势的公式

$$\boldsymbol{A} = \frac{\mu_0 I}{4\pi} \oint_L \frac{\mathrm{d}\boldsymbol{l}}{r} \tag{27}$$

得

$$\Psi_{21} = \frac{\mu_0 I_1}{4\pi} \oint_{L_1}\oint_{L_2} \frac{\mathrm{d}\boldsymbol{l}_1 \cdot \mathrm{d}\boldsymbol{l}_2}{r_{12}}, \tag{28}$$

同样有

$$\Psi_{12} = \frac{\mu_0 I_2}{4\pi} \oint_{L_1}\oint_{L_2} \frac{\mathrm{d}\boldsymbol{l}_2 \cdot \mathrm{d}\boldsymbol{l}_1}{r_{21}}. \tag{29}$$

因

$$\Psi_{21} = M_{21} I_1\,, \tag{30}$$

$$\Psi_{12} = M_{12} I_2\,, \tag{31}$$

故由以上四式和 $r_{12} = r_{21} = r$,得

$$M_{12} = M_{21} = \frac{\mu_0}{4\pi} \oint_{L_1}\oint_{L_2} \frac{\mathrm{d}\boldsymbol{l}_1 \cdot \mathrm{d}\boldsymbol{l}_2}{r}, \tag{32}$$

证毕. 这个公式叫做诺伊曼公式,是诺伊曼(F. E. Neumann)于 1845 年得出的. 这个公式还告诉我们:两个线圈之间的互感是由几何形状决定的(在不考虑铁磁性物质的情况下);以及如何计算互感的值.

除了上述三种证法外,还可用磁壳法证明(1)式.[8]

参考文献

[1] C. Э. 福里斯，A. В. 季莫列娃著，梁宝洪译，《普通物理学》，第二卷第二分册，高等教育出版社(1957)，451 页.

[2] M. Abraham, R. Becker, *The Classical Theory of Electricity and Magnetism*, 2nd ed., Blackie & Sons Limited(1950), pp. 169—171.

[3] W. R. 斯迈思著，戴世强译，《静电学和电动力学》，下册，科学出版社(1982)，472—473 页.

[4] 伊·耶·塔姆著，钱尚武等译，《电学原理》，上册，高等教育出版社(1960)，229 页.

[5] W. T. Scott, *The Physics of Electricity and Magnetism*, New York: Wiley(1959), p. 299.

[6] W. K. H. Panofsky and M. Phillips, *Classical Electricity and Magnetism*, 2nd ed., Addison-Wesley Pub. Co. (1962), p. 175.

[7] P. Lorrain, D. Corson, *Electromagnetic Fields and Waves*, 2nd ed., New York: Freeman (1970), p. 344.

[8] J. H. Jeans, *The Mathematical Theory of Electricity and Magnetism*, 5th ed., Cambridge University Press(1951), p. 443.

§3.9　两线圈有互感时串并联公式的推导

两个线圈有四种不同的连接方法，即两种串联和两种并联. 设两线圈的自感分别为 L_1 和 L_2，它们之间的互感为 M，则在 M 不能略去时，四种连接方法所得出的线圈其自感便各不相同. 在此用几种方法分别推导这四种情况下的自感公式.

1. 串联

(1) 顺串联(图 1)

两线圈 L_1 和 L_2 连接如图 1，求 1、4 之间的自感.

① 用感应电动势计算

当通过线圈的电流发生变化时，由电磁感应定律，第一、二两线圈中的感应电动势分别为：

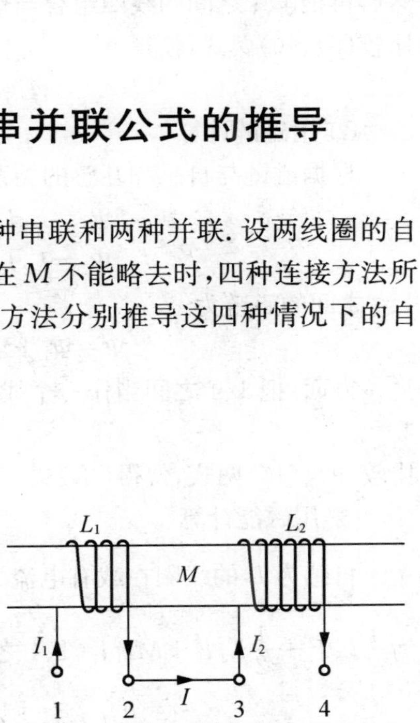

图 1　顺串联

$$\mathscr{E}_1 = -L_1 \frac{\mathrm{d}I_1}{\mathrm{d}t} - M \frac{\mathrm{d}I_2}{\mathrm{d}t}, \tag{1}$$

$$\mathscr{E}_2 = -L_2 \frac{\mathrm{d}I_2}{\mathrm{d}t} - M \frac{\mathrm{d}I_1}{\mathrm{d}t}. \tag{2}$$

由图 1 可见

$$\mathscr{E} = \mathscr{E}_1 + \mathscr{E}_2, \tag{3}$$

$$I = I_1 = I_2, \tag{4}$$

由以上四式得 1、4 之间的感应电动势为

$$\mathscr{E} = -(L_1 + L_2 + 2M)\frac{\mathrm{d}I}{\mathrm{d}t}. \tag{5}$$

把两个线圈串联或并联而成的线圈组合当作一个线圈（等效线圈），设这等效线圈的自感为 L，流入和流出它的电流为 I，则它所产生的感应电动势便为

$$\mathscr{E} = -L \frac{\mathrm{d}I}{\mathrm{d}t}, \tag{6}$$

然后再把 1、4 之间的线圈组合当作一个线圈，设这线圈的自感为 L，则有(6)式. 比较(5)、(6)两式，便得

$$L = L_1 + L_2 + 2M. \tag{Ⅰ}$$

② 用磁链计算

根据磁链与自感和互感的关系，第一、二两线圈的磁链分别为

$$\Psi_1 = L_1 I_1 + M I_2 = (L_1 + M) I, \tag{7}$$

$$\Psi_2 = L_2 I_2 + M I_1 = (L_2 + M) I, \tag{8}$$

1、4 之间的磁链为

$$\Psi = \Psi_1 + \Psi_2 = (L_1 + L_2 + 2M) I. \tag{9}$$

另一方面，把 1、4 之间当作一个线圈，其自感为 L，则磁链为

$$\Psi = LI. \tag{10}$$

比较(9)、(10)两式，便得(Ⅰ)式.

③ 用磁能计算

自感为 L 的线圈在载有电流 I 时磁能为 $\frac{1}{2}LI^2$. 第一、二两线圈的磁能之和为 $\frac{1}{2}L_1 I_1^2 + \frac{1}{2}L_2 I_2^2 + M I_1 I_2$. 1、4 之间的磁能应等于上述磁能之和，即

$$\frac{1}{2}LI^2 = \frac{1}{2}L_1 I_1^2 + \frac{1}{2}L_2 I_2^2 + M I_1 I_2, \tag{11}$$

把(4)式代入(11)式便得(Ⅰ)式.

(2) 反串联(图 2)

两线圈连接如图 2,求 1、3 之间的自感.

① 用感应电动势计算

当通过线圈的电流发生变化时,由电磁感应定律,第一、二两线圈中的感应电动势分别为:

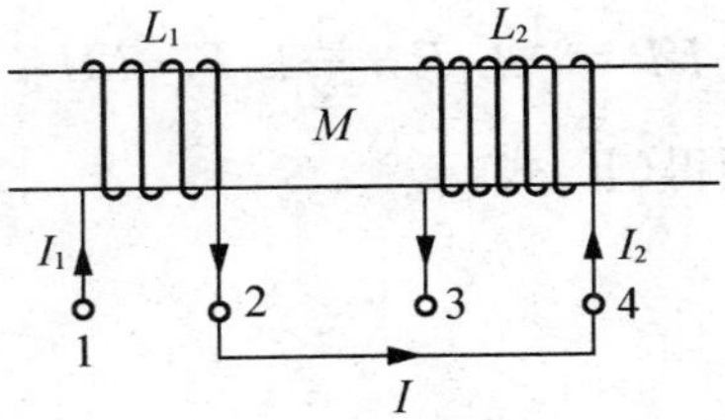

图 2　反串联

$$\mathscr{E}_1=-L_1\frac{\mathrm{d}I_1}{\mathrm{d}t}+M\frac{\mathrm{d}I_2}{\mathrm{d}t},\tag{12}$$

$$\mathscr{E}_2=-L_2\frac{\mathrm{d}I_2}{\mathrm{d}t}+M\frac{\mathrm{d}I_1}{\mathrm{d}t}.\tag{13}$$

注意,(12)式中的互感项是正号,这是因为,在图 2 的情况下,第一个线圈中的互感电动势与自感电动势方向(符号)相反.(13)式中的正号也是这样来的.

由图 2 可见,

$$\mathscr{E}=\mathscr{E}_1+\mathscr{E}_2,\tag{14}$$

$$I=I_1=I_2,\tag{15}$$

由(12)至(15)四式得 1、3 之间的感应电动势为

$$\mathscr{E}=-(L_1+L_2-2M)\frac{\mathrm{d}I}{\mathrm{d}t},\tag{16}$$

把 1、3 之间当作一个线圈,设这线圈的自感为 L,则有(6)式.比较(6)和(16)两式,便得 1、3 之间的自感为

$$L=L_1+L_2-2M.\tag{Ⅱ}$$

② 用磁链计算

这时第一、二两线圈的磁链分别为

$$\Psi_1=L_1I_1-MI_2=(L_1-M)I,\tag{17}$$

$$\Psi_2=L_2I_2-MI_1=(L_2-M)I,\tag{18}$$

1、3之间的磁链为

$$\Psi=\Psi_1+\Psi_2=(L_1+L_2-2M)I, \tag{19}$$

另一方面，把1、3之间当作一个线圈，其自感为L，则有(10)式. 比较(10)和(19)两式，便得1、3之间的自感为(Ⅱ)式.

③ 用磁能计算

这时第一、第二两线圈的磁能之和为$\frac{1}{2}L_1I_1^2+\frac{1}{2}L_2I_2^2-MI_1I_2$. 于是得

$$\frac{1}{2}LI^2=\frac{1}{2}L_1I_1^2+\frac{1}{2}L_2I_2^2-MI_1I_2, \tag{20}$$

把(15)式代入(20)式，便得(Ⅱ)式.

2. 并联

(1) 顺并联(图3)

两线圈连接如图3，求a,b之间的自感.

① 用感应电动势计算

当通过线圈的电流发生变化时，由电磁感应定律，第一、二两线圈中的感应电动势分别为

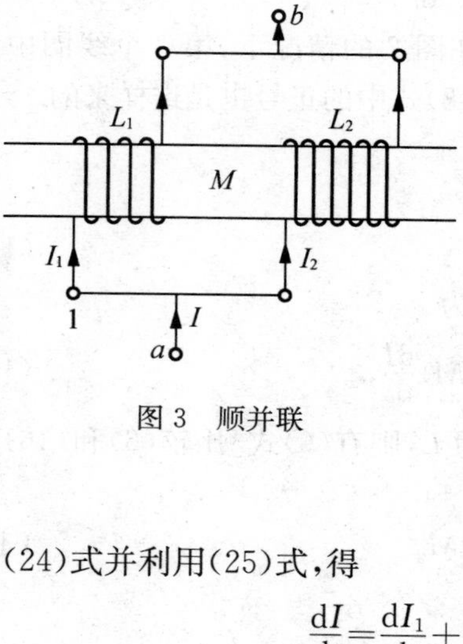

图3 顺并联

$$\mathscr{E}_1=-L_1\frac{\mathrm{d}I_1}{\mathrm{d}t}-M\frac{\mathrm{d}I_2}{\mathrm{d}t}, \tag{21}$$

$$\mathscr{E}_2=-L_2\frac{\mathrm{d}I_2}{\mathrm{d}t}-M\frac{\mathrm{d}I_1}{\mathrm{d}t}. \tag{22}$$

由图3可见，

$$\mathscr{E}=\mathscr{E}_1=\mathscr{E}_2, \tag{23}$$

$$I=I_1+I_2. \tag{24}$$

由(21)、(22)和(23)三式，得

$$L_1\frac{\mathrm{d}I_1}{\mathrm{d}t}+M\frac{\mathrm{d}I_2}{\mathrm{d}t}=L_2\frac{\mathrm{d}I_2}{\mathrm{d}t}+M\frac{\mathrm{d}I_1}{\mathrm{d}t},$$

故

$$(L_1-M)\frac{\mathrm{d}I_1}{\mathrm{d}t}=(L_2-M)\frac{\mathrm{d}I_2}{\mathrm{d}t}. \tag{25}$$

由(24)式并利用(25)式，得

$$\begin{aligned}\frac{\mathrm{d}I}{\mathrm{d}t}&=\frac{\mathrm{d}I_1}{\mathrm{d}t}+\frac{\mathrm{d}I_2}{\mathrm{d}t}\\&=\frac{\mathrm{d}I_1}{\mathrm{d}t}+\frac{L_1-M}{L_2-M}\frac{\mathrm{d}I_1}{\mathrm{d}t}=\frac{L_1+L_2-2M}{L_2-M}\frac{\mathrm{d}I_1}{\mathrm{d}t}.\end{aligned} \tag{26}$$

由(23)和(21)两式并利用(25)式，得 a,b 之间的感应电动势为

$$\begin{aligned}\mathscr{E}&=-L_1\frac{\mathrm{d}I_1}{\mathrm{d}t}-M\frac{\mathrm{d}I_2}{\mathrm{d}t}\\&=-L_1\frac{\mathrm{d}I_1}{\mathrm{d}t}-M\frac{L_1-M}{L_2-M}\frac{\mathrm{d}I_1}{\mathrm{d}t}\\&=-\frac{L_1L_2-M^2}{L_2-M}\frac{\mathrm{d}I_1}{\mathrm{d}t}.\end{aligned}\tag{27}$$

把(26)代入(27)式消去 $\frac{\mathrm{d}I_1}{\mathrm{d}t}$，便得

$$\mathscr{E}=-\frac{L_1L_2-M^2}{L_1+L_2-2M}\frac{\mathrm{d}I}{\mathrm{d}t},\tag{28}$$

把 a,b 之间当作一个线圈，设这个线圈的自感为 L，则有(6)式. 比较(28)和(6)两式，便得

$$L=\frac{L_1L_2-M^2}{L_1+L_2-2M}.\tag{Ⅲ}$$

② 用磁链计算

这时第一、二两线圈的磁链分别为

$$\Psi_1=L_1I_1+MI_2,\tag{29}$$

$$\Psi_2=L_2I_2+MI_1,\tag{30}$$

a,b 之间的磁链(等效磁链)为

$$\Psi=LI,\tag{31}$$

$$\Psi=\Psi_1=\Psi_2.\tag{32}$$

由(29)、(30)和(32)三式，得

$$(L_1-M)I_1=(L_2-M)I_2,\tag{33}$$

由(31)、(32)和(33)三式，得

$$\begin{aligned}LI&=L_1I_1+MI_2=L_1I_1+M\frac{L_1-M}{L_2-M}I_1\\&=\frac{L_1L_2-M^2}{L_2-M}I_1,\end{aligned}\tag{34}$$

又由(24)和(33)两式，得

$$I=I_1+\frac{L_1-M}{L_2-M}I_1=\frac{L_1+L_2-2M}{L_2-M}I_1,\tag{35}$$

把(35)式代入(34)式消去 I_1，便得(Ⅲ)式.

③ 用磁能计算

这时第一、第二两线圈的磁能之和为$\frac{1}{2}L_1I_1^2+\frac{1}{2}L_2I_2^2+MI_1I_2$，$a,b$之间的磁能(等效磁能)为$\frac{1}{2}LI^2$. 两者相等，即

$$\frac{1}{2}LI^2=\frac{1}{2}L_1I_1^2+\frac{1}{2}L_2I_2^2+MI_1I_2, \tag{36}$$

由此式，得

$$\begin{aligned}L&=\frac{L_1I_1^2+L_2I_2^2+2MI_1I_2}{(I_1+I_2)^2}\\&=\frac{L_1+L_2(I_2/I_1)^2+2M(I_2/I_1)}{(I+I_2/I_1)^2},\end{aligned}\tag{37}$$

把(33)式代入上式，便得

$$\begin{aligned}L&=\frac{L_1+L_2(L_1-M)^2/(L_2-M)^2+2M(L_1-M)/(L_2-M)}{[1+(L_1-M)/(L_2-M)]^2}\\&=\frac{L_1(L_2-M)^2+L_2(L_1-M)^2+2M(L_1-M)(L_2-M)}{(L_1+L_2-2M)^2}\\&=\frac{L_1L_2-M^2}{L_1+L_2-2M},\end{aligned}\tag{38}$$

这正是(Ⅲ)式.

(2) 反并联(图 4)

两线圈连接如图 4，求c,d之间的自感.

① 用感应电动势计算

当通过线圈之间的电流发生变化时，由电磁感应定律，第一、二两线圈中的感应电动势分别为

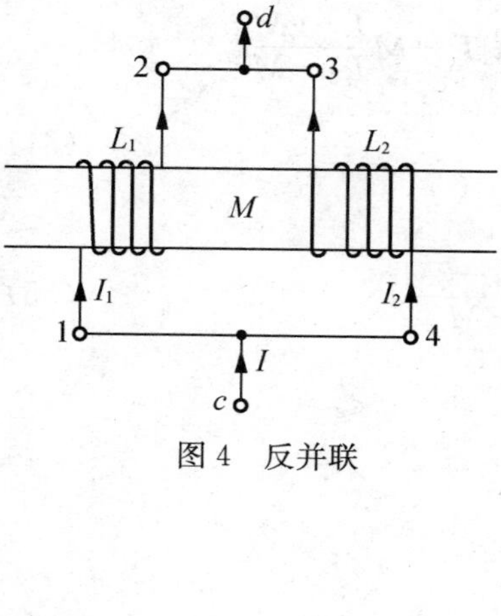

图 4 反并联

$$\mathscr{E}_1=-L_1\frac{\mathrm{d}I_1}{\mathrm{d}t}+M\frac{\mathrm{d}I_2}{\mathrm{d}t}, \tag{39}$$

$$\mathscr{E}_2=-L_2\frac{\mathrm{d}I_2}{\mathrm{d}t}+M\frac{\mathrm{d}I_1}{\mathrm{d}t}. \tag{40}$$

注意，(39)式中的互感项是正号，这是因为，在图 4 的情况下，当I_1和I_2都是增大或都是减小时，第一个线圈中的互感电动势与自感电动势方向(符号)相反. (40)式中的正号也是这样来的.

由图 4 可见，

$$\mathscr{E}=\mathscr{E}_1=\mathscr{E}_2, \tag{41}$$

$$I = I_1 + I_2. \tag{42}$$

由(39)、(40)和(41)三式，得

$$L_1 \frac{\mathrm{d}I_1}{\mathrm{d}t} - M\frac{\mathrm{d}I_2}{\mathrm{d}t} = L_2 \frac{\mathrm{d}I_2}{\mathrm{d}t} - M\frac{\mathrm{d}I_1}{\mathrm{d}t},$$

故

$$(L_1 + M)\frac{\mathrm{d}I_1}{\mathrm{d}t} = (L_2 + M)\frac{\mathrm{d}I_2}{\mathrm{d}t}, \tag{43}$$

由(42)式并利用(43)式，得

$$\begin{aligned}\frac{\mathrm{d}I}{\mathrm{d}t} &= \frac{\mathrm{d}I_1}{\mathrm{d}t} + \frac{\mathrm{d}I_2}{\mathrm{d}t} = \frac{\mathrm{d}I_1}{\mathrm{d}t} + \frac{L_1 + M}{L_2 + M}\frac{\mathrm{d}I_1}{\mathrm{d}t}\\ &= \frac{L_1 + L_2 + 2M}{L_2 + M}\frac{\mathrm{d}I_1}{\mathrm{d}t}.\end{aligned} \tag{44}$$

由(41)和(39)两式并利用(43)式，得 c，d 之间的感应电动势为

$$\begin{aligned}\mathscr{E} &= -L_1 \frac{\mathrm{d}I_1}{\mathrm{d}t} + M\frac{\mathrm{d}I_2}{\mathrm{d}t}\\ &= -L_1 \frac{\mathrm{d}I_1}{\mathrm{d}t} + M\frac{L_1 + M}{L_2 + M}\frac{\mathrm{d}I_1}{\mathrm{d}t}\\ &= -\frac{L_1L_2 - M^2}{L_2 + M}\frac{\mathrm{d}I_1}{\mathrm{d}t},\end{aligned} \tag{45}$$

把(44)式代入(45)式消去 $\frac{\mathrm{d}I_1}{\mathrm{d}t}$，便得

$$\mathscr{E} = -\frac{L_1L_2 - M^2}{L_1 + L_2 + 2M}\frac{\mathrm{d}I}{\mathrm{d}t}. \tag{46}$$

把 c，d 之间当作一个线圈，设这线圈的自感为 L，则有(6)式. 比较(46)和(6)两式，便得

$$L = \frac{L_1L_2 - M^2}{L_1 + L_2 + 2M}. \tag{Ⅳ}$$

② 用磁链计算

这时第一、二两线圈的磁链分别为

$$\Psi_1 = L_1I_1 - MI_2, \tag{47}$$

$$\Psi_2 = L_2I_2 - MI_1, \tag{48}$$

c，d 之间的磁链(等效磁链)为

$$\Psi = LI, \tag{49}$$

$$\Psi = \Psi_1 = \Psi_2. \tag{50}$$

由(47)、(48)和(50)三式，得

$$(L_1 + M)I_1 = (L_2 + M)I_2, \tag{51}$$

由(49)、(50)和(51)三式,得

$$LI = L_1 I_1 - MI_2 = L_1 I_1 - M\frac{L_1+M}{L_2+M}I_1$$

$$= \frac{L_1 L_2 - M^2}{L_2+M}I_1, \tag{52}$$

又由(42)和(51)两式,得

$$I = I_1 + I_2 = I_1 + \frac{L_1+M}{L_2+M}I_1$$

$$= \frac{L_1+L_2+2M}{L_2+M}I_1, \tag{53}$$

把(53)式代入(52)式消去 I_1,便得(Ⅳ)式.

③ 用磁能计算

这时第一、第二两线圈的磁能之和为$\frac{1}{2}L_1 I_1^2 + \frac{1}{2}L_2 I_2^2 - MI_1 I_2$, c,d 之间的磁能(等效磁能)为$\frac{1}{2}LI^2$.两者相等,即

$$\frac{1}{2}LI^2 = \frac{1}{2}L_1 I_1^2 + \frac{1}{2}L_2 I_2^2 - MI_1 I_2, \tag{54}$$

由此式,得

$$L = \frac{L_1 I_1^2 + L_2 I_2^2 - 2MI_1 I_2}{(I_1+I_2)^2}$$

$$= \frac{L_1 + L_2(I_2/I_1)^2 - 2M(I_2/I_1)}{(1+I_2/I_1)^2}, \tag{55}$$

把(51)式代入上式,便得

$$L = \frac{L_1 + L_2(L_1+M)^2/(L_2+M)^2 - 2M(L_1+M)/(L_2+M)}{[1+(L_1+M)/(L_2+M)]^2}$$

$$= \frac{L_1(L_2+M)^2 + L_2(L_1+M)^2 - 2M(L_1+M)(L_2+M)}{(L_1+L_2+2M)^2}$$

$$= \frac{L_1 L_2 - M^2}{L_1+L_2+2M}, \tag{56}$$

这正是(Ⅳ)式.

3. 小结

(1) 把顺串联公式(Ⅰ)中的 M 换成$-M$,便得反串联公式(Ⅱ);把顺并联公式(Ⅲ)中的 M 换成$-M$,便得反并联公式(Ⅳ).

(2) 顺串联的自感大于反串联的自感,顺并联的自感大于反并联的自感. 如果 $M=0$,则顺、反串联的自感相等,顺、反并联的自感相等;这时自感的串并联公式便与电阻的相应串并联公式相同.

(3) 因 $L\geqslant 0$,故由(Ⅰ)、(Ⅳ)两式,得

$$M\leqslant\sqrt{L_1L_2}\,,\tag{57}$$

于是

$$M\leqslant\frac{1}{2}(L_1+L_2).\tag{58}$$

(4) 特殊情况:$L_1=L_2=M$ 时的串并联. 这时两线圈紧绕在一起,无漏磁. 这时由(Ⅰ)、(Ⅱ)、(Ⅲ)、(Ⅳ)得:

顺串联:

$$L=4L_1,\tag{59}$$

由公式

$$L=\mu n^2V\tag{60}$$

也得出同样结果.

反串联:

$$L=0,\tag{61}$$

这就是用电阻丝绕制无感电阻的根据.

顺并联:

$$L=L_1,\tag{62}$$

这样连成的线圈可看作是一个线圈(如第一个线圈)的导线分开为两股而成,所以它的自感仍然是一个线圈的自感.

反并联:

$$L=0,\tag{63}$$

这也是用电阻丝绕制无感电阻的一种依据.

§3.10　磁单极强度的单位与电磁对称性①

1931 年,狄拉克(P. A. M. Dirac,1902—1984)提出磁单极的理论,他证明了,如果磁单极存在,则电荷的量子化现象便可以得到解释. 这个理论很吸引人,半个多世纪以来,实验物理学家们不断地寻找磁单极子(magnetic monopole),但迄今为止,除了卡夫雷拉(B. Cabrera)于 1982 年 12 月 14 日发现了一个可能是磁单极子的事例外,实验上并没有观察到磁单极子存在的任何证据.

① 本节曾发表在《大学物理》1988 年第 11 期,合作者王书仁.

我们来探讨一下：如果磁单极存在，并且它们之间的相互作用力遵守库仑定律，则在国际单位制(SI)里，磁单极强度(即磁单极子的磁荷)的单位应如何规定，方能在目前的宏观电动力学框架里更好地体现出电磁对称性.

1. 磁单极强度的两种单位

目前的电动力学是不存在磁单极的电动力学. 描述电磁场的物理量电场强度 $\boldsymbol{E}$ 和磁感强度 $\boldsymbol{B}$ 以及电位移 $\boldsymbol{D}$ 和磁场强度 $\boldsymbol{H}$，都是由电荷所受的力直接或间接定义出来的. 在这种情况下，根据在电磁场中所受的力来定义磁单极强度的单位，用国际单位制，就可以有两种定义，兹分述如下：

(1) 用磁场强度 H 定义

一种是用磁场强度 $\boldsymbol{H}$ 定义，即磁单极强度为 g 的静止磁单极子，在真空中外磁场强度为 $\boldsymbol{H}$ 处所受的力为

$$\boldsymbol{F}=g\boldsymbol{H}. \tag{1}$$

根据这个定义，当 $|\boldsymbol{H}|=1$ 安培/米时，若 $|\boldsymbol{F}|=1$ 牛顿，则磁单极强度便为一个单位，即这时

$$g=\frac{1\text{ 牛顿}}{1\text{ 安培/米}}=1\text{ 伏特}\cdot\text{秒}, \tag{2}$$

所以由(1)式定义的磁单极强度的单位为 1 伏特·秒，用符号表示即 1V·s.

(2) 用磁感强度 $\boldsymbol{B}$ 定义

另一种是用磁感强度 $\boldsymbol{B}$ 定义，即磁单极强度为 g' 的静止磁单极子，在真空中外磁感强度为 $\boldsymbol{B}$ 处所受的力为

$$\boldsymbol{F}=g'\boldsymbol{B}. \tag{3}$$

根据这个定义，当 $|\boldsymbol{B}|=1$ 特斯拉时，若 $|\boldsymbol{F}|=1$ 牛顿，则磁单极强度便为一个单位，即这时

$$g'=\frac{1\text{ 牛顿}}{1\text{ 特斯拉}}=1\text{ 安培}\cdot\text{米}, \tag{4}$$

所以由(3)式定义的磁单极强度的单位为 1 安培·米，用符号表示，即 1A·m.

因为在真空中 $\boldsymbol{B}=\mu_0\boldsymbol{H}$，所以由(1)、(3)两式定义的 g 和 g'，它们之间的关系便为

$$g=\mu_0 g', \tag{5}$$

式中 $\mu_0=4\pi\times10^{-7}\text{H/m}$.

2. 磁库仑定律

为了与静电的库仑定律对应，在(1)式定义的情况下，假定磁单极 g_1 和 g_2 相对静止时，它们之间的相互作用力为

$$\boldsymbol{F}=\frac{1}{4\pi x}\frac{g_1 g_2}{r^3}\boldsymbol{r}, \tag{6}$$

则根据量纲分析，x 的单位为

$$[x]=\frac{[g]^2}{[F][r^2]}=\frac{\text{伏特}^2\cdot\text{秒}^2}{\text{牛顿}\cdot\text{米}^2}=\frac{\text{亨利}}{\text{米}}=[\mu_0]. \tag{7}$$

于是得出，相对静止的磁单极 g_1 和 g_2 之间的相互作用力的库仑定律为

$$\boldsymbol{F}=\frac{1}{4\pi\mu_0}\frac{g_1 g_2}{r^3}\boldsymbol{r}. \tag{8}$$

在(3)式定义的情况下，假定磁单极 g_1' 和 g_2' 相对静止时，它们之间的相互作用力为

$$\boldsymbol{F}=\frac{1}{4\pi y}\frac{g_1' g_2'}{r^3}\boldsymbol{r}, \tag{9}$$

则 y 的单位应为

$$[y]=\frac{[g']^2}{[F][r^2]}=\frac{\text{安培}^2\cdot\text{米}^2}{\text{牛顿}\cdot\text{米}^2}=\frac{\text{米}}{\text{亨利}}=\frac{1}{[\mu_0]}. \tag{10}$$

于是得出，相对静止的磁单极 g_1' 和 g_2' 之间相互作用力的库仑定律为

$$\boldsymbol{F}=\frac{\mu_0}{4\pi}\frac{g_1' g_2'}{r^3}\boldsymbol{r}. \tag{11}$$

显然，由(5)式和(8)式可以导出(11)式；反过来，由(5)式和(11)式，也可以导出(8)式.

3. 洛伦兹力公式

设在惯性参考系 Σ 里观测，磁单极子以速度 $\boldsymbol{v}$ 在电磁场中运动，我们来计算它所受的力. 考虑另一惯性参考系 Σ'，以匀速 $\boldsymbol{v}$ 相对于 Σ 系运动，则相对于 Σ' 系来说，这磁单极子便是静止的.

设磁单极子所在处的电磁场，在 Σ 系观测为 $\boldsymbol{E}$ 和 $\boldsymbol{B}$，而 $\boldsymbol{D}=\varepsilon_0\boldsymbol{E}$，$\boldsymbol{B}=\mu_0\boldsymbol{H}$；在 Σ' 系观测为 $\boldsymbol{E}'$ 和 $\boldsymbol{B}'$，而 $\boldsymbol{D}'=\varepsilon_0\boldsymbol{E}'$，$\boldsymbol{B}'=\mu_0\boldsymbol{H}'$. 根据狭义相对论，$\Sigma'$ 和 Σ 两系电磁场之间的变换关系为

$$\boldsymbol{B}_{\parallel}'=\boldsymbol{B}_{\parallel},\quad \boldsymbol{B}_{\perp}'=\gamma\left(\boldsymbol{B}_{\perp}-\frac{1}{c^2}\boldsymbol{v}\times\boldsymbol{E}\right), \tag{12}$$

式中

$$\gamma=1\Big/\sqrt{1-\frac{v^2}{c^2}}.\tag{13}$$

下标 ∥ 表示与 $\boldsymbol{v}$ 平行的分量,下标 ⊥ 表示与 $\boldsymbol{v}$ 垂直的分量. 因

$$\varepsilon_0\mu_0c^2=1,\tag{14}$$

故由(12)式得磁场强度的变换关系为

$$\boldsymbol{H}'_{\parallel}=\boldsymbol{H}_{\parallel},\quad \boldsymbol{H}'_{\perp}=\gamma(\boldsymbol{H}_{\perp}-\boldsymbol{v}\times\boldsymbol{D}).\tag{15}$$

根据定义(1)式,在 Σ' 系中磁单极强度 g 所受的力为

$$\boldsymbol{F}'=g\boldsymbol{H}'=g(\boldsymbol{H}'_{\parallel}+\boldsymbol{H}'_{\perp}),\tag{16}$$

即

$$\boldsymbol{F}'_{\parallel}=g\boldsymbol{H}'_{\parallel},\quad \boldsymbol{F}'_{\perp}=g\boldsymbol{H}'_{\perp},\tag{17}$$

于是由(15)式,得

$$\boldsymbol{F}'=g\boldsymbol{H}_{\parallel}+g\gamma(\boldsymbol{H}_{\perp}-\boldsymbol{v}\times\boldsymbol{D}).\tag{18}$$

根据狭义相对论,Σ' 和 Σ 两系之间力的变换关系为

$$\boldsymbol{F}'_{\parallel}=\boldsymbol{F}_{\parallel},\quad \boldsymbol{F}'_{\perp}=\gamma\boldsymbol{F}_{\perp},\tag{19}$$

所以

$$\boldsymbol{F}_{\parallel}=g\boldsymbol{H}_{\parallel},\quad \boldsymbol{F}_{\perp}=g(\boldsymbol{H}_{\perp}-\boldsymbol{v}\times\boldsymbol{D}),\tag{20}$$

最后,便得

$$\boldsymbol{F}=\boldsymbol{F}_{\parallel}+\boldsymbol{F}_{\perp}=g(\boldsymbol{H}_{\parallel}+\boldsymbol{H}_{\perp}-\boldsymbol{v}\times\boldsymbol{D}),$$

所以

$$\boldsymbol{F}=g(\boldsymbol{H}-\boldsymbol{v}\times\boldsymbol{D}).\tag{21}$$

这便是磁单极强度 g 以速度 $\boldsymbol{v}$ 在电磁场中运动时所受的力的公式,它与带电荷 q 的粒子以速度 $\boldsymbol{v}$ 在电磁场中运动时所受的力的公式

$$\boldsymbol{F}=q(\boldsymbol{E}+\boldsymbol{v}\times\boldsymbol{B})\tag{22}$$

相对应. 所以(21)式可以叫做磁单极 g 的洛伦兹力公式(由 $\boldsymbol{H}$ 定义的).

应指出,在上面导出(21)式的过程中,我们曾根据电荷 q 是洛伦兹不变量,假定磁单极强度 g 也是洛伦兹不变量.

如果采用定义(3)式,则磁单极强度 g' 所受的力为

$$\boldsymbol{F}'=g'\boldsymbol{B}'=g'(\boldsymbol{B}'_{\parallel}+\boldsymbol{B}'_{\perp}),\tag{23}$$

即

$$\boldsymbol{F}'_{\parallel}=g'\boldsymbol{B}'_{\parallel},\quad \boldsymbol{F}'_{\perp}=g'\boldsymbol{B}'_{\perp}.\tag{24}$$

于是由(12)式,得

$$\boldsymbol{F}'=g'\boldsymbol{B}_{\parallel}+\gamma g'\left(\boldsymbol{B}_{\perp}-\frac{1}{c^2}\boldsymbol{v}\times\boldsymbol{E}\right),\tag{25}$$

最后由(24)式和(19)式,得出

$$\boldsymbol{F}=g'\left(\boldsymbol{B}-\frac{1}{c^2}\boldsymbol{v}\times\boldsymbol{E}\right),\tag{26}$$

这个式子就是磁单极 g' 的洛伦兹力公式(由 $\boldsymbol{B}$ 定义的). 在导出(26)式的过程中,我们也假定了磁单极强度 g' 是洛伦兹不变量.

显然,由(5)式和(21)式可以导出(26)式;反过来,由(5)式和(26)式也可以导出(21)式.

4. 狄拉克的量子化公式

狄拉克根据量子力学的要求得出结论:对所有的波函数来说,沿任何闭合曲线走一圈,相位(phase)的变化值都必须相等. 由这个结论,他得出了电荷 q 的量子化公式. 在国际单位制(SI)里,如果用(1)式定义磁单极强度,则狄拉克的量子化公式便为

$$qg=nh, \tag{27}$$

式中 $n=\pm1,\pm2,\pm3,\cdots$;h 是普朗克常量. 由(27)式得到最小的电荷 e 与最小的磁单极强度 g_0 之间的关系为

$$eg_0=h, \tag{28}$$

g_0 的值为

$$g_0=\frac{h}{e}=\frac{6.626075\times10^{-34}}{1.602177\times10^{-19}}\,\mathrm{V\cdot s}=4.135670\times10^{-15}\,\mathrm{V\cdot s}. \tag{29}$$

如果采用(3)式定义磁单极强度,则狄拉克的量子化公式便为

$$qg'=n\frac{h}{\mu_0}, \tag{30}$$

式中的 n 和 h 与(27)式中的相同. 由(30)式得:最小的电荷 e 与最小的磁单极强度 g_0' 之间的关系为

$$eg_0'=\frac{h}{\mu_0}, \tag{31}$$

g_0' 的值为

$$g_0'=\frac{h}{\mu_0 e}=\frac{6.626075\times10^{-34}}{4\pi\times10^{-7}\times1.602177\times10^{-19}}\,\mathrm{A\cdot m}=3.291062\times10^{-9}\,\mathrm{A\cdot m}. \tag{32}$$

显然,通过(5)式,(27)式和(30)式可以互推.

5. 磁单极强度的单位与电磁对称性

为了对比,我们把前面得出的结果列表如下:

	电	磁	
	电荷	磁单极强度	
符　号	q	g	g'
定义式	$\boldsymbol{F}=q\boldsymbol{E}$ （$\boldsymbol{E}$ 的单位为伏特/米）	$\boldsymbol{F}=g\boldsymbol{H}$ （$\boldsymbol{H}$ 的单位为安培/米）	$\boldsymbol{F}=g'\boldsymbol{B}$ （$\boldsymbol{B}$ 的单位为特斯拉）
SI 基本单位	安培·秒(A·s)	伏特·秒(V·s)	安培·米(A·m)
库仑定律	$\boldsymbol{F}=\frac{1}{4\pi\varepsilon_0}\frac{q_1q_2}{r^3}\boldsymbol{r}$	$\boldsymbol{F}=\frac{1}{4\pi\mu_0}\frac{g_1g_2}{r^3}\boldsymbol{r}$	$\boldsymbol{F}=\frac{\mu_0}{4\pi}\frac{g'_1g'_2}{r^3}\boldsymbol{r}$
洛伦兹力公式	$\boldsymbol{F}=q(\boldsymbol{E}+\boldsymbol{v}\times\boldsymbol{B})$	$\boldsymbol{F}=g(\boldsymbol{H}-\boldsymbol{v}\times\boldsymbol{D})$	$\boldsymbol{F}=g'\left(\boldsymbol{B}-\frac{1}{c^2}\boldsymbol{v}\times\boldsymbol{E}\right)$
狄拉克量子化公式		$qg=nh$ $eg_0=h$	$qg'=n\frac{h}{\mu_0}$ $eg_0'=\frac{h}{\mu_0}$

由上表可以看出:在用 $\boldsymbol{H}$ 定义磁单极强度单位的情况下,磁单极强度的单位和有关公式,与电荷的单位和相应的公式,在形式上都是对称的;而在用 $\boldsymbol{B}$ 定义磁单极强度单位的情况下,磁单极强度的单位和有关公式,与电荷的单位和相应的公式,就显得有些不对称了.

所以我们觉得,在目前的宏观电动力学框架里,从电磁对称性的角度来看,用 $\boldsymbol{H}$ 定义磁单极强度的单位比较合适. 这时,电荷所受的力由 $\boldsymbol{E}$ 和 $\boldsymbol{B}$ 决定,而磁单极强度所受的力则由 $\boldsymbol{H}$ 和 $\boldsymbol{D}$ 决定. 这样也给 $\boldsymbol{H}$ 和 $\boldsymbol{D}$ 增加了直观的物理意义. 而且,这时狄拉克量子化公式最简单,还赋予了普朗克常量 h 是电荷量子化的量的新物理意义.

参 考 文 献

[1] P. A. M. Dirac, *Proc. R. Soc.*, **A133**, (1931), 60.

[2] B. Cabrera, *Phys. Rev. lett.*, **48**(1982), 1378.

[3] Sherman Frankel, *Am. J. Phys.*, **44**, (1976), 683.

[4] Laura J. Garwin and Richard L. Garwin, *Am. J. Phys.*, **45**, (1977), 164.

[5] H. Hofmann, *Das Elektromagnetische Feld* (1974), Springer-Verlag(1974), S. 277.

[6] Alan M. Portis, *Electromagnetic Fields: Sources and Media* (1978), John Wiley & Sons, Inc., p. 295, p. 297, p. 668, p. 764.

[7] J. A. Stratton, *Electromagnetic Theory*, McGraw-Hill(1941), 241—242.

[8] 康寿万,陈雁萍编,《等离子体物理学手册》,科学出版社(1981),42 页.

§3.11　电磁场的矢势和标势

电磁学的出发点是电荷在电磁场中受的力，所以描述电场的量便是单位电荷在其中受力的量——电场强度 $\boldsymbol{E}$；描述磁场的量便是单位电荷在其中以单位速度垂直于磁场方向运动时受力的量——磁感强度 $\boldsymbol{B}$. 我们把 $\boldsymbol{E}$ 和 $\boldsymbol{B}$ 叫做电磁场的场量. 用 $\boldsymbol{E}$ 和 $\boldsymbol{B}$ 来描述电磁场，在宏观世界里应用广泛，凡牵涉到电磁学应用的领域，几乎都把它们当作基本量，甚至在基础光学领域里，也是如此.

但另一方面，也可以把矢势 $\boldsymbol{A}$ 和标势 φ 作为描述电磁场的基本量. 因为有了 $\boldsymbol{A}$ 和 φ，就可以求出场量 $\boldsymbol{E}$ 和 $\boldsymbol{B}$ 来，问题就都可以解决了. 特别是处理一些专门问题，如天线辐射问题，用矢势 $\boldsymbol{A}$ 计算比较方便，这时可以把 $\boldsymbol{A}$ 和 φ 当作基本量.

进一步的问题是在微观领域里，力的概念已经淡出了，显得重要的是动量和能量的概念. 这时，牵涉到电磁场的量主要是矢势 $\boldsymbol{A}$ 和标势 φ. 于是这时 $\boldsymbol{A}$ 和 φ 就成为描述电磁场的基本量了.

一般电磁学教科书对电磁场的矢势 $\boldsymbol{A}$ 和标势 φ 很少介绍，甚至不提. 鉴于它们的重要性，我们在这里作一些基本介绍.

1. 势的存在

电磁场的基本规律是麦克斯韦方程组

$$\nabla \cdot \boldsymbol{D}=\rho, \tag{1}$$

$$\nabla\times\boldsymbol{E}=-\frac{\partial \boldsymbol{B}}{\partial t}, \tag{2}$$

$$\nabla \cdot \boldsymbol{B}=0, \tag{3}$$

$$\nabla\times\boldsymbol{H}=\boldsymbol{j}+\frac{\partial \boldsymbol{D}}{\partial t}. \tag{4}$$

由(3)式，磁感强度 $\boldsymbol{B}$ 是无散场(散度为零的场). 根据矢量分析，一个无散场必定存在矢势 $\boldsymbol{A}$，使得 $\boldsymbol{A}$ 的旋度等于场量 $\boldsymbol{B}$，即

$$\boldsymbol{B}=\nabla\times\boldsymbol{A}. \tag{5}$$

将(5)式代入(2)式，即得

$$\nabla\times\left(\boldsymbol{E}+\frac{\partial \boldsymbol{A}}{\partial t}\right)=0, \tag{6}$$

这个结果表明：$\boldsymbol{E}+\frac{\partial \boldsymbol{A}}{\partial t}$是一个无旋场(旋度为零的场). 根据矢量分析，一个无旋

场必定存在标势 φ,使得 φ 的负梯度等于这个场的场量 $\boldsymbol{E}+\frac{\partial \boldsymbol{A}}{\partial t}$,即

$$\boldsymbol{E}+\frac{\partial \boldsymbol{A}}{\partial t}=-\nabla\varphi. \tag{7}$$

由(7)式,电磁场的电场强度 $\boldsymbol{E}$ 与 $\boldsymbol{A}$ 和 φ 的关系便为

$$\boldsymbol{E}=-\nabla\varphi-\frac{\partial \boldsymbol{A}}{\partial t}. \tag{8}$$

满足(5)式的 $\boldsymbol{A}$ 称为电磁场的矢势,满足(7)式的 φ 称为电磁场的标势.

为具体起见,我们举两个简单场的势的例子.

均匀静电场的电场强度 $\boldsymbol{E}$ 为常矢量,很容易证明,这种电场的标势为

$$\varphi=-\boldsymbol{E}\cdot\boldsymbol{r}. \tag{9}$$

均匀静磁场的磁感强度 $\boldsymbol{B}$ 为常矢量,容易证明,这种磁场的矢势为

$$\boldsymbol{A}=\frac{1}{2}\boldsymbol{B}\times\boldsymbol{r}. \tag{10}$$

2. 矢势和标势

标势 φ 是电势的扩充. 在静电场的情况下,它便是静电场的电势.

矢势 $\boldsymbol{A}$ 是诺伊曼(F. E. Neumann,1798—1895,德)于 1845 年在楞次定律的基础上引进的,他将电磁感应定律写成

$$\mathscr{E}=-\oint_L\frac{\partial \boldsymbol{A}}{\partial t}\cdot\mathrm{d}\boldsymbol{l}. \tag{11}$$

矢势 $\boldsymbol{A}$ 本身没有直观的物理意义,但它是一个有物理意义的量. 由矢量分析的斯托克斯公式,$\boldsymbol{A}$ 沿空间回路 L 的环流(circulation)为

$$\oint_L\boldsymbol{A}\cdot\mathrm{d}\boldsymbol{l}=\int_S\nabla\times\boldsymbol{A}\cdot\mathrm{d}\boldsymbol{S}=\int_S\boldsymbol{B}\cdot\mathrm{d}\boldsymbol{S}=\Phi. \tag{12}$$

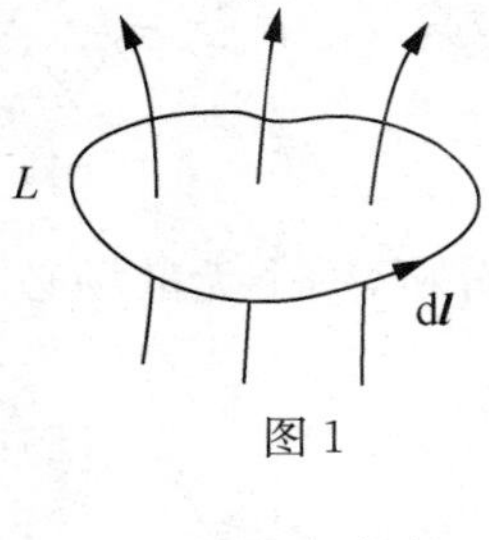

图 1

这个结果表明,$\boldsymbol{A}$ 沿回路 L 的环流等于通过以 L 为边界的曲面的磁通量(图 1).

在国际单位制(SI)里,标量 φ 的单位是伏[特],符号为 V,量纲为 $\mathrm{L^2MT^{-3}I^{-1}}$. 矢势 $\boldsymbol{A}$ 的单位为特[斯拉]·米,符号为 T·m,量纲为 $\mathrm{LMT^{-2}I^{-1}}$.

3. 规范变换

(1) 规范变换

设一电磁场的场量为 $\boldsymbol{E}$ 和 $\boldsymbol{B}$,其势为 $\boldsymbol{A}$ 和 φ,则 $\boldsymbol{E}$,$\boldsymbol{B}$ 与 $\boldsymbol{A}$,φ 之间的关系为

$$\boldsymbol{E}=-\nabla\varphi-\frac{\partial \boldsymbol{A}}{\partial t}, \tag{8}$$

$$\boldsymbol{B}=\nabla\times\boldsymbol{A}. \tag{5}$$

现在考虑一个有二阶连续偏微商的任意函数 $f(\boldsymbol{r},t)$，对电磁场的 $\boldsymbol{A}$ 和 φ 作如下变换：

$$\boldsymbol{A}\to\boldsymbol{A}'=\boldsymbol{A}+\nabla f, \tag{13}$$

$$\varphi\to\varphi'=\varphi-\frac{\partial f}{\partial t}. \tag{14}$$

根据矢量分析，因

$$\nabla\times(\nabla f)=0, \tag{15}$$

故得

$$\nabla\times\boldsymbol{A}'=\nabla\times(\boldsymbol{A}+\nabla f)=\nabla\times\boldsymbol{A}+\nabla\times(\nabla f)=\nabla\times\boldsymbol{A}=\boldsymbol{B}, \tag{16}$$

和

$$\begin{aligned}-\nabla\varphi'-\frac{\partial \boldsymbol{A}'}{\partial t}&=-\nabla\left(\varphi-\frac{\partial f}{\partial t}\right)-\frac{\partial}{\partial t}(\boldsymbol{A}+\nabla f)\\&=-\nabla\varphi+\nabla\frac{\partial f}{\partial t}-\frac{\partial \boldsymbol{A}}{\partial t}-\frac{\partial}{\partial t}\nabla f\\&=-\nabla\varphi-\frac{\partial \boldsymbol{A}}{\partial t}=\boldsymbol{E}.\end{aligned} \tag{17}$$

可见 $\boldsymbol{A}'$ 和 φ' 所描述的与 $\boldsymbol{A}$ 和 φ 所描述的是同一个电磁场.

(13)和(14)两式的变换称为规范变换.

(2) 规范不变性与选择规范

当势 $\boldsymbol{A}$ 和 φ 作规范变换时，电磁场的 $\boldsymbol{E}$ 和 $\boldsymbol{B}$ 不变，因而电磁场的所有性质和物理规律都不变. 这种特性称为电磁场的规范不变性.

电磁场的规范不变性表明，一个给定的电磁场只有一个 $\boldsymbol{E}$ 和 $\boldsymbol{B}$，却有无穷多个 $\boldsymbol{A}$ 和 φ. 这一点是由电磁场的本性决定的. 根据矢量分析，一个矢量场由它的散度、旋度和边界条件唯一地确定[1]. 换句话说，要完全确定一个矢量场，必须给出它的散度、旋度和边界条件三者. 从前面的论述可以看出，电磁场的自然规律(麦克斯韦方程组)只给出 $\boldsymbol{A}$ 的旋度为 $\boldsymbol{B}$，而没有给出 $\boldsymbol{A}$ 的散度是什么. 这就表明，仅由电磁场的自然规律，是不能完全确定 $\boldsymbol{A}$ 的. 所以，要完全确定 $\boldsymbol{A}$，就只能人为地规定 $\boldsymbol{A}$ 的散度的值. 这种办法称为选择规范. 它与静电学里人为地规定某处电势为零，是类似的.

在静电场的情况下，通常是根据方便，人为地规定某处电势为零. 例如，在作理论计算时，常取离电荷无穷远处的电势为零，而在实验问题里，则常取地的电势为零. 与此类似，在处理电磁场的量子化时，常取 $\boldsymbol{A}$ 的散度为零，即

$$\nabla \cdot \boldsymbol{A}=0, \tag{18}$$

而在处理一些天线辐射问题时，则常取 $\boldsymbol{A}$ 的散度满足下式

$$\nabla \cdot \boldsymbol{A}+\frac{1}{c^2}\frac{\partial \varphi}{\partial t}=0, \tag{19}$$

式中 c 是真空中的光速.

满足(18)式的 $\boldsymbol{A}$ 称为库仑规范，满足(19)式的 $\boldsymbol{A}$ 称为洛伦兹规范.

4. 用势表示场的能量

(1) 用 ρ 和 φ 表示电场能量

用场量 $\boldsymbol{E}$ 和 $\boldsymbol{D}$ 表示，电场的能量密度为

$$w_{\mathrm{e}}=\frac{1}{2}\boldsymbol{E} \cdot \boldsymbol{D}, \tag{20}$$

将上式对整个电场积分，使得电场能量为

$$W_{\mathrm{e}}=\int_V w_{\mathrm{e}} \mathrm{d}V=\frac{1}{2}\int_V \boldsymbol{E} \cdot \boldsymbol{D} \mathrm{d}V \tag{21}$$

因

$$\boldsymbol{E}=-\nabla \varphi, \tag{22}$$

故得

$$\begin{aligned} W_{\mathrm{e}} &=-\frac{1}{2}\int_V \nabla \varphi \cdot \boldsymbol{D} \mathrm{d}V=-\frac{1}{2}\int_V [\nabla \cdot (\varphi \boldsymbol{D})-\varphi \nabla \cdot \boldsymbol{D}] \mathrm{d}V \\ &=-\frac{1}{2}\int_V \nabla \cdot (\varphi \boldsymbol{D}) \mathrm{d}V+\frac{1}{2}\int_V \varphi \rho \mathrm{d}V, \end{aligned} \tag{23}$$

其中积分

$$\int_V \nabla \cdot (\varphi \boldsymbol{D}) \mathrm{d}V=\oint_S \varphi \boldsymbol{D} \cdot \mathrm{d}\boldsymbol{S}. \tag{24}$$

当电荷只分布在有限区域时，离电荷非常远处，便有

$$\varphi \propto \frac{1}{r}, \quad D \propto \frac{1}{r^2}, \quad S \to r^2, \tag{25}$$

这时

$$\oint_S \varphi \boldsymbol{D} \cdot \mathrm{d}\boldsymbol{S} \propto \frac{1}{r} \to 0, \tag{26}$$

于是由(23)式，得

$$W_{\mathrm{e}}=\frac{1}{2}\int_V \rho \varphi \mathrm{d}V, \tag{27}$$

这便是用电荷密度 ρ 和电势 φ 表示的电场能量.

这里应注意:①电势 φ 是电荷分布 ρ 所产生的电势;②根据能量分布在电场中的观点,在 $\rho=0$ 而 $\boldsymbol{E}\neq0$ 处也有能量,故不能把$\frac{1}{2}\rho\varphi$看作是电场能量密度.

(2) 用 $\boldsymbol{j}$ 和 $\boldsymbol{A}$ 表示磁场能量

用场量 $\boldsymbol{H}$ 和 $\boldsymbol{B}$ 表示,磁场能量密度为

$$w_{\mathrm{m}}=\frac{1}{2}\boldsymbol{H}\cdot\boldsymbol{B},\tag{28}$$

将上式对整个磁场积分,便得磁场能量为

$$W_{\mathrm{m}}=\int_V w_{\mathrm{m}}\mathrm{d}V=\frac{1}{2}\int_V\boldsymbol{H}\cdot\boldsymbol{B}\mathrm{d}V.\tag{29}$$

根据

$$\boldsymbol{B}=\nabla\times\boldsymbol{A}\tag{5}$$

(29)式可以写成

$$\begin{aligned}W_{\mathrm{m}}&=\frac{1}{2}\int_V\boldsymbol{H}\cdot\nabla\times\boldsymbol{A}\mathrm{d}V=\frac{1}{2}\int_V[\nabla\cdot(\boldsymbol{A}\times\boldsymbol{H})+\boldsymbol{A}\cdot(\nabla\times\boldsymbol{H})]\mathrm{d}V\\&=\frac{1}{2}\oint_S\boldsymbol{A}\times\boldsymbol{H}\cdot\mathrm{d}\boldsymbol{S}+\frac{1}{2}\int_V\boldsymbol{j}\cdot\boldsymbol{A}\mathrm{d}V.\end{aligned}\tag{30}$$

当电流只分布在有限区域时,离电流非常远处,便有

$$|\boldsymbol{A}|\propto\frac{1}{r},\quad H\propto\frac{1}{r^2},\quad S\to r^2,\tag{31}$$

这时

$$\oint_S\boldsymbol{A}\times\boldsymbol{H}\cdot\mathrm{d}\boldsymbol{S}\propto\frac{1}{r}\to0,\tag{32}$$

于是由(30)式,得

$$W_{\mathrm{m}}=\frac{1}{2}\int_V\boldsymbol{j}\cdot\boldsymbol{A}\mathrm{d}V,\tag{33}$$

这便是用电流密度 $\boldsymbol{j}$ 和矢势 $\boldsymbol{A}$ 表示的磁场能量.

这里应注意:①矢势 $\boldsymbol{A}$ 是电流分布 $\boldsymbol{j}$ 所产生的矢势;②根据能量分布在磁场中的观点,在 $\boldsymbol{j}=0$ 而 $\boldsymbol{B}\neq0$ 处也有能量,故不能把$\frac{1}{2}\boldsymbol{j}\cdot\boldsymbol{A}$看作是磁场能量密度.

5. 用势表示相互作用能

(1) 电荷与外电场的相互作用能

当电荷为 q 的点电荷处在外电场中时,它与外电场的相互作用能便为

$$W_{\mathrm{ie}}=q\varphi_{\mathrm{e}},\tag{34}$$

式中 φ_{e} 是 q 所在处外电场的电势.

如果电荷是体分布,电荷密度为ρ,则它与外电场的相互作用能便为

$$W_{ie}=\int_V \rho\varphi_e \mathrm{d}V, \tag{35}$$

式中φ_e是外电场在ρ处产生的电势.

(2) 电流与外磁场的相互作用能

当电流$\boldsymbol{j}$处在矢势为$\boldsymbol{A}_e$的外磁场中时,设产生$\boldsymbol{A}_e$的电流为$\boldsymbol{j}_e$,$\boldsymbol{j}$产生的矢势为$\boldsymbol{A}$,则总电流便为$\boldsymbol{j}+\boldsymbol{j}_e$,总磁场的矢势便为$\boldsymbol{A}+\boldsymbol{A}_e$. 根据(33)式,这时总的磁场能量为

$$W=\frac{1}{2}\int_V(\boldsymbol{j}+\boldsymbol{j}_e)\cdot(\boldsymbol{A}+\boldsymbol{A}_e)\mathrm{d}V. \tag{36}$$

电流$\boldsymbol{j}$与外磁场$\boldsymbol{A}_e$的相互作用能定义为:总的磁场能量减去各磁场单独存在时的磁场能量,即

$$\begin{aligned}W_i &\equiv \frac{1}{2}\int_V(\boldsymbol{j}+\boldsymbol{j}_e)\cdot(\boldsymbol{A}+\boldsymbol{A}_e)\mathrm{d}V-\frac{1}{2}\int_V \boldsymbol{j}\cdot\boldsymbol{A}\mathrm{d}V-\frac{1}{2}\int_V \boldsymbol{j}_e\cdot\boldsymbol{A}_e\mathrm{d}V\\ &=\frac{1}{2}\int_V(\boldsymbol{j}\cdot\boldsymbol{A}_e+\boldsymbol{j}_e\cdot\boldsymbol{A})\mathrm{d}V,\end{aligned} \tag{37}$$

因为

$$\boldsymbol{A}(\boldsymbol{r})=\frac{\mu_0}{4\pi}\int_V\frac{\boldsymbol{j}(\boldsymbol{r}')\mathrm{d}V'}{|\boldsymbol{r}-\boldsymbol{r}'|},\quad \boldsymbol{A}_e(\boldsymbol{r})=\frac{\mu_0}{4\pi}\int_V\frac{\boldsymbol{j}_e(\boldsymbol{r}')\mathrm{d}V'}{|\boldsymbol{r}-\boldsymbol{r}'|}, \tag{38}$$

故得

$$\begin{aligned}W_i &=\frac{1}{2}\frac{\mu_0}{4\pi}\int_V\int_V\frac{\boldsymbol{j}(\boldsymbol{r})\cdot\boldsymbol{j}_e(\boldsymbol{r}')+\boldsymbol{j}_e(\boldsymbol{r})\cdot\boldsymbol{j}(\boldsymbol{r}')}{|\boldsymbol{r}-\boldsymbol{r}'|}\mathrm{d}V\mathrm{d}V'=\frac{\mu_0}{4\pi}\int_V\int_V\frac{\boldsymbol{j}(\boldsymbol{r})\cdot\boldsymbol{j}_e(\boldsymbol{r}')}{|\boldsymbol{r}-\boldsymbol{r}'|}\mathrm{d}V\mathrm{d}V'\\ &=\int_V\boldsymbol{j}(\boldsymbol{r})\cdot\left[\frac{\mu_0}{4\pi}\int_V\frac{\boldsymbol{j}_e(\boldsymbol{r}')}{|\boldsymbol{r}-\boldsymbol{r}'|}\mathrm{d}V'\right]\mathrm{d}V=\int_V\boldsymbol{j}(\boldsymbol{r})\cdot\boldsymbol{A}_e(\boldsymbol{r})\mathrm{d}V,\end{aligned} \tag{39}$$

于是得

$$W_i=\int_V\boldsymbol{j}\cdot\boldsymbol{A}_e\mathrm{d}V=\int_V\boldsymbol{j}_e\cdot\boldsymbol{A}\mathrm{d}V, \tag{40}$$

即$\boldsymbol{j}$与磁场$\boldsymbol{A}_e$的相互作用能等于$\boldsymbol{j}_e$与磁场$\boldsymbol{A}$的相互作用能.

6. 推迟势

(1) 势的微分方程

根据麦克斯韦方程和矢量分析,在真空中有

$$\nabla\times(\nabla\times\boldsymbol{A})=\nabla(\nabla\cdot\boldsymbol{A})-\nabla^2\boldsymbol{A}$$

$$= \nabla\times \boldsymbol{B} = \mu_0\ \nabla\times \boldsymbol{H} = \mu_0\left(\boldsymbol{j} + \frac{\partial \boldsymbol{D}}{\partial t}\right)$$

$$= \mu_0 \boldsymbol{j} + \varepsilon_0\mu_0\ \frac{\partial \boldsymbol{E}}{\partial t} = \mu_0 \boldsymbol{j} + \frac{1}{c^2}\ \frac{\partial}{\partial t}\left(-\nabla\varphi - \frac{\partial \boldsymbol{A}}{\partial t}\right), \tag{41}$$

于是得出势的微分方程为

$$\nabla^2 \boldsymbol{A} - \frac{1}{c^2}\frac{\partial^2 \boldsymbol{A}}{\partial t^2} - \nabla\left(\nabla\cdot\boldsymbol{A} + \frac{1}{c^2}\frac{\partial\varphi}{\partial t}\right) = -\mu_0 \boldsymbol{j}. \tag{42}$$

又由

$$\nabla\cdot\boldsymbol{D} = \rho = \varepsilon_0\ \nabla\cdot\boldsymbol{E} = \varepsilon_0\ \nabla\cdot\left(-\nabla\varphi - \frac{\partial \boldsymbol{A}}{\partial t}\right) = -\varepsilon_0\ \nabla^2\varphi - \varepsilon_0\ \frac{\partial}{\partial t}\nabla\cdot\boldsymbol{A}, \tag{43}$$

得

$$\nabla^2\varphi + \frac{\partial}{\partial t}(\nabla\cdot\boldsymbol{A}) = -\frac{\rho}{\varepsilon_0}, \tag{44}$$

(42)和(44)两式便是矢势 $\boldsymbol{A}$ 和标势 φ 的两个微分方程.

如果取洛伦兹规范:

$$\nabla\cdot\boldsymbol{A} + \frac{1}{c^2}\frac{\partial\varphi}{\partial t} = 0, \tag{19}$$

则(42)和(44)两式便分别化为

$$\nabla^2 \boldsymbol{A} - \frac{1}{c^2}\frac{\partial^2 \boldsymbol{A}}{\partial t^2} = -\mu_0 \boldsymbol{j}, \tag{45}$$

$$\nabla^2 \varphi - \frac{1}{c^2}\frac{\partial^2 \varphi}{\partial t^2} = -\frac{\rho}{\varepsilon_0}, \tag{46}$$

这是两个非齐次波动方程(达朗贝尔方程),它们的物理意义很清楚:电流密度 $\boldsymbol{j}$ 是矢势 $\boldsymbol{A}$ 的源,电荷密度 ρ 是标势 φ 的源;$\boldsymbol{A}$ 和 φ 都是以波的形式在空间传播;它们在真空中传播的速度都是 c.

(2) 推迟势

在无界空间里,(45)式的解为

$$\boldsymbol{A}(\boldsymbol{r},t) = \boldsymbol{A}_-(\boldsymbol{r},t) + \boldsymbol{A}_+(\boldsymbol{r},t), \tag{47}$$

式中

$$\boldsymbol{A}_-(\boldsymbol{r},t) = \frac{\mu_0}{4\pi}\int \frac{\boldsymbol{j}\left(\boldsymbol{r}',t - \frac{|\boldsymbol{r}-\boldsymbol{r}'|}{c}\right)}{|\boldsymbol{r}-\boldsymbol{r}'|}\mathrm{d}V', \tag{48}$$

$$\boldsymbol{A}_+(\boldsymbol{r},t) = \frac{\mu_0}{4\pi}\int \frac{\boldsymbol{j}\left(\boldsymbol{r}',t + \frac{|\boldsymbol{r}-\boldsymbol{r}'|}{c}\right)}{|\boldsymbol{r}-\boldsymbol{r}'|}\mathrm{d}V'. \tag{49}$$

(46) 式的解为

$$\varphi(\boldsymbol{r},t)=\varphi_-(\boldsymbol{r},t)+\varphi_+(\boldsymbol{r},t), \tag{50}$$

式中

$$\varphi_-(\boldsymbol{r},t)=\frac{1}{4\pi\varepsilon_0}\int\frac{\rho\left(\boldsymbol{r}',t-\frac{|\boldsymbol{r}-\boldsymbol{r}'|}{c}\right)}{|\boldsymbol{r}-\boldsymbol{r}'|}\mathrm{d}V', \tag{51}$$

$$\varphi_+(\boldsymbol{r},t)=\frac{1}{4\pi\varepsilon_0}\int\frac{\rho\left(\boldsymbol{r}',t+\frac{|\boldsymbol{r}-\boldsymbol{r}'|}{c}\right)}{|\boldsymbol{r}-\boldsymbol{r}'|}\mathrm{d}V'. \tag{52}$$

现在来说明这些解的物理意义.(48)式和(51)式表明:$\boldsymbol{r}$ 处 t 时刻的矢势 $A_-(\boldsymbol{r},t)$ 是 $\boldsymbol{r}'$ 处 $t'=t-\frac{|\boldsymbol{r}-\boldsymbol{r}'|}{c}$ 时刻的电流 $\boldsymbol{j}(\boldsymbol{r}',t')$ 所产生的,$\boldsymbol{r}$ 处 t 时刻的标势 $\varphi_-(\boldsymbol{r},t)$ 是 $\boldsymbol{r}'$ 处 $t'=t-\frac{|\boldsymbol{r}-\boldsymbol{r}'|}{c}$ 时刻的电荷 $\rho(\boldsymbol{r}',t')$ 所产生的. 换句话说,$\boldsymbol{r}'$ 处 t' 时刻的电流 $\boldsymbol{j}(\boldsymbol{r}',t')$ 和电荷 $\rho(\boldsymbol{r}',t')$ 要推迟一段时间

$$\Delta t=t-t'=\frac{|\boldsymbol{r}-\boldsymbol{r}'|}{c}, \tag{53}$$

才在 $\boldsymbol{r}$ 处 t 时刻产生矢势 $A_-(\boldsymbol{r},t)$ 和标势 $\varphi_-(\boldsymbol{r},t)$ 的. 所以 $A'_-(\boldsymbol{r},t)$ 和 $\varphi_-(\boldsymbol{r},t)$ 就叫做推迟势(retarded potential). 推迟势表明:电磁相互作用是以真空中的光速 c 传播的. 从 $\boldsymbol{r}'$ 处到 $\boldsymbol{r}$ 处,传播的时间为 Δt. 所以推迟势的物理意义是很明确的,并且符合因果律和观察到的实验事实.

另外两个解(49)式的 $A_+(\boldsymbol{r},t)$ 和(52)式的 $\varphi_+(\boldsymbol{r},t)$ 表明:$\boldsymbol{r}$ 处 t 时刻的矢势 $A_+(\boldsymbol{r},t)$ 是 $\boldsymbol{r}'$ 处 $t'=t+\frac{|\boldsymbol{r}-\boldsymbol{r}'|}{c}$ 时刻的电流 $\boldsymbol{j}(\boldsymbol{r}',t')$ 所产生的,$\boldsymbol{r}$ 处 t 时刻的标势 $\varphi_+(\boldsymbol{r},t)$ 是 $\boldsymbol{r}'$ 处 $t'=t+\frac{|\boldsymbol{r}-\boldsymbol{r}'|}{c}$ 时刻的电荷 $\rho(\boldsymbol{r}',t')$ 所产生的. 换句话说,$\boldsymbol{r}'$ 处 t' 时刻的电流 $\boldsymbol{j}(\boldsymbol{r}',t')$ 和电荷 $\rho(\boldsymbol{r}',t')$ 已提早一段时间

$$\Delta t=t'-t=\frac{|\boldsymbol{r}-\boldsymbol{r}'|}{c} \tag{54}$$

在 $\boldsymbol{r}$ 处 t 时刻产生矢势 $A_+(\boldsymbol{r},t)$ 和标势 $\varphi_+(\boldsymbol{r},t)$ 了. 这就像庄子在《齐物论》里所说的"今日适越而昔至也". 所以 $A_+(\boldsymbol{r},t)$ 和 $\varphi_+(\boldsymbol{r},t)$ 就叫做提早势(advanced potential). 提早势不符合因果律,也不符合实验事实. 所以在一般的物理问题里,都弃而不用.

7. 四维势矢量

在狭义相对论里,常采用四维形式,即将时间和三维空间合在一起,构成四

维空间，或称 3+1 维空间. 这种形式表示的电磁场理论，不仅方便简洁，而且使一些物理规律明显，物理量之间的关系明确，已成为理论研究的基础. 在四维形式里，矢势 $\boldsymbol{A}$ 和标势 φ 构成一个四维协变矢量.

在取四维时空坐标矢量为

$$\mathbf{X}=(\boldsymbol{r},\mathrm{i}ct)=(x_1,x_2,x_3,\mathrm{i}ct) \tag{55}$$

时，$\boldsymbol{A}$ 和 φ 构成的四维矢势为

$$\mathbf{A}=\left(\boldsymbol{A},\frac{\mathrm{i}}{c}\varphi\right)=\left(A_1,A_2,A_3,\frac{\mathrm{i}}{c}\varphi\right). \tag{56}$$

若取四维时空坐标矢量为

$$\mathbf{X}=(ct,\boldsymbol{r})=(ct,x_1,x_2,x_3), \tag{57}$$

则 $\boldsymbol{A}$ 和 φ 构成的四维矢势便为

$$\mathbf{A}=\left(\frac{1}{c}\varphi,\boldsymbol{A}\right)=\left(\frac{1}{c}\varphi,A_1,A_2,A_3\right). \tag{58}$$

8. 对矢势 $\boldsymbol{A}$ 的实验检验

在经典物理学中，带电粒子在电磁场中的运动方程为

$$\frac{\mathrm{d}\boldsymbol{p}}{\mathrm{d}t}=q(\boldsymbol{E}+\boldsymbol{v}\times\boldsymbol{B}), \tag{59}$$

式中

$$\boldsymbol{p}=m\boldsymbol{v}, \tag{60}$$

是粒子的动量，m，$\boldsymbol{v}$ 和 q 分别是它的质量、速度和电荷；$\boldsymbol{E}$ 和 $\boldsymbol{B}$ 则是电磁场的电场强度和磁感强度. 这个运动方程表明：如果带电粒子所在处 $\boldsymbol{E}=0$ 和 $\boldsymbol{B}=0$，则它的动量就不变. 换句话说，带电粒子在 $\boldsymbol{E}=0$ 和 $\boldsymbol{B}=0$ 的区域里运动时，它便成为一个自由粒子，电磁场对它就没有作用. 在放电管和加速器中观察到的实验事实，确实如此.

在量子力学中，微观粒子的运动状态由它的态函数（波函数）Ψ 描述. 带有电荷 q 的粒子在电磁场中运动时，电磁场对它的态函数 Ψ 的影响是使其相位发生变化. 当粒子从位置 1 到位置 2，电磁场使它的 Ψ 的相位产生的变化为[2]

$$\delta_{12}=\frac{q}{\hbar}\int_1^2(\mathbf{A}\cdot\mathrm{d}\boldsymbol{r}-\varphi\mathrm{d}t), \tag{61}$$

式中

$$\hbar=h/2\pi, \tag{62}$$

h 是普朗克常量. (61)式表明：影响 Ψ 的相位的是电磁场的矢势 $\boldsymbol{A}$ 和标势 φ，而不是电场强度 $\boldsymbol{E}$ 和磁感强度 $\boldsymbol{B}$. 所以，如果带电粒子所在处 $\boldsymbol{E}=0$ 和 $\boldsymbol{B}=0$，只要 $\boldsymbol{A}\neq0$

或 $\varphi\neq 0$,则电磁场对它的运动就会有影响. 例如,一个无限长直载流螺线管,在管外,$\boldsymbol{B}=0$ 而 $\boldsymbol{A}\neq 0$(参见本书 § 2.5 的 6). 当带电粒子在这螺线管外运动时,根据经典力学,电磁场对它没有影响;但根据量子力学,电磁场对它便有影响. 1959 年,阿哈罗诺夫(Y. Aharonov)和玻姆(D. Bohm)注意到这一点,并提出用电子双缝干涉实验来验证. 实验装置的示意图如图 2 所示. 电子源发射出电子,经过双狭缝后射到屏幕上发生干涉,干涉图样由安装在屏幕上的探测器测出. 细长的载流螺线管与双狭缝平行,放在双缝之间的障壁后边,躲开双缝到屏幕的电子路径. 这样,电子从双缝到屏幕所经过的区域,便是 $\boldsymbol{B}=0$ 而 $\boldsymbol{A}\neq 0$ 的区域. 1960 年骞伯尔斯(Y. Chambers)首先作出了这种实验[3],后来还有人作了类似实验,也有人改进实验,避免了螺线管的漏磁,保证了电子行进区内 $\boldsymbol{B}=0$[4]. 实验结果都表明:在没有载流螺线管时,电子的干涉图样对于双缝的中线(图 2 中的横线)是对称的,如图 2 右部的虚线所示;在有载流螺线管时,电子的干涉图样就偏离了双缝的中线,如图 2 右部的实线所示[2]. 这些实验证明了:矢势 $\boldsymbol{A}$ 是对带电粒子的运动有实际影响的物理量.

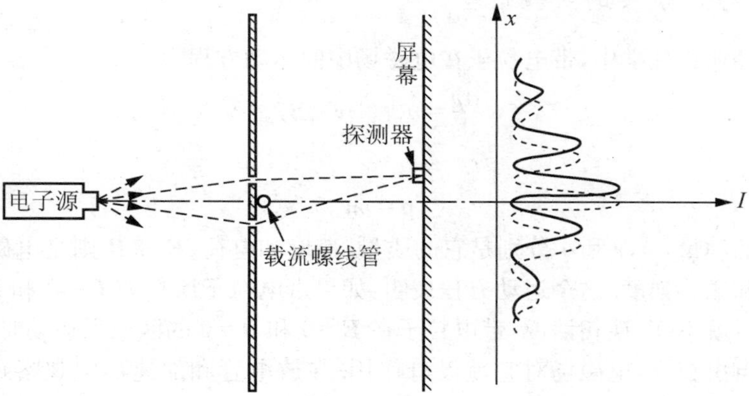

图 2

参 考 文 献

[1] 曹昌祺,《电动力学》,人民教育出版社(1979),附录 A,矢量分析,319—320页.

[2] R. P. 费曼,R. B莱登,M. 桑兹著,王子辅译,《费曼物理学讲义》,第二卷,上海科学技术出版社(1981),157—162 页;174—180 页.

[3] 曾谨言著,《量子力学》卷Ⅱ(第四版),科学出版社(2007),186—189 页.

[4] 陈秉乾,舒幼生,胡望雨,《电磁学专题研究》,高等教育出版社(2001),568—571 页.

§3.12　电磁波在全反射时的相位变化①

1. 反射波的菲涅耳公式

电磁波射到两个各向同性介质的交界面上时，由电磁场理论和实验均得出，有反射波和折射波存在. 设交界面为平面，入射波为单色平面波，它的电矢量可写作

$$\boldsymbol{E}_{入}=(\boldsymbol{E}_{\perp}+\boldsymbol{E}_{\parallel})\exp\{\mathrm{i}(\boldsymbol{k}\cdot\boldsymbol{r}-\omega t)\},\tag{1}$$

则由电磁场理论得出，当交界面的线度比波长大很多时，反射波和折射波的电场也应是同一频率 ω 的单色平面波，可分别写作[1]

$$反射波\quad \boldsymbol{E}_{反}=(\boldsymbol{E}'_{\perp}+\boldsymbol{E}'_{\parallel})\exp\{\mathrm{i}(\boldsymbol{k}'\cdot\boldsymbol{r}-\omega t)\},\tag{2}$$

$$折射波\quad \boldsymbol{E}_{折}=(\boldsymbol{E}_{2\perp}+\boldsymbol{E}_{2\parallel})\exp\{\mathrm{i}(\boldsymbol{k}_2\cdot\boldsymbol{r}-\omega t)\},\tag{3}$$

以上三式中下标⊥和∥分别表示垂直于和平行于入射面的分量，$\boldsymbol{k}$，$\boldsymbol{k}'$和 $\boldsymbol{k}_2$ 分别是入射波、反射波和折射波的波矢量(图 1). 根据电磁场的边值关系，由(1)、(2)、(3)三式得出，在交界面上，反射波的电场与入射波的电场关系为

$$\boldsymbol{E}'_{\perp}=\frac{\sin\theta_2\cos\theta-\sin\theta\cos\theta_2}{\sin\theta_2\cos\theta+\sin\theta\cos\theta_2}\boldsymbol{E}_{\perp},\tag{4}$$

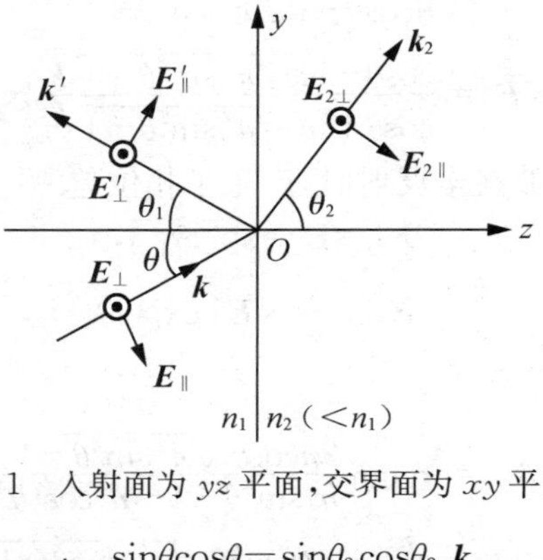

图 1　入射面为 yz 平面，交界面为 xy 平面

$$\frac{\boldsymbol{k}'}{k'}\times\boldsymbol{E}'_{\parallel}=\frac{\sin\theta\cos\theta-\sin\theta_2\cos\theta_2}{\sin\theta\cos\theta+\sin\theta_2\cos\theta_2}\frac{\boldsymbol{k}}{k}\times\boldsymbol{E}_{\parallel},\tag{5}$$

这就是反射波的菲涅耳公式，式中 θ 是入射角，θ_2 是折射角，k 是 $\boldsymbol{k}$ 的大小，k'是

① 本节曾发表在《大学物理》1990 年第 6 期.

$\boldsymbol{k}'$的大小.

2. 全反射时的相位差

电磁波在两个各向同性介质的交界面上折射时,遵守斯涅耳定律

$$n_1\sin\theta_1=n_2\sin\theta_2. \tag{6}$$

令

$$n=n_1/n_2 \tag{7}$$

代表介质 1 相对于介质 2 的折射率,则(6)式化为

$$n\sin\theta=\sin\theta_2, \tag{8}$$

式中 $\theta=\theta_1$(参看图 1). 当 $n>1$ 时,$\theta<\theta_2$. 这时

$$\theta_c=\arcsin\frac{1}{n} \tag{9}$$

叫做临界角,它是与折射角 $\theta_2=90°$相应的入射角. 如果

$$\theta>\theta_c,\ 即\ \sin\theta>\frac{1}{n}, \tag{10}$$

便发生全反射. 这时(8)式仍然成立,但其中的 θ_2 不再具有折射角这个直观的几何意义.

全反射时,(4),(5)两式仍然成立. 我们可以利用(8)式,把它们都化为用入射角 θ 表示的公式如下

$$\boldsymbol{E}'_\perp=\frac{n\cos\theta-\mathrm{i}\sqrt{n^2\sin^2\theta-1}}{n\cos\theta+\mathrm{i}\sqrt{n^2\sin^2\theta-1}}\boldsymbol{E}_\perp, \tag{11}$$

$$\frac{\boldsymbol{k}'}{k'}\times\boldsymbol{E}'_\parallel=\frac{\cos\theta-\mathrm{i}n\sqrt{n^2\sin^2\theta-1}}{\cos\theta+\mathrm{i}n\sqrt{n^2\sin^2\theta-1}}\frac{\boldsymbol{k}}{k}\times\boldsymbol{E}_\parallel, \tag{12}$$

这两个式子表明,电磁波在全反射时,产生了相位差.

令

$$\boldsymbol{E}'_\perp=\boldsymbol{E}_\perp\exp[\mathrm{i}\delta_\perp], \tag{13}$$

$$\frac{\boldsymbol{k}'}{k'}\times\boldsymbol{E}'_\parallel=\frac{\boldsymbol{k}}{k}\times\boldsymbol{E}_\parallel\exp[\mathrm{i}\delta_\parallel], \tag{14}$$

则由以上四式得出

$$\delta_\perp=\arctan\frac{2n\cos\theta\sqrt{n^2\sin^2\theta-1}}{n^2\sin^2\theta-1-n^2\cos^2\theta}, \tag{15}$$

$$\delta_\parallel=\arctan\frac{2n\cos\theta\sqrt{n^2\sin^2\theta-1}}{n^2(n^2\sin^2\theta-1)-\cos^2\theta}. \tag{16}$$

3. $\delta_\perp$ 和 $\delta_\parallel$ 的值

当 $\theta=\theta_c$ 时,$n\sin\theta=1$,由(15),(16)两式得出

$$\theta=\theta_c\text{ 时，}\quad \delta_\perp=\delta_\parallel=0, \tag{17}$$

即在刚达到全反射的情况下，$\boldsymbol{E}_\perp'$与$\boldsymbol{E}_\perp$之间以及$\boldsymbol{E}_\parallel'$与$\boldsymbol{E}_\parallel$之间都没有相位差．这与$\theta<\theta_c$时它们之间都没有相位差是连续的．

当$\theta\to 90°$时，$\delta_\perp$和$\delta_\parallel$都趋于奇数π．由于(15)和(16)两式表明，$\delta_\perp$和$\delta_\parallel$都是θ的单调递减函数，故得

$$\theta=90°\text{时，}\quad \delta_\perp=\delta_\parallel=-\pi. \tag{18}$$

上述分析表明：$\delta_\perp$和$\delta_\parallel$都小于零，而且$\delta_\parallel<\delta_\perp$．其物理意义是：在全反射时，$\boldsymbol{E}_\perp'$比$\boldsymbol{E}_\perp$超前，$\boldsymbol{E}_\parallel'$比$\boldsymbol{E}_\parallel$超前，且$\boldsymbol{E}_\parallel'$比$\boldsymbol{E}_\perp'$超前．

我们以一种玻璃($n=1.51$)与空气交界面上的全反射为例，算出$\delta_\perp$和$\delta_\parallel$与入射角θ的关系曲线，如图2所示．

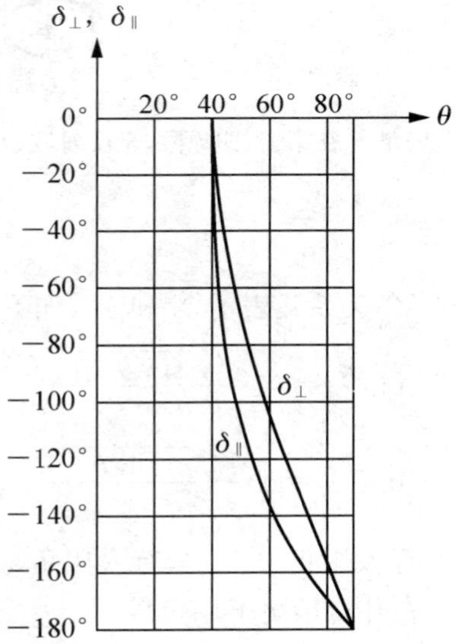

图2　$n=1.51$时，$\delta_\perp$和$\delta_\parallel$与入射角θ的关系曲线

4. 线偏振波经全反射后的偏振状态

当入射的电磁波是线偏振波时，它的$\boldsymbol{E}_\perp$和$\boldsymbol{E}_\parallel$相位相同；经全反射后，$\boldsymbol{E}_\perp'$和$\boldsymbol{E}_\parallel'$的相位便不相同．因此，反射波一般便是椭圆偏振波(在特殊情况下为线偏振波或圆偏振波)．由于$\boldsymbol{E}_\parallel'$比$\boldsymbol{E}_\perp'$超前，故椭圆的旋转方向分别如图3和图4所示．当入射波的振动面在第一、三象限时，全反射波便是左旋的(图3)；当入射波的振动面在第二、四象限时，全反射波便是右旋的(图4)．

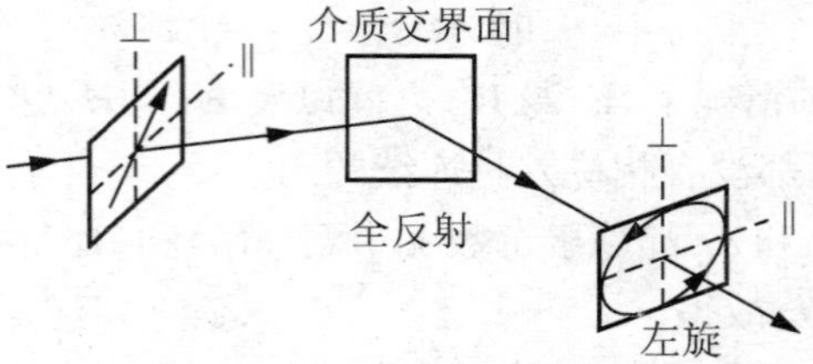

图 3　入射波的电矢量 **E** 在第一、三象限,全反射波为左旋椭圆偏振波

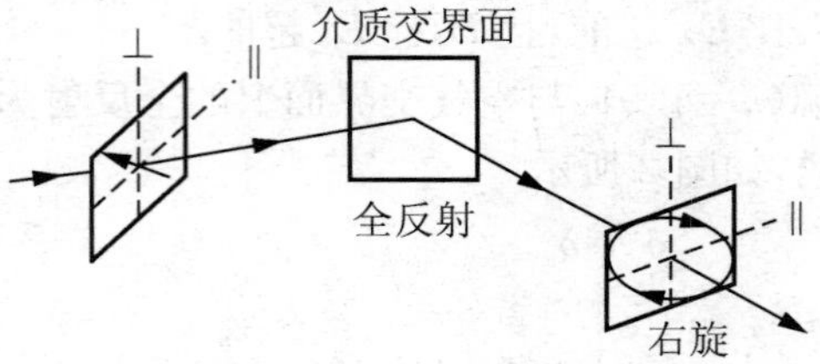

图 4　入射波的电矢量 **E** 在第二、四象限,全反射波为右旋椭圆偏振波

5. 根式的正负号问题

在一般文献里,都用半角关系式表示 $\delta_\perp$ 和 $\delta_\parallel$,如下:

$$\tan\frac{\delta_\perp}{2}=\pm\frac{\sqrt{n^2\sin^2\theta-1}}{n\cos\theta}, \tag{19}$$

$$\tan\frac{\delta_\parallel}{2}=\pm\frac{n\sqrt{n^2\sin^2\theta-1}}{\cos\theta}, \tag{20}$$

在根式 $\sqrt{n^2\sin^2\theta-1}$ 前面,有人用正号[2],[3],有人用负号[4].现在我们来分析一下,在什么情况下用正号,在什么情况下用负号.

电磁场的边值关系要求:折射波的波矢量 $\boldsymbol{k}_2$ 和入射波的波矢量 $\boldsymbol{k}$,它们的平行于入射面的分量应相等[5].由图 1,即 $k_{2y}=k_y$,亦即

$$k_2\sin\theta_2=k\sin\theta, \tag{21}$$

这就是折射定律(斯涅耳定律).在全反射时,

$$k\sin\theta>k_2, \tag{22}$$

故

$$k_{2y}=k_y=k\sin\theta>k_2, \tag{23}$$

又由图 1 有

$$\boldsymbol{k}_2=k_{2y}\boldsymbol{e}_y+k_{2z}\boldsymbol{e}_z, \tag{24}$$

由以上两式得

$$k_{2z}^2=k_2^2-k_{2y}^2<0, \tag{25}$$

这表明 k_{2z} 是虚数. 它的值为

$$\begin{aligned}k_{2z}&=\pm\sqrt{k_2^2-k_{2y}^2}=\pm\mathrm{i}\sqrt{k_{2y}^2-k_2^2}\\&=\pm\mathrm{i}\sqrt{k^2\sin^2\theta-\left(\frac{k}{n}\right)^2}=\pm\mathrm{i}\,\frac{k}{n}\sqrt{n^2\sin^2\theta-1}.\end{aligned} \tag{26}$$

把(26)式的 k_{2z} 代入(24)式，然后再代入(3)式，便得

$$\boldsymbol{E}_{折}=(\boldsymbol{E}_{2\perp}+\boldsymbol{E}_{2\parallel})\exp\left\{\mp\frac{k}{n}z\sqrt{n^2\sin^2\theta-1}\right\}\exp\{\mathrm{i}(k\sin\theta y-\omega t)\}. \tag{27}$$

由于在全反射时，第二介质中电磁波的电场不可能随着离交界面的距离 z 而指数地增大，故(27)式中的根式前只能取负号. 与此相应，(26)式中的根式只能取正号. 因此，为了与(15)和(16)两式一致，(19)和(20)两式右边就都只能取负号.

以上是在(1)、(2)、(3)三式中用

$$\varphi_+=\boldsymbol{k}\cdot\boldsymbol{r}-\omega t \tag{28}$$

的形式表示相位而得出的结论. 如果采用

$$\varphi_-=\omega t-\boldsymbol{k}\cdot\boldsymbol{r} \tag{29}$$

的形式表示相位，则仿照以上的分析便得出，这时(19)和(20)两式右边都只能取正号. 与此相应，(11)，(12)，(15)和(16)四式中的根式 $\sqrt{n^2\sin^2\theta-1}$ 这时就只能取负值，即这时应在这四式中令

$$\sqrt{n^2\sin^2\theta-1}=-|\sqrt{n^2\sin^2\theta-1}|, \tag{30}$$

这样一来，$\delta_\perp$ 和 $\delta_\parallel$ 的值便都大于零，因而这时与图 2 相应的曲线便都在横坐标轴 θ 的上方(即把 $\delta_\perp$-θ 和 $\delta_\parallel$-θ 两条曲线都绕 θ 轴转 180°). 这是因为，相位差了一个负号，故数学描述中的相应部分也就要差一个负号. 用不同的数学形式描述同一物理事实，必然如此.

最后，我们总结如下：电磁波在两个各向同性介质的交界面上发生全反射时，反射波电场的两个分量 $\boldsymbol{E}_\perp'$ 和 $\boldsymbol{E}_\parallel'$ 在相位上都比入射波电场的相应分量 $\boldsymbol{E}_\perp$ 和 $\boldsymbol{E}_\parallel$ 超前，而且 $\boldsymbol{E}_\parallel'$ 比 $\boldsymbol{E}_\perp'$ 超前. 为了表示这一物理事实，如果用 $\varphi_+=\boldsymbol{k}\cdot\boldsymbol{r}-\omega t$ 表示相位，则根式 $\sqrt{n^2\sin^2\theta-1}$ 应取正值；如果用 $\varphi_-=\omega t-\boldsymbol{k}\cdot\boldsymbol{r}$ 表示相位，则根式 $\sqrt{n^2\sin^2\theta-1}$ 应取负值.

参 考 文 献

[1] 张之翔著，《光的偏振》，高等教育出版社(1985)，4 页，6 页.

[2] F. A. Jenkins and H. E. White 著，清华大学物理系译，《物理光学基础》，商务印书馆(1956)，425 页.
[3] C. Э. 福里斯，A. B. 季莫列娃著，东北人民大学物理系译，《普通物理学》，第三卷第一分册，商务印书馆(1954)，102 页.
[4] M. 玻恩，E. 沃耳夫著，杨葭荪等译，《光学原理》，上册，科学出版社(1978)，75 页.
[5] 同[1]，5 页.

§ 3.13 平行于理想导体平面的振荡电偶极子的辐射场①

我们要研究的问题是：真空中有一个电偶极矩为 $\boldsymbol{p}=\boldsymbol{p}_0 e^{-i\omega t}$ 的振荡电偶极子，它处在一个无穷大的理想导体平面前面，到该平面的距离为 $a/2$，$\boldsymbol{p}_0$ 平行于该平面，设 $a \ll \lambda$（电磁波在真空中的波长），求远处（即距离 $r \gg \lambda$ 处）的辐射场.

这个问题在电动力学课程中，常作为典型习题. 但是，目前在国内外流行的某些教材[1]、[2]、[3]中，对这个问题的解答却是错的. 巴蒂金等的《电动力学习题集》的错误具有代表性. 王明达同志曾指出其错误[4]，并提出了两种正确的解法：一种是两个电偶极子辐射场的叠加方法，一种是电四极矩和磁偶极矩辐射场的叠加方法. 文献[1]、[2]、[3]中的错误在于，只顾及了体系的电四极矩的辐射场，却遗漏了体系的磁偶极矩的辐射场.

我们在这里想深入讨论一下这个问题，如图 1 所示，在用镜象法解本题时，原电偶极子 $\boldsymbol{p}$ 与其电象 $\boldsymbol{p}'$ 构成一个电四极矩. 在考虑它们的辐射场时，为什么易于遗漏这个系统的磁偶极矩的贡献呢？其原因是对振荡的电偶极子缺乏本质的认识，我们试分析如下.

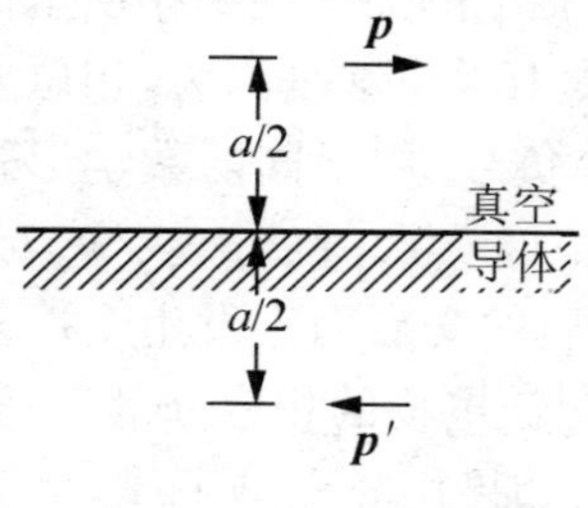

图 1

一个电荷系统的电偶极矩定义为

$$\boldsymbol{p}=\int_V \rho(\boldsymbol{r}',t)\boldsymbol{r}'\mathrm{d}V', \tag{1}$$

利用电荷守恒定律

$$\nabla\cdot\boldsymbol{j}+\frac{\partial\rho}{\partial t}=0 \tag{2}$$

① 本节曾发表在《大学物理》1990 年第 11 期，合作者王书仁.

可以证明，$\boldsymbol{p}$ 对时间的变化率为

$$\frac{\mathrm{d}\boldsymbol{p}}{\mathrm{d}t}=\int_V \boldsymbol{j}(\boldsymbol{r}',t)\mathrm{d}V'. \tag{3}$$

对于只有一个电偶极子的体系，积分可以用一段电流元来表示

$$\frac{\mathrm{d}\boldsymbol{p}}{\mathrm{d}t}=\int_V \boldsymbol{j}(\boldsymbol{r}',t)\mathrm{d}V'=\int_{\delta l\to 0} I\mathrm{d}\boldsymbol{l} \to \lim_{\substack{I\to\infty\\ \delta l\to 0}} I\delta\boldsymbol{l}, \tag{4}$$

故一个振荡的电偶极子对时间的变化率可以用一个线电流元来描述.

反过来，考虑一个长为 δz 的沿 z 轴的振荡电流元

$$I=I_0\mathrm{e}^{-\mathrm{i}\omega t}, \tag{5}$$

如图 2 所示，由电荷守恒定律可知，流入电流元上端点的电流 I 必定等于该端点的电荷随时间的增长率，即

$$I=\frac{\mathrm{d}q}{\mathrm{d}t}=\frac{\mathrm{d}}{\mathrm{d}t}(q_0\mathrm{e}^{-\mathrm{i}\omega t})=-\mathrm{i}\omega q, \tag{6}$$

即有

$$q=\frac{\mathrm{i}I}{\omega}, \tag{7}$$

在这电流元的下端点有电荷

$$-q=-\frac{\mathrm{i}}{\omega}I. \tag{8}$$

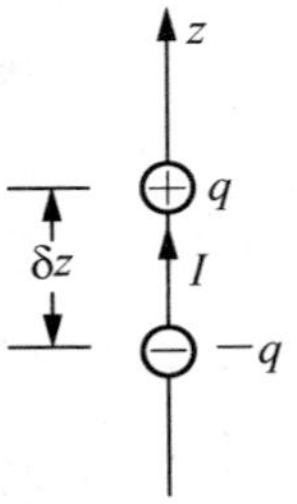

图 2

由以上的分析可知，一个振荡电流元也可以用一个振荡的电偶极子来描述.

根据镜象法的原理，理想导体平面的影响可以用一个象偶极子代替，所以问题就变为两个平行而反向的同频振荡的电偶极子体系的问题. 根据上面所讲，我们可以用两个振荡的线电流元来描述这个体系，这两个电流元相互平行，大小相等，电流方向相反. 下面我们就来计算这两个线电流元的辐射场.

分布于小区域 V 内的振荡电流 $\boldsymbol{j}(\boldsymbol{r}',t)=\boldsymbol{j}(\boldsymbol{r}')\mathrm{e}^{-\mathrm{i}\omega t}$ 在 $\boldsymbol{r}$ 处产生的矢势为

$$\boldsymbol{A}(\boldsymbol{r},t)=\boldsymbol{A}(\boldsymbol{r})\mathrm{e}^{-\mathrm{i}\omega t}, \tag{9}$$

其中

$$\boldsymbol{A}(\boldsymbol{r})=\frac{\mu_0}{4\pi}\int_V \frac{\boldsymbol{j}(\boldsymbol{r}')\mathrm{e}^{\mathrm{i}k|\boldsymbol{r}-\boldsymbol{r}'|}}{|\boldsymbol{r}-\boldsymbol{r}'|}\mathrm{d}V'. \tag{10}$$

如图 3 所示，把坐标原点 O 选择在电流分布区内，以 $\boldsymbol{r}$ 表示从原点 O 到场点 P 的位矢，$\boldsymbol{r}'$ 为从原点 O 到电流分布点的位矢，$\boldsymbol{r}$ 和 $\boldsymbol{r}'$ 的大小分别为 r 和 r'. 对 $r\gg\lambda$ 的远场有

$$|\boldsymbol{r}-\boldsymbol{r}'|\approx r-\boldsymbol{e}_r\cdot\boldsymbol{r}', \tag{11}$$

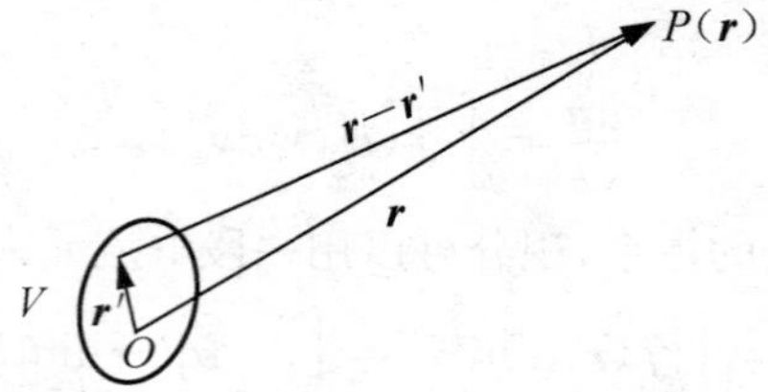

图 3

式中 $\boldsymbol{e}_r=\boldsymbol{r}/r$ 为 $\boldsymbol{r}$ 方向上的单位矢量. 这时(10)式可以展开为

$$\boldsymbol{A}(\boldsymbol{r})=\frac{\mu_0\mathrm{e}^{\mathrm{i}kr}}{4\pi r}\int_V\boldsymbol{j}(\boldsymbol{r}')[1-\mathrm{i}k\boldsymbol{e}_r\cdot\boldsymbol{r}'+\cdots]\mathrm{d}V'. \tag{12}$$

在本问题中,(12)式中第一项的积分为零. 考虑第二项

$$\boldsymbol{A}(\boldsymbol{r})=\frac{-\mathrm{i}k\mu_0\mathrm{e}^{\mathrm{i}kr}}{4\pi r}\int_V\boldsymbol{j}(\boldsymbol{r}')(\boldsymbol{e}_r\cdot\boldsymbol{r}')\mathrm{d}V'=-\frac{\mathrm{i}k\mu_0\mathrm{e}^{\mathrm{i}kr}}{4\pi r}\int_V(\boldsymbol{e}_r\cdot\boldsymbol{r}')\boldsymbol{j}(\boldsymbol{r}')\mathrm{d}\boldsymbol{V}, \tag{13}$$

为书写简单起见,令 $\boldsymbol{j}'=\boldsymbol{j}(\boldsymbol{r}')$,上式的积分可化为

$$\frac{1}{2}\int_V[(\boldsymbol{e}_r\cdot\boldsymbol{r}')\boldsymbol{j}'+(\boldsymbol{e}_r\cdot\boldsymbol{j}')\boldsymbol{r}']\mathrm{d}V'+\frac{1}{2}\int_V[(\boldsymbol{e}_r\cdot\boldsymbol{r}')\boldsymbol{j}'-(\boldsymbol{e}_r\cdot\boldsymbol{j}')\boldsymbol{r}']\mathrm{d}V', \tag{14}$$

这个式子表明,本问题的解可分为两部分:对称部分和反对称部分. 先看对称部分,在本问题中,这部分可化为

$$\frac{1}{2}\int_V[(\boldsymbol{e}_r\cdot\boldsymbol{r}')\boldsymbol{j}'+(\boldsymbol{e}_r\cdot\boldsymbol{j}')\boldsymbol{r}']\mathrm{d}V'=\frac{1}{2}\sum_{i=1}^{4}q_i[(\boldsymbol{e}_r\cdot\boldsymbol{r}_i{}')\boldsymbol{v}_i{}'+(\boldsymbol{e}_r\cdot\boldsymbol{v}_i{}')\boldsymbol{r}_i{}'], \tag{15}$$

式中 $\boldsymbol{v}_i{}'$ 为带电粒子的速度,因为 $\boldsymbol{v}_i{}'=\mathrm{d}\boldsymbol{r}_i{}'/\mathrm{d}t$,故上式等于

$$\frac{\mathrm{d}}{\mathrm{d}t}\frac{1}{2}\sum_{i=1}^{4}q_i(\boldsymbol{e}_r\cdot\boldsymbol{r}_i{}')\boldsymbol{r}_i{}'=\boldsymbol{e}_r\cdot\frac{\mathrm{d}}{\mathrm{d}t}\left(\frac{1}{2}\sum_{i=1}^{4}q_i\boldsymbol{r}_i{}'\boldsymbol{r}_i{}'\right). \tag{16}$$

在本问题中,我们取坐标如图 4 所示,这时有

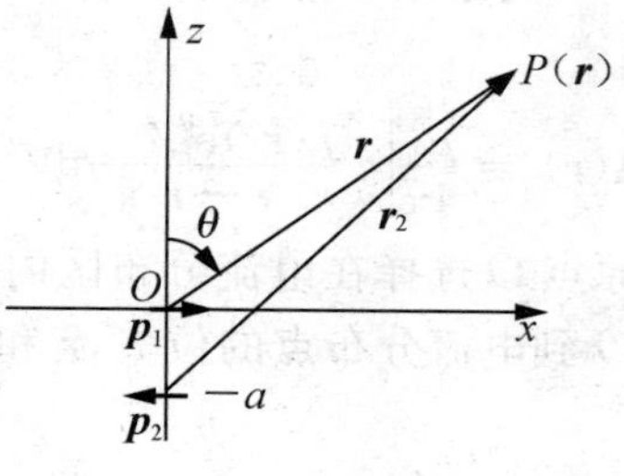

图 4

$$\sum_{i=1}^{4} q_i r_i'^2 \mathbf{I} = 0, \tag{17}$$

式中 I 为单位张量

$$\mathbf{I} = \boldsymbol{e}_x\boldsymbol{e}_x + \boldsymbol{e}_y\boldsymbol{e}_y + \boldsymbol{e}_z\boldsymbol{e}_z, \tag{18}$$

$\boldsymbol{e}_x, \boldsymbol{e}_y, \boldsymbol{e}_z$ 为笛卡儿坐标系的三个基矢．于是(16)式右边可加上(17)式而化为

$$\boldsymbol{e}_r \cdot \frac{\mathrm{d}}{\mathrm{d}t}\left(\frac{1}{2}\sum_{i=1}^{4} q_i \boldsymbol{r}_i' \boldsymbol{r}_i'\right) = \frac{1}{6}\boldsymbol{e}_r \cdot \frac{\mathrm{d}}{\mathrm{d}t}\left[\sum_{i=1}^{4} q_i (3\boldsymbol{r}_i'\boldsymbol{r}_i' - r_i'^2 \mathbf{I})\right] = \frac{1}{6}\boldsymbol{e}_r \cdot \frac{\mathrm{d}}{\mathrm{d}t}\mathbf{Q} = \frac{1}{6}\boldsymbol{e}_r \cdot \dot{\mathbf{Q}}, \tag{19}$$

其中

$$\mathbf{Q} = \sum_{i=1}^{4} q_i (3\boldsymbol{r}_i'\boldsymbol{r}_i' - r_i'^2 \mathbf{I}) \tag{20}$$

是该体系所具有的电四极矩张量. 在文献[1]、[2]、[3]中只顾及电四极矩的贡献,而没有考虑(14)式中的反对称部分对辐射场的贡献.

(14) 式中的反对称部分,由于

$$(\boldsymbol{e}_r \cdot \boldsymbol{r}')\boldsymbol{j}' - (\boldsymbol{e}_r \cdot \boldsymbol{j}')\boldsymbol{r}' = -\boldsymbol{e}_r \times (\boldsymbol{r}' \times \boldsymbol{j}'), \tag{21}$$

可化为

$$-\boldsymbol{e}_r \times \int_V \frac{1}{2}\boldsymbol{r}' \times \boldsymbol{j}' \mathrm{d}V' = -\boldsymbol{e}_r \times \boldsymbol{m}, \tag{22}$$

式中 $\boldsymbol{m}$ 是体系的磁矩(有些书上也称为磁偶极矩). 所以这部分导致磁偶极辐射. 下面求体系的磁矩和电四极矩的具体表达式.

设振荡电偶极子位于坐标原点 O,用 $\boldsymbol{p}_1$ 表示. 按镜象法其电象位于 $z=-a$ 处,用 $\boldsymbol{p}_2$ 表示,如图 4 所示. 设 $\boldsymbol{p}_1$ 平行于 x 轴,则有

$$\boldsymbol{p}_1 = p_0 \mathrm{e}^{-\mathrm{i}\omega t}\boldsymbol{e}_x, \quad \boldsymbol{p}_2 = -p_0 \mathrm{e}^{-\mathrm{i}\omega t}\boldsymbol{e}_x. \tag{23}$$

由(22)式并利用(6)式,便得磁矩的表达式为

$$\begin{aligned}\boldsymbol{m} &= \frac{1}{2}\int_V \boldsymbol{r}' \times \boldsymbol{j}' \mathrm{d}V' = \frac{I}{2}\oint_l \boldsymbol{r}' \times \mathrm{d}\boldsymbol{l}' \\ &= \frac{I}{2}\left[\int_{-l/2}^{l/2} a \mathrm{d}x'\right]\boldsymbol{e}_y = \frac{-\mathrm{i}\omega q l a}{2}\boldsymbol{e}_y \\ &= \frac{-\mathrm{i}\omega p a}{2}\boldsymbol{e}_y = -\frac{\mathrm{i}\omega p_0 a}{2}\mathrm{e}^{-\mathrm{i}\omega t}\boldsymbol{e}_y.\end{aligned} \tag{24}$$

下面求电四极矩. 设电偶极子的变化是由组成它的电荷 q 的变化引起的,而电荷之间的距离则不变,这样,体系的电四极矩便为

$$\mathbf{Q} = \sum_{i=1}^{4} q_i (3\boldsymbol{r}_i'\boldsymbol{r}_i' - r_i'^2 \mathbf{I}) = 3p_0 a(\boldsymbol{e}_x\boldsymbol{e}_z + \boldsymbol{e}_z\boldsymbol{e}_x)\mathrm{e}^{-\mathrm{i}\omega t}, \tag{25}$$

故本问题的解应由该系统的电四极矩 **Q** 和磁矩 $\boldsymbol{m}$ 两者的辐射场叠加而成. **Q** 和 $\boldsymbol{m}$ 分别对应于(14)式的对称部分和反对称部分.

从上面的分析可知,在研究辐射问题时,从辐射源的电流分布出发较从电荷分布出发更具有全面性.

下面我们给出本问题的正确解[5]、[6]. 电四极矩 **Q** 的辐射场的磁场为

$$\boldsymbol{B}_{\mathrm{e}}=\frac{\mu_0 \mathrm{e}^{\mathrm{i}kr}}{24\pi c^2 r}\dddot{\boldsymbol{D}}\times\boldsymbol{e}_r, \tag{26}$$

式中

$$\boldsymbol{D}=\boldsymbol{e}_r\cdot\mathbf{Q}=3p_0 a(\sin\theta\cos\varphi\boldsymbol{e}_z+\cos\theta\boldsymbol{e}_x)\mathrm{e}^{-\mathrm{i}\omega t}, \tag{27}$$

$$\dddot{\boldsymbol{D}}=(-\mathrm{i}\omega)^3\boldsymbol{D}=3\mathrm{i}p_0\omega^3 a(\sin\theta\cos\varphi\boldsymbol{e}_z+\cos\theta\boldsymbol{e}_x)\mathrm{e}^{-\mathrm{i}\omega t}, \tag{28}$$

变换到球坐标系,因

$$\boldsymbol{e}_z\times\boldsymbol{e}_r=(\cos\theta\boldsymbol{e}_r-\sin\theta\boldsymbol{e}_\theta)\times\boldsymbol{e}_r=\sin\theta\boldsymbol{e}_\varphi, \tag{29}$$

$$\begin{aligned}\boldsymbol{e}_x\times\boldsymbol{e}_r&=(\sin\theta\cos\varphi\boldsymbol{e}_r+\cos\theta\cos\varphi\boldsymbol{e}_\theta-\sin\varphi\boldsymbol{e}_\varphi)\times\boldsymbol{e}_r,\\&=-\cos\theta\cos\varphi\boldsymbol{e}_\varphi-\sin\varphi\boldsymbol{e}_\theta,\end{aligned} \tag{30}$$

故由(28)、(29)、(30)三式得

$$\dddot{\boldsymbol{D}}\times\boldsymbol{e}_r=-3\mathrm{i}p_0\omega^3 a(\cos\theta\sin\varphi\boldsymbol{e}_\theta+\cos2\theta\cos\varphi\boldsymbol{e}_\phi), \tag{31}$$

代入(26)式便得所求的电四极矩辐射的磁场为

$$\boldsymbol{B}_{\mathrm{e}}=-\frac{\mathrm{i}\mu_0 p_0\omega^3 a}{8\pi c^2 r}(\cos\theta\sin\varphi\boldsymbol{e}_\theta+\cos2\theta\cos\varphi\boldsymbol{e}_\phi)\mathrm{e}^{\mathrm{i}(kr-\omega t)}, \tag{32}$$

电场为

$$\begin{aligned}\boldsymbol{E}_{\mathrm{e}}&=c\boldsymbol{B}_{\mathrm{e}}\times\boldsymbol{e}_r\\&=\frac{\mathrm{i}\mu_0 p_0\omega^3 a}{8\pi cr}(-\cos2\theta\cos\varphi\boldsymbol{e}_\theta+\cos\theta\sin\varphi\boldsymbol{e}_\phi)\mathrm{e}^{\mathrm{i}(kr-\omega t)}.\end{aligned} \tag{33}$$

磁矩为 $\boldsymbol{m}$ 的磁偶极子,其辐射场的电场 $\boldsymbol{E}_{\mathrm{m}}$ 为

$$\boldsymbol{E}_{\mathrm{m}}=-\frac{\mu_0 \mathrm{e}^{\mathrm{i}kr}}{4\pi cr}\ddot{\boldsymbol{m}}\times\boldsymbol{e}_r, \tag{34}$$

由(24)式得

$$\ddot{\boldsymbol{m}}=(-\mathrm{i}\omega)^2\boldsymbol{m}=\frac{\mathrm{i}p_0\omega^3 a}{2}\mathrm{e}^{-\mathrm{i}\omega t}\boldsymbol{e}_y, \tag{35}$$

所以

$$\begin{aligned}\ddot{\boldsymbol{m}}\times\boldsymbol{e}_r&=\frac{\mathrm{i}p_0\omega^3 a}{2}\mathrm{e}^{-\mathrm{i}\omega t}\boldsymbol{e}_y\times\boldsymbol{e}_r\\&=\frac{\mathrm{i}p_0\omega^3 a}{2}\mathrm{e}^{-\mathrm{i}\omega t}(\sin\theta\sin\varphi\boldsymbol{e}_r+\cos\theta\sin\varphi\boldsymbol{e}_\theta+\cos\varphi\boldsymbol{e}_\phi)\times\boldsymbol{e}_r\end{aligned}$$

$$=\frac{\mathrm{i}p_0\omega^3 a}{2}\mathrm{e}^{-\mathrm{i}\omega t}(\cos\varphi\boldsymbol{e}_\theta-\cos\theta\sin\varphi\boldsymbol{e}_\varphi), \tag{36}$$

代入(34)式,便得

$$\boldsymbol{E}_{\mathrm{m}}=\frac{\mathrm{i}\mu_0 p_0\omega^3 a}{8\pi cr}(-\cos\phi\boldsymbol{e}_\theta+\cos\theta\sin\phi\boldsymbol{e}_\phi)\mathrm{e}^{\mathrm{i}(kr-\omega t)}. \tag{37}$$

磁场可由电场 $\boldsymbol{E}_{\mathrm{m}}$ 得出

$$\boldsymbol{B}_{\mathrm{m}}=\frac{1}{c}\boldsymbol{e}_r\times\boldsymbol{E}_{\mathrm{m}}=-\frac{\mathrm{i}\mu_0 p_0\omega^3 a}{8\pi c^2 r}(\cos\theta\sin\phi\boldsymbol{e}_\theta+\cos\phi\boldsymbol{e}_\phi)\mathrm{e}^{\mathrm{i}(kr-\omega t)}. \tag{38}$$

电四极矩辐射场和磁偶极辐射场是同数量级,故体系的总辐射场为

$$\boldsymbol{E}=\boldsymbol{E}_{\mathrm{e}}+\boldsymbol{E}_{\mathrm{m}}=\frac{\mathrm{i}\mu_0 p_0\omega^3 a}{4\pi cr}(-\cos^2\theta\cos\phi\boldsymbol{e}_\theta+\cos\theta\sin\phi\boldsymbol{e}_\phi)\mathrm{e}^{\mathrm{i}(kr-\omega t)}, \tag{39}$$

$$\boldsymbol{B}=\boldsymbol{B}_{\mathrm{e}}+\boldsymbol{B}_{\mathrm{m}}=-\frac{\mathrm{i}\mu_0 p_0\omega^3 a}{4\pi c^2 r}(\cos\theta\sin\phi\boldsymbol{e}_\theta+\cos^2\theta\cos\phi\boldsymbol{e}_\phi)\mathrm{e}^{\mathrm{i}(kr-\omega t)}. \tag{40}$$

参 考 文 献

[1] B. B. 巴蒂金、И. H. 托普蒂金编著,汪镇藩、郑锡琏译,《电动力学习题集》,人民教育出版社(1964),443 页(第 653 题解).

[2] 郭硕鸿,《电动力学》,人民教育出版社(1979),202 页第 3 题.

[3] 黄迺本等,《电动力学习题和题解》,中山大学出版社(1980),251 页(第 157 题解).

[4] 王明达,《物理》11 卷(1982)3 期,188 页.

[5] 张之翔、王书仁、陈献伟编,《电动力学——提纲・专题・例题和习题》,气象出版社(1988),484 页(例 4.10).

[6] 林璇英、张之翔编著,《电动力学题解(第二版)》,科学出版社(2009),4.12题,388—392 页.

§ 3.14 经典氢原子的寿命

由实验得知,氢原子由一个带正电荷 e 的质子和一个带负电荷 $-e$ 的电子组成;当氢原子处在基态(能量最低的状态)时,它是稳定的.

根据经典模型,处在基态的氢原子,它的电子在质子库仑力的作用下,沿半径为 a_0(玻尔半径)的圆轨道环绕质子作匀速圆周运动. 但是,根据经典电动力学的基本规律,电子作加速运动时要向外辐射出能量. 由于向外辐射能量,氢原子的能量便会不断地减少,电子便要逐渐地向质子靠近,以至最终要落到质子上面去,结果氢原子就不再存在. 在这里,我们来估算一下经典氢原子的寿

命,也就是氢原子中的电子从沿着玻尔半径的轨道运动开始,由于辐射而落到质子上面所经历的时间.

1. 基态氢原子的能量

设电子质量为 m,沿半径为 r 的圆轨道环绕质子作匀速圆周运动,则由牛顿定律和库仑定律得

$$m\frac{v^2}{r}=\frac{1}{4\pi\varepsilon_0}\frac{e^2}{r^2}, \tag{1}$$

由此式得电子的动能为

$$E_\mathrm{k}=\frac{1}{2}mv^2=\frac{1}{8\pi\varepsilon_0}\frac{e^2}{r}, \tag{2}$$

势能为

$$E_\mathrm{p}=-eV=-\frac{e^2}{4\pi\varepsilon_0 r}, \tag{3}$$

总能(氢原子的能量)等于动能与势能之和,即

$$E=E_\mathrm{k}+E_\mathrm{p}=-\frac{1}{8\pi\varepsilon_0}\frac{e^2}{r}. \tag{4}$$

当氢原子处在基态时,$a_0=0.5292\times10^{-10}\,\mathrm{m}$. 已知 $e=1.602\times10^{-19}\,\mathrm{C}$, $\frac{1}{4\pi\varepsilon_0}=8.988\times10^9\,\mathrm{m/F}$. 把这些数值代(4)式,便得氢原子基态的能量为

$$\begin{aligned}E_0&=-\frac{1}{8\pi\varepsilon_0}\frac{e^2}{a_0}=-\frac{8.988\times10^9}{2}\times\frac{(1.602\times10^{-19})^2}{0.5292\times10^{-10}}\mathrm{J}\\&=-2.179\times10^{-18}\mathrm{J}=-13.60\mathrm{eV}.\end{aligned} \tag{5}$$

2. 辐射功率

根据经典电动力学,带有电荷 q 的粒子,当它以速度 $\boldsymbol{v}$ 和加速度 $\boldsymbol{a}$ 运动时,它的辐射功率(单位时间内向外发出的辐射能量)为[1]、[2]

$$\frac{\mathrm{d}W}{\mathrm{d}t}=\frac{q^2\left[a^2-\frac{1}{c^2}(\boldsymbol{v}\times\boldsymbol{a})^2\right]}{6\pi\varepsilon_0c^3\left(1-\frac{v^2}{c^2}\right)^3}, \tag{6}$$

其中 c 是真空中光速,分子中

$$\begin{aligned}a^2-\frac{1}{c^2}(\boldsymbol{v}\times\boldsymbol{a})^2&=a_t^2+a_n^2-\frac{v^2}{c^2}a_n^2\\&=a_t^2+\left(1-\frac{v^2}{c^2}\right)a_n^2,\end{aligned} \tag{7}$$

式中 a_t 和 a_n 分别代表带电粒子的切向和法向加速度. 把(7)式代入(6)式便得

$$\frac{\mathrm{d}W}{\mathrm{d}t}=\frac{q^2\left[a_t^2+\left(1-\frac{v^2}{c^2}\right)a_n^2\right]}{6\pi\varepsilon_0 c^3\left(1-\frac{v^2}{c^2}\right)^3}. \tag{8}$$

现在把这个式子用于经典氢原子.

作为估算,我们假定氢原子里的电子在运动过程中,所受到的辐射阻尼力比库仑力小得多,也就是

$$a_t \ll a_n, \tag{9}$$

并假定电子的速度 v 比光速 c 小得多,即

$$\frac{v^2}{c^2}\ll 1, \tag{10}$$

于是对于经典氢原子来说,(8)式就化为

$$\frac{\mathrm{d}W}{\mathrm{d}t}\cong\frac{e^2 a_n^2}{6\pi\varepsilon_0 c^3}, \tag{11}$$

又由(1)式和(9)式得

$$a_n\cong\frac{v^2}{r}=\frac{e^2}{4\pi\varepsilon_0 m r^2}, \tag{12}$$

把此式代入(11)式,便得[3]

$$\frac{\mathrm{d}W}{\mathrm{d}t}\cong\frac{e^6}{96\pi^3\varepsilon_0^3 c^3 m^2 r^4}. \tag{13}$$

3. 经典氢原子的寿命

根据能量守恒定律,氢原子辐射出的能量就等于它的能量所减少的值,即

$$\frac{\mathrm{d}W}{\mathrm{d}t}=-\frac{\mathrm{d}E}{\mathrm{d}t}, \tag{14}$$

由(4)式得

$$\frac{\mathrm{d}E}{\mathrm{d}t}=\frac{e^2}{8\pi\varepsilon_0 r^2}\ \frac{\mathrm{d}r}{\mathrm{d}t}, \tag{15}$$

把(13)式和(15)式代入(14)式,得

$$\frac{\mathrm{d}r}{\mathrm{d}t}\cong-\frac{e^4}{12\pi^2\varepsilon_0^2 c^3 m^2 r^2}, \tag{16}$$

解这个微分方程并利用初始条件:$t=0$ 时 $r=a_0$,便得

$$r^3\cong-\frac{e^4}{4\pi^2\varepsilon_0^2 c^3 m^2}t+a_0^3, \tag{17}$$

当电子落到质子上时，$r=0$，故得

$$t \cong \frac{4\pi^2 \varepsilon_0^2 c^3 m^2 a_0^3}{e^4}$$

$$= \frac{(2.998\times10^8)^3\times(9.109\times10^{-31})^2\times(0.5292\times10^{-10})^3}{4\times(8.988\times10^9)^2\times(1.602\times10^{-19})^4}\text{s}$$

$$= 1.557\times10^{-11}\text{s}, \tag{18}$$

这就是所求的经典氢原子的寿命.

由上面的结果可见，经典氢原子的寿命非常短，与实验事实不符. 这表明，用经典物理的观点看待氢原子，是不正确的. 今天我们知道，原子中的电子所遵循的规律是量子力学的规律，只有用量子力学的观点处理原子问题，才能得到正确的结果.

参 考 文 献

[1] D. M. Cook, *The Theory of the Electromagnetic Field*, Prentice-Hall, Inc. (1975), p. 418.

[2] J. D. 杰克逊著，朱培豫译，《经典电动力学》，下册，人民教育出版社(1980)，232 页.

[3] 同[1]，p. 422.

§ 3.15 用电磁理论说明各向异性晶体的基本光学现象①

各向异性晶体(如冰洲石、云母等)的基本光学现象是双折射和线偏振，即一束入射光线一般会在各向异性晶体内产生两束折射光线，而且这两束折射光线都是线偏振光. 光是电磁波，用电磁理论能够说明为什么会出现上述现象，这在有些专门书籍中可以找到[1]、[2]、[3]. 但专门书籍都是全面讲述晶体光学的，内容较多，而有些地方又太简略. 本文试图只说明上述两种现象，并且尽可能地详细和严谨，以供基础物理教学参考.

1. 理论基础

电磁理论的基础是麦克斯韦方程和物质方程. 由于可见光是纯粹电磁波，与自由电荷密度 ρ 和自由电流密度 $\boldsymbol{j}$ 都无关，所以描述光的麦克斯韦方程为

① 本节曾发表在《大学物理》2009 年第 1 期.

$$\nabla\times\boldsymbol{E}=-\frac{\partial\boldsymbol{B}}{\partial t},\tag{1}$$

$$\nabla\cdot\boldsymbol{D}=0,\tag{2}$$

$$\nabla\times\boldsymbol{H}=\frac{\partial\boldsymbol{D}}{\partial t},\tag{3}$$

$$\nabla\cdot\boldsymbol{B}=0.\tag{4}$$

对于各向异性晶体来说,在线性光学范围内,物质方程为

$$\boldsymbol{D}=\boldsymbol{\varepsilon}\cdot\boldsymbol{E},\tag{5}$$

$$\boldsymbol{B}=\mu_0\boldsymbol{H}.\tag{6}$$

(5) 式中 $\boldsymbol{\varepsilon}$ 是电容率张量,可以证明[4],$\boldsymbol{\varepsilon}$ 是二阶对称张量,因此,用主轴坐标系,$\boldsymbol{\varepsilon}$ 可以表示为

$$\boldsymbol{\varepsilon}=\varepsilon_1\boldsymbol{e}_1\boldsymbol{e}_1+\varepsilon_2\boldsymbol{e}_2\boldsymbol{e}_2+\varepsilon_3\boldsymbol{e}_3\boldsymbol{e}_3,\tag{7}$$

式中 $\varepsilon_1,\varepsilon_2,\varepsilon_3$ 称为主电容率,$\boldsymbol{e}_1,\boldsymbol{e}_2,\boldsymbol{e}_3$ 则是主轴坐标系的基矢.(5)、(7)两式表明,除三个主轴方向外,各向异性晶体内 $\boldsymbol{D}$ 与 $\boldsymbol{E}$ 不同方向,这就是电的各向异性.(6)式中,各向异性晶体的磁导率 μ 在可见光范围内等于真空磁导率 μ_0[5].由(5)、(6)两式可见,各向异性晶体的基本光学现象来源于电的各向异性,而不是磁的各向异性.

根据电磁场的能量守恒定律和麦克斯韦方程,电磁场的能量密度 w 和能流密度 $\boldsymbol{S}$ 分别为

$$w=\frac{1}{2}(\boldsymbol{E}\cdot\boldsymbol{D}+\boldsymbol{H}\cdot\boldsymbol{B}),\tag{8}$$

$$\boldsymbol{S}=\boldsymbol{E}\times\boldsymbol{H}=w\boldsymbol{u},\tag{9}$$

式中 $\boldsymbol{u}$ 是电磁场能量流动的速度.电磁场的能量密度 w 是它的电场能量密度 w_{e} 与磁场能量密度 w_{m} 之和,w_{e} 和 w_{m} 分别为

$$w_{\mathrm{e}}=\frac{1}{2}\boldsymbol{E}\cdot\boldsymbol{D},\tag{10}$$

$$w_{\mathrm{m}}=\frac{1}{2}\boldsymbol{H}\cdot\boldsymbol{B}.\tag{11}$$

2. 单色平面电磁波

考虑在各向异性晶体中传播的最简单的光:单色平行光,它就是单色平面电磁波,其表达式为

$$\boldsymbol{E}=\boldsymbol{E}_0\mathrm{e}^{\mathrm{i}(\boldsymbol{k}\cdot\boldsymbol{r}-\omega t)},\tag{12}$$

$$\boldsymbol{D}=\boldsymbol{D}_0\mathrm{e}^{\mathrm{i}(\boldsymbol{k}\cdot\boldsymbol{r}-\omega t)},\tag{13}$$

$$\boldsymbol{H}=\boldsymbol{H}_0\mathrm{e}^{\mathrm{i}(\boldsymbol{k}\cdot\boldsymbol{r}-\omega t)},\tag{14}$$

式中，$\boldsymbol{E}_0$，$\boldsymbol{D}_0$，$\boldsymbol{H}_0$ 都是与地点和时间都无关的常矢量，$\boldsymbol{k}$ 是波矢量，ω 是圆频率. $\boldsymbol{B}$ 由(6)式和(14)式给出.

由(1)、(6)、(12)和(14)诸式得

$$\begin{aligned}\nabla\times\boldsymbol{E}&=\nabla\times[\boldsymbol{E}_0\mathrm{e}^{\mathrm{i}(\boldsymbol{k}\cdot\boldsymbol{r}-\omega t)}]=[\nabla\mathrm{e}^{\mathrm{i}(\boldsymbol{k}\cdot\boldsymbol{r}-\omega t)}]\times\boldsymbol{E}_0=\mathrm{i}\boldsymbol{k}\times\boldsymbol{E}\\&=-\frac{\partial(\mu_0\boldsymbol{H})}{\partial t}=-\mu_0\boldsymbol{H}_0\frac{\partial\mathrm{e}^{\mathrm{i}(\boldsymbol{k}\cdot\boldsymbol{r}-\omega t)}}{\partial t}=\mathrm{i}\omega\mu_0\boldsymbol{H},\end{aligned}$$

故

$$\boldsymbol{H}=\frac{1}{\omega\mu_0}\boldsymbol{k}\times\boldsymbol{E}.\tag{15}$$

由(3)、(13)两式得

$$\nabla\times\boldsymbol{H}=\nabla\times[\boldsymbol{H}_0\mathrm{e}^{\mathrm{i}(\boldsymbol{k}\cdot\boldsymbol{r}-\omega t)}]=[\nabla\mathrm{e}^{\mathrm{i}(\boldsymbol{k}\cdot\boldsymbol{r}-\omega t)}]\times\boldsymbol{H}_0=\mathrm{i}\boldsymbol{k}\times\boldsymbol{H}=\frac{\partial\boldsymbol{D}}{\partial t}=-\mathrm{i}\omega\boldsymbol{D},$$

故

$$\boldsymbol{D}=-\frac{1}{\omega}\boldsymbol{k}\times\boldsymbol{H}.\tag{16}$$

由(10)、(16)两式得

$$2w_{\mathrm{e}}=\boldsymbol{E}\cdot\boldsymbol{D}=-\frac{1}{\omega}\boldsymbol{E}\cdot(\boldsymbol{k}\times\boldsymbol{H}),\tag{17}$$

由(11)、(15)两式得

$$2w_{\mathrm{m}}=\boldsymbol{H}\cdot\boldsymbol{B}=\frac{1}{\omega}\boldsymbol{H}\cdot(\boldsymbol{k}\times\boldsymbol{E}),\tag{18}$$

因

$$\boldsymbol{H}\cdot(\boldsymbol{k}\times\boldsymbol{E})=(\boldsymbol{H}\times\boldsymbol{k})\cdot\boldsymbol{E}=-\boldsymbol{E}\cdot(\boldsymbol{k}\times\boldsymbol{H}),$$

故得

$$w_{\mathrm{m}}=w_{\mathrm{e}}=\frac{1}{2}w.\tag{19}$$

这表明各向异性晶体中单色平行光的磁场能量密度和电场能量密度相等.

下面由以上结果求 $\boldsymbol{E}$,$\boldsymbol{D}$,$\boldsymbol{S}$ 之间的关系. 由(9)式得

$$\begin{aligned}\boldsymbol{D}\times\boldsymbol{S}&=\boldsymbol{D}\times(\boldsymbol{E}\times\boldsymbol{H})=(\boldsymbol{D}\cdot\boldsymbol{H})\boldsymbol{E}-(\boldsymbol{D}\cdot\boldsymbol{E})\boldsymbol{H}\\&=-(\boldsymbol{D}\cdot\boldsymbol{E})\boldsymbol{H}=-w\boldsymbol{H},\end{aligned}\tag{20}$$

其中 $\boldsymbol{D}\cdot\boldsymbol{H}=0$ 用到了(16)式. 再以 $\boldsymbol{S}$ 从左边叉乘上式，得

$$\begin{aligned}\boldsymbol{S}\times(\boldsymbol{D}\times\boldsymbol{S})&=-w\boldsymbol{S}\times\boldsymbol{H}=-w(\boldsymbol{E}\times\boldsymbol{H})\times\boldsymbol{H}\\&=-w(\boldsymbol{E}\cdot\boldsymbol{H})\boldsymbol{H}+w\boldsymbol{H}^2\boldsymbol{E}=wH^2\boldsymbol{E},\end{aligned}\tag{21}$$

其中 $\boldsymbol{E}\cdot\boldsymbol{H}=0$ 用到了(15)式. 由矢量分析公式有

$$\boldsymbol{S}\times(\boldsymbol{D}\times\boldsymbol{S})=S^2\boldsymbol{D}-(\boldsymbol{S}\cdot\boldsymbol{D})\boldsymbol{S}.\tag{22}$$

由(21)和(22)两式得

$$wH^2\boldsymbol{E}=S^2\boldsymbol{D}-(\boldsymbol{S}\cdot\boldsymbol{D})\boldsymbol{S},\tag{23}$$

故
$$\frac{wH^2}{S^2}\boldsymbol{E}=\boldsymbol{D}-(\boldsymbol{s}\cdot\boldsymbol{D})\boldsymbol{s},\tag{24}$$

式中

$$\boldsymbol{s}=\boldsymbol{S}/S=s_1\boldsymbol{e}_1+s_2\boldsymbol{e}_2+s_3\boldsymbol{e}_3\tag{25}$$

是 $\boldsymbol{S}$ 方向上的单位矢量. 因

$$\frac{wH^2}{S^2}=\frac{wHB}{\mu_0(w\boldsymbol{u})^2}=\frac{1}{\mu_0 u^2},$$

故
$$\frac{1}{\mu_0 u^2}\boldsymbol{E}=\boldsymbol{D}-(\boldsymbol{s}\cdot\boldsymbol{D})\boldsymbol{s}.\tag{26}$$

这就是所求的 $\boldsymbol{E},\boldsymbol{D},\boldsymbol{s}$ 之间的关系，有的书上把它叫做晶体光学的第二基本方程.

3. 光线速度方程

用主轴坐标系，(26)式的分量式为

$$\frac{1}{\mu_0 u^2}E_i=\varepsilon_i E_i-(\boldsymbol{s}\cdot\boldsymbol{D})s_i,\qquad i=1,2,3.\tag{27}$$

单色光沿主轴方向传播的速度称为主速度，其值为

$$v_i=\frac{1}{\sqrt{\varepsilon_i\mu_0}},\qquad i=1,2,3,\tag{28}$$

注意：v_1,v_2,v_3 不是一个矢量的三个分量.

将(28)式代入(27)式，便得

$$\left(\frac{1}{v_i^2}-\frac{1}{u^2}\right)E_i=\mu_0(\boldsymbol{s}\cdot\boldsymbol{D})s_i,\qquad i=1,2,3,$$

故
$$E_i=\frac{\mu_0 v_i^2 u^2}{u^2-v_i^2}(\boldsymbol{s}\cdot\boldsymbol{D})s_i,\qquad i=1,2,3.\tag{29}$$

由(9)式和(25)式有

$$\boldsymbol{s}\cdot\boldsymbol{E}=s_1E_1+s_2E_2+s_3E_3=0,\tag{30}$$

于是得

$$\frac{v_1^2 s_1^2}{u^2-v_1^2}+\frac{v_2^2 s_2^2}{u^2-v_2^2}+\frac{v_3^2 s_3^2}{u^2-v_3^2}=0.\tag{31}$$

这便是光线在各向异性晶体中传播速度 $\boldsymbol{u}$ 的值 u 与传播方向 $\boldsymbol{s}$ 的关系式，有的书上称它为光线速度方程或菲涅耳光线速度方程. 这个关系式表示，u 由各向异性晶体的特性(v_1,v_2,v_3)和传播方向 $\boldsymbol{s}$ 确定.

(31)式是 u 的四次代数方程,可以证明,对于每一个给定的 $\boldsymbol{s}$,u 有四个实根.设这四个实根分别为 u',u''和 $-u'$,$-u''$,其中 u'和 u''代表沿 $\boldsymbol{s}$ 方向传播,而 $-u'$和 $-u''$则代表沿 $-\boldsymbol{s}$ 方向传播.

4. 各向异性晶体中的波面

设各向异性晶体内某一点 O 有一个点光源,在 $t=0$ 时刻开始向各个方向发射出光线,以 O 为原点,取主轴坐标系,则在 t 时刻,$\boldsymbol{s}$ 方向上光线前端的坐标便为

$$x_i=u_i t,\quad i=1,2,3, \tag{32}$$

式中 u_i 是光线沿 $\boldsymbol{s}$ 方向传播的速度 $\boldsymbol{u}$ 的第 i 个分量.同一时刻,各个方向上光线前端的轨迹就是该时刻的波面.因 $\boldsymbol{s}$ 的方向就是 $\boldsymbol{u}$ 的方向,故

$$s_i=u_i/u=x_i/r, \tag{33}$$

式中 $r=\sqrt{x_1^2+x_2^2+x_3^2}$.以 r^2/t^2 乘(31)式,并利用(32)和(33)两式,便得 t 时刻的波面方程为

$$\frac{v_1^2x_1^2}{r^2-v_1^2t^2}+\frac{v_2^2x_2^2}{r^2-v_2^2t^2}+\frac{v_3^2x_3^2}{r^2-v_3^2t^2}=0, \tag{34}$$

或者写成

$$(r^2-v_2^2t^2)(r^2-v_3^2t^2)v_1^2x_1^2+(r^2-v_3^2t^2)(r^2-v_1^2t^2)v_2^2x_2^2 \\ +(r^2-v_1^2t^2)(r^2-v_2^2t^2)v_3^2x_3^2=0. \tag{35}$$

在一般情况下,ε_1,ε_2 和 ε_3 彼此都不相等,因而 v_1,v_2 和 v_3 也就彼此都不相等.这时波面方程所表示的是一个双层曲面.利用数学软件 Mathematica 5.2 的三维参数作图法,我们用计算机画出了 $v_1>v_2>v_3$ 时的波面图[6].为了看清双层曲面的形状,这里再给出两个图:外层剪去一半的图 1 和内外两层都剪去同一半的图 2.经过分析得出:内外两层曲面的形状是不同的,它们共有四个接触点(这在图 2 上可以看出);两对接触点的连线都通过中心,它们便是双轴晶体的两个光线轴.所以 ε_1,ε_2 和 ε_3 彼此都不相等的晶体便是双轴晶体.如果 ε_1,ε_2 和 ε_3 有两个相等而第三个不等,如 $\varepsilon_1=\varepsilon_2\neq\varepsilon_3$,则由(28)式有 $v_1=v_2\neq v_3$,这时两条光线轴便合而为一,这种晶体便是单轴晶体.这时由(34)式或(35)式可得出:双层曲面的一层是球面,另一层是以光线轴为旋转轴的旋转椭球面.这是一般物理光学书上都讲到的情形.

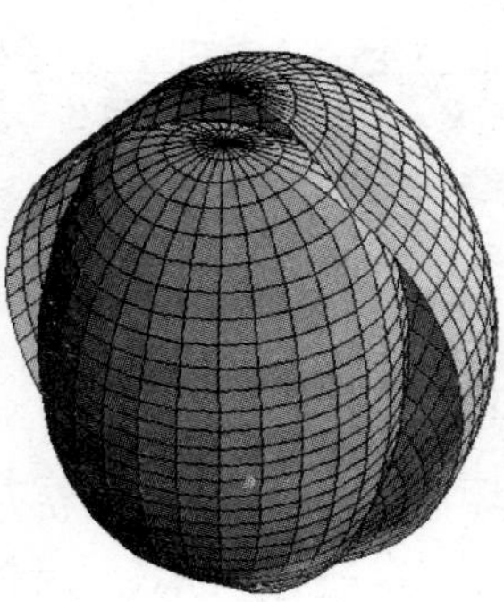

图 1

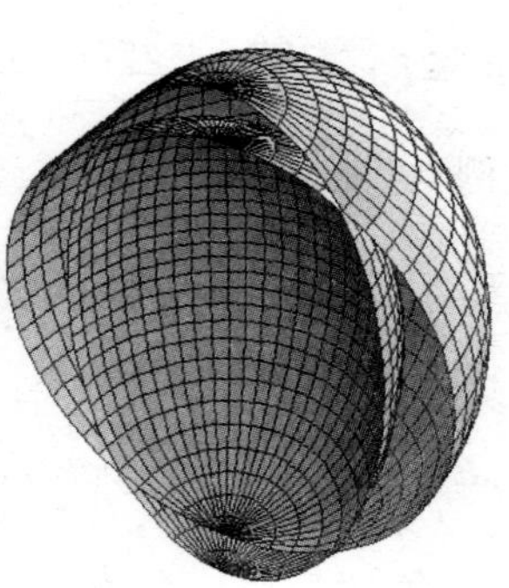

图 2

5. 双折射

由于各向异性晶体中的波面都是双层曲面，根据惠更斯原理，每一层曲面都有它自己的包络面，所以便会有两个相应的新波面. 因此，一束入射光线便会在各向异性晶体内产生两束折射光线. 这就是双折射现象. 由此可见，电磁理论从根本上说明了各向异性晶体的双折射现象.

6. 线偏振

(31)式表明，在各向异性晶体中，光线传播速度 $\boldsymbol{u}$ 的值 u 是 v_1, v_2, v_3 和 $\boldsymbol{s}$ 的函数，这就是说，u 由晶体的特性 $\varepsilon_1, \varepsilon_2, \varepsilon_3$ 和光线传播方向 $\boldsymbol{s}$ 决定. 另一方面，在各向异性晶体中，当光线沿 $\boldsymbol{s}$ 方向传播时，它的电场强度 $\boldsymbol{E}$ 的方向由它的三个分量 E_1, E_2, E_3 之比确定. 由(29)式得

$$E_1 : E_2 : E_3 = \frac{v_1^2 s_1}{u^2 - v_1^2} : \frac{v_2^2 s_2}{u^2 - v_2^2} : \frac{v_3^2 s_3}{u^2 - v_3^2}. \tag{36}$$

这个结果表明：$\boldsymbol{E}$ 的三个分量之比由传播方向 $\boldsymbol{s}$ 和传播速度的值 u 决定. 上面已得出，u 由晶体的特性($\varepsilon_1, \varepsilon_2, \varepsilon_3$)和传播方向 $\boldsymbol{s}$ 决定. 因此，对于给定的各向异性晶体来说，光线在其中的传播方向 $\boldsymbol{s}$ 确定后，它的电场强度 $\boldsymbol{E}$ 的方向就确定了. 这就说明了，在各向异性晶体内传播的光必定是线偏振光.

前面已指出，各向异性晶体内沿 $\boldsymbol{s}$ 方向传播的光线可以有两种，其速度的值分别为 u' 和 u''. 由(36)式可知，速度 u 不同的光线，其电场强度 $\boldsymbol{E}$ 的分量之比也不同，因而 $\boldsymbol{E}$ 的方向也不同. 设以 u' 传播的光线其电场强度为 $\boldsymbol{E}'$，以 u'' 传播的光线其电场强度为 $\boldsymbol{E}''$，则 $\boldsymbol{E}'$ 与 $\boldsymbol{E}''$ 的方向不相同. 现在来证明：$\boldsymbol{E}'$ 与 $\boldsymbol{E}''$ 互相垂直. 由(36)式得

$$\boldsymbol{E}'\cdot\boldsymbol{E}''=C\left[\frac{v_1^2s_1}{u'^2-v_1^2}\frac{v_1^2s_1}{u''^2-v_1^2}+\frac{v_2^2s_2}{u'^2-v_2^2}\frac{v_2^2s_2}{u''^2-v_2^2}+\frac{v_3^2s_3}{u'^2-v_3^2}\frac{v_3^2s_3}{u''^2-v_3^2}\right],\quad(37)$$

式中 C 是比例常数.因为

$$\frac{v_i^2s_i}{u'^2-v_i^2}\frac{v_i^2s_i}{u''^2-v_i^2}=\frac{1}{u'^2-u''^2}\left(-u'^2\frac{v_i^2s_i^2}{u'^2-v_i^2}+u''^2\frac{v_i^2s_i^2}{u''^2-v_i^2}\right),\quad i=1,2,3\quad(38)$$

故(37)式可化为

$$\begin{aligned}\boldsymbol{E}'\cdot\boldsymbol{E}''=C\Big[&-\frac{u'^2}{u'^2-u''^2}\left(\frac{v_1^2s_1^2}{u'^2-v_1^2}+\frac{v_2^2s_2^2}{u'^2-v_2^2}+\frac{v_3^2s_3^2}{u'^2-v_3^2}\right)\\&+\frac{u''^2}{u'^2-u''^2}\left(\frac{v_1^2s_1^2}{u''^2-v_1^2}+\frac{v_2^2s_2^2}{u''^2-v_2^2}+\frac{v_3^2s_3^2}{u''^2-v_3^2}\right)\Big].\end{aligned}\quad(39)$$

由于 u' 和 u'' 都满足(31)式,故得

$$\boldsymbol{E}'\cdot\boldsymbol{E}''=0.\quad(40)$$

于是我们得出结论:**在各向异性晶体中传播的光都是线偏振光.在各向异性晶体中,沿任一方向 s 一般都可以传播速度不同的两种线偏振光,这两种线偏振光的电场强度互相垂直.**

参考文献

[1] M.玻恩,E.沃耳夫著,黄乐天等译,《光学原理》,下册,科学出版社(1981),第十四章.

[2] 陈纲,廖理几著,《晶体物理学基础》,科学出版社(1992),第八章.

[3] 张之翔著,《光的偏振》,高等教育出版社(1985),第三章.

[4] 林璇英,张之翔编著,《电动力学题解(第二版)》,科学出版社(2007),1.18题,20—22页.

[5] Л.Д.朗道,E.M.栗弗席兹著,周奇译,《连续媒质电动力学》下册,人民教育出版社(1963),348页.

[6] 张之翔,丁启鸿,《双轴晶体中光的波面的形状》,《大学物理》2007年第9期,1—3页.

第四章　电　路

§4.1　电荷分布和电流分布的极值定理

关于电荷分布和电流分布的极值定理，一般电磁学书上很少提到. 我感到，这两个定理对于我们更深刻地认识自然界的规律，有启发性，所以在这里讲一下，以供参考.

1. 电荷分布的极值定理

(1) 定理

在静电平衡时，导体上的电荷是这样分布的，这个分布产生的电场能量为最小.

有些书上，把这个定理叫做汤姆孙(W. Thomson)定理.

(2) 证明[1]、[2]

设空间有许多给定的导体，其中第 i 个上的电荷为 Q_i. 前已证明(见§1.14)，在达到静电平衡时，每个导体上的电荷都只有唯一的一种分布. 设这种分布产生的电场强度为 $\boldsymbol{E}_0$，电势为 V_0，则电场的能量便为

$$W_0 = \frac{1}{2}\iiint_\tau \varepsilon E_0^2 \mathrm{d}\tau, \tag{1}$$

τ 是导体以外的全部空间. 现在假定导体上的电荷处在另一种、没有达到静电平衡的分布状态，这种分布产生的电场强度为 $\boldsymbol{E}$，电势为 V，则这时电场的能量便为

$$W = \frac{1}{2}\iiint_\tau \varepsilon E^2 \mathrm{d}\tau, \tag{2}$$

两式相减，得

$$W - W_0 = \frac{1}{2}\iiint_\tau \varepsilon (E^2 - E_0^2) \mathrm{d}\tau, \tag{3}$$

因
$$(\boldsymbol{E}-\boldsymbol{E}_0)^2=E^2-2\boldsymbol{E}\cdot\boldsymbol{E}_0+E_0^2,\tag{4}$$
故
$$\begin{aligned}E^2-E_0^2&=(\boldsymbol{E}-\boldsymbol{E}_0)^2+2\boldsymbol{E}\cdot\boldsymbol{E}_0-2\boldsymbol{E}_0^2\\&=(\boldsymbol{E}-\boldsymbol{E}_0)^2+2(\boldsymbol{E}-\boldsymbol{E}_0)\cdot\boldsymbol{E}_0.\end{aligned}\tag{5}$$
把(5)式代入(3)式，便得
$$W-W_0=\frac{1}{2}\iiint_\tau\varepsilon(\boldsymbol{E}-\boldsymbol{E}_0)^2\mathrm{d}\tau+\iiint_\tau\varepsilon(\boldsymbol{E}-\boldsymbol{E}_0)\cdot\boldsymbol{E}_0\mathrm{d}\tau,\tag{6}$$
因
$$\boldsymbol{E}_0=-\nabla V_0,\tag{7}$$
$$\varepsilon(\boldsymbol{E}-\boldsymbol{E}_0)=\boldsymbol{D}-\boldsymbol{D}_0,\tag{8}$$
故
$$\varepsilon(\boldsymbol{E}-\boldsymbol{E}_0)\cdot\boldsymbol{E}_0=-(\boldsymbol{D}-\boldsymbol{D}_0)\cdot\nabla V_0.\tag{9}$$
由矢量分析公式
$$\nabla\cdot(\varphi\boldsymbol{A})=\nabla\varphi\cdot\boldsymbol{A}+\varphi\,\nabla\cdot\boldsymbol{A},\tag{10}$$
得
$$(\boldsymbol{D}-\boldsymbol{D}_0)\cdot\nabla V_0=\nabla\cdot[V_0(\boldsymbol{D}-\boldsymbol{D}_0)]-V_0\,\nabla\cdot(\boldsymbol{D}-\boldsymbol{D}_0).\tag{11}$$
在现在的情况下，除导体表面上以外，其他电荷的分布都不变，所以
$$\nabla\cdot(\boldsymbol{D}-\boldsymbol{D}_0)=\nabla\cdot\boldsymbol{D}-\nabla\cdot\boldsymbol{D}_0=0,\tag{12}$$
于是得
$$\varepsilon(\boldsymbol{E}-\boldsymbol{E}_0)\cdot\boldsymbol{E}_0=-\nabla\cdot[V_0(\boldsymbol{D}-\boldsymbol{D}_0)],\tag{13}$$
把(13)式代入(6)式，便得
$$W-W_0=\frac{1}{2}\iiint_\tau\varepsilon(\boldsymbol{E}-\boldsymbol{E}_0)^2\mathrm{d}\tau-\iiint_\tau\nabla\cdot[V_0(\boldsymbol{D}-\boldsymbol{D}_0)]\mathrm{d}\tau,\tag{14}$$
右边第二项可由高斯公式化为面积分
$$\iiint_\tau\nabla\cdot[V_0(\boldsymbol{D}-\boldsymbol{D}_0)]\mathrm{d}\tau=\oiint_S V_0(\boldsymbol{D}-\boldsymbol{D}_0)\cdot\mathrm{d}\boldsymbol{S},\tag{15}$$
因 τ 是导体以外的全部空间，S 便是这空间的边界，它包括与导体接触的所有介质表面和无穷远处①. 因为我们所考虑的电荷都在有限的范围内，故在无穷远处 $V_0=0$，$\boldsymbol{D}=\boldsymbol{D}_0=0$，所以在无穷远处的积分为零. 在与导体接触的介质表面上，有
$$V_0(\boldsymbol{D}-\boldsymbol{D}_0)\cdot\mathrm{d}\boldsymbol{S}=V_{0k}(\sigma_k-\sigma_{0k})\mathrm{d}S,\tag{16}$$
式中 V_{0k} 和 σ_{0k} 分别是静电平衡时第 k 个导体的电势和面电荷密度，σ_k 是这个导体上(前面假定的)不同于静电平衡时的面电荷密度. 于是(15)式右边便为

① 如果电容率 ε 在空间某处有突变，例如两种介质的交界面上，则面积分还应包括这种交界面两边介质表面上的积分. 但这种积分因为处处互相抵消，结果为零. 关于这一点，参看 §1.14 的(17)式到(20)式和有关说明.

$$\oiint_S V_0(\boldsymbol{D}-\boldsymbol{D}_0)\cdot \mathrm{d}\boldsymbol{S} = \sum_k \oiint_{S_k} V_{0k}(\sigma_k-\sigma_{0k})\mathrm{d}S$$

$$= \sum_k V_{0k}\oiint_{S_k}(\sigma_k-\sigma_{0k})\mathrm{d}S = \sum_k V_{0k}(Q_k-Q_k) = 0. \tag{17}$$

于是由(14)到(17)四式得

$$W-W_0 = \frac{1}{2}\iiint_\tau \varepsilon(\boldsymbol{E}-\boldsymbol{E}_0)^2\mathrm{d}\tau, \tag{18}$$

因为 ε 是正数，$(\boldsymbol{E}-\boldsymbol{E}_0)^2$ 也是正数，所以上述积分大于或等于零，即

$$W-W_0 = \frac{1}{2}\iiint_\tau \varepsilon(\boldsymbol{E}-\boldsymbol{E}_0)^2\mathrm{d}\tau \geqslant 0, \tag{19}$$

也就是在 $\boldsymbol{E}=\boldsymbol{E}_0$（即达到静电平衡）时电场能量为最小. 证毕.

有人问，如果把(3)式反过来，即求

$$W_0-W = \frac{1}{2}\iiint_\tau \varepsilon(\boldsymbol{E}_0^2-\boldsymbol{E}^2)\mathrm{d}\tau, \tag{3$'$}$$

是否可以仿上面的推导，得出

$$W_0-W = \frac{1}{2}\iiint_\tau \varepsilon(\boldsymbol{E}_0-\boldsymbol{E})^2\mathrm{d}\tau \geqslant 0 \tag{19$'$}$$

的结果呢？不行. 这是因为，这时

$$W_0-W = \frac{1}{2}\iiint_\tau \varepsilon(\boldsymbol{E}_0-\boldsymbol{E})^2\mathrm{d}\tau + \iiint_\tau \varepsilon(\boldsymbol{E}_0-\boldsymbol{E})\cdot \boldsymbol{E}\mathrm{d}\tau, \tag{6$'$}$$

其中右边第二项

$$\iiint_\tau \varepsilon(\boldsymbol{E}_0-\boldsymbol{E})\cdot \boldsymbol{E}\mathrm{d}\tau = \iiint_\tau \boldsymbol{E}\cdot(\boldsymbol{D}_0-\boldsymbol{D})\mathrm{d}\tau = \iiint_\tau \nabla V\cdot(\boldsymbol{D}-\boldsymbol{D}_0)\mathrm{d}\tau$$

$$= \iiint_\tau [\nabla\cdot V(\boldsymbol{D}-\boldsymbol{D}_0) - V\,\nabla\cdot(\boldsymbol{D}-\boldsymbol{D}_0)]\mathrm{d}\tau$$

$$= \iiint_\tau \nabla\cdot V(\boldsymbol{D}-\boldsymbol{D}_0)\mathrm{d}\tau$$

$$= \oiint_S V(\boldsymbol{D}-\boldsymbol{D}_0)\cdot \mathrm{d}\boldsymbol{S} = \sum_k \oiint_{S_k} V_k(\sigma_k-\sigma_{0k})\mathrm{d}S, \tag{17$'$}$$

在电荷不是平衡分布的情况下，导体表面就不是等势面，即 V_k 不是常数，因而就不能像(17)式中那样，拿出积分号外边，得到积分为零的结果. 所以就不可能得到 $W_0-W\geqslant 0$ 的结论.

(3) 例子

这个定理最简单的例子是一个带电的金属球，当电荷的分布是球对称时，

电荷只有全都分布在球的表面上，才使得电场能量为最小. 另一个简单的例子是金属球外有一个同心的金属球壳，球带有电荷 Q，壳带有电荷 $-Q$（即壳上所有电荷的代数和为 $-Q$），如图 1 所示. 请读者自己解答，在电荷是球对称分布的情况下，球和壳上的电荷如何分布，电场的能量才是最小.

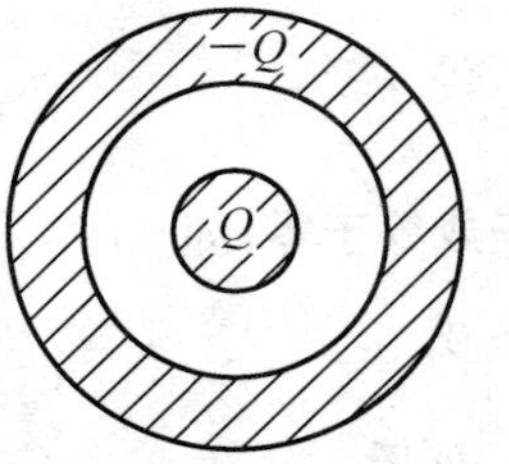

图 1　金属球带电荷 Q，同心的金属球壳带电荷 $-Q$

(4) 讨论

由这个定理可以看出，导体固定时，它上面的电荷如果达到静电平衡，便是处在能量最低的状态，也就是稳定平衡的状态. 如果没有达到这种状态，能量便要高一些，也就是处在不稳定状态，这时电荷便要发生流动，趋于静电平衡状态，同时用辐射和转化为焦耳热的形式把多余的能量释放出来.

空间有任意个固定的导体，每个导体的形状、大小和位置都可以是任意的，每个导体上的电荷也可以任意给定，要在这种普遍情况下，用数学证明静电平衡的存在，恐怕相当困难. 但从物理上看，静电平衡必定存在. 因为如果不存在静电平衡，电荷便会不停地流动，也就是不断地放出辐射能和焦耳热，成为一种永动机，就会违反能量守恒定律. 所以根据上面的定理和能量守恒定律，必定存在一个唯一的静电平衡状态，导体上的电荷如果不处在这种平衡状态，便要流动并且趋于这种能量最低的状态.

2. 电流分布的极值定理

(1) 定理

在稳恒电路里，电阻中的电流是这样分布的，这个分布产生的焦耳热为最小.

(2) 证明[3]

设有一个由电阻连接成的给定电路，当处在稳恒状态下，每个电阻中的电流都不随时间变化，这时基尔霍夫的两个定律成立. 我们知道，由这两个定律可以唯一地解出电路里每个电阻中的电流来. 换句话说，稳恒电路中的电流分布是唯一的. 设这时第 n 个电阻中的电流为 I_n，则整个电路产生的焦耳热便为

$$P = \sum_n R_n I_n^2. \tag{20}$$

现在假定另外一种电流分布，这种分布遵守基尔霍夫第一定律，而不遵守基尔霍

夫第二定律；设这种分布在电阻 R_n 中的电流为 I'_n，则整个电路产生的焦耳热便为

$$P' = \sum_n R_n I'^2_n. \tag{21}$$

根据基尔霍夫第一定律（即电荷不能在电路中堆积），一个电阻中的电流与稳恒时不同，则电路中必然还有其他电阻中的电流也与稳恒时不同．因此，不同于稳恒时的最简单的电流分布，便是电路中只有一个回路里的电流与稳恒时不同，而其他电阻中的电流则都与稳恒时相同．在这个回路里，各电阻中的电流与稳恒时相比，必定有一些增大了，而另一些则减小了．我们以图 2 中的回路 ABCDA 为例，说明如下．设在稳恒时电阻 R_1, R_2, R_3 和 R_4 中的电流分别为 I_1, I_2, I_3 和 I_4，现在分别为

$$\left.\begin{aligned} I'_1 &= I_1 + i_1 = I_1 + i, \\ I'_2 &= I_2 + i_2 = I_2 - i, \\ I'_3 &= I_3 + i_3 = I_3 + i, \\ I'_4 &= I_4 + i_4 = I_4 - i. \end{aligned}\right\} \tag{22}$$

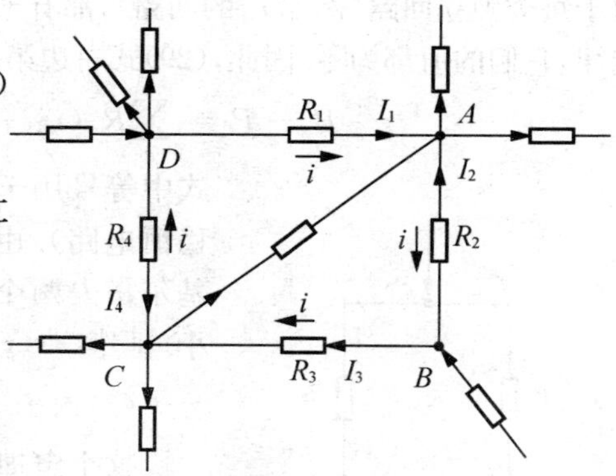

图 2　电路中的一个回路 ABCDA

因此，现在的焦耳热与稳定时的焦耳热之差便为

$$\begin{aligned} P' - P &= \sum_{n=1}^{4} R_n \left[(I_n + i_n)^2 - I_n{}^2 \right] \\ &= 2 \sum_{n=1}^{4} R_n I_n i_n + \sum_{i=1}^{4} R_n i_n{}^2 , \end{aligned} \tag{23}$$

式中右边第二项由(22)式为

$$\sum_{n=1}^{4} R_n i_n{}^2 = (R_1 + R_2 + R_3 + R_4) i^2 \geqslant 0, \tag{24}$$

右边第一项为

$$\begin{aligned} \sum_{n=1}^{4} R_n I_n i_n &= R_1 I_1 i_1 + R_2 I_2 i_2 + R_3 I_3 i_3 + R_4 I_4 i_4 \\ &= (R_1 I_1 - R_2 I_2 + R_3 I_3 - R_4 I_4) i, \end{aligned} \tag{25}$$

因为对于稳恒电路，基尔霍夫第二定律成立，故上式括号内的值为零．于是得出，在现在的情况下，

$$P' - P = (R_1 + R_2 + R_3 + R_4) i^2 \geqslant 0, \tag{26}$$

式中等号用于 $i=0$ 时．可见在电路中只有一个回路里的电流与稳恒时不同的特殊情况下，定理成立．

再考虑普遍情况. 电路中每个电阻里的电流都与稳恒时不同. 由于电荷不能在电路中堆积(基尔霍夫第一定律), 所以这时的电流分布就可以由稳恒状态的分布, 与电路中每个独立回路增加一个回路电流叠加而成. 设这时电阻 R_n 中的电流为

$$I_n' = I_n + i_{n1} + i_{n2} + \cdots, \tag{27}$$

式中 $i_{n1}, i_{n2}, \cdots$ 便是流经 R_n 的这种回路电流, 于是

$$\begin{aligned} I_n'^2 - I_n^2 &= (I_n + i_{n1} + i_{n2} + \cdots)^2 - I_n^2 \\ &= 2I_n(i_{n_1} + i_{n2} + \cdots) + (i_{n1} + i_{n2} + \cdots)^2, \end{aligned} \tag{28}$$

所以
$$P' - P = 2\sum_n R_n I_n (i_{n1} + i_{n2} + \cdots) + \sum_n R_n (i_{n1} + i_{n2} + \cdots)^2. \tag{29}$$

对于每个独立回路(例如 i_{n1} 的回路), 都有形如(25)式的式子, 根据基尔霍夫第二定律, 它们的值都为零. 因此, (29)式右边第一项求和的结果为零. 于是最后得

$$P' - P = \sum_n R_n (i_{n1} + i_{n2} + \cdots)^2 \geqslant 0, \tag{30}$$

式中等号用于每个独立回路的 i 都为零的情况(即稳恒电路). 由此可见, 电流分布为稳恒状态(满足基尔霍夫两个定律)时电路中产生的焦耳热为最小. 证毕.

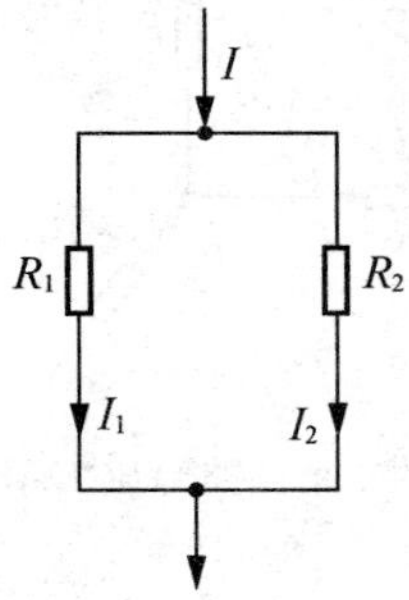

图 3 I 给定时的电流分布

(3)例子

这个定理最简单的例子如图 3 所示, 读者可以自己证明, 对于给定的 I, 在稳恒时, 电流在 R_1 和 R_2 上是这样分布的, R_1 和 R_2 上产生的焦耳热之和为最小.

(4)提示

可以证明[4], 在稳恒状态时, 导体内部的电流密度也是按产生焦耳热为最小而分布的.

参考文献

[1] J. H. Jeans, *The Mathematical Theory of Electricity and Magnetism*, 5th ed., Cambridge University Press(1951), pp. 164—165.

[2] J. A. Stratton, *Electromagnetic Theory*, McGraw-Hill(1941), pp. 114—116.

[3] 同[1], pp. 322—323.

[4] W. R. 斯迈思著, 戴世强译,《静电学和电动力学》, 下册, 科学出版社(1982), 362—363 页.

§4.2　电阻桥路及有关问题

1. 电阻的复联和歧联

并不是用电阻联成的任何电路，都能用串联和并联的公式求出其电阻. 例如由五个已知电阻 R_1, R_2, R_3, R_4 和 R_5 组成的电阻桥路(图 1)，就不能用串联和并联的公式求出 a, b 间的电阻. 一般说来，电路中两点间的电阻如果能用串联和并联公式求出的，则这两点之间的电阻连接便是复联；如果不能用串联和并联公式求出的，便是歧联(ramified connection). 图 1 便是最简单的歧联电路. 复联电路与歧联电路还有一个区别，就是当电路中通有直流电时，复联电路中任何一个电阻从零(短路)变到无穷(开路)时，电路中其他电阻里电流的大小可能会发生变化，但电流的方向却不会改变；而在歧联电路中，则可能发生电流反向，如用惠斯通电桥测电阻时，改变两臂或一臂中电阻的大小，检流计(相当于图 1 中的 R_5)里的电流就能发生反向.

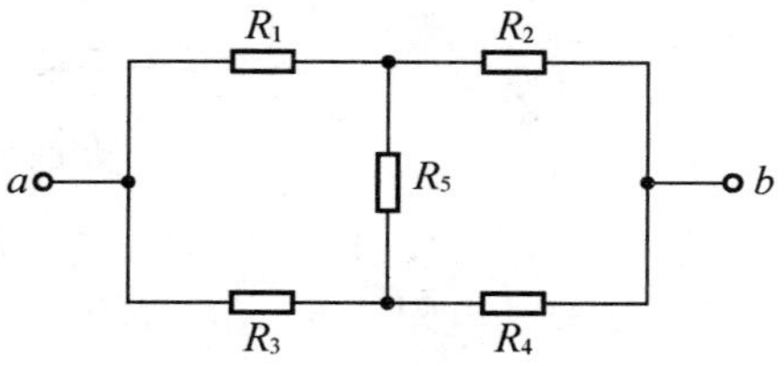

图 1　电阻桥路

歧联电路的解法有多种，最基本的方法是用基尔霍夫定律，Y－Δ 变换法也常用. 这些方法在一般电磁学书中都有介绍.

2. 电阻桥路和桥路电流

(1) 电阻桥路

用基尔霍夫定律或其他方法，求得图 1 中 a, b 间的电阻为

$$R=\frac{(R_1+R_2)R_3R_4+(R_3+R_4)R_1R_2+(R_1+R_2)(R_3+R_4)R_5}{(R_1+R_3)(R_2+R_4)+(R_1+R_2+R_3+R_4)R_5}. \tag{1}$$

(2) 三种特殊情况

① $R_5=0$(短路). 这时(1)式化为

$$R_0=\frac{R_1R_3}{R_1+R_3}+\frac{R_2R_4}{R_2+R_4}, \tag{2}$$

这正是 R_1 和 R_3 并联，R_2 和 R_4 并联，然后再串联的公式.

② $R_5=\infty$(开路). 这时(1)式化为

$$R_{\infty}=\frac{(R_1+R_2)(R_3+R_4)}{R_1+R_2+R_3+R_4}, \tag{3}$$

这正是 R_1 和 R_2 串联，R_3 和 R_4 串联，然后再并联的公式.

③ $R_1/R_2=R_3/R_4$（平衡电桥）. 这时(1)式化为

$$R_{平}=\frac{(R_1+R_2)R_3}{R_1+R_3}=\frac{(R_1+R_2)R_4}{R_2+R_4}. \tag{4}$$

注意，这时 a,b 间的电阻与 R_5 无关.

(3) 并联电阻中间短路时电阻变小

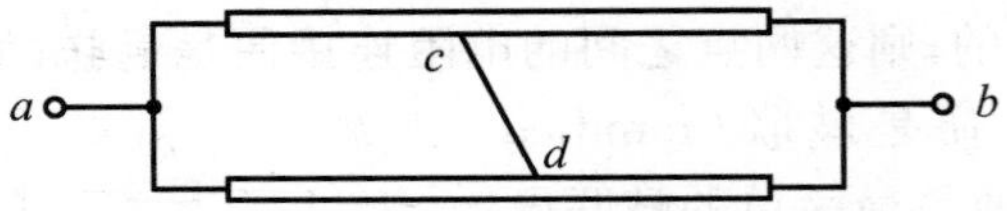

图 2　两并联电阻中间发生短路

如图 2，两电阻并联，在中间发生短路 cd. 设 ac 段的电阻为 R_1，cb 段的电阻为 R_2，ad 段的电阻为 R_3，db 段的电阻为 R_4，这就是图 1 的电路. 未短路时，a,b 间的电阻为 R_{∞}；短路后，a,b 间的电阻为 R_0. 现在我们来证明：

$$R_0\leqslant R_{\infty}. \tag{5}$$

假定(5)式成立，则由(2)、(3)两式得

$$\frac{R_1R_3}{R_1+R_3}+\frac{R_2R_4}{R_2+R_4}\leqslant\frac{(R_1+R_2)(R_3+R_4)}{R_1+R_2+R_3+R_4}, \tag{6}$$

即

$$(R_1+R_2)(R_3+R_4)(R_1+R_3)(R_2+R_4)-(R_1+R_2+R_3+R_4)$$
$$\cdot[R_1R_3(R_2+R_4)+R_2R_4(R_1+R_3)]\geqslant 0,$$

把上式左边化简，得

$$(R_1R_4-R_2R_3)^2\geqslant 0. \tag{7}$$

由于(7)式恒成立，故知(6)式成立，因而(5)式成立. 因此就证明了：并联电阻中间发生短路则电阻变小，只有在 $R_1R_4=R_2R_3$（平衡电桥）的情况下才不变小.

(4) 桥路电流

在不平衡的电桥中，有电流通过中间的电阻，我们在这里把算出的结果列出供参考. 如图 3，设电池的电动势为 $\mathscr{E}$，内阻为 r，中间电阻 R_5 里的电流向下为正，则由基尔霍夫定律，求得 R_5 里的电流为

$$i=(R_2R_3-R_4R_1)\mathscr{E}/\{R_1R_2(R_3+R_4)+R_3R_4(R_1+R_2)+(R_1+R_2)(R_3+R_4)R_5$$
$$+[(R_1+R_3)(R_2+R_4)+(R_1+R_2+R_3+R_4)R_5]r\}, \tag{8}$$

这个电流可以叫做桥路电流，即惠斯通电桥在不平衡时通过检流计的电流. 由此式可见，当 $R_1R_4=R_2R_3$ 时，$i=0$，即电桥达到平衡. 故电桥平衡的条件为

$$R_1R_4=R_2R_3 \quad 或 \quad R_1/R_2=R_3/R_4. \tag{9}$$

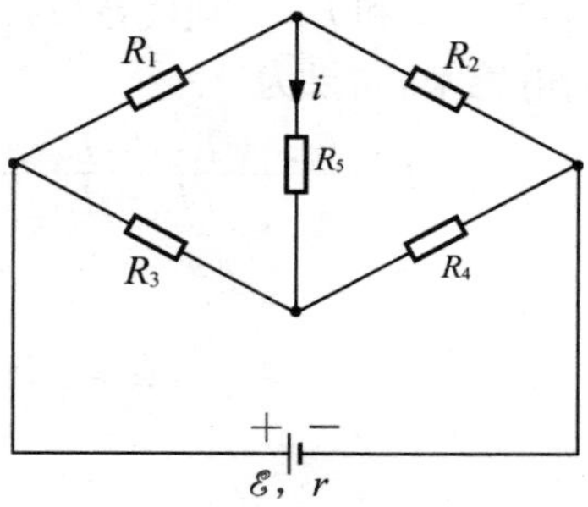

图 3　惠斯通电桥

3. 电容桥路和电感桥路

(1) 电容桥路

如果用电容代替图 1 中的电阻，则如图 4 所示，这个电路可以叫做电容桥路. 和电阻桥路一样，a，b 间的电容也不能由电容的串联和并联公式求出. 可以根据 $Q=CV$ 公式以及图 4 中各处电量、电势等的关系求出 a，b 间的电容来，结果为

$$C=\frac{(C_1+C_3)C_2C_4+(C_2+C_4)C_1C_3+(C_1+C_3)(C_2+C_4)C_5}{(C_1+C_2)(C_3+C_4)+(C_1+C_2+C_3+C_4)C_5}, \tag{10}$$

但计算比较复杂. 如果我们作如下考虑，则计算就比较简单：在正弦形交流电的情况下，复数形式的基尔霍夫定律成立，这时阻抗为

$$\hat{Z}=R+\mathrm{j}\left(\omega L-\frac{1}{\omega C}\right). \tag{11}$$

因此，由 5 个阻抗代替图 1 中的 5 个电阻，则用相应的阻抗代替(1)式中右边的电阻，便得出这时 a，b 间的阻抗. 现在是纯电容，(11)式中的电阻 R 和电感 L 都为零，故只需把(1)式中的 R，R_1，R_2，R_3，R_4 和 R_5，分别换成 $1/C$，$1/C_1$，$1/C_2$，$1/C_3$，$1/C_4$ 和 $1/C_5$，便立即可以得出(10)式来.

(2) 电感桥路

如果用电感代替图 1 中的电阻，则如图 5 所示，这个电路可以叫做电感桥路. 假定这 5 个电感间的互感都可以略去不计，则由上面所讲的原理，只需用 L，L_1，

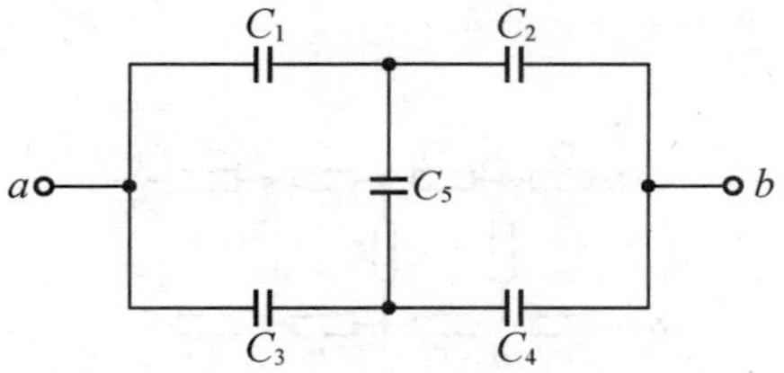

图 4　电容桥路

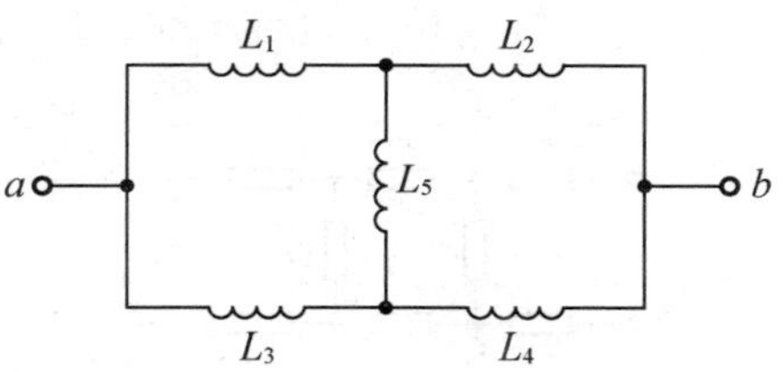

图 5　电感桥路

L_2, L_3, L_4 和 L_5 分别代替(1)式中的 R, R_1, R_2, R_3, R_4 和 R_5，便可以得出 a, b 间的电感来，结果为

$$L=\frac{(L_1+L_2)L_3L_4+(L_3+L_4)L_1L_2+(L_1+L_2)(L_3+L_4)L_5}{(L_1+L_3)(L_2+L_4)+(L_1+L_2+L_3+L_4)L_5}. \tag{12}$$

§4.3 无穷长梯形电路

无穷长梯形电路，在有些电磁学书的习题中有[1],[2]，这题的各种花样，颇有趣味，我们在这里介绍一些.

1. 半无穷长梯形电路

(1) 开端形

如图1，由已知电阻 r_1, r_2 和 r_3 组成的无穷长梯形电路，求 a, b 间的电阻 R. 这里介绍两种求 R 的方法：

① 连分式法 由图1，按电阻的串联和并联公式得

$$R=r_1+r_3+\cfrac{1}{\cfrac{1}{r_2}+\cfrac{1}{r_1+r_3+\cfrac{1}{\cfrac{1}{r_2}+\cfrac{1}{r_1+r_3+\cdots}}}}$$

$$=r_1+r_3+\frac{1}{\frac{1}{r_2}+\frac{1}{R}}, \tag{1}$$

由此式得

$$R^2-(r_1+r_3)R-r_2(r_1+r_3)=0, \tag{2}$$

解得

$$R=\frac{1}{2}\left[r_1+r_3\pm\sqrt{(r_1+r_3)(r_1+r_3+4r_2)}\right],$$

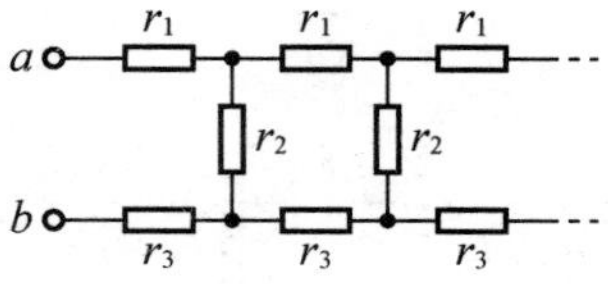

图1 开端形

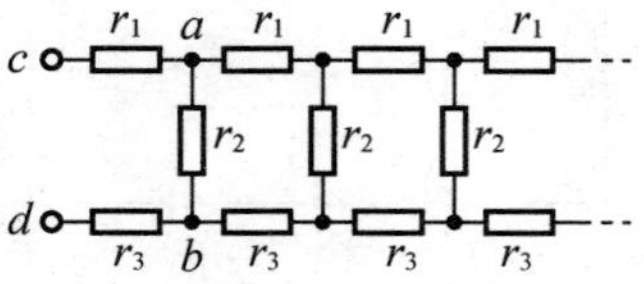

图2 在图1的 a, b 间加一节

因 $R\geqslant 0$,故上式只能取正号,于是得

$$R=\frac{1}{2}\left[\sqrt{(r_1+r_3)(r_1+r_3+4r_2)}+r_1+r_3\right]. \tag{3}$$

② 加一节法　在图 1 中的 a,b 间加一节,即得图 2,由于是无穷长,故 c,d 间的电阻也是 R. 因此,便得

$$r_1+r_3+\frac{r_2R}{r_2+R}=R, \tag{4}$$

此式去掉分母后即为(2)式,故解得 R 如(3)式.

下面讨论几种特殊情况:

- 一边电阻为零. 如 $r_3=0$,这时(3)式化为

$$R=\frac{1}{2}\left[\sqrt{r_1(r_1+4r_2)}+r_1\right]. \tag{5}$$

- 两边电阻为零. $r_1=r_3=0$,这时(1)式化为

$$R=0. \tag{6}$$

- 三种电阻相等. 即 $r_1=r_2=r_3=r$,这时

$$R=(\sqrt{3}+1)r. \tag{7}$$

(2) 闭端形和缺口形

① 闭端形　如在图 1 的 a,b 间加上 r_2,则形成闭端无穷长梯形电路,如图 3所示. 由(3)式和电阻的并联公式得图 3 的 a,b 间的电阻为

$$R_{ab}=\frac{r_2R}{r_2+R}=\frac{1}{2}\left[\sqrt{(r_1+r_3)(r_1+r_3+4r_2)}-r_1-r_3\right], \tag{8}$$

如此时 $r_1=r_2=r_3=r$,则得

$$R_{ab}=(\sqrt{3}-1)r. \tag{9}$$

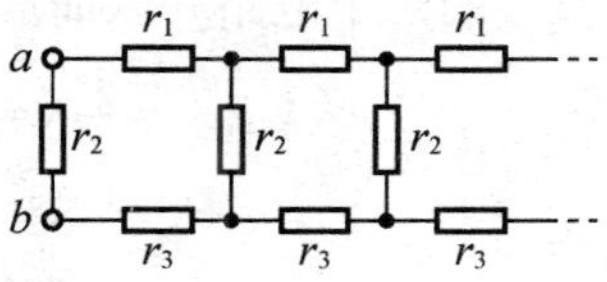

图 3　闭端形

② 缺口形一　如果图 1 左端缺一个 r_3,或图 3 左端上边加一个 r_1,便构成图 4(1)所示的电路. 这时 c,b 间的电阻为

$$\begin{aligned}R_{cb}&=r_1+R_{ab}\\&=\frac{1}{2}\left[\sqrt{(r_1+r_3)(r_1+r_3+4r_2)}+r_1-r_3\right].\end{aligned} \tag{10}$$

图 4(2)中 a,d 间的电阻,只需把(10)式中 r_1 和 r_3 互换即得

$$R_{ad}=\frac{1}{2}\left[\sqrt{(r_1+r_3)(r_1+r_3+4r_2)}+r_3-r_1\right]. \tag{11}$$

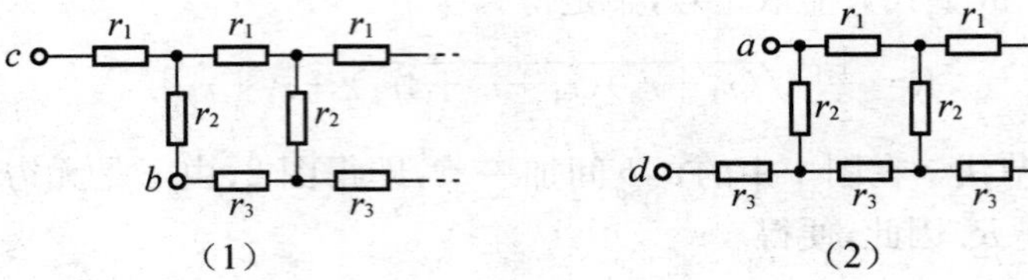

图 4　缺口形一

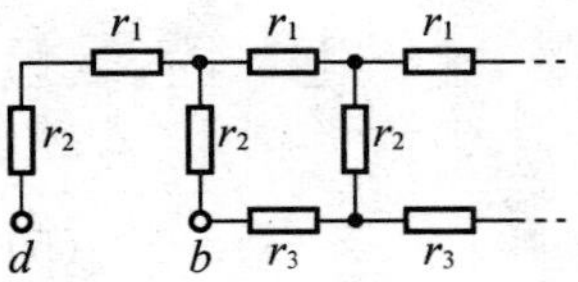

图 5　缺口形二

③ 缺口形二　如果图 3 的左端缺一个 r_3，或图 4(1)左端加一个 r_2，便构成图 5 所示的电路. 这电路 d，b 间的电阻为

$$R_{db}=r_1+r_2+R_{ab}$$

$$=\frac{1}{2}\left[\sqrt{(r_1+r_3)(r_1+r_3+4r_2)}+r_1+2r_2-r_3\right]. \tag{12}$$

2. 无穷长梯形电路

由半无穷长梯形电路的电阻，很容易求出无穷长梯形电路的电阻.

(1) 中间缺口形

如图 6，两头都是无穷长，中间缺一个电阻 r_2，则 e，f 之间的电阻便等于图 1的两个电路并联而成的电阻，即

$$R_{ef}=\frac{1}{2}R=\frac{1}{4}\left[\sqrt{(r_1+r_3)(r_1+r_3+4r_2)}+r_1+r_3\right]. \tag{13}$$

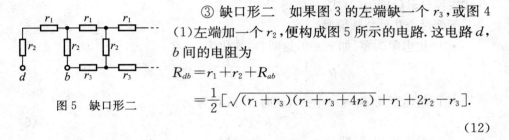

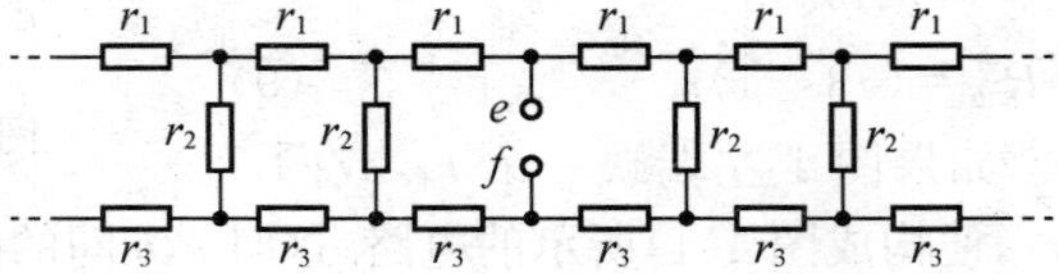

图 6　中间缺一

(2) 旁边缺口形

如图 7，两头都是无穷长，旁边缺一个电阻 r_3，则 f，g 之间的电阻为

$$R_{fg}=r_1+2R_{ab}=\sqrt{(r_1+r_3)(r_1+r_3+4r_2)}-r_3. \tag{14}$$

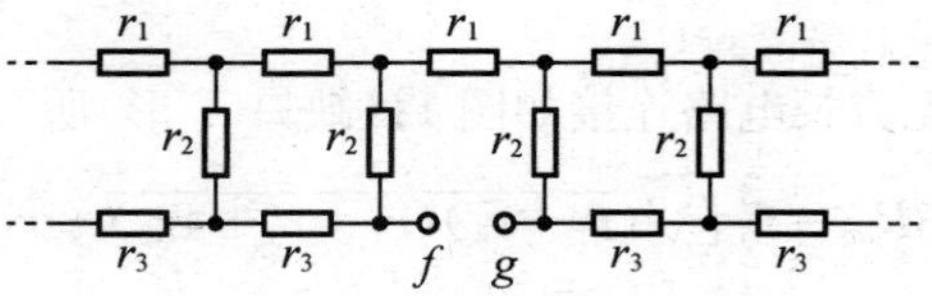

图 7　旁边缺一

(3) 完整形

如果图 6 的 e,f 间加上 r_2，或图 7 的 f,g 间加上 r_3，便构成完整形的无穷长梯形电路，如图 8 所示. 此电路 g,h 间的电阻为

$$R_{gh}=\frac{r_2R_{ef}}{r_2+R_{ef}}=r_2\sqrt{\frac{r_1+r_3}{r_1+r_3+4r_2}},\tag{15}$$

h,j 间的电阻为

$$R_{hj}=\frac{r_3R_{fg}}{r_3+R_{fg}}=r_3\left[1-\frac{r_3}{\sqrt{(r_1+r_3)(r_1+r_3+4r_2)}}\right],\tag{16}$$

g,j 间的电阻等于图 4(1)和图 4(2)两电路并联而成的电阻，即

$$R_{gj}=\frac{R_{cb}R_{ad}}{R_{cb}+R_{ad}}=\frac{r_1r_2+r_2r_3+r_3r_1}{\sqrt{(r_1+r_3)(r_1+r_3+4r_2)}},\tag{17}$$

h,k 间的电阻可化成图 9 的电路(对称电桥)求出如下：

$$R_{hk}=\frac{2r_3R_{cb}}{r_3+R_{cb}},\tag{18}$$

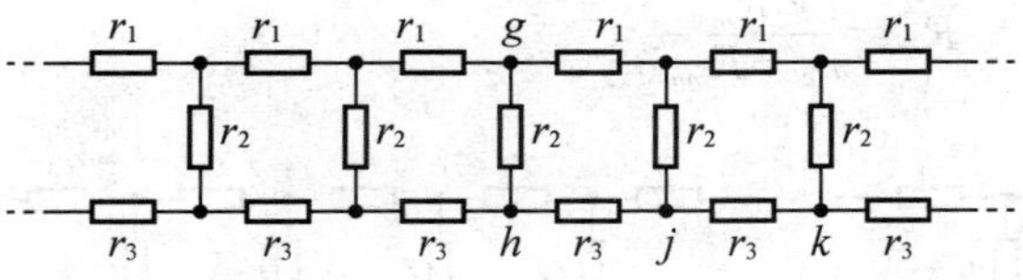

图 8　完整形

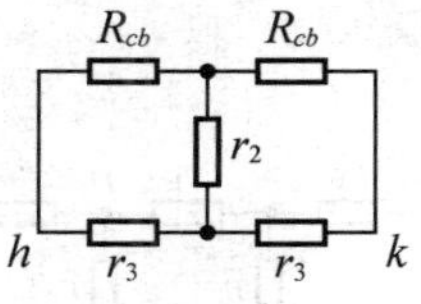

图 9　对称电桥

式中 R_{cb} 由(10)式给出.

3. 半无穷长梯形电路的组合

(1) 缺口 L 形

两个相同的半无穷长电路连接如图 10(缺口 L 形)所示，l,m间的电阻为

$$R_{lm}=2R_{ab}=\sqrt{(r_1+r_3)(r_1+r_3+4r_2)}-r_1-r_3.\tag{19}$$

(2) 缺口 T 形

三个相同的半无穷长电路连接如图 11(缺口 T 形)所示,m,n 间的电阻为

$$R_{mn}=3R_{ab}=\frac{3}{2}\left[\sqrt{(r_1+r_3)(r_1+r_3+4r_2)}-r_1-r_3\right]. \tag{20}$$

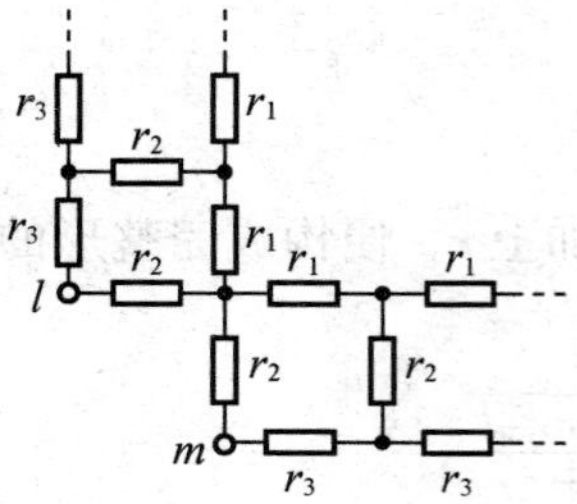

图 10 缺口 L 形

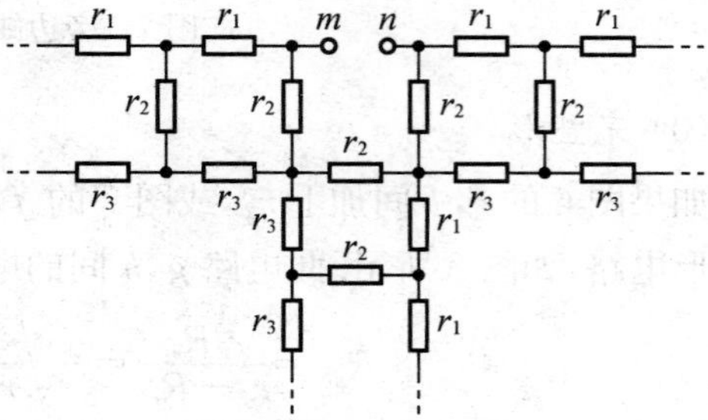

图 11 缺口 T 形

(3) T 形

在图 11 的 m,n 间连接一个电阻 r_1,便得出 T 形半无穷长梯形电路,如图 12(1)所示,p,q 间的电阻为

$$R_{pq}=\frac{r_1R_{mn}}{r_1+R_{mn}}. \tag{21}$$

如果在图 11 的 m,n 间连接一个电阻 r_2,则得出的电路便如图 12(2)所示,r,s 间的电阻为

$$R_{rs}=\frac{r_2R_{mn}}{r_2+R_{mn}}. \tag{22}$$

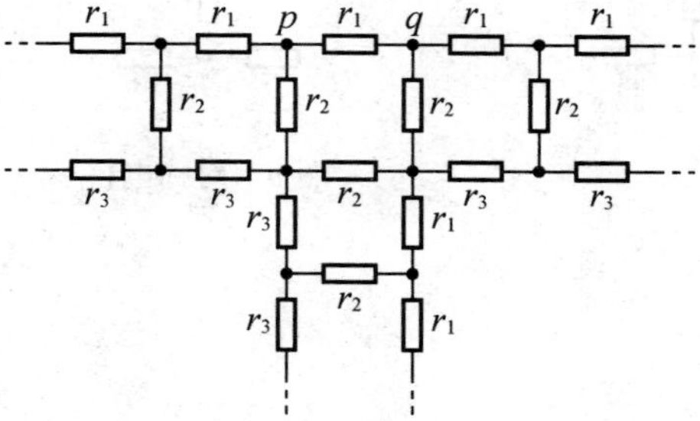

(1)

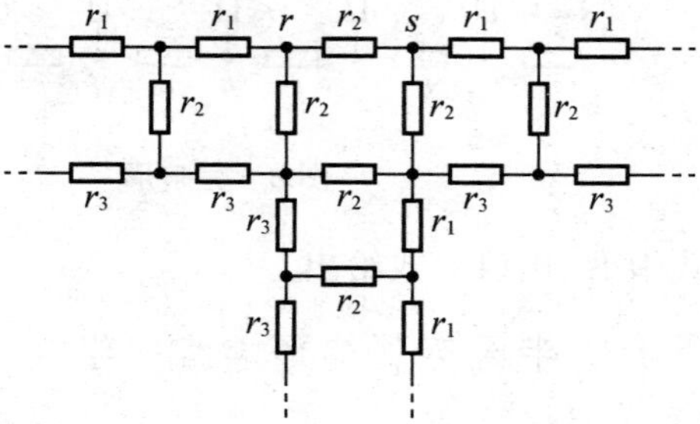

(2)

图 12 T 形

4. 十字形无穷长梯形电路

把图 3 的 a,b 并联到图 11 的 m,n 间，便构成如图 13 所示的十字形无穷长梯形电路，这电路 u,v 间的电阻为

$$R_{uv}=\frac{R_{ab}R_{mn}}{R_{ab}+R_{mn}},\tag{23}$$

u,w 间的电阻为

$$R_{uw}=\frac{1}{2}R_{lm}=R_{ab}.\tag{24}$$

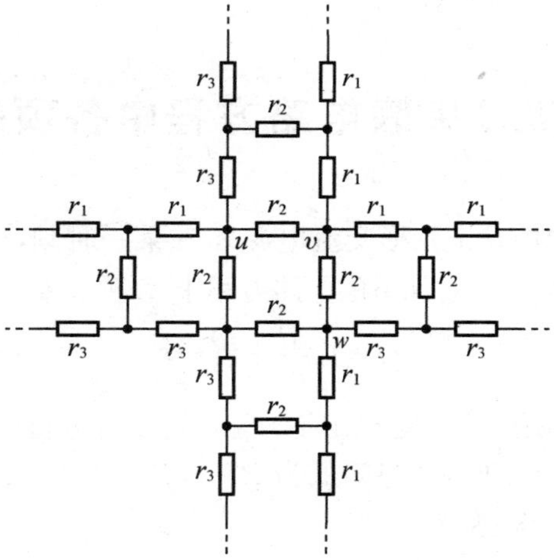

图 13　十字形

5. 半无穷长双梯形电路

图 14 所示的半无穷长双梯形电路，由于对称性，可以化成图 15 所示的电路，这样，x,y 间的电阻就可以由图 3 的公式(8) 得出：

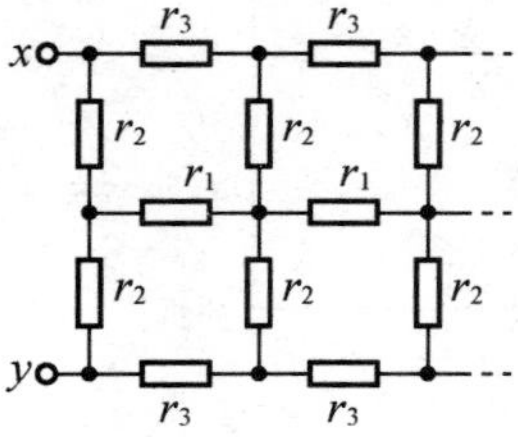

图 14　双梯形

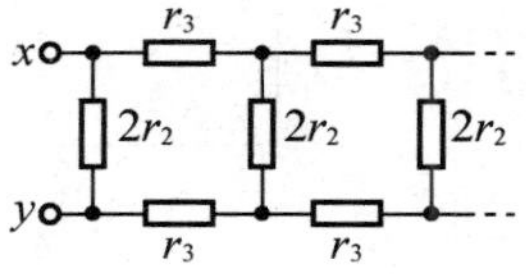

图 15

$$R_{xy}=\sqrt{r_3(r_3+4r_2)}-r_3. \tag{25}$$

以上介绍了无穷长梯形电路的一些基本形状和有关的电阻，读者如有兴趣，可以自己想出一些新的花样，并求出有关的电阻来.

参 考 文 献

[1] E. M. 珀塞尔著，南开大学物理系译，《电磁学》(伯克利物理学教程，第二卷)，科学出版社(1979)，4.28 题，524 页.

[2] 北京大学物理系、中国科学技术大学物理教研室，《物理学习题集》，第二册，人民教育出版社(1981)，4—10 题，201 页.

§4.4 *RLC* 串联电路方程中各项的正负号

RLC 串联电路中接有正弦形交流电源 $\mathscr{E}$，在某一时刻，这电路中的电流 I 如图 1 所示，从 a 流向 b. 问这时如下的电路方程中，L 项和 C 项该用正号还是负号？

$$RI\pm L\frac{\mathrm{d}I}{\mathrm{d}t}\pm\frac{Q}{C}=\mathscr{E}. \tag{1}$$

为了回答这个问题，我们先规定沿 $abcdef$ 方向进行时，电势降低为正. 按这个规定，从 b 经 R 到 c 时，电势降低为 RI.

自感 L 产生的电动势为

$$\mathscr{E}_L=-L\frac{\mathrm{d}I}{\mathrm{d}t}. \tag{2}$$

因 $\mathscr{E}_L$ 总是反抗 I 的变化，故当$\frac{\mathrm{d}I}{\mathrm{d}t}>0$ 时，$\mathscr{E}_L$ 应与 I 的流向相反. 因此，从 c 经 L 到 d 时，电势降低为

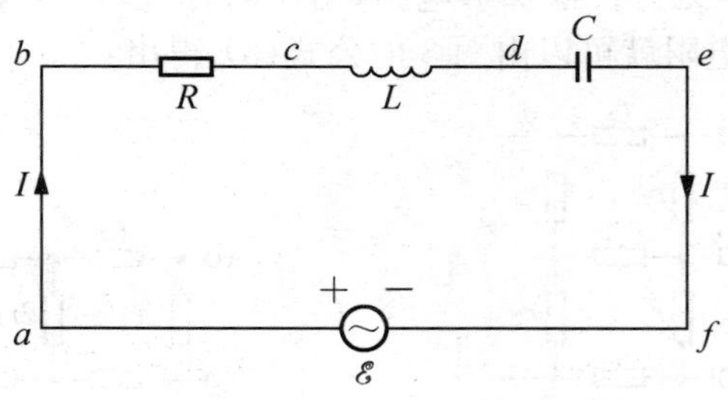

图 1 *RLC* 串联电路

$$-\mathscr{E}_L = L\frac{\mathrm{d}I}{\mathrm{d}t}. \tag{3}$$

所以(1)式中的 L 项应该用正号.

再看 C 项,从 d 经 C 到 e 时,就有两种情况,分别如图 2 的(1)和(2)所示.按一般的习惯,Q 代表电容器两极板中任一个极板上电荷的绝对值.在图 2(1)的情况下,从 d 经 C 到 e,电势降低;而在图 2(2)的情况下,电势则升高.降低或升高的值,都是

$$V_C = \frac{Q}{C}. \tag{4}$$

图 2　电容 C 的两种情况

因此,根据基尔霍夫第二定律,在图 1 所示的电路中,当电容器充电时,即图 2(1)的情况,应为

$$RI - \mathscr{E}_L + V_C - \mathscr{E} = 0, \tag{5}$$

即

$$RI + L\frac{\mathrm{d}I}{\mathrm{d}t} + \frac{Q}{C} = \mathscr{E}, \tag{6}$$

当电容器放电时,即图 2(2)的情况,应为

$$RI - \mathscr{E}_L - V_C - \mathscr{E} = 0, \tag{7}$$

即

$$RI + L\frac{\mathrm{d}I}{\mathrm{d}t} - \frac{Q}{C} = \mathscr{E}. \tag{8}$$

由以上分析可见,如果把电路方程写成(1)的形式,则电感 L 项应为正号,而电容 C 项就要分两种情况,充电时为正号,如(6)式;放电时为负号,如(8)式.

如果电路方程中电容 C 项里的 Q 改用电流 I 表示,就不会发生正负号问题.这是因为,在充电时 $\frac{\mathrm{d}Q}{\mathrm{d}t} > 0$,在放电时 $\frac{\mathrm{d}Q}{\mathrm{d}t} < 0$.在图 2(1)的情况下,即充电时,

$$I = \frac{\mathrm{d}Q}{\mathrm{d}t}, \quad Q = \int I\mathrm{d}t, \tag{9}$$

而在图 2(2)的情况下,即放电时,

$$I = -\frac{\mathrm{d}Q}{\mathrm{d}t}, \quad Q = -\int I\mathrm{d}t, \tag{10}$$

故(6)式和(8)式可以合起来写成

$$RI+L\frac{\mathrm{d}I}{\mathrm{d}t}+\frac{1}{C}\int I\mathrm{d}t=\mathscr{E}, \tag{11}$$

或者把(6)式和(8)式对时间求微商,并利用(9)式和(10)式,便得

$$R\frac{\mathrm{d}I}{\mathrm{d}t}+L\frac{\mathrm{d}^2I}{\mathrm{d}t^2}+\frac{I}{C}=\frac{\mathrm{d}\mathscr{E}}{\mathrm{d}t}, \tag{12}$$

这就是通常的 RLC 串联电路的微分方程.

在用复数法时,如用电流表示,也没有正负号问题. 这时

$$\hat{I}=I_0\mathrm{e}^{\mathrm{j}(\omega t+\varphi)}, \tag{13}$$

$$\frac{\mathrm{d}\hat{I}}{\mathrm{d}t}=\mathrm{j}\omega\hat{I}, \tag{14}$$

$$\int\hat{I}\mathrm{d}t=\frac{\hat{I}}{\mathrm{j}\omega}, \tag{15}$$

故(11)式化为

$$R\hat{I}+\mathrm{j}\omega L\hat{I}+\frac{\hat{I}}{\mathrm{j}\omega C}=\hat{\mathscr{E}}. \tag{16}$$

这正是通常用的基尔霍夫第二定律的复数形式.

§4.5 演示交流电串联共振的实验①

交流电路的共振现象在实际应用中是一种极为重要的现象,可是学生在学习这一部分时,由于缺乏感性认识,加之数学计算较多,对共振现象的了解往往就停留在抽象的数学式子上,而对物理本质却没有明确的具体概念. 为了改进这一部分的教学,1964 年 4 月我们作了一个演示串联共振的实验,用了几次,效果很好,现在把它介绍出来.

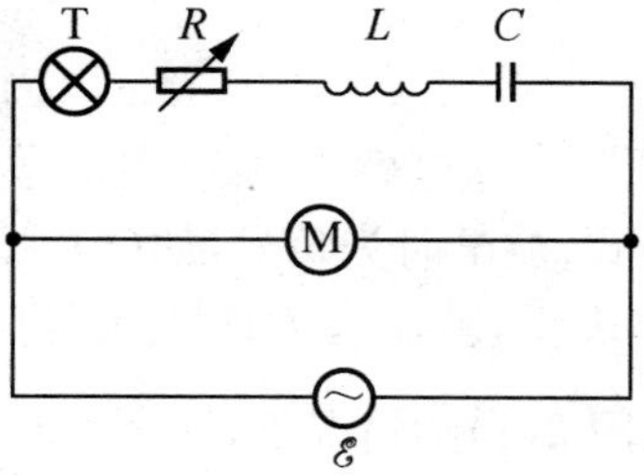

图 1 演示交流电串联共振的实验线路

实验的装置如图 1 所示. R,L,C 是串联电路;$\mathscr{E}$ 是加在它上面的交流电源;M 是扬声器,用来演示交流电的频率;T 是小灯泡,用来演示电

① 本节曾发表在《物理通报》1965 年第 6 期.

流的大小. 我们所用的仪器规格如下：R：500Ω 的变阻器；L：0.1H 的自感；C：0.4μF 的电容；$\mathscr{E}$：输出功率为 5W、输出电压可在 0 至 40V 范围内调节的音频振荡器；T：6V 的小灯泡；M：0.25W、1000Ω 的扬声器.

选取这样规格的理由如下：L 和 C 的值使共振频率在 800Hz 左右，因为这样大小的 L 和 C 容易找到，而人的耳朵对这样的频率范围也敏感. 用小灯泡是因为音频振荡器的输出功率较小，好保证在演示范围内（特别是在共振频率附近）音频振荡器的输出电压不变，而同时这种小灯泡的亮度在 20 米远仍清晰可见. 至于扬声器，其大小则是使几百人同时能听清楚而又不致太响（如果太响，可串上一个电阻以减低响度）. 这样的装置所发出的声、光的强度，足够在两三百人的大教室里演示. 如果 R，L，C，M 和 T 等的数值与我们所用的有些差别，也可以.

演示时，调节音频振荡器的频率旋钮以改变电路中电流的频率. 这时扬声器发出的音调的高低就显示出频率的高低，小灯泡的亮暗就显示出电流的大小（注意，不要把小灯泡的亮度说成就代表电流的振幅，因为亮度与电流的振幅并不成正比）. 实验很清楚地表明，在共振频率时小灯泡最亮，离开共振频率时，小灯泡很快地变暗，即小灯泡的亮度很明显地表示出共振现象来. 进一步还可以演示电阻的大小对共振现象的影响：当 R 的值较大时，小灯泡较暗并且亮度随频率的变化也较慢，就表明电流振幅-频率曲线低而平坦；当 R 的值较小时，小灯泡较亮并且亮度随频率的变化也较快，就表明电流振幅-频率曲线高而陡峭.

附带提一下，扬声器不能与 R，L，C 电路串联，否则当频率改变时，音频振荡器的输出电压固然不变，但加在 R，L，C 电路两端的电压却会发生变化，这就不符合电压振幅不变的要求.

§4.6　交流电流计的两种接法

在一环形铁芯上绕有 N 匝外表绝缘的导线，导线两端接到电动势为 $\mathscr{E}$ 的交流电源上. 一电阻为 R、自感可略去不计的均匀细圆环套在这环形铁芯上，细圆环上 a，b 两点间的环长（劣弧）为细圆环长度的 $\frac{1}{n}$. 将电阻为 r 的交流电流计 G 接在 a，b 两点，有两种接法，分别与图 1 和图 2 所示. 试分别求这两种接法时通过 G 的电流.

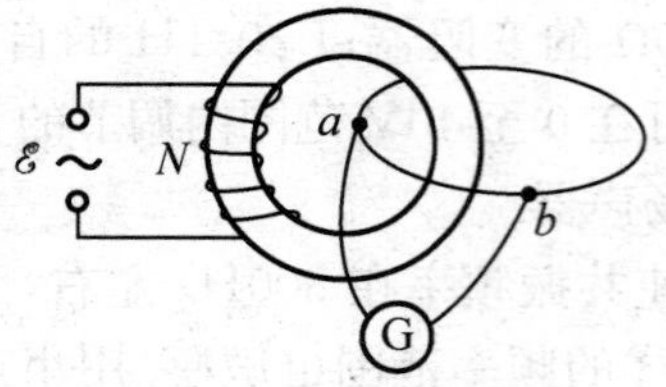

图 1

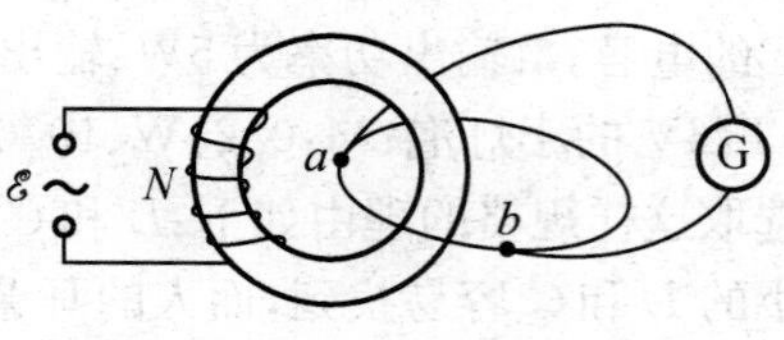

图 2

(1)接法 1　细圆环中的电动势为

$$\mathscr{E}_R=\frac{\mathscr{E}}{N}. \tag{1}$$

细圆环上 ab 段的电阻为

劣弧：
$$R_{ab}=\frac{R}{n}, \tag{2}$$

优弧：
$$R'_{ab}=\frac{(n-1)R}{n}. \tag{3}$$

如图 1 所示，接上 G 后，G 的电阻 r 与 R_{ab} 并联，然后再与 R'_{ab} 串联. 这时总电阻便为

$$R_1=\frac{rR_{ab}}{r+R_{ab}}+R'_{ab}=\frac{Rr}{R+nr}+\frac{(n-1)R}{n}, \tag{4}$$

于是总电流（即通过优弧 R'_{ab} 的电流）为

$$I_1=\frac{\mathscr{E}_R}{R_1}=\frac{\mathscr{E}}{N}\frac{1}{\dfrac{Rr}{R+nr}+\dfrac{(n-1)R}{n}}. \tag{5}$$

通过 G 的电流为

$$\begin{aligned} i_1&=\frac{\dfrac{R}{n}}{\dfrac{R}{n}+r}I_1=\frac{R}{R+nr}I_1\\ &=\frac{R}{R+nr}\frac{\mathscr{E}}{N}\frac{1}{\dfrac{Rr}{R+nr}+\dfrac{(n-1)R}{n}}\\ &=\frac{n\mathscr{E}}{N[(n-1)R+n^2r]}. \end{aligned} \tag{6}$$

(2)接法 2　如图 2 所示，接上 G 后，G 的电阻 r 与 R'_{ab} 并联，然后再与 R_{ab} 串联. 这时总电阻便为

$$R_2=\frac{rR'_{ab}}{r+R'_{ab}}+R_{ab}=\frac{(n-1)Rr}{(n-1)R+nr}+\frac{R}{n}, \tag{7}$$

于是总电流(即通过劣弧 R_{ab} 的电流)为

$$I_2=\frac{\mathscr{E}_R}{R_2}=\frac{\mathscr{E}}{N}\frac{1}{\dfrac{(n-1)Rr}{(n-1)R+nr}+\dfrac{R}{n}}. \tag{8}$$

通过 G 的电流为

$$\begin{aligned} i_2 &=\frac{\dfrac{(n-1)R}{n}}{\dfrac{(n-1)R}{n}+r}I_2=\frac{(n-1)R}{(n-1)R+nr}I_2 \\ &=\frac{(n-1)R}{(n-1)R+nr}\frac{\mathscr{E}}{N}\frac{1}{\dfrac{(n-1)Rr}{(n-1)R+nr}+\dfrac{R}{n}} \\ &=\frac{n(n-1)\mathscr{E}}{N[(n-1)R+n^2r]}. \end{aligned} \tag{9}$$

参考文献

张之翔编著,《电磁学千题解》,科学出版社(2010),11.57 题,710—711 页.

第五章　综合类问题

§5.1　电　荷

现代的日常生活离不开电，如电灯、电话、电视、电脑……从根本上讲，我们这个世界乃是一个由电构成的世界，因为世界上的一切物体都是由原子组成的，而原子就是由带正电荷的原子核和原子核外带负电荷的电子之间电的相互作用所形成的；原子之间电的相互作用形成分子，分子之间电的相互作用形成复杂的大分子以至物体.所以说，世间万物(包括我们人本身)以至生命现象，都是以电为基础建立起来的.

电究竟是什么？电的基本是电荷.可是，电荷却是在我们人类直观感觉之外的东西，也就是说，我们人类的感官不能直接感觉到电荷.通常所说的"触电"和"雷击"，都是电荷的流动(电流)通过人体所起的作用，而不是电荷本身的直接作用.静止的电荷对人的感觉器官没有任何作用，所以人感觉不到它.因此，人们只能通过实验，根据电荷所起的作用，推知电荷的存在和它的一些性质.经过了两千多年由实验所积累的知识，我们今天对于电荷的认识，概括起来，有下列几方面.

1. 电荷与质量

在宏观世界里，电荷并不单独存在，它总是附着在有质量的物体上(即通常所说的物体带电).在微观世界里，带有电荷的粒子(如电子、质子)其静质量均不为零；而静质量为零的粒子(如光子)则不带电荷.可以说，电荷总是附着在静质量不为零的粒子上.

2. 电荷与电磁场

电荷必定有与它相联系的电磁场，没有电磁场的电荷是不存在的.电荷与它的电磁场是同一事物的两个方面，一方面是占有一定空间的电荷，另一方面是充满空间的电磁场.静止电荷只有电场(静电场),匀速运动的电荷既有电场也有磁场.根据狭义相对论,电磁场是一个由电磁场张量(四维二阶反对称张量)描述的统一体,电场和磁场是这个统一体的不同侧面(分量),在不同的惯性系中观测,所观测到的侧面(分量)会是不同的.

静止电荷的静电场和匀速运动电荷的电磁场,其电场强度和磁场强度(静止电荷的磁场强度为零)都与到电荷的距离的平方成反比,这种电磁场叫做自场(self-field).加速运动的电荷除了自场外,还有辐射场(radiation field),辐射场的电场强度和磁场强度都与到电荷的距离成反比.自场总是与电荷不可分割地联系在一起,它跟着电荷一起运动,而辐射场则从电荷向外辐射,以至脱离电荷.

3. 电荷本身

(1) 电荷有两种

1733年,法国科学家迪费(Du Fay,1698—1739)发现,电荷有两种,同种电荷互相排斥,而异种电荷则互相吸引.1747年,美国科学家富兰克林(Benjamin Franklin,1706—1790)将这两种电荷分别叫做正电荷和负电荷,这些名称一直沿用至今.

(2) 电荷可以产生和消失

在宏观世界里,不带电的物体上没有电荷,但经过摩擦,或感应,或加热,或照射,……诸如此类方法的处理后,便会产生出电荷来.当两个带异种电荷的物体接触时,电荷会发生中和,使电荷减少;如果两个物体上异种电荷的电量相等,则中和后便没有电荷,从宏观上说,电荷便消失了.

在微观世界里,中性的粒子(如中子)不带电(没有电荷),但它经过衰变,会产生出带电粒子,即产生了电荷.例如

中子衰变：　$n \longrightarrow p + e^- + \bar{\nu}_e$,

π^0 介子衰变：　$\pi^0 \longrightarrow e^+ + e^- + \gamma$.

以上两式中,p为质子(带正电荷),e^-为电子(带负电荷),$\bar{\nu}_e$为电子型反中微子(不带电荷),e^+为正电子(带正电荷),γ为光子(不带电荷).又如高能光子在一定条件下可以转化为电子偶,也产生出电荷来：

$$\gamma(\text{在核旁}) \longrightarrow e^+ + e^-.$$

反过来,带有异种电荷的两个粒子碰到一起,可以转变成不带电的粒子,这时电荷便消失了.例如π^-介子和质子相碰,产生不带电的Λ^0粒子和K^0粒子：

$$\pi^- + p \longrightarrow \Lambda^0 + K^0.$$

特别是,带电粒子与它的反粒子碰在一起时,发生湮没.电荷便都消失了.例如电子和正电子的湮没:

$$e^{+}+e^{-}\longrightarrow \gamma+\gamma,$$

产生两个光子,电荷都消失了.

(3) 电荷守恒定律

上面讲到,电荷可以产生和消失;但另一方面,又存在电荷守恒定律.这定律可叙述如下:一个孤立系统,不管发生什么变化,它里面所有电荷的代数和永远保持不变.如果两个系统之间发生电荷交换,则一个系统增加的电荷必等于另一个系统减少的电荷.

电荷守恒定律是一条严格的自然规律,在任何宏观过程和微观过程中,都是成立的.

(4) 电荷是洛伦兹不变量

在洛伦兹变换下,一个物理量的值不变,这个物理量就称为洛伦兹不变量.它的物理意义就是,在有相对运动的任何惯性系里测量它,所测出的值都相同.一个物体上的电荷 Q,在有相对运动的任何惯性系里观测,所测得的值都是 Q,所以电荷是洛伦兹不变量.

电荷在这方面比三个基本物理量(长度、质量、时间)还要基本,因为在有相对运动的惯性系中测量长度、质量和时间,它们的值会不相等.

(5) 电荷是量子化的

任何电荷都是电子电荷的整数倍.电子电荷的绝对值为

$$e=1.602\,177\,33(49)\times10^{-19}\,\mathrm{C}.$$

比 e 小的电荷是否存在?根据标准模型理论,夸克所带的电荷有 $\pm\frac{1}{3}e$ 和 $\pm\frac{2}{3}e$ 等四种.但由于没有观测到单个的夸克(自由夸克),也就是没有观测到比 e 小的电荷.即使将来能观测到单个夸克,也就是能观测到 $\pm\frac{1}{3}e$ 和 $\pm\frac{2}{3}e$ 的电荷,电荷还是量子化的,只不过电荷的最小单位由 e 变成 $\frac{1}{3}e$ 而已.

(6) 电荷分布的最小区域

根据实验物理学家丁肇中教授(诺贝尔物理学奖获得者)的研究,电子的半径小于 $1\times10^{-18}\,\mathrm{m}$.因此,电荷分布的最小区域在这个范围内.

参 考 文 献

[1] 张之翔,《电磁学教学札记》,高等教育出版社(1988),1—5 页.

[2] 张之翔,王书仁,《人类是如何认识电的》,科学技术文献出版社(1991)33—37页;42—51页.

§5.2　密立根实验[①]

密立根实验是直接测定电子电荷的实验,现在一般电磁学书上很少讲它,作为参考资料,我们在这里对它作一简单介绍.

1. 历史背景

1891 年,爱尔兰物理学家斯通内(G. J. Stoney,1826—1911)根据法拉第电解定律中的法拉第常量 F 与阿伏伽德罗数 N_A 之比 F/N_A 应当是电荷的自然单元,把它取名为 electron. 但当时并不知道 N_A 的确切值.

1897 年,英国物理学家 J. J. 汤姆孙(J. J. Thomson,1856—1940)利用阴极射线在电磁场中的偏转,测出电子的荷质比 e/m,以后就被公认为这是电子的发现.

1897 年,爱尔兰物理学家汤森德(J. S. E. Townsend,1868—1957)直接测定(也是历史上第一次直接测定)电子电荷,他的方法及其所依据的原理大致如下:电解出来的气体分子有少数带电,使它们通过水冒泡出来后,形成云雾状的带电小水滴. 测出一立方厘米内这些小水滴的总质量和它们所带的总电荷,并观测小水滴下降的速度,用斯托克斯公式求出它的半径,从而得出一立方厘米内的小水滴数. 假定每个小水滴都是带一个单位电荷 e,就可以由上述观测数据算出 e 来. 他得出的结果为 $e=3\times10^{-10}$ 静电单位.

1898 年,J. J. 汤姆孙改进汤森德方法(主要改进是用 X 射线使小水滴带电),测出 e 的值为 6.5×10^{-10} 静电单位.

1906—1908 年,英国物理学家威耳逊(H. A. Wilson)改进 J. J. 汤姆孙的方法(主要是加上两块铜板,以便加上电场,控制带电小水滴的运动). 他得出的结果为 $e=3.1\times10^{-10}$ 静电单位.

1908—1909 年,美国物理学家密立根(R. A. Millikan,1868—1953)重复威

① 本节曾发表在《物理》1983 年第 11 期.

耳逊实验，得出 $e=4.65\times10^{-10}$ 静电单位.

2. 密立根油滴实验

(1) 密立根的改进

1909 年秋，密立根改用小油滴作实验. 这是一个很重要的改进. 因为小水滴蒸发太快，寿命很少超过一分钟，在视场中只能观察几秒钟；而油滴的蒸发就慢得多，对一个油滴的观察可以长达几小时.

(2) 实验装置

密立根实验装置如图 1 所示. 在一个密闭的容器 C 内，装有两块平行的黄铜圆板 M 和 N，板的直径为 22cm，相距为 16mm；上板中间开有小孔，以便油滴进入. M 和 N 接到电压可变的电源上. 由喷雾器喷入油滴，用 X 射线或放射线使它们带电或改变它们所带的电量. 用弧光灯照明 M 和 N 间的油滴，再用一个短焦距望远镜(图中未画出)观测它们运动的速度，从而测定它们所带的电荷.

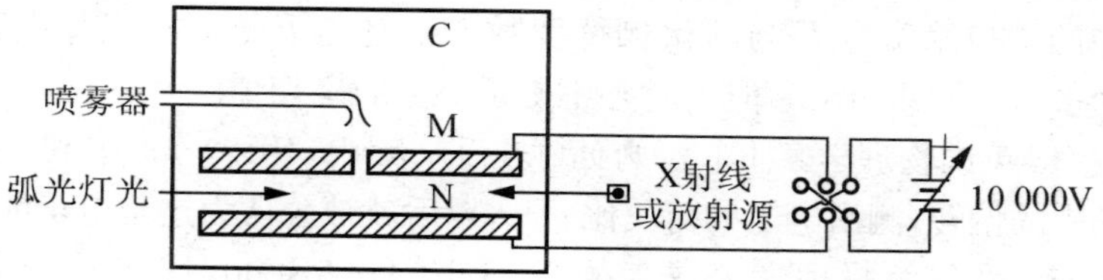

图 1　密立根实验装置示意图

(3) 实验原理

设油滴的半径为 a，密度为 ρ，重力加速度为 g，则它所受的重力便为 $mg=\frac{4\pi}{3}a^3\rho g$，所受的空气浮力便为 $\frac{4\pi}{3}a^3\rho_0 g$，$\rho_0$ 是空气的密度. 当它以速度 v 下降时，它所受的摩擦阻力按斯托克斯公式为

$$f_\mu=6\pi\eta a v, \tag{1}$$

式中 η 是空气的黏滞系数. 当重力与浮力和摩擦阻力平衡时，油滴便以匀速(收尾速度)v_0 下降，这时便有

$$\frac{4\pi}{3}a^3(\rho-\rho_0)g=6\pi\eta a v_0. \tag{2}$$

加上电场 E 后，设油滴上的电荷为 q，电场作用在 q 上的力向下，则当达到平衡，油滴以另一收尾速度 v_1 下降时，便有

$$\frac{4\pi}{3}a^3(\rho-\rho_0)g+qE=6\pi\eta av_1, \tag{3}$$

把(2)式代入(3)式,得

$$qE=6\pi\eta a(v_1-v_0), \tag{4}$$

再由(2)式解出 a,代入(4)式,便得

$$q=9\sqrt{2}\,\pi\eta^{3/2}\frac{v_1-v_0}{E}\sqrt{\frac{v_0}{(\rho-\rho_0)g}}, \tag{5}$$

式中 η,E,ρ,ρ_0 和 g 等都是已知量,因此只要测出 v_1 和 v_0,就可以算出油滴上的电荷了.

(4) 实验结果

密立根经过多年的精心研究,从实验中总结出了有关电荷的一些结论,其中最主要的有两点:

① 电荷是量子化的.他从实验里发现,在实验误差范围内,q 总是某一最小值 e 的整数倍,即

$$q=ne, \tag{6}$$

式中 n 是整数.

② 测出电子电荷的值.根据多年的测定,考虑各种因素,最后得出 $e=(4.807\pm0.005)\times10^{-10}$ 静电单位.

密立根因为这一功绩和在光电效应方面所作的贡献,获得 1923 年的诺贝尔物理学奖.

参考文献

密立根著,钟间译,《电子及其他质点》,商务印书馆(1958),第三、四、五章.

§5.3　分数电荷问题[①]

分数电荷(fractional charge)是指比电子电荷小的电荷,这种电荷是否存在,目前还没有定论.这里介绍一些有关的情况.

(1) 1910 年,密立根(R. A. Millikan)在他的文章中提到,“我曾把对一个显然是带电荷的液滴的、不确定的和不能重复的观察舍去,这次观察给出该液滴

① 本节曾发表在《大学物理》1983 年第 3 期.

上电荷的值比 e 的最终值约小百分之三十”.[1] 他认为该液滴太小,蒸发太快,因而他得出的数据不好.

从密立根那个时代起,就不断有人提出小于电子电荷存在的证据[2],但都经不起考验而没有被承认.

(2) 1964 年,美国物理学家盖尔曼(M. Gell-Mann)提出强子由夸克(quark)组成的理论[3],预言夸克有多种,它们的电荷分别有 $\pm\frac{1}{3}e$, $\pm\frac{2}{3}e$ 等四种. 但直到今天(1985 年)为止,没有在实验上观察到自由夸克.

(3) 1977 年,美国斯坦福(Stanford)大学的费尔班克(W. M. Fairbank)教授等报告[4],把铌球悬浮在超导磁场中,加上变化的电场以观测铌球的运动,从而测出它所带的电荷. 他们得出结论:观察到了 $\pm\frac{1}{3}e$ 的证据. 后来他们继续研究,并一再发表肯定上述结果的报告[5]、[6]. 另一方面,别人用其他方法,如用新的反馈悬浮静电计(feedback levitation electrometer)观测室温下小铁圆柱的实验[7] 和用改进密立根的方法所作的汞滴的实验[8],都没有观察到分数电荷存在的证据.

(4) 1982 年,费尔班克等重新分析了密立根的 1913 年的实验数据,得出结论说,没有使人信服的证据说明油滴上有分数电荷存在.[9]

参 考 文 献

[1] R. A. Millikan, *Phil. Mag.*, **110**, 209(1910).

[2] 密立根著,钟间译,《电子及其他质点》,商务印书馆(1958),第八章.

[3] M. Gell-Mann, *Phys. Letters*, **8**, 214(1964).

[4] G. S. LaRue, W. M. Fairbank, A. F. Herbard, *Phys. Rev. Lett.* **38**, 1011(1977).

[5] G. S. LaRue, W. M. Fairbank, J. D. Phillips, *Phys. Rev. Lett.* **42**, 142(1979).

[6] G. S. LaRue, J. D. Phillips, W. M. Fairbank, *Phys. Rev. Lett.* **46**, 967(1981).

[7] G. Gallinaro, M. Marinelli, and G. Morpurgo, *Phys. Rev. Lett.* **38**, 1255(1977).

[8] C. L. Hodges et al., *Phys. Lett.* **47**, 1651(1981).

[9] W. M. Fairbank, A. Franklin, *Am. J. Phys.*, **50**(5), May, 394(1982).

§5.4 关于库仑定律

1. 库仑的发现

1785 年(我国清代乾隆五十年),法国科学家库仑(Charles Augustin de

Coulomb，1736—1806，军事工程师，退休后从事电学研究）用扭秤实验得出：两个静止的点电荷之间的相互作用力与它们之间的距离的平方成反比.

（附：在此之前约一百年，牛顿发表了万有引力定律.）

2. 反平方的准确度

设两个点电荷之间的相互作用力与它们之间的距离 r 的 n 次方成反比，即

$$f \propto \frac{1}{r^n},$$

则当 $n=2$ 时便是库仑定律. 在库仑以后，测定 n 的准确度的一些结果如下[1]、[2]：

① 1873 年，麦克斯韦测得

$$|n-2| \leqslant 5 \times 10^{-5}.$$

② 1936 年，普林卜顿（S. J. Plimpton）和劳顿（W. E. Lawton）测得

$$|n-2| \leqslant 2 \times 10^{-9}.$$

③ 1971 年，威廉斯（E. R. Williams）等测得

$$|n-2| \leqslant (2.7 \pm 3.1) \times 10^{-16}.$$

3. r 的最小范围

1980 年 7 月 11 日，丁肇中在北京报告他的实验结果：轻子（电子、μ 子和 τ 子）的半径小于 1×10^{-18} m. 这表明，在 r 小到 1×10^{-18} m 时，库仑定律仍然成立①.

4. 库仑定律与其他物质无关

一些教科书上叙述库仑定律时，常常说是真空中两个点电荷之间的相互作用力，这样说是为了去掉其他电荷的影响，并没有错. 但是，加了"真空中"这一条件，会引起这样的问题：有其他物质存在时库仑定律是否成立？回答是：有其他物质存在时库仑定律仍然成立，库仑定律与其他物质是否存在无关. 但要注意的是，在有其他物质存在时，这些物质会受到原来两个电荷的电场的作用，从而产生极化电荷或感应电荷，因此，原来两个电荷中的每一个，都要受到这些极

① 库仑定律究竟在什么情况下不再成立，量子电动力学认为大约是 10^{-11} cm 时，即当实验上增大散射电子的能量，使两个电子彼此接近到小于 10^{-11} cm 时，电子间的力比库仑定律预期值大一点. 有兴趣的读者可以参看哈罗德·弗里茨著、东方晓等译，《夸克——物质的基元》，高等教育出版社 1986 年版，104—105 页.

化电荷或感应电荷的影响，这时它们所受的作用力就比较复杂了.

我们举一个例子说明如下. 有两个点电荷 q_1 和 q_2，相距为 r，q_1 处在导体的空腔内(图 1). 问 q_2 作用在 q_1 上的力是多少？对于这个问题，常见的回答是：由于导体的屏蔽作用，q_2 作用在 q_1 上的力为零. 这个回答是错误的，之所以错误，就是因为不知道，两个点电荷之间的相互作用力与其他物质是否存在无关. 正确的回答是：q_2 作用在 q_1 上的力为

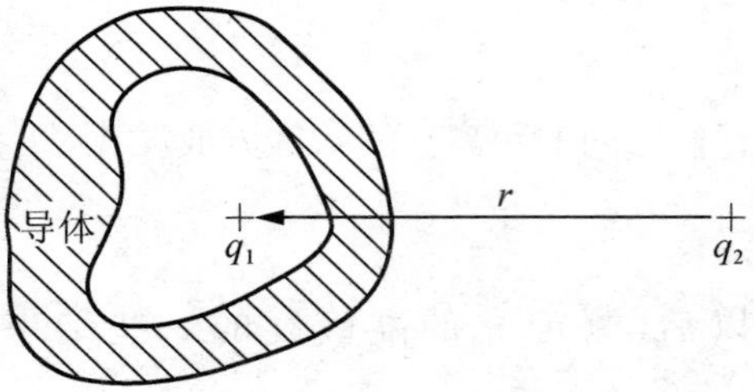

图 1　点电荷 q_2 作用在导体空腔内点电荷 q_1 上的力是多少？

$$\boldsymbol{f}=\frac{1}{4\pi\varepsilon_0}\frac{q_1q_2}{r^3}\boldsymbol{r}. \tag{1}$$

与导体不存在时完全相同. 有人也许会感到，照你这样说，那导体就不能起屏蔽作用了. 不是这样. 静电场中导体的特点是：导体总是使它的外表面产生这样的电荷分布，这个分布在导体内每一点产生的电场强度，正好与导体外所有电荷在同一点产生的电场强度互相抵消，使得导体内每一点的电场强度都为零. 说导体空腔内的电场强度因为有导体屏蔽而不受导体外面电荷的影响，是指导体外表面上所有电荷与导体外所有电荷在腔内产生的电场强度之和为零，而不是指外面各电荷都不在腔内产生电场强度. 外面每个电荷在腔内产生的电场强度与导体不存在时完全相同. 所以，图 1 中 q_1 受导体外表面上电荷和 q_2 的作用力之和为零，而不是不受 q_2 的作用，q_2 作用在 q_1 上的力仍然遵守库仑定律，即(1)式.

5. 静止电荷之间的作用力遵守牛顿第三定律

有人举图 2 为例，提出这样的问题：均匀分布的球面电荷 Q 内有一个点电荷 q，因为均匀球面电荷在球内任一点产生的电场强度为零，因此，这球面电荷作用在 q 上的库仑力为零. 反过来，q 在球面上产生的电场强度不为零，所以 q 作用在球面电荷上的力不为零. 这样，岂不违反牛顿第三定律了吗？

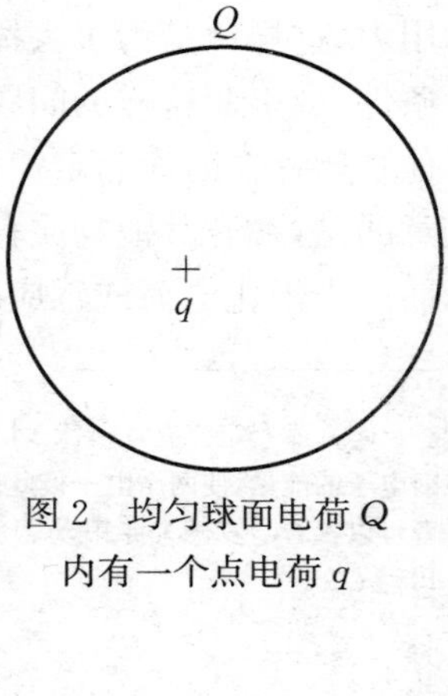

图 2　均匀球面电荷 Q 内有一个点电荷 q

回答是：q 与球面上任一电荷元 $\mathrm{d}Q=\sigma\mathrm{d}S$($\sigma=\frac{Q}{4\pi r^2}$是面电荷密度，$\mathrm{d}S$ 是球面上的面积元)之间的相互作用力都遵守库仑定律，也遵守牛顿第三定律，即 q

作用在 $\mathrm{d}Q$ 上的力与 $\mathrm{d}Q$ 作用在 q 上的力大小相等而方向相反. 而整个球面电荷 Q 作用在 q 上的合力则为零, q 作用在整个球面电荷 Q 上的力也等于零. 这一点由图 3 可以看出, 球面上任一面积元 $\mathrm{d}S_1$, 对 q 张的立体角元为 $\mathrm{d}\Omega$, 把这立体角元的边缘延长, 到球面另一边截取的面积为 $\mathrm{d}S_2$. q 作用在 $\mathrm{d}S_1$ 的电荷上的力为

$$\mathrm{d}f_1=\frac{1}{4\pi\varepsilon_0}=\frac{q\sigma\mathrm{d}S_1}{r_1^2}=\frac{q\sigma}{4\pi\varepsilon_0}\mathrm{d}\Omega, \quad (2)$$

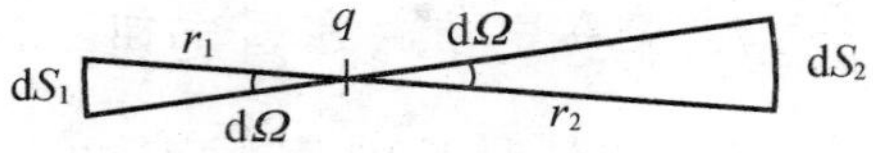

图 3　$\mathrm{d}S_1$ 和 $\mathrm{d}S_2$ 对 q 张的立体角相等

q 作用在 $\mathrm{d}S_2$ 的电荷上的力为

$$\mathrm{d}f_2=-\frac{1}{4\pi\varepsilon_0}\frac{q\sigma\mathrm{d}S_2}{r_2^2}=-\frac{q\sigma}{4\pi\varepsilon_0}\mathrm{d}\Omega, \quad (3)$$

式中负号表示 $\mathrm{d}f_2$ 与 $\mathrm{d}f_1$ 方向相反. 所以 $\mathrm{d}S_1$ 和 $\mathrm{d}S_2$ 上的电荷受 q 的作用力之和为零, 因此 q 作用在整个球面电荷 Q 上的力也就等于零.

6. 运动电荷之间的相互作用力

运动电荷之间的相互作用力比较复杂, 现举一简单例子说明如下. 如图 4 所示, 设点电荷 q_1 以匀速 $\boldsymbol{v}$ 运动, 点电荷 q_2 静止不动, q_1 到 q_2 的位矢为 r, 则 q_2 作用在 q_1 上的力为

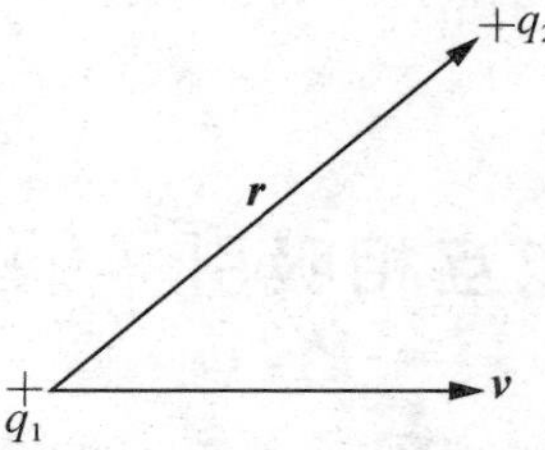

图 4　点电荷 q_1 以匀速运动, q_2 不动

$$\boldsymbol{f}_{12}=-\frac{q_1q_2}{4\pi\varepsilon_0r^3}\boldsymbol{r}, \quad (4)$$

即遵守库仑定律. 但反过来, q_1 作用在 q_2 上的力却不遵守库仑定律. 根据电动力学[3], q_1 在 q_2 处产生的电场强度为

$$\boldsymbol{E}=\frac{q_1}{4\pi\varepsilon_0r^3}\frac{\left(1-\frac{v^2}{c^2}\right)\boldsymbol{r}}{\left[\left(1-\frac{v^2}{c^2}\right)+\left(\frac{\boldsymbol{v}\cdot\boldsymbol{r}}{cr}\right)^2\right]^{3/2}}, \quad (5)$$

式中 c 是真空中的光速. 因此, 按 $\boldsymbol{f}=q\boldsymbol{E}$ 计算, q_1 作用在 q_2 上的力便为

$$\boldsymbol{f}_{21}=\frac{q_1q_2}{4\pi\varepsilon_0r^3}\frac{\left(1-\frac{v^2}{c^2}\right)\boldsymbol{r}}{\left[\left(1-\frac{v^2}{c^2}\right)+\left(\frac{\boldsymbol{v}\cdot\boldsymbol{r}}{cr}\right)^2\right]^{3/2}}. \quad (6)$$

由此式可见, q_1 作用在 q_2 上的力不遵守库仑定律; 只有在 $\boldsymbol{v}=0$ 时, (6)式才化为(1)式. 这表明, 静止电荷之间的相互作用力遵守库仑定律. 比较(4)式和(6)式

还可以看出，当两个电荷有相对运动时，它们之间的相互作用力不遵守牛顿第三定律. 关于运动电荷产生的场和它们之间的相互作用力，是电动力学里研究的问题，这里就不多讲了.

7. 库仑定律与高斯定理

在静电情况下，从库仑定律可以推出高斯定理，一般电磁学书上都是这样做的；反过来，从高斯定理也可以推出库仑定律来. 即库仑定律与高斯定理具有同等地位. 在有介质时，因为要考虑介质的影响，引入电位移 $\boldsymbol{D}$，普遍的高斯定理是关于 $\boldsymbol{D}$ 的高斯定理：

$$\oiint_S \boldsymbol{D} \cdot \mathrm{d}\boldsymbol{S} = Q, \tag{7}$$

式中 Q 是 S 所包住的自由电荷的代数和.（7）式所表述的高斯定理，既适用于静电场，也适用于变化的电场，它是电磁学的普遍规律之一，比库仑定律的适用范围更广泛些.

参考文献

[1] 郭奕玲，《物理》，第 10 卷，第 12 期，761（1981）.

[2] J. D. 杰克逊著，朱培豫译，《经典电动力学》，上册，人民教育出版社（1979），6—9 页.

[3] 胡宁，《电动力学》，高等教育出版社（1963），75 页.

§5.5 带同种电荷的物体也可能互相吸引

有的书上说："带同号电荷的物体（例如都带正电）互相排斥；带异号电荷的物体则互相吸引."[1] 这是作者没有认真考虑而写出的说法，不妥当.

首先，物体互相排斥或吸引，不仅决定于它们所带的电荷之间的相互作用力，还决定于它们之间的万有引力和磁力；地面上一般物体之间的万有引力由于太小，可以略去不计，但磁力则有时很强，不能略去，例如矫顽力很高的永磁铁，它们之间磁的相互作用力可以远远超过它们所带电荷之间的相互作用力.

其次，即使作者说上面两句话的原意是仅指物体所带电荷之间的相互作用力，也有问题，我们在这里举例说明如下.

设有一个半径为 R 的金属球，带有电荷 Q；再拿一个点电荷 q 放在离球心为 a（$a>R$）的地方，如图 1 所示. q 与 Q 是同种电荷（例如都是正电荷）. 则根据电象法，可以求出这时 q 与金属球上电荷之间的相互作用力，结果为[2][3]：

$$F=\frac{q}{4\pi\varepsilon_0 a^2}\left[Q-\frac{R^3(2a^2-R^2)}{a(a^2-R^2)^2}q\right], \quad (1)$$

$F>0$ 时互相排斥，$F<0$ 时互相吸引.

由上式可见，当

$$Q<\frac{R^3(2a^2-R^2)}{a(a^2-R^2)^2}q \qquad (2)$$

时，q 与金属球便会互相吸引，这在下列两种情况下出现：

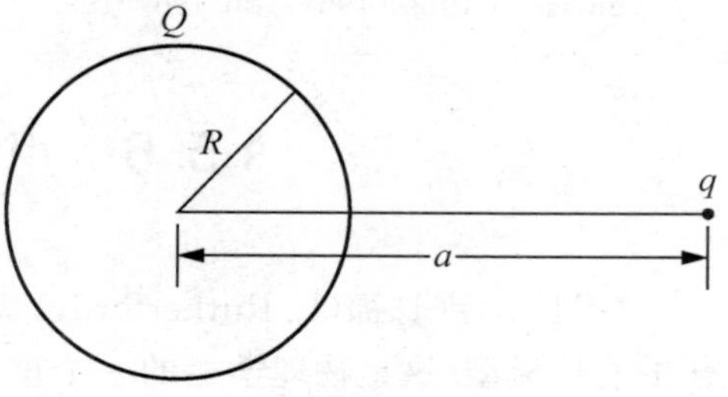

图 1

① Q 很小. 对于给定的 q,R,a 来说，只要 Q 足够小，(2)式总可以满足. 从物理上来看，如果 $Q=0$，即金属球原来不带电，则在 q 出现后，球上面便会产生感应电荷，靠近 q 那块表面上总是出现与 q 不同种的电荷，即 q 为正电荷时，靠近 q 那块表面上的感应电荷总是负电荷，因此球上负电荷吸引 q 的力便大于球上正电荷排斥 q 的力，结果 q 受整个球上电荷的作用力总是吸引力. 如果再把 Q（正电荷）放到球上，则 Q 作用在 q 上的力为排斥力；但当 Q 足够小，这排斥力小于感应电荷的吸引力时，q 受到球上电荷的总的作用力便仍然是吸引力.

② $(a-R)$ 很小（即 q 离球面很近）. 这时 a 接近 R，故(2)式右边分母很小，因而(2)式可以得到满足. 从物理上看，这时 q 很靠近球面，在球面上感应出来的负电荷离它很近，因而吸引力就很大. 所以只要 q 离金属球足够近，则 q 与球上电荷之间的作用力就总是吸引力.

以上两点，很容易用实验证实.

上面我们是为了能用准确的数学表达式说明问题而假定 q 是点电荷的. 实际上，带电体总有一定的大小，只要带 q 的物体的线度比 R 小很多，则(1)式便能够很好地近似成立，以上的两点结论也就与实际相符. 如果两个带电物体的大小都不能略去，则它们所带电荷之间的相互作用力便与它们的形状和大小都有关，这时即使在简单的情况下，也很难求出力的准确数学表达式来. 例如两个带电的金属球，它们所带电荷之间的相互作用力，就需要用无穷级数或特殊函数来表示[4].

参考文献

[1] C. Э. 福里斯，A. B. 季莫列娃著，梁宝洪译，《普通物理学》，第二卷，第一分册，高等教育出版社(1979)，3 页.

[2] 郭硕鸿，《电动力学》，人民教育出版社(1980)，75 页.

[3] J. D. 杰克逊著，朱培豫译，《经典电动力学》上册，人民教育出版社(1979)，65 页.

[4] J. H. Jeans, *The Mathematical Theory of Electricity and Magnetism*, 5th ed., Cambridge University Press(1951), pp. 196—199.

§5.6 卢瑟福实验①

1911 年，卢瑟福(E. Rutherford, 1871—1937)根据 α 粒子散射实验，提出原子的有核模型. 这是物理学上的一个重大进展，也是人类认识自然的一个重大进展. 在这里，我们对当时的历史背景和 α 粒子散射实验以及卢瑟福理论，作一简单介绍.

1. 历史背景

(1) 1895 年 11 月 8 日晚，德国维尔茨堡大学教授伦琴(W. R. Röntgen, 1845—1923)研究阴极射线时，用黑纸把放电管包起来做实验，发现放在一段距离外涂有荧光材料[铂氰酸钡 $BaPt(CN)_6$]的纸屏发出了浅绿色的荧光. 经过认真研究，他知道荧光是由来自放电管的一种看不见的射线激发的. 他把这种射线叫做 X 射线，并于 1895 年 12 月底发表了他的报告.

(2) 1896 年 1 月，庞加莱(J. H. Poincaré, 1854—1912)在法国科学院的一次会议上报告了伦琴的发现，并给参加会议的人看了实验的照片. 贝克勒耳(A. H. Becquerel, 1852—1908)也在座. 庞加莱提出，是否所有的荧光物质在太阳光照射下都能发出类似于 X 射线的射线?

贝克勒耳当时是巴黎高等技术学校(École Polytechnique)的教授，从事磷光和荧光的研究多年. 听了庞加莱的报告后，回去就作实验，果然成功. 1896 年 2 月 24 日他在法国科学院报告了"磷光中发生的辐射". 一周后(3 月 2 日)，他又报告说，铀盐不经太阳晒也能发出辐射. 不久他又发现，铀盐和铀本身都能发出永久性的辐射.

(3) 1895 年，卢瑟福从新西兰到英国剑桥大学，在 J. J. 汤姆孙(J. J. Thomson, 1856—1940)领导下的卡文迪什实验室当研究生，研究铀的射线，1897 年发现了由他自己命名的 α 射线和 β 射线.

(4) 1903 年，J. J. 汤姆孙根据实验，提出了"果子面包"式的原子模型，认为原子中的正电荷连续分布在整个原子中，而带负电的电子则处在正电荷中，像

① 本节曾发表在《物理》1983 年第 11 期.

嵌在面包里的果子那样.

(5) 1903 年,英国物理学家克鲁克斯(W. Crookes,1832—1919)等发现,当很微弱的 α,β 射线射到硫化锌的屏上时,硫化锌就能闪烁发光.

(6) 1902—1907 年间,卢瑟福研究 α 射线,用实验证明它就是氦离子(He^{2+})流.

(7) 1908 年,卢瑟福的主要助手之一盖革(H. F. Geiger,1882—1945)研究 α 粒子穿过物质后的小角度散射.

(8) 1909 年,卢瑟福指导研究生马斯登(E. Marsden,1889—1970)研究大角度散射. 后来在卢瑟福指导下,盖革和马斯登作了大量的 α 粒子散射实验.

2. 实验装置

卢瑟福实验装置如图 1 所示. 在抽空的容器内放有放射源 R,它放射出 α 粒子. D 是中央有小孔的铅板,以便从放射源得出一束很细的 α 粒子流. F 是厚度约为 0.0004cm 的金属箔片,可以移动,以便 α 粒子可以穿过它,也可以不穿过它. 穿过 F 的 α 粒子射到硫化锌的荧光屏 S 上,产生闪烁. 在外面用放大镜 M 观察屏上的闪烁. 观测工作就是记录一定时间内屏上各处的闪烁数.

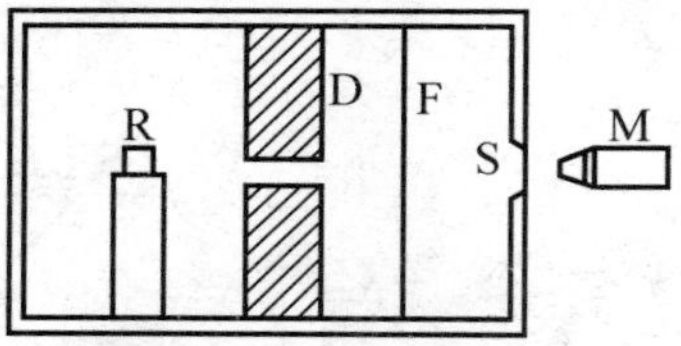

图 1　卢瑟福实验装置示意图

3. 原子核的发现

(1) 实验中的发现

卢瑟福原来相信汤姆孙的原子模型是基本正确的. 他设计这个实验的目的也是为了证实 α 粒子穿过金箔后的散射角度一定会很小. 预计 α 粒子的散射角平均应小于万分之一弧度. 由统计理论得出,在薄箔的情况下,散射角大于 3°的 α 粒子远小于 1%,而散射角大于 90°(反向散射)的几率约为 10^{3500} 分之一.

最初的实验结果证实了散射角小的占优势,但 α 粒子发生大角度散射的百分比却比汤姆孙理论预言的大得多,实际上,反向散射的 α 粒子数约占总数的万分之一,而不是 10^{3500} 分之一.

这使得相信汤姆孙模型的物理学家大为惊奇. 用卢瑟福的话说,"这是我一生中从未有过的最难以置信的事件. 它的难以置信好比你对一张纸射击一发 15 英寸①的炮弹,结果却被顶了回来而打在自己身上. 经过思考我认为反向散射必定是单次碰撞的结果,而当我作出计算时看到,除非采取一个大部分质量都集

① 1 英寸(inch)=2.54cm.

中在微小核内的原子系统，是无法得到这种数量级的任何结果的. 这就是我后来提出的原子具有一个体积很小而质量却很大的核心的想法". 所以卢瑟福根据实验结果断定汤姆孙模型是不对的，从而提出了他自己的原子模型：原子由带正电的原子核和带负电的电子构成，原子核的体积比原子小得多，原子的绝大部分质量都集中在原子核里，电子则在核外绕核运动.

(2) 卢瑟福的理论

设有一 α 粒子以速度 $\boldsymbol{v}_0$ 从无穷远(A)射向原子核(Ze)，瞄准距离为 b；以 Ze 为原点取坐标，如图 2 所示. 由于受到原子核的库仑力的作用，α 粒子前进时便逐渐发生偏转，最后射向无穷远处(C)，偏转角(散射角)为 θ. 下面先求 θ 与 b 的关系.

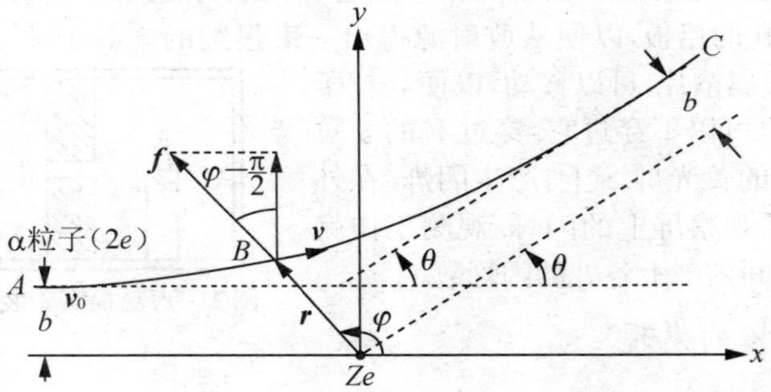

图 2 α 粒子被原子核(Ze)散射

设 α 粒子在 B 点(图 2)，这时它受力的牛顿方程在 y 方向上的分量为

$$m\frac{\mathrm{d}v_y}{\mathrm{d}t}=\frac{2e(Ze)}{4\pi\varepsilon_0 r^2}\cos\left(\varphi-\frac{\pi}{2}\right)=\frac{2Ze^2}{4\pi\varepsilon_0 r^2}\sin\varphi, \tag{1}$$

式中 m 为 α 粒子的质量. α 粒子的角动量为

$$\boldsymbol{r}\times\boldsymbol{p}=\boldsymbol{r}\times m\boldsymbol{v},$$

其大小为 $mr^2\frac{\mathrm{d}\varphi}{\mathrm{d}t}$，其方向垂直于纸面向里. 当 α 粒子处于无穷远处时，角动量为 bmv_0，故由角动量守恒定律得

$$mr^2\frac{\mathrm{d}\varphi}{\mathrm{d}t}=mbv_0. \tag{2}$$

由(1)(2)两式得

$$\mathrm{d}v_y=\frac{2Ze^2}{4\pi\varepsilon_0 mbv_0}\sin\varphi\mathrm{d}\varphi,$$

两边积分：

$$\int_A^C \mathrm{d}v_y = \frac{2Ze^2}{4\pi\varepsilon_0 mbv_0}\int_\pi^\theta \sin\varphi \mathrm{d}\varphi,$$

因为在 A 点（无穷远处）$v_y=0$，而在 C 点（无穷远处）$v_y=v_0\sin\theta$，所以

$$v_0\sin\theta=\frac{2Ze^2}{4\pi\varepsilon_0 mbv_0}[-\cos\varphi]_\pi^\theta=\frac{2Ze^2}{4\pi\varepsilon_0 mbv_0}(1+\cos\theta),$$

于是得

$$\cot\frac{\theta}{2}=\frac{2\pi\varepsilon_0 mv_0^2}{Ze^2}b. \tag{3}$$

这就是 α 粒子的偏转角 θ 与瞄准距离 b 之间的关系. 凡瞄准距离为 b，偏转角便为 θ.

再求散射到荧光屏上 $\theta\to\theta+\mathrm{d}\theta$ 范围内单位面积上的粒子数. 如图 3 所示，瞄准距离在 b 与 $b-\mathrm{d}b$ 之间的 α 粒子，其散射角便在 θ 与 $\theta+\mathrm{d}\theta$ 之间. 因此，以 Ze 为中心，在垂直于 x 轴的平面内，分别以 b 和 $b-\mathrm{d}b$ 为半径画圆，两圆间环带的面积为 $\mathrm{d}S=2\pi b\mathrm{d}b$，凡射中这面积的 α 粒子，便都被散射到 $\theta\to\theta+\mathrm{d}\theta$ 的范围内.

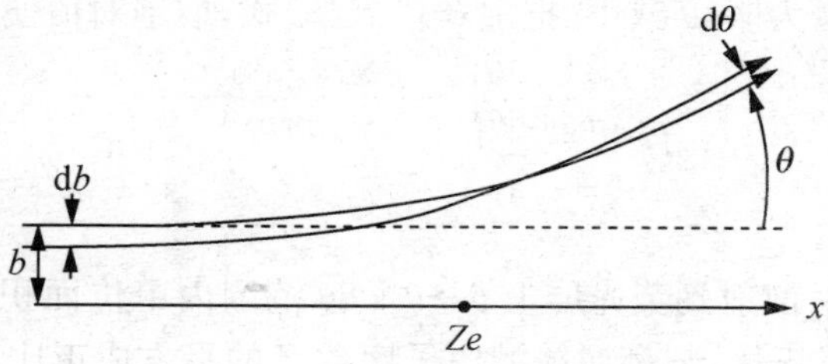

图 3　瞄准距离在 b 与 $b-\mathrm{d}b$ 之间，α 粒子的散射角便在 θ 与 $\theta+\mathrm{d}\theta$ 之间

面积为 A 的一块金属箔片，厚度为 t（t 很小）. 设单位体积内的原子数为 n，则共有 nAt 个原子，每个原子的原子核都有上述的一块环带面积. 这些环带的总面积（参看图 4）为 $nAt\cdot 2\pi b\mathrm{d}b=2\pi n\cdot Atb\mathrm{d}b$. 凡射中这些环带面积的 α 粒子，散射角便都在 $\theta\to\theta+\mathrm{d}\theta$ 范围内.

一个 α 粒子，射中这些环带面积的概率为

$$\mathrm{d}P=\frac{\text{环带的总面积}}{\text{箔片面积}}=\frac{2\pi nAtb\mathrm{d}b}{A}=2\pi ntb\mathrm{d}b. \tag{4}$$

当 N 个 α 粒子射中这块金属箔片时，散射到 $\theta\to\theta+\mathrm{d}\theta$ 范围内的 α 粒子数便为

$$\mathrm{d}N=N\mathrm{d}P=2\pi nNtb\mathrm{d}b.$$

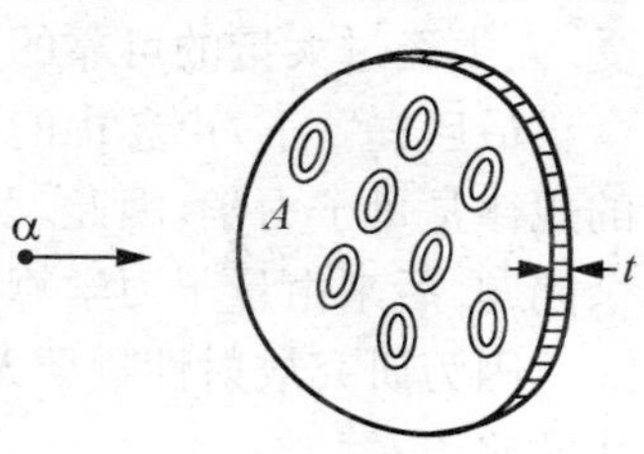

图 4　α 粒子射向面积为 A、厚度为 t 的金属箔

在荧光屏上，$\theta\to\theta+\mathrm{d}\theta$ 范围内的面积（参看图 5）为

$$dS=2\pi r^2\sin\theta d\theta,$$

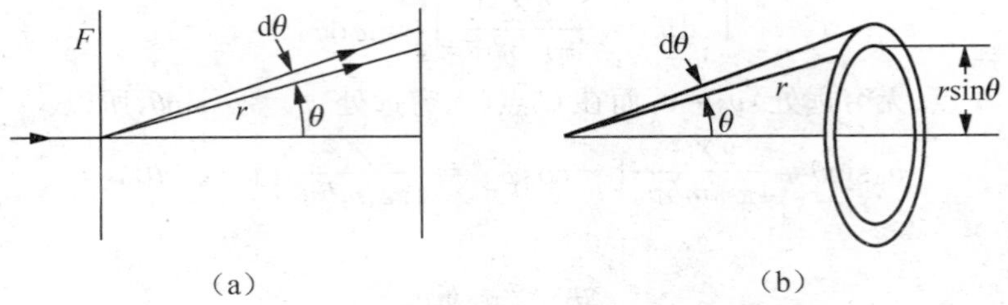

图 5 屏上 $\theta\to\theta+d\theta$ 范围内的面积为 $dS=2\pi r^2\sin\theta d\theta$

故散射到荧光屏上 $\theta\to\theta+d\theta$ 范围内单位面积上的 α 粒子数便为

$$\frac{dN}{dS}=\frac{nNtb}{r^2\sin\theta}\frac{db}{d\theta}, \tag{5}$$

由(3)式得

$$\frac{db}{d\theta}=-\frac{Ze^2}{4\pi\varepsilon_0 mv_0^2}\csc^2\frac{\theta}{2},$$

式中负号表示 b 增大时,θ 减小. 把上式代入(5)式,取绝对值便得

$$\left|\frac{dN}{dS}\right|=\frac{nNtb}{r^2\sin\theta}\left|\frac{db}{d\theta}\right|=\frac{nNt(Ze^2)^2}{(4\pi\varepsilon_0 mv_0^2)^2}\frac{1}{r^2\sin^4\frac{\theta}{2}}, \tag{6}$$

其中利用了(3)式.

由(6)式得出:散射到荧光屏上 $\theta\to\theta+d\theta$ 范围内单位面积上的 α 粒子数与金属箔的厚度 t 成正比,与金属箔的原子序数 Z 的平方成正比,与 α 粒子的动能 $mv_0^2/2$ 的平方成反比,与 $\sin^4(\theta/2)$成反比.

(3) 实验验证

盖革和马斯登对(6)式作了大量的实验验证,用金、银、铜等的不同厚度的箔片作实验,都证实了(6)式是正确的. 从此,卢瑟福的原子模型就为科学界接受. 人类经过大量的可靠的实验,终于发现了原子核.

最后提一下,卢瑟福的计算是根据经典力学作的,我们今天知道,原子内部的规律是量子力学,因此,虽然(6)式与实验符合,是否就表示原子核存在还是个问题. 后来由量子力学算出的结果,与(6)式相同,这个问题就解决了.

因为研究放射性物质及对原子科学的贡献,卢瑟福获得 1908 年的诺贝尔化学奖.

参考文献

[1] E. Rutherford, Phil. Mag., **XXI**(May 1911), 669.

[2] E. Whittaker, *A History of the Theories of Aether and Electricity*, Ⅱ, London: T. Nelson(1953), Chap. Ⅰ.

[3] *R*. 瑞斯尼克著,上海师范大学物理系译,《相对论和早期量子论中的基本概念》,上海科学技术出版社(1978),236 页.

[4] 褚圣麟,《原子物理学》,高等教育出版社(1981),8—19 页.

§5.7 库仑定律与热核反应

1. 轻核聚变的困难所在

根据实验,轻核聚变(较轻的原子核结合成为较大的原子核)时会放出大量的能量,例如,四个氢原子核(质子)结合成一个氦原子核时会放出 26.7 兆电子伏特的能量:

$$4{}_1^1\mathrm{H} \longrightarrow {}_2^4\mathrm{He} + 2e^+ + 2\nu + 26.7\mathrm{MeV}.$$

今天公认的太阳所放出的能量就是由这种聚变产生的. 根据原子核物理学,要使氢核发生聚变,必须使它们互相接近到核力起作用的距离,实际上就是要接近到互相接触的地步. 但由于原子核都带正电,它们遵守库仑定律,互相排斥,距离越近,排斥力就越大. 我们可以用库仑定律估算一下,这个排斥力有多大. 当两个质子达到互相接触(图 1)时,它们之间的排斥力为

$$f = \frac{1}{4\pi\varepsilon_0}\frac{e^2}{r^2} = 9.0\times10^9\times\left(\frac{1.6\times10^{-19}}{2\times1.2\times10^{-15}}\right)^2\mathrm{N} = 40\mathrm{N}. \quad (1)$$

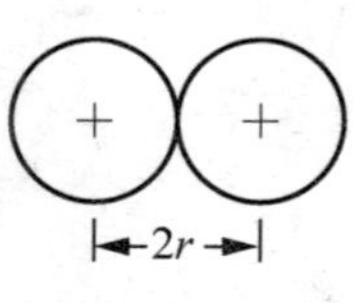

图 1

对于微观粒子来说,这是个非常大的力. 为了得到这个力有多么大的印象,设想一立方厘米的水里每个氢原子核都受到这么大的力,并且它们的方向都相同,则这点水所受的总力将为

$$F = \frac{6.0\times10^{23}}{18}\times2f = 2.7\times10^{24}\mathrm{N}. \quad (2)$$

这个力等于太阳吸引地球的万有引力(3.6×10^{22}牛顿)的 75 倍! 于此可见原子核在互相接近时,它们之间的库仑排斥力是多么的巨大.

由于有巨大的库仑排斥力,使得轻核在一般情况下就不可能互相接近而发生聚变. 这有两方面的后果. 第一是保证了我们这个世界的稳定性,否则的话,

要是轻核很容易发生聚变,我们的世界就不可能以今天这样的面貌稳定地存在.第二是使得我们难于获得轻核聚变时所放出的巨大能量.我们知道,1939 年发现重核裂变,1942 年就利用它的链式反应建成了反应堆.可是几十年来,尽管各国都花了很大力量研究轻核聚变,除了破坏性的氢弹外,迄今还没有找到利用轻核聚变能量的途径,而且在短期内还难于成功.

2. 热核反应

目前研究轻核聚变,主要是采用高温的办法来克服原子核之间的库仑排斥力.根据分子物理学,温度越高,气体分子热运动的速度就越快,当温度足够高时,原子核外的电子都脱离原子而成为等离子体,原子核热运动的速度大到彼此能互相接触的程度,从而发生核聚变的反应,这就是通常所说的热核反应.我们来估算一下发生热核反应所需的温度.把质子当作是电荷 e 均匀分布的球体,半径为 r,则当它们互相接触(图 1)时,它们之间的静电势能为

$$W_e=\frac{1}{4\pi\varepsilon_0}\frac{e^2}{2r}=9.0\times10^9\times\frac{(1.6\times10^{-19})^2}{2\times1.2\times10^{-15}}\text{J}=9.6\times10^{-14}\text{J}. \tag{3}$$

由分子物理学,原子核热运动的平均平动能为

$$\frac{1}{2}m\overline{v^2}=\frac{3}{2}kT, \tag{4}$$

式中 k 是玻尔兹曼常量.设两个质子迎面而来(图 2),如果它们热运动的动能等于上述静电势能,则它们便能克服库仑排斥力而达到互相接触,从而有可能发生聚变.即

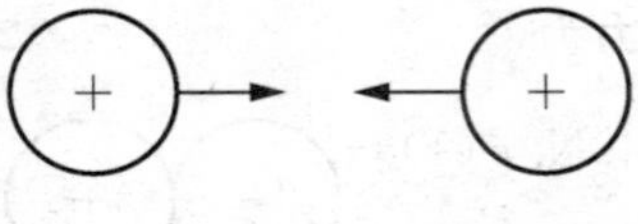

图 2

$$\frac{1}{2}m\overline{v^2}+\frac{1}{2}m\overline{v^2}=W_e. \tag{5}$$

由(3)、(4)、(5)三式算得所需的温度为

$$T=\frac{W_e}{3k}=\frac{9.6\times10^{-14}}{3\times1.38\times10^{-23}}\text{K}=2.3\times10^9\text{K}, \tag{6}$$

即 23 亿开.

我们也许会想到,在一定温度下,总有一部分质子的动能大于平均动能,所以温度低一些,这部分质子也可以克服静电势垒而发生聚变;可是,这部分质子由于数目太少,其作用微不足道.实际起作用的是量子力学的隧道效应,它使得质子不需要那么大的动能就可以穿过静电势垒而发生聚变.所以实际发生热核反应的温度要比(6)式所给的值低一些.例如,太阳内部发生质子聚变的温度估计为 1.5×10^7K 左右.在地球上建立热核反应堆,估计温度要超过 1 亿开(10^8K).

§5.8　哈里德等的《物理学》习题中的一个错误[①]

哈里德和瑞斯尼克合著的《物理学》第三十章的习题33，全文如下：

"把电荷 q 放在一原来不带电的半径为 R_0 的肥皂泡的表面上. 因为肥皂泡表面上的电荷相互排斥，半径增至某一较大的值 R. 试证：

$$q=\left[\frac{32}{3}\pi^2\varepsilon_0 pR_0R(R^2+R_0R+R^2)\right]^{1/2},$$

式中 p 为大气压强. 当 $p=1.00$ 大气压、$R_0=2.00\text{cm}$ 和 $R=2.10\text{cm}$ 时，试求出 q.（提示：根据能量守恒原理，肥皂泡推开大气时所作的功，必须等于膨胀过程中所减少的储于电场中的能量.）"

按照上述提示，很容易求出习题中所给出的式子来. 换句话说，这个习题里所给出的式子，就是出题的人在提示中表述的物理思想的结果. 但是，这个提示是不对的，因而由它导致的结果（即习题里给出的式子）是错误的. 其错误是显而易见的，因为肥皂泡不带电时，半径为 R_0，带上电荷 q 后，半径增大为 R，故当 $q\to 0$ 时，必定有 $R\to R_0$；而上述式子并不是这样，可见它是错的.

我们说上述提示不对，是因为根据能量守恒原理，还应当考虑肥皂泡里面的气体在膨胀过程中所发生的能量变化，以及肥皂泡表面能量的变化. 可是，肥皂泡里面的气体在膨胀过程中所发生的能量变化，却不好计算. 因此，这个题用能量守恒原理不好求解. 那么，这个题怎样求解呢？让我们先把题目明确一下：一肥皂泡半径为 R_0，带上电荷 q 后，半径增大为 R. 设肥皂水的表面张力系数为 α，外面的大气压强 p 不变，并且肥皂泡最后的温度与原来的温度相等. 求 q 与 R_0,R,α,p 等的关系.

下面就来求解. 弯曲液面两边压强差的公式为

$$p_i-p_0=\frac{2\alpha}{R},\tag{1}$$

式中 R 是弯曲液面的曲率半径，α 是液面的表面张力系数，p_i 是弯曲液面里边（即圆心那边）的压强，p_0 是弯曲液面外边的压强. 根据这一公式，当肥皂泡不带电时，有

$$p_i-p=\frac{4\alpha}{R_0},\tag{2}$$

① 本节曾发表在《大学物理》1982年第4期.

式中 p_i 是肥皂泡里面气体的压强.(2)式比(1)式右边大一倍,是因为肥皂泡有里外两个液面的缘故.肥皂泡带电荷 q 后,电荷之间的排斥力使肥皂泡向外膨胀,单位面积向外膨胀的力为

$$\frac{1}{2\varepsilon_0}\left(\frac{q}{4\pi R^2}\right)^2=\frac{q^2}{32\pi^2\varepsilon_0 R^4}, \tag{3}$$

因此,在达到平衡时,便有

$$p_i'-p=\frac{4\alpha}{R}-\frac{q^2}{32\pi^2\varepsilon_0 R^4}, \tag{4}$$

式中 p_i' 是膨胀后肥皂泡里面的气体的压强.因为最后的温度等于原来的温度,故有

$$p_i'V=p_iV_0, \tag{5}$$

式中 V 和 V_0 分别代表肥皂泡内气体最后的体积和原来的体积.因为肥皂泡是球形,故

$$p_i'R^3=p_i R_0{}^3, \tag{6}$$

把(2)、(4)、(6)三式联立求解,消去 p_i 和 p_i',求得电荷为

$$q=\sqrt{32\pi^2\varepsilon_0 R(R-R_0)[p(R^2+RR_0+R_0{}^2)+4\alpha(R+R_0)]}. \tag{7}$$

这就是所要求的答案.

[附志:1981 年 5 月,R. 瑞斯尼克教授来我国访问讲学,我见到他时,曾向他提出他们的书上这个问题有错误.他说,可能有错,但这题不是他出的,他让我写出我的解答,他回去时好找人研究.我便把这里的解法写给他.两个月后,我收到 E. 德林(Edward Derringh)给我的信,说瑞斯尼克教授让他回答我关于带电肥皂泡的解答问题,他说:"The answer quoted in the problem, as you point out, is not right and your result is correct."(如你所指出的,那个题里所引的答案是不对的,而你的结果是正确的.)]

参考文献

[1] D. 哈里德,R. 瑞斯尼克著,李仲卿等译,《物理学》,第二卷,第一册,科学出版社(1979),习题 33,138 页.

[2] 北京大学物理系,中国科学技术大学物理教研室合编,《物理学习题集》,第二册,人民教育出版社(1980),2-36 题,160 页.

第二卷

第一部分　电磁学历史上的一些重要发现

§1　我国古代在电磁学方面的成就[①]

我国是世界上文明古国之一，几千年来，我们的祖先创造了光辉灿烂的古代文化，其中也包括电磁学上的一些发现和发明. 值得注意的是，在世界文明古国中，只有我国古代和古希腊发现了磁石吸铁和摩擦起电的现象. 我国古代在电磁学方面的成就，散见于古籍中，在这里我们摘录其中一些有关的重要内容，并略加说明.

春秋时代的《管子·地数》(公元前 600 多年)中有"上有慈石者，其下有铜金"，是我国古代最早关于磁石(我国先秦古籍中称磁石为慈石)的记载.

战国时代的《韩非子·有度》(约公元前 250 年)中有"先王立司南以端朝夕"，是现今知道的最早关于司南(指南方的器具)的记载.

战国末期的《吕氏春秋·精通》(公元前 239 年左右)有"慈石召铁，或引之也"的记载. 后来东汉高诱在《吕氏春秋训解》中解释说："石，铁之母也. 以有慈石，故能引其子. 石之不慈者，亦不能引也."它的意思是，铁是从石头中提炼出来的，所以石头是铁的母亲；因为是亲生的慈母，所以能吸引儿子. 不是亲生的慈母，也就不能吸引儿子. 这是对磁石能吸铁而别的石头不能吸铁所作的解释，同时也说明了"慈石"一词中慈字的意义.

西汉刘安(公元前 179—122 年)的《淮南子》一书中，在《览冥训》里讲到："若以慈石之能连铁也，而求其引瓦则难矣."在《说山训》里又讲到："磁石能引铁，及其于铜则不行也."这表明，当时知道磁石能吸引铁，但不能吸引瓦和铜等.

---

① 本节曾发表在《物理》1990 年 11 期.

西汉末期的《春秋考异邮》(公元前20年左右)中有“玳瑁吸褡”(见《太平御览》卷807)的记载.现在一般认为它的意思是:经过摩擦的玳瑁(即玳瑁)能够吸引褡[1].这是现今发现的我国最早关于摩擦起电现象的记载.

东汉王充(公元27—约97年)所著的《论衡》一书(公元82年左右)中,载有一些物理知识的内容.其中《是应》篇里提到:“司南之杓,投之于地,其柢指南.”这是关于司南的比较具体的描述.《论衡》的《乱龙》篇里讲到:“顿牟掇芥,磁石引针,皆以其真是,不假他类.他类肖似,不能掇取者,何也?气性异殊,不能相感动也.”顿牟就是玳瑁,“顿牟掇芥”指摩擦过的玳瑁能够吸引草屑.这一段的意思是:玳瑁吸引草屑,磁石吸引铁,因为它们都是真东西,而不能借用别的相类似的东西.别的相类似的东西尽管很像,为什么不能吸引呢?这是由于它们的气性不同,不能互相感动的缘故.

西晋张华(公元232—300年)的《博物志·杂说上》(公元290年)中记载:“今人梳头、脱著衣时,有随梳解结有光者,亦有咤声.”这是关于摩擦起电产生火花并发出声音的记载.

东晋郭璞(公元276—324年)的《山海经图赞》中的《北山经图赞》里讲到“慈石吸铁,玳瑁取芥,气有潜感,数亦冥会.物之相投,出乎意外”(玳瑁亦作琥珀).这是说,磁石吸引铁,玳瑁(经过摩擦后)吸取草屑,是因为它们的气有潜在的感应,它们的数也有深奥的会合.这与王充在《论衡·乱龙》中所讲的意思相近,可能是受到王充的影响而略加发挥的.

南朝齐梁间陶弘景(公元456—536年)的《名医别录》中有“琥珀,唯以手心摩热拾芥为真”的记载.这是鉴别琥珀真假的方法.用手掌心摩擦它到发热,看它能不能吸引草屑,能吸引草屑的就是真琥珀.这可以帮助我们理解王充在《论衡·乱龙》中所讲的话的意思.

唐代段成式(公元?—863年)的《酉阳杂俎·支动》(公元863年)中记载:“猫,……黑者暗中逆循其毛,即若火星.”这是关于摩擦起电产生火花的记载.

北宋庆历四年(公元1044年)左右,曾公亮(公元999—1078年)主编《武经总要》,其中前集卷15里讲到指南鱼,有关文字如下:“若遇天景曀霾,夜色暝黑,又不能辨方向,则当纵老马前行,令识道路;或出指南车或指南鱼,以辨所向.指南车法世不传.鱼法以薄铁叶剪裁,长2寸,阔5分,首尾锐如鱼形,置炭

---

① 《太平御览》对褡字的注释为“褡,芥也;褡音若.”芥这里指草屑.《太平御览》卷808里有两条关于琥珀吸引草屑的记载:(1)三国时虞翻说过,“琥珀不取腐芥,慈石不受曲针.”(2)《华阳国志》上说,“珠穴出光珠,琥珀能吸芥.”

火中烧之;候通赤,以铁钤钤鱼首出火,以尾正对子位,蘸水盆中,没尾数分则止.以密器收之.用时置水碗于无风处,平放鱼在水面令浮,其首常南向午也.”这段文字写得很清楚,很具体.它是现今发现的我国古代使用指南针的最早记载,也是世界上利用地磁制造指南针的最早记载.

北宋元祐三年(公元1088年)左右,沈括(公元1031—1095年)在《梦溪笔谈·杂志一》中写道:“方家以磁石磨针锋,则能指南;然常微偏东,不全南也.水浮多荡摇,指爪及碗唇上皆可为之,运转尤速,但坚滑易坠,不若缕悬为最善.其法取新纩中独茧缕,以芥子许蜡缀于针腰,于无风处悬之,则针常指南.其中有磨而指北者.予家指南、北者皆有之.磁石之指南,犹柏之指西,莫可原其理.”这段文字也明白易懂,但有几点值得说明.第一,它表明,当时我国已知道用磁石磨针锋制造指南针的方法,而且还有方家(即专家,可能是堪舆家,他们制造罗盘用以看风水).第二,它表明,我国在沈括时,已发现了磁偏角.这比西方人(哥伦布1492年航行到美洲时)发现磁偏角早400多年.第三,当时我国使用指南针有多种方法,以用单根蚕丝悬挂的方法为最好.这比库仑在1777年因发明这种方法而获得法国科学院的奖赏要早600多年.第四,对于磁石为什么指南,沈括说不明白它的道理.西方人在吉伯(1600年)以前,也不明白它的道理.

北宋重和二年(公元1119年),朱彧写成《萍洲可谈》,卷2中记述了当时(公元1099—1102年间)广州航海业发达的盛况和海船在海上航行的情形,其中提到:“舟师识地理,夜则观星,昼则观日,阴晦观指南针.”这是现今知道的世界上最早关于用指南针航海的记载.

北宋宣和五年(公元1123年),徐兢(公元1091—1153)随使赴高丽,回国后写出了《宣和奉使高丽图经》,其中关于航海的情况写道:“惟观星斗前进,若晦瞑则用指南浮针,以揆南北.”

南宋咸淳十年(公元1274年),吴自牧写成《梦粱录》,卷12里提到用指南针航海的情况,讲得很具体、生动:“风雨晦冥时,惟凭针盘而行,乃火长掌之,毫厘不敢差误,盖一舟人命所系也.”

南宋德佑二年(公元1276年)春,文天祥(公元1236—1283年)在《扬子江》一诗中写道:“臣心一片磁针石,不指南方不肯休.”后来(也在1276年),他就把他的诗集命名为《指南录》.可见在南宋时,磁针指南在我国知识界已是普通常识了.

我国古代关于电和磁的知识,同西方古代(希腊、罗马直到文艺复兴之前)在这方面的情况很相似,都是由经验得出的一些知识,零散地记载在古代文献中,并且常常把摩擦过的玳瑁或琥珀吸引小物体与磁石吸引铁相提并论,而且都有人用一种看不见的气来解释这些现象.

我国古代在磁学方面的成就,曾超过同时期的西方,处在世界上领先的地位.例如,磁针指南是我国最早发现的,古希腊人和罗马人并没有发现这一点.又如曾公亮讲的利用地磁制造指南针的方法比英国吉伯讲的同样方法早500多年.沈括发现磁偏角比哥伦布早400多年,他发明丝悬指南针的方法比库仑早600多年.朱彧记载的指南针用于航海比西方最早的记载[约公元1207年左右,英国人纳肯(Neckam,Alexander 1157—1217)在《论器具》(*De Utensilibus*)一书中的记载]约早80多年.

西方在文艺复兴(始于我国元代末期)以后,知识逐渐社会化,各种学术团体纷纷出现,而且注重实验研究,从此科学技术便迅速发展起来.西方自1269年(我国南宋咸淳五年)帕雷格里纳斯发现磁石有两极到1600年(我国明代万历二十八年)吉伯的《磁石》一书的出版,在电磁学方面便渐渐超过我们了.而这一时期,我国的社会环境却没有发展,同外界交流学术的机会很少,所以科学技术便停滞不前,甚至已取得的某些成就也失传了.

在这里,我们还应提一下有关指南针的问题.指南针的发明和用于航海,是我们祖先对于人类文化的重大贡献之一;已得到世界上许多学者的承认.但是,也还有学者不承认.例如英国的惠特克(Whittaker,E.,1873—1956)教授,在他的有影响的著作《以太和电的理论史》第一卷(*A History of the Theories of Aether and Electricity*,Ⅰ)中,第二章开头的第二段里写道:"关于指南针是在什么地方,什么时间和由什么人发明的问题,都不能有完全确定的回答.直到近年,普遍的意见认为它来源于中国,经过阿拉伯人传到地中海,从而为十字军知道了.然而,事情并不是这样;在11世纪末,中国人已知道磁体的方向性质,但至少直到13世纪末,没有把它用于航海的目的."他进而认为:"西北欧,可能是英国,比其他任何地方都更早地知道它,这似乎是没有疑问的."由前面所述的我国古籍的记载可见,惠特克教授的这些话有错误,他的错误是由于他对我国古籍不了解所致.事实上,我国在12世纪初就已有用指南针航海的明确记载了.

§2 电磁学在西方的萌芽

1. 古希腊人的发现

古希腊人基本上奠定了今天西方科学的基础.电磁学的起源在西方也是

出自古希腊. 人工产生电（摩擦起电）的现象和磁石吸铁的现象，在西方最早都是由古希腊人发现的. 在这里，我们引述流传下来的几则有关的重要文献记载：

① 柏拉图（Πλάτων，英语为 Plato，公元前约 428—约 348 年）在《蒂迈欧》（Τίμαιος）中讲到："关于琥珀和磁石的吸引是观察到的奇事."在《对话集》中讲到："……欧里庇得斯称为磁石的石头，……这种石头不仅吸引铁环，而且也给予它们吸引其他铁环的相似本领. 有时你可以看到，一般铁片和铁环一个吊着一个，形成一条长链；而所有这些都从原来那个石头取得它们的悬挂力量."

② 亚里士多德（Αριστοτέλης，英语为 Aristotle，公元前 384—322 年）在《灵魂论》第 1 卷第 2 章中讲到："根据关于泰勒斯的记载来判断，他似乎是把灵魂看成某种具有引起运动的能力的东西，如果他确实说过'磁石有灵魂，因为它吸引铁'这句话的话."①

③ 狄奥弗拉斯图（Θεόφραστος，英语为 Theophrastus，公元前 372—287 年）写道："琥珀是一种石头. 它是从利古里亚的土地中挖出来的，具有吸引的本领. 据说如果把它们打成碎块，不仅能吸引草屑和柴枝的碎片，甚至还能吸引铜和铁.""但最大和最明显的吸引特性是磁石吸铁."

④ 第欧根尼·拉尔修（Διογένης Λαέρτιος，英语为 Diogenes，约公元 3 世纪初）在《著名哲学家》第 1 卷中讲到："亚里士多德和希比亚（Hippias）也说，他承认那些被认为无生命的东西也有灵魂；他拿琥珀和磁石来证明这一点."②

这些文献记载表明，至晚在公元前 300 多年，古希腊人就发现了琥珀吸引小物体的现象和磁石吸引铁的现象，而且还发现了铁经过磁化后也能吸引其他铁的现象. 可以说，古希腊人的这些发现就是西方电磁学知识的开始.

2. 西方文字中"电"和"磁"两词的来源

现在西方拼音文字中，电和磁这两个词的来源，都与古希腊人的上述发现有关.

前面讲过，古希腊人发现了琥珀能吸引小物体. 琥珀是松柏类植物的树脂入地后，经过数千万年以至数亿年而成的化石，多为具有黄色光泽的透明固体，在一些文明古国里，都把它当作宝石，用作装饰品. 由于琥珀有光泽，古希腊人

---

① 泰勒斯（Θαλῆς），英文称为 Thales of Miletus，公元前约 640—约 547 年，古希腊七哲之一.

② 他是指泰勒斯.

认为它同金属一样，都是太阳的孩子；古希腊人称太阳为ἤλεκτωρ，所以就把琥珀叫做ἤλεκτρον，意思是太阳的孩子. 古希腊人大都习惯把琥珀当做高贵的装饰品，经常带在身上，这样就容易发现它吸引小物体的现象. 后来英国科学家吉伯(Gilbert，W. 1544—1603)经过大量的试验，发现除了琥珀外，还有很多物体经过摩擦后，也能吸引小物体；他在用拉丁文写的书里，把这类物体统称为 electrica[①]. electrica 是由拉丁文 electrum(琥珀)一词派生出来的，而拉丁文的 electrum 则是由希腊文ἤλεκτρον 一词音译而成. 所以，现在西方拼音文字(包括俄文)中电的词根，便都是由希腊文ἤλεκτρον)一词派生出来的. [②]

现在西方拼音文字中，磁的词根都相同，但对于它的来源却有不同的说法. 罗马学者普林尼(Pliny)根据在他之前 200 多年尼坎达(Nicander)写的诗(诗现已失传)，说牧羊人麦格尼斯 Magnes 在伊达(Ida)山坡上牧羊时，发现鞭子的铁包头和鞋钉被石头吸引，后来便把这种石头称为 Magnet. 也有人说是希腊的麦格尼西亚(Μαγνησία)地方出产一种能吸铁的石头，所以便把这种石头叫做麦格尼特(Μαγνητης). 在古希腊有两个地方都叫做麦格尼西亚，一个在希腊本土的色萨利地方，另一个在今土耳其的小亚细亚. 希腊本土的麦格尼西亚是一条狭长的山地，在那里并没有(即使有也很少)磁铁矿，所以麦格尼特一词的来源，不大可能出自这个地方. 这个地方的古希腊人自称为麦格尼特人(Magnetes)，约在公元前 1000 年至公元前 700 年期间，他们中有一部分越过爱琴海到小亚细亚殖民，在那里建立了一个城市，也叫做麦格尼西亚(在公元前毁于地震). 这个麦格尼西亚地方储有大量的磁铁矿. 因此，如果麦格尼特一词来源于地名，可能是来自这个地方的地名.

3. 一千多年的停滞

古希腊人在公元前数百年就发现了琥珀吸引草屑的现象以及磁石吸铁和铁磁化后也能吸铁的现象. 可是，在此后一千多年的时间里，西方关于电和磁的知识，一直停滞不前，电的方面没有新发现，磁的方面偶尔有零碎的点滴进展，略述如下.

罗马诗人卢克莱修(Lucretius，Titus Carus 公元前约 98—53 年)在长诗《物性论》第 6 卷中提到柏拉图的著作中磁石吸引几个铁环的现象，然后试图用磁石流出的东西驱散了空气，从而使铁环滑进去来说明磁石吸引铁的现象. 他还

---

① electrica 的原意是“琥珀体”，本书在后面为便于理解起见，译作“电体”.

② 我国维吾尔文属阿尔泰语系，维吾尔文中电的词根也是这样来的.

提到一种新的现象："有时也有这样的情形，铁这东西从磁石退开去，它惯于有时从磁石逃开，有时追着它."他还提到，铜碗盛着铁屑，当磁石放在铜碗下面时，铁屑在铜碗里沸腾跳动.

希腊传记作家普鲁塔克(Πλούταρχος，英语为 Plutarch，约公元 46—120 年)提到磁石排斥铁的现象，他说："像铁被磁石吸引常常跟着它一样，但也常常被转动并且沿着相反的方向被排斥出去."他还试图解释这种现象，他认为磁石发射某种物质，使空气形成旋涡，铁在旋涡中被推向磁石或被推离磁石.

奥古斯丁(Augustine，St. 公元 354—430 年)曾叙述过磁石隔着银盘吸铁的现象："把一小块铁放在银盘里，拿一块磁石放在它下面；当手拿着磁石在盘下移动时，盘上面的铁便跟着移动. 不论盘下面的磁石来回移动得多么快，盘上面的铁总是被吸引着准确地跟着运动，在它们之间银盘完全不起作用."

英国人纳肯(Neckam, Alexander 1157—1217)在发表的文章中讲到："磁石一端因为同感而吸引铁，另一端则因为反感而排斥铁."他在 1207 年左右出版的《论器具》(*De Utensilibus*)一书中，描述了航海用的罗盘，他说："在一个船的必需品中，必须有一个安装在尖端上的针，它将振动并转到指向北方为止；当北极星由于天气不好而看不见时，水手们就可以由此知道如何指导他们的航向."这是现今知道的西方最早关于用指南针航海的记载.

提倡实验的英国哲学家罗吉尔·培根(Bacon，Roger 1214—1294)称磁石为"自然的奇事."他用磁石和铁做实验，发现用磁石的一端摩擦铁后，铁上的被摩擦部分总是被吸向磁石上的该端，而躲开磁石上的另一端，就好像"羊躲开狼一样".

到 13 世纪中叶以后，西方逐渐地在航海中使用罗盘，磁石和罗盘开始在西方文学中出现，哲学家、文学家和神学家常常用它们作比喻，例如意大利的著名诗人但丁(Dante，Alighieri 1265—1321)在《神曲》中的第三部分《天堂》里写道："一种声音引导我就好像磁针被引向北极星."①

4. 磁学上的一些发现被埋没了近三百年

帕雷格里纳斯(Peregrinus，Peter 或 Pierre de Maricourt)出生于法国的庇卡底(Picardie)(其生卒年不详)，是贵族的后代，受过良好的教育，精通多门自然科学，擅长于做实验，曾受到罗吉尔·培根的称赞. 后来在军队中做工程师一类的工作. 1269 年 8 月 8 日，他在战壕(在今意大利南部)里，给故乡的朋友

① 但丁《神曲》中的《天堂》在 1314 年以后完成，比我国南宋文天祥的《指南录》(1276)约晚 40 年.

西热(Siger 或 Sygerus)写了一封长信(Epistola). 这封长信有两部分,第一部分共 10 章,基本上都是讲的关于磁的内容,其中包括他在实验研究中的一些重要发现:

(1) 发现磁石的南北两极

他把小铁针放在球形磁石上某个地方,标出小铁针所处的线段;然后把小铁针换个地方,再标出新的线段. 这样标出球形磁石上各处的线段,然后再把这些线段连起来,发现它们"都趋向于两点,**正像世界上的所有子午线都趋向世界的两个反向的极一样**". 他发现,在两极处铁针所受到的吸引力最强. 定出磁极后,他把磁石放在容器里浮在水面上,给指向北方的极取名为 N 极,指向南方的极取名为 S 极. 这些名称沿用至今.

(2) 发现磁石的异性极互相吸引

他在长信中说:"如果你拿磁石的北部靠近盆中浮着的磁石的南部,则浮着的磁石便会跟着你拿着的磁石,好像希望粘上它一样. ""因此知道这是一个规律,即**一个磁石的北部吸引另一个磁石的南部,而南部则吸引北部.** "

(3) 发现磁极可以改变

他说:"如果把在磁石北部摩擦过的铁的南部**强迫**靠近磁石的南部,或者把在磁石南部摩擦过的铁的北部**强迫**靠近磁石的北部,则铁的效力(virtue)将会改变;如果它原先是北,将会变成南,反之亦然. 其原因是最后的影响取代了、打败了或抵消了原来的效力(virtue). "

(4) 发现磁石分成两段后每段都有两极

他把一个磁石分成两段,发现每段都有南北两极;把两段合在一起恢复原形时,中间的两个极因合在一起而消失,两端的南北两极则仍然存在,如同未分开前一样.

(5) 发现铁针在磁石附近有固定取向

他把铁针放在磁石附近,发现铁针在磁石的作用下,每个位置都有一个固定的取向.

除了上述发现外,他还创造了附有 360 度刻度盘的枢轴罗盘.

由于帕雷格里纳斯的这些重要发现都是在写给私人的信里提到的,所以外人并不知道. 后来虽然有些手抄本流传,但都藏在图书馆里而无人问津. 直到 1558 年出版前,除了少数学者(如吉伯和卡比奥等)外,几乎没有人知道.

5. 文艺复兴时期的一些新发现

保罗·萨尔皮(Pietro Sarpi,又名 Fra Paolo 1552—1623)是威尼斯的一位名人,在自然科学的很多方面都有贡献.他发现,磁石或有磁性的物体经火烧后便失去磁性.

多才多艺的学者巴普蒂斯塔·波尔塔(Baptista Porta 约 1540—1615,意)在 1589 年出版了增订版《自然的魔术》(*Magiae Naturalis*)12 卷,其中第 7 卷全是关于磁的内容,有一些新的发现.书中讲到,磁的效力(virtue)能自由地通过黄铜,但不能通过铁.他指出,磁石在分成许多小颗粒后,每个颗粒都有磁性和磁极.他把一块磁石磨碎成很小的颗粒,然后与某种惰性的白色物质混合起来,再拿一块磁石接近它们,这些小磁石颗粒便立刻冲上来粘在它上面,像头发或下巴上的小胡子那样.他说:"这堆头发紧紧地粘在磁石上,很难弄下来."他认为磁石的作用范围在一个球体内,他说:"磁极把它的效力送往周围空间,就像一支烛的光向每个方向扩散以照亮房间那样,离得越远,光照越弱,再远一些光就消失了;而离得越近,光照越强.效力从磁极飞出,也是如此,离得越近,吸引越强;离得越远就越弱,如果离得太远,就完全消失了,什么也没有.因此,我们用'它的效力球'一词来称谓它的力量范围."他还讲到:"不仅在接触时,磁石会把它的效力传给铁,而且更奇妙的是,在它自己的效力半径之内,它都能在铁里产生效力.因为,如果你把磁石靠近铁,使铁在它的效力球内,则铁便会吸引其他的铁,这被吸引的铁又会吸引别的铁,这样你可以看到在空气里吊着的铁针链或铁环链.""当这种链出现时,如果你渐渐把磁石拿得稍远一些,则最后一环就掉下了,然后是次一个掉下,接着依次都掉下.这样你就看到,磁石能够不接触铁而在铁内产生效力."

1546 年,意大利学者弗拉卡斯托里奥(Fracastorio,Jerome 1483—1553)发表他的发现:金刚石像琥珀一样,经摩擦后能吸引头发等细物.

卡尔达诺(Cardano,Girolamo 1501—1576,意)[①]指出琥珀吸引小物与磁石吸铁的不同之处:"琥珀吸引任何轻的东西,而磁石只吸引铁.""当琥珀与草屑之间有东西隔开时,琥珀就不能使草屑移动;然而,当磁石与铁之间有东西时,磁石却能吸铁.""琥珀的吸引力因加热和摩擦而大为增强;磁石的吸引力则因吸引部分的清洁而增强."

---

① 卡尔达诺以发表三次方程的解法而著名,这解法是从塔塔利亚(Tartaglia,N. 约 1500—1557,意)学来的,曾发誓为塔塔利亚保密,但后来又违背誓言,在 1545 年把它发表了.

§3 磁学的诞生

尽管磁石吸铁的现象在公元前数百年就已发现,指南针至晚在 12 世纪初已用于航海,但磁学作为一门科学,现在公认为是从英国科学家吉伯(Gilbert, William 1544—1603)开始的. 吉伯最先对磁的现象和摩擦起电的现象进行了系统的研究,获得了许多重要的发现,从而奠定了磁学的基础,并开创了研究电的领域.

吉伯生于英国东南的科耳切斯特镇上一个比较富裕的家庭,1558 年入剑桥大学,1560 年获得学士学位,1564 年获得硕士学位;后来学医,于 1569 年获得博士学位. 此后可能去意大利留过学. 后来定居在伦敦行医,到 1581 年已成为当时伦敦的名医之一. 1581 年左右任皇家医学院的研究员,并教授医学;曾三次当选为学监,1600 年任院长,同年任女王伊丽莎白一世的御医. 吉伯终身没有结婚.

吉伯

吉伯在从事医学工作之余,潜心研究磁的现象和摩擦起电的现象. 在"17 年的紧张劳动和研究"中,他为此付出了巨大的代价,经受了很多辛劳和不眠之夜. 他吸收了前人(帕雷格里纳斯、巴普蒂斯塔 · 波尔塔和卡尔达诺等)的研究成果,并加以发扬光大. 他是第一位用实验系统地研究自然现象的人,他从当时大量存在的各种猜测、幻想和迷信中,提取关于磁的现象的事实和规律,使之成为一门科学. 后来他把研究成果总结出来,于 1600 年(我国明代万历二十八年)出版,这就是有名的著作《磁石》(*De Magnete*)[①],它是磁学的奠基著作,也是英国的第一部科学著作.

这部著作分为 6 卷. 第 1 卷叙述了西方人认识磁现象的历史,描述了磁石的本性、特点和行为,以及演示它们的方法,其中特别标出他自己的新发现;最

① 吉伯的书是用拉丁文写的,原文全称为 *De Magnete, Magneticisque Corporibus, et de Magno magnete tellure; Physiologia Nova, Plurimis et argumentis et experimentis demonstrata*. 通常简称为 *De Magnete*,它的意思是磁石.

后一章认为地球是一个大磁石，并由此解释有关地磁的现象(图 1). 第 2～6 卷依次研究五种磁运动：相吸(coitio)、取向(directio)、变化(variatio)、倾角(declinatio)和旋转(revolutio).

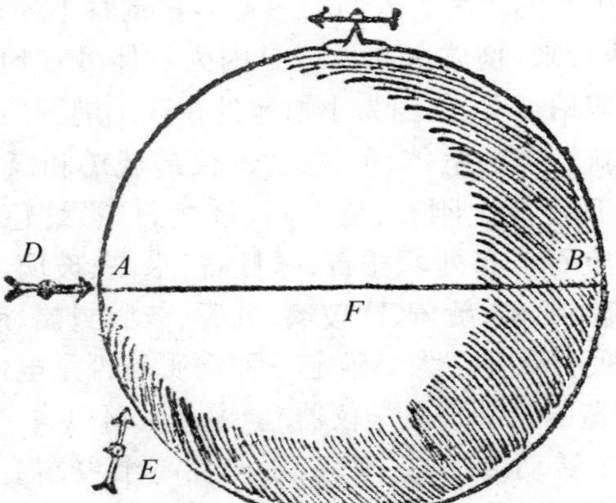

图 1　吉伯认为地球是一个大磁石，
A 和 B 是地球的两极，F 是地球中心，
D 和 E 是两个小磁针.[本图取自吉伯的
《磁石》第一版(1600)]

第 2 卷中包括了吉伯在电学研究方面的开创性工作，其中第 2 章是最早出版的关于电的著作. 他首先确立琥珀的吸引和磁石的吸引是两种不同的现象. 磁石不需要外来的激励，它本身就具有吸引力；而琥珀则要经过摩擦，才会具有吸引力. 磁石只吸引有磁性的物体，而摩擦过的琥珀则能吸引任何小物体. 磁体间的吸引力不受中介物(如纸、布等)的影响；甚至磁体放在水中也不受水的影响；而电的吸引力则要受中介物的影响，他曾把丝和水等依次放在琥珀和被吸引的物体之间，琥珀就不再吸引该物体. 磁石使小磁针沿确定的方向排列，而琥珀则把小物聚成无规则的一堆.

吉伯把经过摩擦后能吸引小物的物体叫做 electrica. 他的书是用拉丁文写的，琥珀的拉丁文为 electrum，是由希腊文 ἤλεκτρον(琥珀)音译而来的. electrica 则是由 electrum 派生出来的，它的意思是“琥珀体”. ①这就是西方拼音文字中

① 本书后面为便于理解起见，译作“电体”.

“电”的词根的来源.①

吉伯认为,琥珀能吸引小物体是因为它的周围有气(effluvium).他说:“如同空气是地球的气一样,电体(electrica)也有它们自己的气,这种气是在它们被摩擦或激发时发射出来的.”因为人们的感觉器官觉察不到这种气,所以它应当是非常细微的.在他看来,物体落向地球是因为物体处在地球的大气中,同样,小物体被摩擦过的琥珀吸引,是因为小物体处在琥珀周围的这种气中.

吉伯列出了他新发现的电体,他说:“不仅是琥珀和煤玉,像他们②所想的那样,吸引微粒,而且还有金刚石、蓝宝石、红榴石、彩虹色石英、蛋白石、紫水晶、文砷钯矿、英国宝石或布列斯托石、绿柱石、水晶、玻璃、由晶体或玻璃做的宝石、萤石、锑、针硫铋铅矿、硫黄、锑玻璃、乳香、紫胶封蜡、硬树脂、雌黄、岩盐、云母和明矾石等也吸引微粒.”为了确定一种物质是否是电体,他发明了验电器(图2),这是人类创造的第一个电学仪器.他说:“你可以自己用三个或四个手指长的任何金属做一个转动的针,它很轻,平衡在一个尖端上.”把被验物体摩擦后靠近这针,针转动,它便是电体;针不动便是非电体.他也列出了一些非电体,其中有:玛瑙、珍珠、珊瑚、大理石、煤、骨头、象牙、硬木、磁石、银、金、铜和铁等.他发现,在冬天和晴天,摩擦起电的效果较好.

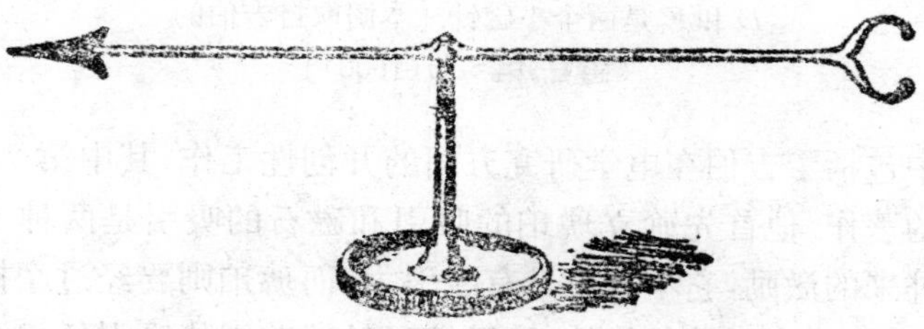

图2 吉伯发明的验电器[本图取自吉伯的《磁石》第一版(1600)]

他还做了其他一些实验.他把摩擦过的琥珀靠近吊着的水滴,发现水滴被拉成圆锥形.他用烟作试验,并得出结论说,微小的炭粒子都受到电体的吸引.他拿烧红的炭靠近验电器,发现指针不动;把一块铁烧红后靠近验电器,指针也不动.他得出结论,加热不能产生电.他还试验过火焰,发现它不受摩擦过的琥珀吸引.他拿火焰靠近摩擦过的琥珀后,发现琥珀便不再吸引验电器的针.他把一些电体拿到太阳光中曝晒,甚至用聚光镜把太阳光会聚到它们上面,看是否

① 英文 electricity 一词,是 Sir Thomas Browne 于 1646 年引入的.

② 指弗拉卡斯托里奥和卡尔达诺等.

起电，试验结果都是否定的.

这些资料表明，人类关于电的知识是依靠实验一点一点地逐步积累起来的.这是因为，电是看不见、摸不着的，我们只能依靠实验一点一点地摸索着去认识它.在历史的初期，尤其是如此.

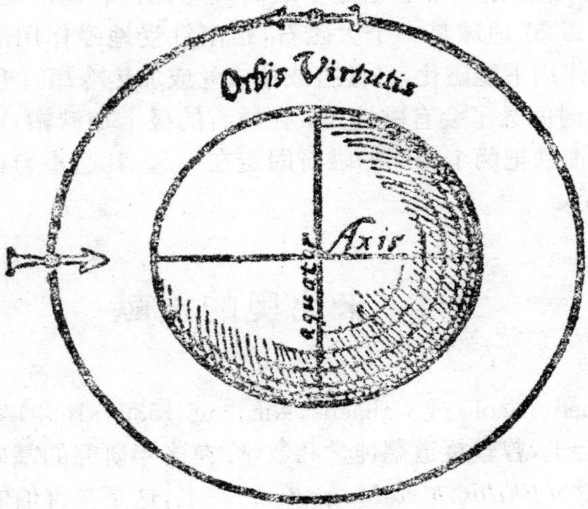

图3　吉伯的效力球[本图取自吉伯的《磁石》第一版(1600)]

《磁石》的第2卷在阐述了关于电的研究以后，就专门研究磁的现象.他由实验推断：地球是一个大磁石；每个磁石周围都有一个看不见的效力球(orbis virtutis)(图1)存在，铁或其他磁体在这效力球内便会受到作用，而在球外则不受影响.他解释磁的相吸(coitio)说："用这个词而不用吸引，是因为磁运动不仅是一个物体吸引的结果，而是两个物体和谐地互相接近的结果."

《磁石》的第3卷研究自由磁体的取向问题；说明指南针在地球的效力球内各处的取向.第4卷阐述地磁的变化，由大量实验得出结论：地磁变化的原因是地球并非完全对称的球体和地球质量分布的不均匀.第5卷研究磁倾角，他用小磁针在球形磁石周围各处的取向来解释地球上各地指南针的磁倾角.第6卷讨论转动，他接受了帕雷格里纳斯的观点，认为一个完美球形的自由磁石，如果它的轴线指向天极(北天极)，便会以24小时的周期自转，他以地球为例说明这一点.换句话说，他们认为地球的自转是磁作用的结果.今天我们知道，这个观点是不对的.

归结起来，吉伯在磁学方面的主要贡献有：① 磁石吸铁是双方的相互作用，即磁石吸铁,铁也吸磁石. ② 除铁以外,任何物质都不能隔断磁的吸引力.[①] ③ 铁的磁化极快,“它是立刻发生的,不需要任何时间间隔,也不像热进入铁那样是逐步的;当铁与磁石接触时,它就全部磁化了”. ④ 铁的磁化会达到饱和,他说:“磁石可以使没有完全失去磁性的磁体恢复磁性,并能使它们达到比以前更强的磁性;但对于那些按其本性已处于最高理想磁性状态的磁体来说,再增大强度便不可能了.”⑤ 地球是一个大磁石,指南针受地磁作用沿地磁子午线取向. ⑥ 铁在地磁作用下能磁化,经锤打或拉成丝或加热冷却后更易磁化;沿地磁子午线放的铁棒时间久了会有磁性. ⑦ 在磁石的极上加铁帽,可以增强磁性和保存磁性. ⑧ 用衔铁把两个相同的磁石固定在一起,其起重力比其中任何一个单独的起重力都大.

§4 卡比奥的贡献

卡比奥(Cabeo,Nicolo 或 Cabaeus,Nicolaus 1586—1650)生于意大利的费拉拉,是耶稣会会士,曾教授道德神学和数学. 在多年研究的基础上,于 1629 年出版了《磁的哲学》(*Philosophia Magnetica*)一书,这是在吉伯的《磁石》之后出版的一本广泛研究磁和电的书. 书中除了有他所发现的一些电体(如白蜡、生石膏和多种树脂等)以外,还有他对电磁学的两项贡献:发现了电的排斥现象和用铁屑显示磁场.

吉伯在《磁石》中说过:“电体吸引每一种小物体;它们从不排斥.”29 年之后,卡比奥在他的《磁的哲学》中就讲到他发现的电的排斥现象. 当准备得很好的电体用来吸引锯屑等小物体时,这些小物体先是急速地冲向电体;在它们到达电体上以后又迅速飞离,不只是落下,而是被抛射到 2～3 英寸远. 在被吸引的小物体是线头、头发或任何种类的细丝时,落在电体上还微微颤动,然后像锯屑那样飞离. 对于新发现的这种现象,卡比奥提出解释说,电体在摩擦时产生一种气(effluvium),这种气把空气猛烈地向外推,当空气打着回旋返回时,便把小物体带向电体;有时小物体冲向电体太猛了,便被弹回去.

卡比奥的这一新发现,是萌芽状态的电学新长出的一个嫩芽,它引起了当时欧洲一些杰出的学者们的兴趣,并进行研究,最后终于导致在 104 年后(1733年)迪费发现电有两种.

---

① 钴和镍是在吉伯之后一百多年发现的.

卡比奥的这一发现还导致戈登(Gordon, Andrew 1712—1757,苏格兰)发明静电铃.1745年,戈登出版了《电的一种解释的研究》(*Versuch einer Erklärung der Electrizität*)一书,其中讲到了他的发明,他写道:“我把两个玻璃酒杯彼此靠近放着,其中一个放在带电的板上,另一个离它约有1英寸远,并且接地,在这两个杯子之间,我用丝线吊着一个铃舌;它被带电的玻璃杯吸引然后被推向接地的那个杯子,它撞击每个杯子时都发出一声响.当铃舌稍微粘着在玻璃杯上时,总的来说效果就不令人满意了.因此,我就用两个小金属铃盅来代替玻璃杯子,其中一个铃盅吊在带电的导体下面,另一个则放在接地的竿子上,它们在同一个水平线上相距约1英寸.当铃舌吊下来并调整好时,它立即移向带电的铃盅,经接触后就被推向另一铃盅,并且保持来回运动,每次打到铃盅上都发出悦耳的声音,直到带电的铃盅失去它的电为止.”(参看图1)

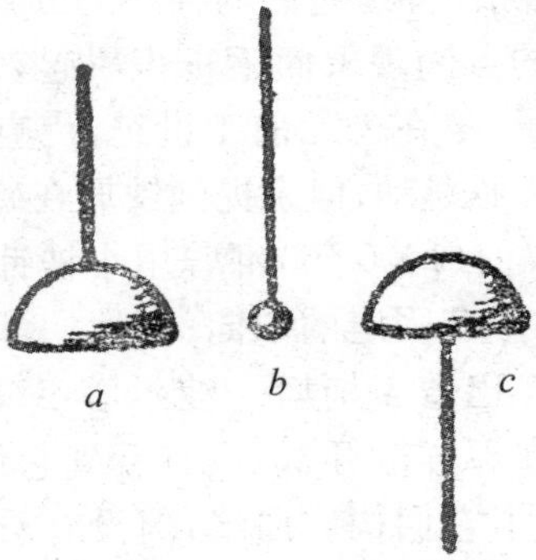

图1　戈登发明的静电铃(1745)

卡比奥的另一贡献是用铁屑显示磁力线.他拿很多小铁针(他说,这些很小的针,是铁的一些微粒,铁屑),把它们同时放在磁石周围.在磁石的作用下,它们各自按一定的方向取向(图2).在磁石的赤道上,它们俯卧着;而在两极,它们“自己立起来像头发”,并且向外散开.对于这种现象,他解释说:“磁的吸引和排斥是借助于中介空间的某种性质发生的物理作用,这种性质从施影响的物体伸展到被影响的物体,……物体不是被同感(sympathy)和反感(antipathy)所运动的,而是通过均匀散布着的某些力而运动的.当这些力达到一个适当的物体时,它们便在它里面产生变化;但它们既不敏感地影响中介空间,也不敏感地影响靠近它的、非亲族的物体.”在他的书里,还使用了“力线”(lineae virtutis)这个词.由此我们可以看出,在法拉第之前两百年,卡比奥已经具有磁场概念的某种雏形了.

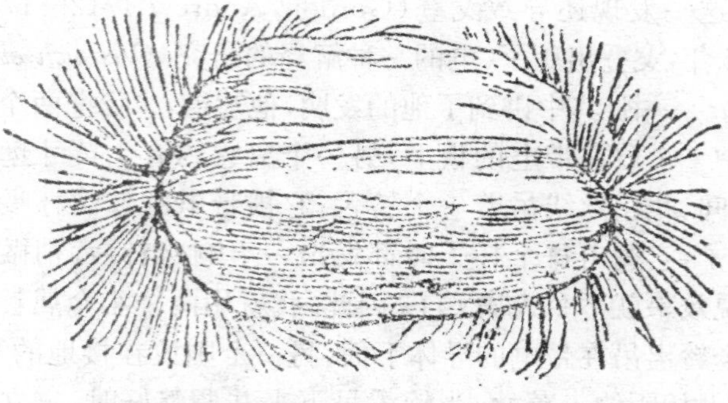

图 2 磁石的磁力线[本图取自卡比奥的《磁的哲学》(1629)]

电和磁本身都是看不见的,人类最初是通过琥珀吸引小物体和磁石吸引铁这两种可以看到的奇特现象而知道它们的存在的. 后来对于电磁现象及其规律的认识,也是通过实验中的点滴现象而逐步积累起来的. 人类对于磁场的逐步认识,就是一个很好的例子. 早在公元前 1 世纪,卢克莱修就曾提到过,在磁石的作用下,铜碗里的铁屑沸腾跳动,但未提到铁屑在磁石作用下排列的情况. 帕雷格里纳斯(1269 年)和吉伯(1600 年)都曾用小铁针放在磁石上和磁石周围,观察到小铁针在给定的地方有固定的取向;但他们都是用一根小铁针,每次只观察它在一个地方的取向. 巴普蒂斯塔·波尔塔(1589 年)曾把铁屑撒到磁石上,看到它们在两极像头发那样散开,但没有看到它们形成曲线. 卡比奥(1629 年)用的小铁针较多,看出了它们构成曲线,但没有看出它们形成连续曲线. 后来笛卡儿(Descartes, R. 1596—1650,法)发现,这些铁屑构成从一极到另一极的连续的有规则的曲线;并且想到,这些曲线所在的空间里,必定有某种力存在,并作用在铁屑上使它们这样排列. 笛卡儿还观察到,在两个磁石的情况下,这些曲线把两个磁石连接起来. 最后到法拉第(1831 年)和麦克斯韦(1864 年),在前人的基础上,加上他们自己的发现和创造,才认识到电磁场的存在及其普遍规律.

§5 摩擦起电机的诞生和改进

除雷电外,人类最早是通过摩擦后的琥珀、玳瑁等吸引小物体的现象认识电的;当然,这仅仅是认识电的开始. 此后,经过了一千多年的漫长岁月,人类对电的认识没有进展. 直到 1600 年吉伯出版《磁石》一书,人们才认识到许多东西都具有琥珀的性质，即都能摩擦起电. 吉伯的工作为研究摩擦起电打开了大门，此后许多杰出的学者纷纷到这个新领域进行探索，人类对电的认识便开始前进了. 要发现新的东西，常常需要新的工具；而新工具的发明，也常常会带来新的发现. 这在科学技术史上几乎是一条规律，在电磁学发展史上尤其是如此. 摩擦起电机的发明便是一例，它能够产生更多更强的电，为进一步研究电提供了条件.

1. 古里克发明摩擦起电机

古里克(Guericke，Otto von 1602—1686，德)是一个多才多艺的人，当过 35 年马德堡市的市长，对科学研究很感兴趣. 1650 年他发明了抽气机，后来用它做过著名的马德堡半球实验，证明了大气压力的强大. 1660 年左右，他研究摩擦起电，感到用手摩擦很费事，便创造了摩擦起电机. 他自己说的制造方法如下："取婴儿头般大小的玻璃瓶；把研成粉末的硫黄倒入其中，靠近火使其充分液化. 等它冷却后，打碎玻璃瓶，取出硫黄球，然后放在干燥处. "再沿直径穿孔，插入铁轴，安装在座架上，使其能绕铁轴转动(图 1 右边). 转动时，把干手掌放在它上面，它便与手掌发生摩擦，从而产生电. 人类创造的东西，总是从简单到复杂；这个机器虽然简单，但却是人类制造的第一个起电的机器.

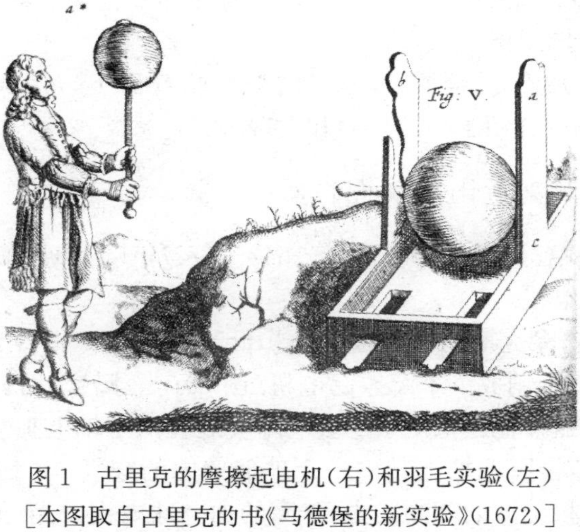

图 1　古里克的摩擦起电机(右)和羽毛实验(左)
[本图取自古里克的书《马德堡的新实验》(1672)]

古里克用这摩擦起电机做了许多有意思的实验. 例如他说："用这球甚至可以看到排斥现象，因为它不仅吸引轻物体，而且还会再排斥它们，直到它们接触某个其他东西之前，它不再吸引它们.”他把摩擦过的硫黄球从架子上取下来，手拿着它的轴，把羽毛吸引到它上面后，羽毛又被排斥而离开它.他拿着它排斥羽毛，不让羽毛落下，使羽毛在空中飘浮(图1左边，a是羽毛).“羽毛张开着，在某程度上像活的一样.”他在试验中发现，这羽毛喜欢靠近“它前面任何物体的尖端，并且能够让它粘着在任何物体的突出部分.”“但是，如果在桌上放一支点着的蜡烛，把羽毛驱赶到离烛火上方约一掌宽的距离时，羽毛便突然后退，并飞向硫黄球.”这些实验表明，他已观察到物体的尖端对电的特殊作用以及烛火使羽毛失去电的作用.

对于另一试验，他说：“如果你把一根亚麻线吊在硫黄球的上方，下端几乎接触到硫黄球，用手指或其他东西试着去碰它，线便后退，不让手指接触它.”于是他取一根长约45英寸的亚麻线，吊在一根细杆的一端，这细杆固定在桌子上；亚麻线垂下时，它的上下两端与其他物体的距离约为一拇指宽.当把摩擦过的硫黄球拿近支持线的细杆时，发现线的下端翘起向着附近的物体.他说：“这让人亲眼看到，效力(virtue)在亚麻线中伸展甚至达到下部，它在那里或者是吸引，或者是自己被吸引.”“这个实验直观地显示，由摩擦激发了的硫黄球，也能通过45英寸长或更长的亚麻线行使它的效力，在那里吸引某个东西.”这是人类最早观察到电的传导现象.他还提到，如果“你把硫黄球拿到暗室中摩擦，特别是在夜里，会发出光来，就像糖在被打击时那样”.他还看到手和硫黄球间的刷形放电，并听到噼啪声.

古里克在1672年出版了《马德堡的新实验》(*Experimenta Nova Magdeburgica*)一书，书中介绍了他的发明和发现.

2. 牛顿和豪克斯比的改进和实验

1675年，牛顿(Newton, Sir Isaac 1642—1727，英)用玻璃球代替硫黄球制造了一个摩擦起电机.

1705年左右，豪克斯比(Hauksbee, Francis 约1666—1713，英)用空心玻璃球代替实心玻璃球，制成一个摩擦起电机(图2).当球转动时，用手摩着它的外面，球内会产生火花.他还把两个空玻璃球安装在两个轴上独立地转动，两球之间的距离不到1英寸；他抽出其中一个玻璃球内的空气，用手掌摩着另一个玻璃球.他看到，不仅他摩的球内发光，未摩的抽空球内也发光.他由试验发现，只要把一根抽出空气的玻璃管拿近摩过的转动球，管内便会出现闪光.他还把一些羊毛线粘在半圆形的导线环上，然后让它跨在一根水平玻璃柱的上方，羊毛线都自然下垂.让玻璃柱绕自己的轴旋转，引起的气流便把羊毛线吹得都向前倾斜.再把手掌摩着转动的玻璃柱,羊毛线便很快伸直并指向玻璃柱的轴,同时出现火花和噼啪声.他把半圆环放到玻璃柱的下方,羊毛线都立刻竖起来并指向玻璃柱的轴.他把玻璃柱的轴改为竖直方向,而把半圆环放成水平.在玻璃柱被摩擦后,羊毛线便都立刻跑到水平面内并指向玻璃柱的轴.

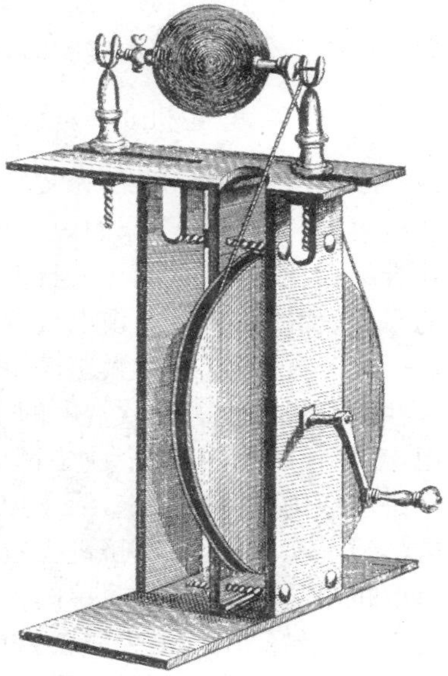

图 2　豪克斯比的摩擦起电机
[本图取自豪克斯比的著作《包括光和电的一些惊人的现象的各种物理-力学实验(1709)》]

3. 以后的改进

自豪克斯比以后,不断有人改进摩擦起电机.我们在这里选择几个较重要的改进,略加介绍.

1742 年,戈登(Gordon, Andrew 1712—1757,苏格兰)用玻璃圆柱代替玻璃球,改进了摩擦起电机.他用的玻璃圆柱长 8 英寸,粗 4 英寸,转速达到每分钟 680 圈,能产生强烈的火花,可以杀死小鸟.

1745 年,温克勒(Winkler, J. H. 1703—1770,苏格兰)把玻璃管安装在脚踏板踩动的轴上,用脚踏代替手摇.在此之前(1733 年),他用安装在弹簧上的皮革垫子代替干手掌摩擦玻璃球.这都使摩擦起电机得到改进.温克勒在很多人的集会上表演用他的起电机产生的火花点燃酒精,并且从人的手指上产生火花.

1768 年,拉姆斯登(Ramsden, Jesse 1735—1800,英,拉姆斯登目镜的发明者)用平玻璃板代替玻璃球或玻璃管,制成平板型摩擦起电机.

1779 年,印根豪茨(Ingenhousz, J. 1730—1799,荷)把直径 9 英寸的圆玻璃板安装在水平轴上制成摩擦起电机,玻璃板转动时,与安装在两边的 4 个软垫摩擦,每个软垫长 1.5 英寸,分别处于圆玻璃板直径的上下方.

1785 年,马鲁姆(Marum, Martin van 1750—1837,荷)制成两个圆玻璃板的摩擦起电机,两板平行放置,安装在一个公共轴上,每块玻璃板都由 4 个垫子摩擦.用带有尖端的导体从两玻璃板的内表面上收集电荷.

1882 年,维姆胡斯(Wimshurst, J. 1832—1903,英)创造出圆盘式的静电感应起电机,其中两个玻璃圆板同轴反向转动,效率很高.他后来又作了一些改进. 由于这种起电机效率高,并且能够很容易产生高电压,故沿用至今. 目前我们在课堂上作电学演示实验时,就常用到它.

4. 摩擦起电机的影响

摩擦起电机的出现,为实验研究提供了电源,对电学的发展起了重要作用. 经过英国和德国科学家们改进的摩擦起电机,效力和威力都有提高,能够产生强大的火花,特别是能从人身上生出火花来,引起了世人的惊奇,促使人们对电的本质、物质结构以及雷电现象等进行探索,从而促进了电学的发展.

另一方面,这种由人工产生的新奇的电现象,也引起了社会上的关注. 不仅一些王公贵族观看和欣赏电的表演,连一般老百姓也受到吸引. 特别是在 18 世纪 40 年代的德国,整个社会都对电的现象感兴趣,普遍渴望获得电的知识. 电学讲座成为广泛的要求,演示电的实验吸引了大量的观众;甚至大学上课时的电学演示实验,公众都挤进去看,以至达到把大学生挤出座位的地步. 当时摩擦起电机市场销路很好,简单的仪器,能产生惊人的现象,使许多并不想作科学家的人,出于好奇心,也买回去自己做实验,以资娱乐. 这就大大地普及了电学知识,为电学的进一步发展打下了广泛的群众基础.

§6 格雷发现电的传导

格雷(Gray,Stephen 约 1666—1736)生于英国的一个手工艺家庭,精于工艺. 1703 至 1716 年间致力于天文观测工作,被誉为细心而可靠的观测者. 1707 年左右,剑桥大学一位教授请他帮助建造新天文台,这期间他有机会看到别人做电学实验,很感兴趣,于是他自己也试着做,这时他已是 40 岁左右了. 他在电学上的贡献,则是在 60 岁以后作出的.

1720 年,格雷发表了一篇关于电学实验的文章,叙述他发现一些非刚性物体如头发、丝和羽毛等都可以摩擦起电.

1729 年 2 月,他做摩擦起电实验,用长 3 英尺①、直径约 1 英寸多的玻璃管,管两端都用软木塞堵住.(豪克斯比曾提出,为了避免灰尘进去,要用软木塞堵住.)摩擦过玻璃管后,他看到软木塞也能吸引羽毛和箔屑等. 他说:“我把羽毛拿到软木塞的平端面上,软木塞一连吸引和排斥多次;对此我感到很惊奇,并得出结论,确实有吸引效力(attractive virtue)从被激发的玻璃管传递给软木塞了.”

① 1 英尺(foot)=12 英寸(inch)=30.48cm.

他接着研究吸引效力究竟能传到多远.他随手找了一个 4 英寸长的小木棍,把它的一端插入软木塞,棍的另一端有一个象牙球,当玻璃管受到摩擦时,象牙球就能吸引黄铜箔.他用一条长金属线,后来又用一根很长的大麻线代替木棍做试验,观察到同样的吸引力.他想,这可能与象牙球有关,于是去掉象牙球,换上其他东西,如砖头、石头、瓦片、粉笔、各种蔬菜和植物以至硬币等,一一试验,发现同样都有吸引力.他又把房里的火铲、火钳、拨火铁棍、水壶(装满水或空的)和小银壶等,分别拿来试验,也同样有吸引力.他再试验吸引效力能传到多远.他拿钓鱼竿做试验,发现吸引力能从钓鱼竿的一端传到另一端;他再把其他竿子接到钓鱼竿上试验,也成功了.是否能传得更远?他的房间只有 18 英尺长,无法做更长的实验.

5 月里,他到一位好友家宽敞的庭院中继续试验,竿子接到 32 英尺长,仍然获得成功.他再用线代替竿子做实验,线长 34 英尺,下端吊着象牙球;他站在阳台上摆动线下的象牙球,球从地面上吸起了金属箔碎片.他又把线拉成水平,在横梁上绕一圈以便吊着象牙球,试验结果失败了(球不吸引碎箔片).他认为失败的原因是电效力(electric virtue)没有传到球上,而是跑到梁上去了.他去找一位皇家学会会员惠勒(Wheler,G.),并把一些样品给惠勒看;惠勒了解他的实验后,非常感兴趣,要立即拉一条水平线做实验.格雷告诉他,这不行,效力会从支持物上跑掉.格雷说:“惠勒建议用一条丝线来吊起这条通过电效力的水平线.我告诉他,由于它(丝线)很细,从传输线上跑掉的效力会很少,应当比较好.”可见这时格雷已经认识到,线的传导能力与它的粗细有关,线越细,它传导效力的能力就越差.惠勒家有一条 80 英尺长的走廊,试验就在这里开始了.惠勒和他所有的仆人都来帮助格雷,他们很快在拉紧的丝线上架起一条线来;试验成功了,效力通过这条 80 英尺长的线并不比通过几英寸长的线困难些.他们很高兴,接着把线绕几个来回以增加长度,到 300 英尺长,由于丝线经不起重量,断了.尽管丝线很容易接好,但格雷想,金属线比丝线结实些,便用黄铜线代替丝线;但试验结果,线端的小球却不吸引小物.不论他们怎样用力摩擦玻璃管,线那端的小球始终不吸引小物.这表明,玻璃管上的电效力没有经过线传到小球上.格雷说:“我们现在认识到,我们以前的成功,是由于用来支持传输线的那些线都是丝质的,而不是由于它们很细.”由此可见,格雷这时已领悟到,用黄铜线支持传输线时,电效力会从黄铜线上跑掉,而用丝质线时,电效力就不会跑掉.惠勒建议再用丝线做试验,为了增加支持力,用多股丝线支持传输线;为了增大距离,他建议让传输线穿出走廊,在外面架起杆子支持它,使它总长达到 650 英尺.惠勒在一端摩擦玻璃管,格雷则在另一端观察箔屑是否被吸引;然后两人互换.这时正是七月,气温很高,他们热心做实验,从线的一端到另一端来回跑.实验成功了,他们非常高兴.后来他们还做了使玻璃管上的电可以沿三条线同时传输出去的试验,也成功了.

1729年秋,格雷发现,玻璃管靠近线但不与线接触,也能把吸引效力传给线.他接着做使各种物体带电的实验,他曾使肥皂泡带电.他还用两个方木块,一个空心的,一个实心的,做试验;他发现,"只有表面有吸引力,而其他部分则没有".1730年春,他用绳子把一个孩子吊起来,用摩擦过的玻璃管接触孩子的脚时,孩子的脸便能吸引黄铜箔.这表明,格雷发现,人体也是导电的.

1731年6月,格雷经过一系列实验后发现,把带电的物体放在树脂饼上,可以使其绝缘.

1732年,在惠勒等的帮助下,格雷做了一些感应实验.他说:"电效力不仅可以由杆子或线从玻璃管传到远处的物体上,而且同一杆子或线还会把这种效力传给离它一段距离的其他杆子或线,并且吸引力还可以经过后一杆子或线传给在远处的其他物体."格雷发现,相距1英尺远的两条线都能感应.

格雷的实验研究持续了三年(1729—1732),他的实验结果都发表在英国的《哲学会报》(*Philosophical Transactions*)上.

法国科学家迪费(Dufay)因受到格雷的成就的鼓舞,也从事电学研究,结果发现电有两种(参看下面§7),并且发现,把电传给绝缘的导体时,会出现火花.1733年12月,迪费把自己的成果写出一个摘要,寄给格雷.格雷对此除了感到很大鼓舞外,还对迪费讲到的火花很感兴趣.他立即作实验,用丝线把火钳、火铲和拨火铁棍等吊起来,用摩擦过的玻璃管接近它们,产生火花;他甚至用牛肉、大公鸡和小孩等吊起来做实验.最后用铁棍产生了嗞嗞声的"光线从一点散开的"刷形放电.格雷说:"效应现在还比较小,但迟早总会找到聚集大量电的方法,从而可以增大这个电火(electric fire)的力量.由好多个这样的实验看来,电火似乎与雷电具有相同的性质."

格雷最重要的贡献是发现了电的传导.他把不能传导电的物体叫做isolant(绝缘体).后来(1736年),英国皇家学会会员德萨古利(Desaguliers,J. T. 1683—1744,英籍法国人)把能传导电的物体取名为导体(conductor).1739年,德萨古利进一步把物质分为两大类,就是我们今天所说的导体和绝缘体.

§7　迪费发现电有两种

从公元前数百年起，直到1600年吉伯的系统研究为止，人类只知道琥珀等经过摩擦后能吸引小物体，也就是只知道电的吸引现象. 1629年，卡比奥发现，摩擦过的琥珀把小物体吸到它上面以后，又把它们排斥出去. 这一发现，开辟了电学研究的新领域，引起了欧洲许多学者的兴趣，他们纷纷做实验研究这一现象，并提出各种假说来解释它. 最后解决这个问题的是法国科学家迪费（Du Fay或Dufay，Charles François de Cisternay 1698—1739）.

迪费出生于巴黎的一个军人世家，当过兵，14岁任中尉. 1722年退役回到巴黎，到巴黎科学院从事化学研究工作，1724年成为副化学家，1733年和1738年任所长. 从1723年到1728年间，他研究过托里拆利管中水银震动时的发光问题、石灰加水时的发热问题、平面几何问题、玻璃的溶解度问题和人造宝石的着色问题等，这些方面的研究成果都在巴黎科学院的院报上发表过. 1728年他开始研究磁学，两年里发表过三篇关于磁学的论文.

1732年迪费开始研究电学，首先，他阅读已有的文献. 他读过格雷发表的研究成果的文章后很受鼓舞，决心从事实验研究. 他先做摩擦起电实验，试验了各种木头、石头等容易得到的自然物体，特别注意研究前人认为不能摩擦起电的那些材料（非电体）. 他发现，其中有些物体要摩擦到发热，有些树脂则要摩擦到发黏，才能起电. 经过大量的试验，他突破了吉伯关于电体和非电体的界限，他宣布：所有物体除金属和软材料外，都能摩擦起电.

接着他研究格雷关于电的传导的实验. 他用摩擦过的玻璃管试验放在金属支座上的物体（如木头、石头、金属等），能否带电；试验结果发现，不能使它们带电. 当把金属支座换成玻璃支座，再做同样试验时，结果就能使它们带电. 他立刻明白，能不能使一个物体带电，不仅与该物体的性质有关，而且还与它是否绝缘有关. 他继续试验，把各种各样的物体（木头、石头、琥珀、玛瑙……以至橘子、书籍、烧红的煤等）依次放到玻璃支座上做同样的试验，发现每一个都带电. 他由此得出结论：导体除非用绝缘体支起，否则是不能带电的. 他在试验中还发现，金属是最难甚至不可能用摩擦的方法起电的；但把金属放在玻璃支座上，用摩擦过的玻璃棒使它带电时，它比任何其他物质所带的电都多.

他用实验检验格雷的一些结论. 格雷曾说过，物理上相同的带电体中，不同颜色的吸引力是不同的. 迪费经过很多实验得出结论，颜色没有影响. 他有一个实验是这样作的,用三棱镜把太阳光分成各种色光,分别照射到一排质地相同的白丝带上,然后把摩擦过的玻璃棒依次接近它们,得到的结果是,它们的反应完全相同.

他继而研究格雷关于电传导的实验.他对长距离传输的研究发现,摩擦时最难起电的物质(如金属和湿的物体)传导得最好,而摩擦时最易起电的物质(如琥珀和丝绸)却传导得最差.他曾用一根 1256 英尺长的线,把它打湿,然后用玻璃管和西班牙蜡块作支撑物,用来研究电的传导实验.这是第一次把固体绝缘材料用于传导电线上.他还发现,如果用手接触导线端上吊着的小球,球便不再吸引小物了.他说,这是因为电通过他的身体逃散到地下去了.

他研究古里克的硫黄球排斥羽毛的实验.他用摩擦过的玻璃管吸引金箔,金箔与玻璃管接触后又逃离玻璃管.他认为,这是金箔在与玻璃管接触时由于传导而带电所致.带电的物体先吸引不带电的物体,在接触时把电传给不带电的物体,然后就排斥它;在它没有失去电之前,会一直受到排斥.这就是他对古里克实验的解释.有一次,他观察受摩擦过的玻璃管排斥而浮在空中的金箔时,忽然想到,用两个带电体排斥这金箔,看看会发生什么情况.于是他摩擦一块硬树脂,然后把它靠近这金箔.使他大为惊奇的是,金箔不是被排斥,而是被吸引到硬树脂上.他一再重复这个实验,每一次都发现,金箔接触被摩擦过的玻璃管后就受到排斥,却受到被摩擦过的硬树脂(或琥珀、或西班牙蜡)的吸引.再拿一根玻璃管(或岩盐)摩擦后靠近这金箔,金箔又受到排斥.他说:“我不能怀疑,玻璃和晶体所起的作用正好与树脂和琥珀所起的作用相反;金箔因为从前者取得电而被前者排斥,却被后者吸引.这引导我得出结论:可能有**两种不同的电**.”他由进一步的实验得出结论:带电的玻璃管排斥从它上面获得电的所有物体,而吸引带电的琥珀和从琥珀上获得电的所有物体.在经过大量的实验和仔细分析后,他终于确定了电有两种这一重大发现.他说:“有两种彼此很不相同的电,其中一种我称之为玻璃电(électricité vitrée),另一种我称之为树脂电(électricité résineuse).前者是玻璃、岩盐、宝石、动物的头发、羊毛和很多其他物体的电.后者是琥珀、硬树脂、树胶、虫胶、丝、线、纸和大量其他物体的电.这两种电的特点是,它们自己互相排斥,而彼此则互相吸引.因此,带玻璃电的物体排斥所有带玻璃电的物体,反过来,却吸引所有那些带树脂电的物体.树脂电也排斥树脂电而吸引玻璃电.根据这一原则,我们可以很容易解释大量的现象;并且很有可能,这个真理将引导我们发现很多其他事情.”

迪费所说的玻璃电就是用丝绸摩擦玻璃管时玻璃管上所带的电,也就是我们今天所说的正电或阳电;他所说的树脂电则是用毛皮摩擦树脂时树脂上所带的电，也就是我们今天所说的负电或阴电. 迪费关于这一重大发现的论文《论电》(Mémoires sur l'électricité)发表在1733年(我国清代嘉庆十一年)的巴黎科学院的论文集(*Mémoires de l'Académie des Sciences*)上，这一论文发表后，立即引起学术界的重视，并引起了当时人们对做电学实验的很大兴趣.

迪费发现电有两种后，转而研究格雷把孩子吊起来做的带电实验. 他把自己绝缘起来，当一个助手用摩擦过的玻璃管接触他时，他感到一下很强的电击；在晚上重复这一实验时，还观察到火花. 这个现象使他感到惊奇. 他花了很大力量研究这火花，但没有取得什么成果.

1733年12月，迪费把他的《论电》的长文写了一个摘要，托人转交给英国皇家学会和格雷. 他说，格雷"在这个学科里的工作取得了如此多的应用和成就，我自己承认我已作出的和以后可能作出的发明，都受到了他的恩惠，这是因为，我读了他的论文后才下决心自己从事这种实验的". 格雷收到迪费的论文摘要和信以后，极为高兴，他热烈祝贺迪费所取得的成就，并为自己的实验为一位如此有见识的法国杰出科学家所证实而自我庆幸. 此后格雷和迪费一直保持通信和友谊，但他们后来都没有在电学上作出重要贡献.

迪费后来还在其他领域作过研究工作，并发表过关于幻日(parhelia)、流体力学、露水、含羞草和染料等的论文. 关于植物学的论文使他成为皇家花园(Jardin du Roi)的总管.

迪费因患天花去世，年龄还不到41岁. 他终身没有结婚.

§8　莱顿瓶的出现及其影响

1. 穆欣布罗克的发现

穆欣布罗克(Musschenbroek, Peter van 1692—1761, 荷)生于莱顿市的一个科学仪器制造者之家，入莱顿大学并获得博士学位，之后曾在一些大学当教授，教数学和自然哲学等课. 1739年任莱顿大学教授，直到去世，1742年他的老师格拉菲桑(s'Gravesande, W. J. 1688—1742)去世，他便接替格拉菲桑讲授实验物理学. 格拉菲桑和穆欣布罗克都是荷兰物理学家，他们把牛顿力学和实验物理学引入荷兰，在莱顿大学奠定了研究物理学的基础. 穆欣布罗克的著作被译成英、德、法等文字，他的物理实验书里有好些实验后来成为基础物理课的经典实验.

穆欣布罗克鉴于带电体所带的电在空气中会逐渐消失,想找出保存电的方法.为此,他试图使玻璃瓶里的水带电,有一次在实验中受到了强烈的电击.1746年1月,他把这次试验情况写信告诉他的朋友、法国物理学家雷奥米尔(Réaumur,Renéde 1683—1757),他在信中说:"我希望告诉你一个新的但是可怕的实验,我劝你绝不要亲自去试验它.我在从事一项研究来决定电的强度.为此我用两条蓝丝线吊起一根枪管,它接收从一个玻璃球传来的电;玻璃球由一个操作者使它快速绕轴自转,而另一个人则用手掌压在它上面起电.在枪管的另一端吊一根黄铜线,其下端放入装了一些水的玻璃瓶内.这瓶子我用右手拿着,我的左手试图从枪管引出火花.突然间我的右手受到一下电击,这电击是如此之猛烈,以致我全身像受到雷击那样的震颤.瓶子尽管是玻璃的,但没有破,手也没有因震颤而移动;但手臂和身体则产生了一种我无法形容的可怕感觉.总之,我以为这下子我可完蛋了."接着他说,瓶子的形状并不重要,但他相信5英寸直径的白色薄玻璃瓶可能产生足够致死的电击.试验电击的人可以站在地板上,但必须一只手拿瓶子而用另一只手激发火花;或者拿一块金属板放在桌子上,然后把瓶子放在金属板上,一只手接触金属板,用另一只手的手指去接触导线.

图1 莱顿实验[本图取自温克勒的《玻璃容器中水的电力的强度》(1746)]

雷奥米尔把穆欣布罗克的信给电学家诺勒(Nollet,J. A. 1700—1770,法,迪费的学生,也是穆欣布罗克的学生)看,并让诺勒用他的仪器和实验室作实验.诺勒对穆欣布罗克的发现很感兴趣,重复作了穆欣布罗克的实验,并作了一些改进,使放电更为强烈.诺勒把这种能蓄电的瓶子取名为莱顿瓶,并用它来作电击的表演.1746年4月,他在法国科学院的会议上演示了莱顿瓶的实验.他还表演给法国国王看,国王的180个卫兵手拉手,让莱顿瓶通过他们放电,"他们同时感受到电击,使他们同时跳起."国王大为惊喜.由于诺勒的宣传,莱顿瓶很快就在科学界传开,在欧洲引起轰动,甚至影响到了美国.美国的富兰克林称它为"穆欣布罗克的奇妙的瓶子",他主动与穆欣布罗克通信,并且在1761年访问欧洲时,还特地去拜访穆欣布罗克.

2. 关于克莱斯特和肯挠斯

1745 年 10 月，克莱斯特(Kleist，E. G. von 1700—1748，德)也独立地发现了玻璃瓶能蓄电. 他在 1745 年 11 月和 12 月，分别写信把这件事告诉一些人，这些人中有人把这个消息告诉了但泽市的十几个人的物理学会. 由于克莱斯特描述得不清楚，收到他的消息的人经过试验都不成功，因而也就没有反响；只有但泽市的格雷拉斯(Gralath，D.)在试验失败后，写信去向克莱斯特请教. 1746 年 2 月，格雷拉斯收到克莱斯特的回信，澄清了一些问题. 经过 10 天试验后，格雷拉斯才发现，玻璃瓶必须拿在一只手上，而用另一只手触及瓶子的导线，这样才起作用. 后来当格雷拉斯听到莱顿瓶的消息，便立刻为克莱斯特辩护，说这种瓶子是克莱斯特发明的.

此外，法国的诺勒得到穆欣布罗克的信后，也看到了穆欣布罗克的助手阿拉芒(Allamand J. N. S. 1713—1787)的信，信中提到，莱顿瓶的发现应归功于业余科学爱好者肯挠斯(Cunaeus，C). 阿拉芒说，肯挠斯看了穆欣布罗克和阿拉芒的某些实验后，回家重复这些实验时发现了电击. 还有人说，是在穆欣布罗克作实验时，肯挠斯帮忙，他一只手拿瓶子，另一只手碰巧接触到枪管，受到电击，从而发现莱顿瓶能蓄电. 也有人认为，关于肯挠斯的事不可信，是捏造出来企图降低穆欣布罗克的声誉的.

3. 沃森的贡献

沃森(Watson，Sir William 1715—1787)是英国皇家学会会员，听到穆欣布罗克的发现的消息后，便作了大量的实验. 他证实了穆欣布罗克的结论：瓶子越薄，所产生的电击就越强. 他还进一步发现，导体与玻璃的接触面积越大，所产生的电击就越强. 另一位皇家学会会员贝维斯(Dr. Bevis，1693—1771)向他建议，用铅片(通常称为锡箔)包在玻璃瓶外，以增大接触面积. 沃森采纳了这个建议. 后来他们把玻璃瓶内外都加上金属敷层，从而获得更强的电击. 由于能蓄更多的电，沃森便第一个观察到莱顿瓶放电时伴有火花，并用来点燃火药和氢气等.

根据在莱顿瓶实验中，人受到电击时，只是胳臂和胸部受到电击，而身体的其他部分并未受到电击的事实，沃森推断：在电击时，有某种东西从莱顿瓶经过受电击者的胳臂和胸部通过，这种东西走的是最短的或最易传导的途径. 他把这种东西所走的路径叫做回路(circuit).

1746 年 10 月 30 日，沃森在英国皇家学会宣读的一篇论文中，提出了关于电的一种假说，认为电是一种非常稀薄的流体，他称之为电以太(electric aether)，所有的物体都含有电以太，含量正常时不呈现带电现象，当含量比正常量多或少时便呈带电现象. 他还认为，使导体带电就是使电以太从某个物体流到这个导体上. 在莱顿瓶充电或放电时，电是被转移而不是被创造出来或被消灭掉.

4. 莱顿瓶对电学发展的影响

莱顿瓶的出现引起了当时欧洲科学家们的极大兴趣，许多人纷纷研究这种能储蓄电的瓶子. 很快就确定了瓶子越薄，它能储存的电就越多；瓶子内外导体的接触面积越大，储存的电也越多(当时用它放电时产生电击的强弱或火花的大小来衡量它储存的电的多少). 实际上这就是在实验中发现的电容器的规律.

对莱顿瓶放电的研究，产生了电路的概念和电沿最短路径走的概念；进一步还提出了电以太的理论. 这些都标志着人类对电的认识开始逐渐深入.

另一方面，由于莱顿瓶能产生强烈的电击和火花，也引起了王公贵族和一般市民的兴趣，他们喜欢观看这种新奇的玩意儿，并乐于亲身体验一下电击的滋味. 所以在当时的欧洲，时兴表演电学实验，不仅在实验室、集会厅表演，而且还在街头表演；有些人竟以此为业，带着摩擦起电机和莱顿瓶以及一些简单的器具，到处表演. 这就为电学知识的普及铺平了道路，美国的富兰克林就是看了欧洲人到美洲街头上作这种表演而走上电学研究道路的.

§9 富兰克林的贡献

1. 富兰克林生平简介

富兰克林(Franklin，Benjamin 1706—1790，美)生于波士顿的一个小商家庭，兄弟姐妹共 17 人，他是最小的男孩. 8 岁入学，天资聪颖，成绩为全年级第一；但由于家里难以供他受高等教育，学习不到一年，父亲便让他转入写算学校，以便日后好谋生. 10 岁时辍学，在家帮助父亲做蜡烛和干杂活；两年后到哥哥的印刷所当合同工. 他从小酷爱读书，这个工作使他有机会读到很多书. 17 岁时离开哥哥，独自到外地谋生，先后在费城和伦敦当了几年印刷工人. 后来在费城从事印刷事业，刊行历书，出版杂志，创办报纸 . 1731 年在费城建立北美第一个公共图书馆. 1744 年组织美洲哲学会，是美洲的第一个科学学会.

1746至1755年间,曾从事电学研究,所取得的成就使他获得了世界性的荣誉.1749年创建费城科学院,任主席.1751年被选为洲议会议员,以后连任过多年.由于在电学上的成就,1753年获得英国皇家学会的科普利奖章(Copley medal),1756年被选为英国皇家学会会员.1753至1774年任北美殖民地的副邮务部长(deputy postmaster-general).1757—1762年派驻英国.美国独立战争期间参加反英斗争,当选为第二届大陆会议代表,参加起草《独立宣言》.1776年至1785年出使法国,赢得了法国对美国的支持,为美国独立作出了卓越的贡献.

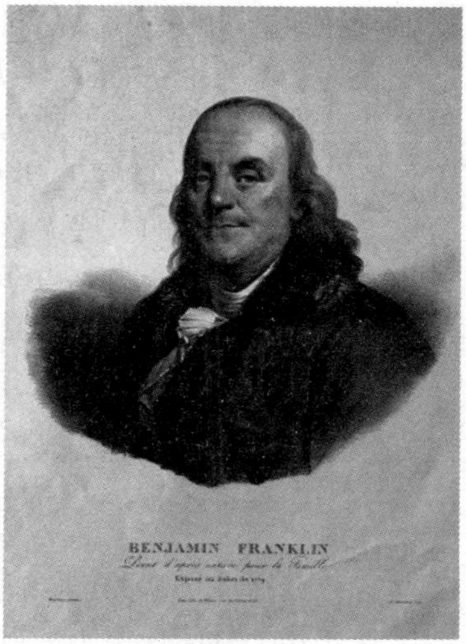

富兰克林

2. 富兰克林开始研究电学时的情况

1746年,斯宾斯博士(Dr. Spence)从苏格兰到美洲殖民地的波士顿,表演电学实验.当时富兰克林已40岁,在事业上卓有成就,已是一位社会名流了.他看到斯宾斯表演的电学实验,感到极为新鲜,又惊又喜.他在自传中说:“在我回到费城之后不久,我们的图书馆从伦敦皇家学会会员柯林孙(Collinson,P.)先生那里收到一件赠品,是一根玻璃管,附有用以作实验的说明书.我热烈地乘机把我在波士顿所见到的重复实验;由于多次的实验,使我对于英国寄来的说明书中的那些实验,能够不慌不忙地运用,另外还加上了一些新的实验.因此在多次的实验中我的屋子里继续客满,因为有时有许多人来看那些新的怪东西.

为了要公之于我的朋友,我在我们的玻璃厂中吹制同样的管子多件,于是他们就充分满足自己之用了,我们终于有好几个实验者了.其中最重要的是肯纳斯莱(Kinnersley,E.)先生,他是我的一位敏慧的邻居,其时正在失业,我鼓励他表演实验来挣钱,并为他起草了两篇演讲词,其中把实验排列成序,依次附以说明,如此可以帮助观者领悟.他备有一件专供实验的精良仪器,其中一切的小机器都是我粗陋地制以自用而又由机械师加以精密改造的.他的演讲,听者甚多,并使他们大为满意;过了一时他横穿殖民地,每到一处都市即行表演,因此挣到一点钱.”

18世纪40年代后期的欧洲,正处在电学蓬勃生长的时期.摩擦起电机经过了多次改进,莱顿瓶已经出现.在英、法、德等国都有一些研究电的专家,他们提出了各种理论,用来说明观察到的现象;一些学术团体讨论电的问题,学术刊物上发表关于电的论文,还有些人到处表演电学实验.而在当时的美洲殖民地,却仍然处在洪荒时代,各方面都远落后于欧洲,在文化上尤其如此.富兰克林可以说是一个拓荒者,他除了看到斯宾斯的一点表演和从柯林孙那里得到玻璃管等简单工具以及沃森的一些文章外,一切都靠自己开创.就是在这样的条件下,他以 40 岁的年龄,全心投入电学研究.他说,“我以前在任何研究上,从未像现在这样全神贯注过.”以致几个月来,“没有余暇顾及其他任何事情.”人心坚,铁石穿,不久他就作出了成绩,在有些方面,超过了欧洲的同行.经过几年的努力,他终于取得了惊人的成就,不仅为美洲取得了荣誉,而且也对人类做出了贡献.

3. 关于电荷守恒的实验

富兰克林在早期的电学研究中,就提出了他自己的理论.(当时他不知道英国沃森在几个月前提出了电以太理论,也不知道法国迪费已发现电有两种.)他认为,所有物体内都存在电火(electrical fire).当一个物体内电火的含量为普通股(common stock)时,它便不呈现带电现象,而处在一种平衡状态.如果一个物体所含的电火超过了普通股或少于普通股,便呈现带电状态.设有 A,B,C 三个人,原来都不带电,他说:“A 站在蜡上,摩擦玻璃管,他身上的电火便跑到玻璃上去了;而他与普通股的交流被蜡切断了,他的身体不能马上获得补充.B(也站在蜡上)用指关节靠近 A 的玻璃管并沿着它移动,便从 A 的玻璃得到电火;而他与普通股的交流也被切断了,所以他便保存了多余的量.对于站在地板上的 C 来说,A 和 B 都是带电的;由于他只有中等的电火量(middle quantity of electrical fire),所以他靠近过量的 B 时,便收到一个火花;如果他接近欠量的 A,便会给 A 一个火花.如果 A 和 B 彼此接近,因为他们的差别比较大,火花便强些.在这样接触后,由于电火已恢复到原始的量,他们中任何一个与 C 之间便不会出现火花.如果他们在带电时接触,相等性(equality)永远不会被破坏,火只是在流通(circulating).”在实验过程中,他是用火花的强度来判断电量的多少.他说:“电不因为摩擦玻璃而创生,它只是从摩擦者转移到玻璃上,摩擦者失去的电与玻璃得到的电严格相等.”这是最早关于电荷守恒实验的明确表述.

1747 年,富兰克林把含电火量超过普通股的物体叫做带正(positive)电,少于普通股的物体叫做带负(negative)电.这些概念和名称一直沿用至今.但他曾指出,这种名称带有猜想的性质,实际上并不能断定究竟是哪种电与物体含有的电火量超过普通股相对应.他规定的“正电”相当于迪费的“玻璃电”,“负电”相当于迪费的“树脂电”.富兰克林在 1747 年 9 月写给柯林孙的信中讲到,他发现莱顿瓶内部带正电而外部带负电，这两种电“在这个奇妙的瓶子中联合着和平衡着！以一种我决不能理解的方式彼此相处着和关联着！”他发现：“当一个物体带正电时，它便排斥带正电的羽毛或软木小球. 当它带负电时，便吸引它们.”

4. 著名的风筝实验

雷电现象是自然界里一种神秘而可怕的现象，自古以来，每个民族都有解释这种现象的神话，有些一直流传到今天. 但是，神话只不过是人们没有科学知识时的美丽幻想，而不是事实. 自从人类发现摩擦起电产生的电火花以后，由于电火花与闪电有很多相似之处，便有人想到闪电和电火花是同一种现象，即闪电是自然界里的一种大规模放电现象. 18 世纪初，豪克斯比就曾把摩擦起电产生的火花比作闪电，1720 年格雷认为电火花和闪电是同一性质的东西，1746 年诺勒进一步指出它们的相同性，还有其他人也发表过这种看法. 但是，这都是猜想，而不是实验证明的事实.

富兰克林开始作电学实验不久，根据他所观察到的现象，也认为闪电和电火花是同一种东西，他更想到闪电是带电的云的大量放电所致. 1749 年 11 月 7 日，他详细地列出了两者的相同性：“电流体与闪电在这些特点上相同：①发光，②光的颜色，③弯曲的方向，④迅速的运动，⑤能被金属传导，⑥爆发时的吼声和噪声，⑦在水或冰里存在，⑧使经过的物体破裂，⑨毁坏动物，⑩熔化金属，⑪使易燃物着火，⑫硫黄的气味.”尽管有这些相同之处，还不足以证明它们是同一种东西；要证明它们是同一种东西，必须作实验. 1750 年 7 月，他在给柯林孙的信中写道：

“为了确定含闪电的云是否带电的问题，我建议在可以方便试验的地方做一个实验. 在某个高塔或房屋的尖顶上放一个足够大的类似岗亭的东西，可以容一个人和一个电架子(electrical stand). 从架子的中间升起一根铁杆并弯着由门出来，然后竖起 20 或 30 英尺高，上端削得很尖. 如果电架子保持很干净和干燥，一个人站在它上面，当这种云低飞过时，就必定会使其带电，并产生火花，杆子从云里把电火引向他. 如果担心人会有任何危险(尽管我想不会有)，可让他站在他的岗亭的地板上，并时时把一端系在引线上的导线环靠近杆子，他则握住导线环的蜡柄；这样，如果杆子带电，火花便会从杆子击向导线而不影响他.”

柯林孙认为富兰克林的这个建议很重要，便向英国皇家学会报告并希望予以考虑，但遭到英国皇家学会的拒绝甚至嘲笑. 柯林孙决定把富兰克林的这封信发表，并把他以前的信也公布出来；经过努力，终于在1751年发表了．发表后将近一年，没有引起注意．有人把它送给法国的蒲风(De Buffon)看，蒲风感到很新奇，便让达里巴(D'Alibard)把它译成法文，结果在法国引起了轰动，从沙龙到议会以至国王都谈论富兰克林的实验；国王路易并命令法国科学家表演富兰克林的一些实验，他以极大的兴趣亲自观看．为了实现富兰克林建议的岗亭实验，达里巴在离巴黎80英里[①]的一个花园里，竖立一根有尖端的铁杆，直径约1英寸，高约40英尺．杆的下端在一岗亭内，用丝带绑在三根长木柱上，以便绝缘．1752年5月10日，雷雨来时，用黄铜导线成功地使莱顿瓶充电，并观察到伴有火花．过了八天，巴黎大学用99英尺高的铁杆成功地完成了岗亭实验，并表演给法国国王看．从此，法国人便都信服了富兰克林的论据．

1752年夏天，富兰克林听到法国人成功地实现了岗亭实验，并且由著名科学家演示给国王看，他非常高兴．但是，他仍不满足，他觉得法国人的铁杆不够高，离云层还差很远；火花只能表明铁杆带电，并不一定能证明这电是从闪电来的．经过思考，他想到用风筝把雷雨云中的闪电直接引来做实验．他用丝手帕做成风筝，在风筝上安装有尖端的导线；放风筝用的线是普通双股线，线的下端系上一条丝带和一把钥匙．丝带是为了绝缘用，放风筝时手拿住丝带，以免电通过人身造成伤害；钥匙是导体，以备引出电来．1752年(我国清代乾隆十七年)6月15日，富兰克林带着这个自制的风筝和莱顿瓶，同他21岁的儿子，来到费城的广场上，做一个非常危险的历史性实验．暴风雨来时，黑云滚滚飞过低空，大雨滂沱，雷电交加．富兰克林把风筝放入闪电的云层中，他同儿子则躲在一个小棚子里，观察动静．一道闪电来时，他突然看到，线上蓬松的小纤维都伸张开来；他把他的指关节靠近钥匙，立即出现火花．几经试验，都是如此．他使莱顿瓶充电，然后用普通方法让它放电，所产生的效果与摩擦电产生的效果完全相同．这就是著名的富兰克林风筝实验，它彻底揭开了雷电神秘的面纱，显示了雷电的本质，是人类认识自然史上的一个划时代的进展．

关于风筝实验，1752年10月19日富兰克林给柯林孙的信中讲得很详细：

“用两根轻的雪松条做一个小的十字支架，它的臂长正好到达一个大的薄丝手帕张开时的四个角．把手帕的四个角绑在十字支架的尖端上，适当地配上尾巴、圈和线，这样就做成了一个风筝，可以像用纸做的风筝那样升入空中；但这是用丝做的，不怕湿，并且在伴有大风的雷阵雨中不致破碎．把一根带有很锐尖端的金属线固定在十字支架的直杆顶端，金属线伸出木头1英尺或多一点．双股线靠近手的一端，系上一条丝带，在丝带与双股线的接头处则系一把钥匙．

---

① 1英里(mile)＝5280英尺(foot)＝1609.344m.

当看到雷阵风快要来临时，升起这个风筝，拿住线的人必须站在门内或窗内，或者站在某一个遮盖物下面，以避免丝带被淋湿；必须非常小心，不要使双股线与门框或窗架接触. 一旦有任何雷云越过风筝，带尖端的金属线便会从云里把电火引出来，风筝与整条双股线都将带电，双股线上的松散细丝向各方伸出，并且被靠近的手指吸引. 当雨淋湿了风筝和双股线时，就可以畅通无阻地传导电火，你会发现，当你的指关节靠近钥匙时，钥匙上就会发出很多电火. 在钥匙上，瓶子(莱顿瓶)可以充电，这样得来的电火可以使酒精点燃，而且可以进行通常借助于摩擦玻璃球或玻璃管所做的所有其他实验，从而电火与闪电的同一性就完全证实了."

5. 发明避雷针

1747 年 7 月 11 日，富兰克林向英国皇家学会会员柯林孙报告了"尖端物体在排除电火和放出电火两方面的奇妙效应". 尽管在此之前，欧洲早已有人(如古里克、豪克斯比、格雷、迪费、诺勒、温克勒和沃森等)观察到并描述过这种现象，但富兰克林却是自己发现的，并且在这个基础上继续前进. 他使小炮弹带电，并用丝线吊一小块软木靠近它；软木被吸引与炮弹接触后便被排斥到数英寸远并静止在那里. 当他拿一根针的尖端靠近炮弹时，他发现软木块又落向炮弹. 他说，这根小金属针似乎从铁中取走了电. 他观察到，在黑暗中，尖端上的火就像萤火虫那样.

富兰克林意识到尖端放电的重要性. 他在 1750 年 7 月写给柯林孙的信中说："尖端有这种本领，这知识不就可以用于人类保护房屋、教堂、船舶等免遭雷击吗? 这种知识指导我们在那些大厦的最高部分竖一个向上尖端的铁杆，加上镀层防锈，在这杆的下端联一根导线，沿建筑物外边通到地下，或沿船桅的一条绳索经船边到水里. 这些尖端不就可以在云走到足够近发生雷击之前，从云里悄悄地取出电火，从而使我们避免最突然和可怕的伤害而得到安全吗?"

1750 年前后，富兰克林发明了避雷针. 他在 1753 年的历书中介绍说："方法是这样：用一根小铁杆(可以用制钉子的杆铁制成)，长度为这样，一端插入湿地 3 或 4 英尺深，另一端比建筑物的最高部分高出 6 或 8 英尺. 在杆的上端固定长约 1 英尺的黄铜导线，和普通针织机上用的针那样大小，上端磨得很尖；杆子可以用一些 U 形钉固定在房屋上. 如果房子或仓库太长，可以在每一头安装一根杆子，用一条中号导线沿着屋脊把它们连起来. 这样装配的房子将不会遭雷击，电被尖端吸引，经过金属到地下而不伤害任何东西. 船舶也是一样，在它们的桅杆顶上固定一个有尖端的铁杆，杆的下端用导线沿桅杆的一条绳索连到水里，就不会被雷击了.”

§10 库仑用实验确立平方反比定律

1. 库仑生平简介

库仑(Coulomb,Charles Augustin de 1736—1806)是法国工程师和科学家,生于昂古列姆,祖上几代都是地方官员,被视为法国贵族.青年时随父到巴黎,先后在马扎兰学院(College Mazarin)和法兰西学院上过学.后来父亲做投机生意破产,迁到蒙彼利埃;他于1757年参加蒙彼利埃科学会,宣读了几篇关于天文和数学的论文.1760年入工兵学校,次年11月毕业,到工兵部队任中尉.1764年调到加勒比海中的法属马提克岛,负责工程工作,在那里多年,生过几次重病,以后身体一直不好.1772年调回巴黎,两年后,由于力学论文,成为巴黎科学院的通信院士.1777年因磁罗盘的研究工作而分享巴黎科学院悬赏的头等奖.1779年调到罗什福尔,作设计研究工作,并在船坞作摩擦方面的研究工作;他在这里写的论文《简单机械的理论》获得1781年巴黎科学院的两个头等奖.他因此被选为科学院的副机械师,这使他得以定居巴黎,成家立业,并有时间从事科学研究工作.1781—1806年间,他在巴黎科学院共宣读了25篇论文,其中包括电磁学方面的七篇著名论文.此外,他还在机器、仪器和自来水工程等方面提出过300多项建议.1789年,库仑正在写电磁学方面的论文时,法国爆发了大革命,这使他于1791年4月从军队退休,退休时是陆军中校.1795年被选为法兰西研究所(Institut de France)的实验物理研究员,1801年被选为该所的主席,这是荣誉很高的职位.1795年起任公共教育总监,为建立法国系统的中学教育作出了很大努力.

库仑

库仑生性正直,品质高贵,深受人们的尊敬.他既有开创性的天才,又有精密准确的科学作风,还有孜孜不倦的钻研精神.他由大量实验总结出,摩擦力与速度无关,摩擦系数与接触面积无关(在摩擦学中通常称为库仑-阿蒙顿定律).

他在扭转方面的研究得出了扭转定律并发明了扭秤；用扭秤实验确立了电荷之间相互作用力的规律(被后人称为库仑定律)，它是电磁学的基本规律之一，也是电学进入定量科学的开始. 为了纪念库仑对电磁学的重要贡献，1881 年，在巴黎召开的第一届国际电学会议决定，用他的姓氏作电量的单位. 1884 年，法国物理学会出版了库仑的论文专集.

2. 库仑的七篇电磁学论文

在 1785 至 1789 年间，库仑共发表了 7 篇关于电和磁的论文. 其中头两篇就是建立著名的库仑定律的论文，其他几篇论文也有些重要成果，我们在这里简略地介绍一下它们的内容.

1785 年(我国清代乾隆五十年)发表的第一篇论文是《论电和磁》(Sur l'électricité et le magnétisme). 在这篇论文中他介绍了测量电荷之间相互作用力的扭秤，和用它作实验得出的结果；两个同号电荷之间的排斥力与它们之间距离的平方成反比.

1787 年发表的第二篇论文是《论电和磁，第二篇论文》(Sur l'électricité et le magnétisme, deuxieme memoire). 在这篇论文中，介绍了他用扭秤作的实验，由振动的方法测出，两个异号电荷之间的吸引力与它们之间距离的平方成反比.

第三篇论文研究漏电问题. 他得出，由于漏电，物体上的电荷随时间作指数下降.

第四篇论文研究电荷的分布问题. 他用自己发明的验电板(plan d'épreuve)测量得出：导体上的电荷只分布在导体表面上，而不渗入导体内部. 第五篇论文研究了不同大小和形状的带电导体在接触后分开，电荷在它们上面的分布情况. 他在测定电荷分布后，便试图用数学来表示他的结果. 后来泊松(Poisson, S. D. 1781—1840，法)就是在库仑的基础上建立他的静电理论的.

第六篇论文研究了电荷产生的表面张力问题. 他得出，导体上面电荷密度为 σ 的地方，它外面附近的张力(即今天我们所说的电场强度)为 $4\pi\sigma$.

第七篇论文是研究磁的. 他根据电能传导而磁不能传导的实验事实，指出磁流体和电流体是两种完全不同的实体. 他根据任何一个磁体分成许多小块后，每个小块都有 N 和 S 两极的事实，提出磁分子假说，认为每个分子都是具有 N, S 两极的小磁体. 库仑的这个假说很快就得到普遍赞成，对后来安培分子电流假说有重要影响.

3. 扭秤的发明

库仑早期从事工程工作，对于工程中的力学问题曾进行过广泛的研究，在结构力学、应用力学和摩擦理论等方面都卓有成就，他是 18 世纪欧洲最好的工程师之一. 1781 年被选入法国科学院以后，他研究的方向逐渐转向物理. 他在摩擦、黏滞性和切变等方面的成就对他后来的电学研究工作有很大影响.

巴黎科学院在 1773 年宣布，以"什么是制造磁针的最佳方法"为题悬赏，征求解答，并定于 1775 年择优授予磁学奖，其目的在于鼓励设计一种指向力强、抗干扰性好的指南针，以代替当时航海中普遍使用的轴托指南针. 到了 1775 年，还没有人参加应征，于是巴黎科学院便继续悬赏. 后来库仑应征，在 1777 年，他和另一人分享了头等奖，各得 1600 法郎的奖金. 库仑获奖的论文题目是《关于制造磁针的最优方法的研究》，他在这篇论文中提出了用丝线悬挂指南针的方法①，并且指出，悬丝的扭力能够为物理学家提供一种精确地测量很小的力的方法. 在这篇论文中，他发展了细丝的扭转理论，研究了细丝的扭转角度与它的长度、半径和弹性的关系，证明了在一定角度范围内，扭力与扭转角度成正比，扭转振动是简谐振动. 1780 年，巴黎地磁观测台使用了库仑设计的罗盘，并提出要求解决磁测量中的一些问题. 这促使库仑去进一步研究扭转实验中的一些问题. 1784 年 9 月 4 日，他在巴黎科学院宣读了他研究扭转的总结性论文《关于扭力和金属丝弹性的理论和实验研究》. 在这篇论文中，他提出了扭转定律：

$$M=\frac{\mu BD^4}{L},$$

式中 M 是扭转力矩，μ 是刚性常数，B 是扭转角度，D 和 L 分别是圆柱形细丝的直径和长度.（纠正了 1777 年论文中 M 与 D 的三次方成正比的错误.）

库仑经过几年的研究，发明了扭秤（参看图 1). 其主要部分是一根金属丝，上端固定，下端悬有物体，在外力作用下，物体转动，使金属丝发生扭转. 根据扭转定律，便可以由测量的扭转角度算出外力矩来；再由外力矩的力臂，便可以算出外力来.

库仑发明的扭秤，不仅为他自己发现库仑定律创造了条件，也为 40 年后欧姆发现欧姆定律创造了条件，因为欧姆在研究电路的实验中所用的也是这种扭秤.

---

① 我国宋代沈括在《梦溪笔谈》(约 1088 年)中讲过，"缕悬为最善". 参见前面 251 页.

4. 平方反比定律的确立

库仑在 1785 年(我国清代乾隆五十年)发表的第一篇电学论文中，描述了他测定电荷之间相互作用力所用的装置，如图 1 所示. 图中下部是一段玻璃圆筒，其直径和高度都是 12 英寸；筒上盖一块圆玻璃板，板上有两孔，中间的孔用来安装一根长 24 英寸的玻璃管，旁边的孔用来放入固定在小木棒上的小球 b(球上敷有金属箔). 玻璃管的顶部装有悬头，它下面吊着一根细丝，细丝下端有一微型铁钳，夹住一根水平木杆. 木杆的一端固定一个直径为 0.17 英寸的小木髓球 a，球的表面敷有金属箔；木杆的另一端套上纸板，用来维持平衡. 在木杆周围的玻璃圆筒上刻有度数，用来显示小球转过的角度.

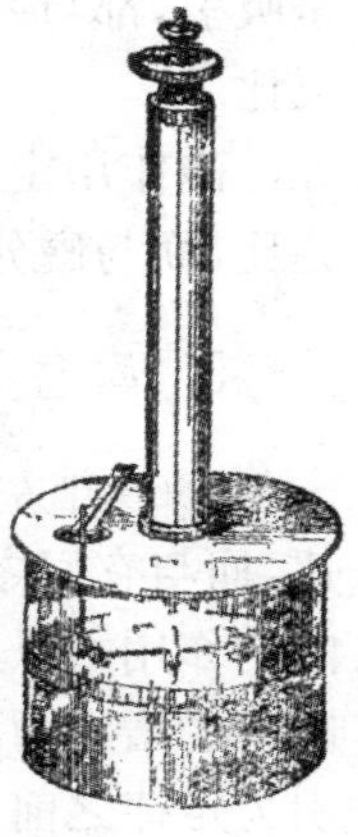

图 1　库仑的扭秤装置
[本图取自库仑于 1785 年给法国科学院的论文]

实验时，先旋转上面的悬头，使下面木杆上的小球 a 指着玻璃圆筒上刻度为零处. 然后从玻璃板上旁边的孔放入带电的小球 b，并使两小球轻轻接触. 由于两小球大小相同，电荷便均分在它们上面，电荷间的排斥力就推开水平杆上的小球 a. 达到平衡时，从玻璃圆筒上读出小球 a 转过的角度；从这角度算出扭转力矩，从而算出两小球电荷之间的排斥力来. 库仑根据实验得出结论："两个带有同种电荷的小球之间的排斥力与两球中心之间距离的平方成反比."

当两个小球带有异号电荷时，由于互相吸引，很容易相碰而使电荷消失. 所以库仑在 1787 年发表的第二篇电学论文中，采用振动方法测量异号电荷之间的力. 他先使两小球带上异号电荷，中心相距为某一距离. 水平杆上的小球 a 在电力和扭力的作用下，产生振荡. 他先测出电荷之间的作用力与振荡周期的平方成反比. 再改变小球之间的距离作实验，得出振荡周期与两小球之间的距离成正比. 于是便得出结论：异号电荷之间的吸引力也是与距离的平方成反比的.

库仑由实验得出的只是力与距离的平方成反比的关系，而没有得出力与两个电量的乘积成正比的关系. 他根本没有做力与两个电量的关系的实验. 这是因为，他深受牛顿的万有引力定律的影响，认为两个电荷之间的作用力应该与它们的电量的乘积成正比，是"无需加以证明的".

在第二篇电学论文中，库仑还用磁针作实验，并得出磁极之间的作用力也是与距离的平方成反比的结论.

库仑在第二篇电学论文的结论中,总结了他所发现的定律如下:

电作用定律:“两个带电球,以及两个电分子之间的电作用,不论是排斥还是吸引,都与两个带电分子的电流体的密度之积成正比,而与距离的平方成反比.”

磁作用定律:“磁流体的吸引力和排斥力,正如电流体一样,与密度严格成正比,而与磁分子之间距离的平方成反比.”

5. 库仑定律的前后

1666 年左右,牛顿发现,两个物体之间的万有引力与它们的质量之积成正比,而与它们之间距离的平方成反比,这就是有名的万有引力定律.关于电荷之间的作用力以及磁极之间的作用力,人们从实验中很容易看出,它们都是随着距离的增大而减小,其规律究竟如何,开始并没有明确的概念,在牛顿发现万有引力定律之前,甚至没有意识到这个问题.

1750 年,米歇耳(Michell,J. 1724—1793,英)发表《人工磁石论》(A Treatise of Artificial Magnets)一文,其中提到,“当磁极之间的距离增大时,磁石的吸引力和排斥力随距离的平方而减小.”这个结论部分地是根据他自己的观察,部分地是根据泰勒(Taylor,B.)和穆欣布罗克的研究得出的.

1755 年,富兰克林在给朋友的信中写道:“我先让一个放在绝缘架上的银桶带电,然后用丝线把直径约为 1 英寸的软木球吊进桶内去,直到软木球与桶底相接触为止.我发现这个软木球并不为桶的内表面所吸引,不像它会为桶的外表面所吸引那样;当软木球从桶内抽出时,虽然球与桶底接触过,但并不因为那一接触而带电,不像球与桶的外表面接触后会带电那样.这个事实真奇怪.你要追问理由,我可不知道.”普里斯特利(Priestley,J. 1733—1804,英)注意到此事,他在 1766 年 12 月 21 日重复了富兰克林的实验.当时牛顿的万有引力定律已为科学界所熟知,根据这个定律可以推知,一个质量均匀分布的球壳,作用在它内部任何地方的物体上的万有引力都是零.普里斯特利由此领悟到,富兰克林的实验是电力的平方反比定律的必然结果.他在 1767 年的文章中写道:“我们不是可以由这个实验得出如下的推论么?即电的吸引力和万有引力一样,是服从同样的定律的,因而是与距离的平方有关的.”

1769 年,鲁宾逊(Robinson,J. 1739—1805,英)直接由实验定出:两个同种电荷之间的排斥力与距离的 2.06 次方成反比.他猜想正确的应当是平方反比关系.

在 1772 至 1773 年间,卡文迪什(Cavendish,H. 1731—1810,英)曾用实验验证普里斯特利关于电力遵守平方反比定律的论断,他用导体球壳带电作的实验得出,两个电荷之间的相互作用力与它们之间距离的 n 次方成反比,n 在1.98 至 2.02 之间.

米歇耳、普里斯特利和鲁宾逊的工作都没有受到当时科学界的足够重视,而卡文迪什的结果当时又没有发表,所以电荷之间作用力的定律,要等到库仑的实验结果出来后,才被公认为解决了.

在库仑定律出世半个世纪之后,1840 年(我国清代道光二十年),德国著名数学家高斯(Gauss,Karl Friedrich 1777—1855)发表重要论文《关于与距离的平方成反比的吸引力和排斥力的普遍定理》(Allgemeine Lehrsätze in Beziehung auf die im verkehrten Verhältnisse des Quadrats der Entfernung wirkenden Anziehungs-und Abstossungskräfte),由与距离的平方成反比的定律出发,推出了著名的普遍定理(现在通称为高斯定理),把库仑定律提到了新的高度,成为后来麦克斯韦方程组的基础之一.

§11 从伽伐尼的发现到伏打电池

1. 伽伐尼的发现

电池的出现,是电磁学历史上的一个里程碑,它来源于伽伐尼(Galvani,Luigi 1737—1798,意)的青蛙实验.为此,我们先介绍伽伐尼在青蛙实验中的发现.

伽伐尼是意大利波伦亚大学的解剖学教授,对电学实验也很感兴趣.1780 年代初,有一次他在做解剖青蛙的实验时,发现了一种新奇的现象,经过多年的仔细研究后,他在 1791 年发表了总结性的论文《论电力和它们与肌肉运动的关系》(De Viribus Electricitatis in Motu Musculari Commentarius).在这篇论文的开头,他介绍了这一发现的经过:

"我解剖了一个青蛙并把它作成了标本,……,放在桌子上,桌子上有一架起电机,我正在着手某些别的事情.青蛙与起电机的导体是完全隔开的,而且隔开的距离还不小.当我的一个助手所拿的解剖刀尖偶然轻轻接触到这青蛙内部的后腿神经时,看到它的腿上所有肌肉突然收缩,好像发生兴奋的痉挛一样.正在准备同我做某些电学实验的另一位助手似乎注意到,这仅仅发生在起电机的导体上发出一个火花的时刻.这新奇的现象打动了他,因为这时我正在专心做别的事,他马上把它告诉我.我立刻被吸引去重复这个实验,以便查清楚它里面可能隐藏着什么.为此我拿起解剖刀,并把刀尖靠近青蛙后腿神经的这一支或那一支,而在同时,我的助手之一正在从起电机引出火花.出现了和刚才完全相同的现象.蛙腿上的每个肌肉都发生了强烈收缩,在火花出现的时刻,蛙腿的收缩就好像发生强直性的痉挛那样."

发现了这一新奇的现象后,伽伐尼便深入研究,以探索它的本质.

首先,他在没有电火花的情况下用刀尖接触蛙腿神经,发现蛙腿不收缩;再用起电机产生火花,而不用刀接触蛙腿神经,发现蛙腿也不收缩.经过试验,他得出结论:只有刀接触蛙腿神经和起电机产生火花两者同时发生,蛙腿才发生收缩.接着他换用大小不同的解剖刀和大小不同的起电机作试验,又改变制备青蛙标本的方法作试验,所得结果都和以前一样.

伽伐尼从这些实验中得知,蛙腿收缩与电火花有关.这时已是富兰克林的风筝实验后近 30 年了,学术界一般都知道雷电与摩擦产生的电是相同的,伽伐尼也知道这一点.他想,既然摩擦起电的火花能使蛙腿收缩,闪电也应当能引起蛙腿收缩.因此,他就作这方面的实验.在有雷电的时候,他解剖了一些青蛙,用黄铜钩子钩住它们的脊髓,挂在房外花园的铁栏杆上.他观察到,在闪电出现的时刻,青蛙发生痉挛;后来他还观察到,青蛙的痉挛"不仅在闪电时,甚至在天气宁静和晴朗时"也发生.他把青蛙取下来,放到屋内的铁板上,当铜钩子碰到铁板时,青蛙也发生痉挛.但当青蛙放在玻璃板或树脂板上时,就不发生痉挛.后来他专门用金属做实验,他拿弯成弓的金属,用弓的一端接触插入青蛙脊髓的钩子,另一端接触蛙腿的肌肉,蛙腿发生痉挛.他用各种金属做的弓试验,发现蛙腿痉挛的程度与钩子和弓的金属有关,不同的金属,青蛙痉挛的程度不同.他还用绝缘体做成的弓作试验,这时青蛙便不发生痉挛.

2. 伽伐尼电

伽伐尼对于他所发现的蛙腿收缩的现象,作了近十年的多方面研究,最后写出总结性论文《论电力和它们与肌肉运动的关系》,于 1791 年发表在波伦亚科学研究所的研究报告第 8 卷上.在这篇论文中,除了介绍他所作的各种实验外,还提出了他对蛙腿收缩现象的解释.他认为,动物体内存在一种微妙的流体,他称之为"神经电流体"或"动物电",它由脑里的血液产生,经过神经流入肌肉中心;肌肉的结构像电鳐和电鳗的特殊结构那样,能够保持这种电;在达到平衡时,肌肉中心带正电,肌肉外部则带负电.他把这种情况比作充了电的莱顿瓶.对于充了电的莱顿瓶,用金属弓的两端分别接触它的两极板,可以使它放电;旁边的起电机产生的火花也可以使它放电.同样,金属弓的两端分别接触蛙腿的神经和肌肉,或旁边的起电机产生的火花,都可以使肌肉放电,放电时肌肉纤维因受刺激而发生剧烈收缩.这就是伽伐尼对他所发现的现象的解释.

伽伐尼的论文发表后,立即引起了学术界的极大兴趣:欧洲各国的许多科学家纷纷投入研究,他们重复伽伐尼的实验,并把这种电称为伽伐尼电(galvanism);一些国家还成立了伽伐尼电学会,专门研究它,在18世纪末叶,掀起了一股研究伽伐尼电的热潮.这场研究热潮终于导致了电池的出现,开辟了电磁学历史的新时代.

1833年,法拉第用实验证明,当时能获得的五种电(摩擦产生的电、伽伐尼电、伏打堆产生的电、电磁感应产生的电和温差电)都是相同的.法拉第说:“电,不论其来源如何,在性质上都是完全相同的.”(参看本书319—320页,387页)

伽伐尼为人正直,乐善好施,他的工资大都用于购置实验仪器,他是一位很好的教师.1977年,拿破仑在意大利北部成立南阿尔卑斯共和国,它的政府要求波伦亚大学的每位教授都要宣誓效忠于它,尽管其他教授几乎都宣了誓,伽伐尼却拒绝了.他因此失去了20多年的教授职位,在贫困中死去.为了纪念他的发现,后来安培提出,把施威格(Schweigger,J. S. C. 1779—1857,德)在1820年发明的检测电流的仪器命名为galvanometer(汉译为电流计),这个名称一直沿用至今.

3. 伏打的早期电学研究成果

伏打(Volta,Count Alessandro 1745—1827)生于意大利的科莫,父亲原是一个贵族,在伏打出生时已耗尽了世袭的财产而非常贫困.据伏打自己后来说,当时“我父亲除了约值14 000里拉的小住房外,一无所有;而且他死后还留下了17 000里拉的债,我真是比穷还穷.”

伏打

由于他的两个叔叔都在教会工作,因而教会可以让他上学,不仅不收学费,还供给他书籍费和校内生活费.伏打4岁时还不会说话,连爸爸妈妈都不会叫,到7岁才开始说话;以后却显得非常聪明,到20岁之前,他已学好了法、英、德、拉丁等语,还会一些荷兰语和西班牙语.

伏打在上学时就对电学感兴趣,他曾用拉丁

文写了一首长 500 句的六音步诗，诗中赞美一些电学家（如普里斯特利、诺勒、穆欣布罗克等）的发现.

伏打受到波斯科维奇（Bošković，或 Boscovich，R. 1711—1787）的启发，提出所有电的现象都起源于电流体与普通物质之间的吸引力，他为此向当时意大利的电学权威贝卡里亚（Beccaria，G. B. 1716—1781）求教. 贝卡里亚认为他轻浮，喋喋不休，叫他去阅读贝卡里亚自己的著作并作实验. 伏打当时得不到一般的仪器，只好自己创造简易的仪器，进行实验. 他从实验中得出：用手摩擦丝绸后，丝绸带正电；而用丝绸摩擦玻璃后，丝绸则带负电. 他还进一步研究了一系列物质与丝绸摩擦后所带电荷的正负性质. 他在 1765 年 4 月把这些结果写信告诉贝卡里亚. 1769 年，伏打 24 岁时，便发表了电学论文，用电流体与普通物质之间的吸引力来解释富兰克林的理论和贝卡里亚的实验.

1772 年，贝卡里亚发表一篇长文，认为带电的绝缘体与接地的导体接触时，正负电荷会互相破坏，而在分开后又重新出现；文中还不指名地批评了伏打的观点. 伏打于 1774 年 10 月任科莫的预科大学校长，并继续研究电学. 他为了证明贝卡里亚的观点不对，做了很多实验，终于导致他发明了起电盘. 起电盘的结构如下：在金属圆盘上装一个由硬橡胶做成的圆板；再取一轻木质圆盘，包上锡箔，并装上一个绝缘把柄. 使用时，先摩擦硬橡胶圆板，使之带电（如负电）；再把包锡箔的木圆盘放在带电的橡胶板上，使锡箔短暂接地后，用手握住绝缘把柄，拿起木圆盘，则锡箔上便带电（如正电）. 然后让锡箔接触莱顿瓶上的钩子，把电储存到莱顿瓶里. 重复上述步骤，可以使莱顿瓶充满电. 而且可以使很多个莱顿瓶充满电而不减少原来那个橡胶板上的电荷.（今天的电学课里，还有这样的演示实验.）1775 年 6 月，伏打把这个发明写信告诉英国的普里斯特利，信中说："只要简单地使它带电一次，它就永远不会失去它的电荷. 尽管重复地触及它，它顽强地保持它的符号和强度."

1776 年 11 月，伏打发现甲烷，为此州政府资助他到瑞士和法国等地的一些文化中心去作学术访问. 这次访问，使他开了眼界，并结识了一些著名学者如索絮尔（de Saussure，H. B.）等. 1778 年，他发表了一封给索絮尔的信，信中讲到电学里的一些新实验和新概念，特别是关于电容的概念，比较重要. 卡文迪什（Cavendish，H. 1731—1810，英）在 1771 年的论文中，已有关于电容（capacity）和张力（tension）的概念，但并未引起一般电学家们的注意，伏打可能读过这篇论文并得到启发. 伏打的概念是这样的：导体带有电量 Q 时，它产生张力 T；一个导体的电容 C 和张力 T 都与它到其他导体的距离有关. 例如，当带电的金属箔从起电盘的绝缘体（橡胶板）上升起时，同金属箔连接的静电计张开的角度增大，这表明金属箔上电荷的张力 T 增大了；由于金属箔上的电量 Q 不变，张力 T 增大就是金属箔的电容变小了. 他强调，一个导体上电量 Q 随它的张力 T 和电容 C 的乘积而增加，用公式表示为 $Q=CT$. 伏打所说的张力 T 相当于我们今天的电势差 U. 1782 年，伏打根据他自己的实验结果，在英国皇家学会的《哲学会报》(*Philosophical Transactions*)上发表题为《使最弱的自然电和人工电易于感知的方法》的文章，其中介绍了他所发明的极灵敏的电容式静电计和由实验总结出的关于电容的公式.

4. 伏打发明电池

1779 年，伏打受聘为帕维亚大学的实验物理学教授，学校专门为他建了教室，添了仪器设备，其中相当部分是他在政府资助下从英国和德国买来的.

1791 年，伽伐尼发表了关于青蛙实验的论文，这时伏打正在研究气象学和气体膨胀中的一些问题. 1792 年春，他开始研究伽伐尼的青蛙实验，先是重复伽伐尼的一些实验，后来改用整个活青蛙做实验，他发现，把两段不同的金属接起来弯成弓形(双金属弓)，用它的一端接触活青蛙的腿，另一端接触它的背部，它便发生痉挛. 以后他还用各种动物(从虫子到哺乳动物)作了很多实验，所有实验都表明，动物的反应是受到外部刺激的结果. 这使他感到，"在实验中加到湿动物身上的这些金属由于其固有的性质，它们本身就能够激发电流体，并把电流体从静止状态驱赶出来；所以动物的器官只是被动地起作用."他认为，在青蛙实验中，是金属弓的接触作用所产生的电流刺激了青蛙的神经，从而引起肌肉的收缩. 为了试验神经的作用，他把银匙放在舌头后边，再用一个小锡块接触舌尖和银匙，他尝到了一种不愉快的味道. 接着他试验了多种金属，每两种金属互相接触放在舌头上，他发现，不同的金属其味道是不同的. 他还进行了用双金属弓刺激视神经的实验. 伏打从各种实验总结出，两种不同的金属接触时会产生电动势. 他根据 1792 至 1793 年作的实验，把金属排成一个系列：锌、锡、铅、铁、黄铜、青铜、铂、金、银、水银、石墨. 其中任何两种金属接触时，系列中前边的金属带正电，后边的金属带负电. 为了纪念他的发现，这个系列今天就叫做伏打序或电动势序.

伏打从实验中发现，在两种金属接合处，如果有潮湿的物质或水存在，效果会更大一些. 进一步的研究使他认识到，除了双金属接触外，一个有效的电路必须包括一个湿导体. 他猜想，电动势很可能出现在金属与湿导体之间. 就在 1793 年，他还发现了一个规律：多种金属串联起来后，两端都与同一湿导体接触时所产生的电动势，只与两端同湿导体接触的金属性质有关，而与中间金属无关.

伏打用接触电动势解释青蛙实验的观点发表后，引起了他同伽伐尼之间一场持续了好几年的论战. 双方争论的焦点是；伽伐尼认为动物体内有“动物电”存在，就像充了电的莱顿瓶一样，金属弓的作用只是接成通路让它放电，而伏打则认为，青蛙的痉挛是来自金属弓与湿导体接触所产生的电. 为了证明自己的观点正确，伏打进行了大量的、紧张的实验研究. 最后终于发明了伏打电堆（后人称之为电池），取得了这场论战的胜利.

伏打发明电堆的过程大致如下：1792 年春他开始作青蛙实验；不久他就想到，电是由导体接触产生的. 1793 年他发现了电动势序，以后又认识到湿导体的作用. 在确定了电动势只有通过不同导体之间的接触才能产生以后，他便想寻找产生电动势的最佳组合. 根据实验，他把导体分为两类：第一类是金属，用大写字母 A，B，C，… 等表示；第二类是湿导体或液体，用小写字母 a，b，c，… 等表示；青蛙则用字母 r 表示. 他发现，最有效的组合是 rABr，其次是 raAr，然后是 rabr. 接着，他寻找增大效果的方法. 他把圆的金属片一个一个地叠起来（例如 aABAB…ABa 的组合）做实验，发现这样不行；因为这样一个圆片堆所产生的电动势等于两端圆片直接接触所产生的电动势，并不能增大效果. 经过很多试验以后，他终于发现 AZaAZa…AZaAZ 这样组合的一个堆，能增大效果，其中 A 代表银片，Z 代表锌片，而 a 则代表湿纸板.

伏打在 1800 年（我国清代嘉庆五年）3 月 20 日写给英国皇家学会会长班克斯（Banks，J.）的信里，第一次公开了他的发现. 他在信中说：

“经过长期沉默后（我不是请求原谅），我荣幸地把我获得的惊人成果汇报给您，并通过您呈交皇家学会. 这些成果是我从实验中得到的，实验是用不同种类金属的简单的相互接触来激发电，甚至用其他导体（不论是液体还是含有一些具有导电能力的液体的物体）中不同的导体接触来激发电. 这些成就中最重要的（实际上也就是包括了所有其他的）是一种设备的构造……我所说的装置无疑会使您大吃一惊，它只不过是不同的良导体按照一定方式的组合而已. 30 块、40 块、60 块或更多块铜片（或是银片更好些，每一块都与一块锡片（或是锌片更好些）接触，再配以相同数目的水层或一些比纯水导电力更强的其他液体层，如盐水、碱液层，或浸过这类液体的纸板或革板，当把这些层插在两种不同金属组成的对（pair）或结合体中，并使三种导体总是按照相同的顺序串成交替的序列时，就构成了我的新工具. 我曾经说过，它能模拟莱顿瓶或电瓶组的效应，产生电扰动. 说真的，它在电力、在爆炸声响、在电火花以及在电火花通过的距离等诸方面，远远比不上高度充电的电瓶组；它的效应仅与容量大而充电很少的电瓶组的效应相当；但它在另一些方面却大大超过了电瓶组，它不像电瓶组那样需要外电源事先给它们充电，而且只要适当接触它，它就能产生电扰动，这在任何时候都是能做到的.”

从以上的叙述中我们可以知道，伏打在1800年之前就发明了电堆，只是没有发表出来. 关于电堆的结构（图1），他还有更具体的叙述：

“我为制作‘电堆’准备了几打小的铜片、黄铜片或者银片，每个圆片的直径约为1英寸左右；我还准备了同等数目的相同大小和形状的锡片或锌片，以便一片接一片地把这些金属片叠成一个柱状物. 除此以外，还要有很多比金属片略小一点的硬纸圆卡片（也可以用其他具有吸收性的物质代替），把它们插在金属片之间，用来吸收和保存水分和潮气. 因为只有在两片电极之间充满了潮气，才能保证产生足够大的电流，我把这些硬纸卡片叫做潮湿的‘碟子’.”“当所有材料都准备好了以后，用水（盐水更好一些）把这些碟子浸湿. 先在桌子上放一块银片，再在这银片上放一块锌片，然后在它上面放一块湿碟子；再在碟子上依次放一块银片、锌片和碟子. 照这样一组一组地放上去，一直放到这样的高度，即只要这些金属片和碟子没有摔下来的危险就行. ‘电堆’终于组装完毕. 虽然它产生的电流不算大，但却是一种从未有过的新的电源.”

图1　伏打电堆[本图取自邓西斯（Dunsheath，P.）的《电工史》]

伏打还叙述过他发明的另一种结构的电池. 他说：“我们把几只用任何物质（金属除外）做成的杯或碗，如装有一半水（或盐水、或碱液更好）的木杯、贝壳杯、陶土杯，或最好是晶体杯（小酒杯或无柄酒杯是很理想的）放成一排，用双金属弓把它们连成一串. 这种弓的一臂 A 是赤铜或是黄铜做成的，或最好是用镀银的铜做成的，放在第一只酒杯中；另一臂 Z 是锡做成的，或最好是锌做成的，放在第二只酒杯中. ……把这两种金属臂在高出浸在液体部分的某个地方焊接起来，……"这种结构后来曾被称为"皇冠杯".

班克斯鉴于伏打的这个发明的重要性，便把伏打的信加上标题《论仅由不同种类导体的接触激发的电》(On the Electricity Excited by the Mere Contact of Conducting Substances of Different Kinds)，发表在 1800 年的英国皇家学会的《哲学会报》上.

1801 年，伏打到法国，演示了他在电学上的一些发明(包括电堆)，引起了法国科学界的重视. 巴黎科学院的伽伐尼电学会曾四次集会看伏打的演示. 他还三次应邀在法国科学院的会议上作演示，每次拿破仑都亲自观看，极为赞赏，并授予他奖章和奖金，封他为意大利王国的伯爵和参议员. 拿破仑责成法国科学院，对于在电学方面作出了像富兰克林和伏打那样贡献的科学家，都要给予重奖. 他还预言，伏打电堆的出现预示了一个科学新时代的到来. 法国著名科学家阿喇果(Arago，F.)认为，即使把望远镜或蒸汽机都算在内，伏打电堆也是人手造出的最奇妙的工具.

伏打在 1786 年成为柏林科学院的通信院士，在 1791 年被选为英国皇家学会会员，三年后荣获英国皇家学会授予的最高荣誉——科普利奖章，1803 年被选为巴黎科学院的外籍院士.

为了纪念伏打对电学的重要贡献，1881 年在巴黎召开的第一届国际电学会议决定，用他的姓氏作电动势和电势差的单位.

伏打是一位特别细心和有耐心的实验物理学家，他经常改进仪器和排除特殊情况. 他作实验时很专心，真正达到废寝忘食的地步. 他富有创造性的天才，对新事物很敏感. 他发明的电学仪器和电池，改变了电学的面貌. 他在世时，就被当时的科学界认为，他不仅是电学而且是整个物理学的伟大思想领袖之一. 他在帕维亚大学工作了 40 年，于 1819 年退休，晚年过着比较优裕的生活.

5. 电池的出现开辟了电磁学历史的新时代

伏打电堆的出现是电学历史上的一件大事，因为它能够提供持续的电流，为科学研究创造了条件. 正如拿破仑所预言的：它将带来一个科学的新时代. 果然如此，它很快就带来了一系列新的发现.

1800 年，班克斯收到伏打的信后，就把伏打的发现告诉了尼科耳森(Nicholson，W.)和卡耳莱(Carlisle，A.)，这两位科学家于 4 月 30 日在英国造出了第一个伏打电堆. 他们在重复伏打的实验时，为了保证接触良好，便在电堆上端片的接触处滴了一滴水. 他们发现，在水滴里导线与电堆接触点周围有气体冒出来. 为了探究其原因，他们干脆把由电堆两端接出来的两根导线都插到盛水的试管里，结果发现，其中一根导线上析出易燃的气体，另一根则被氧化. 如果用铂丝做导线，则两根线上分别析出氢和氧. 这就是水的电解，是在 1800 年 5 月 2 日发现的.

此后不久，克鲁克香克(Cruickshank, W. 1745—1800)发现，电流也能使金属盐溶液分解.

1807 至 1808 年间，英国的戴维(Davy, H. 1778—1829)用 25 对电堆电解碳酸盐溶液时，发现了钾和钠. 1811 年，戴维用 2000 个电堆串联，发明了作为光源用的碳弧灯.

其后，1820 年奥斯特发现电流的磁效应，1826 年欧姆发现欧姆定律，1831 年法拉第发现电磁感应，都是使用电池作为电源而得出的结果. 所以，电池的出现，在电磁学的历史上，确实开辟了一个新时代.

6. 电池的改进

伏打电堆经过逐步改进，演化成今天广泛应用的各种电池. 我们在这里提一下其中的几次改进.

伏打电堆堆得太高，便会倒塌. 盖吕萨克(Gay-Lussac, J. L. 1778—1850, 法)等便加以改进. 他们做了一个大木槽，槽内刻有沟，把铜片和锌片依次放入槽沟内，然后注入液体(如稀硫酸或其他电解质)，这样既可做得很大而又不致倒塌.

伏打电池在使用时，因电解析出的气体附着在电极表面上，使得电流很快下降. 为了克服这一缺点，丹聂耳(Daniell, J. F. 1790—1845, 英)在 1836 年用隔膜把电池中的液体与浸在其中的电极隔开；他用的隔膜有纸、薄木片、动物的膀胱或编织紧密的麻布等. 后来他把作正极的锌片放在稀硫酸溶液里，作负极的铜片放在硫酸铜溶液里，并用多孔材料把这两种溶液分隔开，从而较好地克服了伏打电池的上述缺点. 这种改进的电池后来便称为丹聂耳电池.

1803 年，里特(Ritter, J. W. 1776—1810, 德)用圆的银片和湿布一层一层地相间叠放，构成一个圆柱体，然后接上伏打电堆通电. 他发现，断开伏打电堆的接线后，这圆柱体本身也成为像伏打电堆那样的电源. 他错误地认为，这圆柱体是被伏打电堆充了电，就像莱顿瓶被充了电那样. 1805 年，伏打对此作了正确的解释：当电流通入里特圆柱时，布上的水被分解，氢和氧分别聚集在相向的两面上；当电流被切断后，这些被分解的产物便产生一个电动势，于是里特圆柱体就成为一个蓄电池. 后来普朗泰(Planté, G. 1834—1889, 法)在里特的基础上, 深入研究, 于 1859 后创造了把铅板放在硫酸溶液中的蓄电池. 它的结构很简单, 两块铅板平行地放在硫酸溶液中, 作为两极; 把它们接入外电源的电路里充电, 其中一块铅板便因氧化而成为氧化铅, 另一块铅板则成为海绵状的铅; 断开外电源后, 便成为铅蓄电池, 原来的两块铅板便分别成为正负两极. 这种电池的好处是放完电后, 可以再用外电源充电, 然后就可以继续使用.

1865 年左右, 勒克朗谢(Leclanché, G. 1839—1882, 法)用多孔瓷杯盛氧化锰, 插入碳棒, 然后一同放到氯化氨溶液中; 再将一根锌棒也插入这氯化氨溶液中. 这样便构成以碳棒为正极、锌棒为负极的电池(勒克朗谢电池). 这种电池后来经过改进, 把碳和二氧化锰与氯化氨混合在一起, 放在锌筒中, 再在中间插入碳棒. 这样构成的电池就叫做干电池.

§ 12 电流磁效应的发现及其影响

1. 奥斯特生平简介

奥斯特(Oersted, Hans Christian 1777—1851)生于丹麦南部朗格兰(Langeland)岛的一个小镇上, 父亲是药剂师. 那里是穷乡僻壤, 没有条件受正规教育, 他父母工作都很忙, 所以便委托镇上一家德国假发商夫妇帮助照顾年幼的他和他弟弟. 这对夫妇教他们学德语. 邻居们看到他俩聪明可爱, 便教他们学一点拉丁语、法语和算术. 奥斯特 11 岁时到父亲的药店里当学徒, 学到了一些实际化学知识. 1794 年他 17 岁时, 考入哥本哈根大学, 学习自然哲学(包括天文、物理、数学、化学和药物学等), 对他影响最大的是康德哲学. 1799 年, 获得博士学位. 奥斯特兴趣广泛, 三年级时在文学竞赛中获金牌, 四年级时又获医学奖. 大学毕业后曾到药店里当了一段时间的经理, 同时在夜校教化学、自然哲学和形而上学等. 1801 年, 由于政府资助, 他到德国和法国游学三年. 这次

奥斯特

游学不仅增加了奥斯特的学识，还结识了一些科学家，对他以后的成就很有影响. 当时科学界正热衷于伏打新发明的电堆，奥斯特也积极学习有关电学的新知识，并且发明了一种小电池. 他于 1804 年回国，向公众讲授电、磁、光、热等学科，很多受过教育的人都来听讲. 由于他的演讲受到热烈欢迎，29 岁时哥本哈根大学便聘请他为物理学教授，他在这个职位上工作了 45 年，直到逝世.

奥斯特知识渊博，兴趣和活动都很广泛. 他严于律己而乐于助人，深受人们的尊敬. 他为促进丹麦的民主和科学做出了积极的贡献. 1824 年，他建立了自然科学促进会；1829 年后他一直任哥本哈根工艺研究所的所长. 他一手把丹麦的科学提高到当时欧洲先进国家的水平.

奥斯特的伟大贡献是发现了电流的磁效应，使人类研究了两千多年的电和磁第一次显示出直接联系. 他因此获得了英国皇家学会给予的最高奖赏（科普利奖章），以及欧洲各国的奖励. 他逝世后 25 年，丹麦政府为他在哥本哈根立像纪念，丹麦国王和希腊国王以及很多显贵和学者都参加了揭幕式.

2. 电流磁效应的发现

18 世纪西方有些自然哲学家猜想，电和磁之间可能有某种联系，这种猜想部分地来源于闪电引起的一些现象. 例如 1735 年英国的《哲学会报》（*Philosophical Transactions*）上就曾刊载过一篇文章，其中讲到，1731 年 7 月的一次大雷雨，有间房子被雷击毁一角，在这个角落里的碗柜被击毁，吃饭用的刀叉等都熔化了. 事后主人收拾时发现，熔化了的刀子能吸引铁钉. 因此有人认为雷电能使钢磁化. 1751 年富兰克林曾用莱顿瓶放电使缝衣针磁化.（后来也有人怀疑，这缝衣针的磁性是否来自电流.）1774 年，巴伐利亚（Bavaria）的一个学院就曾以“电力和磁力之间是否有真实的和物理上的类似”为题悬赏，征求解答.

到了 18 世纪的 80 年代，在发现了电力的库仑定律和磁力的库仑定律之后，库仑曾提出，电和磁是两个完全不同的东西，尽管它们的作用力的规律在数学形式上相同，但它们的本质却完全不同. 这一观点在当时被很多人接受，例如安培、杨氏（Young，T.）、毕奥等都发表过电与磁没有关系的意见. 杨氏在 1807 年说：“没有任何理由去设想电与磁之间存在任何直接的联系.”所以，在这种思想的支配下，自然不会去寻找电与磁之间的关系.

与此相反，康德（Kant，I. 1724—1804，德）哲学认为，世界上只有两种基本力（Grundkräfte），即吸引力和排斥力，其他的力如电、磁、光、热等的力，都只不过是基本力在不同条件下的变态，它们在一定的条件下可以互相转化. 奥斯特深受康德哲学的影响，他认为，正负电在导线中的冲击结果出现热；如果导线更细些，便会出现光；导线再细些，便会出现磁. 因此，在 1813 年，他就预言了电流磁效应的存在. 当然，他所说的条件（即通电的导线非常细）是不对的. 但他相信电流磁效应的存在，并且长期去寻找它，最后终于发现了它.

关于发现电流磁效应的经过，奥斯特本人为 1830 年的《爱丁堡百科全书》写的"温差电"条目中是这样讲的：

"电磁（electromagnetism）本身是哥本哈根大学教授汉斯·克里斯琴·奥斯特在 1820 年发现的. 在他的整个著作生涯中，他坚持这样的意见，即磁的一些效应和电的一些效应都是由相同的力量产生的. 人们通常以这个意见作为理由，说它导致他得出这个结果；与其这样说，还不如说导致他得出这个结果的是哲学原理，即所有的现象都是由相同的原始力量产生的. ……他研究这个课题一直没有结果，直到 1820 年. 在 1819—1820 年冬天，他给事先已熟悉自然哲学一些原理的听众们讲授电、伽伐尼电和磁的课程. 在组织讲稿时，其中要处理电和磁的相似性，他推测，如果由电产生任何磁效应是可能的话，这个效应不会是沿着电流的方向，因为经常这样试过都无效；但它必须是由横向作用产生的. 这个推测与他的一些其他观念确有关联；因为他认为，电经过导体的传输并不是一个均匀的流动，而是一系列的中断和重新达到平衡，即电流的力量不是安静地平衡的，而是处在一个不断冲击的状态. ……第一个实验的计划是，使一个小伽伐尼电池（他在讲课中常用到这电池）的电流通过一条很细的铂丝，这铂丝跨过用玻璃盖住的罗盘. 实验准备好了，但某个偶然事情妨碍了在上课前试一下，他打算推迟到另一个机会再试；在上课时，他感到成功的可能性很大，于是便在听众面前作了第一次实验. 磁针尽管在盒子里，还是被扰动了；但由于效应很弱，而且在其规律被发现之前，必定是显得没有规则，实验并没有给听众留下强烈的印象."

奥斯特当时并不能肯定这就是他所预期的效应. 事后，他用更灵敏的仪器进行了很多核实的实验，对这种现象进行了多方面的研究，最后于 1820 年（我国清代嘉庆二十五年）7 月 21 日，用拉丁文写出了只有 4 页的论文《关于电的冲击对磁针的影响的实验》（Experimenta circa effectum conflictus electrici in acum magneticam），宣布了他的这一重大发现. 文中讲到："对于导体及其周围空间里发生的效应，我们把它叫做'电的冲击'（conflictus electrici）.""很显然，电的冲击只作用在物质的磁性粒子上. 所有非磁性物质看起来都能被电的冲击穿透，而磁性物体或者它们的粒子，则阻止这种冲击通过. 因而它们就被冲击的力量推动.""上述事实充分表明，电的冲击不是被限制在导体上，而是分散在周围的空间里. 由上述事实我们还可以得出结论：电的冲击是按环绕导线进行的圆形分布的；因为如果不是这样，似乎就不可能说明，为什么连接电源的导线的一部分放在磁极下面时，会驱动磁极向东，而放在磁极上面时，则驱动磁极向西；因为圆有这种性质：在对面的部分里，其运动方向必定相反.”文中还讲到，电的冲击能“通过玻璃、金属、木头、水、树脂、陶器、石头等作用在磁针上；因为我们在磁针和导线二者之间放入玻璃板、或金属板、或木板时，其作用并未被取消；而且这三种板合起来的确也很难减小其作用.”

不久（也在 1820 年），奥斯特发表文章指出，实验表明，磁石也有力作用在载流导线上.

奥斯特发现电流磁效应的论文立即被德国和英国的科学家们翻译出来，在德国和英国当年的学报上发表；它在法国产生了巨大的影响，很快就导致安培、毕奥和萨伐尔等的许多重要发现；在英国，则导致 11 年后法拉第发现电磁感应.

关于奥斯特的这一重要发现，法拉第评论道：“它突然打开了科学中一个一直是黑暗的领域的大门，使其充满光明.”

至于奥斯特本人，对于他所发现的电流磁效应，只满足于定性的陈述和某些解释，而没有作定量的研究. 他晚年则专心于他所爱好的哲学，研究美和科学之间的关系.

3. 安培对电磁学的贡献

奥斯特发现电流磁效应的论文是在 1820 年 7 月下旬公布的，消息最先传到德国和瑞士. 8 月间，瑞士科学家德拉莱夫（De La Rive，1770—1834）邀请法国科学院院士阿喇果（Arago，F. 1786—1853）到日内瓦观看他们演示电流磁效应的实验. 阿喇果看到后，感到这个新发现很重要，9 月初赶回巴黎，在 9 月 11 日的法国科学院的会议上报告了奥斯特的发现，并演示了电流磁效应的实验. 这个消息使法国科学家们大为震惊. 好几位优秀的科学家会后马上就作实验研究，很快就在这个领域内作出了许多重要的贡献，其中以安培的成就最为突出.

在阿喇果报告奥斯特的发现后一周内，安培（Ampère，André-Marie 1775—1836）就有新发现. 9 月 18 日，他向法国科学院宣读论文，报告他发现磁针受到电流的作用时，N 极转动的方向是电流的右手螺旋方向. 这个规律后来就称为右手定则或安培定则. 他还提到，载流螺线管的磁性将会像磁棒那样.

9 月 25 日，安培又向法国科学院宣读论文，报告他发现两个电流之间存在相互作用力，并作了两条平行载流导线间相互作用的演示实验：当电流方向相同时它们互相吸引，而方向相反时则互相排斥. 据说，当时有人认为，这种现象只不过是电荷之间的吸引力和排斥力的一些显示而已. 安培立即指出,电荷之间的作用力是同种电荷相斥、异种电荷相吸,而电流之间的作用力则是同向相吸、异向相斥. 它们是完全不同的东西. 还有人认为,既然两条载流导线都对磁针有作用力,则它们之间也必然会有作用力,因此,安培的证明是多余的. 阿喇果听到这种议论后,就从口袋里掏出两把铁钥匙说:"这两把钥匙各自都吸引磁铁,难道你们会相信它们也互相吸引吗?"在这天的会议上,阿喇果也宣读了论文,报告他发现钢铁在电流作用下磁化的现象,并演示了用载流螺线管使钢条磁化的实验.

10 月 9 日,安培再次向法国科学院宣读论文,报告他对于闭合电流和载流螺线管的性质以及它们之间相互作用力等方面的研究成果.

根据载流螺线管与磁棒的相似性,安培提出了分子电流的假说,他认为,磁棒的磁性是棒内的电流产生的,这电流来自棒内铁分子之间的接触,如同伏打用实验表明的金属之间的接触产生电流那样. 安培的朋友菲涅耳(Fresnel, A. J. 1788—1827,法)指出,铁并不是一个非常好的导体,电流会使它发热,而事实上磁棒的温度并不比周围环境的温度高. 面对这一事实,安培感到为难. 还是菲涅耳,帮助安培想出解决困难的办法:既然我们对分子的物理性质一无所知,为什么不把电流的假定归到分子身上去呢? 可以假定每个分子都有电流环绕着,当分子排列整齐时,它们的电流合起来就可以满足磁棒的磁性所需要的电流. 安培接受了菲涅耳的建议. 这就是安培关于分子电流假说的来源.

安培认为,磁来源于电流,一切磁的作用本质上都是电流与电流之间的作用;因此,电流与电流之间的作用力是电磁作用的基本力,他把这种力叫做"电动力",研究电动力的学科叫做"电动力学"(électrodynamique). 在掌握了一些基本实验事实和有了上述概念以后,安培便着手建立电流与电流之间相互作用力的公式. 经过数年(1821 年至 1825 年)的努力,完成了这一艰巨的使命,最后发表了重要的总结性论文《关于唯一地用实验推导的电动力学现象的数学理论的论文》(Memoire sur la theórie mathématique des phénomènes électrodynamiques, uniquement déduite de l'expérience). 安培把电流分解为许多电流元,电流元与电流元之间的相互作用力是最基本的电动力. 他通过四个巧妙的实验,得出电流与电流之间相互作用力的一些规律,再作一些假定,从而推导出电流元之间相互作用力的公式. 早在 1820 年 12 月 4 日,他就得出了这个公式的形式为

$$F=\frac{ii'\mathrm{d}s\mathrm{d}s'}{r^2}(\sin\theta\sin\theta'\cos\omega+k\cos\theta\cos\theta'),$$

式中 r 是两个电流元 $i\mathrm{d}s$ 和 $i'\mathrm{d}s'$ 之间的距离,k 是一个常数,θ 和 θ' 分别是两个电流

元与它们之间联系的夹角，ω 则是两个平面之间的夹角，这两个平面分别是两个电流元各自与它们之间连线所构成的平面. 到 1827 年，他定出 $k=-1/2$.

在稳恒电流的情况下，这个公式经过积分，便可得出毕奥-萨伐尔定律.

4. 安培生平简介

安培(Ampére，André-Marie 1775—1836，法)生于里昂，父亲是位商人. 他出生后不久，父亲便退休，举家迁往附近乡村，他就在乡村长大. 乡村没有学校，父亲就向他开放家里的藏书，让他自己去学习、成长. 他的兴趣非常广泛，无书不读，对于数学、自然科学、文学、心理学以至哲学，他都爱好. 尤其是数学方面，他天资聪颖，13 岁时就写了两篇几何学的论文. 他具有惊人的记忆力，小时候读过的《百科全书》(*Encyclopédia*)，几十年后还能背得出其中的条目来. 读遍了家里的藏书后，父亲常带他到里昂图书馆看书. 有一次，他想借阅伯努利和欧拉的著作，当图书管理员告诉他这些著作都是拉丁文时，他连忙回家学拉丁文，一个月后，就能读这些著作.

安培

1789 年爆发了法国大革命，他父亲离开乡下到里昂，被推举为长官；后来共和军占领里昂，他父亲便受到审判，并于 1793 年 11 月 23 日在断头台上处死. 这件事对 14 岁的安培打击太大，他整天发呆，有一年时间不同人讲话，憔悴不堪. 后来偶然见到卢梭的《关于植物学的信》，为其优美的风格所感动，才逐渐恢复过来.

安培 24 岁时结婚，次年生一子. 1802 年 2 月离开里昂，到布根布雷斯(Bourgen-Bresse)的中央学校当物理和化学教师. 4 月，他开始写概率论的论文. 次年 7 月，妻子不幸去世，他极为悲痛，遂往巴黎. 由于概率论的论文，他获得巴黎综合工科学校(École Polytechnique)的辅导教师的职位. 1806 年再婚，次年生一女；不幸的是，岳父骗走了他父亲的遗产，岳母和妻子又对他不好，无奈只得离婚，带着儿女生活. 1808 年，他得到新成立的大学系统的总检查官的职位，除了中间有几年间断外，他终身担任这个职务. 1809 年任综合工科学校的数学分析教授. 1814 年冬，任皇家研究院的数学研究员. 1819 年秋在巴黎大学教哲学课，1820

年任天文学的代理教授(professeur suppléant);1824 年 8 月任法兰西学院的实验物理学教授. 1836 年 6 月,安培到马赛检查工作,在旅途中逝世.

1800—1814 年间,安培主要研究数学;1808—1815 年间还研究过化学. 到 1820 年时,他 45 岁,已是有些名气的数学家了. 这年 9 月,他得知奥斯特发现电流的磁效应后,立即投入研究,很快就取得了许多成就;经过几年的努力,为奠定电磁学的基础作出了重要贡献.

安培是一个虔诚的天主教徒,为人和蔼可亲. 他在世时被认为是法国活着的最伟大科学家之一. 他逝世后,1885—1887 年,法国物理学会编辑出版了两卷安培关于电动力学的论文集(*Memoires sur l'électrodynamique*). 为了纪念安培对电磁学作出的贡献,1881 年在巴黎召开的第一届国际电学会议决定,用他的姓氏作为电流强度的单位.

5. 毕奥-萨伐尔定律

(1) 毕奥和萨伐尔简介

毕奥(Biot,Jean-Baptiste 1774—1862,法)是法国大学教授,在 19 世纪开始时已有名望. 1801 年伏打到巴黎时,法国科学院遵照拿破仑的指示,于 1801 年 10 月组成了一个专门委员会,研究伏打新发明的电堆. 委员会的主要成员有拉普拉斯(Laplace,P. S. Marquis de 1749—1827)、库仑和毕奥等. 毕奥在事后的报告中写道:"波拿巴[①]建议第一等级从大和平时代的第一期开始,广罗开发科学的贤才,授予伏打阁下这样一位截至和平时期止第一次在第一等级宣读了一篇论文的外国学者一枚金质奖章,以表示他对这位教授的特别尊重以及他对广集外国学者成就的急切愿望. 他还建议由第一等级负责的一个委员会去进行大规模的实验,以传播由伏打给第一等级提供的物理学的这个重要分支的新思想."

毕奥在天文、陨石、地磁、大地测量、气体和固体中的声速、热传导、电磁学和光学等多方面进行过研究工作,其主要贡献在电磁学和光学方面. 在电磁学方面,他和萨伐尔等于 1820 年总结出电流产生磁场的规律,即今天我们所说的毕奥-萨伐尔定律. 在光学方面,1811 年阿喇果发现石英能旋光后,他接着发现,液体也有旋光现象;他还发现,晶体和液体有左旋的,也有右旋的. 1818 年他发现旋光色散的一种规律:旋转角度与光波波长成反比. 1831 年他发现液体旋光

① 波拿巴是拿破仑的姓.

时，旋转角度与浓度和光通过的距离都成正比，奠定了量糖术的基础. 鉴于他在偏振光研究方面所取得的成就，英国皇家学会于 1840 年授予他伦福德奖章(Rumford Medal).

萨伐尔(Savart，Félix 1791—1841，法)，1816 年大学毕业，获医学学士学位. 他对研究小提琴的振动很感兴趣，并作了一些工作. 在巴黎，他遇到毕奥教授，毕奥对他的工作感兴趣，便帮他在巴黎找一个教物理的工作. 1820 年，他和毕奥一起，用磁针振荡的方法测量电流产生的磁场，总结出电流产生磁场的规律. 萨伐尔后来的研究工作主要在振动方面(包括声学和物质的弹性等). 1827 年，萨伐尔接替逝世的菲涅耳，成为法国科学院的院士，次年受聘为法兰西学院的实验物理学教授，教声学.

(2) 毕奥-萨伐尔定律

1820 年 9 月 11 日，阿喇果在法国科学院报告奥斯特发现电流磁效应的消息时，毕奥到外地去了；他回来后得知这一重大消息，便马上投入研究这一新发现的现象. 他同年轻的萨伐尔一起，日夜工作，以挽回失去的时间. 他们很快就由实验总结出电流作用在磁极上的力的规律，于 1820 年 10 月 30 日法国科学院的会议上，报告了他们的成果.

毕奥和萨伐尔用磁针在载流导线旁边振荡的方法，测量电流作用在磁极上的力. 1804 年，毕奥曾用这种方法测量过地磁，所以他对这种方法很熟悉. 为了消除地磁的影响，他们采取了两种办法. 一种办法是用一个补偿磁体抵消地磁的影响. 实验时，先让磁针在地磁的作用下振荡，然后把补偿磁体沿地磁子午线渐渐移近磁针，直到磁针不振荡为止，这时补偿磁体便抵消了地磁作用在磁针上的力. 再把一根长直导线竖直地放在磁针附近，通以电流，测出磁针的振荡周期. 改变载流导线与磁针之间的距离，测出在不同距离处，磁针的振荡周期. 他们由测得的数据算出，磁针振荡周期的平方与载流导线到磁针的距离成正比. 因为振荡周期的平方与作用在磁极上的力成反比，故得出力与距离成反比的结果. 另一种办法不用补偿磁体，而由作用在磁针上的两个力方向相同的条件，从计算中减去地磁的作用. 实验时，先使磁针在地磁作用下振荡，测出其振荡周期 N. 因为力与振荡周期的平方成反比，故地磁作用在磁针一个极(如 N 极)上的力 F 的大小就是

$$F=k/N^2, \tag{1}$$

式中 k 是与磁针的形状和质量等有关的一个常数. 然后让竖直的长导线通上电流，调整导线的位置，使磁针在地磁和电流的共同作用下，静止时仍指向南北方

向. 这样,电流作用在磁针的一极(如 N 极)上的力 F_1,便与地磁作用在磁针同一极上的力 F 同方向. 测出这时磁针的振荡周期 N_1. 因 F_1 与 F 同方向,故有

$$F_1+F=k/N_1^2. \tag{2}$$

改变载流导线与磁针之间的距离,并保持磁针静止时仍指南北方向,测量这时磁针的振荡周期 N_2. 由于这时作用在磁针一极(如 N 极)上的力 F_2 也与 F 同方向,故有

$$F_2+F=k/N_2^2. \tag{3}$$

由(1)、(2)、(3)三式消去 F,便得

$$\frac{F_2}{F_1}=\left(\frac{N_1}{N_2}\right)^2\frac{N_2^2-N^2}{N_1^2-N^2}. \tag{4}$$

因此,由测出的 N、N_1 和 N_2,便可算出力的比值来. 他们用这种办法作了多次测量,仍然得到力与距离成反比的结果.

关于电流作用在磁极上的力的方向,他们由实验得出,力的方向与磁极和载流导线所构成的平面垂直. 于是他们由实验总结出,载流直导线作用在磁极上的力的规律为:"从磁极到导线作垂线,作用在磁极上的力与这条垂线和导线都垂直,它的大小与磁极到导线的距离成反比."

以上是载流导线上整个电流作用在磁极上的力. 拉普拉斯用数学分析的方法,把载流导线分解为许多电流元,因为整个电流作用在磁极上的力,等于所有电流元作用在磁极上的力之和,所以他考虑了一个电流元作用在磁极上的力. 毕奥在 1823 年说:"这是拉普拉斯先生所做的工作. 他从我们的观测推导出载流导线上每一段产生的力元与距离平方成反比的特殊定律."

这就是我们今天一些教科书上把电流元产生磁场的规律称为毕奥-萨伐尔-拉普拉斯定律的由来.

§ 13 欧姆定律的发现

1. 欧姆生平简介

欧姆(Ohm,Georg Simon 1789—1854,德)生于埃尔兰根的一个锁匠世家. 父亲虽然是一名锁匠,但爱好数学,所以希望两个儿子(欧姆和他弟弟)都学数学,后来他弟弟马丁·欧姆果然成为柏林大学的数学教授. 乔治·西蒙·欧姆于 1800 年上埃尔兰根高级文科中学(Erlangen Gymnasium),喜欢数学;1805

年毕业后，于 5 月考入埃尔兰根大学，学习数学、物理和哲学. 三个学期后，由于他还着迷于跳舞、台球和滑冰而惹得父亲不高兴，父亲要他到偏僻的瑞士去教书. 从 1806 年 9 月起，他便去瑞士教数学 4 年多. 1811 年春回到埃尔兰根大学，于 10 月底通过考试，获得博士学位，然后当了三个学期的编外讲师(Privatdozent)，教数学. 由于贫穷和提升无望，便于 1813 年到班贝克的一所中学教了三年多的数学和物理. 欧姆教书认真负责，钻研教学，1817 年出版了《作为智力教育工具的几何学大纲》一书，受到赞赏；不久(1817 年 9 月)就受聘于科隆的一所高级文科中学，教数学和物理. 该校设备较好，使他得以在教学之余开展电学研究. 1825 年 5 月开始，陆续发表他的研究成果. 1826 年，他由实验总结出电路的基本规律——欧姆定律. 同年 10 月，他请假到柏林，想在大学谋个职位和继续进行研究工作. 1827 年，他在柏林出版了《用数学研究伽伐尼电路》一书. 这本书不仅没有给他带来好处，反而给他带来了灾难. 以后几年，他处境很艰难，在柏林作私人教师以维持生活，后来经人介绍到军事学校教数学. 1833 年 10 月，到纽伦堡的综合工科学校(Polytechnische Schule)教书. 此后，他以前的成就逐渐得到承认. 1839 年成为柏林科学院和都灵科学院的通信院士，1841 年 11 月获得英国皇家学会授予的自然科学方面的最高荣誉——科普利奖章. 1845 年成为巴伐利亚科学院院士. 1849 年 11 月到慕尼黑任科学院物理部主任，并在慕尼黑大学兼课，1852 年任该校教授，直到两年后逝世.

欧姆

著者在德国埃尔兰根(Erlangen)市欧姆故居前(1992 年 3 月 17 日). 欧姆故居门上牌匾的德文译成汉语为：“在这间房子里，锁匠约翰·沃耳夫冈·欧姆(1753—1822)培养出两个著名的儿子——物理学家乔治·西蒙·欧姆(1789—1854)和数学家马丁·欧姆(1792—1872).”

欧姆不仅是一位著名科学家，而且是一位优秀教师，他忠于职守，饶有风趣，深受学生爱戴. 欧姆潜心于教学和科研，加上经济拮据，年轻时没有结婚；到后来生活条件较好时，已经老了，所以终身未婚.

为了纪念欧姆对电学的贡献，后人便把他所发现的电路的基本定律叫做欧姆定律. 1881 年在巴黎召开的第一届国际电学会议作出决议，以他的姓氏作为电阻的单位.

2. 欧姆定律的建立

在欧姆开始研究电路问题的时候，库仑定律已问世近 40 年，伏打电池也诞生了 20 多年，电流的磁效应和温差电现象也相继被发现. 但是，这时还没有电势差和电阻等概念，当然更谈不上测量这些量的仪器了. 所以，尽管欧姆定律在数学形式上是最简单的，但要发现它，却非易事. 下面我们根据欧姆当年发表的文章，看他是怎样发现这个定律的.

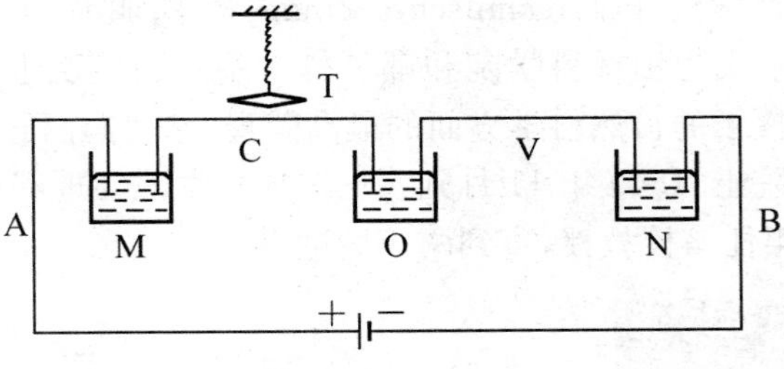

图 1 欧姆实验示意图

1825 年 5 月，欧姆在几年研究的基础上，发表了一篇重要的电学论文《金属传导接触电所遵循的定律的暂时报告》(Vorläufige Anzeige des Gesetzes, nach welchem Metalle Kontaktelektrizität leiten). [①]在这篇文章中，介绍了他用实验研究载流导线产生的电磁力与导线长度的关系. 欧姆的实验安排如图 1 所示. 由电池的两极各接出一条导线 A 和 B，分别插入盛水银的杯子 M 和 N 里. 导线 C 的两端分别插入盛水银的杯子 M 和 O 里，导线 V 则把 O 和 N 连接起来，构成通路. 实验时，A，B，C 都不变，而 V 则依次改换成各种长度的导线. 对于每条给定长度的导线 V，由装有磁针的扭秤 T 测出所产生的电磁力(力由磁针的偏转指出). 欧姆使用的导线 V 共有七条，其中一条是 4 英寸长的粗导线，用它作

① 接触电指伏打电池产生的电.

为标准，接上它时，扭秤 T 测出的力叫做标准力；另外六条则是细导线，其长度从 1 英尺到 75 英尺不等；接上这些细导线时，扭秤 T 测出的力叫做较小力. 他定义力耗(Kraftverlust)如下：

$$力耗=\frac{标准力-较小力}{标准力}. \tag{1}$$

由实验数据，得出如下的经验公式：

$$v=0.41\lg(1+x), \tag{2}$$

式中 v 是力耗，x 是导线 V 的长度，以英尺为单位.

后来，他进一步实验，结果表明，普遍的关系式为

$$v=m\lg(1+x/a), \tag{3}$$

式中 a 是与导线 A,B,C 等有关的量，而 m 则是与电源等很多因素都有关的量.

(3)式就是欧姆最初由实验找到的规律，但并不是我们今天所说的欧姆定律的形式.

1825 年 7 月，欧姆用上述装置测定了一些金属(金、银、锌、黄铜、铁、铂、锡、铅等)的相对电导率. 1826 年 1 月，他改进实验，作进一步的研究. 由于当时的伏打电堆不稳定，很难做好实验，他接受了波根多尔夫(Poggendorff, J. C. 1796—1877，德)的建议，改用稳定的温差电源做实验. 在实验中，他寻找电流的电磁力与导线长度的直接关系. 在 1826 年(我国清代道光六年)2 月和 4 月，他发表了两篇重要文章，总结了他的实验结果.

第一篇重要文章是《金属传导接触电所遵循的定律的测定，以及关于伏打装置和施威格倍增器的理论提纲》(Bestimmung des Gesetzes, nach welchem Metalle die Kontaktelektrizität leiten, nebst einem Entwurfe zu einer Theorie des Voltaischen Apparates und des Schweiggerischen Multiplicators). 在这篇文章里，他由一系列实验数据总结出电流的电磁力与导线长度的关系为

$$X=\frac{a}{b+x}, \tag{4}$$

式中 X 是电流所产生的电磁力，其值由库仑扭秤测出；x 是导线的长度，a 和 b 是由实验测定的两个常数. 他由改变温差电源的温度差得出，a 只与电源的激发力(erregende Kraft)有关；由一系列的实验总结出，b 只与电路中其他导线电阻(Leitungswiderstand)或电阻长度(Widerstandslänge)有关.

(4)式就是我们今天所说的欧姆定律的形式. 用我们今天的概念来说，X 就是电流强度，a 就是电源的电动势，x 是导线的电阻，而 b 则是除导线外回路中的其他电阻.

1826 年欧姆发表的第二篇重要文章是《由伽伐尼力产生的验电器现象的理论尝试》(Versuch eines Theorie der durch galvanische Kräfte hervorgebrachten elektroskopischen Erscheinungen). 在这篇文章里，他以不同的导体接触时产生的并且维持不变的电张力(Spanung)为基础，提出伽伐尼电的一种概括理论，他列出了方程：

$$X = kw\frac{a}{l}, \tag{5}$$

式中 X 是电流强度，w 和 l 分别是导线的横截面积和长度，k 是电导能力(Leitungsvermögen)，a 是导线两端的电张力之差. 显然，(5)式就是电路中一段导体的欧姆定律.

由欧姆发表的上述文章可见，在 1826 年，欧姆由实验发现了电路的基本定律——欧姆定律.

1827 年，欧姆在柏林出版了《用数学研究伽伐尼电路》(*Die galvanische Kette, mathematisch bearbeitet*)一书. 在这本书里，他假定了三条基本原理(Grundgesetze)，从而建立起电路的运动学方程. 然后解运动学方程，便导出他在一年前由实验发现的定律.

欧姆定律出来后，不仅没有立即获得承认，得到它应有的评价，反而遭到一些有权势的人的反对. 例如有势力的鲍耳(Pohl, G. F.)教授说，欧姆的《用数学研究伽伐尼电路》一书"纯粹是不可置信的欺骗，它唯一的目的是要亵渎自然的尊严". 以致欧姆的处境非常困难，不得已，于 1829 年 3 月 30 日写信向巴伐利亚国王路德维希一世申诉；国王把欧姆的信交给巴伐利亚科学院，责令组织一个学术委员会，专门审查欧姆的著作. 最后因委员会的成员意见不一致而不了了之. 欧姆无可奈何，在给友人施威格的信中说："《用数学研究伽伐尼电路》的问世给我带来了巨大的痛苦，我真抱怨它生不逢时."这样一来，不仅他原想在大学谋一个职位的希望落了空，就连原来在中学的职位也没保住，以致生活都很困难. 但另一方面，学术界的个别有识之士(如施威格等)则支持他，鼓励他.

最先接受欧姆定律的是一些年轻的实验物理学家，如楞次(Ленц, Э. Х.，德语为 Lenz, H. E. 1804—1865，俄)在 1832 年研究磁棒对载流螺线管的作用时，韦伯(Weber, W. 1804—1891，德)和高斯(Gauss, K. F. 1777—1855，德)在 1832—1833 年间研究地磁和制造精密仪器时，都用到欧姆定律. 到 19 世纪 30 年代末和 40 年代初，英国和法国的物理学家们才了解到欧姆的工作的深刻意义. 在 1841 年英国皇家学会授予他科普利奖章后，他的学术地位才逐渐得到公认.

3. 基尔霍夫定律

1847 年，基尔霍夫(Kirchhoff，G. 1824—1887，德)发表论文《关于研究电流线性分布所得到的方程的解》(Über die Auflösung der Gleichungen，auf welche man bei der Untersuchung der linearen Verteilung galvanischer Ströme geführt wird)，把欧姆定律推广到一般的复杂网路，他在文章的开头写道：

"设有一个包含 n 个导线的系统，这 n 个导线 1,2,…,n 彼此按任意方式连接，如果每个导线都有一个电动势与之串联，则确定流经各导线的电流 $I_1, I_2, \cdots, I_n$ 所需要的线性方程的数目，可由下面两个定理得出.

定理 1　设导线 $k_1, k_2, \cdots$ 构成一个闭合回路，令 W_k 表示第 k 个导线的电阻，E_k 为与第 k 个导线串联的电动势，并认为 E_k 的正方向与电流 I_k 的正方向相同. 则在一个回路绕行方向上所有的 $I_{k_1}, I_{k_2}, \cdots$ 都为正的情况下，有

$$W_{k_1} I_{k_1} + W_{k_2} I_{k_2} + \cdots = E_{k_1} + E_{k_2} + \cdots.$$

定理 2　如果导线 $\lambda_1, \lambda_2, \cdots$ 汇集于一点，并且认为电流 $I_{\lambda_1}, I_{\lambda_2}, \cdots$ 都以正方向趋于此点，则

$$I_{\lambda_1} + I_{\lambda_2} + \cdots = 0.\text{"}$$

接着基尔霍夫就详细说明这两个定理. 这就是今天一般电磁学教科书上所说的，关于电路的两条基尔霍夫定律的来源.

§14　法拉第对电磁学的伟大贡献

1. 法拉第生平简介

法拉第(Faraday，Michael 1791—1867，英)出生于英国一个贫寒的铁匠家庭，小时候难得温饱，只受过一点点"读、写、算的启蒙教育"，没有机会上学. 据他自己后来说："1804 年我 13 岁时，进入一家售书兼装订书的商店，在那里待了八年，主要时间是装订书籍. 我就是在工作之余，从这些书里开始找到我的哲学(my philosophy). 这些书中有两本对我特别有帮助，一本是《大英百科全书》，我从它第一次得到电的概念；另一本是马塞夫人 (Mrs. Marcet)的《化学谈话》，它给了我这门科学的基础. "他甚至省吃俭用，买点器具自己做简单的化学和电学实验.

1810 年，他经人介绍参加"市哲学会"(City Philosophical Society)，该会领

法拉第

导人塔特姆(Tatum,J.)每周讲一次自然哲学,内容包括电学、力学、光学、化学、天文学、实验……等,并向与会者开放他的图书.法拉第共听了12讲,接受了初步的科学教育.有一次,店里的顾客给了他一张票,去听皇家研究院(Royal Institution)主任戴维(Davy,H. 1778—1829,英)教授讲化学,他仔细听讲、作笔记,并整理出来向市哲学会传达.

1812年10月,他学徒期满,给人做装订工.但因试用时关系不好,不久就失业了.这时,戴维教授因做化学实验炸伤了眼睛,法拉第被推荐给他当了一段时间的抄写员.一方面因为生活困难,另一方面也由于向往科学,他把他听戴维演讲时整理的笔记,送给戴维,请求戴维帮他在皇家研究院安排一个工作.戴维对他很满意,但一时无法帮助他.次年2月,皇家研究院空出一个助手职位,戴维立即派人去找法拉第.于是在1813年3月1日,法拉第就开始做戴维的助手,在实验室干杂事.

1813年10月,戴维教授应邀到欧洲大陆各国作学术访问,携法拉第同行.在欧洲大陆的一年半,戴维教授会见了当时很多著名科学家,谈到了科学各领域里的许多问题.法拉第大开眼界,他如饥似渴地吸收各种新知识.1815年4月回到伦敦后,在戴维的指导和鼓励下,法拉第专心致志地工作和学习,很快就成长起来,能独立地在科学前线做研究工作.开始是研究化学,从1816年到1819年,共发表了37篇论文.到1820年,已是一位小有名气的化学家了.大约在1821年初,他开始研究电磁学,同年9月发明电动机;十年后发现电磁感应和发明发电机,后来又提出磁场的概念.

法拉第于1824年成为英国皇家学会会员,1825年任皇家研究院实验室主任,1833年升为教授.他在实验室工作了近50年,在电磁学、光学和化学等领域里都作出了许多极为重要的贡献,曾两度获得英国皇家学会的奖章.从1820年9月起,到1862年3月止,他对所从事的实验研究工作,都有详细的记录;这些记录,他遗赠给皇家研究院,经后人整理出版,共七大卷,3000多页,这就是著名的《法拉第日记》(*Faraday's Diary*),他在实验上的重要发现,都可以在其中找到.此外,他所发表的关于电磁学的论文也汇成三大卷《电学的实验研究》(*Experimental Researches in Electricity*),是电磁学历史上的巨著.

法拉第还热心科学普及工作. 从 1825 年开始,为了筹措研究经费和普及科学知识,他创办了星期五晚间的演讲. 到他退休为止,他共讲了一百多次,对英国上层社会的科学教育起了重要作用. 还有,他为青少年作的圣诞演讲,有些也很著名,如 1860—1861 年讲的《蜡烛的故事》就曾被译成多种文字(我国上海少年儿童出版社于 1962 年出版了汉译本).

法拉第为人和蔼,文雅,谦虚而自尊,热爱大自然的美,过着简单而朴素的生活. 他多次谢绝升官发财的机会,全心全意地把自己的一生奉献给科学研究事业. 30 岁时,与市哲学会一位会员的妹妹喜结连理,妻子贤惠,婚姻美满,但没有孩子. 由于他在科学上的伟大贡献,1858 年,维多利亚女王赐给他一栋房子,他就住在此安度晚年.

一个出身很苦,没有受过正规教育的人,经过自己的努力,登上了当时科学的最高峰,创造了丰功伟绩;对人类作出了巨大的贡献,这在历史上是少有的. 法拉第是不朽的.

为了纪念他对电磁学作出的贡献,1881 年在巴黎召开的第一届国际电学会议决定,用他的姓氏作为电容的单位.

2. 发现电磁感应定律

(1) 电磁感应现象的发现

1820 年 7 月,奥斯特公布了他发现电流磁效应的消息. 法拉第得知后受到很大启发. 他想,既然电能够产生磁,反过来,磁也应该能够产生电. 所以他不久就有了"把磁变为电"(convert magnetism into electricity)的想法——既然电荷能在导体上产生感应电荷,电流也应该能在导体上产生感应电流. 开始他就是本着这种信念从事研究的;甚至在电磁感应现象发现之前 6 年,他就仿照静电感应,在日记中使用了"感应"(induction)这个词,可见他对于电磁感应的存在是坚信不疑的. 但是,如何从实验中发现这种感应,却非易事. 他断断续续地研究了将近 10 年. 从他的日记中我们可以看到,明确记载的失败就有三次(1824 年 12 月 28 日;1825 年 11 月 28 日;1828 年 4 月 22 日),每次失败,他都记上"没有效果"(no effect). 例如 1825 年 11 月,他有一个实验是这样做的:把两根导线互相缠绕着,先把其中一根的两头接到电池上通电,然后把另一根的两头接到电流计上. 他没有观察到效应.

此外,1822 年,阿喇果发现,金属可以阻尼磁针的振荡;1824 年,阿喇果把一个铜圆盘装在竖直轴上,上方用细丝吊着一个磁针,当铜盘转动时,磁针跟着转动.阿喇果因此获得了1825年的科普利奖章.可是,对于阿喇果发现的现象,当时众说纷纭,没有得到正确的解释,也就没有进一步的发展.

1825年,斯图杰昂(Sturgeon,W. 1783—1850,英)把铜线绕在马蹄形软铁上,通以电流,能吸引比软铁本身重20倍的铁块,他把它叫做电磁体(electromagnet).1828年,亨利(Henry,J. 1797—1878,美)做了改进,用纱包铜线(这是第一次使用外皮绝缘的导线)绕在马蹄形软铁上,制成了起重力更大的电磁体.

1831年,法拉第给皇家研究院打报告,请求暂停光学玻璃的研究,以便研究电磁体和把磁变为电的问题.为了制作高效率的电磁体,他把铜线绕在一个铁环上.1831年(我国清代道光十一年)8月29日,法拉第终于用这个铁环发现了电磁感应.这一天,他在日记中写了19条记录,我们把其中头3条译出如下:

"1.由磁产生电的实验,等等.

2.做好了的铁环(软铁),铁是圆形的,$\frac{7}{8}$英寸粗,环的外直径为6英寸.用铜线在环的一半上绕好几个线圈,这些线圈都用线(twine)和白布(calico)隔开——铜线有3根,每根约24英尺长,它们可以接起来成为一根,或作为几根单独使用.经试验每个线圈彼此都绝缘.可以把这一边叫做A.在另一边(与这一边隔一段空隙),用铜线绕了两个线圈,共约60英尺长,绕的方向与A边的相同;这边叫做B边.

3.使电池充电,电池由10对板组成.每块板的面积为4平方英寸.把B边的线圈连接成一个线圈,并用一根铜线把它的两端连接起来,这铜线正好经过远处一根磁针(离环约3英尺)的上方.然后把A边一个线圈的两端接到电池上;立刻对磁针产生一个明显的作用.它振动并且最后停在原来的位置上.在断开A边与电池的接线时,磁针又受到扰动."

这就是法拉第第一次成功地观察到电磁感应现象的记录.接着,他详细记录了用这个绕有铜线的铁环所作的各种实验和新的发现.

1831年10月17日,法拉第把磁棒插入和抽出线圈时,观察到线圈中产生了电流,有个别人认为,应该把这一天算作法拉第发现电磁感应的日子.这一天,法拉第日记中共有7条记录,我们把其中头3条译出如下:

"55.准备了两个器具——N是直径为$\frac{7}{8}$英寸的毛瑟枪杆的一部分,其厚度各处不一样,但约为$\frac{1}{16}$英寸.用61英尺4英寸长的铜导线绕在这个枪杆上,从一端沿螺旋线绕到另一端,并且(沿同一方向)又绕回原端,如此在枪杆上绕四次.

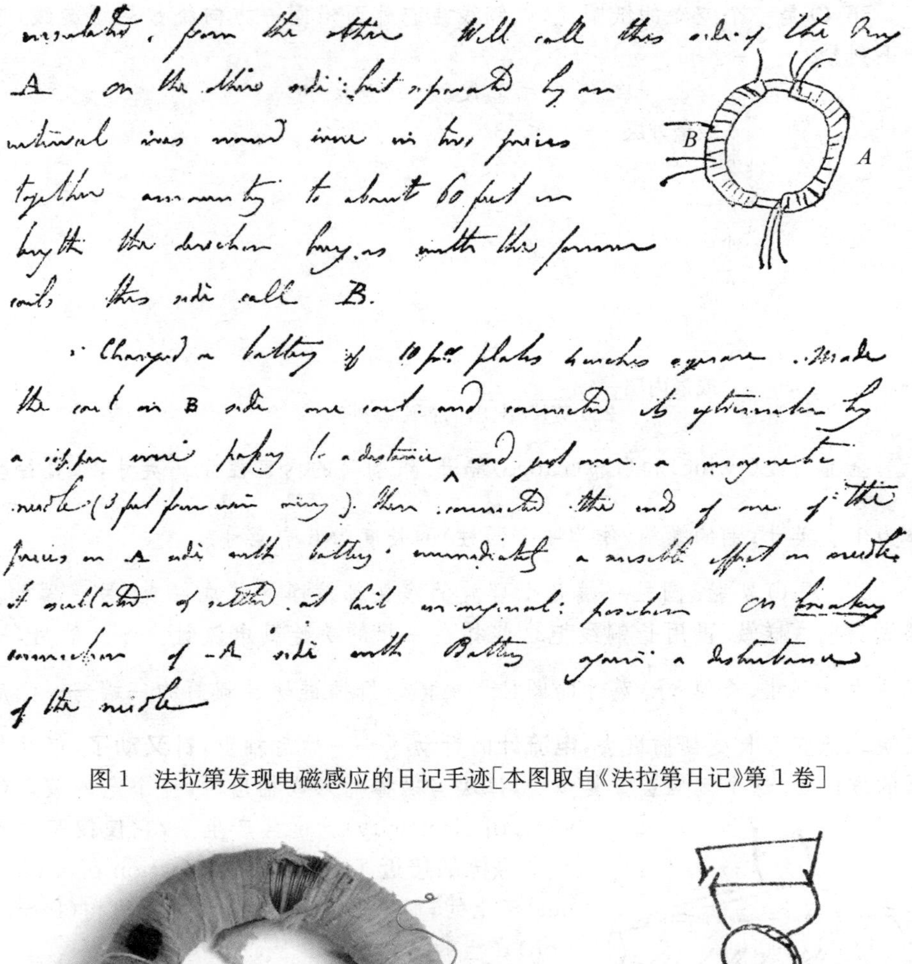
insulated from the other. Will call this side of the ring
A. On the other side but separated by an
interval was wound wire in two pieces
together amounting to about 60 feet in
length the direction being as with the former
coils; this side call B.
Charged a battery of 10 pr. plates 4 inches square. Made
the coil on B side one coil and connected its extremities by
a copper wire passing to a distance and just over a magnetic
needle (3 feet from iron ring). Then connected the ends of one of the
pieces on A side with battery: immediately a sensible effect on needle.
It oscillated & settled at last in original position. On breaking
connection of A side with Battery again a disturbance
of the needle

图 1　法拉第发现电磁感应的日记手迹[本图取自《法拉第日记》第 1 卷]

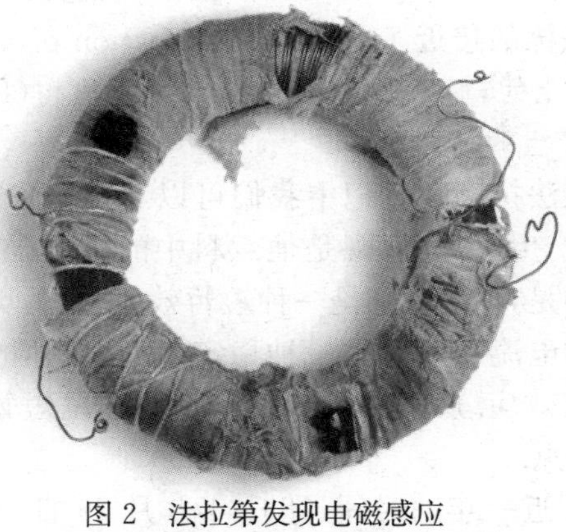

图 2　法拉第发现电磁感应所用的线圈(照片),原物现存于伦敦皇家研究所

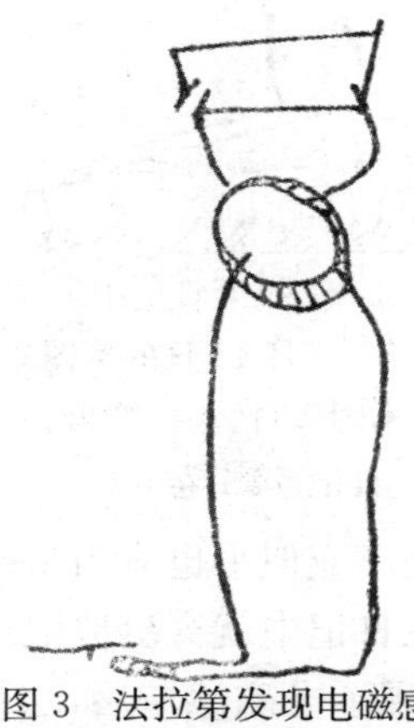

图 3　法拉第发现电磁感应所用的线路[本图取自《法拉第日记》第 1 卷]

56. O是一个空心的纸圆筒，以铜线在它外面沿同一方向绕8层螺旋线，包含下列量

	英尺	英寸
1或最外层——	32	10
2——	31	6
3——	30	
4——	28	
5——	27	
6——	25	6
7——	23	6
8或最内层——	22	

220英尺(突出的各端除外)，

全都用线(twine)和白布(calico)隔开. 纸圆筒的内直径为$\frac{13}{14}$英寸，外直径整体为$1\frac{1}{2}$英寸，铜的螺旋(作为一个圆柱)的长度为$6\frac{1}{2}$英寸.

57. 用O实验. 圆柱一端8个螺旋的线头都擦净并扎成一束. 另一端的8根线头也这样做. 再用长铜线把这些扎在一起的头连到电流计上——然后，一直径为$\frac{3}{4}$英寸、长为$8\frac{1}{2}$英寸的圆柱形磁棒恰好插进螺旋圆筒的一端——然后很快地把整个长度都插进去，**电流计**的针动了——然后抽出，**针又动了**，但往相反的方向动. 这个效应曾重复多次，每次当磁棒插入或抽出时，一个电的波动(a wave of electricity)就这样产生了，**它仅仅**是由于一个**磁棒的接近**(mere approximation of a magnet)产生的，而不是由于它在**原处**的结构(formation)产生的.”

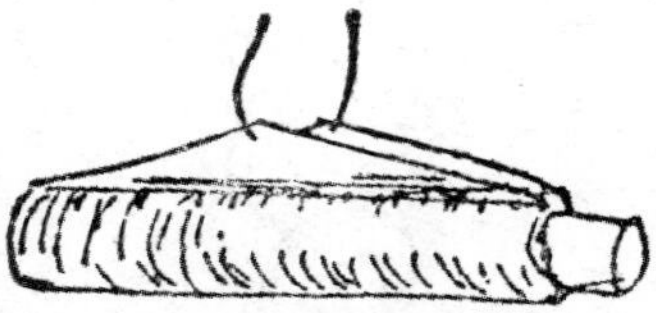

图4　法拉第日记中1831年10月17日的草图[本图取自《法拉第日记》第1卷]

从法拉第的日记中我们可以看出，电磁感应(由磁产生电)的发现是他意料中的事. 使他感到意外的是，电磁感应是一种短暂效应，因为奥斯特发现的电流磁效应是一种稳定效应，在他的思想里，电磁感应似乎也应当是一种稳定效应. 所以在发现了电磁感应是短暂效应后，他在日记中就突出地记录了这一点.

发现了电磁感应后，法拉第花了近一年的时间(1831年8月29日至1832年7月11日)，对它作了专门的详细研究. 他做了各种各样的实验，确定在每种

情况下感应电流的方向以及与磁通量变化的关系等，他的日记里共写了 441 条记录，并画了不少说明的草图.

法拉第在 1831 年 11 月 24 日向英国皇家学会宣读了他发现电磁感应的文章（《电学的实验研究》第一辑），他根据实验，把能产生感应电流的情况概括为五类：①变化着的电流，②变化着的磁场，③运动的稳恒电流，④运动的磁铁，⑤在磁场中运动的导体. 他还把电磁感应同静电感应类比，但指出电磁感应与静电感应不同，感应电流不是与原电流成正比，而是与原电流的变化有关.

(2) 电磁感应定律的建立

法拉第由于未受过正规教育，没有掌握数学工具，所以他未能用数学方程表示电磁感应定律. 他根据实验，用导体切割磁力线的数目来表述电磁感应定律. 他在 1851 年的《论磁力线》(On Lines of Magnetic Force)一文中写道："导线的运动不论是垂直地还是倾斜地、也不论是从一个方向还是从其他方向跨过力线，它总是把由它所跨过的线所代表的总力加在一起."因此，"普遍地，被推入电流的电量是直接地与切割的线的总数成正比的."

关于各种情况下感应电流的方向，法拉第在他的日记(1831—1832 年)中都有详细而清楚的记述. 1834 年，楞次(Ленц，Э. Х.，德语为 Lenz，H. E. 1804—1865，俄)发现，导体在外磁场中运动时，感应电流沿着这样的方向流动，使得作用在它上面的有质动力要反抗回路的运动. 这个规律后来通常称为楞次定律.

1845 年，诺伊曼(Neumann，F. E. 1798—1895，德)在楞次定律的基础上，引进矢势 $\boldsymbol{A}$，得出了电磁感应定律的数学形式：

$$\mathscr{E}=-\oint\frac{\partial\boldsymbol{A}}{\partial t}\cdot\mathrm{d}\boldsymbol{l}.$$

根据矢势 $\boldsymbol{A}$ 与磁感强度 $\boldsymbol{B}$ 的关系 $\boldsymbol{B}=\nabla\times\boldsymbol{A}$ 和矢量分析的斯托克斯(Stokes，G. G.)公式，这个形式与我们今天通用的形式

$$\mathscr{E}=-\frac{\mathrm{d}\phi}{\mathrm{d}t}$$

是等效的.

3. 提出场的概念

两千多年以前，人类就发现了带电体能吸引小物体，磁石能吸引铁. 对于这些奇特的自然现象，历代的学者们提出了各种看法和解释. 例如，有的认为是超距作用；有的认为是带电体周围有气(参看 §1，§3，§4)，磁石周围有效力球

(参看§2,§4);有的认为是借助于中介空间的某种性质起作用(参看§4).由于人眼能看到的只是物体之间的吸引或排斥,至于带电体或磁石周围究竟有什么,既看不见,也摸不着,只能作一些推测.

1629年,卡比奥用很多小铁针(铁屑)放在磁石上,显示出曲线来,他使用了"力线"这个词(参看§4).这样,就有了可供研究的形象.后来巴普蒂斯塔·波尔塔和笛卡儿都曾研究过铁屑在磁石周围形成的曲线(参看§4).

1831年11月24日,法拉第在向英国皇家学会宣读他发现电磁感应的论文中,开始使用"磁力线"(lines of magnetic force)这个词.他称磁力线是这样一些曲线,"它们能用铁屑描绘出来;或者对于它们来说,一根小磁针将构成一条切线."他是用磁力线和电致紧张状态(electro-tonic state)这些概念来说明电磁感应规律的.关于电致紧张状态,他在1852年发表的《论磁力线的物理性质》一文中说:"这样一种状态将与构成物理磁力线(physical lines of magnetic force)的东西一致并且成为等同的."

法拉第在实验中经常地、大量地用铁屑显示磁力线,并把磁力线作为思考问题的工具.随着实验的进展,他对磁力线的概念和认识也逐步深入.1837年,他在研究静电感应的文章《论感应》中,提出"感应力线"(line of inductive force),后来在1845年又称之为"电力线"(lines of electric force),他说:"按照静电感应原理彼此相互作用的两个物体,力沿着连接这两物体的线作用,这种线既可以是曲线,也可以是直线."

在法拉第看来,力线是物理实在,是他据以思考和处理电磁学问题的基础.赫兹(Hertz,H. 1857—1894,德)说得好:"电力线和磁力线在法拉第看来,都是实际存在的、真实的、能感觉到的某种东西."从法拉第日记中所画的许多草图,我们可以很清楚地看出这一点.

法拉第不仅引入了力线这一重要概念,而且提出了"场"(field)这个词.他最早使用磁场(magnetic field)一词,是在1845年11月7日.这天他在日记中写道:"当封蜡或石棉或纸处在磁场中时,如果在(磁铁的电流)接通时圆柱体先是这样 S↘N,它会被吸引到从一极指向另一极的那条磁力线上;或者如果它的振动力使它离开,它会回到那条磁力线上并停止在那里."在以后两年中,他在日记里常用磁场这个词.1847年1月19日,他开始单独使用场这个词;在以后的论文中,他经常使用磁场和场这两个词.虽然他没有对它们下定义或作特别说明,但使用时意义是清楚的.例如,他在1850年11月28日宣读的论文《磁的传导能力》(Magnetic Conducting Power)中,讲到物质放在非均匀磁场中时说:"当顺磁质处在力不相等的磁场(magnetic field of unequal force)中时,它趋向于从作用较弱的位置向作用较强的位置前进，或者说被吸引；而当抗磁体处在相似情况下时，它趋向于从作用较强的位置向作用较弱的位置前进，或者说被排斥.”在这篇文章中，他还讲到：“我现在试图考虑，顺磁体和抗磁体被看作导体时，对磁场中的力线所施加的影响是什么. 磁力量的线(lines of magnetic power)所穿过的空间的任何部分，都可以作为这样一个场，而且大概没有空间没有它们. 沿着线或跨过线从一处到另一处，场的状况在力量的强度(intensity of power)上会发生变化；但对于现在的考虑来说，较好的是假定各处力都相等的一个场(a field of equal force throughout)，我在以前曾描述过，对于某一有限的空间，如何产生这种场.”

由法拉第的这些叙述可见，他对于磁场的概念是清楚和明确的，我们今天关于磁场的概念，就是从他那儿来的.

法拉第不仅提出了场的物理概念，而且更深刻地提出了电磁作用传播的思想. 1832 年 3 月 12 日，他给英国皇家学会写了一封密信，他在信中写道：

“前不久在皇家学会上宣读了题为《对电作的实验工作》的两篇论文，文中所介绍的一些成果，以及由于其他观点与实验而产生的一些问题，使我得出结论：磁作用的传播需要时间，即当一个磁铁作用于另一个远处的磁铁或者一块铁时，产生作用的原因(我认为可以称之为磁)是逐渐地从磁体传播开去的；这种传播需要一定时间，而这个时间显然是非常短的.

我还认为，电感应也是这样传播的. 我认为磁力从磁极出发的传播类似于水面上波纹的振动或者空气粒子的声振动，也就是说，我打算把振动理论应用于磁现象，就像对声所作的那样，而且这也是光现象最可能的解释.”

在 1846 年的《关于光线振动的思想》(Thoughts on Ray Vibrations)一文中，法拉第写道：“在力线一端发生的变化容易使人想到在另一端引起的变化. 光的传播，因而或许所有辐射的作用，占有时间；由于力线的振动是辐射的原因，因此振动也占有时间是必不可少的.”

场的概念是近代物理学里最重要的基本概念之一. 法拉第所开创的关于力线、场和传播等物理思想，后来经过麦克斯韦(Maxwell, J. C. 1831—1879，英)的总结和提高，用数学语言表示出来，就成为电磁场的理论. J. J. 汤姆孙(Thomson, J. J. 1856—1940，英)曾说过：“在法拉第的许多贡献中，最伟大的一个就是力线的概念.”爱因斯坦(Einstein, A. 1879—1955)也对此评价很高，他认为，法拉第关于场的概念其价值比发现电磁感应要高得多.

4. 法拉第对电磁学的其他重要贡献

除了发现电磁感应和提出场的概念这两项巨大贡献外，法拉第对电磁学还做出了许多重要贡献，我们在下面按历史顺序介绍其中的一部分.

(1) 发明电动机

1821 年 4 月，沃拉斯顿(Wollaston，W. H. 1766—1828，英)在英国皇家研究院尝试把磁极靠近载流导线，想使导线绕轴转动，试验没有成功，却引起了法拉第的兴趣，并下决心研究它. 法拉第在 1821 年 9 月 3 日的日记中指出，“不同强度的磁棒垂直地靠近这导线并不能使它像渥拉斯顿博士所希望的那样转动，而是把它从一侧推向另一侧.”这一天，法拉第成功地实现了载流导线绕磁极的转动. 他把磁棒放在玻璃管内，在它上面放一杯水银，一软木塞浮在水银面上，一条导线的上端通过软木塞插到水银里，下端则吊在环绕磁极的水银槽里. 当这导线通有电流时，便绕磁极不停地转动. 他对此“很满意，但要做更灵敏的器具”. 第二天，他便作了改进.“在一个深盆底上放些蜡，然后把水银倒入盆内，把一根磁棒竖直插在蜡里，使磁棒上端恰好露出水银面，然后使一条由软木塞浮着的导线，下端吊在水银里，上端像以前一样通到水银杯里.”(参看图 5)当导线通有电流时，便绕磁棒不停地转动. 这便是电动机的开始. 法拉第把他的这一重要发现写成论文《论某些新的电磁运动兼论磁的理论》(On Some New Electro-Magnetical Motions，and on the Theory of Magnetism)，发表在 1821 年 10 月 21 日的《科学季刊》(*Quarterly Journal of Science*)上，立即引起了欧洲各国科学家的注意，纷纷重复他的实验. 经过许多人的改进，数十年后，便出现了各种实用的电动机.

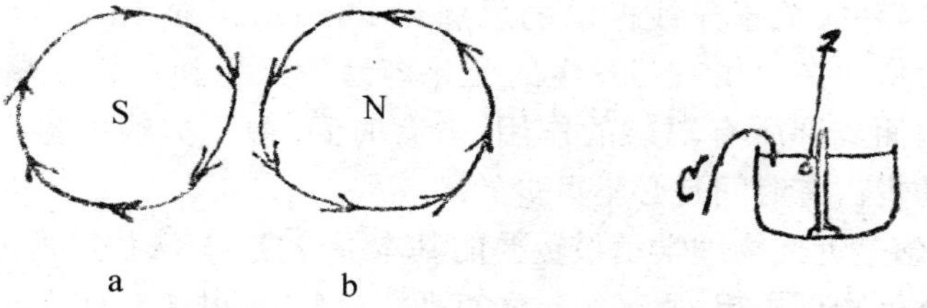

图 5 法拉第使载流导线绕磁极转动，箭头表示载流导线绕转方向(9 月 3 日). 右边是 9 月 4 日改进的装置[本图取自《法拉第日记》第 1 卷]

(2) 发明发电机

1831 年 10 月 28 日，法拉第发明圆盘发电机. 根据这天他在日记里的描述和所画的草图之一(图 6)，其结构是这样：为了聚中磁极的作用，用线把两个长约 6～7 英寸的磁铁绑在大磁极上，中间两端靠得很近，把 0.2 英寸厚、12 英寸直径的铜圆盘，装在一个水平的黄铜轴上，使它的上边缘部分正好在两磁铁的两端之间. 当铜圆盘转动时，用两块铜片(图 6 中未画出)与圆盘边缘上两个不同的地方滑动接触，这两铜片用导线接到一个电流计上，电流计显示出有电流流过. 接着，他把两块铜片接触铜圆盘边上各处做试验. 后来发现，一块铜片接触铜圆盘在两磁铁之间的边缘，另一块铜片接触黄铜轴，效果最好.

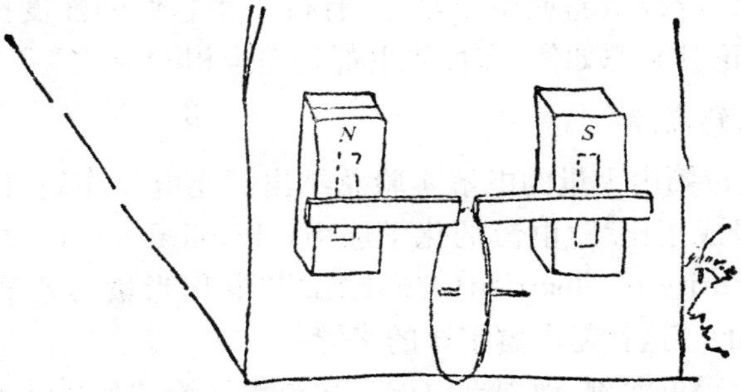

图 6　法拉第画的圆盘发电机草图[本图取自《法拉第日记》第 1 卷]

1831 年 11 月 24 日，法拉第在向英国皇家学会宣读的论文中，报告了他的这一成果.

法拉第发明的这个圆盘发电机，结构虽然很简单，但它是人类创造出的第一个发电机. 现代世界上产生电力的发电机就是从它开始的，也是根据同样的原理工作的.

继法拉第之后，很多人都投入了发电机的研究，30 多年后(1866 年左右)，就有商用直流发电机(开始主要用于供应电灯)出现，60 年后(1891 年左右)就出现了三相交流发电机.

(3) 证明各种来源的电都相同

到 19 世纪 30 年代，已发现的电有五种：摩擦产生的电(法拉第称为普通电)、动物电、伏打电(伏打电堆产生的电)、温差电和电磁感应产生的电(法拉第称为磁电). 不少人认为，有些电是相同的；但也有人认为，有些电是彼此不同的. 早在 1801 年，沃拉斯顿根据伏打电和摩擦电都能起电解作用，认为这两种电是相同的. 同一年，马鲁姆(Marum，Martin van 1750—1837，荷)和普法夫(Pfaff，C. H. 1773—1852，德)用伏打电堆使莱顿瓶充电，他们发现，从伏打电堆两极得出的电互相吸引，而从同一极得出的电则互相排斥. 这些实验进一步证明伏打电与摩擦产生的电相同.

1833 年，法拉第对上述五种电作了全面的系统研究. 他说：“运动中的电或电流的效应可以认为表现于：①发热；②磁现象；③化学分解；④生理现象；⑤火花.我的主要目的是要通过比较所产生的这些效应来比较不同的电.”他查阅前人的实验结果，加上他自己的实验验证，得出结果：伏打电、普通电和磁电三者都能产生上述五种效应；动物电能产生生理效应、化学效应和磁效应；温差电能产生生理效应和磁效应.法拉第认为，动物电和温差电没有能显示出所有效应，“只是因为那些效应很微弱或微不足道，有待于将它们的强度提高.”最后他得出结论：“电，不论其来源如何，在性质上都是完全相同的.”

(4) 发现电解定律

1833年，法拉第由大量的电解实验总结出：“受电流作用时，分解的量准确地与通过的电量成正比.”“电流的化学能力(chemical power)与通过的绝对电量(absolute quantity of electricity)成正比.”“电化当量与普通的化学当量一致，并且是相同的.”这就是电解定律的来源.

法拉第还想得更深刻，他根据电解定律得出结论：“如果我们接受原子理论或术语，那么，在一般的化学作用中彼此等效的、物体的原子，自然地带有相同的电量.”

法拉第在开创性的工作中，引入了许多新的概念和名词，如电极(electrode)、阳极(anode)、阴极(cathode)、离子(ion)、正离子(anion)、负离子(cation)、电解质(electrolyte)、电化当量(electrochemical equivalent)等，一直沿用到今天.

(5) 证明电荷守恒定律

1843年，法拉第在《哲学杂志》(*Philosophical Magazine*)上发表致英国皇家学会会员菲力浦斯(Phillips，R.)的一封信，标题是《论静电感应作用》(On Static Electrical Inductive Action)，介绍他用冰桶做的实验和得出的结论.他把白铁做的冰桶(高为10.5英寸、直径为7英寸)放在绝缘物上，用导线把冰桶外面接到一个金叶验电器上，然后取一根3～4英尺长的丝线，把一个带电的小黄铜球吊进冰桶内，验电器张开.当带电的黄铜球进入冰桶内约3英寸深后，验电器张开的程度便不再变化，即使黄铜球与冰桶接触，电荷全跑到冰桶上，验电器也不发生变化.他进一步实验表明，不论冰桶内是空的还是放有其他物质，也不论带电的黄铜球与冰桶内的任何东西接触，即不论黄铜球上的电荷在冰桶内发生任何变化，验电器张开的程度都不变.法拉第说，假定有一个不带电的绝缘金属球壳，其内部有千千万万个带电的小物体或粒子，则它们在球外面的感应能力(inductive power)等于它们所有的电荷都放在球壳上时所产生的感应能力.

通常认为，法拉第的冰桶实验是电荷守恒定律的第一个令人满意的实验证明.

(6) 提出介电体的概念

1837 年底，法拉第发表了《论感应》(On Induction)一文，次年初，又发表了续编. 根据他自己的实验，他认为静电感应作用不是超距作用，而是要通过中介物质起作用. 他提出在静电感应作用下物质极化的模型，用以说明各种静电现象. 他说："普通感应在所有情况下都是邻接粒子(contiguous particles)的作用，而超距的电作用(即寻常的感应作用)除非经过中介物质的影响，是永远不会发生的. "他在说明绝缘体和导体的区别时，讲得更为仔细："一个激发的物体对邻近物质的第一个作用，我把它看作是使它们的粒子产生极化状态，这种状态就构成感应；这产生于该物体对紧接着的粒子的作用，而这些粒子又对与它们邻接的粒子发生作用，力就是这样传到远处的. 如果感应保持不减弱，其结果就是完全绝缘的情况；粒子能获得或保持极化状态的程度越高，则给予作用力的强度就越大. 反之，如果粒子在获得极化状态时有能力传递它们的力，则传导便出现，张力便降低，传导就是邻近粒子之间独特的放电作用. 物体的粒子之间发生这种放电所处的张力状态越低，该物体就越是好导体. 按这种观点，绝缘体可说是其粒子能保持极化状态的物体；而导体则是其粒子不能永久地极化的物体. "

法拉第把绝缘媒质叫做"介电体"(dielectric)，他说："我用'介电体'这个词表示这样的物质，电力通过它们起作用. "他发现，把介电体放入电容器两极板之间，可以增大电容. 他把放入介电体后的电容与未放入时的电容之比叫做该介电体的电容比(specific inductive capacity)，今天常常称为介电常量.

(7) 发现磁致旋光效应

1845 年 8 月 6 日，汤姆孙(Thomson，W.，即开尔文，1824—1907，英)在用数学语言表达了法拉第的力线概念之后，写了一封长信给法拉第，信的末尾提到，玻璃内的应变对偏振光有作用，如果应变是由电产生的，似乎也能观察到相似的作用. 法拉第曾在 19 世纪 20 年代寻找过电对光的作用，但没有成功. 这次收到汤姆孙的信后，重做实验，又没有成功. 不过，这次他不是放弃实验，而是用磁场代替电场，再作实验.

1845 年 9 月，法拉第把自己制造的铅玻璃放在两个强磁极之间，然后让一束平面偏振光沿磁场方向通过这块玻璃. 他发现，光穿过玻璃后，振动面旋转了一个角度. 这就是磁致旋光效应，为了纪念他，今天通称为法拉第效应. 这是历史上第一次发现光与电磁现象的联系. 他继续作实验研究，结果发现："不仅是重玻璃，而且固体和液体、酸和碱、油、水、酒精、乙醚，所有这些物质都具有这种能力.”

法拉第还由实验得出：光的振动面旋转的角度与光通过的物质的厚度成正比，与磁力线的密度成正比；振动面旋转的方向与磁力线成右旋关系（即振动面旋转的方向是产生这磁力线的电流的方向），而与光线的进行方向无关.

(8) 发现物质的磁性有两种

1778 年，布鲁格曼斯（Brugmans，A.）发现铋被磁极排斥的现象，但没有引起人们的注意. 1827 年，巴力夫（Le Baillif）再次报道铋被磁极排斥的现象，仍未引起人们的注意.

1845 年，法拉第发现，所有物质或多或少都有磁性. 他发现，在磁场中，有些物质（如铁、镍、钴、锰……）往磁场较强的方向运动，他把它们叫做“顺磁的”（paramagnetic）；而绝大多数物体（如铋、磷、锑、重玻璃、锡、水银、金、水、乙醚……以至木头、牛肉、苹果等）都往磁场较弱的方向运动，他把它们叫做“抗磁的”（diamagnetic）. 这些词一直沿用至今.

在汤姆孙（开尔文）的启发下，法拉第于 1851 年发表的《论物体的磁传导和抗磁传导》（On the Magnetic and Diamagnetic Conduction of Bodies）和随后发表的《磁的传导能力》（Magnetic Conducting Power）等论文中，阐述了他对物质磁性的看法. 他认为，不同物质传导磁力线的能力不同，顺磁体能让磁力线较多地通过自己，因而被磁极吸引；而抗磁体则阻止一部分磁力线通过，因而被磁极排斥.

§15 麦克斯韦集电磁学之大成

1. 麦克斯韦生平简介

麦克斯韦（Maxwell，James Clerk 1831—1879，英）生于爱丁堡，是世家的后代. 家在苏格兰南端，拥有 1500 英亩的庄园. 他就是在那里长大的，后来他的一些著作也是在那里完成的. 他的父亲是一位律师，但爱好科学技术，是爱丁堡皇家学会会员. 他小时候由母亲教他读书，记忆力好，能背诵一些长诗. 8 岁时，母亲死于癌症.

1841 年，麦克斯韦 10 岁时入爱丁堡公学. 他喜欢数学，14 岁时就写过一篇关于画卵线的论文. 1847 年入爱丁堡大学，三年内学完了四年的课程. 1850 年

麦克斯韦

入英国第一流的剑桥大学，先在彼得豪斯学院，一学期后转入三一学院. 1854 年毕业，获得博士学位，并获得数学学位考试第二名和史密斯奖第一名. 次年成为三一学院的研究员. 1856 年到亚伯丁的马里夏学院(Marischal College)任自然哲学教授. 两年后，同该院院长的女儿结婚(她比他大 7 岁，他们没有生孩子). 1860 年到伦敦的国王学院任自然哲学和天文学教授. 五年后回故乡，著书和扩建家园，他的巨著《电磁论》(*A Treatise on Electricity and Magnetism*)就是在这时写成的. 1866 至 1870 年间，曾任剑桥大学数学荣誉学位考试的主考等职. 1871 年任剑桥大学第一位实验物理学教授，创建举世闻名的卡文迪什实验室，并担任该室的第一任主任.

1879 年因癌症在剑桥病逝，同他母亲一样，只活了 48 岁.

麦克斯韦是 19 世纪伟大的物理学家，他的主要成就是集电磁学之大成，建立了电磁场理论(麦克斯韦方程组)，提出了光的电磁理论，以及在统计物理学方面所作的开创性工作(气体分子运动的麦克斯韦速度分布律). 此外，他在色视觉、几何光学、光测弹性学、热力学、土星光环的理论、弛豫过程以及工程中的伺服机构和倒易图等方面都有贡献. 麦克斯韦长于用数学语言解决物理问题，是一位天才的理论物理学家；同时也是一位杰出的实验物理学家，他发现了流动液体的双折射现象，发明了混色陀螺、实像体视镜和电容电感组成的电桥(麦克斯韦电桥)，用实验证明了库仑定律中的反平方指数准确到十万分之五以内. 他发表过近百篇论文，出版了四部著作，并整理出版了卡文迪什未发表过的电学著述. 他还担任第九版《大英百科全书》的编辑，并撰写了好些条目.

麦克斯韦兴趣广泛，知识渊博，并饶有风趣，所有认识他的人都爱他并尊敬他. 他是一位好教师，热爱学生. 他一直喜欢文学，甚至写过诗. 他笃信上帝，是一个虔诚的基督徒.

2. 历史背景

在叙述麦克斯韦对电磁学的贡献之前，让我们先回顾一下他所处时代的历史背景.

麦克斯韦生于法拉第发现电磁感应的那一年(1831 年). 当他在剑桥大学毕业开始研究电磁学的时候(1854 年)，从吉伯的著作《磁石》问世(1600 年)算起，人类研究电磁现象已有 250 多年了. 在这 250 多年的时间里，积累了许多关于电和磁的知识；特别是后 70 年里，由实验发现了电磁现象所遵循的定量的基本规律. 1785 年库仑发现了电荷之间相互作用力的库仑定律和磁极之间相互作用力的磁库仑定律；1840 年，高斯把它们提高为高斯定律(高斯定理). 1820 年奥斯特发现了电流的磁效应，毕奥、萨伐尔和拉普拉斯很快就发现了电流产生磁场的规律，安培不久就建立了安培定律(安培环路定理). 1831 年，法拉第发现了电磁感应现象，后来又用磁力线数目的变化表述了电磁感应的规律；1845 年诺伊曼用数学表示出电磁感应定律. 所以，到麦克斯韦开始研究电磁学的时候，电磁现象的基本实验规律都已被人们发现了，并且都已经用数学确切地表述出来了.

另一方面，法拉第提出的力线的概念和场的思想，也已经有 20 多年了.

此外，汤姆孙(开尔文)从 1841 年开始，在电磁学方面作出了多种贡献，对后来麦克斯韦的工作有重要影响. 特别是，他由静电方程与热流方程的相似性，提出类比(analogy)方法，即相同的方程可以描述类似的现象. 例如，由于均匀媒质中的热传导定律在数学形式上与平方反比的库仑定律相同，因此，只要把热流问题中的一些量如热源、热流和温度等分别换成电学中的相应量如电荷、吸引力和电势等，一个电学问题就可以化为一个热学问题来求解. 1845 年，他用这种方法研究法拉第的电力线，并用数学方法描述它们. 后来麦克斯韦就是用与不可压缩流体的流线类比的方法，开始研究法拉第关于力线的概念的.

从上述的历史背景我们可以看出，在麦克斯韦开始研究电磁学的时候，一切基础都已经准备好了，历史正等待一位巨匠来集大成，把已有的材料加以总结、综合和提高，以建造出一座宏伟的电磁学大厦来. 麦克斯韦经过十年断续的努力，光荣地完成了这一历史使命.

为了了解麦克斯韦是怎样在前人的基础上一步一步地前进，终于达到最高峰的，下面我们就根据他的三篇重要论文，作一详细介绍.

3. 用数学语言表示法拉第的物理思想

1854 年，麦克斯韦从剑桥大学毕业后几周，在汤姆孙(开尔文)的影响下，开始研究电磁学. 他先通读了法拉第的《电学的实验研究》(*Experimental Researches in Electricity*)一书，然后阅读汤姆孙(开尔文)、格林(Green, G. 1793—1841，英)和斯托克斯(Stokes, G. G. 1819—1903，英)的有关论述. 一年后，他发表了第一篇关于电磁学的重要论文《论法拉第的力线》(On Faraday's Lines of Force). 这篇论文很长，1855 年 12 月发表第一部分，次年 2 月发表第二部分.

法拉第在 1831 年开始使用磁力线这个词，后来他又仿照磁力线，提出了电力线. 在他看来，力线是物理实在，是他据以思考和处理问题的基础. 但由于他未受过正规教育,没有掌握数学工具,所以他未能用数学语言来表达他的物理思想. 麦克斯韦的第一步工作就是用数学语言表达法拉第的物理思想,在《论法拉第的力线》中说:"法拉第发现了各种很不相同的现象,我的计划的限度是,严格应用法拉第的思想和方法,来表明这些现象之间的联系怎样能清楚地呈现在数学心灵面前."

文章的第一部分是用与流体的类比来讨论静电和永磁的一些问题,为此,他先阐述了不可压缩流体运动的理论. 当不可压缩流体的一个小源头均匀地向四面八方流出时,流线向外辐射,流速与到源点距离的平方成反比. 一个正点电荷的电力线或一个小 N 极的磁力线与这种流线相似,而场强与距离的关系则与相应流速与距离的关系相同. 负点电荷或小 S 极的情况则与相应的小尾闾(sink)相似. 因为场强的叠加与流速的叠加遵守相同的规律,故任意分布的电荷或磁极所产生的场强便与相应分布的源头和尾闾所产生的流速相似. 麦克斯韦利用这种相似性,把力线与不可压缩流体的流线对比,引入力管的概念,使得法拉第的物理思想能够用数学语言表达出来. 他讨论了静电、永磁和稳恒电流等情况. 根据法拉第的思想,他把介电体的作用类比为流体受到的阻力;晶体的各向异性则类比为阻力与方向有关.

文章的第二部分是用数学分析研究电磁现象的问题. 法拉第曾根据他发现的电磁感应现象,提出"电致紧张状态"(electro-tonic state)作为磁场的一种描述. 为了用数学表示电致紧张状态,麦克斯韦在文章中先用数学表示出电流强度、电势、电动势等之间的定量关系,再在安培工作的基础上,推出安培环路定理的微分形式,然后把得出的一些关系用七条定理表示出来. 他用三个函数 α_0、β_0、γ_0 来表示电致紧张状态,并把法拉第的电致紧张状态理论总结成表示一些电磁量之间数学关系的六条定律. 后来他认为,α_0,β_0,γ_0 就是诺伊曼(Neumann,F. E. 1798—1895,德)提出的电动力学势(electrodynamical potential),也就是我们今天通称的矢势 **A** 的三个分量.

作为结果的一些应用,文章最后举出了 12 个例题.

总之,这篇文章完全是麦克斯韦用数学语言表达法拉第的物理思想和方法,正如他自己在文章中一再说明的,他没有加入任何东西. 可是,在做到了这一点并找出了电磁量之间的一些数学关系以后,就可以在此基础上向前发展了.

4. 提出位移电流和光是电磁波

1861 至 1862 年间,麦克斯韦发表了第二篇重要的电磁学论文《论物理的力线》(On Physical Lines of Force),在力线的基础上发展了法拉第的思想. 这篇文章也很长. 一开头就讲如何确定力线. 接着说,把铁屑等撒在纸上可以显示出磁力线. “这个实验漂亮地显示出磁力线,它自然地使我们想到,力线是某种实在的东西,指出了比仅仅是两个力的合成更多的东西. ”“我们不禁想到,在我们看出这些力线的每个地方,某种物理状态或作用必定以足够的能量存在以产生实际现象. ”“本文的目的在于沿着这个方向为思索扫清道路,方法是考查媒质中张力的和运动的某些状态的力学结果(mechanical results),并把它们与所观察到的磁和电的现象加以比较. ”

在这篇文章中,麦克斯韦提出分子旋涡理论(theory of molecular vortices),用来说明电磁现象. 文章分为四个部分,标题就是分子旋涡理论分别应用于:①磁现象,②电流,③静电,④磁对偏振光的作用.

在第一部分,他说,“我想从机械观点考查磁的现象,和决定媒质中什么样的张力,或媒质的什么样的运动,能产生所观察到的力学现象. ”“在磁的影响下,媒质的力学情况曾被不同地想象为流、波动、或者位移或应变的状态、或者压强或应力的状态. ”“我们现在来把磁的影响看作是以某种压强或张力的形式,或者更普遍地,某种**应力**(stress)的形式存在于媒质中. ”“应力是物体中相邻部分之间的作用和反作用,在媒质中的同一点,它一般地由不同方向上的不同的压强和张力组成. 这些力之间的必要关系已由数学家们研究过了;已证明应力的普遍形式由三个互相垂直的主压强或张力组成. 当两个主压强相等时,则第三个便是对称轴,是最大或最小的压强,而与这轴垂直的压强都相等. ”“应力的这种普遍形式并不适用于表示磁力(magnetic force),这是因为,磁力线有大小和强度,但没有显示线的**侧边**(sides)之间任何差别的第三个性质,这种性质与在偏振光里观察到的类似. 因此,我们必须用这样的应力来表示一点的磁力,它具有最大或最小压强的单轴,而所有与这轴垂直的压强都相等. ”“让我们设想,磁的现象由沿力线方向存在的张力和流体静压强合在一起决定;或者换句话说,由这样的压强决定,它在赤道上比在轴线方向上大. 下一步的问题是,在流体或运动媒质中,我们对这种不相等的压强能给出什么样的力学上的解释? 最先想到的解释就是,赤道上的较大压强来自媒质中旋涡或涡流的离心力,这些旋涡的轴线与力线的方向平行. ”麦克斯韦就是这样提出分子旋涡理论的. 接着他就根据这个模型,由应力平衡条件,求出在媒质内部应力变化时,作用在媒质单位体积上的力.

在论文的第二部分,麦克斯韦使分子旋涡理论进一步具体化. 为了说明各种电磁现象,他作了一系列假定:分子旋涡的密度与磁导率成正比;每个分子旋涡边上的速度与磁场强度成正比;分子旋涡之间有一层比分子旋涡小得多的圆粒子;粒子在分子旋涡之间转动,转动方向与旋涡转动方向相反;粒子的转动使旋涡在场中运动,这时产生的切向压强构成电动势;粒子的平动构成电流;粒子从一个分子旋涡到另一个分子旋涡时要受到阻力,结果产生热. 他为这种机械模型画了一张图(图 1). 根据这个模型,他计算了分子旋涡在媒质中运动时的有关能量,进而计算出运动媒质中的电场,其结果用我们今天的数学符号表示为

$$\boldsymbol{E}=\boldsymbol{v}\times\boldsymbol{B}-\frac{\partial \boldsymbol{A}}{\partial t}-\nabla\varphi.$$

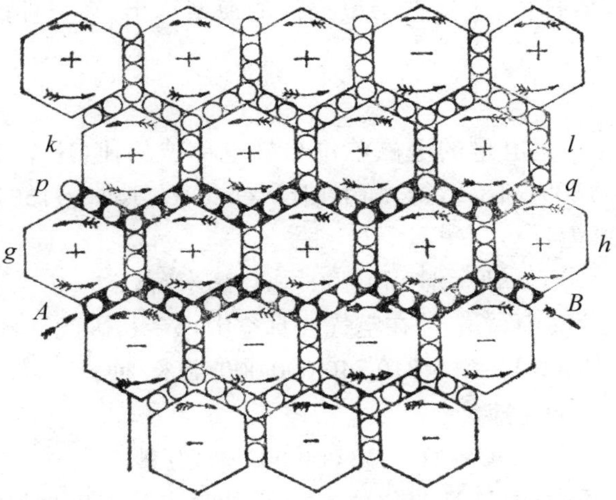

图 1　麦克斯韦的分子旋涡图

[本图取自《詹姆士·克拉克·麦克斯韦科学论文集》]

麦克斯韦得出结论:"磁电现象(magnetoelectric phenomena)是由于在磁场的每一部分有处在某些运动状态(或压强状态)的物质的存在(existence of matter),而不是由于磁体和电流之间的直接超距作用. 产生这些效应的质(substance)可能是普通物质的某个部分,或者可能是与物质相联系的以太(aether)."

第三部分是这篇论文中最重要的部分,在这部分里,麦克斯韦提出了位移电流和它能产生磁场,并提出了光是电磁波.

关于位移电流,麦克斯韦先指出介质在电场作用下的极化与铁在磁场作用下的磁化相似. 他说:"对于整个介电体来说,这种作用的效果是在某个方向上产生电的普遍位移(a general displacement of the electricity). 这个位移不形成电流,因为它达到某一值后保持不变;但它是电流的开始(commencement),它的变化构成正方向或负方向的电流,依位移是增加还是减少而定.""位移的变

化等于电流，在方程(9)里必须把这个电流考虑进去.”①他通过模型算出了电位移的变化率所相当的电流.于是他得出考虑了位移电流后的安培环路定理(采用高斯单位制，用我们今天的数学符号表示)为

$$\boldsymbol{j}=\frac{1}{4\pi}\left(\nabla\times\boldsymbol{H}-\frac{\partial\boldsymbol{D}}{\partial t}\right).$$

在安培环路定理中加入位移电流一项，其物理意义就是，变化的电场产生磁场，这是麦克斯韦的一大贡献.

关于光的电磁理论，麦克斯韦根据他的模型算出，在弹性媒质中横振动的传播速率为

$$V=E/\sqrt{\mu},$$

式中 μ 是磁导率，E 是电量的电磁单位与静电单位的比，这个比曾由科耳劳什(Kohlrausch, R. 1809—1858，德)和韦伯(Weber, W. 1804—1891，德)在 1855 年用实验测出，结果为

$$E=310\ 740\ 000\ 000\ \text{毫米/秒},$$

麦克斯韦在论文中写道：“在空气或真空中，$\mu=1$，因此

$$V=E=310\ 740\ 000\ 000\ \text{毫米/秒}.$$

菲佐测定的空气中的光速为

$$V=314\ 858\ 000\ 000\ \text{毫米/秒}.$$

在我们假定的媒质中，由科耳劳什和韦伯的电磁实验算出的横波的速度，与由菲佐的光学实验算出的光速是如此准确地符合，这使我们很难避免这样的推论，即**光就是引起电和磁现象的同一媒质的横波**.”

这是人类第一次认识到光是电磁波.麦克斯韦知道这是一件大事，所以在他的论文中这句话用斜体字印出.

这篇论文的第四部分是用分子旋涡理论研究法拉第发现的磁致旋光问题.

5. 建立电磁场理论

1864 年(我国清代同治三年)12 月 8 日，麦克斯韦在英国皇家学会宣读了他研究电磁现象的总结性论文《电磁场的动力学理论》(A Dynamical Theory of the Electromagnetic Field)，这篇论文后来发表在 1865 年的英国《皇家学会会

① 麦克斯韦论文中的方程(9)即安培环路定理的微分形式，采用高斯单位制，用我们今天的数学符号表示即 $\boldsymbol{j}=\frac{1}{4\pi}\nabla\times\boldsymbol{H}$.

报》(*Royal Society Transactions*)上. 这篇论文很长,分为七个部分,其中最重要的是第一、第三和第六部分. 鉴于这三部分的重要性,我们在下面分别作较详细的介绍.

(1) 电磁场的动力学理论

第一部分的标题是《引言》,是这篇论文的总纲. 先论述他提出电磁场动力学的历史原因和他所设想的传播电磁波的媒质以太. 然后简介后面各部分的内容. 为了了解麦克斯韦建立电磁场理论的思路,我们在此介绍前面的一些内容. 论文开头写道:

“1. 电和磁的实验中最明显的力学现象是,处在某些状态而彼此距离相当远的物体之间的相互作用. 因此,把这些现象化为科学形式的第一步就是,确定物体之间作用力的大小和方向. 当发现这个力以某种方式与物体的相对位置和它们的电、磁状况有关时,乍看起来好像很自然的就是用这样的假定来解释事实,即每个物体中有静止或运动的某种东西存在,这种东西构成它的电状态或磁状态,并能按数学定律起超距作用.

这样,静电的、磁的、载流导线间机械作用的以及电流之间感应的一些数学理论形成了. 在这些理论中,两个物体之间的相互作用力是这样处理的,即只考虑物体的状况和它们的相对位置,而对周围的媒质则不作任何考虑.

这些理论都或多或少明显地假定,有这样的质(substance)存在,它们的粒子有彼此超距吸引和排斥的性质. 这类理论中发展得最完善的是韦伯的理论,他曾使同一理论包括静电和电磁现象.

然而,在这样做时,他已发现必须假定两个电粒子之间的力同它们的距离和速度都有关.

这个由韦伯和诺伊曼发展起来的理论是极巧妙的,并奇妙地综合应用于静电、电磁吸引、电磁感应和抗磁等现象. ……

2. 然而,假定粒子间超距作用的力与速度有关,这含有一些力学困难(mechanical difficulties),以致我不能认为这个理论是最后的理论,尽管它曾经并且还可能在调和现象方面有用.

因此,我宁愿在别的方向上寻找对事实的解释. 我设想力是由在被激发的物体中和在周围媒质中发生的作用所产生的,并且尽量试图不用假定超距力来解释相距很远的物体之间的作用.

3. 我提出的理论与带电体或磁体周围的空间有关,因此它可以叫做电磁场的理论;因为它假定在那空间里有物质在运动,所观察到的电磁现象便是由此产生的,所以它可以叫做**动力学**的理论.”

接着讲他对电磁场和以太的观点.

“4. 电磁场是空间的这样部分,它包含着和环绕着处在电或磁状况下的物体.

它可以被任何种类的物质充满,或者我们可以使它空无稠密物质(gross matter),就像在盖斯勒管中和其他所谓的真空中那样.

然而,总是有足够多的物质留下来接收和传递光和热的波动.正是由于当可测密度(measurable density)的透明物体取代所谓的真空时,这些辐射的传递并无大变化,所以我们才不得不接受波动是以太质(aethereal substance)的波动,而不是稠密物质的波动,稠密物质的存在只是在某种程度上影响以太的运动.

5. 使物体发热时,传给物体的能量必须先已存在于运动的媒质中,因为波动在达到物体之前某个时候已离开热源,在这段时间里,能量必定一半是媒质运动的形式,一半是弹性回能(elastic resilience)的形式. W. 汤姆孙教授据此论断,这媒质必定具有与稠密物质可比较的密度,他甚至给定了这密度的下限.

6. 因此,作为与我们所讨论的问题无关的科学分支得出的论据,我们接受一种弥漫媒质(a pervading medium)的存在,它具有小而真实的密度,能运动,能以很大而有限的速度从一部分到另一部分传递运动.

因此,这媒质的各部分必定是这样相关联着,使得一部分的运动以某种方式与其他部分有关;而同时这些联系必定能有某种弹性屈服(elastic yielding),因为运动的传播不是即时的,而是需要时间.

因此,这媒质能接受和储藏两种能量,即与它的各部分的运动有关的'实际'(actual)能量,和媒质由于它的弹性在位移消失时将做功的'势'能.波动的传播是这些形式的能量从一种到另一种的不断交替转变,并且在任何时候整个媒质中的总能量必定是平分的,一半是运动能量,一半是弹性能量.

7. 这种媒质除了产生光和热的现象外,还能作其他种类的运动和位移.……

8. 我们知道,光媒质(luminiferous medium)在某些情况下受磁的影响;因为法拉第发现,当平面偏振光线沿电流产生的磁力线方向穿过透明的抗磁媒质时,偏振面发生旋转,这种旋转的方向总是与产生磁力线的电流方向相同.维尔德(Verdet)后来发现,对于顺磁体,旋转方向相反.……

15. 因此,看起来好像是,电和磁的某些现象导致与光学相同的结论,即有一种弥漫于所有物体的以太媒质(aethereal medium),物体的出现对它只有一定的影响;这种媒质的各部分都能受电流和磁体的作用而运动;各部分之间的关联所产生的力使这种运动从一部分向另一部分传播.……”

（2）**电磁场的普遍方程**

第三部分是这篇论文的核心，它的标题是《电磁场的普遍方程》(General Equations of the Electromagnetic Field). 在这部分里，麦克斯韦列出了他研究得到的二十个方程如下：

$$p'=p+\frac{\mathrm{d}f}{\mathrm{d}t},\quad q'=q+\frac{\mathrm{d}g}{\mathrm{d}t},\quad r'=r+\frac{\mathrm{d}h}{\mathrm{d}t}, \tag{A}$$

$$\begin{aligned}&\mu\alpha=\frac{\mathrm{d}H}{\mathrm{d}y}-\frac{\mathrm{d}G}{\mathrm{d}z},\quad \mu\beta=\frac{\mathrm{d}F}{\mathrm{d}z}-\frac{\mathrm{d}H}{\mathrm{d}x},\\ &\mu\gamma=\frac{\mathrm{d}G}{\mathrm{d}x}-\frac{\mathrm{d}F}{\mathrm{d}y},\end{aligned} \tag{B}$$

$$\begin{aligned}&\frac{\mathrm{d}\gamma}{\mathrm{d}y}-\frac{\mathrm{d}\beta}{\mathrm{d}z}=4\pi p',\quad \frac{\mathrm{d}\alpha}{\mathrm{d}z}-\frac{\mathrm{d}\gamma}{\mathrm{d}x}=4\pi q',\\ &\frac{\mathrm{d}\beta}{\mathrm{d}x}-\frac{\mathrm{d}\alpha}{\mathrm{d}y}=4\pi r',\end{aligned} \tag{C}$$

$$\left.\begin{aligned}&P=\mu\left(\gamma\frac{\mathrm{d}y}{\mathrm{d}t}-\beta\frac{\mathrm{d}z}{\mathrm{d}t}\right)-\frac{\mathrm{d}F}{\mathrm{d}t}-\frac{\mathrm{d}\Psi}{\mathrm{d}x},\\ &Q=\mu\left(\alpha\frac{\mathrm{d}z}{\mathrm{d}t}-\gamma\frac{\mathrm{d}x}{\mathrm{d}t}\right)-\frac{\mathrm{d}G}{\mathrm{d}t}-\frac{\mathrm{d}\Psi}{\mathrm{d}y},\\ &R=\mu\left(\beta\frac{\mathrm{d}x}{\mathrm{d}t}-\alpha\frac{\mathrm{d}y}{\mathrm{d}t}\right)-\frac{\mathrm{d}H}{\mathrm{d}t}-\frac{\mathrm{d}\Psi}{\mathrm{d}z},\end{aligned}\right\} \tag{D}$$

$$P=kf,\quad Q=kg,\quad R=kh, \tag{E}$$

$$P=-\rho p,\quad Q=-\rho q,\quad R=-\rho r, \tag{F}$$

$$e+\frac{\mathrm{d}f}{\mathrm{d}x}+\frac{\mathrm{d}g}{\mathrm{d}y}+\frac{\mathrm{d}h}{\mathrm{d}z}=0, \tag{G}$$

$$\frac{\mathrm{d}e}{\mathrm{d}t}+\frac{\mathrm{d}p}{\mathrm{d}x}+\frac{\mathrm{d}q}{\mathrm{d}y}+\frac{\mathrm{d}r}{\mathrm{d}z}=0, \tag{H}$$

式中 μ 是磁感系数(coefficient of magnetic induction)，即媒质中的磁感强度(magnetic induction)与空气中的磁感强度之比；k 是电动势(electromotive force)与电位移(electric displacement)之比；ρ 是电阻率(specific resistance). 对这些方程和其中的物理量，麦克斯韦作了如下的说明：

“在这些电磁场方程里，我们共设了 20 个变量，即

电磁动量(Electromagnetic Momentum)	F,G,H
磁强度(Magnetic Intensity)	α,β,γ
电动势(Electromotive Force)	P,Q,R

真传导电流(Current due to true Conduction) p, q, r

电位移(Electric Displacement) f, g, h

总电流(包括电位移的变化) p', q', r'

自由电量(Quantity of Free Electricity) e

电势(Electrical Potential) Ψ

在这 20 个量之间,我们找到了 20 个方程,即

三个磁力(Magnetic Force)方程 (B)

三个电流(Electric Currents)方程 (C)

三个电动势(Electromotive Force)方程 (D)

三个电弹性(Electric Elasticity)方程 (E)

三个电阻(Electric Resistance)方程 (F)

三个总电流(Total Currents)方程 (A)

一个自由电(Free Electricity)方程 (G)

一个连续(Continuity)方程 (H)

因此,只要我们知道问题的条件,这些方程就足够决定在它们里面出现的所有变量.然而,在很多问题里,只需要少数几个方程."

此外,麦克斯韦还得出了"电磁场中存在的总能量为

$$E = \sum\left\{\frac{1}{8\pi}(\alpha\mu\alpha + \beta\mu\beta + \gamma\mu\gamma) + \frac{1}{2}(Pf + Qg + Rh)\right\}\mathrm{d}V. \qquad (I)$$

这个表达式中的第一项与场的磁化强度(magnetization)有关,按我们的理论,它由某种实际运动(actual motion)来解释.第二项与场的电极化强度(electric polarization)有关,按我们的理论,它由弹性媒质的某种应变(strain)来解释."

请注意,麦克斯韦当年所用的符号与我们今天通用的符号不同,术语也有很多不同;而且,他没有用磁感强度,而是用电磁动量.关于电磁动量,他说:"电磁动量与法拉第教授取名的电致紧张状态是同一个东西."也就是我们今天所说的电磁场的矢势,即$(F, G, H) = \boldsymbol{A}$,它与磁感强度 $\boldsymbol{B}$ 的关系为$\boldsymbol{B} = \nabla \times \boldsymbol{A}$.明白了这一点,我们就可以看出:$(B)$、$(C)$、$(D)$、$(E)$四个方程就是电磁场的方程组,也就是后来为纪念他而取名的"麦克斯韦方程组".

从 1785 年(我国清代乾隆五十年)的库仑定律开始,到 1864 年(我国清代同治三年)这组方程出世,人类花了近 80 年的时间,终于发现了电磁现象的基本规律.麦克斯韦方程组统一地、完整地表述了电磁场的普遍规律,它的问世是一件划时代的大事,是 19 世纪物理学上登峰造极的伟大成就.费恩曼(Feynman, R. P. 1918—1988,美)说得好:"从人类历史的漫长远景来看——比如过一

万年之后回头来看——毫无疑问,在19世纪中发生的最有意义的事件将判定是麦克斯韦对电磁定律的发现."

(3) 光的电磁理论

论文第六部分的标题是《光的电磁理论》(Electromagnetic Theory of Light),内容是用前面得出的电磁场的普遍方程研究电磁扰动(electromagnetic disturbance)的传播问题. 麦克斯韦经过计算得出了一些重要的结论:①绝缘体内传播的电磁扰动是横波. 他说:"由纯粹实验得出的电磁场方程组显示出,只有横振动才能传播."②空气中和真空中电磁扰动的传播速度与光速相同. 他说:"能经过场传播的扰动,就它的方向来说,电磁学导致与光学相同的结论;两者都肯定横振动的传播,两者都给出相同的传播速度."③物质的折射率 n 与介电常量 ε 和磁导率 μ 的关系为 $n=\sqrt{\varepsilon\mu}$①(后来称为麦克斯韦关系式). ④电磁扰动在晶体中的波面为双层曲面(算出了波面方程). ⑤光在导体中传播时,强度随传播距离指数下降(求出了吸收系数与电阻率等的关系). 麦克斯韦还算出了太阳光的电场强度的值.

麦克斯韦得出结论:"光是按照电磁定律经过场传播的电磁扰动."

6. 巨著《电磁论》

1865年麦克斯韦从伦敦国王学院回故乡,在那里写出了集当时电磁学之大成的《电磁论》(*A Treatise on Electricity and Magnetism*). 这部巨著被后人认为是自然科学中堪与牛顿的《自然哲学的数学原理》并列的最重要的著作之一. 1873年初版后,再版过两次(1881年和1892年),以后还重印过多次. 1955年重印本分为两大卷,除序言外,分为四大部分,主要内容如下:

第一部分为静电学,共13章,包括静电现象的描述、数学理论、普遍定理、介电体、等势面、电力线、电象理论以及研究静电问题所用到的一些数学工具如球谐函数、同焦二次曲面和二维共轭函数等,最后一章是静电仪器.

第二部分为电运动学(electrokinematics),共12章,包括电流、电导、电阻、电池、电解、介电体和电容以及电阻的测量等.

第三部分是磁学(magnetism),共8章,包括磁的初等理论、磁场强度和磁感强度、矢势、载流螺线管和磁壳、物体的磁化、磁仪器以及地磁.

第四部分是电磁学(electromagnetism),共23章,包括电流的相互作用、电

① 在国际单位制(SI)中,ε 为相对电容率(介电常量),μ 为相对磁导率.

磁感应、电路理论、电磁场的普遍方程、电磁场的能量和应力、光的电磁理论、分子电流的应用以及电磁量的量纲和单位、电磁仪器等.

这部著作无论在理论的高度上、数学的深度上还是在物理的广度上，都是空前的，它是一部包罗万象、集大成的著作，代表了当时人类认识电磁现象所达到的最高成就.

§16 电磁波的发现

1. 赫兹生平简介

赫兹(Hertz，Heinrich Rudolf 1857—1894)生于德国汉堡的一个比较富裕和有文化的家庭里.他6岁上小学，成绩优秀，名列第一.他爱好做实验，12岁时家里给了他一些木工工具和一条长凳(作为工作台)，后来又给了他一台车床，他用它制作了一些物理仪器.他上中学时各科成绩都很好，外语尤其好.1877年他进入慕尼黑大学，学理科.1878年10月，他转到柏林大学，成为基尔霍夫(Kirchhoff，G. R.)和亥姆霍兹(Helmholtz，H. von 1821—1894，德)的学生.亥姆霍兹是当时世界上第一流的物理学家，赫兹得到了他的关怀、指导和培养.赫兹的学习成绩很好，理论和实验都很强.

赫兹

这时，麦克斯韦的电磁场理论已问世14年，他的名著《电磁论》也已出版5年.但是，麦克斯韦的理论并没有得到物理学界的公认，可以说，当时的物理学界还不理解这个理论.另一方面，当时在德国已有两种电磁理论，即韦伯(Weber，W.)的电动力学和诺伊曼(Neumann，F. E.)的电动力学.这两种理论之间虽然有些不同，但都属于超距作用理论.亥姆霍兹认识到，需要用实验来检验这些理论.1879年夏，亥姆霍兹为该校哲学系出了一道有奖的物理竞赛题，要求用实验解决沿导线流动的电荷是否有惯性(韦伯的电动力学认为有惯性).赫兹参加了竞赛，亥姆霍兹专门为他在物理研究所腾出一个房间,并亲自指导他查阅有关这个问题的文献,每天都来看他的进展.赫兹的实验结果是没有观察到这种惯性,他在竞赛中获胜,得到了金质奖章.不久,亥姆霍兹又为柏林科学院出题悬赏,题目是《用实验确定电磁力与绝缘体的介电极化之间的任何关系》,想进一步用实验检验麦克斯韦的理论.他建议赫兹去解决这个问题,然而,赫兹经过计算感到,利用当时的实验设备,无法产生为解决这个问题所需要的快速电振荡,他一时又想不出办法来,所以就没有去应试.但是,这个问题却像一粒种子,埋藏在赫兹的心里.

赫兹于1880年在柏林大学获得博士学位,以后便在亥姆霍兹手下做了近三年的实验研究工作,共发表了十多篇论文,主要是电磁学方面的.1883年,他到基尔(Kiel)大学任讲师,讲授数学物理.同时,深入研究了麦克斯韦的电磁理论,并发表了有关论文.

1885年,赫兹到卡尔斯鲁厄高等工业学校(Karlsruhe Technische Hochschule)任物理学教授.该校有一个设备很好的物理研究所,他在那里工作了四年,著名的电磁波实验就是在这期间作出的.他关于电磁波的一系列实验发表后,很快就赢得了世界性的荣誉,当时欧洲各国的科学院和著名学会,纷纷授予他奖章,聘请他为会员.

1889年,赫兹应聘到波恩大学任教,接替克劳修斯(Clausius,R.)的职位.在波恩,除授课外,他继续研究麦克斯韦的电磁理论,探究这个理论的实质和它的确切表述.他在1890年发表的两篇文章,在阐明麦克斯韦的电磁理论方面,起了重要作用,我们今天所说的麦克斯韦方程组(四个对称形式的矢量方程组)就是他提出来的.

赫兹在卡尔斯鲁厄时患牙痛病,1888年研究电磁波时动了手术,次年拔掉了全部牙齿.以后鼻子和喉咙又相继发痛,头部曾多次作过手术.1894年元旦,因血中毒去世,还不满37岁.

赫兹是一位不可多得的兼有理论才能和实验才能的物理学家,他的最大贡献是在实验上发现了电磁波,创造了电磁波的发射器和接收器,为人类打开了进入无线电通信时代的大门.除电磁波方面外,赫兹对物理学的贡献还有光电效应的发现和力学基本原理方面的工作(最小曲率原理).

2. 电磁波的发现

电磁波的发现是电磁学乃至物理学史上的一件大事,也是人类文化史上的一件大事,因为它一方面肯定了麦克斯韦电磁理论的正确性,开辟了物理学的新领域;另一方面为电磁波的应用打开了大门,导致了无线电通信和电视的出现,极大地丰富了人类的生活.

下面我们就发现电磁波的历史过程作一介绍.

(1) 历史渊源

人类在一百年前发现电磁波不是偶然的,而是有其历史的渊源的.

1831 年,法拉第发现了电磁感应现象,经过几个月的大量实验研究,他提出了磁力线的概念,后来又提出了场的概念.

1853 年,汤姆孙(开尔文)把能量守恒和转化定律用于莱顿瓶放电,他得出,放电应是振荡的,振荡周期为

$$T=2\pi\Big/\sqrt{\frac{1}{LC}-\frac{R^2}{4L^2}}.$$

在 1857—1866 年间,菲德森(Feddersen,W.)发表了一系列文章,报告他用高速转镜法观察到莱顿瓶放电的火花确实是由一系列火花构成的.

1864 年底,麦克斯韦在英国皇家学会宣读了他研究电磁学的总结性论文《电磁场的动力学理论》,奠定了电磁场的理论基础.在这篇重要的论文里,麦克斯韦由他的方程组出发,导出了电磁场的波动方程,算出了电磁波的速度,并断言绝缘体内的电磁波是横波,光是电磁波.

麦克斯韦虽然在理论上论证了电磁波的存在,但并未提出过产生电磁波的方法.1883 年,斐兹杰惹(Fitzgerald,G. F.)由麦克斯韦理论得出,应该能用纯电的方法产生电磁波.他指出,载有高频交流电的线圈应当向周围的空间辐射出电磁波,莱顿瓶放电就可以产生这种高频交流电.可是,他却没有作过这方面的实验.

在实验上发现电磁波,完全是赫兹的功绩.

(2) 希望的火花

1879 年,赫兹感到条件不够,没有去尝试解决亥姆霍兹为柏林科学院出的悬赏题,但这个问题一直在他的心里.1884 年他在基尔大学任教时,研究了电动力学的理论,他觉得麦克斯韦的理论比韦伯或诺伊曼的理论好.

1886 年春,赫兹在卡尔斯鲁厄发现,讲课时演示实验用的一对里斯(Riess)线圈,让电池或莱顿瓶通过其中的一个线圈放电,很容易在另一个线圈里产生火花.有一次,他在作放电实验时改变条件,注意到一个现象:一根弯成长方形的铜线,两端之间有一个很小的间隙,构成一个开路,他称为副电路(Nebenkreis);用一条导线把这副电路连接到正在由感应圈激发而作火花放电的回路上(图 1),副电路的间隙中也有火花出现.研究这副电路中的火花(他称之为副火花),就成为他发现电磁波的起点.

赫兹由试验发现，连接到副电路上的导线连接点的位置对副火花的长度有影响. 当这位置在副电路的中点(图 2 中的 e 点)时，就不出现副火花，他把这位置叫做中性点(Nullpunkt). 导线的另一端接在放电回路上，这个连接点的位置对副火花却没有什么影响；甚至副电路不连接到放电回路上(图 3 和图 4)，也有副火花出现.

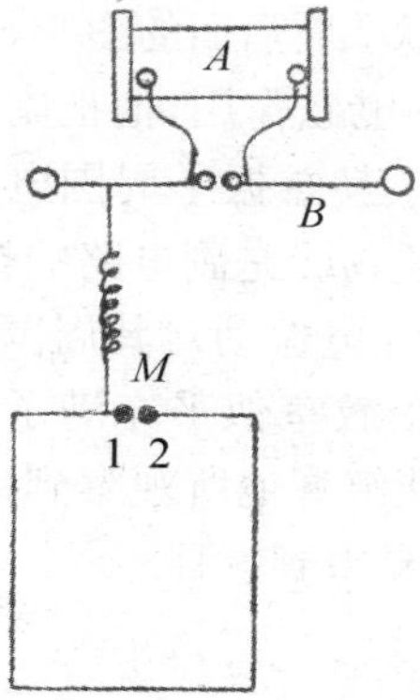

图 1　赫兹发现副火花所用的电路图
(M 是副电路两端 1、2 之间的间隙)
[本图取自赫兹的《电波》一书]

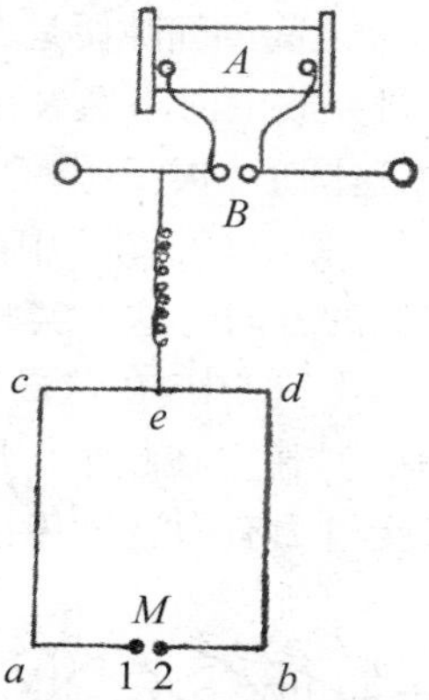

图 2　赫兹发现副电路无火花的中性点 e
[本图取自赫兹的《电波》一书]

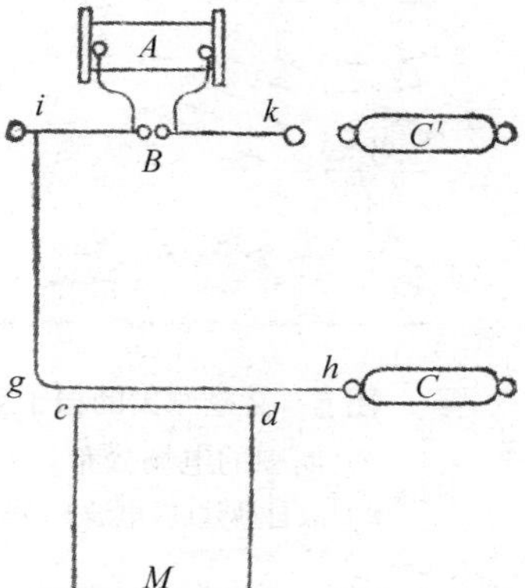

图 3　副电路不连接到放电回路上
[本图取自赫兹的《电波》一书]

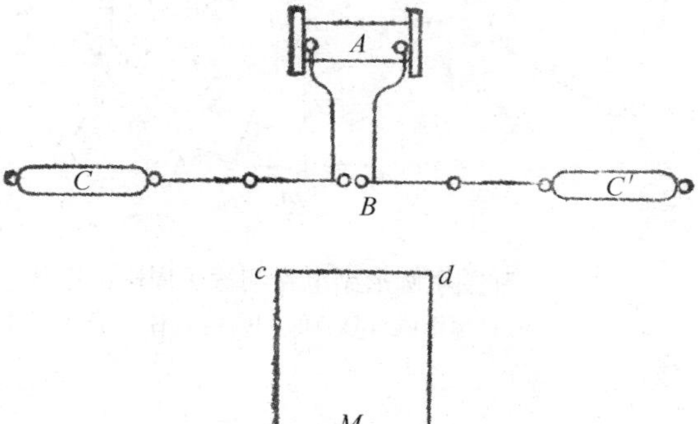

图 4　副电路不连接到放电回路上
[本图取自赫兹的《电波》一书]

赫兹了解汤姆孙(开尔文)、菲德森以及别人关于电磁振荡的工作，所以他理解这是电磁振荡的共振(谐振)现象. 他用了近一年的时间(从 1886 年春到

1887 年初)研究这些现象,所得到的结果发表在《关于很快的电振荡》(1887 年)一文中.

赫兹在实验研究中不断改进所用的仪器.为了发出最有效的火花,他在放电回路上产生火花的部分使用了不同大小和形状的导体,最后用的是"赫兹振子"(这是后人为纪念赫兹而取的名称):两根黄铜棒放在同一直线上,相向的两端做成球形,两球之间的间隙便是放电的火花隙(具体形状参看后面的图 9(a)).

为了研究放电回路的火花在其周围空间产生的电磁作用,他把副电路改成圆形;根据这圆形副电路中的副火花长度,他得出了赫兹振子周围电场的分布图(参看图 5 和图 6).图 5 中的圆表示副电路的位置,mn 是副电路的投影,小箭头代表电场的方向).这一实验结果发表在《关于线性电振动对其周围电路的作用》(1888 年)一文中.在这篇文章中,赫兹说:"整个教室似乎充满了电力的振荡."①他认为,建立在超距作用上的理论没有一个能解释他所观察到的现象,但是如果接受电力有限速度传播的观点,现象便很容易得到解释.

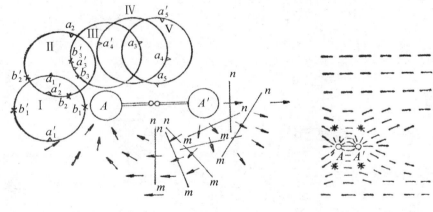

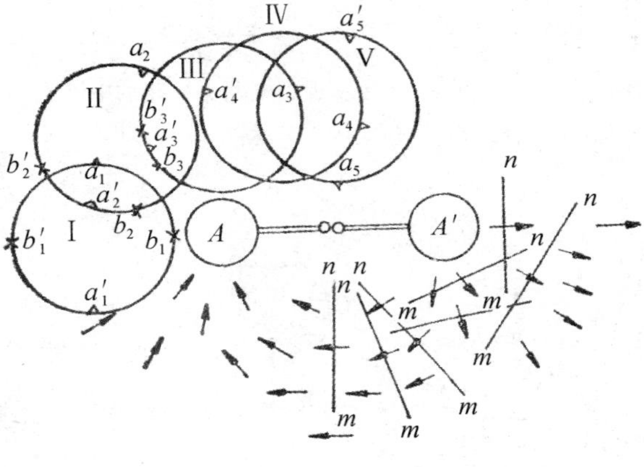

图 5 赫兹用圆形副电路测振子周围的电场

[本图取自赫兹的《电波》一书]

图 6 赫兹测出的振子周围的电场分布

[本图取自赫兹的《电波》一书]

由于能够产生很快的电振荡,赫兹意识到他可以解决一直藏在他心里的问题——1879 年柏林科学院的悬赏题.他的实验是这样作的(参看图 7):把副电路(图中圆环)尽可能靠近放电回路,并调整到不出现副火花的位置上.这时副电路

① 赫兹的这个实验是在 14 米长、12 米宽的教室里进行的,他所说的"电力"就是我们今天所说的电场强度.

处在一种“感应平衡”状态. 当把一块导体 C 移近时，平衡便遭到破坏，副电路中出现火花；当把导体 C 拿开时，副电路中的火花便消失. 然后拿一块绝缘体代替导体放在 C 处，副电路中便又出现火花. 赫兹依次用沥青、纸、干木头、沙石、硫黄、石蜡和橡皮槽盛的汽油等做实验，都在副电路中观察到了火花. 这样，他就用实验确定了电磁力与绝缘体的介电极化之间确有关系. 他在 1887 年 11 月 10 日发表的文章《关于电扰动在绝缘体中产生的电磁效应》中叙述了他所作的实验及其结果. 所以他说：“在 1887 年 11 月 10 日，我便能够报告我成功地解决了柏林科学院的问题.”

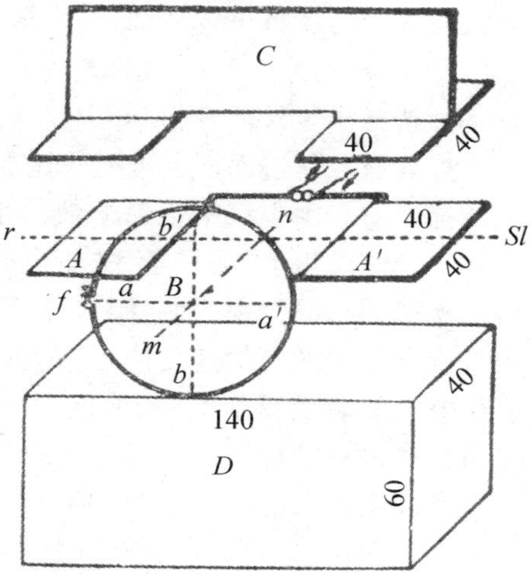

图 7　赫兹把导体 C 放在振子旁边作实验

［本图取自赫兹的《电波》一书］

（3）电磁波的发现

为了让读者了解赫兹是如何进一步发现电磁波的，我们来看看他自己的叙述. 赫兹在他的《电波》一书的《序言》中写道：

“柏林科学院的特别题目一直是我的向导. 这个题目显然是亥姆霍兹先生出的，它包括下述内容：如果我们从 1879 年已得到普遍承认的电磁定律出发，并作某些进一步的假定，我们便能达到麦克斯韦理论的方程组，这个方程组当时（在德国）决不是普遍承认的. 这些假定是：第一，非导体内电极化的变化产生的电磁力与等效的电流产生的电磁力相同；第二，电磁力和静电力一样都能产生介电极化；第三，空气和真空在所有这些方面的行为都与其他介电体相同. 亥姆霍兹在他的文章《论静止导体的电的运动方程组》中后一部分，曾由较老的观点和与上述三个假定等效的一些假定导出了麦克斯韦方程组. 证明所有三个假定，因而也就是确定麦克斯韦理论的全部正确性，似乎就成为不合理的要求. 因此，柏林科学院就只满足于要求证实前两个假定中的一个.

第一个假定现在已被证明是正确的了. 我考虑了一些时间后决定进攻第二个假定. 要证明它，并不是不可能的. 为此，我去掉了闭合环中的石蜡. 但是，当我在工作时，我发觉新理论的核心并不在于前两个假定的结果. 如果对于任何给定的绝缘体证明了这些假定都是正确的，则可得出，麦克斯韦所预期的那种波能在这种绝缘体中传播，其速度是有限的，也许与光速有所不同.我感到第三个假定包含了法拉第的(因而是麦克斯韦的)观点的要点和特别意义，所以这就是更加值得我追求的目标.……”

接着赫兹就进而研究电磁作用在空气中的传播速度.他先作的是由直导线上传播的波和由空气中传播的波的干涉实验.实验结果发表在1888年2月的柏林科学院院报上，题目是《关于电磁作用传播的有限速度》.他在这篇文章中说，“实验得出的结果表明，感应作用毫无疑问是以有限速度传播的.这速度比电波在导线中的传播速度快，与光速同一数量级.”

赫兹接着做反射实验.他把4米长、2米高的锌板固定在墙上作反射镜，用副电路中的火花探测由反射产生的驻波.在1888年发表的《关于空气中的电磁波及其反射》一文中，对这实验有详细的叙述.他在文章中说，这个实验所显示出的一些现象“以可以看见的和几乎确实的形式显示出感应以波动通过空气传播.这些新的现象还使我们能够测量空气中的波长.”他根据驻波波节之间的距离，测得波长为9.6米.这个实验是在1888年3月完成的.到这个时候，赫兹由实验总结出，电磁感应作用是以波动的形式在空间传播的，所以他第一次使用了“电磁波”一词.

1888年暑期，赫兹研究了电磁波在两导线间、两平板间和管状空间里的传播问题.

(4) 电磁波的性质

1888年秋，赫兹改进仪器，掌握了较短波长(约66cm)的电磁波的发射和接收方法，用来作了一系列研究电磁波性质的实验.实验结果发表在1888年12月的柏林科学院院报上，题目是《关于电辐射》.在这篇文章中，他描述了他所创造的仪器和用这些仪器所作的那些实验.

赫兹所创造的发射和接收电磁波的仪器如下：用2米长、2米宽的锌片做成抛物柱面反射镜，焦距为12.5厘米，口径为1.2米.发射电磁波的赫兹振子固定在焦线上，电池和感应圈都放在后面，引线穿过抛物镜，接到赫兹振子上(参看图8和图9(a)).在另一个相同的抛物柱面反射镜的焦线上，安装两根导体棒作为接收器，两棒相向的一端相隔一段距离；这两端分别由两根引线穿过抛物柱面镜接到后面的火花隙上，以便实验者在镜后面观测(参看图9(b)).

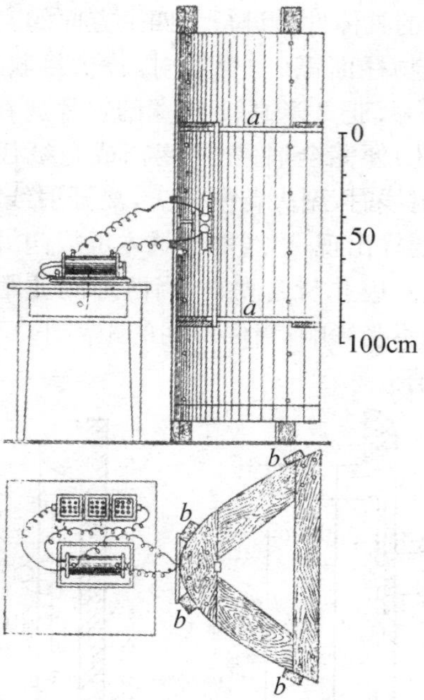

图 8　赫兹创造的电磁波发射器

［本图取自赫兹的《电波》一书］

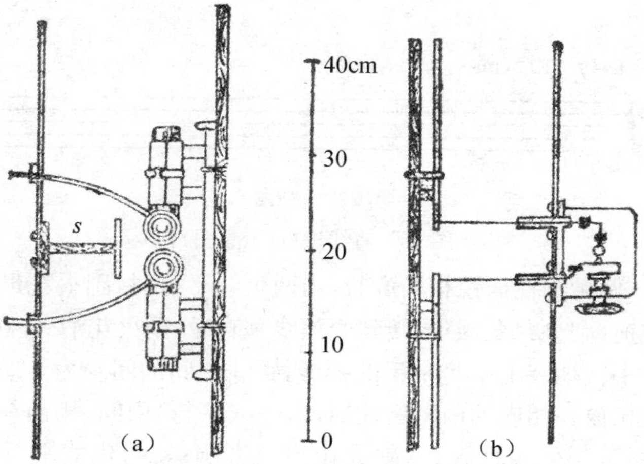

图 9　赫兹振子(a)和接收器(b)

［本图取自赫兹的《电波》一书］

赫兹为研究电磁波的具体性质进行了四个方面的实验，现略述如下.

①直线进行　两抛物柱面镜(一个发射，一个接收)相向放着，距离在6—10米范围内，如图10所示. 把2米高、1米宽的锌片放在两镜间并与射线垂直，副火花(接收器中的火花)便完全消失. 用锡箔或金纸代替锌片时，也产生同样影响. 人穿过射线挡住射线时，副火花便消失，离开射线时，副火花又出现. 绝缘体挡住射线时，副火花照样出现，射线能穿透木屏或门. 把2米高、1米宽的两块导体屏对称地放在射线两边并与之垂直，当两屏间的距离大于1.2米(抛物柱面镜的口径)时，副火花不受影响；当两屏间的距离小于1.2米时，副火花减弱；小于0.5米时，副火花消失.

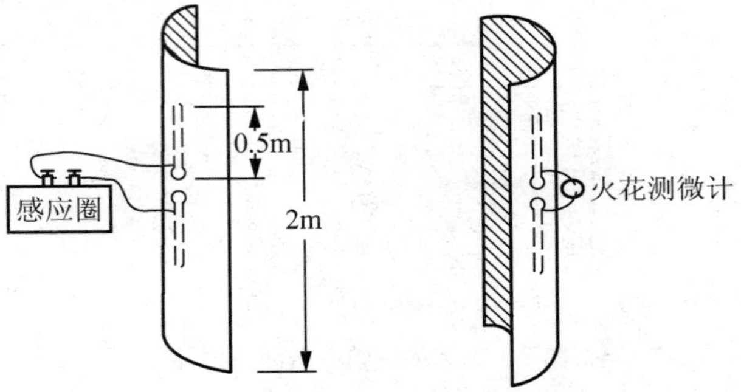

(1) 立体图

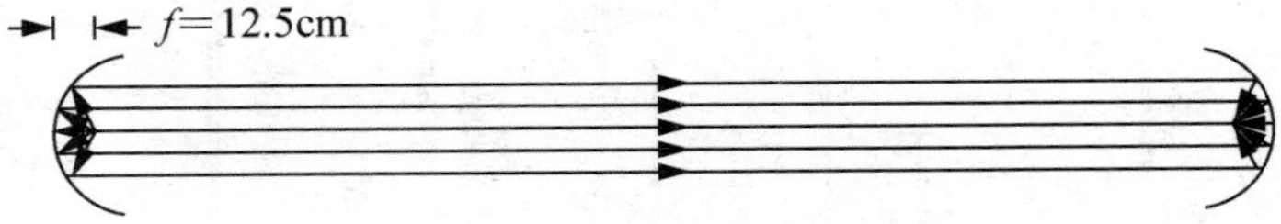

(2) 俯视图

图10　直线进行(示意图)

②偏振　两抛物柱面镜相向放着，当两焦线平行时，副火花最强. 以射线为轴，转动接收镜，副火花变弱；当转到两焦线垂直时，副火花消失. 在2米高、2米宽的框子上，平行地装上1毫米粗的铜线，铜线之间的间距为3厘米，构成一个金属栅. 把这栅放在相向的两抛物柱面镜(焦线平行)中间，栅面与射线垂直. 金属栅上的铜线若与焦线垂直，则副火花不受影响；若与焦线平行，则副火花消失. 如果使两抛物柱面镜的焦线垂直，再放入金属栅，则栅上的铜线与任何一个焦线平行时，都观察不到副火花；与两焦线都成45°角时，副火花又出现.

③反射　让射线射到2米高、2米宽的锌板上，在反射角θ'等于入射角θ的

方向上，令接收镜 d 向着反射线，便可观察到火花(图 11). 这时，绕竖直轴(两抛物柱面镜的焦线都在竖直方面)转动锌板，无论往哪边转 15°角，副火花都消失了. 赫兹还把一个房间里发出的射线反射到另一个房间里，进行了同样的实验. 当把金属屏放在射线路径上的任何地方时，便观察不到副火花；若放在其他任何地方，则对副火花无影响.

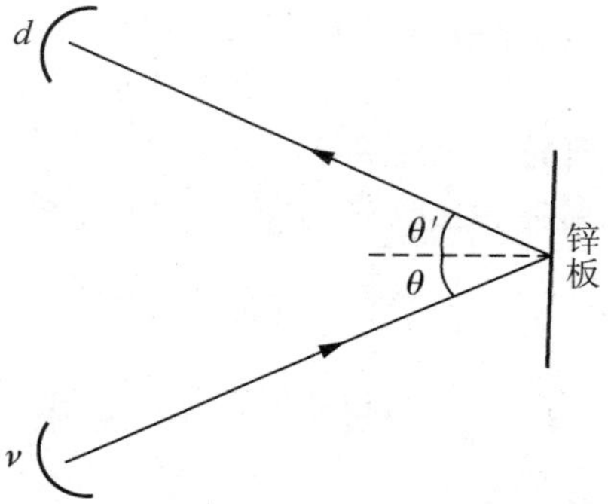

图 11　反射(示意图)

④折射　用硬沥青做成等腰三角形的三棱体，顶角约为 30°，底边长 1.2 米. 这三棱体高 1.5 米，重 600 多公斤. 令射线以 25°的入射角射到三棱体的侧面上，用导体屏挡住不经过三棱体的其他射线. 当接收镜放在三棱体的另一边入射线的延长线上时，观察不到副火花；把接收镜移向底边，在偏向角约 11°处，开始出现副火花；偏向角为 22°时，副火花最强(图 12)；偏向角再增大，则副火花又减弱，超过 34°便没有副火花. 赫兹由此算出，该沥青对电磁波的折射率为 1.69. 沥青类物质对光的折射率在 1.5 至 1.6 之间. 赫兹把这个差别解释为这种测量方法不够准确和所用沥青不纯所致.

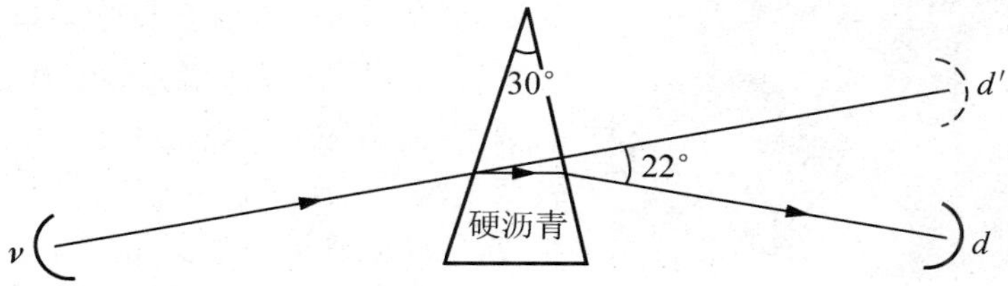

图 12　折射(示意图)

赫兹总结这些实验说："对我来说，无论如何，上述实验明显地适于消除对于光、辐射热和电磁波运动的同一性的任何怀疑. 这种同一性能使我们在光学和电学两者的研究中得到益处，我相信，从今以后，我们将有更大的信心来利用这种益处.”

总之，赫兹在1888年（我国清代光绪十四年）以一系列的实验令人信服地证明了电磁波的存在和电磁波与光的同一性. 他说：“这些实验的目的是检验法拉第-麦克斯韦理论的基本假说，实验的结果是证实了理论的基本假说.”所以在赫兹的实验发表以后，麦克斯韦的电磁理论就被物理学界所接受，成为经典物理学的重要基础之一. 关于麦克斯韦理论是什么，赫兹在经过深入研究后得出的回答是：“麦克斯韦理论就是麦克斯韦方程组.”另一方面，赫兹在实验研究中所创造的电磁波的发射器和接收器，就成为后来无线电和雷达的发射器和接收器的始祖.

§17 相对论的诞生

1. 爱因斯坦生平简介

爱因斯坦（Einstein, Albert 1879—1955）生于德国南部多瑙河畔的乌尔姆市，父母都是犹太人. 他出生一年后，全家迁到慕尼黑，父亲和叔父（工程师）合办一个电器工厂. 在父亲和叔父的影响下，他小时候就受到科学和哲学的启蒙；同时还受到母亲的教育，喜爱音乐，并学会了拉小提琴. 七岁上慕尼黑公立学校，九岁上路易波尔德高级中学. 十岁开始读通俗科学读物和哲学著作. 十二岁自学欧几里得几何学，并深受启发；后又自学高等数学. 十五岁时，父亲因经营失利，把家迁往意大利的米兰，他留在慕尼黑上中学. 由于对学校教育不满，他放弃了德国国籍，也去了米兰. 次年转学到瑞士阿劳市的州立中学，10月入苏黎世联邦工业大学师范系，学习物理，1900年毕业. 次年入瑞士籍. 毕业后，由于是犹太人，又性格内向，不易找工作，不得已做了两年私人家庭教师. 1902年到伯尔尼瑞士专利局当技术员，给发明专利申请做鉴定工作，两年后转为正

爱因斯坦

式三级技术员，1906 年晋升为二级技术员．1905 年获得瑞士苏黎世大学博士学位．1908 年任伯尔尼大学编外讲师．1909 年离开伯尔尼专利局，任苏黎世大学理论物理学副教授．1911 年任布拉格德语大学理论物理学教授，1912 年任母校苏黎世联邦工业大学教授．1914 年返回德国，任威廉皇帝物理研究所所长兼柏林大学教授，并当选为普鲁士科学院院士，次年迁居柏林．1933 年初德国纳粹上台，迫害犹太人，爱因斯坦当时在美国讲学，幸免于难．3 月他回欧洲，暂居比利时避难；9 月发现有纳粹分子跟踪他要行刺，便连夜逃往英国，10 月转往美国普林斯顿，任新建的高级研究院教授．1940 年取得美国籍．1955 年 4 月 18 日因主动脉瘤破裂，在普林斯顿逝世．

爱因斯坦结过两次婚．1903 年与米列娃结婚，育有两子，长子汉斯（美国伯克利加州大学的水利工程教授），次子爱德华（患精神分裂症）；汉斯有两个儿子，其长子是物理学家，生有五个孩子．爱因斯坦 1919 年与米列娃离婚，后与表姐爱尔莎结婚，1936 年爱尔莎去世．

爱因斯坦是 20 世纪最伟大的科学家，他对物理学的贡献是巨大的，它的成就改变了人类的宇宙观．现代物理学的两大基础相对论和量子论的创立，都有他卓越的贡献．狭义相对论（1905）完全是他一个人创立的，广义相对论的创建（1915，1916）也主要是他的功劳．虽然他不赞成量子力学的统计诠释，但他却是量子论的主要奠基人．他在 1905 年提出了光量子的概念，并用来解释光电效应的规律，从而获得了 1921 年的诺贝尔物理学奖；1906 年他将量子概念用于固体比热；1912 年他用光量子概念建立了光化学定律；1916 年他在发表的辐射的量子理论论文中，提出了自发辐射和受激辐射的概念，成为后来激光的物理基础；1924 年他在玻色工作的基础上，建立了玻色-爱因斯坦统计．1925 年以后，他致力于统一场论的研究工作，但没有成果．

爱因斯坦还是一位为人类进步和世界和平努力的社会活动家．1922 年他应邀到日本讲学途中，曾两次途经上海，看到苦难的中国人民，他深表同情．1931 年“九·一八”事变后，他向各国呼吁，制止日本侵华．1939 年在获悉铀裂变的链式反应可能造成原子弹后，他上书罗斯福总统，建议美国研制原子弹，以免德国纳粹抢先造出原子弹．

2．创立狭义相对论的论文

电磁学理论的发展导致了相对论的诞生，而相对论的诞生又突破了电磁学的范围，扩大了物理学的领域，使人类对时空、物质和能量等基本概念的认识发生了深刻的变化．

1864 年,麦克斯韦总结了电磁学的规律,建立了电磁场的理论——电动力学;1890 年,赫兹指出,麦克斯韦理论就是麦克斯韦方程组. 爱因斯坦认为,麦克斯韦方程组应当在任何惯性系都成立,他于 1905 年 9 月在德国物理学杂志 *Annalen der Physik* 上发表了《论运动物体的电动力学》(Zur Elektrodynamik bewegter Körper)一文,创立了狭义相对论.

这篇经典论文分为三部分. 第一部分是简短的引言,介绍这篇论文要达到的目的,即创立运动物体的电动力学. 他指出,以两个原理(相对性原理和光速不变原理)为基础,就可以建立起这种新的电动力学.

论文的第二部分是"运动学部分",共有五小节,是创立一种新时空观的内容,为新电动力学奠定基础.

论文的第三部分是"电动力学部分",也有五小节,是创立新电动力学的内容.

下面我们就依次介绍这三部分内容.

3. 引言部分

爱因斯坦是怎样创立狭义相对论的呢? 他在论文开头就说:"我们知道,麦克斯韦电动力学——像现时人们通常所理解的那样——应用于运动的物体时,会出现与现象不符的不对称性(Asymmetrie)."接着他举出磁铁和导体之间相互作用的例子. 他说,所观察到的现象只与磁铁和导体的相对运动有关,而与哪个运动哪个静止并无关系. 但按通常的观念,磁铁运动导体静止与磁铁静止导体运动是不同的,因为磁铁运动要在周围产生电场,而磁铁静止则周围便没有电场. 他再举出测不到地球相对于以太的运动的例子. 他说,这些"都引导我们猜想:不仅在力学里,而且在电动力学里,所观察到的事实都没有和绝对静止相当的性质. 倒是应当认为,凡是力学方程成立的所有坐标系,电动力学定律和光学定律也都同样地成立,这是在一级小量上已经证明了的."接着他就把上述猜想提高为公设,并称之为"相对性原理"(Prinzip der Relativität). 相对论一词就是由此而来的. 此外,他再引入光速不变原理:"光在真空里恒以固定的速度 c 传播,这个速度与发射光的物体的运动状态无关."他说,"为了在麦克斯韦对于静止物体的理论基础上得到一个简单的和自洽的运动物体的电动力学,这两条公设是足够的."他指出,这时既不需要引入以太,也不必引入绝对静止空间的概念. 他接着指出:"下面所阐述的理论——像其他各种电动力学一样——是以刚体的运动学为基础的,因为任何这种理论所讲的,都要牵涉到刚体(坐标系)、时钟和电磁过程之间的关系. 对这种情况没有充分的考虑就是困难的根源,现在运动物体的电动力学就要来克服这种困难."

4. 关于光速不变原理

使电磁学的规律符合相对性原理,是爱因斯坦要达到的目的;为了达到这个目的,他引入了光速不变原理. 为什么要引入光速不变原理呢? 引入光速不变原理会产生什么问题呢? 我们对此略加说明.

由于地球自转和公转的加速度都较小(自转 $a_{赤道}=3.37\times10^{-2}\,m/s^2$,公转 $a_{公}=5.94\times10^{-3}\,m/s^2$),在一般情况下,可以把地球表面当作是一个静止的参照系(惯性系). 电磁学的规律和力学规律一样,都是在地球表面上由实验总结出来的,因此,可以把它们都看作是静止系的规律. 力学规律是牛顿运动定律,牛顿运动定律与速度无关,所以在任何惯性系都成立,也就是说,它符合相对性原理. 电磁学的规律是麦克斯韦方程组,真空中的麦克斯韦方程组含有真空中的光速 c(用国际单位制隐含 c,用高斯单位制则显含 c),不论用什么单位制,由麦克斯韦方程组导出的真空中电磁波的波动方程都是

$$\nabla^2\boldsymbol{E}-\frac{1}{c^2}\frac{\partial^2}{\partial t^2}\boldsymbol{E}=0,\quad \nabla^2\boldsymbol{H}-\frac{1}{c^2}\frac{\partial^2}{\partial t^2}\boldsymbol{H}=0.$$

这表明:真空中电磁波的速度是 c. 麦克斯韦方程组是以地球表面为参照系得出的规律,所以以地面为参照系,电磁波(光波)的速度为 c. 按照我们日常生活中的概念,相对于地球表面作匀速运动的参照系,如行驶中的火车、飞行中的飞机,在它们里面观测,电磁波(光波)的速度便不是 c 了. 例如,地面上的路灯向南发出的光,站在地面上的人观测,光速为 c;飞机以匀速 v 相对于地面向南飞行时,按照我们日常生活中的概念,坐在飞机里的人观测,这光的速度就是 $c-v$,而不是 c 了. 这样一来,以飞机为参照系,麦克斯韦方程组就不成立了. 这就表明,麦克斯韦方程组不可能在所有的惯性系都成立.

要想使麦克斯韦方程组在任何惯性系都成立,唯一的办法就是规定:在任何惯性系里观测,电磁波在真空里的速度都 c. 这就是光速不变原理. 很显然,光速不变原理是符合迈克耳孙-莫雷实验结果的,即观测不到地球相对于以太的运动. 引入光速不变原理后,麦克斯韦方程组在任何惯性系都成立的问题就解决了. 但爱因斯坦在论文开头提到的不对称性的问题(磁铁运动导体静止时周围有电场,而磁铁静止导体运动时则周围无电场)仍有待解决. 更难解决的是光速不变原理与我们日常生活中的概念的冲突. 爱因斯坦深知这是关键问题. 所以他说,对这种情况没有充分的考虑就是困难的根源,他就要来克服这种困难.

5. 运动学部分

前面提到，光速不变原理与我们日常生活中的概念有矛盾，这矛盾实质上就是狭义相对论的时空观与我们日常生活中的时空观的矛盾. 爱因斯坦深知这是关键问题，所以他创立狭义相对论的论文的第一部分"运动学部分"，就专门详细阐述狭义相对论的时空观. 这部分共五小节，由于这是人类第一次认识新奇的时空观，非常重要，所以我们在此作比较详细的介绍，并且尽量引用爱因斯坦原文的译文，以便了解他的原意.

(1) 同时性(Gleichzeitigkeit)的定义

"设有一个坐标系，在它里面牛顿力学方程有效.""我们把这个坐标系叫做'静止系'.""设有一个质点相对于这个坐标系是静止的，则它对于这个坐标系的位置就可以用欧几里得的方法，由刚体尺来确定，并且可以用笛卡儿坐标来表示.""如果我们要描述一个质点的运动，我们就必须把它的坐标表成时间的函数. 这里要注意，只有在我们事先明了这里'时间'一词所代表的意义，这种数学描述才有物理意义."

爱因斯坦指出，"设在空间 A 点有一个钟，则在 A 处的观察者要确定在 A 点邻近周围发生的事件的时间，只要看一下与事件同时的钟上的指针的位置. 设在空间 B 点也有一个钟——我们加上一个假定：'一个与在 A 点的钟性质完全相同的钟'——于是通过在 B 处的观察者就可以确定 B 点邻近周围所发生的事件的时间. ……到此为止，我们只定义出'A 时间'和'B 时间'，而没有定义 A 和 B 共同的'时间'. 只有当我们通过定义，把光从 A 到 B 所需的'时间'规定为光从 B 到 A 所需的时间，我们才能够定义 A 和 B 的公共'时间'. 这就是说，一条光线在'A 时间't_A 出发射向 B，假定它在'B 时间't_B 到达 B 并被反射向 A，在'A 时间't'_A 回到 A. 如果

$$t_B - t_A = t'_A - t_B,$$

则按照定义，这两个钟便是同步的(synchron).""于是我们借助于某种(想象的)物理经验，对于在不同地点静止的钟，规定了什么叫做它们是同步的，从而显然也就获得了'同时'和'时间'的定义. 一个事件的'时间'，就是在这事件发生的地点静止的钟与该事件同时的读数(Angab)，而这个钟是与一个标准钟同步的，因而对于所有的时间测定，都与这个标准钟同步."

"我们用静止系里静止的钟来定义时间，……我们便称它为'静止系的时间'."

(2) 关于长度和时间的相对性

"下面的考虑都是根据相对性原理和光速不变原理来的，我们把这两个原

理定义如下：

一、物理系统的状态变化所依据的定律，是与这个状态变化是对于两个处在彼此相对地均匀平动的坐标系中的哪一个而言无关的.

二、在静止系里，每一条光线都是以固定的速度 c 运动的，这个速度与发射该光线的物体是静止的还是运动的无关.”

设有一根静止的刚体杆，它的长度用静止的尺去测量是 ℓ. 现在我们设想这杆的轴是沿着静止系的 X 轴放着，并且使它沿着 X 轴向 x 增加的方向作均匀的平动(速度为 v). 我们现在来考察这根运动着的杆的长度，我们想象可以用下述两种操作来测量这个长度：

a) 观测者和前面所提到的尺同这根被测量的杆一起运动，并且把尺直接放到杆上去测量杆的长度，这就像被测量的杆、观测者和尺都是静止的一样.

b) 观测者用放在静止系的、根据(1)小节里同步的、静止的钟，测出在某一时刻 t 这根被测量的杆的起端和末端处在静止系里的那两点. 用曾经用过而现在是静止的尺测出这两点间的距离，这个距离同样是一个长度，我们可以把它叫做‘杆的长度’.

由操作 a)所得出的长度，我们把它叫做‘杆在运动系里的长度’. 根据相对性原理，它应等于静止的杆的长度. 由操作 b)所得出的长度，我们把它叫做(运动着的)杆在静止系里的长度. 这个长度可以根据我们的两个原理来确定，我们发现它不等于 ℓ.

通常所用的运动学默认：由上述两种操作所测出的长度彼此完全相等，或者换句话说，一个运动的刚体在时刻 t，在几何关系上完全可以用在一定位置静止的同一物体来代替.

我们进一步设想，在杆的两端(A 和 B)各放一个钟，这两个钟都与静止系的钟同步，即它们的读数与它们所到的地方‘静止系的时间’一致；因此，这些钟都是‘与静止系同步的’.

我们更进一步设想，每个钟都有一个观测者随它一起运动，并且这两个观测者都把在(1)小节里对于两个钟的同步运行所规定判据应用到这两个钟上来. 在时刻(静止系的时间)t_{A} 有一条光线从 A 出发，在时间 t_{B} 到达 B，并经过 B 反射后在时刻 t'_{A}返回在到 A 处. 根据光速不变原理所作的考虑，我们得出

$$t_{\mathrm{B}}-t_{\mathrm{A}}=\frac{r_{\mathrm{AB}}}{c-v},$$

$$t'_{\mathrm{A}}-t_{\mathrm{B}}=\frac{r_{\mathrm{AB}}}{c+v},$$

式中 r_{AB}是(在静止系测得的)运动的杆的长度. 因此,随杆一起运动的观测者将发现,这两个钟是不同步的,而在静止系的观测者却说,这两个钟是同步的.

由此可见,我们对于同时的概念不能给以绝对的意义. 而是在一个坐标系观测到两个事件是同时的,在与这个系作相对运动的系看来,这两个事件就不是同时事件了."

(3) 从静止系到一个与它作相对均匀平动的坐标系的坐标和时间的变换理论

"设在'静止的'空间里有两个坐标系,每一个都是由三条从一点出发并且互相垂直的刚性物质直线所组成. 设想这两个坐标系的 X 轴重合,Y 轴和 Z 轴都彼此互相平行. 设每个系都有一根刚体尺和许多钟,并且假定这两个系里的两根尺和所有的钟彼此都是完全相同的.

现在设这两个系中有一个系(k)的原点以不变的速度 v 沿 x 增加的方向相对于另一静止系(K)运动,并且这个系的尺和钟也都以同样的速度运动. 于是对应于静止系 K 的每一个时刻 t,运动系的坐标轴都有一个确定的位置,并且由于对称性的关系,我们可以假定 k 的运动具有这样的性质:运动系的坐标轴在时间 t('t'始终代表静止系的时间)都与静止系的坐标轴平行.

现在我们设想:在静止系 K 用静止的尺量度空间,而在运动系则用与 k 系一同运动的尺量度空间,这样我们就分别得到坐标 x,y,z 和 ξ,η,ζ. 设用在静止系里静止的钟,由(1)小节里所讲的光信号的方法确定静止系里所有的点的时间 t(假定在这些点都有钟);同样,用在(1)小节里讲到的各点之间光信号的方法对于运动系里所有的点(设在这些点都有对于它们静止的钟)确定运动系的时间 τ.

对于每一组数值 x,y,z,t——它们在静止系里完全确定了一个事件的地点和时间——都有一个在 k 系里相应地确定的该事件的数值组 ξ,η,ζ,τ. 现在要解决的问题是,求出联系这些量的方程组."

爱因斯坦认为,由于空间和时间的均匀性,这些方程必然是线性的. 然后他就根据相对性原理和光速不变原理,仔细推导出联系这些量的方程组如下:

$$\tau=\beta\left(t-\frac{v}{c^2}x\right),$$

$$\xi=\beta(x-vt),$$

$$\eta=y,$$

$$\zeta=z,$$

$$\beta=\frac{1}{\sqrt{1-\frac{v^2}{c^2}}},$$

这就是从静止系 K 到运动系 k 的时间和坐标的变换关系.

上列变换现在我们习惯上都称为洛伦兹变换;但这个变换实际上完全是爱因斯坦根据相对性原理和光速不变原理自己推导出来的,它是适用于任何两个惯性系之间的变换.1904 年洛伦兹提出的变换仅是从相对于以太静止的坐标系到相对于以太运动的坐标系之间的变换,其物理意义是不同的.所以确切地说,这个变换应该称为爱因斯坦变换.

(4) 所得到的、关于运动刚体和运动钟的方程的物理意义

“我们考虑一个半径为 R 的刚体球,它相对于 k 系静止,它的心在 k 的原点.这个以速度 v 相对于 K 系运动的球面方程是

$$\xi^2+\eta^2+\zeta^2=R^2,$$

在 $t=0$ 时,以 x,y,z 来表示这个球面的方程为

$$\frac{x^2}{\left(\sqrt{1-\frac{v^2}{c^2}}\right)^2}+y^2+z^2=R^2.$$

一个在静止状态时测量出来是球形的刚体,在运动状态时——从静止系看——是一个旋转椭球的形状,它的轴是

$$R\sqrt{1-\frac{v^2}{c^2}},\quad R,\quad R$$

可见球(任何形状的每一个刚体也都是这样)的 Y 方向和 Z 方向的大小在运动时并没有发生变化,而 X 方向的大小则以比例 $1:\sqrt{1-\frac{v^2}{c^2}}$ 缩小了,而且 v 越大,缩小得越厉害.当 $v=c$ 时,所有运动的物体——从静止系看来——都缩成一个平面的形状.对于超光速(Überlichtgeschwindigkeit)我们的思考就成为没有意义的了;从后面的考虑可以看到,在我们的理论里,光速在物理上扮演着无穷大速度的角色.”

“其次,我们再设想有一个钟,它在静止系里静止时将指示时间 t,在运动系里静止时将指示时间 τ.设这个钟在 k 系的坐标原点,并且校准好使它给出时间 τ.那么,从静止系看来,这个钟走得快慢如何呢?

与这个钟的位置有关的量 x,t 和 τ 之间,显然存在下列方程

$$\tau=\frac{1}{\sqrt{1-\frac{v^2}{c^2}}}\left(t-\frac{v}{c^2}x\right),$$

和

$$x=vt,$$

于是

$$\tau=t\sqrt{1-\frac{v^2}{c^2}}=t-\left(1-\sqrt{1-\frac{v^2}{c^2}}\right)t.$$

由此得出，这个钟所指示的时间（从静止系看来）每秒要落后$\left(1-\sqrt{1-\frac{v^2}{c^2}}\right)$秒，或者，略去四次和更高次项时，落后$\frac{1}{2}\frac{v^2}{c^2}$秒.

于是发生了奇怪的结果. 设在 K 系里 A 点和 B 点各有一个静止的钟，在静止系看来，这两个钟是同步的；如果我们使 A 点的钟以速度 v 沿 AB 连线向 B 点运动，则这个钟到达 B 点时，这两个钟就不同步了，而是从 A 到 B 的钟比原来就在 B 的钟要落后$\frac{1}{2}t\frac{v^2}{c^2}$秒（略去四次和更高次的项），此处 t 是钟从 A 到 B 所用的时间.

我们立刻可以看到，当钟沿着一条任意的折线从 A 运动到 B 时，这个结果也是对的，并且当 A 点和 B 点重合时也对.

我们假定，对于一条折线已证明的结果，对于一条连续曲线也是对的，于是我们就得出定理：在 A 处有两个同步的钟，我们使其中一个钟以常速沿一条封闭的曲线运动，当它回到 A 处时，设经过了 t 秒钟，则当它到达 A 时，它要比未动的钟落后$\frac{1}{2}t\frac{v^2}{c^2}$秒. 我们由此得出结论：一个在地球赤道上的弹簧钟要比一个性质完全相同、所处条件完全相同、在地球极地上的钟略为走得慢些.”

以上爱因斯坦介绍了狭义相对论的时空变换的物理意义，也就是介绍了狭义相对论的时空观与我们日常生活中的时空观的不同. 这里需要指出，狭义相对论的时空观与我们日常生活中的时空观在概念上有矛盾，但实际上并没有矛盾. 为什么？因为狭义相对论的“尺缩”（运动的刚体尺缩短）、“钟慢”（运动的钟走得慢）等现象，只有在物体运动速度 v 与光速 c 相差不多时，才明显地呈现出来；在我们日常生活中，是不可能呈现出来的. 例如，在我们日常生活中物体速度最快的子弹也不过每秒一千米的数量级，也只有光速的三十万分之一左右. 即使以这样高的速度运动，“尺缩”和“钟慢”的程度也不过万亿（10^{12}）分之几. 这么小的差别，不要说我们的感官感觉不到，就是一般精确测量的仪器，也不可能测量出来. 由此可见，对于物体的运动速度接近光速时所呈现的"尺缩"、"钟慢"等现象，我们并没有直接经验. 所以狭义相对论的"尺缩"、"钟慢"等现象，是我们日常生活经验所不能及的现象，也就是在我们生活经验之外的现象. 因此，它与我们日常生活经验实际上没有矛盾. 我们之所以感到有矛盾，是因为我们把我们日常生活中的经验外推，以为物体运动的速度接近光速时所呈现的规律仍然是我们日常生活中的规律所致. 在我们日常生活经验所不能到达的领域，我们只能由实验来检验. 一百多年来无数的实验事实，都证明狭义相对论是正确的. 例如，1970 年代，有人作实验，用飞机载原子钟在赤道上空分别向东和向西飞行，绕地球一圈后，降落下来与在地面不动的原子钟比较，结果与爱因斯坦的预言一致.

(5) 速度叠加定理

在这节里，爱因斯坦导出了速度叠加的公式. 设 k 系以匀速 v 沿 X 轴相对于 K 系运动，在 k 系里有一点，以匀速 w 相对于 k 系沿 X 轴运动；根据前面(3)小节里推导出的从 K 系到 k 系的变换公式，爱因斯坦得出，该点相对于 K 系的速度为

$$U=\frac{v+w}{1+\frac{vw}{c^2}},$$

这个公式我们现在通称为爱因斯坦速度叠加定理.

爱因斯坦指出："由这个方程得出，两个小于 c 的速度的组合永远只能合成小于 c 的速度. 譬如我们令 $v=c-\kappa$, $w=c-\lambda$，此处 κ 和 λ 都是正的并且都小于 c，于是

$$U=c\,\frac{2c-\kappa-\lambda}{2c-\kappa-\lambda+\frac{\kappa\lambda}{c}}<c.$$

而且进一步得出，光速 c 与一个小于光速的速度组合后并不发生变化. 在这种情况下我们得到：

$$U=\frac{c+w}{1+\frac{w}{c}}=c."$$

至此，爱因斯坦写道："现在，我们已经推出了与我们的两个原理相应的、运动学里对我们是重要的一些定理，我们将要把它们应用到电动力学里去."

6. 电动力学部分

为了使电动力学的规律麦克斯韦方程组在所有的惯性系都成立，爱因斯坦引入了光速不变原理. 要使光速不变原理成立，就必须改变我们日常生活中的时空观，创立符合光速不变原理的新时空观，也就是狭义相对论的时空观. 这就是前面"运动学部分"的内容. 有了新的时空观以后，他便用来创建新的电动力学，就是"电动力学部分"的内容. 这部分也有五小节，分别介绍如下.

(6) 真空中麦克斯韦方程组的变换及电磁场的变换. 关于因在磁场里运动而出现的电动力(elektromotorische Kraft)的性质

设真空中的麦克斯韦-赫兹方程组对于静止系 K 成立，即

$$\frac{1}{c}\frac{\partial X}{\partial t}=\frac{\partial N}{\partial y}-\frac{\partial M}{\partial z},\quad \frac{1}{c}\frac{\partial Y}{\partial t}=\frac{\partial L}{\partial z}-\frac{\partial N}{\partial x},\quad \frac{1}{c}\frac{\partial Z}{\partial t}=\frac{\partial M}{\partial x}-\frac{\partial L}{\partial y};$$

$$\frac{1}{c}\frac{\partial L}{\partial t}=\frac{\partial Y}{\partial z}-\frac{\partial Z}{\partial y},\quad \frac{1}{c}\frac{\partial M}{\partial t}=\frac{\partial Z}{\partial x}-\frac{\partial X}{\partial z},\quad \frac{1}{c}\frac{\partial N}{\partial t}=\frac{\partial X}{\partial y}-\frac{\partial Y}{\partial x}.$$

这里用的是高斯单位制，式中(X,Y,Z)和(L,M,N)分别代表 K 系中的电场强度和磁场强度.

把(3)小节里得出的变换式用于上列方程，就得到：在以速度 v 运动的坐标系(k 系)里，描述电磁过程的方程为

$$\frac{1}{c}\frac{\partial X}{\partial \tau}=\frac{\partial \beta\left(N-\frac{v}{c}Y\right)}{\partial \eta}-\frac{\partial \beta\left(M+\frac{v}{c}Z\right)}{\partial \zeta},\quad \frac{1}{c}\frac{\partial \beta\left(Y-\frac{v}{c}N\right)}{\partial \tau}=\frac{\partial L}{\partial \zeta}-\frac{\partial \beta\left(N-\frac{v}{c}Y\right)}{\partial \xi},$$

$$\frac{1}{c}\frac{\partial \beta\left(Z+\frac{v}{c}M\right)}{\partial \tau}=\frac{\partial \beta\left(M+\frac{v}{c}Z\right)}{\partial \xi}-\frac{\partial L}{\partial \eta},$$

$$\frac{1}{c}\frac{\partial L}{\partial \tau}=\frac{\partial \beta\left(Y-\frac{v}{c}N\right)}{\partial \zeta}-\frac{\partial \beta\left(Z+\frac{v}{c}M\right)}{\partial \eta},\quad \frac{1}{c}\frac{\partial \beta\left(M+\frac{v}{c}Z\right)}{\partial \tau}=\frac{\partial \beta(Z+\frac{v}{c}M)}{\partial \xi}-\frac{\partial X}{\partial \zeta},$$

$$\frac{1}{c}\frac{\partial \beta\left(N-\frac{v}{c}Y\right)}{\partial \tau}=\frac{\partial X}{\partial \eta}-\frac{\partial \beta\left(Y-\frac{v}{c}N\right)}{\partial \xi},$$

式中

$$\beta=\frac{1}{\sqrt{1-\frac{v^2}{c^2}}}.$$

相对性原理要求，真空中的麦克斯韦-赫兹方程组在 K 系中成立，那么，它

们在 k 系中也应该成立，即对于 k 系中的电场强度(X',Y',Z')和磁场强度(L',M',N')，下列方程式应该成立：

$$\frac{1}{c}\frac{\partial X'}{\partial\tau}=\frac{\partial N'}{\partial\eta}-\frac{\partial M'}{\partial\zeta},\quad \frac{1}{c}\frac{\partial Y'}{\partial\tau}=\frac{\partial L'}{\partial\zeta}-\frac{\partial N'}{\partial\xi},\quad \frac{1}{c}\frac{\partial Z'}{\partial\tau}=\frac{\partial M'}{\partial\xi}-\frac{\partial L'}{\partial\eta},$$

$$\frac{1}{c}\frac{\partial L'}{\partial\tau}=\frac{\partial Y'}{\partial\zeta}-\frac{\partial Z'}{\partial\eta},\quad \frac{1}{c}\frac{\partial M'}{\partial\tau}=\frac{\partial Z'}{\partial\xi}-\frac{\partial X'}{\partial\zeta},\quad \frac{1}{c}\frac{\partial N'}{\partial\tau}=\frac{\partial X'}{\partial\eta}-\frac{\partial Y'}{\partial\xi}.$$

于是就得到电磁场的变换关系如下：

$$X'=X,\quad Y'=\beta\left(Y-\frac{v}{c}N\right),\quad Z'=\beta\left(Z+\frac{v}{c}M\right),$$

$$L'=L,\quad M'=\beta\left(M+\frac{v}{c}Z\right),\quad N'=\beta\left(N-\frac{v}{c}Y\right).$$

这就是从 K 系到 k 系电磁场的变换式. 同一个电磁场，在 K 系观测为(X,Y,Z)，(L,M,N)；在 k 系观测为(X',Y',Z')，(L',M',N'). 电磁场的这个变换关系表明：在一个参照系（如 K 系）里观测，只有静磁场（例如磁铁静止），而在运动的参照系（如 k 系）里观测，就不仅有磁场，而且还有电场. 至此爱因斯坦指出，论文开头提到的、磁铁和导体一静一动时所出现的不对称性问题，也就解决了.

(7) *多普勒原理和光行差理论*

描述一个电磁波，需要三个量：频率、方向和振幅. 本节便考虑这三个量的变换.

设在 K 系里离坐标原点很远的地方，有一个电磁波源，它发出的电磁波可以足够近似地表示为

$$X=X_0\sin\varphi,\quad Y=Y_0\sin\varphi,\quad Z=Z_0\sin\varphi;$$
$$L=L_0\sin\varphi,\quad M=M_0\sin\varphi,\quad N=N_0\sin\varphi.$$
$$\varphi=\omega\left(t-\frac{\ell x+my+nz}{c}\right),$$

式中(X_0,Y_0,Z_0)和(L_0,M_0,N_0)分别是电磁波的电场强度和磁场强度的振幅矢量，ℓ,m,n 是波面法线的方向余弦.

我们现在要问：在运动系（k 系）里静止的观察者看来，这个电磁波的性质如何？

对于电场强度和磁场强度，应用(6)小节得出的变换方程；对于坐标和时间，应用(3)小节里得出的变换方程，便得出：

$$X'=X_0\sin\varphi',\quad Y'=\beta\left(Y_0-\frac{v}{c}N_0\right)\sin\varphi',\quad Z'=\beta\left(Z_0+\frac{v}{c}M_0\right)\sin\varphi';$$

$$L'=L_0\sin\varphi',\quad M'=\beta\left(M_0+\frac{v}{c}Z_0\right)\sin\varphi',\quad N'=\beta\left(N_0-\frac{v}{c}Y_0\right)\sin\varphi'.$$

式中

$$\varphi'=\omega'\left(\tau-\frac{\ell'\xi+m'\eta+n'\zeta}{c}\right),\quad \omega'=\omega\beta\left(1-\frac{v}{c}\ell\right),$$

$$\ell'=\frac{\ell-\frac{v}{c}}{1-\frac{v}{c}\ell},\quad m'=\frac{m}{\beta\left(1-\frac{v}{c}\ell\right)},\quad n'=\frac{n}{\beta\left(1-\frac{v}{c}\ell\right)}.$$

在K系里,光源静止,观察者以速度 $\boldsymbol{v}$ 运动,光源到观察者的连线与 $\boldsymbol{v}$ 的夹角为 φ,则由 ω' 的方程得出:观察者所感到的光的频率为

$$\nu'=\nu\frac{1-\frac{v}{c}\cos\varphi}{\sqrt{1-\frac{v^2}{c^2}}},$$

这就是频率变换的多普勒原理(多普勒效应). 当 $\varphi=0$ 时,上式就化为

$$\nu'=\nu\sqrt{\frac{1-\frac{v}{c}}{1+\frac{v}{c}}}.$$

再考虑电磁波进行方向的变换. 令 φ' 代表运动系(k系)里波面法线(光线)与"光源和观察者"连线之间的夹角,则 ℓ' 的方程化为

$$\cos\varphi'=\frac{\cos\varphi-\frac{v}{c}}{1-\frac{v}{c}\cos\varphi},$$

这就是光行差公式.

最后考虑电磁波振幅的变换. 令 A 代表静止系(K系)测量出的电场强度或磁场强度的振幅,A' 代表运动系(k系)测量出的相应振幅,便得到

$$A'=A\frac{1-\frac{v}{c}\cos\varphi}{\sqrt{1-\frac{v^2}{c^2}}}.$$

当 $\varphi=0$ 时,上式就简化为

$$A'=A\sqrt{\frac{1-\frac{v}{c}}{1+\frac{v}{c}}}.$$

由此得知,对于一个以光速 c 向着光源接近的观测者来说,这个光源将呈现出无限大的强度.

(8) 光线能量的变换. 作用在完全反射镜上的辐射压力的理论

电磁波的能量密度(单位体积的能量)为 $A^2/8\pi$,按照相对性原理,运动系(k 系)里光的能量密度应为 $A'^2/8\pi$. 因此,一个光整体(Lichtkomplex)的体积在 K 系测量和在 k 系测量是相等的时候,A'^2/A^2 便是这个光整体"在运动系测出的"能量与"在静止系测出的"能量之比. 可是,并非如此. 设 ℓ,m,n 为光波法线在静止系里的方向余弦,则在以光速运动的球面

$$(x-c\ell t)^2+(y-cmt)^2+(z-cnt)^2=R^2$$

上,便没有能量通过. 也就是说,这个面永远包住同一光整体. 我们现在要求,在 k 系看来,这个面所包住的能量.

在 k 系看来,这个球面是一个椭球面,在 $\tau=0$ 时刻,这个椭球面的方程为

$$\left(\beta\xi-\ell\beta\frac{v}{c}\xi\right)^2+\left(\eta-m\beta\frac{v}{c}\xi\right)^2+\left(\zeta-n\beta\frac{v}{c}\xi\right)^2=R^2,$$

令 S 代表球的体积,S' 代表椭球的体积,经过简单计算便得到

$$\frac{S'}{S}=\frac{\sqrt{1-\frac{v^2}{c^2}}}{1-\frac{v}{c}\cos\varphi}.$$

设我们所讨论的面所包住的光能,在静止系测量为 E,在运动系测量为 E',于是便得

$$\frac{E'}{E}=\frac{\frac{A'^2}{8\pi}S'}{\frac{A^2}{8\pi}S}=\frac{1-\frac{v}{c}\cos\varphi}{\sqrt{1-\frac{v^2}{c^2}}}.$$

这个结果表明,光整体的能量 E 的变换关系与频率 ν 的变换关系相同.

现在考虑作用在全反射镜面上的辐射压强问题. 设在坐标平面 $\xi=0$ 处有一全反射镜,前面(7)小节里的平面波在这个面上反射. 求作用在这个反射面上的光压以及反射后光的方向、频率和强度. 设以 K 系为参照系,入射光由量 A,$\cos\varphi$ 和 ν 描述. 在 k 系,相应的量为

$$A'=A\frac{1-\frac{v}{c}\cos\varphi}{\sqrt{1-\frac{v^2}{c^2}}},$$

$$\cos\varphi'=\frac{\cos\varphi-\frac{v}{c}}{1-\frac{v}{c}\cos\varphi},$$

$$\nu'=\nu\frac{1-\frac{v}{c}\cos\varphi}{\sqrt{1-\frac{v^2}{c^2}}}.$$

以 k 系为参考系考虑反射过程，反射光的相应量便为

$$A''=A',$$

$$\cos\varphi''=-\cos\varphi',$$

$$\nu''=\nu'.$$

最后，经过反变换变到静止系（K 系），反射光的相应量便为

$$A'''=A\frac{1-2\frac{v}{c}\cos\varphi+\frac{v^2}{c^2}}{1-\frac{v^2}{c^2}},$$

$$\cos\varphi'''=-\frac{\left(1+\frac{v^2}{c^2}\right)\cos\varphi-2\frac{v}{c}}{1-2\frac{v}{c}\cos\varphi+\frac{v^2}{c^2}},$$

$$\nu'''=\nu\frac{1-2\frac{v}{c}\cos\varphi+\frac{v^2}{c^2}}{1-\frac{v^2}{c^2}}.$$

在 K 系测量，单位时间射到镜子单位面积上的能量为 $A^2(c\cos\varphi-v)/8\pi$，单位时间从镜子单位面积上离开的能量为 $A'''^2(-c\cos\varphi'''+v)/8\pi$. 两者之差便是光压在单位时间内作的功. 令这个功等于 $p\cdot v$，其中 p 是光压，便得

$$p=2\frac{A^2}{8\pi}\frac{\left(\cos\varphi-\frac{v}{c}\right)^2}{1-\frac{v^2}{c^2}}.$$

取一级近似，便得出与实验一致的结果：

$$p=2\frac{A^2}{8\pi}\cos^2\varphi.$$

关于运动物体的所有光学问题,都能用这里所使用的方法解决.其要点是:受运动物体影响的光,其电场强度和磁场强度须要变换到与该物体相对静止的坐标系.经过这样的方法,运动物体的每一个光学问题都将还原为一系列的静止物体的光学问题.

(9) 考虑运流电流时麦克斯韦-赫兹方程的变换

设想电荷固定在无穷小的刚体(离子,电子)上,它们以速度(u_x, u_y, u_z)运动.令 ρ 代表电荷量密度的 4π 倍.即

$$\rho=\frac{\partial X}{\partial x}+\frac{\partial Y}{\partial y}+\frac{\partial Z}{\partial z},$$

则在有运流电流(Konvektionströme)时,麦克斯韦-赫兹方程组为

$$\frac{1}{c}\left\{u_x\rho+\frac{\partial X}{\partial t}\right\}=\frac{\partial N}{\partial y}-\frac{\partial M}{\partial z},\quad \frac{1}{c}\left\{u_y\rho+\frac{\partial Y}{\partial t}\right\}=\frac{\partial L}{\partial z}-\frac{\partial N}{\partial x},$$

$$\frac{1}{c}\left\{u_z\rho+\frac{\partial Z}{\partial t}\right\}=\frac{\partial M}{\partial x}-\frac{\partial L}{\partial y};$$

$$\frac{1}{c}\frac{\partial L}{\partial t}=\frac{\partial Y}{\partial z}-\frac{\partial Z}{\partial y},\quad \frac{1}{c}\frac{\partial M}{\partial t}=\frac{\partial Z}{\partial x}-\frac{\partial X}{\partial z},$$

$$\frac{1}{c}\frac{\partial N}{\partial t}=\frac{\partial X}{\partial y}-\frac{\partial Y}{\partial x}.$$

以上这些方程便是洛伦兹电动力学和运动物体光学的电磁基础.

设这些方程对于 K 系成立,我们用(3)小节和(6)小节的变换方程把它们变换到 k 系,便得

$$\frac{1}{c}\left\{u_\xi\rho'+\frac{\partial X'}{\partial \tau}\right\}=\frac{\partial N'}{\partial \eta}-\frac{\partial M'}{\partial \zeta},\quad \frac{1}{c}\left\{u_\eta\rho'+\frac{\partial Y'}{\partial \tau}\right\}=\frac{\partial L'}{\partial \zeta}-\frac{\partial N'}{\partial \xi},$$

$$\frac{1}{c}\left\{u_\zeta\rho'+\frac{\partial Z'}{\partial \tau}\right\}=\frac{\partial M'}{\partial \xi}-\frac{\partial L'}{\partial \eta};$$

$$\frac{1}{c}\frac{\partial L'}{\partial \tau}=\frac{\partial Y'}{\partial \zeta}-\frac{\partial Z'}{\partial \eta},\quad \frac{1}{c}\frac{\partial M'}{\partial \tau}=\frac{\partial Z'}{\partial \xi}-\frac{\partial X'}{\partial \zeta},$$

$$\frac{1}{c}\frac{\partial N'}{\partial \tau}=\frac{\partial X'}{\partial \eta}-\frac{\partial Y'}{\partial \xi}.$$

式中

$$u_\xi=\frac{u_x-v}{1-\frac{u_x v}{c^2}},\quad u_\eta=\frac{u_y}{\beta\left(1-\frac{u_x v}{c^2}\right)},\quad u_\zeta=\frac{u_z}{\beta\left(1-\frac{u_x v}{c^2}\right)},$$

$$\rho'=\frac{\partial X'}{\partial \xi}+\frac{\partial Y'}{\partial \eta}+\frac{\partial Z'}{\zeta}=\beta\left(1-\frac{u_x v}{c^2}\right)\rho.$$

根据速度叠加定理[(5)小节],矢量(u_ξ,u_η,u_ζ)正是在 k 系测量的电荷速度. 因此就证明了:根据我们的运动学原理,运动物体电动力学的洛伦兹理论的电动力学基础与相对性原理是一致的.

这里再稍提一下,很容易从已得出的方程推出下面的重要定律:设有一带电的任意物体在空间运动,并且从随着该物体运动的坐标系看来,它的电荷保持不变,则从"静止"系 K 看来,它的电荷也保持不变.

(10) 缓慢加速电子的电动力学

设一个质量为 μ、电荷为 ϵ 的点状小物体(下面称为"电子"),在电磁场里运动. 如果它在某一确定时刻是静止的,只要它的运动是缓慢的,则在其后的短时间内,它的运动方程便为

$$\mu\frac{\mathrm{d}^2x}{\mathrm{d}t^2}=\epsilon X,\quad \mu\frac{\mathrm{d}^2y}{\mathrm{d}t^2}=\epsilon Y,\quad \mu\frac{\mathrm{d}^2z}{\mathrm{d}t^2}=\epsilon Z,$$

式中 x,y,z 是它的坐标.

设在某一时刻,电子的速度为 v. 我们来找出其后短时间内电子运动所遵循的规律. 为方便,设 $t=0$ 时刻,电子处在坐标原点,并以速度 v 沿 K 系的 X 轴运动. 这时,在 k 系观测,电子便是静止的. 于是在 k 系看来,在其后短时间内,电子的运动方程便为

$$\mu\frac{\mathrm{d}^2\xi}{\mathrm{d}\tau^2}=\epsilon X',\quad \mu\frac{\mathrm{d}^2\eta}{\mathrm{d}\tau^2}=\epsilon Y',\quad \mu=\frac{\mathrm{d}^2\zeta}{\mathrm{d}\tau^2}=\epsilon Z'$$

假定当 $t=0,x=y=z=0$ 时,$\tau=0,\xi=\eta=\zeta=0$,则利用(3)小节和(6)小节的变换式,把上面的运动方程从 k 系变换到 K 系,便得出

$$\frac{\mathrm{d}^2x}{\mathrm{d}t^2}=\frac{\epsilon}{\mu}\frac{1}{\beta^3}X,\quad \frac{\mathrm{d}^2y}{\mathrm{d}t^2}=\frac{\epsilon}{\mu}\frac{1}{\beta}\left(Y-\frac{v}{c}N\right),\quad \frac{\mathrm{d}^2z}{\mathrm{d}t^2}=\frac{\epsilon}{\mu}\frac{1}{\beta}\left(Z+\frac{v}{c}M\right).\qquad\text{(A)}$$

我们现在按照普通的考虑方法,求这个运动电子的"横"质量和"纵"质量("longitudinale" und "transversale" Masse). 将(A)式写成下列形式

$$\mu\beta^3\frac{\mathrm{d}^2x}{\mathrm{d}t^2}=\epsilon X=\epsilon X',\quad \mu\beta^2\frac{\mathrm{d}^2y}{\mathrm{d}t^2}=\epsilon\beta\left(Y-\frac{v}{c}N\right)=\epsilon Y',\quad \mu\beta^2\frac{\mathrm{d}^2z}{\mathrm{d}t^2}=\epsilon\beta\left(Z+\frac{v}{c}M\right)=\epsilon Z',$$

上式中的 $\epsilon X',\epsilon Y',\epsilon Z'$ 是作用在电子上的有质动力(ponderomotorische Kraft)的分量,并且是在这一时刻以和电子相同的速度运动的系(即 k 系)作参考的. 如果我们就直截了当地把这个力叫做"作用在电子上的力",并保持方程

质量×加速度=力,

并且还进一步假定:加速度是在静止系(K)里测量的.这样,就由上面的方程得出:

$$纵质量=\frac{\mu}{\left(\sqrt{1-\frac{v^2}{c^2}}\right)^3},$$

$$横质量=\frac{\mu}{1-\frac{v^2}{c^2}}.$$

当然,如果我们对于力和加速度给予其他的定义,则对于质量就会得出另外的数值.由此可见,在比较电子运动的各种理论时,必须十分慎重地处理问题.

现在来确定电子的动能.设一个电子从K系坐标的原点向外运动,初速为0,在静电场的作用下,沿着X轴运动.它从静电场取得的能量为:$\int \epsilon X dx$.由于电子是缓慢加速的,它就不会以辐射的方式放出能量.所以,它从静电场取得的能量必定等于它的运动能量(Bewegungsenergie).在整个运动过程中,方程组(A)的第一式是适用的,故得

$$W=\int \epsilon X \mathrm{d}x=\int_0^v \mu\beta^3 v \mathrm{d}v=\mu c^2\left\{\frac{1}{\sqrt{1-\frac{v^2}{c^2}}}-1\right\}.$$

因此,当$v=c$时,W变成无穷大.超光速是不可能存在的,这同我们前面的结论一样.

按照前面的讨论,这个动能表达式对于有质动力的质量(ponderable Masse)也适用.

现在将从方程组(A)总结出来的、可以用实验验证的电子的性质列举如下:

① 由方程组(A)的第二个方程可知:当$Y=\frac{v}{c}N$时,电场强度Y和磁场强度N对于以速度v运动电子所起的偏转作用相等.于是根据我们的理论,由磁偏转A_m和电偏转A_e,应用定律

$$\frac{A_m}{A_e}=\frac{v}{c},$$

就可以求出电子的速度v,而且对于任何速度都行.这个关系是可以用实验验证的,因为电子的速度是可以测量的,例如用高速振荡的电场和磁场来测量.

② 由电子动能的推导得出:在电子所经过的电势差P和电子所获得的速度v之间,必定有下列关系:

$$P=\int X\mathrm{d}x=\frac{\mu}{\epsilon}c^2\left\{\frac{1}{\sqrt{1-\frac{v^2}{c^2}}}-1\right\}.$$

③ 当磁场强度 N(作为唯一的偏转力)垂直于电子速度而作用时,我们来计算电子运动路径的曲率半径 R. 由方程组(A)的第二个方程有

$$-\frac{\mathrm{d}^2 y}{\mathrm{d}t^2}=\frac{v^2}{R}=\frac{\epsilon}{\mu}\frac{v}{c}N\sqrt{1-\frac{v^2}{c^2}},$$

于是得

$$R=c^2\ \frac{\mu}{\epsilon}\frac{\frac{v}{c}}{\sqrt{1-\frac{v^2}{c^2}}}\frac{1}{N}.$$

按照前面的理论,这三个关系式就是电子运动所必须遵循的定律的完全表达.

7. 质能关系式 $E=mc^2$ 的发现

1905 年 9 月,德国物理学杂志 *Annalen der Physik* 发表了爱因斯坦的《论运动物体的电动力学》后,1905 年 11 月又发表了他的一篇短文《一个物体的惯性与它的能量含量有关吗?》(Ist die Trägheit eines Körpers von seinem Energiegehalt abhängig?),文中提出了著名的公式 $E=mc^2$. 这个公式将一个物体的质量与它的能量联系起来了,并且成为以后原子能的基础.

在这里,我们介绍一下爱因斯坦是如何得出这个非常重要的公式的.

设对于 K 系来说,一列平面光波含有能量 ℓ,其射线(波法线)方向与坐标系 X 轴的夹角为 φ. k 系以匀速 v 相对于 K 系沿 X 轴运动. 则由前面(8)小节得出的结果,在 k 系测量,这列平面波的能量便为

$$\ell^*=\ell\,\frac{1-\frac{v}{c}\cos\varphi}{\sqrt{1-\frac{v^2}{c^2}}}.$$

"设在 K 系中有一静止的物体,它对于 K 系的能量为 E_0,对于 k 系的能量为 H_0. 设此物体在与 X 轴成 φ 角的方向上发出一列平面光波;对于 K 系来说,测得这列平面光波的能量为$\frac{1}{2}L$. 设该物体同时还在相反的方向上发出同样的光波,其能量也是$\frac{1}{2}L$. 在发光的时候,该物体保持静止. 对于这个过程,能量原

理必定适用，而且(根据相对性原理)对于这两个坐标系也都适用. 在发出光以后，该物体的能量在K系测量为E_1，在k系测量为H_1. 利用上面的关系，便得

$$E_0=E_1+\left(\frac{1}{2}L+\frac{1}{2}L\right),$$

$$H_0=H_1+\left[\frac{1}{2}L\frac{1-\frac{v}{c}\cos\varphi}{\sqrt{1-\frac{v^2}{c^2}}}+\frac{1}{2}L\frac{1+\frac{v}{c}\cos\varphi}{\sqrt{1-\frac{v^2}{c^2}}}\right]=H_1+\frac{L}{\sqrt{1-\frac{v^2}{c^2}}},$$

两式相减便得

$$(H_0-E_0)-(H_1-E_1)=L\left\{\frac{1}{\sqrt{1-\frac{v^2}{c^2}}}-1\right\}.$$

上式左边两项$H-E$都有简单的物理意义. H和E分别是同一物体对于两个彼此作相对运动的坐标系(即k系和K系)的能量值，而物体对其中一个系(K系)是静止的. 因此，很显然，差值$H-E$与物体对于k系的动能K，只能差一个叠加常数C，这个常数，取决于如何选择能量H和E的任意叠加常数. 因此可以令

$$H_0-E_0=K_0+C,$$
$$H_1-E_1=K_1+C,$$

因为C在发光时不变，故得

$$K_0-K_1=L\left\{\frac{1}{\sqrt{1-\frac{v^2}{c^2}}}-1\right\}.$$

物体对于k系的动能由于发光而减少，且减少的总量与物体的性质无关. 而且，差值K_0-K_1与速度的关系和电子的动能与速度的关系[见(10)小节]相同.

略去四次和高次项，便得

$$K_0-K_1=\frac{1}{2}\frac{L}{c^2}v^2.$$

由这个方程就直接得出下述结果：

若一个物体以辐射的形式给出了能量L，则它的质量便减少了L/c^2. 显然，从物体取出的能量直接变成辐射是无关紧要的，因此，我们便得到更普遍的结论：

一个物体的质量是它的能量含量的量度；如果能量改变了L，则质量就相应地改变了$L/9\times10^{20}$，此处能量以尔格①计，质量以克计.

① 尔格(erg)，$1\text{erg}=10^{-7}$J.

用能量含量高度变化着的物体(例如镭盐)来验证这个理论,并不是不可能的.

如果这个理论与事实符合,则辐射在发射物体和吸收物体之间传递惯性."

参考文献

[1] 张之翔,《电磁学教学札记》,高等教育出版社(1988).

[2] 北京大学物理系编写小组,《中国古代科学技术大事记》,人民教育出版社(1978).

[3] 宋德生,李国栋,《电磁学发展史》,广西人民出版社(1987);修订版(1996).

[4] 富兰克林(唐长孺译),《富兰克林自传》,生活·读书·新知三联书店(1956).

[5] Baother Potamian and James J. Walsh, *Makers of Electricity*, Fordham University Press, New York (1909).

[6] Paul F. Mottelay, *Bibliographical History of Electricity and Magnetism*, Charles Griffin and Company Limited, London(1922).

[7] E. Whittaker, *A History of the Theories of Aether and Electricity*, vol. Ⅰ, London: T. Nelson(1951).

[8] Park Benjamin, *A History of Electricity*, Arno Press, New York(1975).

[9] Percy Dunsheath, *A History of Electrical Engineering*, Farber and Farber, London(1962).

[10] C. C. Gillispie, *Dictionary of Scientific Biography*, Charles Scribner's Sons, New York, vol. 1—15(1981).

[11] André-Marie Ampère, *Theorie Mathématique des Phenomènes Electro-Dynamiques, uniquement déduite de L'expèrience*, Librairie Scientifique Albetr Blanchard, Paris(1958).

[12] Michael Faraday, *Faraday's Diary*, vol. Ⅰ—Ⅶ, Ed., G. Bell and Sons, Ltd., London (1932—1933).

[13] Michael Faraday, *Experimental Researches in Electricity*, vol. Ⅰ (reprinted from the Philosophical Transactions of 1831—1838), London: Bernard Quaritch, 15 Piccadilly(1839). vol. Ⅱ(reprinted from the Philosophical Transactions of 1838—1843, with other Electrical Papers from the Quarterly Journal of Science and Philosophical Magazine), London: Richard and John Edward Taylor(1844). vol. Ⅲ (reprinted from the Philosophical Transactions of 1846—1852, with other Electrical Papers from the Proceedings of the Royal Institution and Philosophical Magazine), London: Bernard Quaritch, 15 Piccadilly(1855).

[14] J. C. Maxwell, *The Scientific Papers of James Clerk Maxwell*, edited by. W. D. Niven, Cambridge (1890), vol. Ⅰ, vol. Ⅱ.

[15] J. C. Maxwell, *A Treatise on Electricity and Magnetism*, Oxford University Press, 3rd ed. (1955), vol. Ⅰ., vol. Ⅱ.

[16] H. Hertz, *Electric Waves*, Autherized English Translation by D. E. Jones, London

(1900).

[17] A. Einstein, Zur Elektrodynamik bewegter Körper, *Ann. der Phys*. **17**(1905), 891.

[18] A. Einstein, Ist die Trägheit eines Körpers von seinem Energiegehalt abhängig? *Ann. der Phys*. **18**(1905), 639.

第二部分 电磁学史实撮要

本撮要系根据多年来收集的资料汇编的，时间从我国古代和希腊古代的记载起，到1905年狭义相对论的电磁场变换关系止，共收入170个条目，按编年史的形式写出.基本上包括了电磁学历史上的重要事件.

1. 我国古代关于电和磁的知识

春秋时代的《管子·地数》(公元前六百多年)中有“上有慈石者，其下有铜金”，是我国最早关于磁石的记载.

战国末期的《韩非子·有度》(约公元前250年)中有“先王立司南以端朝夕”，是现今知道的最早关于司南(指南方的器具)的记载.

战国末期的《吕氏春秋·精通)》(公元前239年左右)中有“慈石召铁，或引之也”的记载.

西汉末的《春秋考异邮》中有“瑇瑁吸褚”(见《太平御览》卷807)，现在一般认为，它的意思是经过摩擦的瑇瑁(玳瑁)能吸引褚(草屑).

东汉王充(公元27—约97年)的《论衡·是应》(公元82年左右)中有“司南之杓，投之于地，其柢指南”的记载.《论衡·乱龙》中有“顿牟缀芥①，磁石引针”的记载.

北宋庆历四年(公元1044年)左右，曾公亮(公元999—1078年)主编《武经总要》，其中有指南鱼的具体制作方法，是世界上利用地磁产生人工磁化的最早记载.

北宋元祐三年(公元1088年)左右，沈括(公元1031—1095年)在《梦溪笔谈》中写道：“方家以磁石磨针锋，则能指南，然常微偏东，不全南也.”这是世界上最早关于磁偏角的记载.至于磁针为什么指南，他说：“磁石之指南，犹柏之指西，莫可原其理.”

北宋重和二年(公元1119年)，朱彧写成《萍州可谈》，卷二中记述了当时(公元1099—1102年间)广州航海业发达的盛况和海船在海上航行的情形，其

① 顿牟即瑇瑁，是一种类似海龟的海洋动物，这里是指它的甲壳.

中提到"舟师识地理，夜则观星，昼则观日，阴晦观指南针"，这是现今知道的世界上最早关于用指南针航海的记载.

北宋宣和五年(公元 1123 年)，徐兢(公元 1091—1153 年)随使赴高丽，回国后写出了《宣和奉使高丽图经》，其中关于航海的情况写道："惟观星斗前进，若晦暝则用指南浮针，以揆南北."

南宋咸淳十年(公元 1274 年)，吴自牧写成《梦粱录》，卷十二里提到用指南针航海的情况，讲得很具体、生动："风雨晦冥时，惟凭针盘而行，乃火长掌之，毫厘不敢差误，盖一舟人命所系也."

南宋德祐二年(公元 1276 年)春，文天祥(公元 1236—1283 年)在《扬子江》一诗中写道："臣心一片磁针石，不指南方不肯休."后来(也在 1276 年)，他就把他的诗集命名为《指南录》. 可见在南宋时，磁针指南在我国知识界已是普通常识了.

[附：惠特克(E. Whittaker，1873—1956，英)在他的有影响的著作《以太和电的理论史》第一卷(*A History of the Theories of Aether and Electricity*，Ⅰ)中，第二章开头的第二段里写道："关于指南针是在什么地方，什么时间和由什么人发明的问题，都不能有完全确定的回答. 直到近年，普遍的意见认为它来源于中国，经过阿拉伯人传到地中海，从而为十字军知道了. 然而，事情并不是这样；在 11 世纪末，中国人已知道磁体的方向性质，但至少直到 13 世纪末，没有把它用于航海的目的."他进而认为："西北欧，可能是英国，比其他任何地方都更早地知道它，这似乎是没有疑问的."由前面所述的我国古籍的记载可见，惠特克教授的这些话有错误，他的错误是由于他对我国古籍不了解所致.]

2. 古希腊关于电和磁的知识

据说古希腊哲人泰勒斯(Θαλής，英文为 Thales of Miletus，公元前约 640—约 547 年)在公元前 600 年左右就知道摩擦过的琥珀能吸引小物体(如草屑或羽毛等)以及磁石互相吸引.

后来狄奥弗拉斯图(Theophrastus，公元前 372—287 年)在公元前 312 年以及普林尼(Pliny)在公元 70 年，都提到摩擦过的琥珀可以吸引小物体的现象.

现在西方拼音文字中的"电"，如法文的 électricité，德文的 elektrizität，英文的 electricity，俄文的 электричество 以及我国的维吾尔文的 elektir 等，都由希腊文的ἤλεκτρον(琥珀)一词转化而来.

现在西方文字中磁学一词(如英文的 magnetism)的来源，有人认为是古希腊色萨利的麦格尼西亚[①](Μαγνησία)地方出产一种石头,能互相吸引,人们把这种石头叫做麦格尼西亚;有人说是一个名叫麦格尼斯(Μάγνησ)的牧羊人,也有人说是麦格尼西亚地方的牧羊人,在羊鞭上拴了一个小铁块,有一次他发现山上的石头能吸引他鞭子上的小铁块;还有人说是他发现山上的石头能吸他的鞋钉,后来人们便把这种石头叫做麦格尼特(Μαγνητηζ).

3. **1269** 发现磁石有两极

1269 年,帕雷格里纳斯(P. Peregrinus,也叫做 Pierre de Maricourt,法)在写给友人的信中指出:把小铁针放在球形磁石上,标出小铁针所处的线段,然后把小铁针放在磁石上的其他地方,用同样方法标出各处的线段来,最后把这些线段连成线,发现这种线同地球上的经线相似.他仿照地理学,把球形磁石上的两极分别叫做 N 极和 S 极.

4. **1600** 吉伯对电学和磁学的贡献

1600 年(我国明代万历 28 年),吉伯(W. Gilbert,1544—1603,英)在多年研究的基础上,出版了《磁石、磁体和大磁石地球》(*De Magnete, Magneticisque Corporibus, et de Magno Magnete Tellure*)一书,总结了当时关于磁和电的知识.他认为地球本身就是一个大磁石,并用来说明指南针为什么指南北方向.

他把摩擦过的琥珀对小物体的吸引力叫做 vis electrica(拉丁文"琥珀力"的意思,他的书是用拉丁文写的),拉丁文 electrum 由希腊文ἤλεκτρον(琥珀)音译而来,这是现在西方拼音文字"电"的词根的来源.吉伯发现,除了琥珀,其他物体如玻璃、硫黄、封蜡和各种宝石等经过摩擦后,也能吸引小物体.

吉伯仿照罗盘的磁针,把一根金属针的中心支起,让它可以在支座上自由转动,作成了第一个验电器.

吉伯发现,电与磁不同:磁石不需要外来的激励,它们本身就具有磁力,而琥珀则需要经过摩擦,才能够具有电力;磁石只吸引有磁性的物体,而摩擦过的琥珀则能吸引任何小物体;磁体间的吸引力不受中介物(如纸、布)等的影响,甚至磁体放在水中也不受水的影响,而电的吸引力则要受中介物的影响;磁力使小磁针沿确定的方向排列,而电力则把小物聚成无规则的一堆.

吉伯认为,琥珀或玻璃等被摩擦时,会有某种气(effluvium)从它们发射出来,形成一种"大气"包住它们;因为人的感觉器官感觉不到,所以这种气应当是

① 也有一说,麦格尼西亚为中亚细亚的一处地名.

非常细微的.在他看来,物体落向地球是因为物体处在地球的大气中,同样,小物体被摩擦过的琥珀吸引,是因为小物体处在琥珀周围的这种"大气"中.(牛顿在他的《光学》一书里,曾对吉伯的这种观点提出过疑问.)笛卡儿(R. Descartes,1596—1650,法)接受了吉伯的观点,并试图用涡旋理论来说明磁的现象,他假定在每个磁极周围都有一个流质的涡旋,涡旋的物质从一个磁极流进去,从另一个磁极流出来.

5. **1646**　英文里 electricity 一词的出现

1646 年,布朗(Sir Thomas Browne,1605—1682,英)首先在英文里引入 electricity(电)这个词.

6. **1663**　摩擦起电机的出现

1660 年左右,古里克(O. von Guericke,1602—1686,德,抽气机的发明者,曾作过著名的马德堡半球实验)创造转动硫黄球的摩擦起电机,他在 1672 年出版的著作中,描述了这种起电机.

在古里克的摩擦起电机的基础上,不久就出现了经过改进的各种摩擦起电机.牛顿(I. Newton,1642—1727,英)在 1675 年用玻璃球代替硫黄球,制造了一个摩擦起电机.

摩擦起电机的出现,为实验研究提供了电源,对以后电学的发展起了重要的促进作用.

7. **1709**　人工产生电火花

1705 年左右,豪克斯比(F. Hawksbee 或 Hauksbee,1666—1713,英)观察到在稀薄空气中摩擦玻璃时产生的发光现象.他还观察到带电体产生的"电风".1709 年,他制成高效率的摩擦起电机,这是第一个能产生电火花的起电机.

8. **1729**　发现电的传导

1729 年,格雷(S. Gray,约 1666—1736,英)发现,玻璃管上的电可以传到其他物体上,使该物体也像玻璃管一样,能吸引小物体.他用导线把电传导到好几百英尺远处.他还发现,只有少数物体能传导电,其中以金属为最显著.

同一年,他用两个方形栎木块,一个实心的,一个空心的,做摩擦起电实验,发现两者起电的效果相同.因此他得出结论:摩擦起电是一种表面效应.

9. **1733** 迪费发现电有两种

1733年(我国清代嘉庆十一年),迪费(Du Fay,1698—1739,法,法国皇家花园总管)发现电有两种,他说:“有两种性质完全不同的电,即透明体(如玻璃、晶体等等)的电,和沥青或树脂(如琥珀、硬树脂、封蜡等等)的电.带同种电的物体互相排斥,而带异种电的物体则互相吸引.我们看到,甚至本身不带电的物体也能够获得这两种电的任何一种,然后它们的作用就与把电传给它们的那些物体的作用相同.”他把丝绢摩擦玻璃棒时玻璃棒上的电叫做“玻璃电”(électricité vitrée),把毛皮摩擦树脂时树脂上的电叫做“树脂电”(électricité résineuse).玻璃电就是今天我们所说的正电或阳电,树脂电则是负电或阴电.迪费的发现引起了当时人们对作电学实验的很大兴趣.

10. **1736** 导体一词的出现

1736年,德萨古利(J. T. Desaguliers,1683—1744,英)把能传导电的物体叫做导体(conductor).

11. **1744** 气体中放电

1744年,格鲁末(G. H. Grummert,1719—1776,德)研究在稀薄气体中的连续放电.

12. **1745** 莱顿瓶的出现

1745年,莱顿大学教授穆欣布罗克(P. van Musschenbroek,1692—1761,荷)鉴于带电体所带的电荷在空气中会逐渐消失,想找出保存电荷的方法.为此,他试图使玻璃瓶里的水带电.他做了很多实验,其中有一个实验是这样做的:用丝线吊着一支枪管,一根铜导线挂在枪管上,它的下端穿过软木塞插入瓶内的水里数英寸深.用摩擦起电机使枪管带电.他右手托着瓶子,左手试图去接触枪管,立即感到一下强烈的电击,他形容当时的情形说:“手臂和身上产生一种无法形容的可怕感觉,总之我以为这下子可完蛋了.”由此发现,电可以在装水的玻璃瓶内积存起来.后来诺勒(J. A. Nollet,1700—1770,法)把它取名为莱顿瓶.

克莱斯特(E. G. von Kleist,1700—1748,德)也独立地发明了蓄电器,但他没有发表,只是在1746年才首次由别人描述过他的发现.

穆欣布罗克的实验引起了当时欧洲自然哲学家们的极大兴趣.莱顿瓶的出现,为实验提供了一种储蓄电的工具,对电学知识的传播和发展起过重要作用.

到 18 世纪 40 年代,欧洲各国都有人作电的实验,甚至有些人以表演电的实验为生.

13. **1745—1749**　诺勒的出流和入流说

1745 至 1749 年间,诺勒(J. A. Nollet,1700—1770,法)发表了一系列文章,认为电的现象是由于一种"很微妙的"流质的流动所引起的.一切物体都含有这种流质.物体受到摩擦时,这种流质的一部分从它的细孔中流出,它外面的同种流质便流入取而代之,流出的叫做出流(efflux),流入的叫做入流(afflux).这时,它周围的小物体被卷入其中,因而呈现为被排斥或被吸引.

14. **1746**　电以太假说

沃森(Sir W. Watson,1715—1787,英,伦敦的一个药剂师,皇家学会会员)根据在莱顿瓶实验中,人受到莱顿瓶放电的电击时,只是胳臂和胸部感到电击,而身体的其他部分并未感到电击的事实推断:在电击时,有某种东西从莱顿瓶经过受电击者的胳臂和胸部传到绝缘导体上,而且这种东西走的是最短的或最好传导的途径.1746 年 10 月 30 日,他在英国皇家学会宣读的一篇论文中,提出了关于电的一种假说,认为电是一种非常稀薄的流质——电以太(electric aether),所有的物体都含有电以太,含量正常时不呈现带电现象,当含量比正常量多或少时便呈现带电现象.他还认为使导体带电就是使电以太从某个物体流到这个导体上.在莱顿瓶充电或放电时,电是被转移而不是被创造出来或被消灭掉.

15. **1747—1748**　电传导的速度

1747 至 1748 年间,沃森作了一系列实验,测量电传导的速度.他使电从 2 英里长的导线流去,再从地下流回来,发现导线两端的电火花是同时出现的.因此他得出结论说,电传导时速度是如此之大,以致测不出来.

16. **1748**　辉光放电

1748 年和 1752 年,沃森作出了在 3 英尺长、3 英寸粗的稀薄空气管中产生辉光放电的实验.他发现在稀薄空气里比在大气压下的空气里容易产生放电.

17. **1750**　磁力与距离的关系

1750 年,米歇耳(J. Michell,1724—1793,英)发表《论人工磁石》一文,其中提到"当磁极之间的距离增大时,磁石的吸引力和排斥力随距离的平方而减小”. 这个结论部分地是根据他自己的观察，部分地是根据泰勒(B. Taylor)和穆欣布罗克(P. Musschenbroek)的研究得出的.

18. **1746—1752** 富兰克林的实验和理论

1746 年，富兰克林(B. Franklin，1706—1790，美)四十岁时，看到英国人斯宾斯(Spence)到美洲表演电学实验，产生了极大的兴趣，便开始自己做各种电学实验. 他由实验结果得出结论：摩擦起电所产生的正负电荷相等. 他有一个实验是这样做的：两个人站在蜡饼上，与地绝缘，一个人摩擦玻璃管后，另一人用手沿玻璃管触摸，便得到电. 然后两人依次触及接地导体产生火花，由两人产生的电火花强度相等，推知两人所带的电量相等；如果在未触及接地导体前两人彼此接触，则电就完全抵消. 从而证明摩擦起电时产生的两种电相等. 他说：“电不因为摩擦玻璃而创生，它只是从摩擦者转移到玻璃管上，摩擦者失去的电与玻璃管得到的电严格相等.”这是最早关于电荷守恒的实验.

1747 年，富兰克林提出了与沃森相似的理论(他不知道沃森在几个月前提出的理论)，他认为，物体都含有一种由极细的粒子组成的流质[①]——电，当含量正常时，就不呈现带电现象；若这种流质有一些从绝缘导体 A 流入另一个绝缘导体 B，则 B 所含的电量便超过正常值，而 A 所含的电量便少于正常值；如果 A，B 两者再接触，则电又从 B 流回 A，恢复正常，不呈现带电现象. 他把含电量比正常值多的物体叫做带“正电”，含电量比正常值少的物体叫做带“负电”. 这种名称一直沿用到今天. 但他曾指出，这种名称带有猜想的性质，实际上并不能断定究竟是哪种电与物体含有的流质超过正常值相对应.（富兰克林当时并不知道迪费已发现了电有两种，他规定的“正电”相当于迪费的“玻璃电”，“负电”相当于迪费的“树脂电”.）他还假定，这种流质的粒子彼此互相排斥，但与普通物质的粒子则互相吸引. 根据实验，他认为这种流质不能经过绝缘体. 他还假定这种流质只能在物体内，而力的作用则是超距的. 他的观点很快就被科学界接受了.

在富兰克林之前，有些科学家(如豪克斯比和诺勒等)曾提出过，闪电与摩擦产生的电火花是相同的东西. 1752 年(我国清代乾隆十七年)6 月 15 日，富兰克林在美国费城做了一个非常危险的实验，他在暴风雨时，用风筝引下雷电来，用这种电做了各种实验，如使莱顿瓶充电，用雷电产生的火花点燃酒精，以及一系列其他实验，证明了雷电与摩擦产生的电相同. 这个实验结果的发表，引起了

① 也有人称其为电液.

巨大的反响,使他赢得了世界性的荣誉.在1747年,富兰克林就发现了"尖端物体在吸引和放出电火花方面的奇妙的效应".1749年,他发明了避雷针,用来保护建筑物免遭雷击;1760年他亲自为费城的一座大楼安装了避雷针.

19. **1753** 感应起电

1753年,坎顿(J. Canton,1718—1772,英)发现感应起电:当一个不带电的导体靠近(但不接触)带电的导体时,它上面接近带电导体的部分出现异种电荷,而远离带电导体的部分则出现同种电荷.他用电的气说(theory of effluvia)来解释这种现象.

20. **1758** 电流的化学效应

1758年,贝卡里亚(G. B. Beccaria,1716—1781,意)用摩擦产生的电经过放电,从金属氧化物中还原出金属汞和其他金属.后来普里斯特利(J. Priestley,1733—1804,英)用同样方法从一些有机液体中得出氧气.

21. **1759** 埃皮纳斯的工作

埃皮纳斯(F. U. T. Aepinus,1724—1802,德)继承和发展了富兰克林的单流质说(one-fluid theory),认为电的流质不会伸展到带电体外面去,他假定电的吸引力随着距离的减小而增大,并且用来解释感应起电现象.由于他的工作,流行了一百年的电的气说(theory of effluvia)终于被推翻,代之而起的是超距作用的理论.他还用类似于电的单流质说来说明磁的现象,认为磁的流质在一个磁极处超过了正常量,而在另一个相反的磁极处则少于正常量.他推广了富兰克林关于电的流质不能通过玻璃的解释,认为对于所有的非导体(包括空气),电的流质都不能通过.

1759年,埃皮纳斯的主要著作《电磁理论》(*Tentamen theoriae electricitatis et magnetismi*)出版.在这本书中,他试图系统地用数学来处理当时的电学和磁学知识.

埃皮纳斯发现,用空气隔开的两块平行金属板有与莱顿瓶相同的作用,从而发明了平行板电容器.

22. **1767** 普里斯特利关于平方反比定律的论证

普里斯特利(J. Priestley,1733—1804,英,氧的发现者)是富兰克林的朋友,富兰克林曾告诉他这样一个实验:带电的金属杯子能吸引或排斥吊在丝线上的软木塞小球,但把这小球吊入金属杯内时,杯子对它就没有作用.富兰克林并请他弄清楚这件事情.因此,他在 1766 年 12 月 21 日重复这个实验,结果发现:金属容器带电时,内表面上没有电荷.因为当时牛顿的万有引力定律已为科学界所熟知,根据这个定律可以推知,一个质量均匀分布的球壳,作用在它内部任何地方的物体上的万有引力都是零.普里斯特利由此领悟到,上述实验是电力的平方反比定律的必然结果.在 1767 年的文章中,他写道:“我们不是可以由这个实验(即富兰克林实验)得出如下的推论么?即电的吸引力和万有引力一样是服从同样的定律的,因而是与距离的平方有关的.”但他的这个论断并没有引起人们的注意.

23. **1768** 平板型的摩擦起电机

1768 年,拉姆斯登(J. Ramsden,1735—1800,英,拉姆斯登目镜的发明者)创作平板型的摩擦起电机,这是摩擦起电机发展史上的一大进步.

24. **1769** 电力与距离的关系

1769 年,鲁宾逊(J. Robinson,1739—1805,英)直接由实验确定,两个同种电荷之间的排斥力与距离的 2.06 次方成反比.他猜想正确的应当是平方反比关系.

普里斯特利和鲁宾逊的工作都没有受到当时科学界足够的重视,以致要等到库仑实验出来后,电荷之间作用力的定律才被公认为解决了.

25. **1773** 动物电与摩擦电相同

1773 年,瓦耳什(J. Walsh,l725—1795,英)和印根豪茨(J. Ingenhousz,1730—1799,荷)用实验证明,电鳐(torpedofish)电击时的电与摩擦产生的电相同.

26. **1775** 伏打发明起电盘

伏打(A. Volta,1745—1827,意)早在 24 岁时就发表过关于电的文章,1774 年成为帕维亚(Pavia)大学的自然哲学教授.1775 年,他发明用感应的方法使导体带电的起电盘,是感应起电机的起源.他的方法如下:一个硬橡胶圆盘,用毛皮摩擦后,产生负电荷,然后在这圆盘上面放一个装有绝缘把柄的金属圆盘,使它感应起电;再用手指或接地导线接触金属圆盘,它上边的负电荷便流入地下,再移开手指或断开导线,握住绝缘把柄,把金属圆盘拿起来,它便带正电.

27. **1780**　伽伐尼的青蛙实验

伽伐尼(L. Galvani,1737—1798,意)是解剖学教授,对电学实验也很感兴趣,研究动物电多年. 1780 年秋,他在解剖青蛙时发现,在电火花附近,解剖刀接触到青蛙腿的神经时,蛙腿便发生痉挛;后来他又观察到,雷电也能产生这种痉挛. 他接着做了各种各样的试验,终于发现,每当青蛙的神经和肌肉之间用两种金属做成的弓连接起来时,青蛙的腿便发生痉挛. 他提出一种假说,认为青蛙腿的痉挛是由于一种特殊的流质从神经传输到肌肉引起的,而金属弓则起着导体的作用. 他认为这种流质与摩擦起电的电流质相同.

伽伐尼的结果和观点发表后,立刻受到了学术界的注意,并引起了关于伽伐尼电(galvanism)或动物电(animal electricity)的各种看法的热烈争论.

28. **1782**　电容公式

1782 年,伏打在英国伦敦皇家学会的《哲学会报》(*Philosophical Transactions*)上发表题为《使最弱的自然电和人工电易于感知的方法》的文章,根据他用自己创制的显微静电计做的实验所得到的结果,总结出关于电容的三条原理:①电势差与带电体的电容成反比;②同一导体的电容随表面积的增大而增大;③一个导体的电容因另一个接地导体的移近而增大. 他明确地把电量 Q、电势差 U 和电容 C 三者的关系表示为 $Q=CU$.

29. **1785**　库仑定律

法国巴黎科学院在 1773 年宣布,以"什么是制造磁针的最佳方法"为题悬赏,征求解答,并定于 1775 年授予磁学奖,其目的在于鼓励设计一种指向力强、抗干扰性能好的指南针,以代替当时航海中普遍使用的轴托指南针. 到了 1775 年,还没有人参加竞选,于是巴黎科学院便继续悬赏. 后来库仑(C. A. Coulomb,1736—1806,法)和另一人分享了头等奖,各得 1600 法郎的奖金. 库仑获奖的论文题目是《关于制造磁针的最优方法的研究》. 他在这篇论文中提出了一种悬丝指南针,并且指出,悬丝的扭力能够给物理学家提供一种精确地测量很小的力的方法. 此后,他制作了一台精致的丝悬磁针,用于巴黎地磁观测台测量地磁强度,为此他要研究金属丝的弹性,结果导致他发明了扭秤.

1785 年(我国清代乾隆五十年),库仑用他自己设计制作的扭秤测定了电荷之间的相互作用力与距离的关系. 对于同号电荷,他是用静力学的方法测量的,即由扭秤静止时的偏转测出它们之间的作用力,他得出的结论是:"两个带有同样类型电荷的小球之间的排斥力与两球中心之间距离的平方成反比.”至于异号电荷,由于两个带电的小球要互相吸引,很容易接触,造成调节上的困难,他是用动力学的方法测量的,即把一个带电小球固定,另一个带异号电荷的小球固定在水平木杆的一端,另一端是平衡物,木杆由拴在中心的一根金属丝悬吊着.实验时,这水平木杆在电力和悬丝弹性力的共同作用下来回振荡,测得振荡周期与两球之间的距离成正比,因为力与周期的平方成反比,故得出两异号电荷之间的作用力与它们之间距离的平方成反比的结论.

库仑由实验得出的只是力与距离的平方成反比的关系,而没有得出力与两个电量之积成正比的关系.由于受牛顿的万有引力定律的影响,他认为力应该与两个电量之积成正比,是“无需加以证明的”.

在确定了电荷之间的相互作用力以后,他又用不同长度的磁针做实验,得出两个磁极之间的作用力“不管是吸引还是排斥,都是按距离平方倒数的规律变化的.”

在1785至1789年间,库仑发表了七篇关于电和磁的文章,前两篇中有他用扭秤测量得出的结果,这就是我们今天所说的库仑定律的来源.在第四篇中叙述了他由实验得出的结果:静电平衡时,电荷只分布在导体的表面上,导体表面凸起处电荷密度大(富兰克林已知道这一点),凹进处电荷密度小.在第六篇中他发展了电的双流质说(two-fluid theory),认为“同类流质的粒子按平方反比定律彼此互相排斥,而异类流质的粒子则按同样的平方反比定律彼此互相吸引.”这两种流质在导体内都可以自由流动,而在绝缘体内则否.

除了库仑以外,卡文迪什(H. Cavendish,1731—1810,英)也做了很多电学实验.卡文迪什用导体壳带电作的实验得出,两电荷之间的相互作用力与它们之间距离的 n 次方成反比,n 在1.98与2.02之间.但他的结果当时都没有发表,所以对电学的发展就没有起到应有的作用.

30. **1787** 金箔验电器

1787年,贝内特(A. Bennet,1750—1799,英)发明金箔验电器,由两片装在金属杆下端的金箔构成,在不带电时,金箔因重量而下垂合拢;在带电时,则彼此互相排斥而张开.这一年,他还提出过感应起电机.

31. **1796** 不同金属接触时的效应

1796年,法布罗尼(G. Fabroni,1752—1822,意)观察到,把两块不同的金属板放在水中,当它们彼此接触时,其中一块被部分地氧化.他由此得出结论:有某种化学作用与伽伐尼效应不可分割地联系在一起.

32. **1797**　溶液的电解

1797年,洪保(A. von Humboldt,1769—1859,德)描述了由锌电极和银电极插入水中产生的电解.在此基础上,1799年里特(J. W. Ritter,1776—1810,德)从硫酸铜溶液中电解出金属铜.

33. **1800**　伏打电池

伏打(A. Volta,1745—1827,意)是伽伐尼的朋友,伽伐尼的青蛙实验引起了他很大的兴趣,并专门研究它.在1792年他提出,伽伐尼青蛙实验中的电流是由于黄铜和铁被湿的导体(青蛙)接通而产生的,并引入电动势一词.他说:"在实验中加到湿动物身上的这些金属由于其固有的性质,它们本身就能激发电流质,并把电流质从静止状态驱赶出来;所以动物的器官只是被动地起作用."他从这个观点出发,在1800年(我国清代嘉庆五年)的早春发现:用接触着的铜片和锌片做成一个金属偶,在许多偶之间,都夹以湿的纸板,构成一个堆,其次序为铜、锌、湿纸、铜、锌、湿纸、铜……这样一个堆能产生很强的电效应.这就是著名的伏打堆,也就是我们今天所用的电池的起源.他发现,当一个手指接触堆的上端片,另一个手指接触堆的下端片时,便感到电击;而且这种电击一直持续到手指离开堆时为止.所以伏打电堆既像莱顿瓶那样能够放电,而且又像莱顿瓶放电后能够自动充电一样,好像它的内部具有自动恢复的能力.他说:"电流质的无休止流动或永久运动看来好像是荒谬的,但却是事实,我们可以接触和摸到它."

伏打把原来不带电的一块铜片和一块锌片接触后再分开,用灵敏的验电器分别显示出分开的铜片和锌片都带电,从而证明了不同金属的接触就能够产生电.他在1801年由实验得出,各种金属片以任何次序接触,两端金属片带电的状态和它们之间无其他金属片而直接接触时相同.他由实验得出,各种金属可以排列成一个系列:锌、锡、铅、铁、铜、银……当这个系列中的任何两种金属接触时,前面的带正电,后面的带负电.这个序列至今还不时被称做伏打序.

伏打电堆是人类创造的第一个电池,其后几年到几十年里,各国科学家竞相仿制,有些人在伏打研究的基础上,作了各种各样的改进.有了电池,就有了稳定的电源,为以后电学的发展创造了条件.

1801年,拿破仑请伏打到巴黎,让他用他发明的电池作表演,拿破仑亲自观看,并给予伏打以很高的奖赏和荣誉.拿破仑责成法国科学院,对于作出了像富兰克林和伏打那样伟大贡献的每一位科学家,都要给予奖赏.

34. **1800** 水的电解

伏打在1800年3月20日把他发明的电堆写信告诉当时的英国皇家学会会长班克斯爵士(Sir J. Banks),班克斯又转告给尼科耳森(W. Nicholson)和他的朋友卡耳莱(A. Carlisle),尼科耳森和卡耳莱便于4月30日在英国造出了第一个伏打电堆.他们在重复伏打的实验时,为了保证接触良好,便在电堆上端片的接触处滴了一滴水.他们发现,在水滴里导线与电堆接触点周围有气体冒出来.为了探究其原因,他们干脆把由电堆两端接出来的两根导线都插到盛水的试管里,结果发现,其中一根导线上析出易燃的气体,另一根导线则被氧化;如果用铂丝做导线,则两根线上分别析出氧和氢.这就是水的电解,是在1800年5月2日发现的.

此后不久,克鲁克香克(W. Cruickshank,1745—1800)发现,电流也能使金属盐溶液分解.

35. **1801** 伏打电堆的电与摩擦产生的电相同

1801年,沃拉斯顿(W. H. Wollaston,1766—1828,英)根据伏打电堆产生的电和摩擦产生的电都能起同样的电解作用,认为这两种电是相同的.同一年,马鲁姆(Marum, Martin van,1750—1837,荷)和普法夫(C. H. Pfaff,1773—1852,德)用伏打电堆使莱顿瓶充电,他们发现,从伏打电堆两极得出的电互相吸引,而从同一极得出的电则互相排斥.这些实验进一步证明了伏打电堆产生的电和摩擦产生的电是相同的.

36. **1807** 钠和钾的发现

1800年,戴维(H. Davy,1778—1829,英)开始用伏打电堆作电解实验.1807年,他用25对电池,从以前不能分解的碳酸钾和碳酸钠中电解出金属钠和钾,当他看到小粒的钾接触到空气就引起一闪一闪的火星时,高兴得在实验室内跳了起来.

1808年,他又用500对电池作电解电源,发现了钙、镁等碱土金属.

37. **1811** 碳弧灯

1811年,戴维用两千个电池连成的电池组,发明了作为光源用的碳弧灯.

38. **1811**　泊松的数学处理

1811 年泊松(S. D. Poisson,1781—1840,法)发表的文章和次年他在法国科学院宣读的论文,为现代静电学理论奠定了数学基础. 他指出,导体上电荷的平衡分布必须使得导体内部任何地方的电荷所受的力都为零,这是因为,在导体内电荷可以自由流动,如果电荷受的力不为零,便要运动,从而产生电流. 他还指出,万有引力的数学理论中有很多方法和结果都可以用于静电学. 拉格朗日(J. L. Lagrange,l736—1813,法)在 1777 年发表的论文中,曾用引力势 V 来描述引力场,并证明了质点所受的引力等于 V 的负梯度. 1782 年拉普拉斯(P. S. Marquis de Laplace,1749—1827,法)证明,引力势 V 满足方程

$$\nabla^2 V=0.$$

泊松指出,由于电荷间的力的定律与万有引力定律形式相同,可以用类似的势函数 V 来处理静电问题. 对于导体来说,在静电情况下,导体内电荷受的力为零,故在导体内便有

$$\frac{\partial V}{\partial x}=\frac{\partial V}{\partial y}=\frac{\partial V}{\partial z}=0,$$

所以导体应是等势体,导体表面应是等势面. 1813 年,泊松证明,在电荷密度为 ρ 的地方,电势 V 满足下列方程

$$\nabla^2 V=-4\pi\rho,$$

这就是我们今天所说的泊松方程.

此后,泊松又研究磁学,1824 年他在法国科学院宣读的论文,奠定了静磁学的数学基础.

39. **1820**　电流磁效应的发现

18 世纪的一些西方自然哲学家猜想,电和磁之间可能有某种联系,这种猜想部分地来源于闪电引起的一些现象. 例如 1735 年英国的《哲学会报》(*Philosophical Transactions*)上就曾刊载过一篇文章,其中讲到,1731 年 7 月的一次大雷雨,有间房子被雷击毁一角,在这个角落里的碗柜被击破,吃饭用的刀叉等都熔化了. 事后主人收拾时发现,熔化了的刀子能吸起铁钉,因此有人认为雷电能使钢磁化. 1751 年富兰克林曾用莱顿瓶放电使缝衣针磁化.(但后来有人怀疑,针的磁性是不是直接来自电流.)1774 年,巴伐利亚(Bavaria)的一个学院就曾以"电力和磁力之间是否有真实的和物理上的类似"为题,悬赏征求解答.

1807 年,哥本哈根大学的自然哲学教授奥斯特(H. C. Oersted,1777—1851,丹麦)宣布,他想试验电对磁针的作用. 在 1819 年末至 1820 年(我国清代嘉庆二十五年)初的冬天里,他在讲授"电、伽伐尼电(galvanism)和磁"的课程时,产生了一个想法:雷电时观察到罗盘针的变化可能为他正在研究的问题提供一个线索. 这使他想到,应该用接通的而不是断开的伽伐尼电路做实验,以查看磁针附近的导线载有电流时,是否对磁针有任何作用. 他先把导线放得与磁针垂直,没有观察到什么效果. 一堂课结束后,他想到把导线与磁针平行放置,一试,就观察到了磁针发生明显的偏转. ①这样就发现了电流的磁效应,这是电磁学历史上的一个重大发现. 经过用更灵敏的仪器做了很多核实的实验之后,他于 1820 年 7 月 21 日发表了只有四页的论文《关于电的冲击对磁针的影响的实验》,宣布了他的发现. 其中讲道:"对于导体及其周围空间里发生的效应,我们把它叫做'电的冲击'(conflictus electrici)."“很显然,电的冲击只作用在物质的磁性粒子上. 所有非磁性物质看起来都能被电的冲击穿透,而磁性物体或者它们的粒子,则阻止这种冲击的通过. 因而它们就被冲击的力量推动."“上述事实充分表明,电的冲击不是被限制在导体上,而是分散在周围的空间里. 由上述事实我们还可以得出结论:电的冲击是按环绕导线进行的圆形分布的;因为如果不是这样,似乎就不可能说明,为什么连接电源的导线的一部分放在磁极下面时,会驱动磁极向东,而放在磁极上面时,则驱动磁极向西;因为圆有这种性质:在对面的部分里,其运动方向必定相反."奥斯特的这篇论文是用拉丁文写的,发表后立即被德国和英国的科学家们翻译出来,在德国和英国当年的学报上发表. 奥斯特的发现在法国产生了巨大的影响(见后面的有关部分).

奥斯特还在导线与磁针之间放上各种不同的物质作试验,他发现:电的冲击能"通过玻璃、金属、木头、水、树脂、陶器、石头等作用在磁针上;因为我们在磁针和导线二者之间放上玻璃板、或金属板、或木板时,其作用并未被取消;而且这三种板合起来的确也很难减小其作用."

奥斯特还发现,磁石也有力作用在载流导线上.

奥斯特对于他所发现的电流磁效应,满足于定性的陈述和某些解释,而没有作定量的研究.

---

① 关于奥斯特发现电流磁效应时的情况,各种文献中有几种不同的说法. 这里引用的是后面所列的参考文献[1]中的说法,参考文献[10]中的说法与此大同小异;参考文献[14]中的说法是:奥斯特在 1820 年 4 月的一个晚上讲课时,当着听众的面做实验,发现磁针受电流的作用而发生偏转.

40. **1820** 安培的贡献

1820 年 8 月间，法国科学院院士阿喇果(F. Arago，1786—1853，法)在瑞士得知奥斯特发现电流磁效应的消息，9 月初回到巴黎. 在 1820 年 9 月 11 日法国科学院的会议上，他介绍了奥斯特的发现. 这个消息引起了轰动. 法国好几位优秀的科学家马上就作实验研究，不久就在这个新的领域内，作出了许多重要的贡献，其中以安培(A. M. Ampère，1775—1836，法)的成就最为突出. 在得知奥斯特发现的消息后一周内，他就有新的发现；在一个月内，他就先后向法国科学院提出了好几篇论文，报告他的一些新发现，如磁针 N 极转动的方向是电流的右手螺旋方向(今天称为右手定则或安培定则)；两根平行的载流导线之间有相互作用力，当电流同向时，它们彼此互相吸引，当电流异向时，则互相排斥. 接着他继续作实验上的和理论上的研究，得出了两个电流元之间相互作用力的公式. 后来他把研究电流之间相互作用力的学科称为“电动力学”(électro-dynamiques).

安培根据载流螺线管的作用与磁棒相同，提出了磁石与载流回路等效的理论，他把电流看做是基本的，而把磁看做是电的一种现象. 根据这个观点，他于 1821 年初提出了分子电流的假说，认为物质的磁性来源于它的分子的磁性，而分子的磁性则来源于分子内部有一种永远流动的电流——分子电流(也有人把它叫做安培电流). 从 1820 年 9 月 18 日起，几年之内，安培发表了一系列重要论文，对电磁学的建立作出了重要贡献.

41. **1820** 毕奥-萨伐尔定律

1820 年(我国清代嘉庆二十五年)10 月 30 日，毕奥(J. B. Biot，1774—1862，法)和萨伐尔(F. Savart，1791—1841，法)在法国科学院的会议上，报告了他们研究电流的磁效应所得到的定量规律，即载有电流的长直导线作用在磁极上的力如下：“从磁极到导线作垂线；作用在磁极上的力与这条垂线和导线都垂直，它的大小与磁极到导线的距离成反比.”有人很快对这个结果作了进一步的分析，得出每个电流元 $i\mathrm{d}\boldsymbol{l}$ 都有力作用在磁极上，磁极受到的作用力是各电流元的作用力的合力. 用我们今天的符号表示，电流元作用在单位磁极上的力为

$$\frac{i\mathrm{d}\boldsymbol{l}\times\boldsymbol{r}}{r^3},$$

这就是通称的毕奥-萨伐尔定律，是电流产生磁场的基本规律.[①]

42. **1820** 电流使铁磁化

1820年，阿喇果和戴维独立地发现，电流可以使铁和钢磁化. 约在同一时期，阿喇果和安培把钢针放在载流螺线管中磁化.

43. **1820** 弦线电流计

1820年，施威格(J. S. C. Schweigger，1779—1857，德)发明弦线电流计. 这种电流计是一种测量电流的灵敏仪器，它的结构是用弦线把磁针悬挂在一个多匝线圈里，当线圈通有电流时，针的偏转方向和角度便指示出电流的方向和大小来.

44. **1821** 磁场对电弧的影响

1821年5月21日，戴维和法拉第(M. Faraday，1791—1867，英)用莱顿瓶作电源，在抽空的容器中放电，拿马蹄形磁铁靠近容器时，发现碳极之间的电弧会弯曲和移动.

45. **1821** 金属导线的电阻

1821年，戴维研究电解时，发现金属导线的导电能力与它的长度成反比，与它的横截面积成正比，而与横截面的形状无关. 他由此得出结论，电流是由导体内而不是由导体表面流过的. 他还发现，温度升高时，金属的导电能力减小.

46. **1821** 电动机的雏形

1821年4月，沃拉斯顿在英国皇家研究院曾尝试把磁极靠近载流导线，想使导线绕轴转动. 试验没有成功，却引起了法拉第的兴趣，并下决心研究它.

---

① 这里所引的是后面所列参考文献[1]的说法. 文献[1]列出了毕奥和萨伐尔发表的两篇文章的杂志名称和卷数、年份以及页数. 从所引的毕奥和萨伐尔的原文来看，毕奥和萨伐尔对于长直载流导线的磁场强度的大小和方向的描述，都是正确的. 但是，从这个结果到电流元产生磁场的公式，文献[1]只是说进一步分析得出的，而没有指出是谁分析得出的. 有些书上说，是拉普拉斯(Laplace)分析得出的，所以把电流元产生磁场的公式叫做拉普拉斯公式或定律，也有叫做毕奥-萨伐尔-拉普拉斯定律的. 参看：(1)严济慈编著，《普通物理学(下)》，龙门联合书局(1950)，267页；(2)卫斯特发尔(W. H. Westphal)著，周君适、姚启钧译，《高等物理学》，中册，商务印书馆(1947)，565—566页；(3)E. A. 史特拉乌夫著，王世模译，《电与磁》，下册，电力工业出版社(1957)，357页.

1821年9月初，法拉第终于做成功了沃拉斯顿没有做成功的实验．他在一个深盆底上放些蜡，然后把水银倒入盆内，把一根磁棒竖直插在蜡里，使磁棒上端恰好露出水银面．一条导线的一端穿过软木塞，把这软木塞浮在水银面上，使导线的这一端插到水银里；导线的另一头弯成钩状，挂在磁棒上方的一个固定杯子上，杯内盛有水银，导线的上端插到杯内水银里．当导线内通有电流时，它就绕着磁棒不停地转动．这便是最早的电动机的雏形．据说法拉第当时看到载流导线不停地转动时，高兴极了，连忙喊别人"快来看，快来看！"并从台阶上把新婚三个月的妻子也叫来看．

47. **1822**　泽贝克效应

1822年(有的书上说是1821年)，泽贝克(T. J. Seebeck，1770—1831，德)发现，在两种金属连接成的闭合回路中，当两个接头的温度不相等时，这回路中便有电流通过．这就是今天所说的温差电偶．他还发现，各种金属可以排成一个热电序，这个序与伏打发现的接触电势差系(伏打序)不相同．

48. **1823**　安培定律

1823年，安培发表了著名的定律：单位磁极所受的力沿一闭合环路的线积分，等于这个闭合环路所套住的电流的$\frac{4\pi}{c}$倍．用我们今天的符号表示，即

$$\oint \boldsymbol{H} \cdot \mathrm{d}\boldsymbol{l} = \frac{4\pi}{c} I.$$

为了纪念安培的这一发现，今天大家就把它叫做安培定律或安培环路定律(或定理)．它是电磁学的一条基本定律，是后来的麦克斯韦方程组的基础之一．

49. **1825**　无定向电流计①

1825年左右，诺比利(L. Nobili，1787—1835，意)发明无定向电流计，这是一种不受地球磁场影响的精密电流计．它的构造如下：把两个相同的磁针水平地固定在同一个竖直的转轴上，这两个磁针彼此逆平行，故所受地磁的合力矩恒为零．这两个磁针分别处在两个水平放置的线圈中心，线圈是反串联的，即接通电流时，两线圈中心的磁场方向相反，结果两磁针便往同一方向转动．

---

①　也称无定向秤．

50. **1825** 电磁铁

1825 年,斯图杰昂(W. Sturgeon,1783—1850,英)把铜线绕在马蹄形软铁上,通以电流后,能吸起比软铁本身重 20 倍的铁块. 他把它叫做电磁体(electromagnet).

51. **1826** 欧姆定律

1820 年后,欧姆(G. S. Ohm,1789—1854,德)开始研究电磁学,做了不少实验,研究金属导电的规律. 他在 1826 年(我国清代道光六年)4 月发表的论文中,从实验总结出:通过金属导线的电流强度与导线两端的“验电力”成正比,与导线的长度成反比,与导线的横截面积成正比. 这包括了我们今天所说的欧姆定律. 欧姆当时是从电流沿导线的流动与热量沿长杆的流动相似这一点来考虑问题的,热量与温度差成正比,他把与温度差相应的量叫做“验电力”(就是我们今天所说的电势差). 1827 年,他的《用数学研究伽伐尼电路》(*Die galvanische Kette, mathematisch bearbeitet*)一书在柏林出版,书中根据几条基本原理,建立起电路的运动学方程,解这个方程,便得出他在一年前由实验总结出的定律(欧姆定律).

在我们今天看来,欧姆定律是电学里最简单的定律. 可是,在历史上,它的建立和被接受,却是很不容易的事. 在欧姆创立欧姆定律时,不仅没有测量电势差和电阻等物理量的仪器(电流计虽然有了,但欧姆在他的电路实验中并未使用过),而且连这些物理量的概念都不清楚,所以困难是很大的. 物理学上的开创性工作往往是这样的. 其次,在欧姆定律问世后,不仅没有立即得到物理学界的承认,而且遭到了一些人的攻击,如当时德国很有势力的物理学家鲍耳(G. F. Pohl)就说,欧姆的《用数学研究伽伐尼电路》一书“纯粹是不可置信的欺骗,他唯一的目的是要亵渎自然界的尊严.”以致欧姆不得已,于 1829 年 3 月 30 日上书国王路德维希一世,请求庇护. 国王把欧姆的信交给巴伐利亚科学院,责令组织一个学术委员会,专门审查欧姆的著作;由于委员会的成员意见不一致,结果就不了了之. 欧姆当时在写给朋友的信中说,“书的诞生已给我带来了巨大的痛苦,我真抱怨它生不逢时”. 一直到 19 世纪 40 年代,欧姆定律才逐渐为实验物理学家们接受. 1841 年,英国皇家学会授予欧姆科普利奖章(Copley Medal). 欧姆定律的地位首先在英国得到正式承认;到 1845 年左右,才在德国科学界得到正式承认,这时离它问世已快二十年了.

52. **1828**　格林定理

1828年，格林(G. Green，1793—1841，英，一位自学成功的数学家)写出了一篇论文，发展了泊松关于电学和磁学的理论. 格林在这一年得出了体积分与面积分之间的关系的定理(现在通称为格林定理)，利用这个定理，他得出了一些重要的结果，如静电屏蔽理论等. 格林是用泊松用过的势函数来处理问题的，他把这个函数取名为"势函数"(potential function)，这就是我们今天用的电势一词的来源. [注：在1744年，欧拉(L. Euler，1707—1783，瑞士)在研究物体的弹性时，曾用过vis potentials一词，指的是我们今天所说的势能.]

53. **1831**　法拉第发现电磁感应

法拉第(M. Faraday，1791—1867，英)得知奥斯特发现电流磁效应的消息后就想到，既然电能够产生磁，反过来，磁也应当能够产生电. 在1822年他就写道："把磁变为电"(convert magnetism into electricity). 他感到，既然电荷能在导体上产生感应电荷，电流也应该能在导体上产生感应电流. 他就是本着这种信念从事实验研究的，甚至在电磁感应发现之前六年，他就在日记中使用了"感应"这个词. 但是，他花了将近十年的时间，断断续续，几经失败，最后才在1831年(我国清代道光11年)8月29日获得成功. 他发现电磁感应的实验是这样作的：在一个铁环上绕有两组线圈A和B，用导线把线圈B两端连起来成为一个闭合回路，这导线正好经过离铁环3英尺处一个磁针的上方；然后把线圈A的两端接到一个电池的两极上，这时，观察到磁针振动，并且最后停止在原来的位置上. 在断开线圈A与电池的接线时，磁针又受到一次扰动. 电磁感应就是这样发现的. 此后，他继续研究，在9月24日，仅用磁棒和绕在铁棒上的导线就产生了电磁感应，他称之为"把磁转化为电的不同方法". 10月17日，他发现将磁棒插入线圈或从线圈中抽出时，也产生感应电流. 从8月29日起，他花了将近一年的时间作深入研究，得出了许多重要的结果. 他作了各种各样的实验，确定在各种情况下感应电流的方向以及感应电流与磁通量变化的关系等与电磁感应有关的规律.

法拉第在1831年11月24日把关于电磁感应的文章送交英国皇家学会，其中讲到了把电磁感应同静电感应类比的思想；但发现电磁感应与静电感应不同，感应电流不与原电流成正比，而是与原电流的变化有关.

法拉第是用磁力线的概念考虑问题的. 他在1831年11月24日的一篇文章中讲到，用铁屑显示磁力线的实验，第一次使用了"力线"(line of force)这个词;尽管在很早以前就有人使用过这个词,但法拉第却使它具有新的意义,赋予它以具体的物理实质,后来经过麦克斯韦的工作,就成为今天场的概念. 法拉第经过一系列的实验研究发现,产生电磁感应的根本原因是通过回路的磁通量发生变化,他说:"不论导线是垂直地还是倾斜地切割磁力线,它总是把它所切割的磁力线的总数加在一起. "因此"被推入电流的电量直接地与切割的磁力线的数目成正比. "这就是电磁感应定律的直观表述.

电磁感应定律是电磁现象的一条根本定律,它既是电磁理论的基础之一,又是电力工业的基础之一. 所以电磁感应的发现是电磁学历史上有重要意义的一个伟大发现.

54. **1831** 发电机的雏形

1831 年 10 月 28 日,法拉第创造了世界上第一个发电机:把一个圆形铜盘的一部分放在两个磁极之间,使得磁力线垂直地穿过铜盘;盘的轴上和边缘上,各有一个滑动接触的导体,分别从它们引出两根导线,接到一个电流计上. 当铜盘匀速转动时,电流计显示出有电流流过. 这就是历史上有名的法拉第圆盘发电机,是人类创造出的第一个发电机,现代世界上产生电力的发电机就是从它开始的,也是根据同样的原理工作的.

55. **1831** 大电磁体

1831 年,亨利(J. Henry,1797—1878,美)制造出大电磁体,这电磁体用电池做电源,最大起重能超过 700 公斤. 在 1829 年,他就制成了在马蹄形的软铁上绕 400 圈纱包铜线的电磁体.

56. **1832** 高斯单位制

1831 年左右,高斯(K. F. Gauss,1777—1855,德)开始研究地磁,他在 1832 年宣读的一篇关于地磁的论文中,提出了绝对单位制. 不久,他在测量地磁时,就使用这种单位制,后来几经演变,就成为电磁学的高斯单位制.

57. **1833** 法拉第发现电解定律

1833 年,法拉第由实验发现,在电解过程中,电极上析出的任何元素的量与通过电解质的电量成正比,而一定电量所析出的物质量则与该物质的电化当量(原子量除以化学价)成正比. 这就是我们今天所说的法拉第电解定律.

法拉第根据电解定律得出结论:"如果我们接受原子理论或术语,那么物质中一般化学作用相同的原子，它们自然地就都带有相同的电量.”

法拉第在开创性的工作中，引入了许多新的概念和名词，如“电极”(electrode)、“阳极”(anode)、“阴极”(cathode)、“离子”(ion)、“正离子”(anion)、“负离子”(cation)、“电解质”(electrolyte)、“电化当量”(electrochemical equivalent)等等，一直沿用到今天.

58. **1833** 各种来源的电都相同

1833年，法拉第发现，由摩擦产生的电如同化学电源产生的电一样，能使电流计偏转，能产生化学分解. 他经过一系列的研究，根据当时能获得的五种电(摩擦产生的电、伽伐尼电、伏打堆产生的电、电磁感应产生的电和温差电)都能产生相同的热效应、磁效应、化学效应、生理效应和火花，肯定这五种电都是相同的，他说：“电，不论其来源如何，在性质上都是完全相同的.”

59. **1833** 电报的出现

奥斯特发现电流的磁效应后不久，1820年安培就想到，这种效应可以在相距很远的两地之间传送信息. 1833年，高斯和韦伯(W. Weber，1804—1891，德)在德国哥廷根的物理实验室与地磁观测台之间(约3公里的距离)安装导线，当一端按下开关成为通路时，另一端的电磁铁便打铃，以此来在两地之间传递信息. 这是世界上最早的电报. 其后，库克(W. F. Cooke，1806—1879，英)在慕尼黑，惠斯通(C. Wheatstone，1802—1875，英)在英国，亨利和莫尔斯(S. F. B. Morse，1791—1872，美)在美国，也都相继各自研究出了电报. 1840年，莫尔斯在美国取得了电报的专利.

60. **1834** 自感

1834年，法拉第发现自感现象. 在1832年，亨利曾发表过描述自感现象的文章，但并没有引起人们的重视.

61. **1834** 楞次定律

1834年，楞次(Ленц，Э. Х.，德语为Lenz，H. E. 1804—1865，俄)发现，导体回路在外磁场中运动时，感应电流沿着这样的方向流动，使得作用在它上面的有质动力要反抗导体回路的运动. 这个规律现在通称为楞次定律.

62. **1834** 佩尔捷效应

1834年,佩尔捷(J. C. Peltier,1785—1845,法)发现,当电流流过两种金属的接头(结)时,电流往一个方向流动吸热,往相反的方向流动便放热. 这种现象后来就叫做佩尔捷效应. 后来楞次曾利用这种效应使水结冰.

63. **1834** 惠斯通测电的传播速度

1834年,伦敦英王学院(King's College)的实验哲学教授惠斯通(C. Wheatstone,1802—1875,英)用转动镜子的方法观察电路端点的火花,得出电在铜导线中的传播速度约为光速的一倍半.(1891年有人分析得出,惠斯通用的铜导线不是直的,而是弯了20匝的螺线形,电的作用在这种螺线形导线中的传播速度要比在直导线中的快.)

惠斯通还发明了扩音器(microphone),并引入了这个词.

64. **1836** 丹聂耳电池

1836年,丹聂耳(J. F. Daniell,1790—1845,英)发明丹聂耳电池. 伏打电池在使用时,由于电解而析出的气体附着在电极表面上,使得电流很快下降. 在丹聂耳电池中,锌极放在稀硫酸溶液里,铜极放在硫酸铜溶液里,用多孔材料把这两种溶液分隔开,克服了伏打电池的上述缺点.

65. **1836** 圈转电流计

1836年,斯图杰昂(W. Sturgeon,1783—1850,英)发明圈转电流计. 次年,汤姆孙(开尔文)作了改进,在线圈中加入一个固定的软铁芯,提高了灵敏度.

66. **1837** 介电体(电介质)

1837年11月,法拉第发现,用绝缘体(如硫黄或蜡等)包住导体时,要使产生的电的作用力与周围是空气时产生的电的作用力相同,则导体上带的电荷就要多些. 他还发现,把绝缘体放入电容器中,可以使电容增大. 他把放入绝缘体后的电容与未放绝缘体时的电容之比叫做该绝缘体的电容比(specific inductive capacity).

法拉第认为,电荷之间的相互作用不是超距的,而是借助于其间的绝缘介质的作用而传播的,因此,他引入了介电体(电介质)(dielectric)一词,沿用至今.

67. **1838**　法拉第暗区

1838年,法拉第在盛有稀薄空气的玻璃管中做放电的实验时,发现阴极上有一层电辉,电辉外边是一个暗区,然后是连到阳极的光柱.今天,通常把这个暗区就叫做法拉第暗区.

68. **1839**　感应圈

1839年,佩奇(C. G. Page,1812—1868,美)发明感应圈,用电池作电源,在副线圈中产生电压很高的交流电脉冲.后来经过一些人的改进,成为以后研究气体放电的一个重要电源.

69. **1839**　铁磁化时的饱和

1839年,焦耳(J. P. Joule,1818—1889,英)发现,铁的磁化不与电流成正比,而是达到一个极大值为止,即出现饱和.

70. **1839**　正切电流计

1839年,波衣勒(C. S. M. Pouillet,1790—1868,法)发明正切电流计.它的构造如下:在一个竖直的大线圈中心,安装一个水平磁针.测量时,先把大线圈调到子午面内,这时磁针便在线圈的平面内.然后把待测电流通入线圈,磁针便转动,转过的角度的正切与通过线圈的电流强度成正比,所以叫做正切电流计.

71. **1840**　高斯定理

1840年(我国清代道光二十年),高斯(K. F. Gauss,1777—1855,德)发表重要论文《关于与距离的平方成反比的吸引力和排斥力的普遍定理》,由与距离的平方成反比的力的定律出发,推出了著名的普遍定理(现在通称为高斯定理),把库仑定律提到了新的高度,成为后来麦克斯韦方程的基础之一.

72. **1840**　焦耳定律

1840年起,焦耳(J. P. Joule,1818—1889,英)作电流产生热量的实验,他用导线绕成线圈,放到水中,通电后测量水温升高多少,并用电流计测量电流强度.1840年底发表了他由实验得出的结果:"通上电流的导线在单位时间内的发热量与电流强度的平方和导线的电阻的乘积成正比."现在有时把这个结果叫做焦耳定律.焦耳用各种实验来证明机械能和电能与热量之间的转化关系,直接由实验求得热功当量的数值，为能量转化与守恒定律的建立奠定了实验基础.

73. **1843** 电荷守恒定律

1843 年，法拉第用冰桶做实验，证明了电荷守恒定律. 他的实验是这样做的：把一个系在长丝线上的带电金属球放进绝缘的冰桶内，冰桶与验电器接通，验电器张开的程度作为电荷的量度. 他证明了，验电器张开的程度与冰桶里的其他任何东西无关，也与电荷在那里发生的任何变化无关.

74. **1843** 惠斯通电桥

1833 年，克里斯蒂(S. H. Christie，1784—1865，英)提出了平衡电桥的原理. 1843 年，惠斯通(C. Wheatstone，1802—1875，英)发明变阻器，并在克里斯蒂的启发下，发明了测电阻的灵敏仪器——电桥，这就是今天我们所用的惠斯通电桥的来源.

75. **1845** 法拉第效应

1845 年 9 月，法拉第把一块铅玻璃放在两个强磁极之间，然后让一束平面偏振光沿磁场方向通过这块玻璃. 他发现，光穿过玻璃后，振动面转了一个角度. 这个现象我们今天就叫做法拉第旋光效应，这是历史上第一次发现光与电磁现象的联系. 他继续作实验研究，结果发现："不仅是重玻璃，而且固体和液体、酸和碱、油、水、酒精、乙醚，所有这些物质都具有这种能力."

76. **1845** 物质的磁性

1845 年，法拉第发现，所有物质或多或少都有磁性. 他发现，在磁场中，有些物质往磁场较强的地方运动，他把它们叫做"顺磁质"；另一些物质(其中铋最为显著)则往磁场较弱的地方运动，他把它们叫做"抗磁质". 这些名称一直沿用至今.

77. **1845** 法拉第开始使用"场"这个词

1845 年 11 月 7 日，法拉第开始使用"磁场"这个词. 他在这一天的日记中写道："当封蜡或石棉或纸处在磁场(magnetic field)中时，……"在此后的两年里，他在日记中经常使用磁场这个词. 1847 年 1 月 19 日，他单独使用"场"这个词，这天他在日记中写道："把磁铁安排成这样，使得一束偏振光从两磁极的表面上边沿磁场通过,但不是把一块重玻璃而是把起偏振的尼科耳本身放在场(field)中,……”

法拉第在使用“磁场”或“场”这些词时,虽然没有对它们下定义或作特别说明,但使用时意义是清楚的和明确的.物理学里场的概念,就是从他那儿来的.

场的概念是近代物理学里最重要的基本概念之一.法拉第所开创的关于场的物理思想,经过后来麦克斯韦的总结和提高,用数学语言表示出来,就成为电磁场的理论.爱因斯坦对法拉第的这一贡献评价很高,他认为,法拉第关于场的概念其价值比发现电磁感应要高得多.

78. **1845**　电磁感应定律的诺伊曼公式

1845 年,诺伊曼(F. E. Neumann,1798—1895,德)在楞次定律的基础上,引进矢势 $\boldsymbol{A}$,得出了电磁感应定律的数学形式

$$\mathscr{E}=-\oint\frac{\partial\boldsymbol{A}}{\partial t}\cdot\mathrm{d}\boldsymbol{l},$$

它与我们今天通用的形式

$$\mathscr{E}=-\frac{\mathrm{d}\Phi}{\mathrm{d}t}$$

是等效的.

同时,他还得出了两个线圈之间的互感公式

$$M_{12}=M_{21}=\frac{1}{c^2}\oint_{L_1}\oint_{L_2}\frac{\mathrm{d}\boldsymbol{l}_1\cdot\mathrm{d}\boldsymbol{l}_2}{r}.$$

[注:法拉第由于小时候家境贫寒,没有机会上学,所以没有受到正规的数学教育.他通常是用直观的物理图象来进行思维和描述物理现象及其规律的.对于电磁感应定律,他是用磁力线数目的变化来描述的.虽然物理内容相同,但他并没有给出电磁感应定律的数学形式.]

79. **1847**　抗磁性的理论

1847 年,韦伯(W. Weber,1804—1891,德)用分子内的感应电流说明物质的抗磁性.

80. **1847**　带电系统的能量公式

1847 年,亥姆霍兹(H. von Helmholtz,1821—1894,德)发表关于能量转化与守恒的文章,在文章里,他把能量转化与守恒的原理应用于静电和静磁,得出

了带电导体系的电能为 $\frac{1}{2}\sum_i Q_i V_i$. 他还考虑了包括电流的系统，并指出感应电流的存在是能量转化与守恒原理的结果.

81. **1847** 基尔霍夫电路定律

1847 至 1849 年间，基尔霍夫(G. R. Kirchhoff，1824—1887，德)发表了好几篇文章研究欧姆定律. 他利用与热流的对比，把欧姆定律推广到三维空间载有稳定电流的导体系. 他指出，欧姆所说的“验电力”就是静电电势差，电路中的电动势是使单位电荷量沿电路走一圈所需的功. 他证明了稳定电流在导体中是这样分布的，使得所产生的焦耳热为最小.

82. **1847—1850** ***H*** 和 ***B*** 以及磁能

1824 年，泊松发表了关于磁学理论的重要文章，指出了在磁介质内部，试探磁极所受的力与它所处的空腔形状有关. 在泊松的基础上，1847 至 1850 年间，汤姆孙(开尔文)(W. Thomson，即 Lord Kelvin，1824—1907，英)发表了一系列文章，指出磁介质内部有两个不同的物理量 ***H*** 和 ***B***：***H*** 是单位磁极在细长圆柱形空腔内所受的力，***B*** 是单位磁极在粗短圆柱形空腔内所受的力. 他把 ***H*** 叫做“按磁极定义的磁力”(magnetic force according to the polar definition)，把 ***B*** 叫做“按电磁定义的磁力”(magnetic force according to the electromagnetic definition). (我们今天把 ***B*** 叫做磁感应强度是后来麦克斯韦提出的.)汤姆孙(开尔文)还求出了 ***B*** 与 ***H*** 的关系，并把 ***B*** 与 ***H*** 的比例系数 μ 叫做磁导率(permeability)，把磁化强度与 ***H*** 之比叫做磁化率(susceptibility). 他求出了电磁系统的能量公式，证明了磁场能量的密度为 $\frac{\mu}{8\pi}H^2$，自感系统的磁能为 $\frac{1}{2}LI^2$.

83. **1849** 亥姆霍兹正切电流计

1849 年，亥姆霍兹创造两个线圈的正切电流计.

84. **1850** 电在导线中的传播速度

1849 年，菲佐(H. L. Fizeau，1819—1896，法)用旋转齿轮法，第一次在地面上测出光速.

1850 年，菲佐和果内耳(E. Gounelle)在从巴黎到卢昂和阿米安斯(Amiens)的电报线路上，用实验测得，电在铁导线中传播的速度约为光速的三分之一，而在铜导线中传播的速度约为光速的三分之二.

85. **1851**　温差电的理论

1851 年，汤姆孙(开尔文)在泽贝克和佩尔捷等的发现的基础上，提出温差电的热学理论. 他发现，由同一金属作成的导线，当载有电流时，如果沿导线有温度梯度，则有的地方会吸热，另一些地方会放热；当电流反向时，原来吸热的地方便放热，而原来放热的地方则吸热. 这就是我们今天所说的汤姆孙(开尔文)效应.

86. **1851**　英吉利海峡电缆

1845 年，布雷特兄弟开始在英吉利海峡铺设电缆，到 1851 年，才由克朗普顿(T. R. Crompton)建成跨过英吉利海峡的多佛-加莱电缆(Dover-Calais cable).

87. **1851**　鲁姆科夫感应圈

1851 年左右，鲁姆科夫(H. D. Rühmkorff，1803—1877，德)发明感应圈(他不知道 1839 年佩奇已发明感应圈).

88. **1853**　电磁振荡的理论

1853 年，汤姆孙(开尔文)发表《论瞬时电流》一文，把能量转化与守恒定律用于莱顿瓶放电，他证明了，放电应是振荡的，周期为 $2\pi\Big/\sqrt{\frac{1}{LC}-\frac{R^2}{4L^2}}$，其中 L，C 和 R 分别为电路中的自感、电容和电阻.

在此之前，有些人如沃拉斯顿(Wollaston)在 1801 年，萨瓦里(S. Savary)在 1827 年，亨利(J. Henry)在 1824 年和亥姆霍兹在 1847 年，都曾在一定的实验基础上猜想到，莱顿瓶放电时，电是在两金属片之间来回振荡的.

菲德森(W. Feddersen，1832—1918，德)在 1857 至 1866 年间发表了一系列文章，报告他用高速转镜法观察到莱顿瓶放电的火花确实是由一系列火花构成的.

汤姆孙(开尔文)还创立了电磁信号沿长导线(如海底电缆)传播的理论.

89. **1855**　力线概念的发展

力线(line of force)的概念来源很早，亚里士多德学派的一些哲学家曾把它用于与磁有关的现象. 例如卡比奥(N. Cabeo，1586—1650，意)，在 1629 年出版的《磁的哲学》(*Philosophia Magnetica*)一书中,就曾用过力线(lineae virtutis)这个词.

法拉第在 1831 年开始使用磁力线这个词,后来他又仿照磁力线,提出了电力线.在他看来,力线是物理实在,是他据以思考和处理问题的基础.

1854 年,麦克斯韦(J. C. Maxwell,1831—1879,英)在汤姆孙(开尔文)的影响下,开始研究电磁学,他下定决心,先通读法拉第的《电学的实验研究》(*Experimental Researches in Electricity*)一书,然后再看格林、斯托克斯和汤姆孙(开尔文)的有关著作.1855 年他发表的第一篇关于电磁学的论文的题目就是《论法拉第的力线》(On Faraday's Lines of Force),在这篇文章中,他把力线与不可压缩流体的流线对比,引入力管的概念,使得法拉第的物理思想能用数学形式表达出来.在这个基础上,麦克斯韦得出了电场强度、电流密度、磁感强度和磁场强度这些量之间的关系的一些方程,为以后建立麦克斯韦方程打下了基础.法拉第关于力线的概念,经过麦克斯韦多年的努力,用数学语言表达出来,就是我们今天关于电磁场的概念.

90. **1855** 电量的两种单位的比值

1855 年,韦伯和科耳劳什(R. Kohlrausch,1809—1858,德)测得电量的电磁单位与静电单位的比值为 3.1×10^{10} cm/s,很近于光速.他们的测量方法如下:把一个大电容器充电,然后从这电容器上取出一小部分电荷,用扭秤测出它的静电单位的数值;再把电容器上的剩余电荷通过冲击电流计放电,测出它的电磁单位的数值.最后由已知关系算出结果.

91. **1856** 金属电阻与磁场的关系

1856 年,汤姆孙(开尔文)发现,铁的电阻受磁场的影响;以后他又发现,所有金属都有这种效应,其中以铋(Bi)为最显著.电阻因磁场而发生的变化很小,变化的值与磁场强度的平方成正比.

92. **1857** 电扰动沿导线传播的速度

1857 年,基尔霍夫从理论上算出,电扰动沿空气中导线传播的速度等于电量的电磁单位与静电单位的比值.因为在他的文章发表前不久,韦伯和科耳劳什已测出这个比值很近于光速,所以他最先发现电磁扰动沿导线传播的速度等于光速.

93. **1858** 波动方程与传播速度

1830 年，高斯在哥廷根就试图从电场以有限速度传播出发，导出电磁场相互作用的基本定律.

1858 年，高斯的学生黎曼(B. Riemann，1826—1866，德)交给哥廷根科学院一篇论文(这篇论文在黎曼去世后一年，即 1867 年，才发表)，提出电势的泊松方程应换成下列方程：

$$\nabla^2 V - \frac{1}{c^2}\frac{\partial^2 V}{\partial t^2} = -4\pi\rho.$$

根据这个方程，由于电荷变化而引起的电势变化将以有限速度 c 从电荷向外传播，c 等于电量的两种单位的比值.

94. **1858** 镜式电流计

1858 年，汤姆孙(开尔文)发明镜式电流计，能测出微弱电流的灵敏电流计.

95. **1858** 高真空放电

1855 年，盖斯勒(H. Geissler，1814—1879，德)发明水银真空泵，为获得高真空创造了条件. 1857 年他以高超的技艺制造出研究高真空放电用的玻璃管(后来就叫做盖斯勒管).

1858 年左右，普吕克(J. Plücker，1801—1868，德)在用较高真空的玻璃管做放电实验时发现，磁棒靠近放电管时，电辉会弯曲. 他还观察到阴极附近的管壁上出现磷光，其位置因磁场而变动. 他还发现当气压逐渐降低时，电辉变厚而离开阴极，在阴极与电辉间出现暗区(现在称为克鲁克斯暗区). 这暗区随着气压的降低而增宽，当它的边界接近玻璃壁时，玻璃壁上便发出一种绿色的光来；把磁棒靠近玻璃管时，绿光的位置便发生变化.

96. **1859** 铅蓄电池

1803 年，里特(J. W. Ritter，1776—1810，德)用圆形的银片和湿布一层一层地相间叠放，构成一个圆柱体，然后接上伏打电堆通电. 他发现，断开伏打电堆的接线后，这圆柱体本身也成为像伏打电堆那样的电源. 他错误地认为，这圆柱体是被伏打电堆充了电，就像莱顿瓶被充了电那样. 1805 年，伏打对此作了正确的解释：当电流通入里特圆柱体时，布上的水被分解，氢和氧分别聚集在相向的两面上；当电流切断后，这些被分解的产物便产生一个电动势，于是里特圆柱体就成为一个蓄电池.

普朗泰(G. Planté,1834—1889,法)在里特的基础上,继续研究,于 1859 年创造了把铅板放在稀硫酸中构成的铅蓄电池.

97. **1862** 位移电流

电位移的概念源于法拉第,他认为,介电体加上电场后,其中的电荷便发生位移.其后,汤姆孙(开尔文)和莫索提(F. O. Mossotti)都发表过关于电位移的论述.莫索提把物质中的分子看作像互相绝缘的金属球那样,在外电场的作用下,这些球上的电荷便发生位移,位移的大小与电场强度成正比,其关系如同弹簧在外力作用下的伸长那样.

1861 至 1862 年间,麦克斯韦在英国《哲学杂志》(*Philosophical Magazine*)上发表《论物理的力线》(On Physical Lines of Force)一文,这篇文章是 1855 年的《论法拉第的力线》一文的进一步发展.在这篇文章的第三部分(1862 年发表),麦克斯韦提出了位移电流的概念.他指出,电位移的变化构成电流,由于电位移而引起的电流密度的值,等于电位移对时间的变化率.他进而提出,在电流产生磁场的公式中,应把位移电流计算在内.所以他在安培环路定律的微分形式中,加入了位移电流密度一项.

98. **1864** 麦克斯韦方程组和电磁波

1864 年(我国清代同治三年)12 月 8 日,麦克斯韦(J. C. Maxwell,1831—1879,英)在英国皇家学会宣读了他的总结性论文《电磁场的动力学理论》(A Dynamical Theory of the Electromagnetic Field),这篇建立电动力学的重要论文后来发表在 1865 年的《英国皇家学会会报》(*Royal Society Transactions*)上.这篇文章总结了他十年间的研究成果[①],其中第三部分是“电磁场的普遍方程”,列出了描述电磁现象的 20 个量的 20 个方程,其中包括了我们今天所熟悉的麦克斯韦方程组的分量形式.这篇文章的第六部分是“光的电磁理论”,麦克斯韦由他的方程组出发,导出了电磁场的波动方程,由此得出,电磁波的传播速度为

$$v=\frac{c}{\sqrt{\varepsilon\mu}}.$$

① 1855 年至 1865 年这十年间,麦克斯韦并不是全力研究电磁学的.这期间,除了发表三篇重要的电磁学论文外,他还发表了十多篇其他方面的论文,在力学、光学和颜色理论等方面都作出了贡献;特别是 1860 年发表的关于气体的动力学理论的文章,得出了气体分子运动的速率分布律,是统计物理学的开创性工作.

他算出，在空气中，v 的值等于电荷的电磁单位与静电单位的比值. 他根据韦伯和科耳劳什测出的这个比值与菲佐和傅科测出的光速的值很相近，从而得出结论："光是按照电磁定律经过场传播的电磁扰动."他还得出，介质的折射率 n 与它的介电常量 ε 和磁导率 μ 的关系为

$$n=\sqrt{\varepsilon\mu}$$①.

这个关系式(今天通称为麦克斯韦关系式)后来经赫兹用实验证实是正确的. (麦克斯韦在 1862 年发表的《论物理的力线》一文中的第三部分里，就曾由与弹性介质模型的对比，得出了电磁波的传播速度等于光速的结果，并由此认为："光是产生电磁现象的媒质的横波.")

从 1785 年(我国清代乾隆五十年)的库仑定律开始，到 1864 年(我国清代同治三年)麦克斯韦方程出世，人类花了 79 年的时间，终于发现了电磁现象的基本规律. 麦克斯韦方程的问世是 19 世纪物理学上登峰造极的成就，意义非常重大. 费恩曼(R. P. Feynman，1918—1988，美)说得好："从人类历史的漫长远景来看——比如过一万年之后回头来看——毫无疑问，在 19 世纪中发生的最有意义的事件将判定是麦克斯韦对电磁定律的发现."

99. **1865** 干电池

1865 年左右，勒克朗谢(G. Leclanché，1839—1882，法)发明干电池.

100. **1866** 直流发电机

1831 年法拉第使铜盘在两磁极间转动产生直流电，是发电机的开始. 以后很多发明者设计过发电机，较著名的有皮克西(Pixii)、格拉姆(Gramme)、西门子(Sir W. Siemens，即 Karl Wilhelm，1823—1883，英)、维耳德(Wilde)、瓦利(Varley)，和惠斯通等. 商用直流发电机主要是由西门子、维耳德和格拉姆等研制，于 1866 年至 1867 年间问世的，开始主要用于供给电灯用电. 其后经西门子、哈勃金森(Hopkinson)、克朗普顿(Crompton)、爱里胡(Elihu)、派克(Parker)、爱迪生(Edison)、布拉什(Brush)、卡普(Kapp)、汤普森(Thompson)、斯坦因梅茨(Steinmetz)等及其他人的贡献，使发电机很快发展成为现代高效而可靠的机器.

---

① 在国际单位制(SI)中，ε 为相对电容率(介电常量)，μ 为相对磁导率.

101. **1866** 大西洋海底电缆

横跨大西洋海底的电缆经过多次失败后，终于在 1866 年 7 月 27 日建成. 次年，汤姆孙(开尔文)发明波纹收报机，用于接收和记录大西洋海底电缆传送的电报.

102. **1867** 推迟势

1867 年，洛伦茨(L. Lorenz，1829—1891，丹麦)提出推迟势. 因为电磁场的传播需要时间，故 S 点的电荷和电流在距离为 r 处的 P 点产生的标势 φ 和矢势 $\mathbf{A}$ 不是即时的，而是推迟的. 具体地说，t 时刻 P 点的标势 φ 和矢势 $\mathbf{A}$ 是 $t-r/c$ 时刻 S 点的电荷和电流产生的，时间上推迟了 r/c(此处 c 是光速)，所以叫做推迟势.

103. **1869** 阴极射线

1869 年，希托夫(W. Hittorf，1824—1914，德，普吕克的学生)研究真空放电，他在阴极暗区(亦称克鲁克斯暗区)里放一个物体，发现玻璃上的发光处有这物体的清晰的阴影. 他得出结论，阴极发出了直线进行的射线，这种射线射到玻璃上产生荧光，而被物体挡住的部分就出现阴影，他把这种射线叫做“微光射线”(Glimmstrahl). 1876 年，戈耳德斯坦(E. Goldstein)把它叫做“阴极射线”，这个名称一直沿用到今天. 希托夫发现，这种射线可以穿过很薄的金属箔.

104. **1871** 阴极射线是带负电的粒子流

1871 年，瓦利(C. F. Varley，1828—1883，英)提出，阴极射线是由“物质的细小粒子组成的，是被电从阴极投射出来的”，由于它们带负电，所以受磁场的影响.

105. **1873** 麦克斯韦的名著《电磁论》出版

1873 年，麦克斯韦的名著《电磁论》(*A Treatise on Electricity and Magnetism*)出版，这部名著代表了当时电磁学的最高成就，包括了电磁学的各个部门，还有新的研究成果.

同一年，麦克斯韦用实验证明，库仑定律中力与距离 r 的关系若为 $1/r^{2+\delta}$ 的形式，则 $|\delta|\leqslant 5\times10^{-5}$.

106. **1873**　发电机的倒转

1873年，在维也纳的一次展览会上，展出了格拉姆的几种发电机. 有一次，一位粗心的工人接错了电线，把电流接入到一个没有系好皮带的（即未动的）发电机里，这发电机就转动起来. 经研究后发现，这种发电机可以作为电动机使用，即把电能转化成机械能.

107. **1875**　克尔效应

1875年，克尔（J. Kerr，1824—1907，英）发现，在强电场的作用下，一些各向同性的介电体会变成光学上的各向异性体，像一个单轴晶体，光轴沿着电场强度的方向.

108. **1876**　电灯和电话

1875年，雅布洛契科夫（П. Н. Яблочков，1847—1894，俄）和布拉什（C. F. Brush）制造商用电灯.

同一年，贝尔（A. G. Bell，1847—1922，美）发明电话，其后经过了爱迪生、爱里沙（Elisha）、格雷（Gray）、休斯（Hughes）等和其他人的改进，逐渐趋于完善.

109. **1876**　运动电荷产生磁场

1838年，法拉第就曾指出，运动的电荷会产生像导线中的电流所产生的那些效应. 后来麦克斯韦认为，“运动的带电体与电流等效”.

1876年，罗兰（H. A. Rowland，1848—1901，美）在亥姆霍兹的启发下，把金属板固定在硬橡皮圆盘的边沿上，使金属板带电，然后令圆盘绕固定轴转动，结果观察到旁边的磁针转动. 这实验后来经其他人一再验证过.

110. **1878**　白炽灯

1878年，爱迪生（T. Edison，1847—1931，美）、伏克斯（L. Fox）和斯旺（Swan）等发明碳丝白炽灯. 其后屡加改进，直到1904年才最终确定钨丝是白炽灯的最好材料.

111. **1878**　开始供应公共用电

1878年，英国和美国开始供应公共用电（电灯）.

1881年，纽约实现的公共用电是两根线输送的直流电，电压为100至110伏.

1882 至 1892 年间，欧美各国先后开始供应公共用电.

112. **1878** 商用电话

1878 年，英国和美国开始有商用电话.

113. **1879** 霍尔效应

1879 年，美国哈佛大学的霍尔(E. H. Hall，1855—1938，美)发现，当载流导体放在外磁场中并使电流与磁场垂直时，导体里就会产生一个电动势，其方向与电流和磁场都垂直. 这个现象现在通称为霍尔效应.

114. **1879** 无线电的萌芽

1879 年，休斯(D. E. Hughes，1831—1900，英)发明金屑检波器. 他接收到 0.25 英里(约 400 米)远的电火花所发出的信号.

115. **1879** 阴极射线的性质

1873 年起，克鲁克斯(Sir W. Crookes，1832—1919，英)开始研究阴极射线. 他在多年研究的基础上，于 1879 年作出总结报告. 在实验中，他降低放电管内的气压，直到阴极暗区(亦称克鲁克斯暗区)扩展到充满整个管子，他发现：凹阴极面可以使阴极射线聚焦；放在焦点处的物体会变得很热；阴极射线可以使很多物体(特别是硫化锌和硫化铋)发荧光. 他用狭缝得出一束很细的阴极射线，加上横向磁场，这束阴极射线便发生弯曲，弯曲的方向与一条软导线载有流向阴极的电流时所发生的弯曲方向相同. 克鲁克斯的一些实验在物理学家中间引起了普遍的兴趣.

116. **1880** 压电效应

1880 年，居里兄弟(P. Curie，1859—1906，法；P. J. Curie，1856—1941，法)发现晶体的压电效应. 即某些晶体(如石英、电气石等)在外力作用下发生形变时，会出现电极化的现象.

117. **1880** 磁滞现象

1880 年，瓦尔堡(E. Warburg，1846—1931，德)发现磁滞现象. 即磁场变化时，铁磁质磁化强度的变化落后于磁场变化的现象.

1883 年，攸英(J. Ewing，1855—1935，英)又独立地发现磁滞现象.

118. **1881**　第一届国际电学会议

1881 年,第一届国际电学会议在巴黎召开,会上决定采用厘米·克·秒制,定出安培、伏特、欧姆、库仑、法拉等五个电学辅助单位.

119. **1881**　J. J. 汤姆孙的早期工作

1881 年,J. J 汤姆孙(J. J. Thomson,1856—1940,英)首先用麦克斯韦电磁理论的观点研究物质.他求出了运动的带电球所产生的磁场,这磁场的能量与球的速度成正比.他指出,这个能量会使球的视质量大于它的实际质量.后来,亥维赛(O. Heaviside,1850—1925,英)和赛勒(G. F. C. Searle)由麦克斯韦理论得出,当球的速度接近光速时,它所产生的电场和磁场趋向于集中在跟着它运动并与运动方向垂直的平面内.

同一年,J. J. 汤姆孙指出,按照麦克斯韦的理论,高速运动的带电粒子(如阴极射线)若突然停止,应该产生电磁波.他认为,阴极射线在放电管的玻璃壁上产生荧光就是这样来的.他的这一论点后来得到多方面的证实.

120. **1881**　达松伐耳电流计

1881 年左右,达松伐耳(A. D'Arsonval,1851—1940,法)改进汤姆孙(开尔文)电流计,在动圈外面加上两个磁极,后来这种电流计就称为达松伐耳电流计.

121. **1882**　维姆胡斯起电机

1882 年,维姆胡斯(J. Wimshurst,1832—1903,英)创造了转动圆盘式的静电感应起电机,后来他又作了一些改进.由于这种起电机效率高,并且能够很容易地产生高电压,故沿用至今.

122. **1882**　电车

1882 年开始出现电车. 1882 年后,商用电机进展很快,用电动机驱动各种机器在欧美各国普遍出现.

123. **1883**　斐兹杰惹提出电磁振荡可以辐射电磁波

1882 年,斐兹杰惹(G. F. Fitzgerald,1851—1901,爱尔兰)由麦克斯韦的电磁理论得出,应该能用纯电的方法产生电磁波.他说,“很可能,变化着的电流其能量会部分地辐射到空间去.”1883 年,他提出了产生辐射能量的方法,他指出,载有高频交流电的线圈应当向周围空间辐射出电磁波,莱顿瓶放电就可以用来产生这种高频交流电.(麦克斯韦虽然提出了电磁波的存在,但没有提出过产生电磁波的任何方法;斐兹杰惹虽然提出了产生电磁波的方法,但没有做过实验.)

124. **1883** 交流发电机

交流发电机是由雅布洛契科夫(П. Н. Яблочков)、吕西恩(Luccien)、高拉德(Gaulard)、茨泊诺夫斯基(Zipernowsky)、布拉斯(Blathy)、费兰提(S. Z. de Ferranti)、德利(Deri)、斯坦利(W. Stanley)等于 1883 年左右创造和发展起来的.交流电的应用以及用变压器使交流电变压的想法主要来源于雅布洛契科夫和高拉德.费兰提也作了贡献,他于 1885 年获得了变压器的专利.

125. **1884** 坡印亭矢量

1884 年,坡印亭(J. H. Poynting,1852—1914,英)发表关于电磁场中能量流动的论文,得出了电磁场的能流密度公式

$$\boldsymbol{S}=\frac{c}{4\pi}\boldsymbol{E}\times\boldsymbol{H},$$

今天通称 $\boldsymbol{S}$ 为坡印亭矢量.

126. **1886** 阳极射线

1886 年,戈耳德斯坦(E. Goldstein,1850—1931,德)在做真空放电实验时发现,如果在放电管的阴极上开一个小孔,会有一种射线从这个小孔射出,其行进方向与阴极射线的行进方向相反.这种射线是从阳极射出来的,后来就称它为阳极射线.

127. **1886** 能斯特效应

1886 年,能斯特(W. H. Nernst,1864—1941,德)发现,当导体内有温度梯度时,如果加上一个与温度梯度垂直的磁场,则导体内便会产生一个电场,其方向与温度梯度和磁场都垂直.这种现象现在就叫做能斯特效应.

128. **1887** 赫兹实验

麦克斯韦的电磁理论出来后,并没有立即为当时的物理学界所接受,这一方面是那时物理学界并不熟悉他从法拉第的力线发展起来的场的思想,甚至像

亥姆霍兹和玻尔兹曼(L. Boltzmann,1844—1906,奥地利)这样一些杰出的物理学家也花了好几年的功夫,才理解这个新理论;另一方面是麦克斯韦不只是单纯地总结前人的实验规律,而是作了补充和推广,因此他的理论是否正确,也是个问题.亥姆霍兹曾明确指出,需要用实验验证麦克斯韦的理论,他曾让他的学生赫兹(H. Hertz,1857—1894,德)做这项工作.赫兹花了多年时间,找不到解决这个问题的门路.1886年,赫兹在做放电实验时,注意到一个现象:一根导线弯成长方形,两端间有一个很小的空隙,构成一个开路;另一根导线把这开路连接到正在由感应圈作火花放电的回路上,开路的间隙里也有火花出现;他经过试验发现,开路不接到放电回路上,间隙里也有火花出现.他理解到这是电磁振荡的共振(谐振)现象,是它的固有频率等于放电回路的固有频率所致.他继续研究,终于创造出发射电磁波的赫兹振子和接收电磁波的探测器以及火花测微计等.1887至1888年间,他用这些仪器做了电磁波的发射、接收、反射、折射、干涉、偏振等一系列实验,不仅证实了电磁波的存在,而且还证实了电磁波确实具有同光一样的性质.他还由驻波的实验测出电磁波的速度与光速相同,并且由实验证明麦克斯韦关系式 $n=\sqrt{\varepsilon\mu}$ ①的正确性(式中 n 是物质的折射率,ε 是它的介电常量,μ 是它的磁导率).自赫兹实验后,麦克斯韦的电磁理论就被物理学界所接受.

赫兹创造的电磁波的发射器和接收器,也是后来无线电和射电的发射器和接收器的开端.

129. **1887**　迈克耳孙-莫雷实验

1887年,迈克耳孙(A. A. Michelson,1852—1931,美)和莫雷(E. W. Morley,1838—1923,美)一起,用改进了的迈克耳孙干涉仪作的精确实验表明,在他们所用的仪器的灵敏度范围内,观察不到地球相对于以太的运动.

130. **1887**　光电效应

1887年,赫兹发现,紫外线照射到产生火花的电极上时,火花放电就比较容易发生.

131. **1887**　双电桥

1887年,汤姆孙(开尔文)发明测低电阻的双电桥.

---

① 在国际单位制(SI)中,ε 为相对电容率(介电常量),μ 为相对磁导率.

132. **1887** 里吉-勒迪克效应

1887年,里吉(A. Righi,1850—1920,法)和勒迪克(S. A. Leduc,1856—1937,法)彼此独立地发现,当导体内有温度梯度时,如果加上一个与温度梯度垂直的磁场,则导体内便会产生一个新的温度梯度,它的方向与原来的温度梯度和磁场都垂直.这种现象后来便称为里吉-勒迪克效应.

133. **1887** 电离理论

1887年,阿列纽斯(S. A. Arrhenius,1859—1927,瑞典)提出电解质电离的理论,认为盐类在稀溶液里离解成正离子和负离子.这个理论为以后的很多实验所证实.

134. **1887** 埃廷斯豪森效应

1887年,埃廷斯豪森(A. F. von Ettingshausen,1850—1932,德)发现,当载流导体放在外磁场中并使磁场与电流垂直时,则在导体中便出现一个温度梯度(与霍尔效应同时出现),其方向与电流和磁场都垂直.这种现象现在就称为埃廷斯豪森效应.

135. **1888** 哈耳瓦克效应

1888年,哈耳瓦克(W. Hallwachs,1859—1922,德)发现,新抛光的绝缘锌板带负电时,在紫外线的照射下,会很快地失去负电荷;但带正电时则否.这种现象现在就叫做哈耳瓦克效应.

哈耳瓦克以及后来的(1890年)斯托列托夫(А. Г. Столетов,1839—1896,俄)都用实验证明了,光电效应所释放出的是带负电的粒子.

136. **1888** 感应电动机

1888年,特斯拉(N. Tesla,1856—1943,美籍南斯拉夫人)发明用旋转磁场驱动的感应电动机.他在发展新型发电机和变压器方面都有贡献.1890年左右,他发明了产生高压高频的振荡线圈(现在通称为特斯拉线圈).

137. **1889** 斐兹杰惹-特饶顿实验

1889年,斐兹杰惹(G. F. Fitzgerald,1851—1901,爱尔兰)和特饶顿(F. T. Trouton,1863—1922,爱尔兰)一起,用赫兹振子作绝缘表面反射电磁波的实验时发现,当振子在入射面内且入射角为某一值时无反射波;当振子垂直于入射面时反射波很强.这个结果与玻璃表面反射光的情况相似.

138. **1889** 带电粒子在外磁场中受力的公式

1889年,亥维赛(O. Heaviside,1850—1925,英)在英国《哲学杂志》上发表的文章中指出,带电粒子在外磁场中运动时所受的力等于电荷乘以速度与磁感强度的矢积.

139. **1889** 斐兹杰惹-洛伦兹收缩

1889年,斐兹杰惹(G. F. Fitzgerald,1851—1901,爱尔兰)为了说明迈克耳孙-莫雷的实验结果,在英国《科学》(*Science*)上发表文章,提出迈克耳孙干涉仪中沿运动方向臂的长度收缩的假说. 1892年,洛伦兹(H. A. Lorentz,1853—1928,荷)又独立地提出这种假说.洛伦兹在他的电子论中,把电子看作是小刚球,并推断电子在运动时,会在运动方向上收缩而成为扁球. 1895年,洛伦兹发表了长度收缩的准确公式,即在运动方向上,长度收缩的因子为$\sqrt{1-v^2/c^2}$.

140. **1891** 电子一词的出现

1891年,斯通内(G. J. Stoney,1826—1911,英)认为,法拉第电解定律中的法拉第常量与阿伏伽德罗常量之比应当是电荷的自然单元,把它取名为electron(电子).这个词于1894年被拉莫尔(Larmor)和洛伦兹先后引用,因而沿用至今.但当时并不知道阿伏伽德罗常量的确切值.

141. **1891** 三相交流发电机

1891年左右,费拉里斯(G. Ferraris,1847—1897,意)、特斯拉(N. Tesla,1856—1943,美籍南斯拉夫人)、多里沃·多勃罗沃耳斯基(M. O. Доливо-Добровольский,1862—1919,俄)和布朗(C. E. L. Brown)等分别创制多相交流发电机,从而出现了三相交流发电机.

142. **1892** 洛伦兹电子论和洛伦兹力公式

1892年起,洛伦兹(H. A. Lorentz,1853—1928,荷)发表一系列文章(其中主要是1892年和1895年的文章),提出电子论,它的要点如下:①所有物质都含有大量的带电粒子——电子,这是物体的电的性质的来源;②磁是电在运动时产生的现象；③导体含有一些自由电子，而绝缘体则否；④场的宏观值是微观值的平均值：$\bar{d}=E,\bar{h}=B$；⑤电子在外磁场中所受的有质动力为

$$e\left(\boldsymbol{d}+\frac{1}{c}\boldsymbol{v}\times\boldsymbol{h}\right),$$

这就是洛伦兹力公式的来源；⑥以太是电磁波的载体，它充满所有空间和物体内部，它静止不动，甚至运动物体内部的以太也是静止不动的；⑦电子产生的场以光速向外传播，因此，电荷产生的场是推迟场.

143. **1893** 电磁场的动量

1893 年，J. J. 汤姆孙提出电磁场有动量，它与坡印亭矢量成正比.

144. **1894** 阴极射线的速度和穿透本领

1894 年，J. J. 汤姆孙测出阴极射线的速度为 1.9×10^7 cm/s. 同一年，勒纳(P. Lenard，1862—1947，德)在研究阴极射线的穿透本领时发现，使阴极射线减弱一半的物质厚度里，物质的质量近似相等，与构成物质的材料无关.

145. **1894** 无线电通信

1894 年，洛奇(O. J. Lodge，1851—1940，英)试验成功半英里远的无线电通信.

146. **1895** 居里定律

1895 年，居里(P. Curie，1859—1906，法)发现，顺磁质的磁化率与绝对温度成反比(后来称为居里定律)，而抗磁质的磁化率则与温度无关.

147. **1895** X 射线的发现

1895 年 11 月 8 日晚，伦琴(W. C. Röntgen，1845—1923，德)研究阴极射线时，用黑纸把放电管包起来做实验，发现放在一段距离外涂有荧光材料[铂氰酸钡 $BaPt(CN)_6$]的纸屏发出了浅绿色的荧光. 经认真研究，他知道这荧光是由来自放电管的一种看不见的射线所激发的. 他于 1895 年 12 月底发表了这一发现. 由于当时不知道这种射线是什么射线，所以他就把它叫做 X 射线. 伦琴由于这一发现获得了 1901 年的诺贝尔物理学奖.

148. **1895**　波波夫的无线电探测

1895 至 1896 年间，波波夫(A. S. Popov，俄文为 A. C. Попов，1859—1905，俄)用竖直的天线和改进了的金屑检波器，研究大气并探测远处的风暴.

149. **1896**　马可尼的无线电通信

1894 至 1896 年间，马可尼(G. Marconi，1874—1937，意)研究并发明了无线电通信. 1896 年，他在伦敦试验成功九公里远的通信. 1897 年，他在伦敦成立了无线电报公司，1901 年他终于实现了横跨大西洋的无线电通信. 由于他对无线电的贡献，他获得了 1909 年的诺贝尔物理学奖.

150. **1896**　X 射线使绝缘体导电

1896 年，J. J. 汤姆孙发现，X 射线穿过绝缘体时，可以使它导电.

151. **1896**　威耳逊云室

1896 年，威耳逊(C. T. R. Wilson，1869—1959，英)发现 X 射线在湿空气中产生的离子，当空气突然膨胀时会引起云雾，从而把 X 射线的径迹显示出来. 根据这一发现，他创造了云室. 这是后来研究微观粒子的一个重要仪器，他因此获得了 1927 年的诺贝尔物理学奖.

152. **1896**　放射性的发现

1896 年 1 月，庞加莱(J. H. Poincaré，1854—1912，法)在法国科学院的一次会议上报告了伦琴的发现，并向与会者展示了实验照片. 贝克勒耳(A. H. Becquerel，1852—1908，法)也在场. 庞加莱提出，是否所有的荧光物质在太阳光照射下都能发射出类似于 X 射线的射线？贝克勒耳时任巴黎高等技术学校的教授，从事磷光和荧光的研究多年，听了庞加莱的报告后，回去就用磷光物质(硫酸氢铀和硫酸氢钾)作实验，经太阳晒后，果然观察到发出了不可见的射线. 一周后他又发现，铀盐不经太阳晒，也发出这种不可见的射线. 由于这一发现，贝克勒耳获得了 1903 年的诺贝尔物理学奖.

153. **1896**　塞曼效应

1896 年，塞曼(P. Zeeman，1865—1943，荷)发现当光源放在磁场中时，它发出的光谱谱线会发生分裂. 这种现象现在通称为塞曼效应. 洛伦兹(H. A.

Lorentz，1853—1928，荷）立即用他的电子论解释了这种现象，并指出了这些光谱线应该是偏振的. 塞曼按照洛伦兹的建议，观察了这些光谱线的偏振状态，结果与洛伦兹的预言一致. 根据测量结果，塞曼算出了电子的荷质比，“全部粗测结果给出了 e/m 的值是 10^7 的数量级，其中 e 采用电磁单位制.”这个结果发表在 J. J. 汤姆孙发现电子之前几个月. 由于上述贡献，洛伦兹和塞曼共同获得了 1902 年的诺贝尔物理学奖.

154. **1897** 电子的发现

1897 年，J. J. 汤姆孙（J. J. Thomson，1856—1940，英）和维谢尔（E. Wiechert）、考夫曼（W. Kaufmann）等独立地测出阴极射线粒子的荷质比 e/m 的值. J. J. 汤姆孙用不同的金属做阴极，在放电管中充以不同的气体，所得出的阴极射线其粒子的荷质比都相等. 此后不久，J. J. 汤姆孙和勒纳独立地测出金属在紫外线照射下发射出的带电粒子的荷质比，他还测出了在真空中的热物体上逃逸出来的带电粒子的荷质比，这两种情况下测出的荷质比都与阴极射线粒子的荷质比相同.

1897 年 4 月 30 日，J. J. 汤姆孙在英国皇家研究院讲演时指出，带电的原子不可能解释勒纳关于阴极射线穿透本领的实验结果，阴极射线的粒子应比原子小得多.

斐兹杰惹指出，J. J. 汤姆孙的阴极射线粒子应是洛伦兹电子论中的电子. 这种猜想后来被证明是对的. 因此，现在通常就说 1897 年 J. J. 汤姆孙发现电子. J. J. 汤姆孙由于在气体导电方面的研究和这一贡献获得了 1906 年的诺贝尔物理学奖.

155. **1897** 阳极射线的本质

1897 年，维恩（W. Wien，1864—1928，德）测量阳极射线粒子的荷质比，发现它们都是带正电的原子，与溶液中的正离子相同.

156. **1897** 汤森测定小水滴上的电荷

1897 年，汤森（J. S. E. Townsend，1868—1957，爱尔兰）测定云雾状小水滴上的电荷，得出每个小水滴平均带的电荷量为 3×10^{-10} 静电单位. 这是后来密立根（R. A. Millikan，1868—1953，美）测定电子电荷的先驱.

157. **1897**　α射线和β射线的发现

1897年，卢瑟福(E. Rutherford，1871—1937，英)发现放射线有两种，它们的穿透本领相差很大，他把穿透本领小的叫做α射线，穿透本领大的叫做β射线. 其后，他由实验得出，α射线就是带两个正电荷的氦离子(He^{2+})流. 其他一些人由实验得出，β射线就是高速电子流.

158. **1898**　运动电荷的推迟势

1898年，李纳(A. M. Liénard，1869—1958，法)导出运动着的点电荷所产生的推迟势. 其后1900年，维谢尔(E. Wiechert，1861—1928，德)又独立地导出了运动电荷的推迟势.

159. **1899**　热电子发射

1899年，J. J. 汤姆孙测量了碳丝炽热时发射出的带电粒子的荷质比，证实了这种粒子就是电子.

160. **1899**　光压

1899年，列别捷夫(P. N. Lebedev，俄文为 П. Н. Лебедев，1866—1912，俄)用实验测出光压. 证实了麦克斯韦关于光压的理论预言.

161. **1900**　量子论

1900年10月19日，普朗克(M. Planck，1858—1947，德)在德国物理学会宣读论文，根据他对于黑体辐射的研究，提出量子论，并引入拉丁文 quantum(量子)一词. 这是量子论的开始，普朗克为此获得了1918年的诺贝尔物理学奖.

162. **1900**　γ射线的发现

1900年，维拉德(P. Villard，1860—1934，法)发现，镭除了发出α和β两种射线外，还发出一种穿透本领很强而且不受磁场影响的射线，他称之为γ射线.

163. **1901**　电子质量随速度的变化

1901年，考夫曼(W. Kaufmann，1871—1947，德)由实验发现，当电子的速度接近于光速时，其质量迅速增大.

164. **1902** 放射性衰变的规律

1902年，卢瑟福（E. Rutherford，1871—1937，英）、萨地（F. Soddy，1877—1956，英）由实验得出，原子的放射性衰变的规律为

$$N=N_0 e^{-\lambda t},$$

式中 N_0 是开始($t=0$)时刻的原子数，N 是以后 t 时刻未衰变的原子数，λ 是衰变常数. 他们认为，射线都是从原子内部发出来的，原子发出射线后就变为其他原子.

165. **1902** 热电子发射的理查孙公式

1902年，理查孙（O. W. Richardson，1879—1959，英）发现，金属在真空中因热发射电子而产生的电流，随温度的升高而增大得很快，他得出这电流与金属温度 T 的关系为

$$i=A\sqrt{T}\,e^{-b/T}.$$

这个公式现在被称为理查孙公式. 他还引入了"热离子学"（thermionics）一词. 理查孙因此获得了1928年的诺贝尔物理学奖.

166. **1903** 汤姆孙原子模型

1903年，J. J. 汤姆孙根据一些实验事实，提出了如下的原子结构模型：原子由正电荷和电子组成，正负电荷的电量相等，因而原子是中性的；正电荷均匀分布在整个原子的球形体积里，电子则在这正电子云里沿轨道运动或在平衡位置上振动；原子量越大，原子里电子的数目也越多；电子在原子里的分布是成群的或成层的；原子的化学性质由最外层的电子决定；惰性气体原子里的电子结构最稳定. 这种模型后来就被称为汤姆孙原子模型. 在今天看来，这个原子模型是不对的，但它是历史上最早提出来的原子有结构的模型，而且卢瑟福就是为了用 α 粒子散射实验验证这个模型而发现原子核的.

167. **1904** 洛伦兹变换

1904年，洛伦兹在多年研究的基础上，提出了从相对于以太静止的坐标系到相对于以太运动的坐标系的坐标和时间的变换公式. 1905年，庞加莱把这个变换公式叫做洛伦兹变换，这个名称沿用至今.

168. **1904**　电子二极管

1904 年,弗莱明(J. A. Fleming,1849—1945,英)发明电子二极管.

169. **1905**　光子理论

1905 年 3 月 17 日,爱因斯坦(A. Einstein,1879—1955)发表关于光电效应的文章,提出光子理论,阐明了光电效应的规律. 由于这一贡献和其他贡献,爱因斯坦获得了 1921 年的诺贝尔物理学奖.

170. **1905**　狭义相对论

1905 年 9 月,爱因斯坦(A. Einstein,1879—1955)发表《论运动物体的电动力学》一文,创立了狭义相对论. 在伽利略变换下,不同的惯性系里牛顿运动定律(力学规律)的形式是相同的,但麦克斯韦方程组(电磁场的规律)的形式却是不同的. 所以,爱因斯坦在文章的开头就说:“麦克斯韦电动力学——像现时人们通常所理解的那样——应用于运动的物体时,会出现与现象不符的不对称性.”他认为,“凡是力学方程成立的所有坐标系,电动力学定律和光学定律也都同样地成立.”他就是本着这种信念前进的. 他发现,只有抛弃伽利略变换,改用新的变换(即洛伦兹变换;他当时并不知道洛伦兹变换,而是自己根据相对性原理和光速不变原理推导出来的),才能得出麦克斯韦方程组在任何惯性系里都有相同的形式,即电磁现象的普遍规律在任何惯性系里都相同. 他把相对性原理和光速不变原理作为两条假设,“由这两条假设,以静止物体的麦克斯韦理论为基础,就足以得到一个简单而又不自相矛盾的运动物体的电动力学.”他就是这样创立狭义相对论的.

由于我们日常生活里和牛顿力学里使用的都是伽利略变换,而狭义相对论抛弃了这种变换,改用洛伦兹变换,所以狭义相对论的时空概念就与我们日常生活里的时空概念有所不同. 在狭义相对论里,最基本的物理量如长度、质量和时间,在彼此有相对运动的不同惯性系里测量,他们的值都不相同. 所以狭义相对论的出世,使物理学发生了深刻的变化,也在人类思想上产生了深刻的影响. 一百多年来各方面的大量实验证明,狭义相对论是正确的物理理论,今天,它已成为现代物理学的基础之一.

参考文献

[1] E. Whittaker, *A History of the Theories of Aether and Electricity*, Ⅰ, London: T. Nel-

son (1951); Ⅱ, London: T. Nelson(1953).

[2] *The Encyclopaedia Britannica*, 11th ed., vol. Ⅸ, Cambridge: at the University Press (1910).

[3] *Encyclopaedia Britannica*, vol. 8, 1947, Encyclopaedia Britannica, Inc., Chicago.

[4] M. Faraday, *Faraday's Diary*, vol. Ⅰ—Ⅶ, Ed., G. Bell and Sons, Ltd., London(1932—1933).

[5] *The Scientific Papers of James Clerk Maxwell*, vol. Ⅰ, Cambridge: at the University Press(1890).

[6] J. C. Maxwell, *A Treatise on Electricity and Magnetism*, 3rd. ed. (*reprinted* 1995), Oxford University Press.

[7] C. C. Gillispie, *Dictionary of Scientific Biography*, vol. 1—15(1981), Charles Scribner's Sons, New York.

[8] A. V. Howard, *Chamber's Dictionary of Scientists*, W. & R. Chambers, LTD, London (1961).

[9] J. L. Heilbron, *Electricity in the 17th and 18th Centuries*, University of California Press, Ltd. London(1979).

[10] M. von 劳厄著,范岱年、戴念祖译,《物理学史》,商务印书馆(1978).

[11] 弗·卡约里著,戴念祖译,《物理学史》,内蒙古出版社(1981).

[12] 乔治·罗斯特基主编,詹尔震、栾诚明编译,《美国电学、电子学二百年发展史》,科学普及出版社(1981).

[13] 宋德生,《库仑定律是怎样发现的》,《物理通报》,1983 年第 3 期,46 页.

[14] 宋德生,《电位、电容、电量和电动势等概念是怎样诞生的》,《物理教师》,1984 年第 1 期,46 页.

[15] 宋德生,《奥斯特和电磁相互作用》,《自然杂志》,第 4 卷第 6 期(1981),443 页.

[16] 宋德生,《欧姆及欧姆定律》,《物理》,第 12 卷第 11 期(1983),692 页.

[17] 宋德生,《略谈麦克斯韦的电磁场理论》,《物理》,第 11 卷第 6 期(1982),378 页.

索　　引

D

E

F

G

H

M

N

O

W

X

Y

Z

人 名 索 引

中国人名

外国人名

A

B

Y

Z